KB244014

편집된 과학의 역사

Science : A Four Thousand Year History
Copyright ⓒ 2008, Patricia Fara
All rights reserved.

Korean Translation Copyright ⓒ 2010 by Book21 Publishing Group
Korean Translation rights arranged with The Wylie Agency Ltd. through Shinwon Agency.

이 책의 한국어판 저작권은 신원 에이전시를 통해 The Wylie Agency Ltd와
독점 계약한 (주)북이십일에 있습니다.
저작권법에 의해 한국 내에서 보호를 받는 저작물이므로
무단전재와 무단복제를 금합니다.

KI신서 3049

편집된 과학의 역사

1판 1쇄 인쇄 2010년 12월 22일
1판 1쇄 발행 2010년 12월 29일

지은이 퍼트리샤 파라 **옮긴이** 김학영
펴낸이 김영곤 **펴낸곳** (주)북이십일 21세기북스
출판콘텐츠사업부문장 정성진 **출판개발본부장** 김성수
기획·편집 최혜령 **디자인** 박선향 김진희 **해외기획** 김준수 조민정
마케팅영업본부장 최창규 **마케팅** 김보미 허정민 김현유 **영업** 이경희 우세웅
출판등록 2000년 5월 6일 제10-1965호
주소 (우 413-756) 경기도 파주시 교하읍 문발리 파주출판단지 518-3
대표전화 031-955-2100 **팩스** 031-955-2151 **이메일** book21@book21.co.kr
홈페이지 www.book21.com
21세기북스 ·**트위터** @21cbook ·**블로그** blog.naver.com/book_21

ISBN 978-89-509-2805-6 03400
책값은 뒤표지에 있습니다.

이 책 내용의 일부 또는 전부를 재사용하려면 반드시 (주)북이십일의 동의를 얻어야 합니다.
잘못 만들어진 책은 구입하신 서점에서 교환해 드립니다.

우리가 미처 몰랐던
편집된 과학의 역사

SCIENCE

A Four
Thousand Year
History

퍼트리샤 파라 지음 ― 김학영 옮김

21세기북스

contents

PART 5. 법칙

PART 6. 눈에 보이지 않는 것들

PART 7. 결론

보는 것이 믿는 것이다. 하지만 보는 방식에 따라 보이는 대상도 달라진다. 그림 1의 지도는 '세상을 이렇게 볼 수도 있다'고 생각할 수 있지만, 어딘지 모르게 잘못 그린 지도처럼 느껴진다. 오스트레일리아나 남극대륙이 존재한다는 사실도 몰랐던 유럽의 지도 제작자들은 관행적으로 북쪽을 위에 배치했다. 하지만 오스트레일리아인이 그린 이 그림은 지도라기보다 일종의 정치적 선언으로 보인다. 이 그림은 본서 『편집된 과학의 역사』를 위한 시각적인 은유이기도 하다.

역사를 쓴다는 것은 단순히 사실관계를 바로잡고 사건을 적절한 순서로 배치하는 것이 아니다. 그에 더해서 과거를 재해석하여 포함할 것과 버릴 것을 정하고 세계를 다시 그리는 작업이다. 과학의 과거 모습을 기록한 책들을 보면 과학자들은 일반인을 훨씬 능가하는 천재로 묘사되어 있다. 그에 의하면, 오로지 절대 지식에 목마른 위대한 지성은 세속적인 관심 따위는 떨쳐버리고 올림픽 경기에 출전한 주자마냥 진리라는 추상적인 배턴을 다음번 지성에게 넘겨준다. 정교한 실험과 논

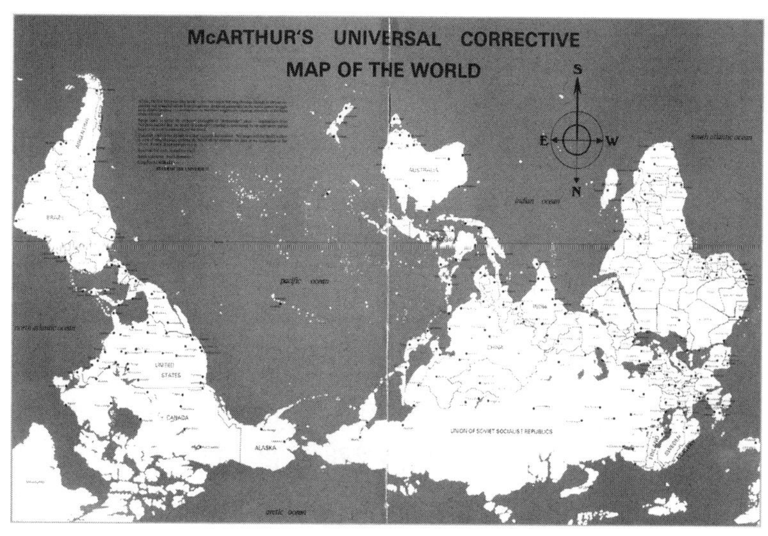

그림 1 | 맥아더McArthur가 그린 수정본 세계지도Universal Corrective Map of the World. 1979년. 설명의 마지막 부분에는 이렇게 적혀 있다.

이제 남반구가 부상한다.
세상을 펼쳐라! 지도를 펼쳐라!
남반구가 우월하다. 세상은 이제 남반구가 지배한다!
오스트레일리아 만세, 세계의 통치자여!

리적 추론 그리고 때로는 번뜩이는 상상력에서 영감을 얻으며 과학자들은 자연의 비밀을 풀고 절대 진리를 향해 나아간다.

그러나 『편집된 과학의 역사』는 이상화된 영웅들이 아닌 평범한 사람들의 이야기를 담고 있다. 그들은(일부 여성들도 포함하여) 생계를 해결해야 했고, 실수도 했으며, 때론 경쟁자를 짓밟기도 하고, 심지어 어떤 경우에는 과학이 지겨워서 다른 일을 기웃거리기도 했다. 하나의 사상이 널리 퍼지려면 많은 사람들로부터 옳다는 인정을 반드시 받아야 한다는 의견에 반박하며, 이 책은 진정한 과학의 힘을 탐구하고 있다. 또한 세계 여러 지역에서 지식과 기술이 어떻게 발달했는지를 보여주고 새로운 시각으로 과학사를 재조명함으로써 유럽우월주의의 허구를 고발하고 있다. 『편집된 과학의 역사』는 난해한 실험과 추상적인 이론에 매달리지 않고 과학이 어떤 식으로 전쟁, 정치, 기업 등과 같은 현실과 맞물리는지 보여줄 것이다.

과학의 영역을 구분하는 일은 지도상에 국경선을 그리는 것과는 다르다. 그리스의 철학, 중국의 천문학, 르네상스 시대의 해부학은 서로 닮은 점이 없으며 오늘날의 첨단과학과 비교해도 유사점을 찾기 어렵지만, 이들은 서로 미묘하게 연결되어 있다. 과학을 한마디로 꼬집어 말하기는 어렵지만, 한 가지는 분명하게 말할 수 있다. 바로 '과학자들이 하는 것이 과학이다'라는 말이다. 하지만 '과학'이란 용어도 1833년이 되어서야 비로소 등장했으니 이 표현 역시 불편한 순환논법에 불과하다. 길고 긴 과학의 역사를 되돌아보려면 비교적 최근까지도 존재하지 않았던 무언가의 '기원'을 추적해야 한다. 그 말은 오늘날 과학자들이 하고 있는 일이 무엇이든 간에 전혀 다른 일을 하던 옛날 사람들까지 고려해야 한다는 의미다. 이 책 속에 등장하는 인물들은 과학자였기 때문이 아니라 오늘날 세계적인 과학 활동에 공헌한 다양한 기술, 즉 별의 움직임을 이용해 항해하고 광석을 제련하며 약초를 조제하거나 배를 건조하고 무기를 제작하는 것과 같은 기술들을 개발했기 때문이다.

과거를 새로운 시각으로 들여다볼 때, 어떤 질문을 던질 것이냐 하는 문제는 새로운 정보를 찾아내는 일만큼이나 중요하다. 과학과 비과학을 구분하는 것보다 흥미로운 문제들도 얼마든지 있다. 과연 종교는 과학을 방해했을까, 고무했을까? 연금술과 마술은 과학과 완전히 결별한 것일까? 여성 과학자는 정말 그렇게 소수였을까? 혹은 역사가들이 사실을 왜곡해서, 남성 과학자들이 여성 과학자가 활약하던 분야에 뛰어들어 용감하게 탐구했던 얘기를 지나치게 강조한 것일까? 확실한 근거를 가지고 전혀 새로운 과학사를 구축할 수는 없을까? 파트나Patna(인도 비하르 주의 주도-옮긴이), 페르시아Persia, 피사Pisa에 나름의 과학이 존재했다면, 이들은 서로 어떤 관련이 있었으며 현대 과학과는 또 어떤 관계를 맺고 있을까?

이러한 질문에 명쾌한 대답을 들려주진 못하지만 『편집된 과학의 역사』는 그 질문들이 중요한 이유를 설명하고, 질문을 바라보는 새로운 시각을 제시한다. 그리고 나면 가장 본질적인 질문이 드러난다. '과학은 어째서 이토록 막강해졌을까?' 케플러, 갈릴레오, 뉴턴 같은 이들은 분명 뛰어났지만 오늘날 그들의 명성이 높아진 이유는 과학 자체가 그만큼 막강해졌기 때문이다. 이들은 고전과 성서의 영향에서 벗어나지 못했던 동시대인들에게보다 현대인들에게 더 중요한 인물이 되었다. 아이작 뉴턴은 자신이 거인들의 어깨를 딛고 섰다고 말했지만 그가 중력에 관한 걸작을 발표한 1687년에는 극소수의 사람들만이 그 책의 가치를 인정했을 뿐이다. 21세기가 시작되자 과학은 세계를 지배했고, 뉴턴은 어느 시대의 누구보다도 유명한 인물이 되었다. 이 책은 그 이유를 살펴보기 위해 재정적인 이해관계, 제국들의 야심 그리고 학술과 기업이 합작하여 과학을 세계화시킨 경우들을 조사하고 과학과 사회가 어떤 변화를 거쳐 왔는지를 파헤친다.

흑과 백이 분명한 세상이라면 과학은 절대 진리를 추구하는 지적 활동이라는 점에서 아무런 간섭도 받지 않을 것이다. 그러나 과학적 사실은 자연계에만 국한된 문제가 아니라 누가, 언제, 어디서 연구하느냐에 따라 진위가 결정되는 문제이기도 하다. 과학적 지식은 주변 환경과 고립된 적이 없으며 끊임없이 변형되거나 여러 방식으로 흡수되었다. 다시 말하면, 과학도 나름의 지형과 역사를 가지고 있다. 이러한 부단한 변형의 과정은 지금도 진행되고 있다. 따라서 과학의 의미는 앞으로도 변할 것이다.

역설적이지만, 과학이 더 큰 성공을 거둘수록 비전문가들은 더욱 큰 의심에 빠진다. 각국 정부가 지구 온난화와 유전자 조작 그리고 원자력에 심취하면서 과학과 경제, 정치는 서로 불가분의 관계가 되었다. 어떤 의미에서 과학의 역사는 모든 것의 역사가 된 것이다. 현대 과학과 기술 그리고 의학은 서로 밀접한 관계를 유지하며 모든 인간 활동과 거대한 매듭을 형성했다. 그림 1의 지도처럼 『편집된 과학의 역사』는 자연스러운 것처럼 보이지만 사실은 인위적인 개념들을 파헤치며, 단순히 정보만을 제공하기보다는 생각과 논쟁거리를 제공하고자 한다. 과학의 과거를 돌아보는 이유는 우리가 어떻게 현재에 와 있는지를 보여주기 위함이다. 또한 이 모든 노력의 목적은 더 나은 미래를 위한 것이다.

PART 1

기원

과학은 언제, 어디서 시작된 것일까?
단순한 질문처럼 보이지만 과학의 참모습을 묻는 근원적인 질문이다. 과
학의 역사 속에서 후일 거대한 과학 산업의 밑천이 된 아이디어와 발견들
을 선별하는 것은 어렵지 않다. 그러한 아이디어와 발견들은 종교 의식을
위한 상서로운 시간을 정하거나 전쟁의 승리를 점치고, 성서의 예언이 맞
는지 밝히기 위한 도구였으며, 무엇보다 살아남기 위한 수단이기도 했다.
이 책은 현대 과학에 엄청난 영향을 미친 실용적인 지식의 방대한 보고寶
庫인 고대 메소포타미아 문명에서 시작된다. 바빌론의 궁정 고문들은 수
학과 천문학 그리고 의학에 관해 방대한 지식을 발전시켰다. 그들이 오늘
날 과학자로 인정받지 못하는 이유는 과학 활동의 목표가 단순히 미래를
예측하는 데 있었기 때문이다. 반면에 과학의 효시라고 종종 일컬어지는
그리스 철학자들은 바빌론의 방대한 정보를 바탕으로 우주를 설명할 웅
장한 이론 체계를 만들고자 했다. 비록 지금은 바빌로니아인들이 발달시
킨 이론들 대부분이 기이하게 보이지만 그 이론들은 초기 이슬람과 유럽
인들의 생각을 지배했고, 지속적인 수정과 보완을 거쳐 18세기로 전해지
면서 과학의 기조를 형성했다. 따라서 과학은 오늘날 종종 마법이나 가짜
과학이라고 폄하되는 기술과 개념들에 그 바탕을 두고 있는 셈이다.

7 : 과학과 미신의 두 얼굴

나 그대를 사랑하여 이 인간들의 물결을 손안에 끌어 모아
별들이 총총한 하늘에 나의 뜻을 썼으니,
그대, 일곱 개의 기둥이 세워진 고귀한 집, 자유를 위해서였다.
우리가 왔을 때, 그대의 눈동자는 나를 보고 밝게 빛나리라.
– T. E. 로렌스T. E. Lawrence, 『지혜의 일곱 기둥The Seven Pillars of Wisdom』, 1935년.

예로부터 7은 매우 특별한 숫자로 인식되었다. 인도의 고대 성전聖典 가운데 하나인 리그베다Rig Veda를 보면 일곱 개의 별, 일곱 개의 대륙 그리고 일곱 줄기로 흐르는 천상의 음료 소마soma에 대한 묘사가 나온다. 기독교의 구약성서에 따르면 7일 만에 세상이 만들어졌고, 노아가 날려보낸 비둘기는 대홍수가 끝나고 7일 만에 돌아왔다. 이집트인들이 만든 지도에는 천국으로 가는 일곱 개의 길이 그려져 있다. 알라는 일곱 층의 이슬람 하늘과 땅을 만들었다고 전해지며, 붓다도 태어나자마자 일곱 걸음을 걸었다고 한다. 7은 수학적으로도 비범한 특성을 갖고 있다. 도넛 모양으로 가운데가 뚫려 있는 원환체를 예로 들자면, 이 회전체의 표면을 몇 개의 영역으로 나누든 일곱 가지의 색만 있으면 각 영역과 이웃한 모든 영역의 색을 다르게 칠할 수 있다.

7이 마법적인 의미를 가지는 경우도 쉽게 찾을 수 있다. 숫자점을 치는 점술사들에게 7은 창조를 의미한다. 정신의 수 3과 물질의 수 4의 합이기 때문이다. 연금술사들에게도 7은 신비의 숫자다. 솔로몬 왕의 사원으로 오르는 일곱 계단은 화학적, 정신적 정화에 이르는 일곱 단계와 대비를 이루기 때문이다. 이란에서는 고양이가 일곱 번 환생한다고 전해지며, 일본인들은 일곱 명의 여신이 행운을 가져온다고 믿는다. 유대인들이 고열을 다스릴 때 사용하는 전통적인 치료법은 일곱 그루의 종려나무에서 일곱 개의 가시를 꺾고 일곱 개의 문에서 일곱 개의 못을 뽑는 것이다.

어떤 것이 과학이고 어떤 것이 미신일까? 이 둘을 분리하기란 늘 어렵다. 초기의 별 관찰자들은 일곱 행성이 지구 주위를 돌고 있다고 생각했다. 이들은 태양과 달 이외에도 수성, 금성, 화성, 목성 그리고 토성을 찾아냈다(그 다음 행성인 천왕성은 18세기 후반까지 확인되지 않았다). 행성들을 발견하고 이들의 움직임을 밝혀내는 것은 현대 과학에서도 고도의 기술을 요하는 과정이다. 물론 초기의 별 관찰자들은 우주의 작동 원리를 밝히는 것이 아니라 기근이나 홍수 또는 왕의 죽음과 같은 중대 사건들이 별들의 움직임과 어떤 관련이 있는지 알아내는 데 초점을 두었다. 따라서 초기의 별 관찰자들을 과학자라고 부르는 것은 부적절할지 모른다. 그렇다면 이들을 마술사나 점성술사라고 부르는 것은 옳을까? 물론 이들이 내놓는 의견 중에는 오늘날의 신문 한귀퉁이에 실린 별자리 운세처럼 모호한 것들도 많았다. 아시리아에 전해지는 두 개의 속설을 보면 한층 더 흥미롭다.

금성이 일찍 뜨면 왕이 장수하고, 늦게 뜨면 그 땅의 왕은 곧 죽는다.

달무리가 지고 플레이아데스(육안으로 볼 수 있는 일곱 개의 별들로 이루어진 성단)가 그 안에 보이면 그 해에는 여자들이 아들을 낳는다.[1]

웃어넘길 수도 있지만, 별 관찰자들은 찻잎점을 치는 사람이나 수정 구슬을 어루만지던 마술사와는 엄연히 다르다. 이들은 전문적인 천문학자였고, 정확한 관찰을 기반으로 자세하게 징후를 예측했다. 요즘에는 점성술이 터무니없는 것으로 여겨지지만, 17세기까지의 서부 유럽을 포함해서 많은 문명들이 인간을 우주에 속한 하나의 존재로 보았다. 또한 하늘에서 벌어지는 기이한 일들은 지상에서 일어날 일의 징후라고 믿었다. 관계의 패턴을 찾는 것이 과학의 한 목표인 것처럼 당시의 점쟁이들도 주변을 관찰함으로써 패턴을 찾아 삶을 이해하려고 했다. 그들은 조화롭게 맞물린 우주 안에 신과 별 그리고 인간이 서로 연결되어 일제히 움직인다고 믿었다.

현대의 천문학은 전문적인 별 관찰자들이 모아놓은 정보의 토대 위에 세워졌다. 그 관찰자들이 바로 점성술사들이다. 비록 이들이 주상한 이론은 받아들여지지 않았지만, 관찰은 매우 정확했다. 현대의 과학자들은 과학적인 전문지식이 한낱 마법에 불과한 점성술에 그 뿌리를 두었다는 사실을 받아들이기가 어려울 것이다. 뿐만 아니라 그들은 과학적 논리가 없는 기괴한 마술적인 숭배물들이 점차 사라져가는 것은 당연한 일이며, 과학과 마술은 분명히 극과 극, 정반대에 놓여 있다고 믿는다. 이러한 믿음을 갖고 있는 과학자들에게 과학과 마술이 같은 기원을 갖고 있다는 개념은 그야말로 신성모독인 셈이다. 하지만 역사적인

---

1. 데이비드 브라운David Brown, 『메소포타미아의 별자리 천문학-점성술 Mesopotamian Planetary Astronomy-Astrology』(그로닝언 : 스틱스, 2000년).

사실을 무시한 채 이러한 자위적인 견해만을 주장할 수는 없다.

　세계적으로 가장 유명한 기하학 정리에 (자신이 밝혀낸 정리가 아님에도 불구하고) 자신의 이름을 갖다 붙인 그리스 수학자 피타고라스Pythagoras에 대해 생각해보자. 이 유명한 수학자는 우주의 조화를 읽는 신비한 통찰력과 7이라는 숫자의 매력에 흠뻑 빠져 있었다. 대장간 옆을 지나던 피타고라스에게 대장장이들이 모루를 내리칠 때 나는 소리는 마치 아름다운 음악처럼 들렸다. 얼마 동안 그 소리를 조심스럽게 관찰한 그는 영감에 사로잡혔다. 망치의 무게가 음색에 영향을 준다는 사실을 깨달은 피타고라스는 무게와 음색 그리고 현의 길이 사이에서 조금 억지스럽지만 기막히게 간단한 수학적 관계를 이끌어냈다. 음계의 일곱 음정에 완전히 반해버린 그는 그리스의 많은 철학자들이 그랬듯이 세밀한 관찰보다는 우주를 수학적으로 통합하는 것이 더 중요하다고 믿었다. 마침내 피타고라스는 행성들의 궤도가 악기와 동일한 산술적인 규칙의 지배를 받는다고 주장하면서 우주에도 질서정연한 일곱 겹의 패턴을 적용했다.

　아이작 뉴턴Isaac Newton의 무지개는 과학과 마법이 7의 힘을 통해 얼마나 강력하게 연결되는지를 보여주는 극적인 예다. 피타고라스가 죽고 2000년이 지나서 등장한 뉴턴은 정확한 실험의 중요성을 주창했다. 그럼에도 불구하고 그리스인들이 주장했던 조화로운 우주를 신봉했던 뉴턴은 음계에 상응하는 일곱 가지 색으로 무지개의 색을 정의했다. 무지개의 색에 대해서는 여러 견해가 있었으나, 당시의 화가들은 주로 네 가지 색으로 무지개를 표현했다. 물론 가시광선의 영역이 상황에 따라 끊임없이 달라지고 색의 띠를 가르는 뚜렷한 구분선도 없기 때문에 무지개의 색을 몇 가지라고 단정지을 수는 없다. 즉 무지개를 보는 개인의 관점에 따라 무지개를 보는 방식이 달라질 수 있는 것이다. 어쨌든 최근에는 분광기를 이용한 뉴턴의 실험이 현대 광학의 기초로 평가되고 있으며, 신비의 숫자 7은 과학적인 색 이론으로 확고하게 자리잡았다. 하지만 솔직히 말해서 파란색, 남색, 보라색의 차이를 누가 정확히 설명할 수 있을까?

뉴턴이 과학 천재의 대명사로 알려진 상황에서 그의 실험들이 과학적이지 않았다는 말은 오히려 이상하게 들릴지도 모른다. 하지만 현대 과학자들 중에는 뉴턴의 실험들이 터무니없으며 심지어 과학에 위배된다고까지 비난하는 이도 적지 않다. 이유는 뉴턴이 숫자와 성서 해석에 심취했을 뿐 아니라 고대 문헌들을 탐닉하면서 독자적인 생각과 발견들을 기록했고, 더 나아가 연금술과 관련된 실험을 했기 때문이다. 실제로 그가 행한 연금술 실험들은 단지 취미라고 보기에는 너무나 진지했다. 뉴턴은 연금술을 진리와 자기발전에 이르는 필수불가결한 길이라고 여겼으며, 자신의 천문학적인 이론을 기반으로 실험 결과들을 정립했다. 뉴턴은 과학의 진정한 출발점을 찾는 것이 얼마나 어려운지 몸소 보여준 셈이다.

『이상한 나라의 엘리스』의 저자 루이스 캐럴 역시 출발점을 정하는 것이 얼마나 어려운지 잘 알고 있었다. '폐하, 어디서 시작할까요?' 흰 토끼가 물었다. 엘리스는 대답에 귀를 기울였다. 엄숙한 목소리로 왕이 말했다. '처음부터 시작해서 끝까지 읽어라. 그리고 멈춰라.'

과학은 뚜렷한 출발점이 없다. 역사가들도 흰 토끼처럼 각자의 출발점을 선택해야 한다. 하지만 어떤 출발점도 완벽하다고는 할 수 없다.

과학의 출발점으로 유력하게 꼽히는 시점은 뉴턴이 역학과 중력에 관한 위대한 저서를 출판한 1687년이다. 그렇게 되면 갈릴레오 갈릴레이Galileo Galilei, 윌리엄 하비William Harvey, 요하네스 케플러Johannes Kepler와 같은 거물들의 이름이 과학사에서 배제된다. 가장 일반적인 견해는 니콜라스 코페르니쿠스Nicolas Copernicus가 태양계의 중심에 지구가 아닌 태양이 있다고 주장한 1543년을 출발점으로 보는 것이다. 하지만 이 출발점 역시 18세기 넘어서까지 막대한 영향을 미친 그리스 과학자들을 배제한 출발점이다. 이에 반발한 몇몇 이들은 과학의 출발점을 그리스에서 찾는다. 그들은 약 2500년 전으로 거슬러 올라가 터키의 해변에 살았던 밀레투스의 탈레스Thales of Miletus를 최초의 과학자라고 인정한다. 훌륭한 기하학자였던 탈레스는 일식을 성공적으로 예언했다. 하지만 그를 과학의 시조로 선택하는 것 역시 이집트인이나 바빌로니아인과 같은 중요한 선임자들을 배제하는 결과를 초래한다.

모든 분야에는 선임자가 있는 법이다. 기준선을 정하는 문제를 놓고 옥신각신하던 그리스 천문학자들은 결국 바빌론 이전, 정확한 연구관찰을 적극적으로 후원한 나보낫사르 왕의 통치기간까지 무려 1000년을 더 거슬러 올라가야 했다. 과학의 출발점을 찾기 위해서는 가능한 한 더 먼 과거로 거슬러 올라가 과학이라는 이름을 붙일 수 있는 활동을 뒷받침할 만한 최초의 증거들을 조사해야 할 것이다.

유럽대륙 곳곳에는 고대인들이 한때 태양과 별의 움직임을 추적했다는 사실을 보여주는 유적들이 남아 있다. 그러나 안타깝게도 이러한 유적들은 과학의 기원을 밝히는 데 큰 도움이 되지 못한다. 가장 유명한 유적은 스톤헨지다. 잉글랜드 남부에 있는 웅장한 원형 석조 유적인 스톤헨지는 지금도 하지 무렵 해가 뜰 때를 기념하기 위해 드루이드교인들이 모이는 곳이다(드루이드교는 고대 갈리아 및 브리튼섬에 살던 켈트 족의 종교-옮긴이). 고고학자들은 스톤헨지가 태양이 지나는 길과 정확하게 일직선으로 배열된 거대한 천문 관측소라고 주장했다. 이들은 복잡한 통계학적 기술을 이용해서 구멍과 돌의 위치에 엄청난 의미를 부여했다. 심지어 5000년을 지나는 동안 바뀐 돌의 위치에도 의미를 부여했다. 이러한 임의적인 패턴도 충분한 시간을 들여 연구한다면 일종의 체계를 세울 수 있을 것이다. 이처럼 스톤헨지와 유사한 고대의 건축물들은 천체의 움직임과 관련이 있음에도 불구하고, 대부분의 전문가들은 이것들을 단지 종교의식과 관련된 상징물이라고 말한다. 결국 고대의 미스터리를 해독하는 일은 흥미로운 연구가 될 수 있지만 과학의 기원을 설명하는 데는 큰 도움이 되지 못한다.

과학의 기원을 찾는 데 제기되는 또 다른 문제는 전문적인 기술이나 지식이 지금까지 남아 있느냐는 것이다. 남아메리카에서 발생한 고대 문명은 별에 관한 해박한 지식을 가지고 있었지만 다음 세대에게 그 지식을 전해주지 못했다. 과거에서 현재로 이어지는 과학사의 진정한 출발점을 찾기 위해 시야를 넓혀 북아프리카와 지중해 동부에도 초점을 맞춰보자. 약 5000년 전 그리고 스톤헨지가 숭배의식의 장소가 되기 약 1000년 전, 이집트의 파라오들은 자신들의 위엄을 돋보이게 해줄 웅장한 토목공사를 지시했다. 바로 피라미드였다. 고대 이집트인들은 피라미드가 태양을 향하도록 만들었다. 물론 스톤헨지를 만든 사람들처럼 그들도 정확한 천체 관측에는 관심이 없었다. 그들에게는 농작물 재배에 없어서는 안 될 나일 강의 흐름을 이해하는 것이 훨씬 더 중요했다. 이집트인들은 달의 모양이나 태양의 움직임과는 상관없이 나일 강의 홍수 패턴에 따라 1년을 세 개의 계절로 나누었다.

이집트인들이 피라미드를 건축하고 있을 무렵, 지금의 이라크에 흐르는 두 개의 거대한 강줄기 사이 비옥한 지역에 메소포타미아 문명이

자리하고 있었다. 주변 지역에 막강한 영향력을 행사하던 바빌로니아 인들은 현대 과학사에 지울 수 없는 유산을 남겼다. 바빌로니아인들은 바래기 쉬운 파피루스 종이 따위가 아니라 말 그대로 지울 수 없는 점토로 만든 서판 위에 유산을 남겼고, 수천 점의 서판들이 지금까지도 존재한다. 덕분에 그리스 철학자들의 기록보다 훨씬 오래된 기록임에도 불구하고 훨씬 더 많은 물질적 증거들이 남아 있게 되었다.

바빌로니아인들이 우주를 생각하던 방식은 오늘날까지도 사람들에게 깊은 영향을 미치고 있다. 그들은 복잡한 수학적 기법을 발전시켜서 별들의 움직임을 기록했고, 이를 통해 비교적 정확한 예언을 했다. 후대의 별 관찰자들에게 전해진 그들의 지식은 천문학의 기조를 형성하면서 현대인들의 삶의 방식에 영향을 주었다. 바빌로니아인들 덕분에 달의 모양이 변하는 간격에 맞추어 1주일은 7일, 1시간은 60분, 1분은 60초라는 단위를 갖게 되었다. 비록 가장 합리적이고 편리한 방식은 아닐지 모르지만, 시간의 흐름을 기록하는 고대의 방식은 견고한 삶의 틀을 형성하게 되었다. 프랑스 혁명이 일어나던 시기에 1일을 10시간으로, 1주일을 10일로 계산하는 이론이 등장하기도 했지만 곧 사라졌다.

유럽 중심의 달력에는 비논리적이면서도 중대한 결함이 또 있었다. 인류의 장구한 역사를 반으로 접어버린 채 관습적으로 예수 탄생을 시작으로 정했다는 점이다. 예수 탄생에서 더 이전의 과거로 뻗어 있는 대칭적인 시간, 기원전 21세기를 상상해보라. 우리의 이야기는 바로 여기서 시작된다. 이것이 개인적으로 최선의 선택임을 밝히는 바다. 왕이 엘리스에게 뭐라고 말했건 과학의 진정한 시작은 정의할 수 없다.

바빌론 : 하늘을 수놓은 공중 정원

흥청망청 살고도 신세가 초라해지면 우리 인간들은 해와 달과 별이
우리 운명을 그 따위로 만들었다고 욕을 퍼붓는다……
내 부친과 모친이 하필이면 달이 음산하고 낮게 떠 있던 밤에
나를 잉태하고, 또 하필이면 나를 큰곰자리 아래서 낳았기 때문에,
그래서 내가 필시 이토록 거칠고 호색한이란다.
제기랄! 비록 가장 순결한 별자리 아래서 생겨났다고 해도
나는 역시 이 모양 이 꼴일 것이다.

— 윌리엄 셰익스피어William Shakespeare, 『리어왕King Lear』, 1605–1606년.

약4000년 전, 지중해 유역에 새로운 권력이 생겨났다. 독립된 작은 도
시가 아니라 새로운 단일 왕국이 현재의 바그다드 남쪽에서 113킬로미
터 가량 떨어진 유프라테스 강 유역의 바빌론에 등장했다. 이들은 아주
특별한 유산을 남겨주었다. 바로 조상대대로 이미 2000년 동안이나 사
용해오던 설형문자다. 나무와 돌이 귀했던 탓에 바빌로니아인들은 건
축물의 재료였던 점토로 서판을 만들고 그 위에 갈대펜으로 쐐기 모양
의 문자를 그려서 정보를 저장했다. 이 문서들은 현대 수학의 기원을
보여준다.

점토 서판에 기록된 정보를 낱낱이 해독하는 것은 결코 쉬운 일이 아
니었다. 역사가들은 서판에 적힌 신비로운 문자들을 해독하기 전에 우

선 돌무더기 속에서 깨진 서판 조각들을 찾아내 일일이 끼워 맞추어야 했다. 수많은 서판 조각들이 발견되었지만, 그보다 더 많은 조각들이 여전히 땅속에 묻혀 있거나 유실되었다. 조각을 맞추고 해독하는 일은 그야말로 찢어진 종이 몇 장으로 거대한 도서관을 다시 채우는 일과 같았다. 게다가 정보보다는 전리품인 양 유물들을 탈취하려는 유럽의 고고학자들 때문에 상황은 더욱 나빠졌다. 1000년 동안 메소포타미아의 흙 속에 고이 묻혀 있던 유물들은 유럽 박물관들의 유리 진열장 안으로 속속 옮겨졌다. 구색이 맞지 않은 서판들은 신문지에 싸여 지하 창고에 보관되었는데, 이 서판을 감싸고 있는 신문에 인쇄된 날짜 덕분에 유물들이 강탈된 시기를 알 수 있었다.

유럽인들에게 바빌론의 기원은 우화와도 같았다. 불과 300년 전까지만 해도 바빌론의 정확한 위치조차 밝혀지지 않았다. 전설 속에 나오는 거대한 공중 정원은 존재하지 않았던 것으로 보인다(비록 북쪽에는 규모가 작은 정원들이 있었지만 말이다). 19세기 중반에 이르러서야 비로소 바빌론에 대한 체계적인 발굴이 시작되었다. 당시에도 바빌론은 다분히 신화적인 분위기를 풍기는 나라였다. 작곡가 주세페 베르디Giuseppe Verdi는 자신의 고향 이탈리아를 지배하고 있던 오스트리아를 겨냥해 작곡한 오페라 '나부코'에서 바빌론의 위치를 상징적으로 나타냈다. 1842년 밀라노에서 초연된 나부코는 억압받은 고대 히브리인들이 바빌론의 압제를 벗어났을 때를 배경으로, 유대교로 개종한 네브카드네자르 왕의 극적인 이야기를 담은 오페라다. 비록 베르디와 당대의 사람들은 바빌론의 실체를 거의 알지 못했지만, 이 전설적인 고대 도시는 이탈리아를 지배했던 외세에 대한 베르디의 세련된 풍자 속에서 매우 적절하고 신비로운 배경으로 재현되었다.

고고학자들의 노력으로 구체적인 증거들이 드러나고 신비로움이 차츰 걷히자 고대인들이 이룩한 과학적인 업적들도 그 위용을 드러내기 시작했다. 외국의 발굴단들은 전시나 소장을 목적으로 수많은 유물들을 유럽 각지로 옮기는 데만 혈안이 되어 있었고, 그 과정에서 발굴단들 간의 경쟁은 끊이지 않았다(막대한 양의 유물들을 싣고 유럽으로 향하던 화물선 한 척은 티그리스 강에 가라앉고 말았다). 설형문자 전문가들은 무게와 면적 그리고 별의 위치에 관한 정보가 담긴 수많은 서판들을 모으고 해독하고 분류했다. 1950년대까지 암호 해독자들은 물질적인 증거들을 모으는 데만 집중했는데, 발견되는 증거들은 대부분 복잡한 숫자판들뿐이었다. 따라서 현대의 대수학 방정식에 대입하는 것 말고는 달리 방법이 없어 보였다.

1980년대가 되어서야 비로소 역사가들은 무익하고 보람 없는 조사를 접고 새로운 질문을 던지기 시작했다. 더 많은 증거를 수집하거나 더 세밀한 부분을 파고들기보다 바빌로니아인들의 실제 삶과 생각을 이해하려는 관점에서 고대의 증거들을 재해석하기 시작했다. 그러자 점토 서판 위에 새겨진 숫자와 문자에서 새롭고 방대한 정보가 드러났다. 바빌로니아인들의 전통적인 방식을 새롭게 이해함으로써 학자들은 고대인들의 평범한 삶과 일상적인 활동이 미래 과학에 중대한 영향을 미쳤다는 결론에 도달했다.

점토 서판에서 공식적인 문서의 형식을 발견할 수는 없었지만, 바빌로니아인들은 관료주의적인 방식을 사용했던 것으로 보인다. 이들은 기록들을 보관했을 뿐 아니라 조직화된 사회를 관리하기 위해서 수학적인 기술을 개발하여 장부를 기록하거나 관개 시스템을 설계하였으며, 토지를 구획별로 나누기도 했다. 지역 통치자를 중심으로 형성된 관료적 특권층이 지역의 지배권을 가졌는데, 이들은 문자와 수학 체계를 공유하면서 더욱 긴밀한 유대관계를 유지했다. 학생들은 산술을 배우고 측량용 막대나 줄과 같은 실용적인 도구의 사용법을 익혀야 했다. 선생들은 학생들의 집중력을 높이기 위해서 무역이나 농업 그리고 전쟁 등의 현실과 추상적인 산술 개념을 결합한 시나리오를 구상하여 수업 교재로 사용했다. 이를테면, 한 밀사가 왕에게 보낸 편지에는 기근을 해결하기 위해 곡물을 수입하려고 무던히 애썼으나 실패했다는 내용이 담겨 있었는데, 계산이 쉽게 맞아 떨어지는 것은 편지의 내용이 실제가 아니라 수업용 교재였음을 암시한다.

1구르(약 300리터)당 은 1세켈의 비율로 곡식을 교환하므로, 곡식을 구매하는 데 은 20달란트가 들었습니다. 그런데 적장 마르투가 우리 영지로 들어왔다는 소식을 들었습니다. 그래서 저는 구입한 곡식 7만 2000구르(이 교재를 쓴 사람은 첫 문장에서 친절하게 정답을 알려주고 있다)를 가지고 돌아가려 했으나……(중략) 마르투가 버티고 있어서 곡물을 타작하기가 어렵습니다. 마르투가 워낙 강해서 저는 아무 것도 할 수 없었습니다.

'하우스 에프House F'는 탁월한 교육이 이루어졌던 장소의 이름치고는 그리 인상적이지 않다. 2차 세계대전이 끝나자 미국의 고고학자들은 19세기 동안 중지되었던 추가 발굴을 위해 오늘날 이라크 남쪽에 있는 고대 도시 니푸르를 다시 방문했다. 하우스 에프 유적지에서 학자들은 매우 중대한 사실을 발견했다. 폐기된 서판들이 의자를 만들거나 건물을 보수하는 데 쓰였던 것이다. 덧칠된 회반죽을 벗겨내자 숫자와 문자들이 적힌 서판의 모습이 드러났다. 학자들은 서판을 회수한 위치를 체계적으로 기록하고 바그다드에 있는 박물관과 미국의 대학으로 서판들을 옮겼다. 그곳에는 아직도 상당수의 서판들이 남아 있으며, 발견된지 50년이 지나서야 몇몇 학자들의 세심한 노력으로 미흡하나마 목록이 완성되었다.

하우스 에프는 기원전 18세기 무렵에 건설되었다. 습기에 약한 점토로 지어진 이 건물은 25년마다 재건축된 것으로 보였다. 전문가들은 각종 목록이나 표가 적힌 서판들이 많은 것으로 미루어 이 건물이 아이들에게 읽기와 쓰기 그리고 산술을 가르치던 학교였다고 결론지었다. 건물 내부에서 사발과 빵 굽는 오븐도 발견되었다. 실제 강의는 안마당에서 이루어졌고, 이곳에는 낡은 서판들을 재활용하기 위한 저장소도 있었다. 발견된 서판들 중에 서툰 글씨로 적힌 조잡한 서판들은 학생들이 서판 제작을 배우고 있었다는 사실을 암시한다. 이 서판을 만져보면 수천 년 전에 살았던 누군가의 손길이 느껴지지 않을까?

하우스 에프에서 이루어진 수학 교육은 법률이나 재정적인 논쟁을 해결할 수 있는 능력을 갖춘 필경사(인쇄술이 발명되기 전 글씨 쓰는 일을 직업으로 하는 사람-옮긴이)를 양산하는 데 초점이 맞춰졌다. 미터법이 도입되기 전 라드rods, 폴poles, 퍼치perches와 같은 복잡한 단위에 쩔쩔맸던 빅토리아 시대의 아이들처럼 메소포타미아 시대의 아이들도 단위 환산법을 배우는데 많은 시간을 보냈다. 그리고 무역, 법률, 농업 등과 관련된 현실적인 문제들을 해결하기 위해 곱셈과 나눗셈이 적힌 긴 표를 외워야만 했다. 선생들은 추상적인 지식뿐만 아니라 실질적인 실습도 강조했다. 교과서로 사용된 서판에는 학생들의 이해를 돕기 위한 선생의 훈계가 적힌 것도 있었다. '서판을 베껴 쓴다고 의미를 다 알 수는 없다. 밭을 배분하러 나가서 줄이나 막대를 사용할 줄 모르면 밭 모양도 알 턱이 없다. 게다가 서로 억울하다면서 싸움이 붙은 사람들이 너희를 찾아오면 중재는커녕 싸움만 부추기고 말 것이다.'[2]

견습 필경사들은 점토와 물을 섞는 방법뿐 아니라 나뭇잎이나 잔가지 등 이물질을 걷어내는 방법도 배웠다. 강가의 갈대를 꺾어 분필의 4분의 1정도 굵기로 갈대펜을 만들고, 젖은 점토를 발로 밟아 농도가 일정하고 유연한 서판을 만들었다. 수업 중에는 점토 덩어리를 편평한 타원형의 판으로 만든 다음 갈대펜의 날카로운 끝부분을 이용해 수직과 수평의 선을 그어 숫자를 표시했다. 우리가 펜글씨를 배우는 것처럼 갈대펜을 사용하는 방법도 배워야했다. 선의 마무리는 갈대펜의 각도에 따라 매우 민감하게 달라졌다. 각 문자의 선을 매끄럽게 마무리하고 서판의 크기와 균형을 맞추는 일은 세심한 주의가 필요한 일이었다. 학생들은 점토 서판에 기호를 새겨 넣으면서 표면이 마르지 않도록 계속 물을 뿌려주었고, 실패한 서판들은 재활용 통에 넣고 새 점토와 물을 섞어 다시 사용했던 것으로 보인다.

메소포타미아인들이 원료로 사용했던 점토나 갈대는 수를 세는 진법의 체계에도 영향을 미쳤다. 10이나 100단위의 십진법에 익숙한 현대인에게는 신기하게 보이지만, 그들은 60진법을 사용했다. 갈대펜으로 수를 써 보면(빨대를 사선으로 잘라서 써 보면 알 수 있듯) 60진법이 훨씬 적합하다는 사실을 알 수 있다. 바빌로니아인들은 기본적으로 두 가지 기

---

2. 엘리노어 롭슨Eleanor Robson, 『도량형을 넘어 : 고대 바빌로니아 필경학교의 수학 교육 More than Metrology : Mathematics Education in an Old Babylonian Scribal School』. 존 M. 스틸레John M.Steele와 아네트 임하우젠Annette Imhausen, 『하나의 하늘 아래 : 고대 근동의 천문학과 수학 Under One Sky : Astronomy and Mathematics in the Ancient Near East』(뮌스터 : 우가리트 출판사, 2002년).

호를 사용했는데, 1의 자리의 숫자는 수직으로 배열하고 10의 자리의 숫자는 수평으로 배열했다. 사람의 눈으로 세 개까지 한 번에 구별이 가능하다는 점을 감안하여 처음 9까지의 숫자는 세 개씩 한 묶음으로 하여 아래로 써 내려갔다. 수직으로 표시한 일의 자리 아홉과 수평으로 표시한 십의 자리 다섯 개 한 묶음(숫자59)이 채워지면 60부터 왼쪽으로 자리수를 늘린다.

바빌로니아인들의 수 표기법과 가장 근접한 현대의 장치는 디지털 시계다. 시계 화면에서 60초가 넘어가면 분의 자리, 즉 한 칸 왼쪽으로 올림이 되기 때문이다. 마이크로 전자공학 장치와 점토판의 숫자는 엄연히 다르지만, 이미 수천 년 전에 개발된 셈 방식을 이어받은 바빌로니아인들의 수 체계는 점토나 갈대와 같은 원재료와도 잘 어울렸으며 매우 효율적인 방법이었다. 원의 각을 360°라고 명시한 현대 기하학의 수 체계도 유클리드나 그리스 철학가들이 창시한 것이 아니라 메소포타미아의 측량사와 회계사들이 써 놓은 점토 서판에서 유래했다.

고대의 서판들 가운데 불과 500년 밖에 되지 않은 것이 있다는 사실을 알고 나면 새로운 관점에서 시간의 흐름을 볼 수 있다. 시간을 축약해서 보는 것은 유럽 문화를 연구하게 될 미래의 역사가들이 코페르니쿠스와 우리를 동시대인으로 여기는 것과 다를 바 없다. 지금은 바빌로니아 문명이 한 덩어리의 문명처럼 보이지만, 별을 관찰하던 기원전 8세기로부터 수많은 아이들이 하우스 에프에서 셈을 배우던 1000년이라는 세월 속에는 여러 갈래의 역사가 깃들어 있다. 우리가 쉽게 단축해버린 1000년이라는 시간 동안 하늘 관찰자들이 하늘에서 일어나는 일들을 세세히 관찰하고 수많은 정보를 서판에 기록했기 때문에 엄청난 천문 지식이 고스란히 전해질 수 있었다. 바빌로니아 학자들은 자신들의 관찰과 생각들을 상징적인 기호로 점토판에 기록했고, 뒤를 이은 후손에게 뿐만 아니라 수천 년이 지난 지금까지 우리의 삶에 영향을 미치고 있다.

유물의 단편들을 해독함으로써 고고학자들은 바빌로니아인들의 신념에 관한 방대한 정보들을 하나하나 끼워 맞춰 나갔다. 하지만 안타깝게도 서판들은 모든 것을 보여주지 않았다. 전문가들조차도 교육받은 특권층 이외의 평범한 사람들의 일상은 밝혀내지 못했다. 게다가 별에 관한 수많은 기록을 해독했지만, 별들의 위치를 측정하는 데 사용한 도구조차도 알아낼 길이 없었다. 다만 해시계의 바늘과 유사한 일종의 선형 막대를 사용한 것으로 추측될 뿐이다.

학자들은 이름이 적힌 서판들을 모아 제작자별로 목록을 만들 수 있었지만, 궁정과 사원에 소속되어 있던 관찰자들의 기록만으로는 이들의 전반적인 능력을 평가할 수 없었다. 왜냐하면 바빌로니아인들은 과학과 종교, 이성과 영성, 천문학과 점성술의 범주를 구별하지 않았기 때문이다. 초기의 별 관찰자들에게 있어서 별은 풍요와 기근, 전쟁과 평화와 같은 징후를 알려주는 하늘의 거룩한 안내서와 같았다. 이들은 별의 움직임을 읽고, 제물로 바친 짐승의 간 상태를 조사해서 여러 징후들을 예측했다. 그리고 재난이 임박했다고 판단하면 적절한 의식을 수행했다. 별 관찰자들은 왕을 폐위시키거나 새로운 궁전을 지으라는 지시를 내릴 수 있을 만큼 영향력이 막강했다.

처음에 바빌로니아인들은 하늘의 변화를 단순히 기록하다가 점차 그 변화의 시기도 예측하게 되었다. 학구적인 가문이 통치했던 기간 동안 방대한 정보를 축적했기에 가능한 일이었다. 약 100만 건에 이르는 관측 중 3분의 1이 기원전 8세기에서 기원후 1세기 사이에 축적된 것이며, 이는 역사상 가장 긴 기록물이다. 바빌로니아인들은 이 기록을 검

토하면서 하늘에서 반복적으로 일어나는 순환의 패턴을 알아냈고, 태양과 달을 비롯한 여러 별들의 움직임을 예측할 수 있었다. 수학자들은 그 중 매우 정교하게 분석한 기록을 통해 태양이 1년간 하늘을 가로질러 움직이는 속도를 계산하고 이 속도를 행성들의 다양한 움직임과 맞춰나갔다.

고대 천문학에는 몇 가지 특이한 점이 있다. 우선, 현대 천문학자들과는 달리 바빌로니아의 별 관찰자들은 천문학적 계산법을 별들의 궤도를 그리는 데 이용한 것이 아니라 하늘의 움직임이 개인의 삶에 어떤 영향을 미치는지 알아내는 데 이용했다. 당시 천문학자들은 정치적인 격려와 지원도 받았지만 알렉산더 대왕의 침략과 같은 중대사의 징후를 찾아내는 책임도 감당해야 했다. 또 하나는 하늘과 땅을 가르는 기준이 오늘날과 달랐다는 점이다. 바빌로니아인들은 대기를 별과 같은 범주로 생각했고, 기상 현상으로 발생하는 구름을 일식이나 행성 또는 유성과 같이 하늘의 신비로운 현상으로 여겼다(기상학meteorology이라는 이름도 유성meteor에서 유래했다). 이러한 자연현상 분류법은 17세기 말에 이르도록 유럽인들의 사고를 지배했다.

하지만 그리스인들은 바빌로니아인들의 산술적 접근법을 따르지 않았다. 그리스 철학자와 천문학자들은 기하학적으로 우주를 생각했다. 그들은 지구 둘레를 돌고 있는 별들이 마치 가상의 천구 표면 위를 항해하는 것과 같은 3차원적인 모습으로 우주를 표현했다. 반면에 바빌로니아 수학자들은 우주를 산술이나 대수적으로 생각했고, 전통적인 기법을 개선해서 문제를 풀어나가는 대가적인 면모를 보여주었다. 바빌로니아의 별 관찰자들은 하우스 에프에서 아이들이 땅의 면적을 구하거나 배수로의 도면을 그리고 댐의 구조를 파악하기 위해서 배운 산술 기술을 하늘에도 적용했다. 그들은 3차원의 기하학적인 도표를 그리는 대신 복잡한 곱셈과 나눗셈식을 이용하여 관측 자료들과 별들의 위치에 관한 긴 산술식을 만들었다.

이집트에 남아 있는 바빌로니아인들의 방대한 관찰 기록과 계산법은 그리스 천문학자들에게도 매우 가치가 있었을 뿐 아니라 현대 천문학의 토대가 되었다. 오늘날까지 그대로 남아 있는 중요한 자료 가운데 하나가 황도 십이궁에 관한 정보다. 3이나 4로 나눠지고 바빌로니아의 60진법과도 잘 어울린다는 점에서 12라는 숫자는 다재다능하다. 12라는 수 덕분에 원의 각도를 360°로 나눌 수 있었고, 원의 각은 지금도 유효하다. 바빌로니아인들은 하늘을 12구역으로 나누었다. 그리고 각각의 구역에 음력월과 별자리 이름을 하나씩 대응시켰다. 라틴어 번역본에서 보면 하늘의 12구역은 양자리나 황소자리와 같이 오늘날 신문의 별자리 운세로 친숙한 십이궁도로 표현되었다. 이렇듯 12라는 숫자가 합리적인 수임에도 불구하고 바빌로니아인들이 세운 천문학적 체계의 다른 측면은 현대 과학에서 배제되었다.

오늘날 사용하고 있는 시간 기록법도 바빌로니아 학자들이 수립해놓은 체계에 바탕을 두고 있다. 60을 시간의 기본단위로 설정한 것도 그렇거니와 1주일을 7일로 정한 것이나 태양과 달의 움직임에 근거해서 합리적인 달력을 만든 것도 바빌로니아인들이었다. 29.5일의 음력월을 가지고 365일이 약간 넘는 태양력을 맞추기 위해 바빌로니아인들은 3년마다 하나의 달, 즉 13월을 추가하는 것으로 문제를 해결했다. 오늘날에는 긴 달과 짧은 달 그리고 윤년을 정하여 태양력을 맞춘다.

달을 기준으로 시간을 기록하는 방법은 유대력과 기독교 종교 달력의 토대가 되었다. 그림 2는 『기도서Book of Hours』에 나오는 9월의 그림

그림 2 | 『베리 공의 성무 일과 : 9월 Les tres riches heures du Duc de Berry : September』. 랭부르 형제 Limbourg brothers, 약 1412–1416년.

이다. 이 책은 15세기 경 어느 부유한 귀족의 의뢰로 매일 일정한 시각에 행해지는 예배의식을 알리기 위해 만들어졌다. 양피지에 강렬하고 선명한 파랑, 빨강 그리고 황금색으로 채색된 삽화가 그려져 있다. 소뮈르 성에 딸린 포도밭에서 포도를 수확하는 농부들의 표정은 금단의 열매를 탐닉하는 듯하다. 허리를 숙이고 일하는 농부들과 기지개를 펴는 여인의 모습이 가을날의 정경과 어우러져 아주 세밀하고 인상적으로 그려져 있다. 기독교인들에게 중요한 의미를 가지는 것은 그림 상단에 있는 반원형의 달력이다. 이 달력은 매해 기독교의 축일을 계산할 수 있는 달력이다.

이 달력은 고대인들의 영향력이 유럽 문화에 어떻게 녹아들었는지를 단적으로 보여준다. 가장 바깥쪽과 안쪽의 반원에는 12세기에 유럽으로 전해져서 오늘날까지 사용하고 있는 아라비아숫자가 쓰여 있다. 그 사이에 라틴어로 적힌 두 개의 반원 띠는 두 가지 의미로 해석된다. 11월과 12월(November와 December는 라틴어의 ninth와 tenth에서 유래)을 의미하기도 하고, 라틴 숫자를 나타내기도 한다. 가운데 폭이 넓은 호안에 있는 십이궁도의 처녀자리(왼쪽)와 천칭자리(오른쪽)는 당시 바빌로니아의 천문학적 지식 수준을 보여준다. 반원 중심에서 두 번째와 세 번째 띠는 바빌로니아 19년 달력을 옮겨 놓은 것이다. 달의 모양은 암호처럼 배열된 알파벳 철자와 연결되어 있다. 열아홉 개의 숫자의 의미를 알고 있는 성직자들은 매년, 매달에 신월新月이 뜨는 날짜를 계산할 수 있었다.

오랫동안 바빌로니아의 사상을 주도해왔던 별 관찰자들은 종교적인 이유나 권력을 잡기위한 목적으로 별의 움직임을 예언하는데 심혈을 기울였다. 오늘날에는 천문학이 엄연한 과학의 한 분야로 인정받고 있다. 그러나 천문학이 수천 년 동안 예언이나 제사 혹은 음악과 밀접하게 연결된 지식이었다는 점에서 볼 때, 과학의 역사와 관련된 문헌들에서 종교적 의식의 장면들이 등장하는 것도 이해할 만한 일이다. 고대 메소포타미아 문명의 과학과 현대 과학을 직접 연결하는 고리는 없지만 바빌로니아의 천문학 지식이 이집트를 방문한 그리스 철학자들을 통해 발전되지 않았다면 현재의 별자리 지도와 측량은 전혀 다른 모습을 띠고 있을지도 모른다.

영웅 : 선택받은 지식과 진실

과학의 모든 공로는 처음 생각한 사람이 아니라
세상을 향해 그 생각을 납득시킨 사람에게 돌아간다.
– 프란시스 다윈Francis Darwin, 『우생학 개관Eugenics Review』, 1914년.

'역사history'라는 단어는 두 가지 의미를 가진다. 바로 '과거'와 '과거를 묘사한 방식'이다. 이상하게 들릴지 모르지만 역사가들은 동일한 사건이나 시기에 대해서 해석을 달리하기도 한다. 역사가들 모두가 과거의 사실을 묘사하지만, 표현하는 방식은 그야말로 독창적이기 때문이다. 과거의 사건을 설명하기 위해 역사가들은 주로 짜임새 있는 이야기를 만든다. 그들은 이야기의 시작과 끝을 정하고, 전쟁의 승리나 새로운 화학물질의 발견 혹은 혁명적인 이론의 발표와 같이 극적인 순간에 초점을 맞춘다. 허구의 세계를 하나의 이야기로 완성하는 소설가처럼 역사가들도 연속적인 과거에 플롯을 세우는 것이다. 그리고 역사가들도 자신들의 독자적 해석으로 탄생한 특별한 이야기 속으로 독자들을 이끌기 위해 사건의 주인공, 즉 영웅에 초점을 맞춘다.

　인물에 초점을 맞추는 풍토는 고대 그리스로부터 시작되었다. 고대 그리스인들은 이야기에 재미를 더하기 위해 영웅을 등장시켰다. 그들은 아킬레스나 아이네아스를 비롯하여 인간으로서는 결코 흉내낼 수 없는 능력을 가진 신화적인 거물들을 창조했다. 이와 마찬가지로 지저인 타월함을 높이 평가했던 그리스인들은 실존인물 중에서 학문적 위업이 비범했던 철학자들을 영웅으로 만들었다. 이러한 지적 영웅으로 누구를 꼽느냐는 것에는 여러 이견이 있었지만, 의미심장하게도 그 수는 7을 넘지 않았다. 오늘날 일반적으로 통용되는 견해 하나를 살펴보자.

　가장 위대한 7인의 그리스 과학자는 아르키메데스, 아리스토텔레스, 데모크리토스, 플라톤, 프톨레마이오스, 피타고라스 그리고 탈레스다.

　이 견해에 대한 명백한 반대 의견도 있다. 그 중 하나는 위에서 언급한 일곱 현자들 중에는 현재 유명하지 않은 사람도 있고, 이들보다 더 훌륭한 사람도 있다는 의견이다. 서양 의학의 아버지라고 칭송받는 히포크라테스는 왜 빼놓은 것일까? 현대 기하학의 창시자이며 뉴턴이 가장 사랑한 학자 유클리드는 왜 빠진 것일까? 비록 위와 같은 견해를 명시한 편집자의 개인적인 선택을 인정하더라도 '과학자'라는 단어를 사용한 데 대해서는 토를 달지 않을 수가 없다. 왜냐하면 당시에는 과학자라는 개념이 아예 없었기 때문이다. 그리스에서 최초로 등장한 개념이나 이론들이 수세기를 거치면서 널리 인정받고 과학의 영역으로 흡수된 것은 사실이지만, 위에서 나열한 일곱 사람은 현대의 과학자들처럼 서로의 목표를 공유하지도 않았으며 실험 기술에 관한 의견을 나누지도 않았다.

　위의 견해를 반박하는 또 한 가지 이유는 인물들을 단순히 알파벳순으로 늘어놓았다는 점이다. 연대순으로 다시 쓴다면 탈레스, 피타고라스, 데모크리토스, 플라톤, 아리스토텔레스, 아르키메데스, 프톨레마이오스가 된다. 첫 번째 인물과 마지막 인물 사이에는 무려 700년이라는 시간이 놓여 있다. 이런 식으로 시간을 압축한다는 것은 스티븐 호킹과 13세기 수도사 로저 베이컨을 동시대인으로 묶는 것과 같다. 그나마 호킹과 베이컨은 영국의 전통적인 두 대학교인 옥스퍼드와 케임브리지에서 연구했다는 점에서 지리적 공통점이라도 찾을 수 있지만, 그리스의 일곱 현자들은 서로 다른 시대에 태어난 것은 물론이고 활동한 지역도 제각각이었다. 탈레스는 터키의 한 해변에서 살았으며, 플라톤은 아테네에서 가르쳤고, 프톨레마이오스의 주 활동지는 이집트였다.

　오늘날의 관점에서, 그리스는 대표적인 몇 사람을 기준으로 크게 세 시대로 나뉜다. 우선 기원전 600년부터 기원전 400년까지를 일컬어 소크라테스 이전 시대라고 한다. 두 번째 시대는 그 후 100년 동안이며, 소크라테스의 제자인 플라톤이 아카데미를 설립하고 아리스토텔레스를 가르쳤던 아테네의 전성기를 말한다. 세 번째는 기원전 300년에서 기원후 200년까지를 일컬으며, 이 시기를 헬레니즘 시대라고 한다. 이 세 시기를 거치는 동안 아리스토텔레스의 걸출한 문하생이었던 알렉산더 대왕이 제국을 건설했고, 그리스 문명은 아프리카 북쪽 해안과 지중해 동부 연안에 이어 인도와 중국까지 뻗어나갔다. 그리스 철학의 영웅들은 이 세 시대 안에 모두 등장했다.

　플라톤이 상상한 지적 세계는 마치 올림픽 성화 봉송처럼, 한 주자가 뛰어난 지성知性의 성화를 다음 주자에게 넘겨주며 절대 진리를 향해 달려가는 탐구의 경기장이었다. 플라톤이 상상했던 매혹적인 지성 승계의 모델은 후대에서 구현되었다. 플라톤의 제자인 아리스토텔레스는 자신보다 2세기 전에 우주에 대한 새로운 시각을 펼친 탈레스로부터 지성의 성화를 이어받은 주자라고 주장함으로써 스스로의 지위를 굳혔다. 그로부터 2000년이 지난 후, 아리스토텔레스는 유럽의 학자들로부터 그리스 과학의 창시자로 추앙받게 되었다.

지성의 성화 릴레이라는 낭만적 이미지는 빅토리아 시대에도 여전히 인기가 있었다. 그리고 이러한 경향은 몇몇 유익한 점도 있었다. 역사가들은 획기적인 사건이 없었던 밋밋하고 지루한 시기에 드문드문 존재했던 대담한 발견자들을 지성 승계의 주자로 만들면서 과학의 역사를 편집했다. 사실 그리스의 현자들만 가지고는 이야기에 살을 붙일 수가 없었다. 왜냐하면 이들 사이에는 시간적으로 엄청난 간극이 존재했기 때문이다. 그리스 현자들이 쓴 원본이라고 남아 있는 것도 극소수에 지나지 않았고, 그나마 잔존하는 증거들도 훨씬 후에 재해석된 것들이었다. 몇 세기를 거치면서 본래의 이론들은 왜곡되었고, 현자들의 삶에 대한 자료마저 사라져버렸다. 이렇듯 편견에 치우치고 불완전한 자료들 속에서 신화와 사실을 구별하기란 여간 어려운 일이 아니다.

플라톤의 영웅중심적 사고방식으로 본 역사는 몇몇 뛰어난 남자들(가끔 여자도 등장하지만)을 천재로 승격시켰으나, 그보다 많은 인재들이 망각 속에 묻혔고 인간을 신화 속에 등장하는 신들과 동격으로 만들어 버렸다. 마치 현자들이 초인적인 두뇌를 가져서 세속을 초월한 사람인 것처럼 믿어버린 것이다. 그러나 과학과 철학은 현실과 동떨어진 것이 아니다. 정책, 재정, 인간관계 등의 사회적 환경은 현대의 학문 활동에 영향을 주는 만큼 그리스의 과학과 철학이 발달하는데도 막대한 영향을 미쳤다. 플라톤이 탈레스를 일컬어 별들을 분석하고 별들의 움직임을 예언하는 데만 너무 몰두하다가 우물에 빠졌다고 비난한데 반해, 아리스토텔레스는 탈레스가 올리브 풍작을 예감하고 압착기를 모조리 사들여서 부자가 된 통찰력 있는 사업가라고 주장했다. 아리스토텔레스도 자신의 우상인 탈레스의 이야기를 다소 과장했겠지만 어디까지나 한 인간의 행실을 풍자한 이야기일 뿐이며, 우물에 빠진 천재라는 플라톤의 주장보다는 오히려 설득력 있게 들린다.

고대의 과학 영웅들은 미래에 대한 선견지명이 있었다는 점에서 오늘날 존경받지만 정작 그들이 살아있는 동안에는 세간의 관심을 받지 못했다. 일례로, 아리스타르쿠스Aristarchus가 코페르니쿠스보다 훨씬 앞선 기원전 3세기경에 이미 지구가 태양의 주위를 돈다고 주장했다는 역사가들도 있다. 그러나 현대 이론과 우연히 일치했다는 이유로 아리스타르쿠스를 칭송하는 것은 무의미하다. 아리스타르쿠스의 이론은 당시에도 받아들여지지 않았으며 후대에도 큰 영향을 미치지 못했기 때문이다. 그 후로도 2000년 동안 천문학자들은 여전히 태양이 지구 주위를 돈다고 믿었다.

'최초'를 묻는 질문은 과학의 역사 안에서 빈번하게 등장한다. 레오나르도 다빈치가 헬리콥터와 비슷한 그림을 그리긴 했지만, 엉성한 스케치를 그리는 것과 실제로 하늘을 나는 헬리콥터를 만드는 것은 엄청난 차이가 있다. 즉, 레오나르도 다빈치가 뛰어난 천재일지는 모르지만 세계 최초의 항공 엔지니어는 분명히 아니라는 말이다. 마찬가지로 기원전 1세기에 알렉산드리아의 헤론(그리스의 헤론)이 증기로 돌아가는 회전구체를 최초로 만들었다는 주장도 있지만, 그렇다고 헤론을 18세기 영국에서 일어난 산업혁명의 주역으로 만들 수는 없다.

과학의 주인공을 영웅들로 제한한다면 온전한 과학의 역사를 말할 수 없다. 아킬레스나 아이네아스와는 달리, 그리스의 일곱 현자들은 특정한 시대와 특정한 장소에 살았던 실존 인물이었다. 따라서 그들의 위대한 사상과 작품이 탄생할 수 있었던 것은 각자가 처했던 사회적 환경과 요구 그리고 수많은 선생과 동료들의 도움이 바탕이 되었기 때문이다. 일곱 현자들 역시 돈을 벌고 후원자의 비위를 맞추며 신들의 노여움을 달래거나 정치적인 유익을 얻기 위해 노력했고, 심지어 지루함을 없애거나 실연의 상처를 극복하기 위해 생각에 몰두하고 작품을 썼으며 연구했다. 이들의 이론은 일종의 지적인 무無에서 시공을 넘나들며 탄생한 것이 아니라 끊임없이 개선되고 수정된 것이다. 뜻밖의 장소나 뜻밖의 시대에 이들의 이론은 훨씬 더 많은 관심을 받기도 했고, 때로는 이론의 상당 부분이 거부당하고 다른 이의 견해와 혼합되기도 했다. 그들이 살았던 시대의 문화적 배경 안에서 영웅들의 진정한 면모를 탐구하다보면, 위대한 천재는 태어나는 것이 아니라 만들어진다는 명제가 더욱 분명해진다.

어떻게 하면 그리스의 일곱 현자들을 과학의 짧은 역사 속에 포함시킬 수 있을까? 비록 세상에 대한 그들의 접근방식은 현대 과학자들과 매우 다르지만, 그들의 철학과 우주론 그리고 신학적 이론들이 기독교와 이슬람 학자들에 의해 변형되고 전파되면서 후대의 과학에 막대한 영양을 미친 것은 분명하다. 오늘날의 기준으로 잘못된 이론들이 수세기 동안 세상을 지배하기도 했고 옳은 이론들이 폐기되기도 했다. 다시 말해 그리스 철학자들의 영향력은 후계자들이 그들의 이론을 얼마나 받아들였는지에 따라 결정되었다. 오늘날의 시각에서 옳고 그름을 따지는 것은 그들의 권위에 아무런 영향도 미치지 못한다.

중요한 이론에만 초점을 맞추는 것은 과거를 단편적으로 해석하겠다는 의미인데, 여기에도 두 가지 방식이 존재한다. 일반적인 방식은 역사의 흐름 안에서 오늘날 옳다고 인정받은 지식들만 추려내는 것이다. 오늘날의 기준으로 판단해서 실수로 보이는 것들을 빼버림으로써 역사가들은 미신, 마술, 종교를 뛰어넘는 과학의 승리와 발달만을 이야기할 수 있다. 하지만 이 책에서는 당시 사람들의 일반적인 신념을 집중적으로 다루고자 한다. 즉, 판단을 배제하고 한 세대에서 다음 세대로 신념이 어떻게 전달되었는지 답사하는 것이다. 지금은 매우 기묘하게 보일 수도 있지만, 뛰어난 지력을 가진 남자와 여자들이 엄숙하게 지켜온 신념이라는 점에서 고대의 이론들은 진지하게 다뤄질 가치가 있다.

800여 년을 거치면서 그리스의 학자들은 과거로부터 관측 자료를 넘겨받기도 하고 독자적으로 엄청난 정보를 축적하기도 했다. 또한 이를 바탕으로 우주와 그 안의 피조물에 관한 이론을 발전시켰다. 이들의 종합적인 행위가 미래 과학에 어떤 영향을 미쳤는지 알아보기 위해 우주의 구조, 생명과 의학, 물질의 특성, 실용적 지식의 네 영역을 조명해 볼 것이다. 현대의 관점에서 보면 고대의 유산들 중에는 더러 이상해 보이는 것들도 있고 후대의 수많은 문명들에 의해 약탈당하거나 흡수되고, 변형된 것들도 많다. 그러나 네 영역에 대해 그리스 문명이 남긴 유산이 방대하다는 점만은 분명하다.

우주 : 신이 쓴 거대한 수학책

과학자들은 이론을 검증하기 위해서 실험을 한다. 적어도 이론상으로는 그렇다. 그러나 우주의 작동 원리에 대한 이론적인 예측들은 관찰로 얻은 증거들과 빈번하게 충돌해왔다. 이론과 관찰의 충돌은 그리스 학자들에게도 골칫거리였다. 심지어 플라톤은 자신이 주장한 우주 모델에 일곱 개의 장애가 있다는 사실을 알고 있음에도 불구하고, 우주가 질서정연하며 수학적으로 조화롭다고 주장했다. 불규칙적인 운동을 하는 일곱 개의 별은 당시의 철학뿐 아니라 상식에도 위배되었다. 그나마 변덕스러운 별들의 운동을 이론적으로 완벽한 하늘에 억지로 끼워 맞춰 '모양새라도 만들어보려고' 노력했던 그리스 천문학자들 덕택에 이 모델은 뉴턴 시대에 이르기까지 우주론을 지배했다.

플라톤은 2세기 전 피타고라스가 물려준 정량적 접근법에 편승했다. 오늘날 피타고라스는 직각삼각형에 대한 정리로 알려져 있지만, 실제 그 정리를 발견한 사람은 피타고라스가 아니다. 직각삼각형의 빗변과 다른 두 변의 속성은 바빌로니아인들도 이미 알고 있었다(간단히 설명하자면, 직각삼각형의 직각을 이루는 양쪽 변의 길이가 3과 4단위길이라면 직각과 마주보는 빗변은 5단위길이가 된다. $3^2+4^2=5^2$이기 때문이다). '기하학geometry'의 본래 의미는 '땅을 측량하다'이다. 그리스의 수학자들은 실용적인 측량 문제를 추상적인 기하학 도표로 만들어버렸다. 초기에는 바빌로니아의 어린 이들이 하우스 에프에서 배우던 기술에 의존했지만, 차츰 지식의 실용적 가치가 아닌 지식 그 자체에 매료되어 이론적이며 수학적인 지식을 발달시켰다.

현대 과학자들과 마찬가지로 피타고라스와 그를 따르던 무리는 수학이 우주를 이해하는 열쇠라고 믿었다. 그들은 비밀 결사를 조직하여 도처에서 숫자를 찾아냈고, 그렇게 찾아낸 숫자들에 심오한 의미를 부여했다. 3, 4, 5단위길이를 가진 삼각형은 수적인 단순성 때문에 특히 더 매력적이었다. 마치 우주의 완벽함과 공명을 이루는 것처럼 보였다. 피타고라스학파에게 정량적 우주 접근법은 자아 개선을 위한 정신적 탐구의 일환이기도 했다. 물론 정량적 접근법은 논리적인 과학의 한 방법으로, 뉴턴이나 갈릴레오와 같은 저명한 이론가들의 마음도 사로잡았다. 이러한 이론가들은 삼각형과 원을 비롯한 여러 기하학적 도형들의 수학적 언어를 이용하여 신이 쓴 거대한 책이 바로 우주라고 생각했다. 수학적 과학의 권위에 대한 신념도 신을 넘어서지 못한 것이다.

피타고라스는 과학의 방향을 바꿔 놓았지만, 정작 그의 관심사는 음악이었다. 그는 음계 사이에 단순한 수학적 비율이 존재한다는 것을 입증하기 위해 세심하게 측량했다. 이를테면, 현의 길이가 반으로 줄면 한 옥타브 높은 음조를 낸다는 사실을 깨달은 것이다. 하지만 피타고라스에게는 이론을 정립하고 완성하는 일이 일상적인 현실보다 더 중요했다. 그렇다고 그가 주장한 이론에 대한 실험 결과를 모두 얻었던 것은 아니었다. 숫자의 신비로운 관계를 탐구한 피타고라스학파는 지상의 음악에서 발견한 수학을 우주로 확장하여 별들 사이에 존재하는 조화로운 비율을 밝히려고 노력했다. 이처럼 그리스인들이 선호했던 천문과 산술 그리고 음악과 마법의 결합은 17세기 동안 유럽 전역에 만연했다.

특별한 우주론적 모델이 주목을 받는 데 결정적인 역할을 한 사람들이 있었다. 바로 아테네의 전성기에 살았던 플라톤의 제자 아리스토텔레스와 이로부터 500년 후 등장한 헬레니즘 시대의 프톨레마이오스가 그들이다. 그리스의 다른 철학자들과는 달리 이 두 사람은 엄청난 분량의 기록을 남겼으며, 이 기록들은 중세 유럽의 학자들에게 널리 읽혔다. 두 사람의 삶에 대해서는 알려진 바가 거의 없지만, 이들의 우주론적 이론들은 막강한 영향력을 행사했다.

아리스토텔레스는 피타고라스학파가 주장한 특수한 숫자나 수학적으로 해석한 우주론을 달가워하지 않았다. 게다가 그는 정확한 관찰보다는 생각의 힘을 더 신뢰하는 이론적인 천문학자였다. 어떻든 간에 아리스토텔레스는 바빌로니아인들이 축적한 방대한 측량 자료는 거들떠보지도 않았다. 피타고라스학파와 플라톤이 애용한 수학적 접근법을 거부한 아리스토텔레스는 우주를 전혀 다른 속성의 뚜렷한 두 개의 영역, 즉 하늘과 지상(라틴어의 '달 아래'라는 의미의 서브루나sublunar라고 부르기도 했다)으로 나누었다. 아리스토텔레스에 따르면 하늘은 안정적이고 질서정연하며, 신비로운 천상의 물질로 채워져 있고, '부동의 동자Unmoved Mover, 不動一動者, 자신은 움직이지도 변화하지도 않으면서 다른 존재를 움직이고 변화시키는 존재라는 뜻 – 옮긴이)'에 의해서 완벽한 원을 그리며 영구히 회전하고 있다. 반면에 지상, 즉 땅으로 이루어진 구체는 타락과 죽음의 속성을 가지며, 지상의 모든 물체는 초자연적인 힘이 방향을 바꾸지 않는 한 위로 올라가는 연기와 아래로 떨어지는 돌처럼 상하 운동밖에 할 수 없다.

아리스토텔레스의 우주론은 하나의 논리적인 총체로써 드러난 것이 아니라 그의 저서들 여기저기에 흩어져 있다. 그러나 하늘과 지상을 나눈 이분법적 우주론은 코페르니쿠스가 우주의 중심에 태양을 앉혀 놓은 17세기까지 세상을 지배했다. 아리스토텔레스의 우주론이 이토록 긴 생명력을 가질 수 있던 것은 많은 사람들이 그 이론에 동의했고, 실제로도 유익했기 때문이었다. 지구가 정지되어 있다는 개념은 의심할 여지가 없는 진리처럼 보였다. 머리 위로 쏘아올린 화살이 다시 제자리로 떨어져 쏜 사람을 맞추는 것은 지구가 움직이지 않고 같은 자리에 있기 때문이라는 아리스토텔레스의 논리가 정당하게 보인 것이다. 게다가 아리스토텔레스의 우주는 유럽 기독교와도 호의적이었다. 부동의 동자는 기독교의 신으로 받아들여졌다. 16세기에 수정된 그림 3은 중심에 지구가 있고, 그 둘레에 일곱 행성의 궤도가 그려져 있으며, 각 행성의 이름과 상징이 정의되어 있다. 고정된 별과 투명 구체(나중에 이론적으로 첨가한 것이다)를 지나 가장 바깥쪽의 원에 적힌 '최초의 운전자The first Mover'는 바로 신을 뜻했다.

우주를 직관적으로 바라본 이 견해는 결국 일곱 배반자, 다시 말해 일곱 행성의 변덕스러운 움직임 때문에 실패했다. 일곱 행성들은 마치 지구로부터의 거리가 서로 다른 것처럼 다른 속도로 움직였고 밝기도 달랐

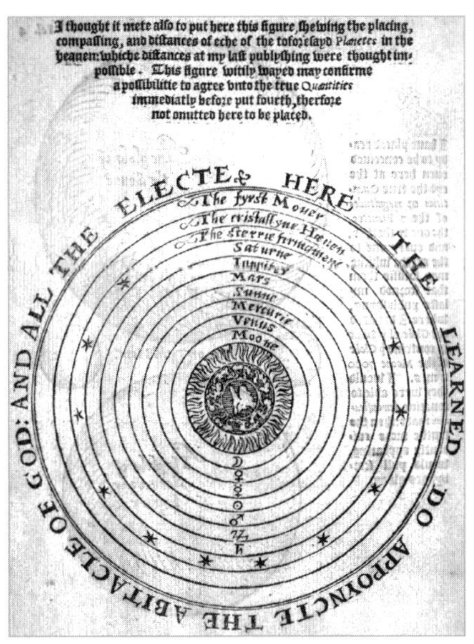

그림 3 | 기독교식으로 표현한 아리스토텔레스의 우주. 레오나드 디기스Leonard Digges, 『영원한 예지A Prognostication everlasting……』, 런던, 1556년.

다. 게다가 태양과 달에서 멀리 떨어진 별들은 정기적으로 멈춤과 운동을 반복했는데, 다시 정상적인 궤도대로 움직이기 전에는 늘 역행운동을 하고 있었다. 태양을 비롯한 별들이 지구 주위를 완벽한 원을 그리며 돌고 있다고 확신했던 천문학자들은 일곱 행성의 역행운동을 도무지 이해할 수 없었다. 물론 우주의 중심에 태양을 놓고 타원형의 궤도를 인정하고 나면 이러한 기현상이 벌어지는 이유를 쉽게 이해할 수 있다. 그러나 태양을 중심에 놓는다는 것은 당시로서는 상상할 수 없는 일이었다. 따라서 고정된 지구 주위를 일곱 행성들이 완벽한 원을 그리며 돌고 있다는 개념에 위배되는 어떠한 반론도 수세기 동안 허용되지 않았다.

일곱 행성들의 역행운동에 대한 아리스토텔레스의 해법은 훨씬 복잡했다. 별들이 동일한 속도로 움직인다는 근본적인 신념 때문이었다. 그가 구축한 완벽한 체계 안에는 지구 둘레를 다양한 방식으로 돌고 있는 55개의 투명한 동심 구체가 존재했다. 부동의 동자는 가장 바깥쪽의 구체가 영원히 돌도록 만들었고, 그 구체의 움직임은 안쪽의 투명 구체들에게 전달되었다. 일곱 행성들은 달과는 별개로 저마다 하나의 구체에 실려 움직였고, 이 행성들은 서로 간의 인력을 상쇄하기 위해 별도의 구체들을 동반하고 있었다. 흥미로운 사실은 아리스토텔레스의 제자 덕분에 그의 복잡한 모델이 수정될 수밖에 없었다는 점이다. 마케도니아에 잠시 체류했던 아리스토텔레스는 장차 대왕이 될 알렉산더 왕자를 가르쳤다. 알렉산더의 제국이 동쪽으로 영토를 확장하자 그리스의 기하학적 천문학자들은 바빌로니아의 엄청난 관측 자료를 접하게 되었고, 아리스토텔레스의 우주가 아무리 그럴 듯하게 보여도 수정하지 않으면 안 된다는 사실을 깨닫게 되었다. 바빌로니아의 유산은 그리스의 우주론을 완전히 뒤바꿔놓았고, 비로소 기하학은 세밀한 정보를 바탕으로 정확한 정량적 체계를 제시할 수 있게 되었다.

하지만 그리스인들은 뿌리 깊이 각인된 원형 운동의 개념을 쉽게 포기하지 못했다. 마침내 헬레니즘 시대에 이르자 수학자들은 어설픈 땜질을 시작했다. 후발 주자로 등장한 프톨레마이오스Ptolemy는 생애에 대해 알려진 바가 거의 없는 수수께끼 같은 인물이었다. 그는 알렉산더 대왕이 건설한 이집트의 도시 알렉산드리아에서 평생을 살았으며, 기원후 170년경에 사망한 것으로 추정된다. 중세의 화가들은 왕관을 쓴 프톨레마이오스의 모습을 그리곤 했는데, 이는 수백 년 간 이집트를 통치했던 프톨레마이오스Ptolemies 왕과 혼동했기 때문이다. 프톨레마이오스는 아리스토텔레스의 복잡한 우주 모델을 새롭게 변형시킨 영웅으로 자신을 부각시키는 데 성공했지만, 기존의 모든 지식을 마치 자신의 연구 성과처럼 내세우는 오만을 범했다.

프톨레마이오스의 방대한 지식은 이슬람 왕국에 이어 유럽에까지 전파되면서 아리스토텔레스 이후의 천문학을 지배했다. 아랍어로 『알마게스트Almagest』라고 불리는 그의 저서에는 1000개가 넘는 별이 목록이 실려 있으며, 일곱 행성들의 움직임을 예측한 기하학적 도표와 숫자 표도 많이 등장한다. 그리스의 이론과 바빌로니아의 관찰을 기반으로 프톨레마이오스는 행성의 움직임을 예측한 기하학적 모델을 만들었다. 이 모델을 위해 프톨레마이오스는 아리스토텔레스의 보물 같은 교리 하나를 제물로 바쳤다. 행성들이 동일하게 움직인다는 아리스토텔레스의 주장을 과감히 포기한 프톨레마이오스는 원을 그리며 움직이되 속도가 다른 행성 모델을 제시했다.

프톨레마이오스는 하늘을 관찰할 때 사용했던 도구에 대한 자부심이 컸다. 그는 고리 모양의 구체를 유독 자랑했는데, 이 모델의 기본 구조는 몇 세기 동안 그대로 유지되었다. 그림 4는 유럽인들이 사용하던 축소형 모델이다. 몇몇 이론에 대해서도 그랬던 것처럼, 프톨레마이오스는 이 고리 모양의 구체를 스스로 개발했다고 주장했지만 물려받았을 공산이 크다. 눈금이 새겨진 커다란 고리(천구의)를 통해 지구를 둘러싸고 있는 천구상의 가상 좌표를 읽을 수 있는 것으로 보건대, 이 도구는 우주 모델로써 사용되기도 했지만 측정 장치로 사용했을 것이다(그러나 이 견본은 조잡하고 너무 작아서 정확한 측정이 불가능했다). 이 도구의 주요 장점은 장황한 계산을 하지 않고도 천구상의 별의 좌표(천구상의 위도와 경도)를 알 수 있다는 점이다. 행성들의 중심에 태양이 있다는 사실을 믿게 된 후에도 오랫동안 항해사들은 프톨레마이오스식 천문학을 활용

그림 4 | 고리 모양의 천구의. 14세기 작품으로 추정, 나무받침은 나중에 추가됨.

했다. 과학이 입증한 사실이 무엇이든 간에 바다 한가운데서 항로를 계산을 할 때는 태양이 지구 주위를 돈다고 생각하는 것이 훨씬 더 편리하기 때문이었다.

프톨레마이오스는 측량한 바에 부합하는 믿을 만한 예측을 제시하고 일부 행성들의 역행운동을 설명하기로 결심했다. 그러나 간단하게 설명할 문제는 아니었기에 그가 만든 모델의 도표들은 복잡한 기하학 수식들로 가득 찼다. 그 결과 원 운동이라는 개념은 그럭저럭 유지할 수 있었다. 프톨레마이오스가 제시한 혁신적인 개념은 각각의 행성이 작은 원을 그리며 운동을 하되 그 원들의 가상 중심은 지구를 중심으로 한 커다란 원 위에 있다는 것이다. 프톨레마이오스의 개념이 난해한 것은

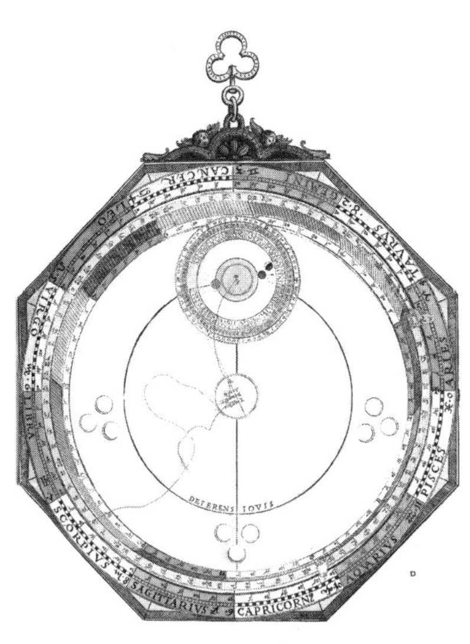

그림 5 | 목성을 설명하기 위한 프톨레마이오스의 주전원 이론을 보여주는 원형활주도표. 페트루스 아이파누스Petrus Apianus, 『아스트로노미콘 케사레움 Astronomicon Caesareum』, 1540년.

사실이지만, 철학과 신학이 추구한 완벽한 원형의 움직임을 실질적인 관찰과 결합했다는 점에서 가치가 있다. 그림 5는 16세기에 출판된 책에 실린 그림으로 천문학 도구를 그린 그림이다. 목성의 움직임을 설명하는 실제 원판 모형인데, 줄을 잡아당기면 상단에 있는 채색된 작은 원판이 돌아가도록 만들어졌다. 원판의 윗부분에 있는 목성이 작은 원(주전원)을 따라 돌고, 그 원은 다시 큰 원(목성의 수정관Deferens Jovis이라는 이름이 붙어 있다)의 주위를 돌기 때문에 전체적으로 목성은 고리 모양의 운동을 하는 것처럼 보인다. 천천히 줄을 잡아당겨 작동시키면 실제로 하늘에서 목성이 역행하는 모습을 연출할 수 있다.

프톨레마이오스가 결정한 별들의 순서 역시 작위적인 것임에도 불구하고 수세기 동안 그대로 유지되었다(그림 3 참고). 행성들의 바깥쪽에는 고정된 별들이 있는데, 후대의 신학자들은 이 별들을 여러 개의 그룹으로 나누었다. 프톨레마이오스는 고정된 별들의 안쪽에 이들의 움직임과 가장 비슷하게 보이는 토성, 목성, 화성을 나란히 놓고, 지구와 연결된 것처럼 보이는 금성과 수성 그리고 달은 더 안쪽 궤도에 배치했다. 그리고 주전원이 없는 유일한 행성인 태양을 두 그룹 사이에 놓음으로써 프톨레마이오스는 만족스러운 대칭적 우주를 만들었다. 중세의 학자들은 태양을 양옆으로 세 개의 나라를 거느린 왕으로 비유하기도 했다.

프톨레마이오스는 앞과 뒤를 모두 보는 야누스 같은 사람이었다. 그는 점성술뿐 아니라 과거로부터 물려받은 천상의 구체들을 후대에 물려주었고, 현대 천문학자들처럼 정확한 기하학적 계산법도 주장했다. 바빌로니아와 그리스의 학자들처럼 프톨레마이오스도 하늘과 인간을 통합하는 전체론적 우주를 믿었다. 천문학자들은 단지 지적인 연구를 위해서만이 아니라 별들이 인간에게 미치는 영향을 밝혀내기 위해서 이들의 움직임을 관찰했다. 태양의 위치가 지상의 생명에 뚜렷한 영향을 미친다면, 다른 여섯 행성들도 마땅히 영향을 미친다고 여겼다. 신체의 각 부분이 특정한 행성이나 황도 십이궁의 별자리와 관련이 있다는 프톨레마이오스식의 점성술을 믿은 이슬람과 유럽의 의사들도 별에 대한 연구를 중요하게 여겼다. 우주론적 의학에서 인간의 일곱 시기는 일곱 행성과 일치한다. 윌리엄 셰익스피어가 『뜻대로 하세요!As You Like It』에서 언급했듯 달은 '가냘프게 울며 토하는' 갓난아이를, 토성은 '제 2의 유아기이자 망각'을 의미한다.

생명 : 구멍 뚫린 심장

하나님이 만드신 존재의 거대한 사슬이여!
사람과 천사와 짐승과 새와 물고기와 곤충과……
자연은 오묘하여라.
네 눈이 볼 수 없고 현미경으로도 볼 수 없는
무한히 작은 것으로부터
어떤 망원경으로도 볼 수 없는
무한히 높고 먼 것까지.

'나는 의사 아폴론Apollo의 이름으로, 아이스쿨라피오스Aesculapius의 이름으로, 히게이아Health와 모든 치료자의 권능의 이름으로 맹세하노라.' 사후 2000년이 지난 지금도 히포크라테스는 선한 의료 행위에 대한 서약으로 널리 알려져 있다. 실제로도 영웅적인 사람이었겠지만, 히포크라테스는 인위적으로 신비감이 더해진 영웅이기도 했다. 오늘날에도 안락사나 낙태에 대한 논쟁에서 그의 이름이 거론되지만, 서약을 포함해서 히포크라테스의 주장이라고 하는 많은 이론들은 사실 그의 추종자들이 지어낸 것들이다. 히포크라테스 혼자서 그 많은 치료법들을 발명했다는 것은 지나친 과장이다. 그는 다양한 치료법을 제시했던 그리스의 많은 의사들 중 한 사람에 불과하며, 소위 창시자라고 하는 사람들이 그랬던 것처럼 히포크라테스도 이전에 존재했던 지식을 전달했을 뿐이다.

소크라테스가 아테네에서 철학 제자들을 끌어 모으던 무렵, 히포크라테스는 그리스의 코스 섬에 의학 학교를 설립했다. 형식적인 의사 자격이라는 것이 없었으므로 자비를 내고 배우려는 학생들을 모으기 위해 히포크라테스 추종자들은 기존의 치료사들을 마술사로 폄하하고 자신들만이 진정한 의학 전문가라고 자랑했다. 히포크라테스의 후계자들은 앞선 의학 전문가들에게 물려받은 지식을 마치 히포크라테스의 독자적인 지식인 양 떠벌림으로써 그를 의학의 아버지로 만들었다.

히포크라테스학파가 질병의 상세한 기록을 남겼다는 점은 칭찬할 만하다. 그들은 실질적인 경험을 통해 상당한 자료를 축적했고, 이 자료를 바탕으로 원인을 알 수 없는 질병에 대해서도 진행 과정을 예측했다. 실제로는 환자들이 편하게 죽도록 도와주는 것 외에는 달리 할 수 있는 일이 없음에도 불구하고 이들은 마치 모든 질병을 통제하고 있는 것처럼 보였다. 비록 효과적인 치료법은 아니지만, 히포크라테스학파의 의사들은 건강을 유지하는 데 비중을 두었다. 현대의 의사들과 달리 그들은 일반적인 질병보다는 개개인의 특정한 체질에 초점을 맞추었다. 사람들에게 생명의 액체, 즉 체액의 균형을 유지해서 몸과 마음을 쾌적하게 만들 수 있는 맞춤식 처방을 제공했다.

환자 개인의 건강에 초점을 맞추는 방식은 18세기까지도 유럽 의학을 지배했다. 예방이라는 전략을 내세운 히포크라테스학파의 의사들은 환자 스스로 건강에 대한 책임을 지도록 유도하여 질병에 대한 무력감을 완화시켰다. 환자들(심리적인 질병을 앓는 환자들도 포함해서)은 증상의 변화를 매일 분석하고 몸과 마음의 균형을 회복하려고 애쓰면서 자신의 건강을 관찰했다. 의사에게 개인적으로 건강관리를 받고 싶어하는 사람들의 심리를 이용한 노련한 의사들은 부유한 상류층을 상대로 더 큰 수익을 챙길 수 있었다. 인간의 몸에 자기치유력과 균형을 유지하려는 본능이 내제되어 있다는 히포크라테스학파의 신조는 우주가 우연히 생겨난 것이 아니라 목적에 맞게 설계되었다는 사상을 내포하고 있었기에 철학적으로도 매우 호소력이 있었다.

고대 그리스의 일곱 현자들 중에서는 단 한 사람만이 생명과학에 정통했다. 히포크라테스보다 약 100년 후에 등장한 아리스토텔레스다. 철학자의 현실적 연구를 금하는 관습에 반기를 들었던 아리스토텔레스는 말년에 이르러 날씨의 패턴이나 지진 활동과 같은 환경에 관한 연구에 몰두했을 뿐 아니라 식물과 동물 연구에도 직접 뛰어들었다. 물론 입담에 오르내리는 실수들도 저질렀다. 동물의 이빨이나 갈비뼈의 수를 세는 것은 그의 주요 관심사가 아니었으니 그럴 법도 했다. 그러나 아리스토텔레스는 손수 해부실험을 하기도 했고, 사실에 부합하는 설득력 있는 이론의 중요성을 역설하기도 했다. 그는 인간을 포함하여 광범위한 생물들을 관찰하고 상세하게 기록했다.

오늘날의 생물학 교과서와 달리, 아리스토텔레스가 동물의 습성에 관해 남긴 장황한 기록에는 관찰한 사실과 의학적 이론뿐 아니라 민간에 전해오는 전설도 함께 뒤섞여 있었다. 양이 더러운 개울물을 마시면 검은 새끼를 낳는다는 허무맹랑한 주장을 하기도 했지만, 돔발상어가 자궁을 가졌다는 반직관적인 그의 관찰은 1842년에 마침내 사실임이 입증되기도 했다. 아리스토텔레스는 관찰 방식에서도 이론에 대한 집착을 그대로 드러냈다. 그는 공통적인 특징을 기준으로 생물들을 분류하려고 노력했다. '빈틈없이 완벽한 우주'에 사상적으로 몰입했던 아리스토텔레스는 생물에서도 차이보다는 연속성을 탐구했다. 특히 수생과 육생동물 사이를 연결해주는 물개와 같은 양서동물이나 깃털이 없으면서도 새처럼 날아다니는 박쥐는 아리스토텔레스의 특별한 관심을 받았다. 또한 다양한 동물의 털, 발굽, 부리 등의 성장 속도와 관련지어 노화의 일반적인 법칙을 논하기도 했다.

아리스토텔레스가 쓴 생물에 관한 개요서는 성행위에 대한 자세한 묘사 덕분에 유럽에서 특히 인기가 높았다. 심지어 『아리스토텔레스의 걸작Aristotle's Master-Piece』이라는 해적판이 은밀히 나돌기도 했다. 유기체들 사이의 미세하고 점진적인 변화를 강조한 아리스토텔레스의 생물학적 접근법은 학문적인 탐구로 인정받았다. 그가 주장한 생물학적 모델의 기독교 판을 보면, 길고 연속적인 존재의 사슬은 미세한 생물에서 뻗어나와 생명의 정점인 인간을 거치고 천사들을 지나 신에게 이르고 있다. 17세기 말 철학자 존 로크John Locke는 아리스토텔레스의 개념을 이렇게 설명했다. '눈에 보이는 실체를 가진 세상 안에서 우리는 그 어떤 틈이나 간극도 볼 수 없다. 모든 것은 우리에게서 비롯되어 매우 미세한 단계를 거치며 아래로 내려간다. 그리고 모든 생물이 그 연속 안에 있다. 각 단계에는 아주 미세한 차이만 있을 뿐…… 동물계와 식물계도 매우 밀접하게 연결되어 있으며, 어느 한 쪽의 최하 단계로 내려가면 다른 한쪽의 최상과 만나게 된다. 이들 사이에 그 어떤 차이도 감지하기 어려울 것이다.'[3]

그리스 의사들은 내과적 질병보다는 외과적 질환에 대해 더 많이 알고 있었다. 마취제가 없었던 까닭에 환자의 극심한 고통을 묵인한 채

---

3. 존 로크, 『인간 오성론An Essay concerning Human Understanding』.

수술을 감행했으며, 시체 해부는 비도덕적이고 의술에 전혀 도움이 되지 않는다고 생각했다. 죽은 몸을 절단하는 것이 살아 있는 사람을 치료하는데 아무런 도움이 되지 않는다고 여긴 탓이다. 실제 경험을 통해 골절과 상처의 처치뿐 아니라 최대한 빠른 시간 내에 절단 수술을 하는 빙법 등 외과적 기술을 습득한 히포크라테스학파의 의사들은 수많은 전쟁 부상병들을 치료했으며, 전쟁을 승리로 이끄는 데 큰 역할을 담당하기도 했다. 기원후 2세기 동안 수많은 외과 전문의들이 등장했으며, 갈레노스Galen도 그 중 한 사람이었다. 그는 군사뿐 아니라 로마의 검투사들도 치료했다. 갈레노스가 정립한 해부학 이론은 16세기까지 유럽을 지배했다. 그는 500여 년 동안 순환하고 변형된 히포크라테스학파의 이론을 더욱 실용적으로 변형시켜 유럽에 전파했다.

갈레노스학파의 의사들은 인간의 몸이 네 가지 특별한 체액, 즉 혈액, 황담즙, 점액, 흑담즙에 의해 조절된다고 생각했다(이 네 가지 액체는 동명의 실제 물질과는 다르다). 각 체액은 나름의 기능을 가진다. 혈액은 생명의 근원이며, 황담즙은 소화를 돕고, 점액은 냉각수와 같아서 몸에 열이 날 때 그 양이 증가한다. 그리고 흑담즙은 몸의 다른 분비물과 혈액을 진하게 만든다. 체액은 사람의 신체적 특징에 영향을 줄 뿐 아니라 정신 활동에도 영향을 준다. 따라서 체액의 조화에 따라 사람들의 고유한 성격이 정해진다. 예를 들어, 마르고 안색이 누런 사람은 황담즙이 포화상태에 있으며 성격이 이기적이고 까다롭다. 반대로 뚱뚱하고 창백하며 게으른 사람은 점액이 지나치게 많은 사람이다. 셰익스피어의 희극 『십이야The Twelfth Night』에 등장하는 우울한 마볼리오는 전형적으로 흑담즙이 과다한 인물이다.

갈레노스는 책 대신 몸을 연구해야 진정한 해부학 지식을 쌓을 수 있다고 생각했으며, 부상병 치료나 절단 수술을 위해 의사들은 필히 정확한 해부학 지식을 갖춰야 한다고 주장했다. 도덕적인 비난이나 현실적인 장애를 감수하면서 갈레노스는 낡은 개념을 반박할 수 있는 실험들을 강행했다. 시체 해부를 금하는 당시의 사회적 금기 때문에 주로 돼지나 원숭이를 해부했지만, 가끔은 새들이 쪼아 먹어서 인간의 시체처럼 보이지 않는 부상병의 사체를 해부하기도 했다. 오늘날이라면 살아 있는 동물을 줄로 묶어 놓고 해부했던 갈레노스의 실험은 시체 해부보다 더 극심한 비난을 받았으리라. 갈레노스는 뛰고 있는 심장 내부를 바늘로 휘젓기도 하고, 방광과 신장이 어떻게 작동하는지 관찰하기 위해 요도를 묶기도 했으며, 척수를 절단하여 어느 부분이 마비되는지 관찰하기도 했다. 수많은 경험을 통해 '수술 중 가장 당황스러운 것은 출혈이다'[4]라는 사실을 확인한 갈레노스는 효과적인 출혈 대처법을 기록으로 남기기도 했다. 400년이 넘도록 갈레노스 이전의 철학자들은 동맥에 공기가 함유되어 있다고 주장했다. 갈레노스는 동맥의 두 지점을 묶고 그 사이를 잘라서 보여줌으로써 그들의 주장이 틀렸다는 사실을 입증했다. 잘라서 보여줬으니 명백한 증거였겠지만, 생명을 살리겠다고 매일 피를 보는 의사들 앞에서라면 모를까 철학자들 앞에서 살아 있는 동물의 배를 가르는 실험이 무슨 의미가 있었을까?

역설적이지만, 개인적인 관찰이 으뜸이라고 강조한 갈레노스도 수세기 동안 지속된 오류를 바로잡지 못하고 오히려 더 고착시켰다. 아무도 감히 도전하지 못했던 통념을 그 역시 경외했던 것이다. 인간의 시체를 구할 수 없게 되자 갈레노스는 꼬리없는 원숭이Barbary ape를 차선책으

---

4. 찰스 싱어Charles Singer, 『갈레노스 : 해부의 절차Galen : On Anatomical Procedures』.

로 삼았다. 1000년이 넘도록 의사들은 영장류의 심장처럼 인간의 심장에도 그 중심 벽 안에 미세한 구멍이 있어서 이를 통해 혈액이 흐른다고 생각했다. 꼬리 없는 원숭이를 택한 것이 그럴듯한 전략이긴 했으나 결국 갈레노스도 심장의 구멍을 다시 인정한 셈이었다. 갈레노스 생리학의 중요한 특징 중 하나는 순환기가 없다는 점이다. 그가 제시한 모델에 따르면, 신체의 여러 장기들과 사지는 혈액을 소모하고, 혈액을 다 소진하기 전에 간과 정맥은 끊임없이 혈액을 생성한다. 이러한 결론에 이르게 된 것은 진하고 연한 혈액이 섞이지 않고 각각의 체계 안에서 흐른다는 상식적인 추측 때문이기도 했지만, 두뇌와 심장과 간은 정신의 세 가지 측면과 연결되었다는 개념에 대한 집착 때문이기도 했다.

비록 다른 사람의 의견을 맹신하지 않고 자신의 메스를 믿었던 뛰어난 해부학자였지만, 갈레노스도 다른 혁신가들과 마찬가지로 기존 개념의 틀을 넘어서지 못했다. 신체를 가장 사실적으로 묘사한 사람으로 칭송받고 있으며, 갈레노스의 경험론적 관찰을 인정한 르네상스 시대의 해부학자 안드레아스 베살리우스Andreas Vesalius 역시 갈레노스와 같은 오류를 범했다. 베살리우스가 갈레노스의 실수들을 밝혀낸 것은 사실이지만, 그 역시 기존의 통념을 넘지 못했다. 결국 베살리우스도 심장 안에 구멍이 실제로 존재하며, 다만 신이 그 구멍을 너무 작게 만들어서 보이지 않을 뿐이라고 결론을 내렸다.

물질 : 질서와 우연

17세기의 유럽인들에게 고대 그리스는 여전히 영웅들의 땅이었다. 많은 학자들이 고대 그리스를 인간이 이룩한 문명의 최고 정점으로 인정했다. 그리스 철학자들은 이미 물질에 관한 두 가지 이론을 만들었다. 지금은 양자역학의 등장으로 물질이 훨씬 더 복잡해졌지만, 고대 그리스인들에게 있어서 물질은 연속적인 것이거나 혹은 간극이 있는 별개의 입자들로 존재해야만 했다. 물론 이 두 가지 형태에도 수많은 변형이 있었다. 그러나 그 어느 것도 완벽하게 물질을 설명하지는 못했다. 연속성과 입자성 사이에는 논쟁이 끊이지 않았고, 각 진영은 고대 그리스의 석학을 상징적 대표로 삼았다. 연속성을 주장한 아리스토텔레스 학파는 세상의 모든 만물이 네 개의 기본 요소로 이루어졌다고 생각했다. 생명력이 길지는 않았지만 후기 아리스토텔레스학파의 철학은 수 세기 동안 유럽의 학문적 신념으로 고착되었다. 아이작 뉴턴과 같은 신출내기들이 포진한 반대 진영은 전통적인 견해들을 거침없이 공격했다. 이들은 물질이 별개의 입자들로 이루어졌다고 주장하면서 아리스토텔레스의 수제이었던 에피쿠로스Epicurus를 명목상의 우두머리로 인정했다.

아리스토텔레스와 에피쿠로스는 우주의 구조에 대해서 근본적으로 상반되는 견해를 가진 두 학파의 상징적인 인물이었다. 초기 그리스인들은 몇 개의 핵심적인 원료 성분들이 섞이고 변해서 전혀 다른 물질을 형성함으로써 만물이 만들어졌다고 생각해서 연속성을 택했다. 마치 씨앗이 나무가 되고, 철이 녹슬며, 물이 얼음이 되고, 사람은 죽어서 먼지가 되는 것과 같은 이치로 생각한 것이다. 이 이론에서 빛과 열은 보이지 않는 젤리 같은 대기의 진동이거나 무게가 없이 흐르는 미세한 유동체로 간주되었다. 반대파들은 그러한 추상적인 개념으로 현실 세계를 설명하는 것은 불가능하다고 지적했다. 원자론자들이 볼 때 물질의 기본 단위는 더는 나눌 수 없는 극미한 입자, 즉 원자였다. 원자론자들의 견해에 따르면, 원자 자체는 변하지 않으며 빈 공간(거의 모든 설명에 빈 공간이라는 용어를 썼다)에서 충돌하고 요동하면서 다양한 방식으로 결합해 새로운 물질을 만든다. 철과 물의 입자들이 결합하면 녹을 만들고, 물 입자들이 서로 밀착하면 얼음이 된다. 또한 빛은 발사된 탄환처럼 빠르게 나아가는 입자였다.

아리스토텔레스는 생물과 물질의 영역 모두에 연속성을 대입하는 데 몰두했다. 유사한 생물들 사이에는 미세한 높낮이의 계단으로 된 생명의 사다리가 있다는 신념은 세상 어디에도 빈 공간이 없다는 자신의 주장과도 이론적으로 잘 맞아 떨어졌다. '자연은 공백을 혐오한다'는 말은 아리스토텔레스의 중심사상이었다. 이전의 그리스 철학자들이 이미 다양한 원자론을 제시했지만 아리스토텔레스는 의도적으로 히포크라테스가 발전시킨 모델로 돌아간 것이다. 아리스토텔레스의 모델은 신비롭고 난해해 보임에도 불구하고 수세기 동안 무슬림과 기독교의 사고를 지배했다.

아리스토텔레스는 세상이 네 가지의 이상화된 가상적인 성질, 즉 뜨거움과 차가움, 건조함과 습함으로 특징지어진다고 믿었다. 모든 사물은 이 네 가지 성질을 각기 다른 비율로 갖고 있으며, 어떤 물질이든 반드시 이 네 가지 성질들과 물리적인 속성이 결합되어 있다고 주장했다. 예를 들어 우유는 차갑고 습하며, 양초의 불꽃은 뜨겁고 건조하다. 하지만 그 밖의 설명은 직관적으로 이해하기 어렵다. 아리스토텔레스의 학설에 따르면, 여자들의 몸은 차갑고 습하기 때문에 성격이 변덕스러우며, 뜨겁고 건조한 남자들의 뇌가 하는 합리적인 생각을 못한다고 했다. 아리스토텔레스의 후계자들은 이를 우주론적으로 확대하여 화성과 태양은 남성성이 강하므로 뜨겁고 건조하고 금성과 달은 여성성이 강하여 차갑고 축축하다고 주장했다.

더 나아가 아리스토텔레스는 네 가지 성질에 네 가지 이상적인 요소, 즉 흙과 물, 공기와 불을 추가하여 질서에 대한 자신의 신념을 완성했다. 네 가지 성질과 네 가지 요소들은 그림 6에서 보는 바와 같이 교묘한 이치에 따라 서로 적절히 맞물려 있다. 상반되는 요소들을 마주보도록 배치했고, 각 요소들이 가진 성질을 양옆에 놓았다. 맨 위의 불은 건조하고 뜨거운 성질을, 반대편의 물은 습하고 차가운 성질을 가졌다.

아리스토텔레스의 이상적인 요소들이 순수한 형태로 존재하지는 않지만, 이것들은 실제 물질을 설명하기 위한 그럴 듯한 가설을 제공하기도 한다. 아리스토텔레스의 요소들은 성질을 바꿈으로써 다른 요소로 바뀔 수 있다. 예를 들어, 차갑고 습한 성질의 물을 가열하면 차가운 성질이 사라져 뜨겁고 습한 공기를 만든다. 이로써 물을 끓일 때 일어나는 현상이 논리적으로 설명된다. 이와 같은 이치로 보면 금속이 땅에 묻혀 있는 것이나 불타는 나무에 불의 기운이 가득한 것도 매우 타당하다. 또한 물질을 이루는 요소를 알면 그 물질의 속성을 이해할 수 있다. 아리스토텔레스의 모델에서 공기와 불은 위로 올라가는 속성이 있고, 흙과 물은 아래로 내려가는 속성을 가진다. 따라서 기독교식으로 만들어진 우주(그림 3)에서도 지상의 네 요소들 중 흙과 물은 육지와 바다의 형태로 중심 구체의 안쪽에, 공기와 불은 구름과 불꽃의 형태로 중심 구체의 바깥 둘레에 표시되었다.

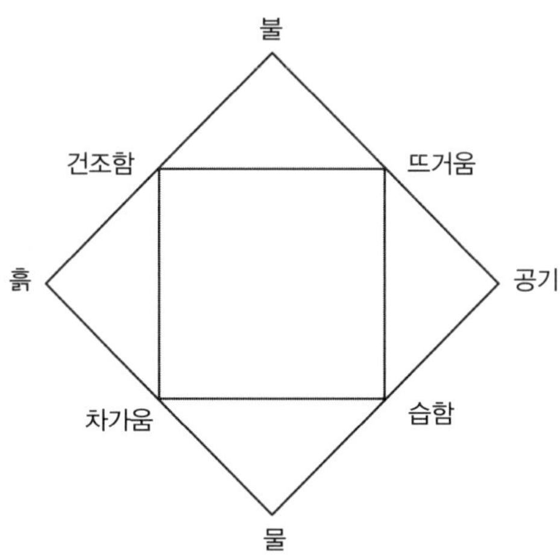

그림 6 | 아리스토텔레스가 생각한 네 가지 요소들과 그 성질을 기독교 입장에서 표현한 것. 17세기.

그림 6을 보면 '그렇다면 증거는 어디에 있을까?'라는 의문이 생긴다. 그러나 그리스 철학자들의 생각은 달랐다. 철학자로서 그들은 경험에 근거한 정당성보다는 창조에 대한 근본적인 물음에 더 골몰했다. '왜 우주는 안정적일까?' '초기의 혼돈에서 어떻게 우주가 탄생했을까?' 아리스토텔레스에게 있어 몇 가지 모순을 그럴 듯하게 설명하는 일은 그다지 어렵지 않았다. 그에게는 오히려 일관성 있는 세상이 존재할 수밖에 없는 근원적인 이유를 찾는 일이 더 중요했다. 아리스토텔레스는 우주가 어떻게 지금의 모습을 갖추게 되었는지 설명하기 위해서는 보다 근본적이고 논리적인 근거가 있어야 한다고 주장했다. 우주와 자신의 삶을 이해하기 위해서 그는 창조에 반드시 의도나 목적(그리스 학자들이 주장하는 목적인目的因)이 존재한다는 믿음에서 비롯된 목적론적 접근법을 인정했다. 예를 들어, 목적론자들의 입장에서 동물의 눈은 '본다'는 목적을 충족하기 위해 생긴 기관이다. 하지만 반反목적론자들의 입장에서는 눈이라는 기관이 있기 때문에 동물이 사물을 볼 수 있다.

목적론적인 시각은 아리스토텔레스 철학의 기조를 이루고 있다. 아리스토텔레스의 시각에서 자연은 본질적으로 질서정연하게 발달한다. 따라서 그가 말한 네 가지 요소들도 당연히 안정적이고 체계적인 우주를 구성하기 위해 본연의 장소로 이동하는 성향을 가진다. 아리스토텔레스학파의 목적론적인 주장은 기독교에서 특히 더 각광을 받았다. 기독교의 신은 목적론적인 우주의 책임자였기 때문이다. 그 후로 목적론은 과학적 논쟁의 쟁점이 되었고, 특히 진화론에 관한 논쟁에서 목적론은 창조론을 대변했다. 지적인 창조자가 있다고 한다면, 우리는 우주를 설계한 그를 믿고 편안한 마음으로 지켜보기만 하면 된다(고통을 설명하긴 어렵지만 말이다). 물론 운명론으로 치달을 위험도 크다. 신이 모든 것을 잘 만들어 놓았다면 개인적인 노력과 결정은 아무 소용이 없지 않은가?

아리스토텔레스의 의견에 가장 강력하게 반발한 반목적론자는 에피쿠로스다. 이론적인 견해차는 뚜렷했지만, 두 사람 모두 현실 세계를 정확하게 설명하지는 못했다. 아리스토텔레스가 사망하고 15년이 지난 후 아테네에 입성한 에피쿠로스는 색다른 개념의 철학 학교를 설립했다. 이 학교는 기원전 300년 무렵까지 번성했다. 아리스토텔레스의 설계와 연속성이 주는 안일함은 에피쿠로스를 위한 것이 아니었다. 에피쿠로스에게 있어서 우주를 여는 열쇠는 '우연'이었다. 그는 우리의 우주가 수많은 우주 가운데 하나에 불과하며, 거대한 빈 공간을 흐르는 원자들이 무작위로 충돌하고 빗나가면서 생겨났다고 주장했다. 또한 원자들의 결합 방식에 따라 열이나 색과 같은 다양한 성질의 물질 덩어리가 만들어진다고 생각했다.

그리스의 많은 철학자들처럼 에피쿠로스도 앞선 석학들의 업적을 부정함으로써 그들의 명예를 실추시키려 애썼다. 에피쿠로스의 이론은 오늘날 원자론의 창시자로 추앙받고 있는 데모크리토스Democritus의 이론에 바탕을 두고 있다. 데모크리토스가 쓴 원본이 거의 남아 있지 않으니, 원자에 대한 그의 이론은 후대의 학자들이 추정했을 것이다(칼 마르크스Karl Marx가 박사 학위 논문으로 택한 주제도 데모크리토스의 사상이었다). 그러나 개개인의 논쟁거리에 잔뜩 고무되었던 그리스 학자들의 해석은 공정성이 떨어진다. 에피쿠로스와 같은 후계자들뿐 아니라 아리스토텔레스도 편향된 비평가였고, 공정한 해석보다는 자기들만의 독창성을 추구했다. 남아 있는 단편들 중 데모크리토스가 직접 한 말은 다음과 같다.

'무심코 색깔을 말하고 무심코 달고 쓰다고 하지만, 현실에서는 오로지 원자와 공간이 있을 뿐이다.'[5]

이처럼 데모크리토스는 무한대의 빈 공간을 끊임없이 이동하는 작고 보이지 않는 무수한 입자들로 우주가 이루어졌다고 주장했다. 데모크리토스의 주장에 따르면, 원자들은 서로 충돌하면서 일부는 다시 튕겨져 나가고 일부는 엉겨 붙어서 복합체를 만든다. 원자들 각각의 모양과 크기, 속성은 다르지만 그 자체는 결코 변하지 않는다. 예를 들어 가느다랗고 뾰족한 원자는 신맛을 내며 둥근 원자는 단맛을 낸다.

증명할 수만 있다면 훌륭한 이론이다. 그러나 원자를 하나만 떼어낼 수 있다고 하더라도, 어떻게 그 자체로 단일한 것이라고 확신할 수 있을까? 원자들 하나하나가 눈으로 볼 수 있을 만큼 클까? 뾰족하게 생긴 원자가 신맛을 낸다는 주장은 상당히 독단적이지 않은가? 에피쿠로스는 데모크리토스의 초기 이론을 수정함으로써 이와 같은 명백한 이의들 중 일부는 해결했지만, 그 외의 문제에 대해서는 신경 쓰지 못했다. 왜냐하면 그에게는 물리학보다 윤리가 더 중요했기 때문이다. 에피쿠로스는 모든 불안에서 인간 스스로가 자유로워져야 한다는 신념을 갖고 있었다. 결국 모든 것이 우연에서 비롯된다면 완벽을 추구하는 것이 무슨 소용이겠는가? 실증할 수 없는 이론들을 탐구하는 데 더 많은 시간을 쏟지 않은 것은 낙천적인 인생관을 가진 에피쿠로스로서는 어쩌면 매우 당연한 일이었으리라.

---

5. 데모크리토스Democritus, 「유고Fragment」 125.

원자론과 연속성에 근거를 둔 물리적 모델들은 윤리와도 밀접하게 연결되었기 때문에 오로지 논리와 증거만으로 하나를 선택하기란 매우 어려웠다. 그리스인 대부분이 에피쿠로스의 우주론을 위협적인 이론으로 받아들인 이유는 근본적이고 논리적인 근거를 가지고 설계된 유일한 세상을 뒤흔들어 놓았기 때문이었다. 에피쿠로스 철학은 거룩한 삶에 이르는 것이 인간이 추구해야 할 궁극적인 목적이라는 플라톤과 아리스토텔레스의 권고를 무참하게 만들었다. 두 학파 간의 윤리적인 대립은 17세기에 개신교가 에피쿠로스의 원자론을 인정하기까지 2000년이나 지속되었다. 하지만 원자론을 인정한 후에도 원자론이 가지는 함축적인 의미에 대한 논란은 사그라지지 않았다. 오늘날에는 원자론이 명백한 과학 이론으로 인정받지만, 아리스토텔레스가 주장한 연속성은 기독교의 믿음과 맞물린 철학의 비호를 받으며 수백 년 간 세상을 독점했다.

기술: 눈부신 영웅의 꼭두각시

성문이 일곱인 테베를 누가 지었는가? 책에는 왕들의 이름이 즐비하다.
왕들이 바윗덩이를 끌었는가……? 만리장성이 완성되던 밤
석공들은 어디로 사라졌는가?

– 베르톨트 브레히트Bertolt Brecht, 「글 읽는 어느 노동자의 질문Questions from a worker who reads」, 1935년.

'유레카Eureka !' 왕관에 함유되어 있는 금의 무게를 계산한 아르키메데스Archimedes가 목욕탕에서 뛰어나와 거리를 질주하며(정말 물을 뚝뚝 흘렸을까?) 외쳤다. 믿기 힘든 이야기지만 영감을 얻은 과학 천재를 표현한 대표적인 일화다. 아르키메데스는 기술적인 발명품도 많이 만들었지만, 로마의 배를 불태웠다고 전해지는 거대한 거울이나 그가 직접(혹은 누군가) 만들었다고 하는 거대한 양수기는 진위 여부가 불투명하다.

아르키메데스는 이런 식으로 과학 영웅이나 기술 영웅으로 신화화된 것은 아닐까? 실험실에서 처음 발견한 이론과 공장에서 만든 발명품 중에 어떤 것이 더 중요할까? 과학과 기술의 관계에 접근하는 방법은 우선 두 단어를 살펴보는 것이다. 체계적인 영어사전을 편찬한 사무엘 존

슨Samuel Johnson이 '나의 언어를 방부처리하고, 타락과 부패로부터 지키기 위해'[6]라고 사전 편찬의 동기를 선언한 18세기로 거슬러 가보자. 미국화에 분개하는 현대 유럽의 순수주의자들처럼 존슨은 영어를 상류층의 전유물로 만들고자 했으나 실패했다. 결국(후일의 언어보호주의자와 비슷하게) 존슨은 변화를 인정할 수밖에 없었다. 존슨이 사전을 완성했을 때는 이전에 없던 새로운 발명품과 활동이 넘쳐났고, 이들을 설명할 새로운 어휘들이 더 많이 필요했다.

실제로 외국에서 유입되거나 새로 고안된 용어들은 기존의 용어들보다 덜 혼란스러웠다. 왜냐하면 오래된 용어들 중에는 수백 년 동안 형태는 변하지 않고 의미가 서서히 바뀐 경우가 있기 때문이다. 그 중 '과학Science'은 특히 변화무쌍한 용어였다. 비록 그 어원(지식이라는 의미의 라틴어 '사이엔티아Scientia'에서 비롯되었다)이 고전적이긴 하지만, 로마에서는커녕 존슨조차도 '과학'이라는 용어를 현대의 의미 그대로 사용하지 않았다. 훨씬 나중에 등장한 단어인 '기술Technology'에도 문제가 있다. 그리스어의 '테크네Techne'에서 유래하고 19세기에 만들어진 '기술'이라는 용어는 '실질적인 일을 통해서 얻은 지식'이라는 의미를 내포하고 있다. 하지만 테크네는 중공업이 등장하기 훨씬 이전부터 있던 단어로, 기계적인 효율을 말하기 보다는 수공 기술을 의미했다. 따라서 기술은 오늘날 사용하는 의미보다는 예술에 훨씬 가까웠다.

과학과 기술이라는 두 단어에는 학문적 차별뿐 아니라 사회적 차별도 배어 있다. 과학은 학자들이 책으로부터 얻은 교양 있는 지식의 형

---

6. 사무엘 존슨, 『영어사전A Dictionary of the English Language』(1755년).

태에 가까운 의미였다. 심지어 존슨이 살았던 시대에도 '언어 과학'이나 '윤리 과학'이라는 말이 통용되었다. 이는 과학 지식이 부자와 교양 있는 사람, 주로 남자들의 전유물이었음을 의미한다. 노동자들을 멸시하는 태도는 빅토리아 시대까지 이어졌다. 당시 과학자들은 손으로 일하고 발명품으로 돈을 버는 기술자들을 하대했다. 특권층에 속했던 그리스 철학자들도 손 재주와 생계유지를 위한 요구를 결부하여 '기술'이라는 단어에 경멸적인 의미를 부여했다. 당시의 조각가, 화가, 장인들은 육체노동에 대한 대가를 받았을 뿐, 르네상스 시대 동일한 직업에 주어진 지위를 누리지 못했다.

아르키메데스는 과학자도 기술자도 아니었다. 그가 살았던 기원전 3세기 시칠리아에는 과학자나 기술자라는 개념이 전혀 없었기 때문이다. 아르키메데스는 오히려 현대의 전형적인 사변철학자(순수한 이성적 사유로써 인식에 도달하려는 철학자-옮긴이)에 더 가까웠다. 고대 그리스의 사회와 학계의 풍토는 오늘날과는 사뭇 달랐다. 당시 그리스 사회의 두 계층인 특권층과 하류층 모두가 후일 과학의 영역을 결정하는 데 큰 영향을 미쳤지만, 특권층에 속했던 개개인들만이 과학자로 세상에 알려졌다. 부유한 특권층에 속한 철학자들은 우주와 인간에 대한 고민만이 가치 있으며 실험을 통한 연구는 자기들과 무관하다고 여겼다.

반대로 하류층에 속한 훨씬 더 많은 사람들은 미래 과학의 발달에 지대한 역할을 했음에도 불구하고 대부분 잊혀졌다. 과학은 이론적인 논제일 뿐 아니라 실용적인 논제이기도 하다. 그래서 과학적 이론은 실험을 통해 검증되고 관찰과 비교되어야 한다. 비록 수많은 이론적 개념들이 그리스 철학자들에게서 나왔지만, 과학의 또 다른 측면은 생계를 위해 전문지식을 활용했던 하류층 사람들, 즉 정련 기술을 개발한 광부들과 기후 패턴에 해박한 농부들, 화학 반응에 정통한 직조공들에게서 비롯되었다.

실무에 종사하는 남자들은 수학자에 버금가는 수학 지식을 전수받았다. 오늘날의 역학은 교량 및 관개시설을 건설하거나 효율이 좋은 시스템을 고안하고 강력한 무기를 만드는 과정에서 발달한 학문이다. 철학자들이 삼각측량법으로 우주를 가늠하는 동안, 건축기들은 삼각법을 개발해 벽을 수직으로 세우는 문제를 해결했다. 기계 전문가들은 한가한 이론가들과 사회적 배경도 달랐지만 목표도 달랐다. 철학자들은 세상을 설명하기를 원했고, 실용적인 수학자들은 세상을 묘사하는 데 더 큰 관심이 있었다. 집을 지어보면 알겠지만, 판자의 치수 재는 법이 중요하지 나무가 자라는 이유 따위는 중요하지 않다.

욕조에 누워서든 아니면 안락의자에 앉아서든 아르키메데스가 골몰했던 것은 무거운 물체를 들어 올리거나 올리브를 압착하는 것과 같은 현실적인 문제가 아니었다. 그의 머릿속은 온통 수학적인 원리를 입증할 기발한 장치에 대한 생각으로 가득 차 있었다. 그러나 아르키메데스는 이러한 기술적 장치에 대한 기록을 남기지 않았다. 그를 위시한 귀족들에게 있어서 지적 호기심을 자극하는 것은 그 자체로도 가치 있는 활동이었고, 자신의 대가적 면모를 널리 알리는 일이기도 했다. 그들은 퍼내고 퍼내도 줄지 않는 신기한 그릇이나 저절로 열리고 닫히는 사원의 문 또는 나무를 흔들거나 못을 박는 것처럼 보이는 인형극을 만들어서 사람들에게 감동을 주기도 했다. 물론 솜씨는 매우 뛰어났다. 그러나 장난감 같은 장치들에 실용성이라고는 눈곱만큼도 없었다.

이러한 발명품들 중에서 가장 인기 있던 것은 히로Hero가 발명한 이른바 증기 엔진이었다. 커다란 가마솥에서 나온 증기가 파이프를 따라 속이 빈 작은 공 안으로 들어가면서 공을 회전시키는 장치였다. 히로와 그의 동료들은 이 장치를 실용적인 기계로 만들 생각은 추호도 하지 않았다. 혹시라도 그런 희망적인 생각을 품었다고 해도 실제로 만들 수는 없었을 것이다. 기술적인 변화는 과학적 지식과 더불어 실질적인 가능성과 정치적 의지 그리고 상업적 동기가 뒷받침되어야 가능하기 때문이다. 바빌로니아나 이집트에서 훌륭한 금속 공예품들이 그리스로 전해졌지만, 목재를 주로 사용했던 그리스인들은 철기 제품에 대해 아는 바가 거의 없었다. 히로가 만든 증기 장치를 산업에 활용하려면 거대한 실린더를 주조하고 증기가 새지 않는 피스톤을 제작하는 등 다양한 기술적 수완뿐 아니라 복잡한 제조 설비를 만들고 유지하기 위한 기반 시설도 필요했을 것이다.

특권층에 속했던 그리스 철학자들은 자신들을 문명의 창시자라고 주장했다. 그들은 역사의 빙산 꼭대기에 앉아서 자신들이 의존했던 수많은 노동자들과 과거로부터 물려받은 방대한 유산들로 이루어진 거대한 기반을 은폐했다. 프톨레마이오스도 자기가 고안한 천구의 덕분에 정확한 천문 연구가 가능해졌다고 떠벌였지만, 실질적으로 그 도구를 만든 기술자에 대해서는 언급하지 않았다. 자신보다 앞선 이론가들을 무시했던 것처럼, 프톨레마이오스는 그리스 공예가의 기술이나 메소포타미아와 이집트에서 유래한 유서 깊은 기술에게 진 빚에 대해서도 말하지 않았다.

그리스의 영웅들 개개의 그림자 속에는 수많은 정보 제공자와 동료들의 노고가 숨어 있다. 이들 역시 과학의 탄생에 없어서는 안 될 인물들이다. 아리스토텔레스도 해부 실험만큼은 손수 했지만, 그의 연구들 대부분은 양봉가나 농부 혹은 마부들의 도움을 받아 이루어졌다. 이들은 생계를 위해 생물학적 지식을 쌓았으며, 오늘날 과학적 정보로 인정되는 지식을 아리스토텔레스에게 제공했다. 이따금씩 아리스토텔레스는 정확한 이름은 아니더라도 자신을 도와준 이들을 언급했다. 이를테면, 노련한 어부들은 회색 숭어의 짝짓기 습성뿐 아니라 암컷을 잡으려면 수컷을 미끼삼아 어디에 방류해야 하는지도 잘 알고 있다고 설명했다. 그러나 데게는 지역의 전문가들에게 얻은 정보라는 깃이 뻔한 경우에도 오롯이 자신의 관찰 자료인 양 과시했다.

철학적 영웅들이 명성을 얻은 것은 순전히 그들이 똑똑해서가 아니었다. 그렇다고 뛰어난 업적만으로 명성을 얻을 수도 없었다. 사후 명성이라도 얻기 위한 몇몇 전략들이 등장했는데, 그 중 괜찮은 방법 한 가지가 아주 극적인 죽음을 택하는 것이다. 소크라테스는 저서 하나 남기지 않았지만 독약을 마시고 죽은 것으로 유명해졌고, 알렉산드리아의 히파티아Hypatia는 수학적인 업적 때문이 아니라 성난 군중에 의해 찢겨 죽은 것(전하는 바에 따르면) 때문에 페미니스트의 상징이 되었다. 아르키메데스는 낭만적인 철학자의 죽음을 택함으로써 후대에 깊은 인상을 심어주었다. 그는 성난 병사가 휘두르는 칼에 숨질 때까지도 모래 위에 기하학 도형을 그리는 데 몰두했다고 한다.

전하는 바에 따르면, 아르키메데스는 자신의 무덤을 미리 설계해두었다고 한다. 이 명망 있는 철학자는 실용적인 발명가보다는 영감을 주는 수학자로서 알려지기를 원했다. 그래서 묘비에 나사나 투석기의 모습이 아닌 실린더에 구체를 넣고 각각의 부피를 구하는 수학공식을 써 달라고 부탁했다. 과학자나 기술자라는 개념도 없던 시대였지만, 그 두 계층 간의 차별은 이미 뚜렷하게 존재했다.

PART 2

상호작용

과학을 규정하는 정해진 형식은 없다. 언제, 어디서 보느냐에 따라 과학의 정의는 달라진다. 정보, 기술, 대상은 끊임없이 이동하고, 세대를 이어 전달되며, 특정한 요구와 취향에 맞게 변한다. 르네상스 시대의 학자들은 '그리스 문화'의 부흥을 부르짖었지만, 그들이 주장한 '그리스 문화'는 사실 수백 년 동안 수많은 사람들과 다양한 장소들을 넘나들며 소통과 상호작용을 거친 결과물이있다. 21세기 영국의 시각에서 과거를 돌아보면, 과학의 미래에 특히 중요한 의미를 가지는 세 지역이 있다. 중국과 이슬람 그리고 중세 유럽이다. 중요한 발명품들 중 다수가 중국에서 처음 등장했고, 18세기 말까지 중국은 유럽보다 기술적으로 앞서 있었다. 또한 이슬람의 학자들은 그리스의 전문 지식을 개선하고 발전시켜 12세기에 유럽으로 전했다. 이슬람의 지도자들은 과학적 지식을 전달하는 데서 그치지 않고 대규모의 도서관, 병원, 관측소를 건설하여 과학적 연구를 장려했다. 유럽에서 과학 이론들을 제일 먼저 연구한 곳은 수도원이었고, 대학이 그 뒤를 이었다. 유럽의 학자들은 이슬람식으로 변형된 그리스의 이론들을 다시 아리스토텔레스 철학의 기독교판으로 바꿔놓았고, 이렇게 변형된 기독교판은 르네상스 시대의 역학, 광학, 천문학 연구에 지대한 영향을 미쳤다.

유럽중심주의 : 왜곡된 자신감의 발현

그러니 제발, 하나님께서 우리 시대에
서양을 동양으로 바꿔놓으신 것을 생각해 보라.
서양인이었던 우리는 이제 동양인이지 않은가……
서로 달랐던 언어들을 이제는 서로가 이해하고, 또 서로 간에 믿음이 생겨
지금은 사람들이 혈통을 잊고 하나가 되었지 않은가.

– 사르트르의 푸셰Fulcher of Chartres, 「예루살렘 원정기A History of the Expedition to Jerusalem」,
1095–1127년(대략 1105–1127년).

모든 문명들은 자기중심적으로 세상을 그렸다. 아랍의 무슬림들은 바그다드를 일곱 기후대의 축으로 간주했고, 중세 기독교도들에게 예루살렘은 지구의 배꼽이었다. 한편, 고대 그리스인들은 신화에 등장하는 세 명의 이복 자매의 이름을 딴 거대한 세 개의 대륙인 아시아, 리비아, 에우로파(혹은 유로파, 에우로파 공주는 황소로 변한 제우스에게 강간당했다)의 중심에 지중해(라틴어로 지중해는 지구의 한 가운데라는 의미)가 있다고 생각했다. 아테네가 무소불위의 권력을 누리던 시절, 아리스토텔레스는 유럽과 아시아의 중심에 있는 그리스인들이야말로 두 지역의 장점만을 두루 갖춘 빼어난 민족이라고 찬양했다. 서부 유럽인들은 아리스토텔레스의 철학뿐 아니라 그의 자기중심적인 오만함도 함께 물려받았다.

어떤 것을 반복하면 사람들은 자연스럽게 그것을 믿게 된다. 정치적으로나 재정적으로 막강했던 유럽인들은 유럽을 세상의 중심에 놓았다. 그리고 스스로의 우월성을 확인시켜줄 만한 과거만을 기록했다. '서쪽이 최고다'라는 식의 역사관은 그에 반하는 상당한 증거가 있음에도 불구하고 수세기 동안 유럽에 팽배했다. 그림 1의 지도는 바로 그 점을 지적하고 있다. 오스트레일리아의 수상이 '대영제국이 극동이라고 부르는 곳이 우리에게는 가까운 북쪽이다'[1] 라고 선언한 것도 그러한 맥락에서다.

아주 최근까지 유럽중심주의는 영미Anglo-American 과학의 역사를 지배했다. 이런 과거를 희망적인 시각으로 보자면, 과학은 절대 진리를 향해 나아가고 있다. 그리고 그 시작점은 유럽이다. 전 세계가 하나로 연결된 오늘날, 과학은 인류 업적의 최고 정점이자 미국과 유럽의 천재들이 이룩한 결과물로 비춰진다. 그러나 이는 다른 문화권의 명석한 과학자들이 우둔해서가 아니라 다른 가치관을 가지고 삶에 접근했을 가능성을 전혀 고려하지 않은 자화자찬이다. 어떤 경우에도 더 과학적이라고 더 나은 해답을 내놓는 것은 아니다. 2차 세계대전 후에 낙관론자들은 과학으로 세상을 통합할 수 있다고 선언했다. 종교적인 믿음과 달리 과학적인 믿음은 국경을 초월하기 때문이다. 그러나 오늘날 과학 관련 기업들이 전 세계를 휩쓸고 있음에도 불구하고, 평화를 보장하고 자연의 비밀을 풀겠다는 과학의 낙관적인 약속들은 지켜지지 못했다.

몇 세기 동안, 유럽인들은 자신들이 세상의 나머지 사람들과 구별되

---

1. 로버트 고든 멘지스 경Sir Robert Gorden Menzies, 「시드니 모닝 헤럴드Sydney Morning Herald」(1939년 4월 27일).

는 고유한 서구적 특징을 가지고 있다는 전제를 의심하지 않았다. 그러나 '서쪽'과 '유럽'은 명확한 경계가 없는 조작된 개념이다. 서쪽과 유럽이라는 개념은 시간을 두고 서서히 만들어졌고, 지금도 변하고 있다. 아시아와 인접한 유럽의 경계를 어디까지로 제한하느냐도 여전히 논란거리다. 일례로 경계 지역의 몇몇 국가들을 유럽으로 보는 이도 있고 아시아로 규정하는 이도 있다. 또한 과거 유럽 각지의 삶은 오늘날보다 훨씬 다양했지만, 유럽인들은 위선적이게도 이러한 다양성을 무시하고 그 위에 '유럽적'이라는 동일성을 덧칠했다. 아무튼 '유럽적'이라는 말은 지리적 위치는 물론이고 문화적 유사성을 공유한다는 의미가 되었다.

유럽의 정체성을 강화시킨 결정적 계기는 4세기에 있었다. 영토를 확장하려는 로마의 야욕이 서쪽을 향하자 지중해 동쪽의 반항적인 부족들은 로마의 압제가 느슨해진 틈을 타고 상대적으로 더욱 부강해졌고 안정을 찾아갔다. 콘스탄티누스 대제는 황제로서의 권위 확립을 위해 동쪽의 고대도시인 비잔티움으로 수도를 이전하고 자신의 이름을 따서 콘스탄티노플이라 불렀다(지금의 이스탄불이다). 무역과 농업이 번창하고 문명이 지속적으로 발달함에 따라 지중해 동부 연안은 중국과 인도 그리고 아랍의 국가들과 더욱 긴밀하게 연결되었다. 마침내 기독교화된 로마제국은 비잔틴을 중심으로 하는 동로마제국과 로마 가톨릭을 중심으로 하는 서로마제국으로 나뉘었다. 기원후 800년, 로마의 동서 분열이 점차 뚜렷해지자 이를 봉합하기 위해 교황은 샤를마뉴 대제를 통일된 신성로마제국의 왕으로 임명하기에 이른다. 비록 통치기간 중에도 지엽적인 전투가 끊이지 않았지만, 샤를마뉴 대제는 통일된 유럽의 첫 통치자로 일컬어진다. 그 후 서구주의자들은 샤를마뉴 대제를 유럽의 기초를 확립한 인물로 부각시켰고, 유럽중심주의는 19세기와 20세기를 풍미하였다.

모든 것이 유럽에서 비롯되었다는 개념은 르네상스를 거치면서 더욱 만연해졌고, 고대 그리스 문명의 부흥을 부르짖던 운동가들은 플라톤과 아리스토텔레스가 살았던 아테네를 유럽 문명의 발상지로 삼았다. 예술가, 학자, 정치인들은 이 작고 외딴 도시국가에 고대의 신화적 분위기를 재현해 놓았고, 마치 고대 그리스에서 르네상스 시대로 역사의 배턴이 바로 넘어온 것처럼 역사를 편집했다. 이 과정에서 소위 암흑시대는 역사의 변두리로 밀려나고 말았다. 암흑시대는 콘스탄티누스 통치기간 즈음부터라고 하지만 그 시기도 모호할 뿐더러 이렇다 할 역사적 사건이 전혀 없었다고 일컬어지는 시기다. 역사적 진공 상태나 다름없던 암흑시대에 이어 등장한 중세시대도 크게 다를 바는 없었다. 중세시대는 그저 14세기에 일어난 르네상스 시대의 창조성에 길을 열어주는 역할만 했을 뿐이다. 역사의 무대에서 교묘하게 1000년을 삭제해버림으로써 역사가들은 과학의 성화가 고대 그리스에서 르네상스 시대의 유럽으로 곧바로 전달된 것처럼 보이게 만들었다.

동과 서라는 단순한 이분법적 구분이 자리잡는 데는 과학도 특별한 역할을 했다. 서쪽의 유럽인들은 그리스의 지적인 우월함을 알고 있었지만, 17세기 동안 유럽에서 성행한 새로운 실험적 접근법이 더 유익하다고 강조했다. 그들은 르네상스 시대의 유명한 3대 발명품인 인쇄술, 화약, 나침반이 삶을 개선했을 뿐 아니라 세상을 바라보는 시각을 새롭게 바꾸어 놓았다고 자랑스레 떠벌였다. 서구우월주의자들은 이 세 가지 발명품들이 중국에서 처음 발명되었다는 사실을 알고 있음에도 불구하고(유럽은 20세기까지도 이 발명품들에 대한 중국의 권리를 최소화하는 데 성공했다) 유럽에서 그 진가를 더 발휘했다는 점을 강조하며 소유권을 주장했다. 르네상스 시대의 창조성에 대한 찬사는 유럽우월주의의 통넘을 더욱 확고히 했고, 때마침 그럴 듯한 주장도 등장했다. 유럽중심주의적인 견해에 따르면, 과학은 그리스에서 태어났고, 유럽이 쇠퇴하는 동안에는 이슬람 왕국에서 보존되었다가, 원형 그대로 12세기에 스페인을 거쳐 유럽으로 다시 들어왔다는 주장이었다.

'암흑시대'라는 표현은 지적 계몽의 빛이 흐려지고(결국 보는 것이 곧 아는 것이다) 합리성과 독창성을 억압하는 먹구름이 드리운 시기라는 사실을 비유적으로 의미한다. 서구우월주의자들이 말하는 대로라면, 유럽이 암흑시대 안에서 맥없이 누워 있는 동안 이슬람 학자들은 그리스의 지식을 그대로 보존하고 있었다. 무슬림들은 이미 다양한 문화로부터 수집한 기술과 사상들을 활발히 변형시킨 실험가들이자 이론가들이었지만, 유럽의 지식인들은 무슬림을 단순히 전달자로만 생각했다. 게다가 유럽인들에게 중국은 멀고도 은밀한 나라였고, 중국의 농업과 산업의 눈부신 발달은 유럽에 알려지지 않았다.

역사를 다시 쓴다는 것은 더 많은 사실을 찾아내는 일이며, 동시에 어떤 사실이 중요한지를 결정하는 일이다. 과거를 제대로 바라본다면, 잃어버린 몇 세기 동안에 일어났던 엄청난 일들을 찾아낼 수 있다. 당연한 일이 아닌가? 역사가들은 대개 코페르니쿠스가 우주의 중심에 태양이 있다고 주장한 16세기를 현대 과학의 시작으로 인정해왔다. 그로 인해 더 일찍 혹은 다른 곳에서 일어났던 중요한 변화들이 묵살되기도 했다. 유럽에 대학이 등장한 것은 11세기 말이었지만, 이전에도 학문적 연구는 궁정이나 기독교 수도원에서 이루어지고 있었다. 그러나 결정적인 발달은 유럽 밖에서 일어났다. 농업과 산업의 혁신을 고무했던 강력한 정부 하에서 중국의 경제는 눈부시게 발전했고, 이슬람 지역도 날로 부강해졌다. 무슬림 학자들은 그리스의 의학과 수학 지식을 흡수했을 뿐만 아니라 독자적인 연구를 통해 이를 더욱 확장하고 개선했다. 이렇게 비유럽권의 발명가와 학자들이 만든 도구와 이론들이 서구로 퍼져나갔고, 후일 과학과 기술의 울타리 안에 녹아들게 되었다.

샤를마뉴 대제에 의해서 구축된 유럽권은 통일된 모양새를 갖춤으로써 힘을 얻었다. 그러나 실제로 로마제국은 언어가 다르고 계급이 다른 소수민족들과 국가들로 구성되었다. 이를 역으로 이용한 제국의 통치자들은 외부인들을 열등한 야만인으로 폄하함으로써 맹목적인 결속을 장려할 수 있었다. 차별화를 통한 자기옹호 전략은 로마제국뿐 아니라 중국이나 대영제국을 포함한 여러 제국들이 즐겨 사용한 방법이었다. 언어와 종교는 늘 차별의 기준이 되어왔고, 실제로 여러 문화에서 '야만'이라는 단어는 근본적으로 '이방인'을 상징했다. 그리스와 로마인들은 이웃한 모든 종족들을 '야만인'이라고 치부하며 제국의 정체성을 공고히 했다. 유럽우월주의 관점에서 바라본 역사 속에서 다른 국가나 민족들은 단순한 이미지로 희화되었다. 중국인은 자기도취에 빠진 비현실적인 고립주의자였고, 무슬림은 교양 있고 헌신적인 학자의 이미지가 아니라 통일 로마제국을 멸망시킨 무자비한 공격자로 비춰졌다.

수세기에 걸쳐 영토의 경계가 끊임없이 변했던 까닭에 제국들을 시간적으로나 공간적으로 명확하게 정의하기란 매우 어렵다. 그러나 정보 전달 체계가 구축되지 않은 상태에서 방대한 영토를 거느렸던 제국들의 권력은 중앙과 특정 지역에 한정될 수밖에 없었다. 지방 통치자들은 그 지역의 관심사에 맞는 특정 활동을 장려했고, 지역마다 전문 지식과 관습들이 달라졌다. 다시 말해서, 과학 지식을 원형 그대로 전파할 단일한 중심이 없었다는 의미다. 따라서 체계적인 협력이 아니라 수많은 개인들의 독창적이고 산발적인 상호작용을 거치면서 다양한 형태의 기술과 학문이 공존하게 되었다. 그리고 유럽과 아시아를 잇는 대규모의 무역망이 형성되자, 이 무역망을 통해 상품이나 사람뿐만 아니라 지식도 점차 널리 퍼지게 되었다. 빠르지는 않았지만 이동한 것은 분명하다.

도착지의 환경이나 조건에 따라 상품이나 발명품들이 변형되는 일은 오랫동안 관행적으로 이루어졌다. 그리스의 시인 호메로스의 작품을 보면, 오디세우스가 배에서 노 한 자루를 가지고 내륙의 한 마을에 이르렀는데 그 마을 농부들은 오디세우스가 가져온 물건을 보고 곡식을 까부르는 키라고 해석했다는 대목이 나온다. 상인, 수도사, 학자들의 유라시아대륙 여행이 일상화되면서 이들과 더불어 이동한 지식도 지역 환경에 적합하도록 꾸준히 바뀌고 개선되었다. 예를 들어, 유럽인들이 혁신의 중심지로 여겼던 베니스는 동서양 무역의 중심지라는 이점을 살려 자연스럽게 유입된 중국, 인도, 이슬람의 기술들을 지역 환경에 적합하도록 개선했다. 특히 항해술을 비롯하여 마케팅기법과 회계기법이 획기적으로 개선되었다. 서서히 밀려들어온 지식과 기술은 유럽의 경제와 학문의 발달을 자극했고, 수도원 학자들은 이슬람화된 그리스 과학을 기독교와 융화시켰다.

과거를 왜곡했던 유럽중심주의는 이제 역사 속으로 사라지고 있다. 유럽의 암흑시대를 새로운 시각으로 바라보는 역사가들은 탁월함을 희석시킨다고 무시했던 다양성이 오히려 풍요로움을 가져온다는 점에서 마땅히 칭송받아야 한다고 주장하고 있으며, 이들의 연구는 정치적 의제로도 부상하고 있다.

중국 : 무시당한 주변인

18세기 초, 허풍스러운 기회주의자 조르주 살마나자르Goerge Psalmanazar 라는 프랑스인은 유럽인들이 중국에 대해 거의 무지하다는 사실을 이용해서 대만인 행세를 했다. 런던의 주교에게 교리문답서 번역을 의뢰받은 살마나자르는 엉터리 대만어로 대만의 문화를 그럴 듯하게 날조한 안내서를 출판했다. 이 책은 이국적인 진기한 것들에 흠뻑 매료되었던 부유한(게다가 귀가 얇은) 영국의 젠틀맨들(귀족 작위를 받지 않은 부유층을 일컫는다 –옮긴이)에게 날개 돋친 듯 팔려나갔다. 중국의 과학은 그 후로도 200년이나 베일에 싸여 있었다. 그러던 중 모리스 댄서 출신의 뛰어난 발생학자가 등장해서 살마나자르가 보여준 중국과는 전혀 다른 중국을 소개했다. 그가 바로 조지프 니덤Joseph Needham이었다. 니덤은 중국에 관한 연구뿐만 아니라 과학의 발달을 바라보는 역사가들의 시각도 바꿔놓았다.

니덤은 1942년 런던 왕립학회의 대표 자격으로 중국을 처음 방문했다. 당시 그는 정치적으로 좌파성향을 가진 뛰어난 과학자였으며, 이미 중국의 역사에 매료되어 있었다. 1950년까지 간간이 중국을 여행하고 연구하던 니덤은 『중국의 과학과 문명Science and Civilization in China』이라는 제목의 일곱 권짜리 책을 출판하려는 야심찬 계획을 세웠다. 연구가 진행되면서 공동 연구자들과 보조 연구원들이 가세했고, 처음 계획했던 책은 20권으로 늘어났으며, 그 후로도 연구는 지속되었다.

니덤의 연구는 정치적으로도 쟁점이 되었다. 그의 책들은 처음에 마르크스주의적 해석이라고 규탄을 받았고, 미군이 한국전에 생화학 무기를 사용했다는 중국의 주장을 뒷받침했다는 이유로 미국으로부터 철저히 외면당했다. 그리고 니덤의 뛰어난 학문적 업적이 널리 인정받게 되자 비판의 초점은 그의 정치적 성향으로 집중되었다. 케임브리지 대학교에 자신의 독립적인 연구소(니덤 연구소Needham Reserch Institute)를 설립하기 위해 사적, 공적 자금을 끌어 모은 마르크스주의자이자 성공회 전도사라는 다소 억지스러운 비판을 받았다. 그러나 중국에서는 반대로 국가적 영웅이 되었다. 중국은 개혁파와 보수파를 막론하고, 중국의 과학과 기술적인 문화유산을 되찾게 해준 니덤의 연구를 기꺼이 받아들였고, 이를 발단으로 인도를 포함하여 제국의 지배에서 벗어나려는 여러 국가에서 이와 유사한 연구들이 진행되었다.

인류가 만든 발명품들의 연보를 새롭게 쓴 것은 니덤이 이룬 또 하나의 쾌거였다. 그가 만든 중국 발명품의 목록은 주판, 톱니바퀴, 휴지, 우산, 활동요지경(빅토리아 시대의 사진 장치) 등 현재까지 250여 개에 이른다. 그 목록을 통해서 르네상스 시대의 유럽인들이 유럽의 3대 발명품이라고 자랑했던 화약, 나침반, 인쇄술도 중국에서 먼저 발명했다는 사실이 밝혀졌다. 또한 그가 지적했듯이, 실크로드는 이국적인 물건들을 서구로 전해주었을 뿐 아니라 기계와 농산물의 이동도 촉진했다. 니덤의 이러한 노력 덕분에 유럽이 발명했다고 주장한 수십 가지의 혁신적인 제품들이 실제로 중국에서 먼저 발명되었다는 사실이 입증되었다.

중국 문명은 고대 신비주의에 잠긴 과학의 오지가 아니라 암흑시대의 유럽보다 기술적으로 훨씬 앞서 있다고 주장한 니덤은 중국이 재평가되어야 한다고 역설했다. 아무도 손대지 않았던 중국을 연구하면서 니덤은 유럽 과학의 본질과 기원에 의문을 제기했다. 그는 단순한 설득이 아니라 사고의 전환을 위한 글을 통해 현대 과학은 서구의 전유물이 아니라고 역설했다. 또한 여러 강줄기가 모여 바다를 이루는 것처럼 여러 지역으로부터 모인 지식들이 '보편적인 진리'를 이룬다는 이단적인 의견을 제시했다. 니덤은 특히 중국의 전통적인 지식은 보편적인 진리를 위한 과학 활동에 지대한 공헌을 했다고 강조했다.

이러한 니덤의 주장에 격분한 전통적인 역사가들은 지체 없이 반대 의견을 내놓았다. 화약을 예로 들자면, 니덤과 그의 연구팀은 9세기경에 기록된 연금술 비법을 발견했고, 폭약은 그로부터 300년이 지난 후에 만들어졌다고 주장했다. 중국학을 연구하던 학자들도 유럽보다 중국에서 먼저 대포를 가지고 있었다는 사실을 입증했음에도 불구하고, 완강한 유럽중심주의자들은 중국에서 이 새로운 발명품(화약)을 갱도를 끊거나 불꽃놀이를 하는 데에 썼을 뿐 무기로는 사용하지 않았다고 주장하면서 발명품에 대한 유럽의 권리를 주장했다. 해석은 달랐지만 효과 면에서 따지자면 양쪽 모두 틀린 말은 아니었다. 중국의 군사용 발명품은 유럽에서 훨씬 더 큰 효과를 발휘했다. 유럽에서 대포는 갑옷 입은 기사와 봉건주의의 성을 무너뜨렸다(신기하게 들리겠지만, 유럽의 기사들도 중국의 등자 덕분에 존속할 수 있었다. 등자로 인해 기사들은 말을 타고 자유자재로 창을 휘두를 수 있었고, 이로 인해 유럽의 전쟁은 판도가 달라졌다).

역사가들은 자기 나침반에 대해서도 화약의 경우와 비슷한 논리로 주장을 전개했다. 비록 고대 그리스에는 알려지지 않았지만, 1세기경 중국의 점쟁이들은 황제들에게 길한 방향인 남향을 찾기 위해 회전하는 자석 장치를 사용했다. 몇 개의 동심 눈금판이 장착된 복잡한 나침반은 집터와 묏자리를 고를 때 사용한 것으로, 훨씬 더 나중에 개발되었다. 항해와 관련된 중국의 기능공들도 나침반을 만들었지만, 이들의 나침반은 베니스나 스페인에서 만큼 큰 영향력을 발휘하지 못했다. 중국 항해사들의 기술적인 능력이 얼마나 뛰어났던지 간에, 약 400년 후에 세상의 반대편에 있는 아메리카 대륙을 밟고 유럽의 탐험과 무역 그리고 정복의 새로운 시대를 열었던 사람은 크리스토퍼 콜럼버스Christopher Columbus였다.

인쇄술 역시 구텐베르크 성서가 나오기 400년 전에 이미 중국에서 일상적으로 사용된 기술이었지만, 이 또한 중국에서보다 유럽에서 더 혁명적인 결과를 낳았다. 중국의 통치자들은 목판 인쇄술(한자를 인쇄하기에 적합한)을 적극적으로 지원했고, 가동 활자를 이용한 출판도 가능했다. 그러나 중국에서 책은 변화의 기폭제라기보다 정보를 저장하는 수단일 뿐이었다. 또 중국에는 이슬람 왕국이 건립한 것과 같은 대규모 도서관도 없었다.

니덤의 주장을 평가하는 또 다른 방법은 중국과 유럽의 차이를 조사하는 것이다. 1400년 이전에 중국, 유럽, 이슬람 지역의 과학과 기술적 활동은 여러 면에서 오늘날보다 훨씬 더 유사했다. 물리적인 세계와 인간관계에 대해서 모두가 비슷한 질문들을 던지고 있었던 것이다. 돌아보면, 과학의 시발점으로 보이는 학술적 사상과 활동을 선별할 수는 있겠지만, 당시에 그러한 사상과 활동은 존재에 대한 원초적인 질문을 해결하기 위한 광범위한 접근법의 일부일 뿐이었다. 이와 같은 맥락에서 보면 과학적 도구나 수학적 기법들을 사용했던 당시의 천문학자들도 현대의 과학자보다는 점술가들과 더 비슷했다. 오늘날 화학과 관련된 공정들도 과학의 발달보다는 정신의 발달을 모색했던 연금술사들이나 유리를 만들고 금속을 제련했던 장인들이 개발한 것이다.

고대 그리스에서처럼 중국에서도 책을 통해 지식을 연구하는 계층과 경험을 통해 지식을 쌓았던 계층은 철저히 분리되어 있었다. 유럽을 방문한 부유한 중국 여행자들은 유럽의 도시들이 기술적으로 중국보다 뒤져 있다는 사실을 깨달았다. 이처럼 중국의 기술이 앞섰던 이유는 한가한 학자들이 아니라 집안 대대로 기술을 이어온 장인들 덕택이었다. 지리적으로도 긴밀하게 연결된 유럽과 아시아의 장인들은 전통적인 도구와 기술을 개선하며 발달시켰다. 그러나 실용적인 지식을 대하는 유럽과 아시아의 관점은 점차 차이가 벌어지기 시작했다. 신분제도가 뿌리 깊이 배어 있던 중국에서는 지식의 전파를 가로막는 사회적 방벽이 깨지지 않았던 반면, 유럽에서는 무역의 발달과 빈번한 전쟁으로 기술적인 변화가 촉진되었다.

자주적인 대학들이 있던 유럽과 달리, 중국의 획일적인 교육 체계는 안정성만을 장려하고 혁신을 제제했다. 중국 정부는 부유한 가문 출신 중에서도 유능한 인재만을 관료로 선별할 수 있도록 엄중한 국가시험을 실시했다. 이러한 형식적 절차는 인재를 선별하는 데 효과적이었을

지 모르지만, 개인의 혁신은 가로막았다. 게다가 국가시험의 과목은 700년 동안이나 바뀌지 않았다. 비평보다 암기를 지향한 교과서와 주해집들은 사실상 편협한 획일성을 강조하는 도구였던 셈이다. 이러한 경직성은 독창성을 억압했을 뿐만 아니라 학자들로 하여금 당대에 직면한 문제점이니 과학적 질문들보다 고대의 윤리적이고 철학적인 논쟁에 더 집중하도록 만들었다는 의미이기도 하다.

독자적인 소규모 영지들이 모여 있던 유럽과 달리, 중국의 강력한 중앙집권 체제는 사적인 기업행위나 군사적 주도권을 억압했다. 반면, 서구 유럽에서는 민간 기업들이 발명에 앞장섰다. 예를 들어, 유럽의 상인들은 여행의 안전을 위해 휴대용 총기를 소지했고, 기꺼이 자금을 투자하여 무기를 개발했다. 반면 중국에서는 정부 관료들만이 적의 침략에 대비한 거대한 방어용 장비들을 소유했고, 사적인 돈벌이나 폭력은 법으로 금지되었다. 500명을 고용하여 제철소를 건립하려 했던 12세기 중국의 사업가 왕호Wang Ho가 그 본보기였다. 왕호는 지역 관리들이 자신의 사업에 대해 일일이 간섭하고 나서자 일꾼들과 힘을 합쳐 이들을 무력으로 제압했지만, 불법적인 폭력을 행사하고 투기사업을 벌였다는 죄목으로 처형당하고 말았다.

철학과 종교를 대하는 사고방식에서도 중국은 유럽과 달랐다. 중국의 우주론자들은 부동의 동자가 자연의 법칙을 통해 우주를 통제한다고 생각하지 않았다. 그 대신 하늘의 이치가 인간의 사회 활동과 관련이 있다고 믿었다. 황제와 그의 칙사들이 일을 잘 못하면 홍수가 일어나거나 유성이 떨어지는 등 재앙이 잇따를 것이고, 그들이 세상의 유기적인 조화에 부합하도록 일을 하면 태평성대가 이어질 수 있다고 믿은 것이다. 황실 고문들은 하늘의 현상을 두 가지로 구분했는데, 바로 달력에 표시할 수 있는 규칙적인 현상과 흉조로 간주되었던 불규칙한 현상이었다. 그러나 제아무리 뛰어난 관찰자라도 복잡하고 체계적인 패턴의 음영만을 간신히 포착할 수 있었기 때문에 완벽한 지식은 추구할 수 없는 것처럼 보였다. 11세기의 관료 심괄沈括, Shen Gua은 이렇게 말했다. '세상에서 일어나는 근본적인 현상들의 규칙성을 말하는 사람은 그 규칙성이 가진 대강의 흔적만을 파악할 뿐이다. 그러나 이러한 규칙성도 미묘한 양상을 띠는 까닭에 수학적인 천문학만 가지고는 결코 본질을 알 수 없다. 규칙성은 여전히 흔적에 지나지 않는다.'[2]

심괄은 현대에서 말하는 과학자와는 거리가 멀었지만, 그의 이력을 살펴보면 니덤과 다른 역사가들이 중국 과학의 중요성을 강조한 이유를 이해할 수 있다. 심괄은 엄격한 국가시험을 통해 관직에 올라 재정, 군사, 정치 분야와 관련하여 황제에게 조언을 했던 북송시대의 유능한 정치가였다. 또한 사천감司天監이라는 자리에 올라 수년 간 천문 부서를 책임지기도 했다. 비록 궁중 음모 사건의 희생자가 되기도 했지만, 정교한 양각 지도를 제작한 후에 다시 관직에 올랐다. 그는 세상을 뜨기 전 20여 년 동안 『몽계필담夢溪筆談』과 『보필담補筆談』을 저술하며 보냈다.

돌아보면, 심괄은 유럽의 천문학자들보다 훨씬 앞선 위대한 천문학자로 볼 수 있다. 심괄은 5년 동안 매일 밤 세 차례씩 별들의 위치를 측정하여 엄청난 자료를 축적했는데, 이는 당시 유럽에서는 꿈도 꾸지 못할 관측 자료였다. 또한 탁월한 장비를 갖춘 관측소들 간에 긴밀한 협조체

---

2. 레오 A. 올리앙스Leo A. Orleans, 『현대 중국의 과학Science in Contemporary China』 (스탠퍼드 : 스탠퍼드 대학 출판부, 1980년)에 나온 네이선 시빈Nathan Sivin의 '옛 중국의 과학Science in China's Past'을 인용.

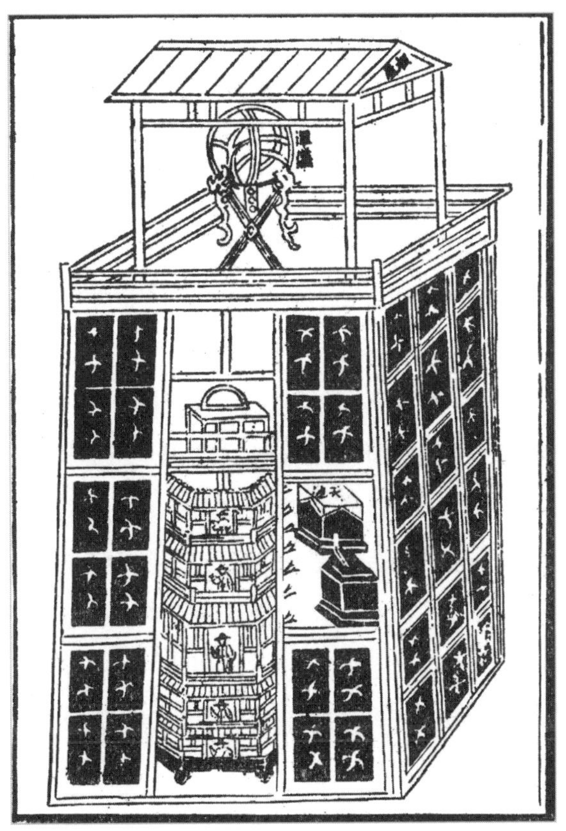

그림 7 | 북송北宋의 소송蘇頌과 동료들이 황궁에 세운 천문학 시계탑. 개봉開封, 허난성河南省, 약 1090년.

계를 구축했다. 그림 7은 거대한 수차를 돌려서 작동되는 관측 장비를 그린 것이다. 지상으로부터 약 10미터 높이의 2층탑 맨 꼭대기에 있는 천구의는 용무늬가 새겨져 있으며(그림 4 참고), 태엽장치로 작동된다. 이 천구의는 프톨레마이오스가 『알마게스트』에서 묘사한 천구의와 모양도 비슷할 뿐만 아니라 별의 위치를 측정하는 기능도 같았다. 맨 위층에는 하늘의 움직임에 맞게 설계된 회전하는 구체가 있고, 그 아래 5층탑 안에 시간을 보여주고 말해주는 움직이는 정교한 인형들이 있다.

심괄은 사천감으로 있으면서 천체관측법이나 역법 등을 창안했으나, 오늘날의 천문학자보다는 제국에서 치루는 의식의 날짜나 형식을 정하기 위해서 달력을 개량했던 황실의 점성술사에 훨씬 가까웠다. 심괄은 1만4000명의 노동자를 동원하여 배수 시스템을 건설하고 수많은 기술을 발전시킨 사람으로 칭송받는다. 그러나 현대의 관점에서 보면 심괄은 수력학 기술자라기보다는 국가 재정 전문가였으며, 자연을 과학적 연구의 대상으로 보지 않고 국익의 자원으로 본 전형적인 관료였다. 그에게 있어서 소금은 연구할 가치가 있는 화합물이 아니라 부의 상징이며, 바다로부터 끝없이 채취할 수 있는 자원이었다.[3] 심괄이 심혈을 기울여 제작한 정확한 지도는 여행자를 위한 것이 아니라 중국의 드넓은 영토를 황제에게 보여주기 위해 제작한 지도였다. 그리고 그가 쓴 필담 역시 오늘날 과학으로 분류되는 천문학, 의학, 광학과 같은 주제를 다루고는 있지만, 600여 개의 주석은 황실에 떠도는 소문이나 격언 또는 개인사들을 기록한 것이다.

니덤을 비롯한 수많은 학자들의 세밀한 연구에도 불구하고 중국의 우월성은 여전히 뜨거운 논쟁의 대상이다. 1950년대에 니덤은 이른바 '니덤의 의문'을 제기했다. 비록 만족스러운 대답을 찾지는 못했으나, 다른 학자들이 니덤의 의문에 지속적으로 문제제기를 하도록 만들었다. '니덤의 의문'은 정확히 말해서 두 가지였다. 우선 니덤은 '유럽의

---

3. 찰스 C. 길리스피Charles C Gillispie, 『과학적 생물학사전Dictionary of Scientific Biography』(뉴욕 : 스크라이브너앤선즈, 1970-1980년), 네이선 시빈Nathan Sivin의 '심괄Shen Gua'을 인용함.

르네상스 시대에 무슨 일이 있었기에 수학적 자연과학이 탄생했는가?' 라는 의문을 제기했다. 그리고 그가 제시한 두 번째 의문은 '그렇다면 왜 중국에서는 자연과학이 발생하지 않았을까?'[4]였다. 유럽인들이 본질적으로 우월하다는 안일한 대답을 거부하고 정확한 사회적 해명을 요구한 니덤은 자신이 정치저 신념에 따라 마르크스주의저인 분서을 제시했다.

니덤은 중국과 유럽의 지리학적 차이점을 강조했다. 유럽의 길고 구불구불한 해안선은 해양 무역을 유발한 반면, 중국의 광활한 대륙은 소작농과의 내부적 단결을 유도했다. 그의 견해에 따르면, 유럽의 과학은 귀족－군사 봉건제가 자본주의로 진화하던 14세기와 15세기에 등장했다. 반면, 그 당시 중국은 방어보다는 생산에 역점을 둔 중앙집권적 관료정치로 인해 봉건경제의 늪에 빠져 있었다. 중국의 황제는 광범위하고 긴밀하게 조직된 행정력을 기반으로 관료들을 이용해서 세금을 거둬들이고 식량 생산을 통제했고, 개인의 창의력을 묵살하고 사유 재산 축적을 근원적으로 막았다. 니덤의 설명에 따르면, 중국의 관료주의적 체계는 처음에는 치수와 운송, 교육과 같은 국가적인 사업과 관련된 기술발전을 촉진했으나, 개인의 창의성을 말살함으로써 봉건주의를 더욱 고착시켜 상업 자본주의로의 진행을 가로막는 장애가 되었다.

니덤의 해결책이 비판을 받았던 근본적인 이유는 그가 과학적 지식을 절대적이며 보편적이라고 생각했기 때문이다. 유럽중심주의에 도전

---

4. 토비 E. 하프Toby E. Huff, 『근대과학의 출현 : 이슬람, 중국, 서구The Rise of Early Modern Science : Islam, China and the West』(케임브리지 : 케임브리지 대학 출판부, 1993년)에서 조지프 니덤 부분을 인용.

하고 중국의 중요성을 역설했다는 점에서 논란이 일긴 했으나, 그 논란의 핵심은 과학적 발견들의 거대한 흐름이 필연적으로 보편적 진리의 바다를 향해간다는 비유에 깔린 사상이었다. 또한 그는 진리의 산을 오르는 두 거장 다빈치와 갈릴레오를 빗대어, 중국은 다빈치만큼 오르긴 했으나 갈릴레오만큼은 오르지 못했다고 결론지었다. 그렇지만 니덤이 주장했듯이, 과학의 역사를 이해하는 것은 사회적 조건이나 상황을 고려하는 것이지 위대한 발견이나 이론들의 연대기를 단순히 기록하는 것이 아니다.

그럼에도 불구하고, 니덤의 문제는 여전히 우리 곁에 남아 있다. 오히려 전 세계를 대상으로 과학의 발전에 의문을 제기하고 있기 때문에 그 중요성이 더욱 커지고 있다. 지난 50년 간 중국 전문가들에게 국한되었던 '니덤의 의문(이슬람 왕국과 같은 다른 문명들도 다루고 있는)'이 지금은 과학의 전 세계적 확산을 분석하는 쟁점으로 떠오르고 있다. 다른 수많은 발견들과 더불어 그의 발견들은 서구우월주의에 도전하고, 역사가들에게 다른 지역의 과학도 중요하다는 점을 깨닫게 했다. 과학은 르네상스 시대의 유럽에서 불현듯 발생한 것이 아니며, 1000년이 넘도록 세상의 여러 곳에서 모인 다양한 신념과 기술의 산물이다. 니덤의 의문에 대한 재해석은 반드시 필요하다. 이제 우리가 던져야할 질문은 '왜 과학이 서구 유럽에서 발달했나?'가 아니라 '유럽인들의 활동이 어떻게 현재 전 세계를 지배하는 과학이 되었는가?'다.

이슬람 : 지식 성화의 잊힌 봉송자

세상의 이치는 자명하다.
모든 지식의 샘이자 빛이신 영원한 하나님께서는
인간이 알 수 있는 범위 내에 진리를 놓아두시고,
그 진리를 통해 인간에게 말씀을 전하신다.

– 존 로크, 「인간 오성론」, 1689년.

유럽인의 정체성을 확고히 하기 위해 서구의 학자들은 무슬림을 이방인처럼 묘사했다. 이와 같은 무슬림에 대한 고정관념이 드러난 이야기나 위협적인 이야기들도 많이 전해진다. 11세기에 교황 우르반 2세는 '신의 적(이슬람)'을 공격하기 위해 십자군을 소집하여 무슬림을 상대로 성전聖戰을 독려하였으며, 이러한 사조는 오늘날까지도 이어지고 있다. 무슬림들이 무함마드Muhammad를 예언자가 아니라 신으로 여긴다고 착각한 기독교인들은 무함마드를 통렬히 비판했다. 또한 기독교인들은 무슬림들의 꾸란이 신구약성서를 대신한다는 사실도 몰랐다. 이슬람 문명이 아프리카 해안을 따라 스페인까지 확장되었지만, 수많은 유럽인들이 아시아의 무슬림들을 '사라센(천막에 사는 사람)'이라고 경멸했다. 그리고 이들이 스페인의 '무어인Moor'과 종교적인 신념이 같다는 사실도 전혀 알지 못했다.

심지어 이슬람 문화를 찬미하는 사람들조차 종종 이국적인 분위기를 자아내는 이슬람 문화의 기이한 측면만을 강조했다. 영어권 사람들에게 강렬한 인상을 주었던 이슬람의 유일한 문학작품 『오마르 하이얌의 루바이야트The Rubaiyat of Omar Khayyam』도 그 예 중 하나다. 운율이 있는 4행시로 시작하는 『루바이야트』는 운명론자의 시각에서 바라본 인생이라는 점에서 유명해졌다. 이 시는 온종일 술에 취해 독백을 하는 철학자의 쾌락주의를 미화하고 있다.

> 운명을 기록하는 신의 손가락은
> 쉴 새 없이 움직이며 기록을 한다네,
> 기도나 잔꾀로야 반줄이나 지울 쏜가.
> 네 눈물을 다 쏟은 들 한 마디나 씻을 쏜가.[5]

하지만 빅토리아 시대의 번역본인 이 책은 시의 원문이 심각하게 왜곡되었음에도 불구하고 엄청난 인기를 끌었다. 이 시들은 여러 자료에서 긁어모은 페르시아 철학을 조잡한 운율에 맞춰 희화시킨 것이다. 향락적인 자유주의자와는 거리가 멀었던 수피교의 현자 오마르 하이얌은 종교적 위선을 통렬히 비난한 지혜로운 수학자였다. 이슬람 문화의 여러 측면과 마찬가지로 오마르 하이얌 역시 서구의 입맛에 맞게 각색된 인물이었다.

---

5. 『오마르 하이얌의 루바이야트』를 에드워드 피츠제럴드Edward Fitzgerald가 번역(1879년).

유럽의 시각에서 보자면, 이슬람 문화에 과학이 처음 등장한 것은 8세기 중반이었다. 당시 바그다드를 통치했던 이슬람의 칼리프(통치자의 칭호-옮긴이)들은 학문 연구에 돈을 쏟아 붓기 시작했다. 꾸란의 성스러운 언어인 아랍어는 사실상 스페인의 서쪽 가장자리에서 지중해 남부 해안을 따라 중국의 국경에 이르는 거대한 지역에 영향을 미칠 정도로 국제적인 언어가 되었다. 이러한 언어적 기반에서 학문 연구가 활성화되었고, 이론적 지식 수준도 전례 없이 높아졌다. 유럽인들의 시각에서 바라보면 이슬람 문명은 이러한 지적 발달을 지탱할 능력이 없었으며, 과학은 약 12세기 말에 서구 유럽으로 옮겨와서야 명맥을 유지한 것처럼 보였다. 보다 극적으로 말하자면, 과학적 진리를 향한 위대한 경주에서 아랍이 길가에 떨어뜨린 지식의 성화를 유럽이 집어 들고 달린 셈이다.

이슬람의 시각에서 바라보면, 유럽의 이러한 견해는 학문을 향한 무슬림들의 태도를 반영하지 않았기 때문에 못마땅할 수밖에 없다. 한 나라의 사상이 다른 나라로 고스란히 전해지는 법은 없을 뿐더러 지역의 종교나 철학적 견해의 영향을 받아 변하기 때문이다. 생명과 우주에 관한 그리스 이론들도 유럽에서 기독교적으로 재해석된 것이다(그림 3과 6 참고). 마찬가지로 무슬림의 학자들도 그리스의 사상들을 이슬람의 독자적 견해에 맞게 변형시켰다. 오늘날 과학과 문명의 이기가 인류 업적의 정점이라고 생각한다면, 이슬람 철학자들은 사실상 12세기 무렵에 발전을 멈춘 것처럼 보인다. 하지만 논리를 통해서 물질세계를 지배하는 것보다 정신적 완성에 이르는 것을 더욱 중요하다고 믿는 무슬림에게 있어서 오히려 길을 잘못 들어선 것은 이슬람이 아닌 유럽의 과학이다.

유럽 과학의 역사상 가장 유명한 책은 아이작 뉴턴이 쓴 『자연철학의 수학적 원리The Mathematical Principles of Natural Philosophy』다. 제목만 봐도 수학적 토대 위에 물리적인 세계의 지식이 세워졌다는 것을 알 수 있다. 그에 비해 아랍의 가장 위대한 책인 『치유의 서The Book of Healing』는 무지無知라는 질병을 치유하는 책이다. 이 책은 발전의 시작점을 제시하기 보다는 정신적 충만함을 추구하는 사람에게 필요한 모든 지식을 요약하고 체계화했다. 11세기 초에 편집된 『치유의 서』는 동시대의 기독교 수도원들에서 행해진 연구와 유사하게 방대한 백과사전 안에 지식을 분류하는 하나의 전통을 세운 책이다. 『치유의 서』는 무미건조한 과학책이 아니라 시적이고 철학적인 명상록으로, 이슬람식으로 해석한 아리스토텔레스철학 뿐만 아니라 정교한 우주론도 다루고 있다. 몇몇 부분이 라틴어로 번역된 후 『치유의 서』는 르네상스 시대 유럽 대학들의 교과서가 되었고, 유럽에서 이 책의 저자는 위대한 의사 아비센나Avicenna로 칭송받았다. 비록 자신의 제자인 오마르 하이얌보다 지금은 덜 유명하지만, 아비센나는 유럽에서 권위를 인정받은 몇 안 되는 이슬람 학자 중의 한 명이었으며, 알코올과 당류, 알칼리와 같은 용어를 만들어 현대 과학에 뚜렷한 족적을 남기기도 했다.

아비센나는 아부 알리 알 후세인 이븐시나의 라틴어 이름으로, 의학 뿐 아니라 철학 이론 연구로 이슬람세계 전역에 이름을 날렸다. 이븐시나의 삶과 이론들은 오마르 하이얌을 비롯한 여러 학자들과 마찬가지로 현대의 과학자들과는 상당히 다르다. 세상을 등진 학자나 편협한 전문가들과 달리, 이븐시나는 궁정 의사, 군인, 정부 관료의 자격으로 페르시아의 여러 도시들을 떠돌아다닌 박학다식한 방랑자였다. 심지어 그는 자신이 발명한 특수한 짐바구니를 이용해서 말을 타고 다니면서도 수백 권의 기이한 책들을 쓰기도 했다. 전문적인 의술뿐만 아니라 수학과 음악에도 뛰어났고 천문학과 광학 연구도 했으며, 영혼에 영향을 미치는 음악에 대한 중요한 논문도 썼다. 이븐시나의 대표작 『의학 정전Canon of Medicine』의 라틴어 번역본은 16세기 유럽에서 가장 많이 출판된 책으로, 이전의 의학 지식과 더불어 수막염과 결핵에 대한 독자적인 관찰을 집대성하였다.

현대 과학은 독창성에 엄청난 의미를 부여한다. 이와 대조적으로 이븐시나의 저술은 당대의 모든 지식을 포괄적이고 체계적으로 집대성함으로써 동시대인들로부터 가치를 인정받았다. 뉴턴처럼 이슬람의 학자들도 신에게 접근하기 위해 세상을 연구했지만, 최초의 과학자라는 수식어 때문에 과학과 관련이 없는 삶의 다른 측면들은 역사책에서 지워졌다. 이븐시나는 안정(영속)에 이르기 위해 노력하는 것이 이슬람의 목표라고 설파했다. 물질과 신성, 정신세계가 불가분하게 얽혀 있다고 생각한 이븐시나에게 단순히 자연을 이해하는 것은 의미가 없었다. '이슬람'은 순종과 평화 또는 신과의 합일을 의미한다. 따라서 이븐시나의 목적도 우주의 구조를 파헤치는 것이 아니라 신과의 통합을 이끌어내는 것이었다.

비록 과학과 종교가 적대적이라고 하지만, 이슬람의 경전에 따르면 무슬림들은 정신적 완벽에 이르기 위해 평생 동안 참된 지식을 배워야만 한다. 이 거룩한 사명을 완수하기 위해서라도 이슬람교는 본질적으로 교육을 장려한다. 이븐시나와 같은 학자들은 교육을 두 가지의 상호 보완적인 범주로 나누었다. 하나는 신학, 법학, 성서 해석과 같은 주제를 다룬 이슬람의 계시들로, 대부분이 꾸란에서 유래했으며, 한 세대에서 다음 세대로 직접 전달된 지식을 말한다. 이와 대조적으로 그리스에서 넘어온 과학적 이론들에 대해서는 지적으로 접근했고, 그대로 따르거나 독자적인 해석을 내리기도 했다.

　사원에 귀속되어 있던 이슬람의 학교는 신학과 법학, 성서 해석과 같은 과목에 초점을 두었다. 또한 새롭게 등장한 관측소와 병원도 사원과 관련이 있었는데, 이 두 기관에서는 더 다양한 과목을 가르쳤다. 종이의 도입으로 문헌 연구가 더욱 활발해지자 기관들은 대규모의 도서관을 건립했다. 이러한 교육기관들이 이슬람 왕국 전역으로 확산되자 옛 지식과 새로운 발견들도 널리 알려졌으며, 자연세계에 대한 연구도 활발해졌다.

　처음으로 논리적인 학문을 연구한 곳은 바그다드에 있는 칼리프의 궁정으로, 개인의 후원과 국가의 재정적 지원을 받아 8세기에 세워진 건축물이었다. 이슬람 전역에서 유능한 학자들이 대규모의 도서관을 갖춘 이 유명한 학교로 모여들었고, 이들은 도서관에 소장된 수많은 그리스 문헌들을 아랍어로 번역했다. 국제적인 서적들을 수집하고 번역했다는 사실은 이슬람 문화가 초창기부터 그리스의 사상들을 받아들이고 변형했다는 의미다. 그리스 의학과 천문학 문헌들에서 수술, 의약, 예언에 관한 실용적인 정보들을 얻기도 했지만, 아랍의 전문가들은 10세기에 이미 독자적으로 방대한 문헌을 축적하고 있었다. 칼리프들이 학자들의 연구에 오랫동안 재정 지원을 한 이유는 학구적인 지도자라는 평판을 얻으려는 목적뿐 아니라 다른 사상을 가진 여러 학파들을 하나로 규합해 통치 기반을 확고히 하려는 목적에서였다. 비록 칼리프들이 미리 계획한 일은 아니었지만, 그들의 정치적 야심 덕분에 그리스 지식이 살아남아 훗날 과학에 영향을 미쳤다.

　천문 관측소들은 과학 교육에 있어서 지대한 역할을 했다. 가장 영향력이 막강했던 관측소는 페르시아(오늘날의 이란)의 마라가 관측소다. 1261년에는 칭기즈칸의 손자가 관측소의 책임자로 근무했으며, 이슬람 사원의 기부금으로 운영되었다. 마라가 관측소는 정교한 천문 관측 장비들과 더불어 대규모 도서관을 갖추고 있었는데, 이로 인해 다양한 분야를 연구하는 학생들이 이곳으로 모여들었다. 학교, 관측소, 도서관을 통합한 교육기관 모델은 이슬람세계 전반에 영향을 미쳤고, 이스탄불과 같은 아랍의 대도시들을 방문한 유럽인들도 이러한 교육기관 모델을 배워갔다.

교육 기능을 갖춘 병원 또한 유럽을 매혹시킨 이슬람 세계의 혁신이었다. 관측소와 마찬가지로 병원도 강력한 통치자들의 의지나 종교적 지원에 힘입어 설립되었다. 병원과 학교, 관측소와 도서관을 연계했듯, 위생과 건강이 정신적인 행복과 불가분의 관계라고 여겼던 무슬림들은 사원과 목욕탕도 접목했다. 통치자들은 의사시험제도를 통해 의사들의 평균적인 의학 수준을 유지했다. 저명한 의사들은 자신들이 운영하던 병원을 연구소로 전환하기도 했다. 가장 유명한 예는 바그다드에 있는 병원으로, 9세기 말 무렵에 총책임자로 있던 무함마드 이븐 자카리아 알 라지가 재건을 추진했다. 방대한 의학 백과사전을 저술한 그는 유럽인들에게 아랍의 갈레노스Galen로 칭송받으며 라제스Razes라는 이름으로 알려졌다.

알 라지는 전설적인 인물이 되었지만, 그에 대한 평판은 다양하다. 뛰어난 임상학자였던 그는 홍역과 천연두를 구별한 것으로 이름을 날렸다. 또한 아편을 마취제로 사용한 점이나 자신이 독자적으로 진행한 관찰과 치료법을 전통 지식과 접목시켰다는 점에서 칭송받는다. 알 라지는 훌륭한 선생이기도 했는데, 대규모 강의보다는 소수의 학생들을 모아 놓고 가르치는 이슬람식 교수법을 따랐다. 유럽에서 알 라지의 저서들(라틴어 번역본)은 의학을 공부하는 학생들에게 교과서와 다름없었고, 역사가들은 갈레노스의 이론을 개정하고 자신만의 독특한 견해를 시사했다는 점에서 그를 높이 평가한다. 그러나 정작 이슬람 국가에서는 알 라지를 얼치기 철학자라고 비난했고, 전통적인 권위에 도전장을 낸 비정통 무슬림이라는 악평을 들었다. 알 라지는 종교적이고 지적인 학자로서의 삶의 일부분으로 의업醫業에 종사했을 뿐, 실제로 그의 저서 중 3분의 2는 의학과 관련이 없는 주제를 다루고 있다. 그러나 유럽 중심주의 학자들에게 이러한 알 라지의 면면은 최근까지도 알려지지 않았다.

극단적인 평판을 들었던 또 한 사람은 아베로에스Averroes라는 라틴어 이름으로 유럽에 알려진 아부 알 왈리드 무함마드 이븐루시드다. 그는 아리스토텔레스 이론을 상세하게 분석한 인물이다. 그러나 이슬람에서 이븐루시드는 백과사전식 접근법으로 지식의 전 영역을 다루면서 실질적인 영향을 미친 이븐시나에 비해 그리 뛰어난 인물로 평가받지 못했다. 반면, 유럽에서 그는 아리스토텔레스 이론 해석의 일인자로 인정받았고, 르네상스 시대에 라파엘Raphael이 그린 '아테네 학당The School of Athens'에 플라톤, 아리스토텔레스, 피타고라스를 비롯한 뛰어난 그리스 철학자들과 어깨를 나란히 한 채 등장하고 있다. 그에 반해 수많은 무슬림들이 이븐루시드의 철학적 견해에 반대했으며, 그의 저술 중 라틴어와 히브리어 번역본 일부를 제외한 아랍어본은 모조리 불태워졌다. 물론 유럽에서는 기존의 종교에 용감히 맞선 인물로 칭송받았다.

13세기 이후에 이슬람 왕국을 거치면서 과학이 위축되었다는 주장이 심심치 않게 들려온다. 이러한 주장은 마치 그리스가 건네준 지식의 영토를 다스리지도 못할 만큼 무슬림의 학자들이 똑똑하지 못했다는 것처럼 들린다. 그렇다면 이슬람 학자들은 그리스로부터 진보의 성화를 성공적으로 전달받고도 왜 경주를 완주하지 못하고 포기했을까? 이슬람 과학의 역사를 연구하는 학자들의 탄식은 과학적으로 그토록 앞선 중국이 어째서 선도의 자리를 지키지 못했는지 밝혀내려 했던 니덤의 탄식과 닮아 있다. 니덤과 마찬가지로 이슬람 역사가들은 잘못된 질문을 던져왔다. 왜냐하면 그들도 과학을 절대 진리에 이르기 위한 하나의 통합된 과제로 오인했기 때문이다.

이슬람 통치 하에서 수행되던 과학적 연구 방식은 몇 가지 이유로 중단되었다. 그 중 하나가 정치적 변화였다. 이슬람 세계가 평화롭고 번성하고 있을 때에는 학문도 융성했지만, 군사와 농업으로 재원이 몰리자 학문은 곧 시들해졌다. 특히 유럽이 신세계에 온 정신을 쏟자 무역과 부가 서방으로 꾸준히 이동했으며, 거의 전 세계를 지배하고 있던 이슬람 통치자들은 힘을 잃었다. 또 다른 요인은 사회 구조였다. 이슬람의 법과 교육 체계는 안정을 도모하고 견해차를 인정하는 구조로써 소규모 모임 안에서 지역의 전문지식을 전달하는 방식을 선호했다. 이와는 대조적으로 유럽의 대학들은 기존 지식과 활동에 문제를 제기하고 이를 뒤엎을 수 있는 학구적인 논쟁을 장려했다. 정신 수양을 위한 지혜를 추구하는 데 가치를 둔 정통 무슬림들에게 오히려 유럽의 대학들은 이단으로 보였다.

낙후된 지역에 대한 그릇된 비난은 유럽 외부에서 뿐만 아니라 내부에서도 일었다. 과학의 역사에 관한 진보적인 진실 탐구Search for Truth 모델에 따르면, 18세기 말경 영국은 복잡한 수학 공식 안에서 물리 법칙을 표현하지 못한 까닭에 프랑스에 뒤져 있었다. 후발주자임에도 불구하고 프랑스는 미래를 향한 지름길을 택한 것처럼 보일 수도 있다.

그러나 영국의 과학자들은 대수학적 상징들이 현실세계와 관련이 없다고 믿었기 때문에 수학적 기술을 거절했다. 그들은 영원한 비밀로 남아 있어야 할 거룩한 수수께끼를 능란한 수학적 기교로 판독하는 것은 신의 노여움을 살 그릇된 자만심이라고 주장했다. 마찬가지로 많은 이슬람의 학자들은 오로지 지식 자체를 위해 지식을 추구하는 것을 못마땅해 했다. 실질적으로도 유용했을지 모를 그리스의 전문 지식을 받아들이면서도 그들은 다른 형식의 발전에 의의를 두었다. 바로 행복과 정신적 완벽을 추구하는 것이었다.

학문 : 과학과 종교의 결합

– 제프리 초서Geoffrey Chaucer, 『켄터베리 이야기The Canterbury Tales』의 서문, 대략 1387-1400년.

9세기 중반까지 바그다드에서 진행된 칼리프의 번역 작업은 순조롭게 진행되었다. 이 작업의 목적은 이전의 전문 지식을 받아들이는 것뿐 아니라 번역을 통해 그 지식들을 이슬람 문화에 완전히 동화시키는 것이었다. 칼리프가 거느리고 있던 수학자들의 설명에 따르면 모든 작업은 '아랍어의 용법과 당대의 관습에 따라' 진행되었다. 또한 무슬림은 학문을 향한 인류의 끊임없는 노력에 동참하고 있으며, 두 가지 목표를 갖고 있다고 설명했다. '특정 주제에 대해 고대인들이 언급했던 모든 인용문을 완벽하게 기록하고, 고대인들의 미흡함을 완성하는 것'[6]이다.

이슬람이 생각한 '고대인'은 그리스만이 아니었다. 당시 이슬람은 안달루시아에서 우즈베키스탄에 이르기까지 방대한 영토를 차지했고, 무슬림뿐 아니라 기독교도와 유대교까지 포용하고 있었다. 그로 인해 이슬람 영내의 거주자들은 여러 문명들에 기반을 둔 사상들을 한데 섞어 물려받았다. 비록 가장 주요한 지적 유산은 그리스에 기원을 두고 있었지만, 이러한 유산도 알렉산드리아를 통해서 들어왔기 때문에 이미 많은 사고방식과 영향력을 거친 상호작용의 산물로 변해 있었다. 무역품을 실어 나른 상인들과 함께 제국 주변으로 몰려든 학자들은 그리스뿐 아니라 페르시아와 인도를 포함한 옛 전통에서 파생한 사상들을 서로 교환했다. 이러한 이질적 문화들의 혼합은 메카 성지 순례로 더욱 촉진되었다. 따라서 동일한 지식이라도 형태가 다를 수밖에 없었다. 그럼에도 불구하고 '아랍의 과학'이라는 포괄적인 용어는 같은 언어 기반에서 학자들의 이동과 사상의 교환이 자유로웠다는 점에서 볼 때 이해하기도 쉽고 뜻도 잘 통했다. 또한 이동의 편리성과 사상의 자유로운 교환은 학자들에게도 굉장한 혜택이었다.

이슬람 학자들은 과학을 두 가지로 나누었지만, 두 가지 모두 현대의 과학적 학문과는 일치하지 않는다. 하나는 피타고라스 이론을 따르고, 네 가지의 정량적 주제들(산술, 기하, 천문, 음악)을 연구함으로써 우주의 중심에 깃든 수학적 질서를 탐구하는 학문이었다. 오늘날의 관점에서 보면 이 네 가지 주제는 서로 관련이 없어 보이지만 후에 등장한 유럽의 대학에서도 동일한 범주로 묶어서 가르쳤다. 또 하나는 아리스토텔레

---

6. 데이비드 C. 린드버그David C. Lindberg, 『서구 과학의 시작The Beginnings of Western Science : 철학, 종교, 제도 면에서 바라본 유럽 과학의 전통, 기원전 600년에서 기원후 1450년까지The Beginnings of Western Science : The European Scientific Tradition in Philosophical, Religious, and Institutional Context, 600 BC to AD 1450』(시카고 / 런던 : 시카고 대학 출판부, 1992년)에 나온 알 킨디를 인용.

스학파의 이론을 따르고, 더 서술적인 학문이었다. 동물, 식물, 광물을 관찰했으며, 오늘날 물리학에 속한 주제(특히 광학)를 연구했다. 게다가 아리스토텔레스학파의 이론은 신이 오로지 인간을 위해 우주를 창조했 다는 이슬람 믿음과 부합했기 때문에 서술적인 학문을 탐구했던 과학 자들은 목적론적 우주관을 기꺼이 받아들였다.

대수학, 알고리즘, 영(0)와 같은 낯익은 세 개의 수학 용어들은 모두 아랍에서 유래했다. 무슬림들은 피타고라스학파의 수학에 깊이 매료되 었다. 이는 피타고라스학파의 수학이 무슬림이 가진 조화에 대한 애정 이나 우주 질서에 관한 연구와 잘 맞아 떨어졌기 때문이다. 이슬람의 전통적인 미술과 건축은 기하학과 대칭에 대한 그들의 애착을 단적으 로 드러낸다. 그림 8을 보면 기와와 천체 관측소의 기둥이 반복적인 패 턴으로 배열되어 있고, 지붕 위로 보이는 나무들 역시 규칙적으로 배열 되어 있다. 이러한 심미적인 특징은 혼돈스러운 다양성의 세계에 필요 한 절대자의 궁극적 질서, 즉 신에게로 이어진 수의 사다리를 추구한 이슬람 신앙의 본질을 나타낸 것이다. 아랍어로 번역된 그리스 수학자 들의 저서 안에서 무슬림들은 자신들의 것과 유사한 정량적 영성을 발 견했던 것이다.

이슬람 수학자들은 가로, 세로, 대각선 줄에 있는 숫자의 합이 모두 같은 마방진에서 수학적 의미뿐 아니라 우주의 의미를 탐구했다. 또한 이들은 체스 판의 첫 칸에 밀 한 알, 둘째 칸에 두 알, 셋째 칸에 네 알 과 같이 앞 칸의 두 배가 되도록 밀알을 채웠을 때 64칸 안에 채워질 밀 알의 수를 계산하는 산술문제를 놓고도 씨름했다. 물론 그렇게 채우면 어마어마한 수의 밀알이 쌓인다. 이러한 특정한 퍼즐을 고안하고 푼 사 람은 11세기 이슬람제국의 걸출한 지성 가운데 한 사람이었던 아부 라이한 알 비루니다. 당시 그는 자신의 동료 이븐시나 만큼이나 중요한 인물이었지만, 라틴어로 번역된 저술이 없었던 까닭에 유럽에는 거의 알려지지 않았다. 알 비루니도 다른 이슬람 학자들과 마찬가지로 현대 과학자들보다 박학다식했다. 그가 쓴 수학과 천문학책들이 수백 년 동안 널리 읽혔지만, 정작 그는 역사가로 혹은 종교연구가로 더 많이 알려졌다.

천문학자들은 몇 가지 목표를 가지고 있었다. 우주를 더 정확히 측정하고 포괄적인 별의 목록을 만드는 것 외에도, 하늘의 완벽함을 증명함으로써 종교적인 순수성을 성취하려는 원대한 목표도 가지고 있었다. 뉴턴을 포함한 많은 유럽인들은 피타고라스학파의 수학적이고 조화로운 우주를 신이 창조했다고 믿었다. 한편, 무슬림 수학자들은 상징적인 의미를 가진 기하학적 도형으로 수를 가시화했다. 예를 들면, 3은 조화의 삼각형과 연결되어 있고, 4는 안정의 사각형과 연결되어 있다. 이를 바탕으로 음악에도 측정의 개념을 도입했는데, 이는 12세기 유럽 기독교의 단조로운 성가에 대변혁을 일으킨 혁신이었다. 이때부터 악보에 각 음표의 음가를 명시하기 시작했다. 기학학적 표현과 수적 관계는 음표 사이의 간격, 정신적인 함의, 우주의 비율과 서로 밀접하게 연결되어 있었다.

수학적 천문학은 통치자가 중대 사안을 결정할 때 성점星占을 쳐주는 것과 같은 실질적 용도로 이용되었기 때문에 더욱 중요했다. 이슬람 신앙은 특별한 요구들을 강요했는데, 지금은 과학적으로 보이는 활동들이 이러한 신앙의 차원에서 촉발되었다. 실제로 달력은 모든 무슬림들로 하여금 일제히 금식의식을 지키게 하려는 종교적 요구로 제작되었다(이슬람력으로 9월을 말하며, 이 기간을 라마단이라고 함—옮긴이). 또 메

그림 8| 타키 알 딘Taqi al Din과 천문학자들이 16세기 이스탄불 무라드 3세Muradd III의 관측소에서 연구하는 모습.

카의 정확한 방향과 정확한 기도 시간을 알리기 위해 관측소 사원에 있는 시간 기록원들은 거대한 천문학적인 측정 장치를 만들어야만 했고, 알 비루니와 같은 수학자들은 매우 정확한 지리적 좌표를 측정했던 것이다.

그리스 천문학을 받아들이고, 또 적합하게 만들면서 이슬람 학자들은 관찰의 중요성을 강조한 프톨레마이오스의 『알마게스트』를 맹신했다. 프톨레마이오스의 저서를 이론적 기반으로 삼기 위해 이슬람 천문학자들은 정교한 기계를 개발했으며, 이를 통해 관찰의 정확성을 높일 수 있었고 새로운 별 목록도 만들 수 있었다. 후에 유럽인들은 이 기계를 모방했다. 그림 8은 이스탄불에 있는 작은 천문 관측소다. 이 관측소가 최초로 쌓은 업적은 1577년에 유난히 밝은 혜성 하나를 관측한 일이었다. 그러나 불행하게도 수석 천문학자는 이 혜성을 길조로 해석하고 말았다. 몇 차례 전염병이 돌면서 수많은 사람이 목숨을 잃자 결국 이 관측소는 천기를 누설했다는 죄명으로 철거되었지만, 전통적인 설계에 따라 지어진 이 관측소는 이슬람 천문학을 엿볼 수 있는 좋은 본보기다.

기하학적으로 구성된 그림 8을 자세히 보면, 오른쪽 상단에 책꽂이를 배치함으로써 책의 중요성을 강조하고 있다. 15명의 천문학자들은 세 팀으로 나뉘어서 크고 다양한 도구들을 가지고 연구하고 있는데, 이들이 사용하는 도구들(그림의 맨 오른쪽 중간 부분)은 중국산 내부 장치를 사용한 것으로 보이는 기계식 시계를 포함하여 르네상스 시대의 유럽에서 표준이 되었다. 책꽂이 바로 아래 한 학자가 들고 있는 두 개의 원형 고리는 이슬람의 도구들 가운데 가장 유명하고 중요한 도구인 아스트롤라베astrolabe로, 하늘을 본뜬 정교하고 복잡한 회전 원판들이 연결되어 있다. 최초의 아스트롤라베는 그리스에서 처음으로 발명했다고 전해진다. 프톨레마이오스가 고리 모양의 구체를 떨어뜨렸는데 당나귀가 이것을 밟는 바람에 납작한 고리 모양의 아스트롤라베가 탄생했다고 한다. 지어낸 이야기인지는 모르지만 수학적으로도 그럴 듯한 설명이다. 그리스식 우주 모델의 납작한 이슬람식 편형은 르네상스 시대 천문학자들이 가장 애용하는 도구가 되었고, 초서도 자신의 논문에 이 도구의 삽화를 싣기도 했다. 아스트롤라베는 휴대가 간편한데다 시간을 측정하거나 천문학적 예측과 측량을 하는 등 기능이 많아서 오랫동안 사용되었다. 많은 유럽인들이 놋쇠로 만든 아름다운 아스트롤라베들을 훔쳐갔으며, 지금도 유럽의 박물관들에 상당수가 소장되어 있다.

이슬람 천문학자들은 프톨레마이오스의 연구를 따르기는 했으나 비판도 서슴지 않았다. 그러나 이보다 더 중요한 점은 프톨레마이오스의 연구를 발달시켰다는 사실이다. 포괄적이고 정확한 정보를 수집한 이슬람 학자들은 태양과 달이 움직이는 것처럼 보인다는 프톨레마이오스의 원리를 수정했고, 별의 좌표를 계산하는 데 보다 효과적인 삼각법을 도입했다. 현대인에게는 당연한 이치로 보이지만, 이슬람 학자들은 속도가 느려지고 빨라지는 행성들을 포함한 복잡한 프톨레마이오스의 시스템과 자기들이 관찰한 바를 조화시키는 데 애를 먹었다. 일부 학자들은 코페르니쿠스가 도입한 장치와 유사한 기하학적 장치를 개발해서 프톨레마이오스의 모델을 수정했다. 그리고 현대의 전문가들은 코페르니쿠스가 이러한 이슬람의 개념들을 이용했다는 점을 증명함으로써 유럽중심주의적인 역사를 수정하고 있다.

이슬람의 천문학은 단일 학문이 아니었다. 피타고라스학파의 수학자들과 아리스토텔레스학파의 철학자들은 모두가 프톨레마이오스 이론으로 회귀했지만, 접근법은 달랐다. 피타고라스학파의 수학자들은 세상이 돌아가는 이치를 설명하기보다 묘사하고 정량화하려고 애썼다. 이에 반해, 아리스토텔레스학파의 철학자들은 프톨레마이오스의 우주 모델을 보다 현실적이고 견고한 판형으로 만들어서 훨씬 더 큰 반향을 일으키길 원했다. 몇 년 동안 알 비루니는 태양이 중심에 놓인 우주의 가능성에 대해 고민했고, 코페르니쿠스보다 먼저 자신의 이론을 발표하고 싶은 유혹도 느꼈다. 그러나 수학자였던 알 비루니는 우주의 중심에 태양이 놓여 있든 지구가 놓여 있든 자기와는 무관하다는 결론에 이르렀다. 그가 지적한 것처럼, 계산의 측면에서 보면 태양이 지구 주위를 돌든 그 반대든 아무런 차이가 없었기 때문이다. 결국 그는 우주론적인 문제들을 철학자의 몫으로 남겨둔 채 전통적인 기하학적 모델을 선택했다.

아리스토텔레스학파의 철학자들 가운데 가장 영향력 있던 한 사람을 꼽으라면 10세기 광학 전문가였던 아부 알리 알하산 이븐 알 하이탐을 들 수 있다. 유럽에는 알하젠Alhazen이라는 이름으로 알려졌다. 나일 강의 범람을 통제하지 못했다는 불명예를 안은 이븐 알 하이탐은 정신병자 행세를 하며 이집트에 머물면서 조용히 자신의 연구에만 몰두했다. 그는 아리스토텔레스의 주장대로 동심을 가진 투명 구체들을 도입함으로써 우주 모델에 물리적 현실성을 부여하려고 노력했다. 그는 바깥쪽에 별이 없는 하늘이 있고, 안쪽에는 고정된 별을 가진 천천히 회전하는 구체가 있다고 생각했다. 그리고 안쪽에 있는 각각의 행성은 천천히 회전하는 구체와 짝을 이루고 있다고 주장했다.

이븐 알 하이탐을 비롯하여 이슬람의 아리스토텔레스학파들이 천상의 구체에 관해 쓴 저술들은 라틴어로 번역되어 몇 세기 동안 유럽에 영향을 미쳤다. 과학적 관점에서 보면 이슬람/아리스토텔레스학파/프톨레마이오스학파의 융합은 결점이 많았다. 가장 대표적인 결점은 구체들이 서로 부딪치지 않고 운행되는 원리와 혜성들이 굴절하지 않고 지나가는 까닭을 설명하지 못했다는 점이다. 그러나 무슬림이나 기독교도들에게 있어서 이 모델은 자신들이 중요하게 여긴 몇몇 문제들을 잠시나마 만족스럽게 해결해주었다. 종교적 믿음을 가진 사람들은 영속성이 있으며 질서정연하고 유연한 하나의 우주, 즉 창조의 중심에 인간이 있다는 성서의 믿음과 일치하는 우주를 마음에 그렸다.

이븐 알 하이탐의 위대한 업적 중의 하나는 광학 연구였다. 심지어 르네상스 시대에도 실험가들은 여전히 이븐 알 하이탐의 해석을 통해 그리스 지식을 인식했다. 비록 위대한 무슬림 물리학자라는 명성을 얻긴 했지만, 이븐 알 하이탐은 세상에 대해서 현대 과학자들과는 상당히 다른 견해를 갖고 있었다. 일례로, 그의 접근법은 현대의 학문적인 경계를 무시했다. 그는 인간의 시력에 관한 연구도 해부학자나 생리학자의 소관으로 돌리지 않고 대기 현상이나 렌즈 혹은 반사경에 관한 실험들과 결부시켜 생각했다.

반사와 굴절에 관한 현대 표준 이론의 일부는 이븐 알 하이탐에게서 비롯되었다. 분광기를 직접 만든 뉴턴처럼, 이븐 알 하이탐은 직접 렌즈들을 만들어 인간 눈의 해부와 무지개 연구에 이용했다. 뉴턴과 마찬가지로 이븐 알 하이탐도 신이 하늘의 빛이며 땅의 빛이라고 믿었다. 이는 성서와 유사한 꾸란에 등장하는 이미지다. 무엇보다 이븐 알 하이탐은 시각에 관한 새로운 이론을 선보였다. 비록 지금은 자명한 이론처럼 보이지만, 이븐 알 하이탐은 사람들이 볼 수 있는 것은 바라보는 대상에서 나오는 빛 때문이라고 주장했다. 그는 그리스로부터 물려받은 세 가지 이론을 단일한 연구로 통합했다. 첫 번째 견해는 유클리드와 같은 수학자들이 마치 빛이 인간의 눈에서 외부로 발현되는 것인 양 기하학적으로 묘사한 모델이다. 그들은 인간이 보는 방식을 이해하는 것보다 현상을 설명하는 기학학적 모델을 제시하는 것에 더 관심이 많았다. 두 번째 견해는 아리스토텔레스에게서 비롯된 이론으로, 외양보다는 질적으로 생각하고 그 원인을 밝힌 이론이었다. 아리스토텔레스는 물체가 그 주변의 매체(통상적으로 공기)에 영향을 주고, 이 변화가 눈으로 전송된다고 주장했다. 그리고 세 번째는 눈의 생리학적 구조를 실험한 의사 갈레노스의 견해다. 이븐 알 하이탐은 이 세 가지 견해를 통합함으로써 눈으로 들어오는 빛을 수학적으로 계산한 이론을 내놓았다.

광학은 과학의 영역이자 의학의 영역이었다. 사막의 모래바람으로 인해 이집트에서는 특히 안과 질병이 성행했다. 이븐 알 하이탐의 연구는 안과 질병의 치료에도 유익했다. '약물', '망막', '백내장' 등의 용어는 아랍어에 그 뿌리를 두고 있으며, 이슬람의 안과와 관련된 의학은 17세기에 접어들 때까지 유럽에서 중요한 위치를 차지했다. 특히 알 라지와 이븐시나의 라틴어 번역본을 통해서 널리 알려졌다. 이슬람의 의학전문가들은 페르시아와 인도의 전통적인 지식들과 히포크라테스 의학에 대한 갈레노스식 해설을 통합하여 예방과 진단, 치료의 모든 측면을 두루 다룰 수 있는 포괄적이고 체계적인 개론을 만들었다.

그리스의 의학과 이슬람의 독자적인 의학 지식을 통합한 방대한 의학 백과사전에는 동물과 식물 그리고 광물에 관한 지식도 실려 있으며, 유럽의 의학에 막대한 영향을 미쳤다. 가장 중요한 그리스 지식의 출처가 된 책은 디오스코리데스Dioscorides의 저서로, 900여 개에 달하는 약제의 정교하고 뛰어난 삽화가 그려져 있다. 13세기 중반까지 이슬람의 학자들은 디오스코리데스가 기록한 약제보다 세 배가 넘는 방대한 자료를 남겼다. 약제의 대부분을 식물로부터 얻었던 까닭에, 식물학적 지식이 점차 정확하고 상세해졌다는 것은 효과적인 치료법이 등장했음을 의미한다. 반면 동물에 대한 서술은 종종 구전에 의지했고, 그림도 실제보다 희화된 경우가 많았다.

의사는 증상을 치료하는 것 외에도 갖춰야 할 덕목이 있었다. 이슬람에서 명의名醫라고 인정받는 의사는 덕망이 있으면서 환자의 질병을 전 우주의 패턴에 맞출 수 있는 능력을 갖춘 사람이었다. 다른 언어에서도 그렇듯, 아랍어에서는 호흡과 영혼이 밀접하게 관련되어 있다. 따라서 신체에 호흡을 다시 불어 넣는 것은 영혼을 소생시키는 것을 의미한다. 이슬람 수학자들이 피타고라스 우주론의 수적인 상징성에 본능적으로 공감한 것처럼, 이슬람의 의학자들도 조화와 균형을 장려하는 이슬람의 신앙이 그리스의 체액 이론과 잘 맞아 떨어진다는 사실을 알고 있었다. 그들은 인간이 우주의 부분일 뿐 아니라 우주의 축소판이라고 주장하면서 이슬람 신학과 조화를 이루는 그리스의 체액 이론을 선택하고 발달시켰다. 무슬림에게 있어서 모든 개인은 우주 안에 반영되며, 우주는 거울에 비친 생명의 모습 자체였다. 인간에 관한 대우주-소우주 모델이 지금은 이상하게 보이지만, 르네상스 시대의 유럽에서는 절대 지식으로 치부되었다.

르네상스 시대까지 유럽의 의사들과 자연철학자들은 이슬람의 초기 업적의 덕을 많이 받았고, 그 업적들을 새로운 지역인 유럽으로 옮겨 놓았다. 그러나 르네상스 시대의 유럽 경제가 급속하게 발전하고 있는 동안 쇠퇴의 일로를 걷고 있던 오스만 제국으로써는 당장 눈앞에 이득을 내놓지 못하는 장기적인 연구에까지 투자할 자금이 없었다. 게다가 이슬람의 모든 학자들이 자연 세계에 대한 연구를 최선의 가치로 인정한 것은 아니었다. 고대 그리스 지식을 기반으로 삼으려는 알 비루니의 의도는 뉴턴과 비슷했다. 그러나 뉴턴은 거인의 어깨 위에 올라서서 미래를 보기 원했던 반면, 알 비루니는 '고대인들이 다루지 못한 것들을 찾아내서 완성하지 못한 것들을 완성하자'[7]고 동료 학자들을 설득했다.

---

7. 같은 책.

유럽 : 신학, 과학
그리고 사르트르 대성당

심지어 역사가들이 빼먹고 넘어간 하루도 나는 기억하고 있지.
그들이 몰랐던 것들까지도 나는 안다는 뜻이야.

– 에즈라 파운드Ezra Pound, 『30편의 초고Draft of XXX Cantos』, 1930년.

갈릴레오는 자신의 독창적인 사상을 독자들에게 납득시키기 위해서 지나칠 정도로 규칙에 얽매이며 멍청하고 고집 센 심플리코Simplico라는 허구의 인물을 등장시켰다. 이 가상의 인물을 더욱 풍자적으로 만들기 위해 갈릴레오는 심플리코를 중세의 학자로 만들었다. 중세시대라는 이름은 르네상스 시대에 붙여졌는데, 갈릴레오가 논란을 일으키던 17세기 초반까지 중세시대는 역사의 공백으로 남아 있었다. 갈릴레오를 비롯한 당대의 사람들이 그랬듯, 역사가들은 5세기 무렵부터 시작해서 르네상스의 불꽃 아래 사그라지고 말았던 중세시대를 신비로운 스콜라 철학의 막간을 메우는 유감스러운 기간으로, 혹은 과학의 발달을 저해하는 장애물 정도로 일축해버렸다.

그러나 어디서 어떻게 조망하느냐에 따라서 해석은 달라지게 마련이다. 실질적으로 과학의 중요한 변화는 중세시대에 일어났다. 그리고 이 변화는 학자들의 연구소가 아닌 들판과 대장간에서, 교회와 수도원에서 일어났다. 과학은 이론적인 학문일 뿐 아니라 실용적인 학문이며, 개념에서 출발할 수도 있지만 사물에서 출발할 수도 있다. 그리고 정치, 과학 그리고 경제의 변화는 서로 긴밀하게 연결되어 있다. 800년에 샤를마뉴 대제가 신성로마제국을 건립한 이후, 유럽의 경제는 방대한 사유지를 지배하면서 안정을 지향한 프랑스 봉건 영주들의 휘하에서 활기를 되찾았다. 그들은 또한 부와 세력을 확장시켜줄 발명품에 돈을 투자했다. 이렇게 경쟁력 있는 새로운 상업화 제도 아래 등장한 기술적인 발명품들이 농업과 제조업의 효율성을 높였다. 이윤이 증가함에 따라 학문에 대한 기금 지원도 원활해졌다. 따라서 13세기 후반이 되자 서부 유럽은 빈곤의 때를 완전히 벗게 되었고, 더는 농사에 연연하지도 않았다. 이미 많은 무역지대들이 부상했으며, 독자적인 도시들 안에서 교육이 꽃을 피우고 있었다.

현대인들에게는 대수롭지 않게 보이지만, 당시의 기술적인 발명품들은 몇 백 년 후에 등장한 증기 엔진과 마찬가지로 사회에 혁명적인 영향을 미쳤다. 예를 들면, 대단한 발명품은 아니지만 마구馬具의 발명으로 그리스와 로마제국을 지탱해준 노예 노동력은 극적으로 감소했다. 또한 톱니바퀴와 같은 단순한 기계의 발달로 풍력과 수력의 효율을 높일 수 있었다. 한편, 농업에서 일어난 혁신(쟁기, 윤작, 가축 사육, 관개 시스템)으로 식량 공급이 안정되고 원활해졌다. 동시에 야금술의 발견은 더욱 강력한 무기 제작으로 이어졌고, 새로운 화학 공정의 개발로 의학 치료와 염료 그리고 가정용품 생산이 늘어났다. 각 분야에서 일어난 기술 개선으로 인해 장시간의 노동으로부터 자유로워지고 재정적 여유도 얻게 된 사람들은 학문으로 눈을 돌리게 되었다.

기술적인 변화는 지식이 아니라 실용을 위해서 일어났고, 이러한 실용 지식은 미래 과학에 중요한 밑거름이 되었다. 부유한 지주들은 더 좋은 장비에 기꺼이 많은 돈을 지불했는데, 이는 현대에는 과학으로 긴주되는 의학과 화학 연구를 간접적으로 자극한 셈이었다. 별 관찰자들은 천문학 이론에는 전혀 관심이 없었지만 부활절 날짜를 계산하거나 출항 날짜를 따지고 시간을 알려주기 위해 천문학적 정보와 기술을 축적했다. 이와 마찬가지로 마을의 약초상이나 수도원의 치료사들이 습득한 기술은 후에 약학, 식물학, 광물학에 흡수되었다. 또한 19세기에 들어서야 비로소 과학의 한 분야로 자리 잡은 기상학, 생물학, 지질학적 지식들은 농부들이 실제 경험을 통해 이미 습득하고 있던 지식들이었다.

유럽의 경제가 회복되는 동안 지식이 지식 자체로 대접받은 곳은 수도원이었다. 수도사들은 종교적인 문헌들뿐 아니라 대중적인 문헌들을 연구함으로써 유럽 과학의 역사에서 가장 결정적인 역할을 담당했다. 성서 외의 전통 지식에 대한 터부에서 벗어난 수도원 학자들은 신학 연구와 더불어 다양한 철학 이론들을 섭렵했다. 종교와 과학은 종종 적대적으로 보이지만 유럽에서 이론적 학문을 보존한 곳은 다름 아닌 기독교였다.

특히 수도사들은 로마의 백과사전식 지식 축적의 관행을 계속 이어나갔다. 창조의 이유와 방법을 둘러싼 수많은 이론들이 난무했고, 이러한 이론들을 입증하기 위해 더욱 세밀한 관찰이 필요했다. 이러한 관찰 연구는 후에 생명과학으로 이어졌다. 수도사들이 약탈한 수많은 저술 중에 가장 중요하게 여긴 자료는 바로 1세기의 로마군 지휘관이자 수집광이었던 플리니우스Pliny가 쓴 책이었다. 100여 명에 달하는 작가들을 주제로 그가 만든 방대한 스크랩책인 『박물지Natural History』는 2만여 개의 사실적인 자료들을 싣고 있다(일부의 내용들은 다소 의심스럽기도 하다. 과연 사냥꾼이 다가오면 비버들은 실제로 스스로 거세를 할까?). 말하자면, 그리스·로마 지식의 집대성이었던 셈이다. 수도원의 학자들은 플리니우스와 같은 작가들에게 중요한 권위를 부여하면서 고전적 전문 지식을 개작하고 독자적인 이론들과 혼합해나갔다.

서부 유럽이 나날이 부유해지고 강해짐에 따라 종교의 중심부가 미래 과학의 중추가 되었다. 수차례에 걸친 화재 후에 1260년에 축성된 사르트르 대성당이 그 좋은 예다. 사르트르 대성당은 심미적 질서와 빛에 주안점을 둔 고딕 건축 양식을 잘 표현한 건축물이다. 이 기독교 건축물의 구조는 관념론적인 플라톤의 사상을 구현한 것이다. 플라톤학파에게 사람들이 감지하는 물질세계는 현실 자체가 아니었다. 인간이 만든 기하학적 모양들은 불완전한 반면, 플라톤의 완벽한 삼각형과 정육면체, 구체는 불변하며 영원하다. 비록 실재하는 것은 아니지만 관념적으로 상상이 가능하다는 점에서 이 완벽한 도형들의 존재를 부정할 수는 없다. 이 개념을 설명하기 위해 플라톤은 '동굴의 비유'를 들었다. 동굴 안에 묶여 있어서 동굴의 벽밖에 볼 수 없는 죄수는 거대한 불꽃에 비친 희미한 그림자로만 사물을 볼 수 있다. 만약 이 죄수가 풀려난다면, 입구를 통해서 쏟아져 들어오는 태양빛에 눈이 멀게 될 것이다. 따라서 그의 눈에 익숙한 희미한 세계가 실제세계보다 더욱 분명하게 보인다.

사르트르 대성당은 과학이 종교와 상업 그리고 일상의 삶과 얼마나 얽혀 있는지 보여준다. 성당은 단순히 예배를 위한 장소로써의 의미보다 우주에 대한 중세의 시각을 반영한 건축물로써의 의미가 더 크다.

사르트르 대성당은 거룩한 건축가인 신의 창조성을 드러내기 위해 기하학적으로 조화롭게 건축되었다. 기하학적인 사고방식을 가진 건축가들은 음악과 우주에 내재된 신의 조화로운 비율을 건축물에 그대로 반영했다.

대성당, 경제 그리고 전문 지식은 함께 성장했다. 사르트르 대성당의 건립은 종교적 사명이었을 뿐만 아니라 지역의 고용율을 높이고 발명을 고무하면서 지역 산업을 활성화시켰다. 높이 솟구친 천장과 거룩한 분위기를 자아내는 조명시설 등 교회가 요구하는 바를 충족시키기 위해 사르트르 대성당 건축에는 수많은 기술과 기법이 동원되었다. 그야말로 기술 혁신의 총체였던 셈이다. 거대하면서 안정적인 공간을 만들기 위해 대성당의 건축가들은 공중에 떠 있는 부벽과 같은 새로운 특징들을 궁리했고, 이러한 특징들은 수학과 역학 분야에 새로운 관심을 촉발했다. 마찬가지로 유리 세공인들과 금속 세공인들은 선명한 색과 기하학적 모양의 스테인드글라스를 만들기 위해 새로운 화학 공정을 개발했다. 상인들은 영적 안정을 보장받기 위해 혹은 돈을 벌게 해준 데 대한 감사의 표시로 헌금을 했다. 지역 수공업자 조합들로부터 받은 경제적 지원의 대가 차원에서 성당의 스테인드글라스에는 성서의 장면뿐 아니라 마을의 공예가들을 기념하는 그림도 새겨졌다. 일례로 이 위대한 공사를 착수하는 데 쓰인 중요한 발명품인 외바퀴 손수레를 최초로 소개한 그림도 있다. 사르트르 대성당은 현세와 과학 그리고 종교가 한데 어우러진 건축물이다.

사르트르 대성당을 비롯한 중세의 대성당들은 지역 주민들의 활동을 지배했을 뿐만 아니라 시간에 대한 개념을 바꿈으로써 미래에 중요한 영향을 미쳤다. 현대의 과학과 기술은 수백만 분의 1초까지도 정확하게 측정하는 기술을 요하고 있다. 시간에 대한 정량적 접근은 수도원의 예배에서 비롯되었다. 무슬림과 유대교인들이 하늘에 있는 태양의 위치에 따라 기도 시간을 정한 반면, 기독교인들은 규칙적인 간격에 맞게 예배를 드렸는데, 이러한 시간 간격은 기독교인들의 일과를 체계화시켰다. 심지어 시계라는 기계가 발명되기 전에도 성당은 종소리로 예배 시간을 알렸다. 결국 중세 사람들은 하루에 일곱 번, 신도들을 부르는 종소리에 따라 규칙적인 삶을 산 셈이다.

새로운 시간 개념이 등장한 것은 종교 의식이 자연의 리듬을 대신했기 때문이다. 일정한 속도를 가진 측정치로써 시간을 시각화하는 것은 지금은 매우 당연한 것처럼 보인다. 하지만 불과 7세기 전만 해도 빛과 어둠, 여름과 겨울, 파종과 추수와 같은 자연스러운 흐름이 사람들의 삶을 통제했으며, 시간이라는 개념의 등장은 매우 놀라웠다. 오늘날의 관점에서는 이상하게 보이지만, 해시계나 물시계와 같은 전통적인 시간 기록 장치는 다양한 길이로 시간을 기록했다. 왜냐하면 이 장치들은 해가 뜨고 질 때까지를 12개의 단위로 측정했기 때문이다. 즉, 낮이 긴 여름 동안 매일 낮의 단위는 겨울보다 길었다(반대의 경우도 마찬가지다). 1336년 밀라노의 한 교회에서 최초로 동일한 간격으로 스물네 번 시간을 알렸는데, 이로써 측시법의 역사가 시작되었다.

신이 만든 일별·계절별로 나뉜 자연의 리듬을 따르는 대신 시계는 인위적으로 시간을 일정한 간격으로 나눈다. 14세기 말까지 유럽의 몇몇 대성당들은 위로는 신을 향하고 아래로는 인간의 삶을 지배하는 뾰족한 시계탑들을 앞다투어 세웠다. 비록 아주 정확하지는 않았지만(그나마 괜찮은 시계조차 하루에 15분 느렸다) 교회의 시계는 인간의 삶을 돌이킬 수 없게 바꾸어 놓았다. 사람들은 자연스러운 태양빛 패턴에 반응하기보다 독단적이고 기계적으로 결정된 동일한 단위로 삶의 구획을 나누기 시작했다. 그리고 이처럼 계량화된 시간으로 삶을 처음 통제한 것은 기독교 수도사들이었다.

동일한 단위로 흐르는 시간 개념뿐 아니라 시계는 교회가 가지고 있던 권력이 통치자에게 넘어가는 데도 일조했다. 1370년 프랑스 왕은 페르시아의 모든 시계를 자신의 시계에 표시된 시간과 똑같이 맞추라고 명령했다. 시간에 질서를 강요하는 것은 경제적인 의미도 내포하고 있다. '잊지 마라. 시간이 곧 돈이다'는 잘 나가던 전기 전문가 벤저민 프랭클린Benjamin Franklin이 18세기에 무역상들에게 해준 조언이다. 지금은 당연한 것처럼 여겨지는 이 경구는 전통적인 기독교인들을 당황하게 만들었다. 그들에게 있어서 시간은 신에게 속한 것이며, 사고 팔 수 없는 것이기 때문이었다. 이전까지만 해도 교회는 부도덕하다는 이유로 고리대금을 금했다. 그러나 유럽의 경제가 번성하자 교회도 생각을 달리하게 되었다. 사르트르 대성당의 창에 금화의 무게를 재고 돈을 세는 환전꾼들의 모습이 새겨져 있다는 것은 대성당도 상업화를 지지했다는 의미다. 규율을 엄격히 지키는 무슬림들은 여전히 저당 잡힌 물건을 빼앗는 것을 금하고 있던 반면, 기독교의 권위자들은 종교적인 원칙을 수정하여 교회의 부를 뒷받침해주던 고리대금업을 수용했던 것이다.

중세의 기독교는 학자들을 통해서 미래 과학에 지대한 영향을 미쳤다. 사르트르 대성당에 있는 수도원 학교는 약 200년 동안 프랑스 최고의 교육기관이었으며, 기독교 지식과 고전을 두루 가르쳤다. 학생들은 일정한 강의를 수강한 것이 아니라 각자가 가르침을 받고 싶은 선생들을 따르며 배웠다. 뉴턴이 즐겨 사용한 경구인 '내가 남보다 더 멀리 볼 수 있는 것은 거인의 어깨 위에 서 있기 때문이다'의 원조였던 사르트르의 베르나르Bernard of Chartres도 12세기의 뛰어난 학자들 중 한 사람이었다. 베르나르가 염두에 둔 두 거인은 성서와 플라톤(번역본으로 남아 있는 왜곡되고 요약된 플라톤 저서)이었다. 수도원 학교에서는 고전 철학과 기독교 전통이 혼합된 강의가 정형화되었다. 이 학교는 서서히 쇠퇴해 갔는데, 교과목이 편협해서라기보다 지리적 환경 때문이었다. 이와 대조적으로 사르트르 대성당에 인접한 파리는 주요한 상업 도시로 급부상했다. 번창일로에 선 다른 도시들과 마찬가지로 선도적인 학자들이 파리로 모여 들기 시작했고, 소모임을 형성하며 교회로부터 떨어져 나와 독립된 조직으로 분화되기 시작했다. 바로 대학이 등장한 것이다.

대학은 유럽의 독자적인 학문을 구축한 유일한 기관이었다. 1200년까지 유럽에는 세 개의 대학이 세워졌는데, 처음에는 볼로냐, 그 다음에 파리 그리고 옥스퍼드 순이었다. 그 후 3세기 동안 70여 개가 넘는 대학들이 나름의 위용을 떨치며 여러 도시에 설립되었다. 대학들은 교회뿐 아니라 정부와 협상을 할 수 있을 정도로 강력한 단체가 되었다. 길드와 마찬가지로 대학들은 자치권을 갖고 있었고, 심오한 학문의 뛰어난 수호자로 인정받은 학자들에게는 이례적인 특전을 주기도 했다. 이는 중세의 학자들이 가르치는 역할 외에도 시대의 쟁점이 되는 사상을 비교적 자유롭게 연구할 수 있었다는 사실을 의미한다.

그 이전에도 일부 수도원의 학자들은 이미 신의 개념을 바꾸고 있었다. 백과사전에서 얻은 고전 지식에 자극을 받은 그들은 신이 우주에서 일어나는 모든 일의 직접적인 원인이라는 전통적인 시각에서 점차 벗어나기 시작했다. 진보적인 신학자들은 신이 자연을 설계했지만, 자연은 독립적으로 움직이는 조화로운 기계와 같다고 주장했다(적어도 신의 개입을 입증하는 기적이나 초자연적인 불가사의와는 거리가 멀다고 생각했다).

그림 9 | 그레고르 라이쉬Gregor Reisch의 『마가리타 필라소피카』 속표지, 1503년.

자율성이 있는 우주를 지향하는 신학적인 변화는 학자들로 하여금 성서 뿐만 아니라 세상 자체를 연구하도록 유도했다는 점에서 매우 중요했다. 우주와 우주의 작동원리에 대한 지식을 얻기 위해 학자들은 이슬람 왕국에서 보존되고 수정된 고대 그리스 학문을 되찾고 싶어했다. 12세기 말에 마침내 라틴어 번역본들을 접하게 된 대학의 학자들은 그리스와 이슬람의 유산들을 가지고 새로운 방향성을 모색했다.

과학적 사고방식이 발달하는 데에 갑작스런 중단이란 없었다. 대학의 교수들은 학생들을 위해 새로운 교과 과정을 개발하기보다 고대 그리스의 교과 과정을 수정해서 사용했다. 사르트르 대성당에 있는 석상에는 대학의 학문을 지배했던 일곱 개의 교양 과목을 상징하는 인물이 새겨져 있다. 그림 9는 널리 알려진 백과사전 『마르가리타 필라소피카Margarita Philosophic(지혜의 진주Pearl of Wisdom)』에서 발췌한 그림이다. 지식의 원 아래쪽에 일곱 명이 모여 있고, 각각은 원의 테두리에 적힌 라틴어 이름과 손에 들고 있는 물건으로 정의된다. 음악의 상징인 수금, 기하학의 상징인 양각기, 천문학을 상징하는 구체를 들고 있는 그림도 있다. 아리스토텔레스는 왼쪽 하단에 등장하며, 대학의 강의를 전반적으로 지배하고 있다. 머리가 셋 있는 천사는 아리스토텔레스 철학의 세 영역인 자연, 이성, 도덕을 나타낸다.

대학의 교육은 그리스와 기독교의 양대 기원을 반영하도록 엄격한 체계로 조직되었다. 대학 교육의 최고 정점은 신학이었고, 그 아래에 논리(이성)와 자연철학이 있었다. 중세시대의 학생들은 신학 학부에 입학 허가를 받기 전에 이 두 가지를 먼저 수료해야 했다. 신학 학부 학생들은 신학 연구 대신 몇 년을 문헌과 씨름하며 보냈다. 일곱 개의 교양 과목은 라틴어로 4와 3을 의미하는 두 그룹으로 나뉜다. 천문, 기하, 산술, 음악의 4과quadrivium와 수사, 문법 그리고 논리의 3학trivium이다 (그림 9 참고). 4과의 과목은 플라톤의 우주를 현세에 반영한 사르트르 대성당 설계의 기초가 되었다. 중세의 대학에서 4과의 과목은 그리스와 아랍의 번역본 덕분에 개선되었고, 후일의 과학에 특히 중요한 의미를 갖게 되었다. 이와 대조적으로 3학은 수준이 낮은 과목으로 간주되었다. 영어의 '사소한trivial' 이라는 단어도 3학에서 파생되었다.

여자들은 대학 입학이 금지되었고 일곱 개의 교양과목에는 접근조차 못했지만, 학문은 늘 뮤즈와 여신으로 상징되었다. 대학과 학문은 남자들, 특히 책을 통해 지식을 쌓고 육체노동을 경멸하며 실용보다는 이론을 생각했던 특권층의 전유물이었다. 라틴어로 'liber'는 '책'을 의미하기도 하지만 '자유'를 의미하기도 한다. 그리고 교육이 꾀하는 바는 교양 있는 시민을 양산하는 것이지 돈을 벌기 위해 일하는 노동자들을 양산하는 것이 아니었다. 4과의 각 교양과목은 하층계급이 이용하는 기술과 짝을 이루었다. 이를 테면, 건축가들은 기하학을 이용하여 교량을 건설하고, 무역상들은 산술적인 계산을 했으며, 항해사들은 별자리를 보고 방향을 잡았고, 연주자들은 악기를 연주했다. 교육은 부자들을 위한 것이었고, 육체적인 노동으로 돈을 버는 것을 폄하하는 경향은 수세기 동안이나 이어졌다. 심지어 빅토리아 시대의 영국에서도 기술자들은 과학자보다 하류로 취급받았고, 육체노동은 지적 사색보다 저속하게 여겨졌다(당시 미국에서는 발명의 대가 토마스 에디슨Thomas Edison이 '천재는 1퍼센트의 영감과 99퍼센트의 노력으로 이루어진다'는 말로 존경을 받고 있었다).

역설적이지만, 과학은 중세의 교양 7과와 기계적인 기술에서 비롯되었다. 오늘날 '예술art'은 '장인artisan'이나 '인공적artificial'과 관련 있는 것으로 생각하고, '과학science'이라고 하면 흔히 책을 떠올린다. 오늘날 예술에 속하는 조각, 회화, 건축은 본래 하류층에서 관행적으로 해오던 손 기술이었다. 이와 대조적으로 과학은 상류층을 위해 만들어진 작문과 학구적 학문(라틴어로 사이엔티아scientia)에서 유래했다. 여기에는 교양7과에서 파생된 기하학 원리와 우주론적 모델뿐 아니라, 이론적 분석이 가능하고 도구를 사용했던 음악도 포함되었다. 게다가 사이엔티아에는 지금은 과학과 상반된다고 여기는 신학도 포함되었다. 중세시대의 학자들은 지식을 축적하는 데 초점을 두기보다는 신에게 다가가려고 노력했다. 그들은 새로운 자연철학이 신학 연구에 힘을 실어준다고 주장했다. 이러한 주장에 앞장선 로저 베이컨Roger Bacon은 '다른 학문의 여왕 노릇을 하는 학문이 있다. 이름하여 신학이다. 신학을 위해서도 다른 학문은 필수적이며, 이들 없이는 신학도 그 목표를 성취할 수 없다'고 했다.[8]

로저 베이컨은 13세기 후반에 파리와 옥스퍼드에서 활동한 성 프란체스코 수도회 학자로, 실험가이자 연금술사였다. 로저 베이컨은 특히 광학 연구로 널리 알려졌는데, 이는 그가 저명한 이슬람의 권위자 이븐 알 하이탐과 자신보다 약 300년 후에 빛을 연구한 요하네스 케플러 사이를 연결해주는 핵심 인물이기 때문이다. 베이컨의 이론은 종교적 관점에서 바라본 빛의 속성에서 출발했다. 베이컨은 빛을 초월적이면서 동시에 물리적이고, 하늘의 것이면서 동시에 현세적인 것으로 여겼다. 오늘날의 관점에서 보면 베이컨의 주장에는 다소 반직관적인 면이 있지만 당시에는 널리 인정을 받았다. 중세시대 학자들에게 있어서 사물의 등급은 신의 속성을 얼마나 드러내느냐에 달려 있었다. 빛이 돌보다는 영적으로 우위에 있지만, 돌과 빛의 신성한 본질을 이해해야 등급을 알 수 있었다. 예를 들어, 사르트르 대성당의 아름다운 창들은 도덕적이고 성서적인 교훈들을 분명하게 보여주는데, 이 창들의 본질은 영혼뿐 아니라 지성을 비추는 성스러운 빛이 들어오는 반투명 벽이다.

초기 수도원 학자들과 달리 베이컨은 고대 문헌 연구뿐 아니라 실험을 통한 독자적인 연구도 수행했다. 베이컨은 그리스 이론을 순순히 받아들이지 않고, 빛이 다른 사물에서 눈으로 들어온다는 이븐 알 하이탐

---

8. 데이비드 C. 린드버그, 『서구 과학의 시작』에서 로저 베이컨Roger Bacon의 『대저Opus Maius』를 인용.

의 주장에 동의했다. 그에 덧붙여 베이컨은 밝은 빛은 움직이면서 변하고, 통과하는 매질에 영향을 주면서 고형의 세계와 상호작용을 한다고 주장했다. 대성당의 창을 보고 영감을 얻은 듯, 베이컨은 '빛이 강렬하게 채색된 유리라는 매개를 통과할 때…… 어둠 속에 있는 우리에게는…… 강렬하게 채색된 본체의 색과 유사한 색이 보일 뿐이다'[9]라고 말했다. 베이컨은 과학적 관점이 아닌 기독교적 관점에서 빛을 생각했다. 그래서 그는 우주의 구성요소들을 하나의 성스러운 전체와 연결하는 매개자로 빛을 시각화했다. 그렇다고 하더라도 사물들이 서로 영향을 줄 수 있다는 그의 주장은 신학적으로도 논란이 많았다. 왜냐하면 더 보수적인 베이컨의 동료들이 신의 지속적인 개입 없이 세상이 돌아갈 수 있다는 주장을 받아들이지 않은 탓이었다.

베이컨이 광학에 영향을 미친 것은 사실이지만, 정작 그는 빛에 대한 연구가 우주를 여는 열쇠가 될 만큼 과학적인 학문이 아니라고 생각했다. 그에게 있어서 인간이 구원에 이르는 길은 오감으로 볼 수 있고 실재하는 현실세계에서 시작해서 수학적인 관념화와 추상화를 거치면서 신과의 합일과 같은 형이상학적 이해를 향해 나아가는 것이다. 예를 들면 사르트르 대성당의 기하학적인 구조는 음악적 조화와 아름다움을 향해 나아가고, 4과의 과목들을 통해서 정신은 현실세계로부터 성스러운 세계에 이를 수 있는 것이다. 물질에서 정신에 이르는 이러한 계층적 경로 안에서 빛을 연구하는 광학은 현실과 성스러운 영역을 이어주는 매개자인 셈이다. 따라서 빛이 거울이나 프리즘(분광기)과 상호작용

---

9. 데이비드 C. 린드버그, 『로저 베이컨의 자연철학Roger Bacon' Philosophy of Nature』(옥스퍼드 : 클라랜던 출판사, 1985년), 린드버그의 번역을 약간 변경.

하는 방식을 이해하는 것은 그 자체가 목적이 아니라 신을 이해하기 위한 단계일 뿐이다.

갈릴레오는 유럽의 경제적 부흥으로 교육기관이 개선되고 그로 인해 자신의 연구가 가능했음에도 불구하고 이전의 학자들을 비난했다. 현대 과학자들도 중세시대의 학자들이 가지고 있던 신학적 신념을 과학과 관련이 없다고 단정한다. 로저 베이컨이 영국 최초의 진정한 과학자라고 칭송받지만, 그는 빛이 신의 거룩한 창조성을 드러낸다고 믿었다. 베이컨의 지적 토대가 신학이라는 점은 이상하게 보일지 모르지만, 뒤이은 과학의 발달에 지대한 영향을 미친 것만은 사실이다.

아리스토텔레스 : 시대를 초월한 대가

아리스토텔레스가 중세와 르네상스 시대의 학문을 지배했다는 사실은 숫자로도 증명된다. 아리스토텔레스의 저서 중 약 2000여 권의 라틴어 사본이 남아 있고, 사라진 원고는 남은 원고 수의 수십 배나 된다. 하지만 남아 있는 저서 중 3분의 1정도는 그리스어가 아닌 아랍어 번역본이다. 따라서 필사 과정에서 생기는 실수는 말할 것도 없고, 재번역 과정에서 발생하는 왜곡도 피할 길이 없었다. 아리스토텔레스에 대한 책을 쓴 수많은 저자들 중에서도 이븐루시드는 특히 영향력이 컸다. 그는 유럽 학자들이 아리스토텔레스의 이론을 이해하고 받아들이는 데 결정적인 역할을 했다. 아리스토텔레스가 사망하자 그의 원본들은 수많은 언어로 옮겨지고 또 다시 옮겨졌으며, 가짜 아리스토텔레스 저서들도 난무했다. 게다가 수백 권에 달하는 이러한 편집물들마저도 필사되는 과정에서 발생한 오류들로 정확성이 떨어졌다. 아리스토텔레스의 작품으로 오인된 것들도 많았는데, 그 중에는 『비밀의 비밀Secret of Secrets』과 같은 묘한 제목이 붙은 것도 있었다.

암흑시대에도 일부 그리스 문헌들이 라틴어로 번역되었지만 12세기에 들어서면서 라틴어 번역본은 기하급수적으로 늘어났다. 그때까지 서구 유럽의 학자들은 무역상이나 사절단, 십자군과 같은 여행자들을 통해서 이슬람제국의 축적된 지식과 기술을 접했다. 문화 간의 접촉은 스페인에서 가장 활발했는데, 스페인은 이슬람제국의 휘하에 있을 때 조차 기독교 공동체가 번창했던 곳이다. 11세기 후반에 기독교 통치자가 다시 지배권을 획득한 후, 지역 교구의 주교들은 스페인에 있는 대규모의 이슬람 도서관들에 소장된 책들의 번역 작업을 후원했다. 대대적인 번역 작업의 중심지였던 톨레도에는 잃어버린 그리스의 저작들을 되찾고 이슬람의 전문 지식을 획득하고 싶은 유럽의 번역가들이 대거 몰려들었다.

이 방대한 번역 작업은 국가적인 차원에서 진행되었지만 개인적으로 참여한 사람들도 꽤 많았다. 그 중에는 영향력 있는 사람들도 있었다. 예를 들어, 크레모나Cremona의 제라드Gerard는 1144년에 아랍어를 공부하려고 톨레도로 이주한 이탈리아의 학자였다. 그는 80여 권에 달하는 책을 번역했으며, 직접 쓴 원고들도 수세기 동안 보존되었다가 책으로 출판되었다. 삼각법에서 사용되는 '사인sine'도 제라드가 만들었고, 프톨레마이오스의 『알마게스트』를 번역한 사람도 제라드였다. 약 300년 동안 라틴어 판으로만 존재했던 이 책은 유럽의 천문학자들에게 이제 껏 볼 수 없었던 천문학 기술의 진수를 보여주었다.

12세기 말에 이르러서야 라틴어 번역본을 통해 유럽의 학자들도 방대한 그리스 문헌을 접할 수 있었다. 초기의 번역가들은 최초라는 특권을 활용하여 천문학과 점성술, 의학과 수학 그리고 기상학에 관한 실용적인 책들을 선점했다. 이러한 기술서들은 기독교적 신학에 아무런 위협이 되지 않았고, 프톨레마이오스의 『알마게스트』를 요약한 개론서들은 이븐 알 하이탐의 광학과 이븐시나의 의학 저술들과 나란히 교과서로 간주되었다. 나중에 번역된 이론서들은 논란을 일으켰다. 실제로 아리스토텔레스의 책들은 세상의 존재와 창조에 대한 기독교 사상에 도전한다는 이유로 약 50년 간 파리에서 출판이 금지되기도 했다.

아테네와 예루살렘에서 시작된 이데올로기들은 서구 유럽에서 충돌했다. 이븐 루시드가 소개한 아리스토텔레스 이론은 기독교와 충돌했다. 아리스토텔레스의 우주는 무궁무진하지만 기독교의 우주는 방향이 있었다. 성서는 창조에서 시작해서 심판의 마지막 날에 이르기 때문이다. 또한 신성의 개입 역시 문젯거리였다. 아리스토텔레스의 우주는 그 자체로 작동하고 법칙으로 통제되며 자급자족이 가능한 데 반해, 기독교의 신은 기적을 통해 존재를 드러내고 인간에게 자유의지라는 선물을 주었다. 무엇보다 정신과 몸이 하나로 얽혀 있다는 아리스토텔레스 이론은 사후에 몸에서 독립한 영혼이 지옥이나 천국에 영원히 머물게 된다는 기독교 신념과 정반대되는 개념이었다.

이러한 불일치들은 13세기에 서서히 해결되었다. 당시의 철학적 논쟁은 끝없이 이어질 것처럼 보였지만, 돌아보면 유독 두드러진 세 남자가 있었다. 그 중 한 사람이 영국계 프란체스코회 수사인 로저 베이컨이다. '신학은 과학의 여왕이다' 라는 선언을 함으로써 베이컨은 대학의 학자들에게 이교도적인 개념(과학)을 받아들이되 기독교 신학 아래에 둘 것을 종용했다. 베이컨이 광학과 수학에 초점을 맞춘 반면, 그의 라이벌이었던 대 알베르토Albert the Great는 아리스토텔레스 저작들 전반에 대해 매우 상세한 분석과 설명을 덧붙였고, 더 나아가 이를 보충하기 시작했다. 파리에서 신학을 공부한 독일의 도미니크회 수사였던 알베르토는 신학 이외에도 점성술과 논리학, 식물학과 광물학, 동물학(자고새의 짝짓기 방법을 관찰한 것까지 포함)에 이르기까지 박학다식했기 때문에 '대'라는 칭호를 얻었다

아리스토텔레스의 이론이 받아들여지는 데 중추적인 역할을 했던 학자는 알베르토의 문하생이었던 토마스 아퀴나스Thomas Aquinas다. 이탈리아 귀족 출신인 아퀴나스는 가족들의 반대를 무릅쓰고(1년 동안이나 집안에 감금되기도 했다) 도미니크 수도회의 수사가 되었고, 유럽 전역에 '천사 같은 박사Doctor Angelicus'로 이름을 알렸다. 비록 13세기의 동시대인들에게는 위험천만한 급진주의자로 보였지만, 아퀴나스는 후에 성인의 칭호를 얻었으며 여전히 로마 가톨릭의 위대한 신학자로 숭배받고 있다. 지독하게 근면했던 아퀴나스는 파리 대학을 비롯하여 유럽의 여러 대학에서 가르치며 연구했고, 그의 친척이었던 프랑스 왕과 교황의 고문으로 활동했다. 하지만 그의 가장 뛰어난 업적은 아리스토텔레스 이론과 기독교 사상의 통합본을 만든 것이었다(그의 이름 첫음절을 따서 토미즘Thomism이라고 부른다). 토미즘은 300년 동안 서구 유럽을 지배했다.

아퀴나스는 신이 인간에게 오감과 더불어 정신을 선사함으로써 다른 피조물들과 인간을 구별했다고 주장했다. 따라서 오직 인간만이 아름다움 그 자체를 즐길 수 있다고 말했다. 그 말은, 신의 말씀인 성서에서 진리를 얻을 수도 있지만 자연세계 연구를 통해서도 진리를 깨달을 수 있다는 의미다. 아퀴나스는 이성에서 출발한 진리와 믿음에서 출발한

진리가 모순되는 것은 신의 의도가 아니므로 기독교인들은 두 권의 영적 안내서를 가지고 있어야 한다고 주장했다. 이 두 권의 안내서는 신의 말씀을 기록한 성서와 아리스토텔레스다(최소한 아리스토텔레스의 개정판이라도).

중세판 아리스토텔레스는 그리스판 아리스토텔레스와는 달랐다. 하지만 중세판 아리스토텔레스 철학을 다룬 책은 단 한 권도 없었다. 대 알베르토가 말했듯, 아리스토텔레스도 인간인 까닭에 실수할 수 있다. 그래서 아리스토텔레스의 제자들은 '다양한 방법으로 각각의 의도에 맞도록 아리스토텔레스를 해석'[10]할 수 있었다. 모든 과학적 '주의ism'들도 마찬가지다. 기독교주의, 뉴턴주의, 다윈주의에 관한 권위 있는 유일한 견해 따위는 없다. 왜냐하면 추종자들이 동의하고 관심을 가진 일부만을 선별하고 발전시켰기 때문이다.

아리스토텔레스 개정판의 대표적인 예는 우주에 관한 이론이다. 아리스토텔레스는 고정된 별들의 구체를 일곱 행성의 구체들 바깥쪽에 두었다. 그 너머에는 아무것도, 심지어 '진공'도 없었다. 이것은 기독교가 인정하기 어려운 이론이었다. 천국뿐 아니라 위아래로 물이 흐르는 창공이 있다고 묘사한 성서의 기록은 어떻게 설명할까? 그리고 우주의 가장자리에 서서 양팔을 쭉 뻗는다면 무슨 일이 벌어질까? 이러한 딜레마를 해결하기 위해 그림 3과 같이 행성들 너머에 하나가 아니라 세 개의 구체를 만들었다. 일곱 행성 너머에는 별이 총총한 하늘이 있고(첫 번

---

10. 에드워드 그랜트Edward Grant, 『중세에서 찾은 현대 과학의 토대The Foundations of Modern Science in the Middle Ages』(케임브리지 : 케임브리지 대학 출판부, 1996년)에서 아리스토텔레스의 『영혼론De Anima(On the Soul)』에 관한 알베르토Albert의 주석을 인용함.

째 구체), 투명하고 물이 많은 맑은 창공이 있으며(두 번째 구체), 기독교의 신이자 아리스토텔레스가 말한 부동의 동자(세 번째 구체)가 이 모두를 둘러싸고 있다.

지상의 영역에서 '운동'은 논쟁거리가 되었다. 중세시대의 '운동'에 관한 논쟁들은 아주 심원해 보이지만, 이러한 논쟁들이 미래 물리학의 발달에 끼친 영향은 매우 크다. 아리스토텔레스 이론에서 물체는 움직이지 않으면 정지한 상태다. 움직이는 물체는 강제로 멈춰지지 않으면 계속 움직인다는 뉴턴의 학설과는 대조적이었다. 아리스토텔레스는 운동을 자연 운동과 강제 운동으로 구별했다. 자연 운동은 본래의 위치를 향해 가려는 내부 압박으로 일어난다. 그래서 흙과 물은 아래로 향하고, 불과 공기는 위로 떠오른다. 또한 물체는 부자연스러운 방법으로 운동을 강요당할 수도 있다. 수레는 소에 의해서 끌려가고, 화살은 궁수에 의해 발사된다. 하지만 화살이 활시위를 떠나고 난 다음에는 무슨 일이 벌어질까? 강제적인 운동의 유인誘引이 더는 작동하지 않으면 당연히 자연 운동으로 바뀌어야만 하고, 화살도 수직으로 떨어져야 하지 않을까? 이러한 문제를 해결하기 위해 아리스토텔레스는 화살을 쏘는 행동이 공기의 속성을 바꾸고, 그렇게 속성이 바뀐 공기는 화살의 머리부터 꼬리까지 밀고나간다고 설명했다. 하지만 이 설명에는 몇 가지 명백한 모순이 있었다. 아리스토텔레스가 옳다면, 바람이 불어오는 쪽을 향해 화살을 쏠 수 있을까?

14세기 전반기 동안 중세시대의 학자들은 아리스토텔레스의 '운동'을 구원하기 시작했다. 아리스토텔레스학파의 철학자인 그들은 법칙과 공식을 끌어내기보다 원인을 찾고 설명하면서 양보다는 질적인 것에 초점을 맞췄다. 두 개의 건초더미 사이에서 어느 것을 먼저 먹을지 선택할 수 없어서 굶어 죽은 불행하고 논리적인 당나귀에 대한 이야기로 유명한 페르시아 학자 장 뷔리당Jean Buridan도 그 중 한 사람이다. 아리스토텔레스를 구하기 위해 뷔리당은 바뀐 것은 공기가 아니라 화살이라고 주장했다. 그는 새로운 개념을 소개했는데, 바로 모든 물체가 가지고 있는 '운동력'이라는 개념이있다. 쏘는 행위는 화살에게 운동력을 주고 화살은 위로 나아간다. 마찬가지로 자석이 철 조각에 운동력을 주면 철은 내부적으로 자석을 향해 움직이도록 강요받는다. 운동 현상을 효과적으로 설명한 뷔리당의 운동력에 대한 개념은 갈릴레오와 뉴턴이 뒤집기 전까지 역학을 지배했다.

뷔리당의 옥스퍼드 동료들은 좀 더 수학적인 각도에서 문제에 접근했다. 머튼 칼리지에 기반을 둔 이 학자들은 일명 '계산기'로 불렸다. 왜냐하면 서로 다른 특성들 사이의 관계를 설명하기 위해 수학을 주로 이용했기 때문이다. 예를 들어, 그들은 화살의 속도의 두 배는 화살을 나아가게 하는 힘과 방해하는 저항 사이의 비의 제곱과 관계가 있다고 제안했다. 공식을 이끌어내기 위해 머튼의 계산기들은 논리적인 분석이라는 정신적 도구를 사용했으며, 순전히 가상 실험에 의지했다. 철학자라고 자처한 그들은 기술자들이나 쓰는 도구를 사용할 생각은 추호도 없었다. 물론 당시의 시계로는 정확한 운동 시간을 측정할 수 없었다. 어쨌든 그들의 공식은 이론적으로나마 검증이 가능했기 때문에 300년이 지난 후 갈릴레오가 했던 실제 실험에도 매우 큰 영향을 미쳤다.

중세의 학자들은 시계 같은 도구들이 아리스토텔레스의 우주를 측정하기보다 그 우주의 모형을 만들기 위해서 설계되었다고 생각했다. 훌륭하게 연결된 기계와 같은 우주의 축소모형을 만들어서 신의 위대함을 알리는데 사용한 것이다. 유럽 전역에서 장인들은 점점 더 복잡하고 값비싼 시계를 만들었는데, 이 시계들은 사람들에게 일할 시간과 기도할 시간을 알리는 종소리를 낼 뿐만 아니라 달의 모양과 일식, 행성의 움직임과 조석과 같이 신이 만든 우주의 웅대함을 보여주기 위한 복잡한 일련의 장치들도 장착되어 있었다. 스트라스부르와 프라하와 같은 대도시들은 대성당을 꾸미기 위해 화려하고 어마어마한 기계장치들을 만드는 데 투자를 아끼지 않았다. 도시의 부를 상징하는 이러한 장치들을 보러 오는 순례자들로 도시는 점점 부유해졌다(지금의 관광명소인 셈이었다). 기술학이 발전함에 따라 시계는 점점 더 작아졌고, 시간을 정확하게 알려주는 기능보다는 신분을 상징하는 사치스러운 공예품이자 정교한 장신구로 사용되었다.

이처럼 우주를 모사해 놓은 시계는 기독교와 아리스토텔레스 철학을 하나의 물리적인 형태 안에 결합해 놓은 것이다. 시간을 알려줌으로써 시계는 전체 시민들에게도 수도사의 규칙적인 일과를 강요했다. 더욱 중요한 것은, 이러한 우주의 기계적인 모형들은 지상에서의 삶이 하늘의 정연한 움직임의 영향을 받는다는 사실을 뚜렷하게 보여주었다. 사람들은 별과 행성들의 움직임이 인성과 건강, 출세에 영향을 준다고 확신했다. 당시에 사용하던 점성술과 관련된 어휘들이 아직도 남아 있는데, 이를 테면 정신이상자들lunatic은 달의 영향을 받고(라틴어로 달은 luna), 천재지변disaster은 위에서부터 내려오고(aster의 의미는 별star), 쾌활한jovial 사람은 목성Jupiter에 의해 지배를 받는다는 속설들이다.

아리스토텔레스의 영향을 받은 기독교인들은 우주를 다스린다는 점에서 별들을 신의 중재자라고 여겼다. 그러나 전통적인 신학자들은 사건이 예정된 것이라면 기독교의 자유의지 개념의 기반은 무너질 것이라고 이의를 제기했다. 또한 그들은 별이 사람들의 몸에 영향을 미칠 수 있다는 사실은 인정했지만, 영혼과 정신은 별개라고 주장했다. 토마스 아퀴나스는 현명한 사람들(정확하게 남자들)은 자제력을 발휘해서 본능을 극복할 수 있다고 주장하면서 이러한 갈등을 교묘하게 해결했다. 조화의 균형이 깨지면 신체의 안정이 붕괴될 수도 있지만 독실한 신자들은 별에 의해 감정이 휘둘리도록 내버려 두지는 않으며, 여자나 육체 노동자와는 달리 충분히 자기 수양이 된 남자는 운명을 피하기 위해 열정을 억누를 수 있다고 주장했다.

점성술은 두 개의 무리로 분리되면서 기독교와 양립할 수 있게 되었다. 그 중 한 무리는 개인사를 예언하는 점성술사들로, 사기꾼이란 조롱을 받았다. 반면 다른 한 무리는 본연의 점성술을 보편적인 예언으로 만들었으며, 지적인 계층의 일원으로 존경을 받았다. 수학의 권위자들도 크레모나의 제라드가 라틴어로 번역한 프톨레마이오스의 『알마게스트』나 톨레도에서 만들어진 천문학적 문헌을 신뢰했다.

중세와 르네상스 시대의 의사들은 일상적으로 점성술과 관련된 의학을 연구했다. 그림 10은 15세기 외과의사의 지침서에 나온 그림으로, 인간과 하늘의 관련성을 보여주는 아리스토텔레스의 대우주-소우주를 상징하는 '십이궁도 인간'을 그린 것이다. 그림에서 인간의 몸 각 부분은 바빌로니아인들이 전해준 별자리와 관련이 있다. 양자리의 양은 머리 위에 있고, 물고기자리의 물고기는 발 아래서 헤엄치고 있으며, 황소자리의 황소는 어깨 위에 앉아 있다.

십이궁도 인간은 널리 알려졌는데, 셰익스피어도 희곡 『십이야Twelfth Night』에 황소자리를 놓고 벌이는 두 인물 사이의 논쟁을 삽입해서 관객들의 재미를 유도했다.[11] 화성은 분노, 토성은 우울 등과 같이 행성들은 특정한 기질과 관련이 있는데다, 조석과 같이 체액의 썰물과 밀물을 만

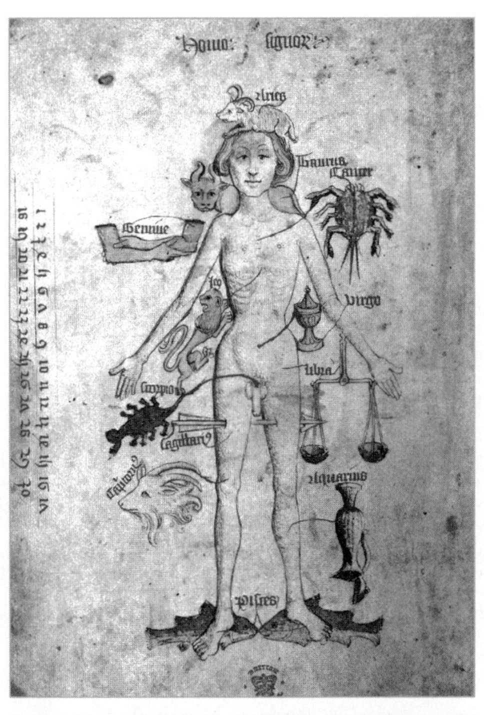

그림 10 | 「중세의 십이궁도 인간」, 「요크의 외과 의사를 겸한 이발사 회원들을 위한 책Guild Book of the Barber Surgeons of York」, 1486년.

들어 사람의 건강에 영향을 미칠 수 있었다. 질병을 치료하기 위해서는 체액의 균형을 되찾는 것뿐만 아니라 행성들이 상서로운 위치에 있는 적절한 때를 포착하는 것도 중요했다.

기독교화된 아리스토텔레스 철학의 점성술은 중세시대에 중요한 과학으로 자리잡았다. 흑사병이 유럽 전역을 휩쓸기 시작한 1347년, 대학

---

11. 윌리엄 셰익스피어의 「십이야」에 등장하는 앤드류 에이규칙 경Sir Andrew Aguecheek 과 토비 벨치 경Sir Toby Belch.

의 의사들은 파리에 모여서 행성들의 회합(행성이 지구에서 보았을 때 태양과 같은 방향에 있게 되는 현상—옮긴이)이 이례적으로 4년 빠르게 일어났기 때문에 전염병이 창궐하게 되었다고 공표하면서 아리스토텔레스 이론을 논리적으로 해명했다. 그들의 주장을 구체적으로 살펴보면 이러하다. 우선 따뜻하고 습한 목성이 불길한 수증기를 만들었고, 이 수증기가 뜨겁고 건조한 화성의 사악한 기운에 의해 점화되었다. 또한 토성의 우울한 기운의 영향도 받았다. 이러한 행성들의 기운이 충돌하면서 뜨겁고 습한 남풍이 만들어졌고, 남풍으로 오염된 대기는 인간에게 그에 상응하는 질병을 유발했다. 신학적으로 표현하면, 신이 자신의 불쾌감을 자연의 점성술적 힘을 통해서 드러낸 것이다. 수학자들은 1365년에 행성들이 또 다시 태양과 같은 방향에 있게 된다고 예측했다. 옥스퍼드의 한 학자는 신이 이교도 사라센들을 멸절시키기 위해 이 날을 택했다는 오만한 예언을 했다. 짐작컨대, 그는 아리스토텔레스 철학에 대한 자신의 지식이 이슬람 학자들에게 빚진 것이라는 사실을 알지 못했으리라.

이 엄청난 전염병은 학문의 발전을 더욱 촉진했다. 5년 동안 유럽 인구의 3분의 1가량을 죽음으로 내몬 전염병 덕분에 학자들은 현실세계보다는 죽음과 구원에 초점을 맞추기 시작했다. 그러나 유럽의 경제가 다시 살아나고, 부자들이 유산 상속으로 더 막대한 부를 축적하게 되자 전염병에서 살아남은 노동자들은 희소가치 덕분에 몸값이 오르기 시작했다. 사치품에 대한 수요가 늘면서 무역과 여행이 번성하자 그에 따른 새로운 장비들과 정확한 지도가 필요해졌다. 더욱 대담해진 탐험은 여행자들의 구미를 당겼다. 결과적으로, 르네상스 시대에 일어난 지적 부흥은 물질에서 비롯되었다.

연금술: 현자의 돌을 찾아서

이 막대와 수뱀과 암뱀을 3대 1대 2의 비율로 섞으면
지옥을 지키는 케르베로스의 머리가 된다.
발효와 소화를 위해 이들을 함께 용해하여 액체로 변하게 하고……
여기에 푸른색을 추가하면 40일 후에 푸석푸석한 검은 가루가 된다.
푸른 물질은 발효를 위해 남겨둔다. 이를 증류한 것이 푸른 사자의 피다.
검은 분말은 풍요의 신인 플루톤이 된다.

– 아이작 뉴턴, 『프락시스Praxis』, 약 1693년.
(연금술사들은 작업 과정에서 나타나는 색을 동물과 관련지어 생각했다–옮긴이)

대부분의 과학자들은 연금술을 하찮게 여긴다. 그러나 1936년, 핵물리학자인 어니스트 러더퍼드Ernest Rutherford는 케임브리지 대학교 연설에서 스스로를 현대의 연금술사라고 지칭했다. 납을 금으로 바꾸는 대신, 러더퍼드는 알파 입자로 충격을 가해 질소를 산소로 바꿨다고 자랑했다. 그는 전설적인 연금술의 아버지 헤르메스 트리스메기스투스Hermes Trismegistus(Trice-mighty Hermes)의 초상을 자신의 문장紋章에 새겨 넣었다. 고대 이집트의 몇몇 현자들의 이름에서 따서 지어낸 헤르메스는 '밀봉hermetically sealed'이라는 어휘에도 그 흔적이 남아 있다. 러더퍼드는 과학적이면서도 기발한 생각에 흠뻑 빠져 있었지만, 자신의 주장을 밝힐 때는 자못 진지했다. 현자의 돌이나 생명의 묘약을 찾는 것과 같은 연금술적인 야심이 지금으로써는 우스꽝스러워 보이지만, 연금술과 관련된 기술이나 도구는 실험적 과학의 바탕이 되었다.

연금술의 역사는 장구하고도 국제적이다. 바빌로니아 시대에 시작해서 이집트, 그리스뿐 아니라 중국과 인도에서 발달한 연금술은 12세기에 이슬람제국을 거쳐 유럽으로 전해졌다. 17세기 뉴턴을 비롯해 연금술에 열광하는 사람들은 자신들의 연구 기반을 연금술에 두었다. 연금술의 전문적인 어휘들은 음역된 아랍어에서 나왔으며, 이들 중 일부는 일상용어로 자리 잡았다. '연금술alchemy'이라는 용어뿐 아니라 '영약elixir'과 '침상mattress'도 아랍어에서 기원한 연금술 용어였다. 초기의 라틴어 번역가들에게도 연금술은 낯설었는데, 이들은 오늘날 유럽의 과학적 유산이라고 알려진 책들을 통해서 연금술을 접했다. 크레모나의 제라드는 프톨레마이오스의 『알마게스트』를 번역하면서 자신이 기대했던 천문학 지식보다 훨씬 더 방대한 지식이 담겨 있다는 사실을 깨달았다. 연금술에 관한 정보는 알 라지나 이븐시나처럼 뛰어난 이슬람 학자들과 아리스토텔레스 등 권위 있는 작가들이 쓴 책에서도 등장한다. 그 중 엄청난 인기를 끌었던 아리스토텔레스의 해적판 『비밀의 비밀』에는 의학과 연금술을 비롯하여 기괴한 구전들도 담겨 있었다.

연금술사들은 세상을 이해하려들지 않고 바꾸려했다는 점에서 과학자들과 닮았다. 중세의 학자들과는 대조적으로 연금술사들은 새로운 기술을 개발하고 기존의 현상을 교묘하게 이용하여 환경을 바꾸려고 노력했다. 연금술사들도 사람들을 도우려는 마음을 갖고 있었으나, 생계를 위해서는 신비로운 부호와 상징을 사용해서라도 발명품을 지켜야 했다. 연금술의 본질은 철에 녹이 슬거나, 씨앗이 자라 나무가 되고, 물이 얼거나, 달의 모양이 바뀌고, 알코올이 증발하거나, 심지어 죄수들

그림 11 | 「연금술사의 방」. 하인리히 쿤라드, 『영원한 지혜의 원형극장Amphitheatrum Sapientiae Aeternae(Amphitheatre of Eternal Wisdom)』, 1598년.

의 개과천선에 이르기까지 수많은 형태로 나타날 수 있는 변화를 이해하는 것이다. 아리스토텔레스의 영향을 받은 중세의 연금술사들은 기본 요소와 성질, 별의 영향력이 모두 연결된 우주를 믿었다. 열렬한 종교 신봉자들이 신을 갈구하는 것처럼, 연금술사들은 완벽을 추구하기 위해 사력을 다했다. 그들의 주된 목표는 현자의 돌을 찾는 것이었다. 연금술사들에게 있어서 현자의 돌은 진보를 위한 우주의 열쇠였고, 불순물이 섞인 비금속을 정련해서 금을 얻는 확실한 방법이기도 했으며, 인간의 몸에서 질병을 제거해서 생명을 연장시키는 비법이기도 했다. 또한 영혼을 정화한 후에 거룩한 교화에 이르는 지름길이었다.

그림 11은 신이 치료의 도구로 연금술을 주었다고 주장한 독일의 의

144

사 하인리히 쿤라드Heinrich Khunrath가 그린 그림이다. 연금술이 지향하는 바를 상징적으로 보여주는 이 방은 수학적 비율로 균형이 잡혀 있기는 하지만 현실적인 묘사라고는 볼 수 없다. 중앙에 있는 탁자에는 악기들을 비롯해서 우주의 조화를 연상시키는 물건들이 있다. 이 물건들은 중세 교육 과정의 4과에 해당하는 음악, 친문, 기하, 산술이 피타고라스학설과 연결되어 있다는 사실을 암시하기도 한다. 좌우의 공간은 연금술의 두 가지 중요한 측면을 보여준다. 오른쪽 벽에 걸린 표지에는 일하는 곳이라는 의미의 '실험실'이라고 적혀 있다. 바닥과 책꽂이에 정렬되어 있는 도구들은 실제 실험용 도구들로, 동식물과 광물 등의 재료로부터 순수한 영약을 뽑아내거나 정기를 추출하는 데 쓰였다. 연금술사들은 물질의 개선만 도모한 것이 아니라 정신의 성장도 추구했다. 왼쪽에 있는 '경당'은 기도하는 장소로, 이곳에서 죄인은 영혼을 정제하고 신에게 더 가까이 나아아갈 수 있었다.

지금은 연금술이 우스꽝스럽게 보일지도 모르지만, 당시에는 논리적이고 합리적인 체계로 인정받았고, 중세 유럽으로 급속히 번져나갔다. 당시 사람들에게 연금술은 아리스토텔레스의 원칙에 의해 통제되는 가톨릭의 조화로운 우주에 대한 사상과 잘 들어맞았다. 무엇보다 빵과 포도주가 예수의 살과 피로 변할 수 있다면, 또한 더러운 땅속의 광석이 빛나는 금속으로 바뀔 수 있다면 불치병을 치료하거나 납을 금으로 만드는 것쯤이야 불가능할 턱이 없다고 여겼다. 인간의 습성과 화학적 반응은 네 가지 요소(흙, 물, 공기, 불)와 네 가지 성질(뜨거움, 건조함, 축축함, 차가움)의 재결합으로 이루어진다는 아리스토텔레스 이론은 이미 정통 학문으로 자리잡았고, 연금술에서 말하는 변화의 과정은 이 이론에 바탕을 두고 있었다. 세세한 부분까지는 알려지지 않았지만, 연금술은 주류의 신념에서 벗어나지 않은 채 변화의 범위를 확장시켰다.

가장 널리 알려진 연금술의 목적은 납을 금으로 바꾸는 것으로, 이론적 근거도 탄탄하다. 아리스토텔레스 이론을 연구한 학자들처럼 연금술사들은 금속이 뜨겁고 건조한 황과 차갑고 축축한 수은으로 이루어졌다고 믿었다(추상적인 개념으로, 실제 황과 수은을 말하는 것은 아니다). 그들은 지구의 깊은 곳에서 이러한 요소들이 다양한 조건 하에 가열되고 장기간의 숙성을 거치면서 여러 금속으로 바뀐다고 생각했다. 연금술사들은 이러한 점진적 변형을 몇 백 년 단축해서 곧바로 금을 얻을 수 있는 화학적 기법을 찾는데 혈안이 되었다.

연금술사들이 사용한 기술과 방식은 과학의 발전에 영향을 미쳤다. 무엇보다 화학 실험과 기술 산업에 연금술사들의 연구가 중요한 역할을 했다. 수세기에 걸쳐서 연금술사들은 가열, 증류, 결정화에 필요한 도구들을 끈덕지게 궁리하고 시험했다. 이러한 혁신적이고 치밀한 사고의 전통은 연금술이 유럽에 상륙한 후에도 계속 이어졌다. 예를 들어, 연금술 치료사들은 증류기를 고안해서 액체를 모았고(알코올을 증류해서 이전보다 훨씬 순도가 높은 알코올을 얻었다), 여러 종류의 화덕을 만들어서 온욕과 모래찜질과 같은 화학적인 요법을 시작했다. 용도별로 다양한 수반과 플라스크들을 만들었는데, 이들 중 상당수는 19세기 화학자들도 사용했다. 비록 금을 만들지는 못했지만, 연금술사들은 효과적인 의약품과 인공 비료 산업의 원료인 황산암모늄을 포함하여 많은 화학물질을 분리하는 데 성공했다.

연금술과 관련된 발명가들이 미래 과학에 끼친 영향도 상당히 크다. 이들은 대학의 학자들이나 후원자들에게 실험의 중요성을 강조했다. 당시 연금술사들은 학식이 뛰어났지만 대학 밖에서 의학적 치료나 화학적 공정을 개발했다. 연금술의 은밀한 비법이 적힌 원고들은 이론적인 논문들만 읽던 학자들의 호기심을 유발하기에 충분했다.

연금술을 학문적으로 지지한 사람은 현대 실험 과학의 개척자로 알려진 로저 베이컨이다. 그가 연금술에서 비롯된 실험적 연구를 강조한 이유는 무엇보다 그 방법이 실용적이었기 때문이다. 생명을 연장하거나 몸과 마음의 병을 치료하는 데 실험적 연구 말고 무슨 방법이 있었을까? 약의 효율을 계산하는 것보다 수학을 더 가치 있게 사용할 곳이 있을까? 베이컨은 연금술과 관련된 책과 도구를 모으는 데 투자를 아끼지 않았다. 그리고 개념을 다루는 것만큼이나 실체가 있는 사물을 다루는 것도 중요하다고 학자들을 설득했다. 그러나 '자연이 가장 잘 안다'는 전통적인 사고에 사로잡혀 인위적으로 자연을 변화시키는 일을 못마땅하게 여긴 동시대 학자들의 거센 반발을 샀다.

'자연'을 지지하는 사람과 '인위'를 지지하는 사람들 사이의 갈등은 수백 년 동안 계속되었다. 이러한 갈등은 과학적 방법의 한계를 정하는 논의에도 등장했고, 신이 창조한 세상을 개선하기 위해서 인간이 발명품을 만드는 것이 합당한지에 대한 논의에도 등장했다. 베이컨은 연금술적인 실험을 지지하며 '인위'를 지지하는 진영에 우뚝 섰다. 그는 '가장 강력한 힘과 효험을 가진 것이 자연이냐 인위냐를 묻는 사람이 있다. 그에 내가 답하기를, 비록 자연이 경이로울지 모르지만 그 자연을 도구로 이용하는 인위는 자연의 힘보다 더 위대하다'[12] 고 단언했다. 자

---

12. 스탠튼 J. 린든Stanton J. Linden, 『알케미 리더 : 헤르메스 트리스메기스투스에서 아이작 뉴턴까지The Alchemy Reader: From Hermes Trismegistus to Isaac Newton』(케임브리지 : 케임브리지 대학 출판부, 2003년)에서 로저 베이컨의 『예술과 자연의 놀라운 힘과 효능에 관한 설명Excellent Discourse of the Admirable Force and Efficacie of Art and Nature』의 서문을 인용.

연의 이치를 입증하기 위해 연금술사들은 속박에서 벗어나 적극적으로 개입했다. 이해와 변화에 대한 연금술사들의 소망은 과학적 열망의 중추가 되었다.

그럼에도 불구하고 베이컨과 현대 과학자들 사이에는 결정적인 차이가 있었다. 중세의 학자였던 베이컨은 실험이 아니라 생각하고 글을 써서 돈을 벌었다. 실험 장비를 지원받지도 못했고, 가지고 있던 돈이 바닥나자 연구도 중단하고 말았다. 그는 체계적인 연구 계획을 추구하기보다는 철학적이고 신학적인 예상에서 이끌어낸 이론적 개념들을 입증하기 위해 도구를 사용했다. 또한 신성에서 속세로, 추상적인 것에서 구체적인 것으로 하향식 사고를 했는데, 특별한 상황에서 일반적인 법칙을 추론해나가는 일반적인 과학의 상향식 사고와는 전혀 다른 접근법이었다. 동시대 학자들처럼 베이컨도 객관적인 진실보다는 신을 추구했던 것이다. 학구적인 아리스토텔레스학파가 선호했던 지루하고 논리적인 추론과는 달리 연금술은 기적을 다시 세상으로 불러들였고 신이 개입할 수 있는 여지를 분명히 해두었다. 규제가 엄격했던 중세의 대학은 학생들에게 이론적 독단에 빠지기보다 믿음에 의지하도록 독려했는데, 그럴수록 반권위적인 연금술은 더욱 매력적인 학문이 되었다.

베이컨은 연금술뿐 아니라 현대 과학과는 거리가 먼 또 다른 특징을 갖고 있었다. 바로 비밀주의였다. 과학의 발전은 필연적이라는 이데올로기적 관점에 따르면, 과학자들 사이에 비밀은 존재하지 않는다. 비록 로스앨러모스에서 행해진 원자 폭탄 프로젝트나 자연선택설을 숨기려 했던 찰스 다윈Charles Darwin 그리고 유전 공학을 비호하는 특허권 등 놀랄만한 반증도 많지만, 과학의 발달은 개방성에 좌우되며 비평과 협력에 기반을 두고 있다. 현대의 발명가들이 자신의 권리를 지키는 것과 마찬가지로 연금술사들은 경쟁자들로부터 자신의 비결을 안전하게 지키면서 소수의 열렬한 신봉자들에게만 지식을 나눠주었다.

연금술사들은 발견을 은폐하기 위해서 신비로운 기호와 상징들로 수수께끼 같은 암호를 만들었다. 그 중에는 화학적 기호와 비슷하거나 해독하기 쉬운 암호들도 있었디. 이를 데면 달을 상징하는 금속인 은은 초승달 모양으로 표시했다. 또한 비교적 쉬운 암호도 있었다. 예를 들어, 초록색의 용 한마리가 태양을 게걸스럽게 먹는 그림은 질산과 염산의 청록색 혼합액인 왕수에 금을 용해시키라는 뜻으로 초보자들을 위해 쉽게 표현한 것이다. 그러나 그 밖의 것들은 의도적으로 모호하게 만들어서 해독이 불가능했다. 후원자가 필요하기는 과학자들이나 연금술사나 마찬가지였다. 그래서 연금술사들은 자금을 지원해줄 후원자들의 비위를 맞추기 위해서 만족할 만한 결과를 누설해야만 했고, 자기들의 주장에 부합하도록 자료를 꾸며내야 했다(과학자들이 기록을 조작했다는 주장은 매우 경악스럽지만, 앨버트 아인슈타인의 상대성 이론을 뒷받침했다고 주장한 영국의 천문학자 아서 에딩턴Arthur Eddington이나 전자 하나의 전하량을 측정한 미국의 물리학자 로버트 밀리칸Robert Millikan도 이러한 주장에서 자유로울 수 없다).

고대의 비밀들을 담고 있다는 필사본들의 은밀한 거래가 활발해지자, 열렬한 연금술 신봉자들뿐 아니라 수도사들 그리고 베이컨과 같은 대학의 학자들까지도 이러한 필사본에 눈독을 들였다. 중세의 일반 독자들도 실험에 관한 소책자들에 매료되었다. 종종 이슬람의 원본이나 아리스토텔레스 혹은 대 알베르토와 같은 유명인사가 쓴 원고를 사칭한 가짜들도 등장했다. 필사본에는 약초 치료법이나 간단한 비법(자수정은 알코올 중독을 예방하고, 토끼의 창자는 아들을 낳을 수 있게 해준다)등이 적혀 있었는데, 하나같이 검증을 마친 믿을 만한 비법이라고 떠벌였지만 이론적 근거는 거의 없었다. 반복된 금지령도 수도사들의 열광적인 집착을 진압하지 못했다. 수도사들을 위한 초급 독본에는 고해실 안에서 사면에 필요한 참회의 횟수를 계산하는 수도사들을 위해 성적인 기교를 분류해 놓기도 했다. 관능적이고 은밀한 이러한 필사본들은 초자연적이거나 마술적인 일들을 사실적으로 묘사하고 있었다. 비현실적인 이론들을 고집스럽게 반복하는 독선적인 대학의 교과서와는 달리 이러한 필사본들은 세상 그 자체를 탐구했다.

연금술사들뿐 아니라 대학의 학자들을 비롯한 다른 전문가들도 비밀스럽기는 마찬가지였다. 인쇄기술이 발명되기 전에도 필사본들이 유포되었으나, 이는 오직 라틴어를 읽을 줄 아는 부유한 학자들의 전유물이었다. 베이컨과 같이 학구적인 수사들은 대학이나 수도원처럼 성서를 비롯한 그리스 철학자들의 고풍스러운 지혜를 몇 번이고 우려먹을 수 있는 폐쇄적인 울타리 안에서 연구했다. 수도회의 일원이 되는 것이나 심사를 통해 대학의 협회에 들어가는 것은 비밀스런 연금술사 조직에 들어가는 것과 다를 바 없었다. 베이컨이 살았던 계층화된 세계에서 학자는 그가 염소를 빗대어 폄하한 육체노동자보다 한참 위에 있었다. 베이컨은 오직 선택받은 소수만이 지식이 가진 잠재적 위험을 감수할 자격이 있다고 주장하면서 특권층 이외의 사람들에게 지식을 공개하지 말라고 경고했다(염소는 엉겅퀴만으로도 행복할 텐데 왜 상추를 주어야 하는가?).

현대의 과학 실험실들은 연금술 작업장과 공통점이 많다. 연금술 작업장은 초기 화학 실험실의 토대였으며, 이 둘은 모두 사적인 공간이었다. 그림 11에서와 같이 연금술 작업장은 방처럼 생긴 사원 안에 있었고, 천막으로 가려져 있었다. 몇 세기 동안 과학적 연구는 연구자의 집안이나 춥고 어두운 지하실에서 이루어졌다. 심지어 빅토리아 시대의 과학자 마이클 페러데이Michael Faraday는 일반인들의 눈에는 절대 띄지 않게 땅 속에 숨겨져 있던 왕립연구소의 지하실에서 실험했다. 현대의 과학자들도 일반인들이 이해하기 힘든 애매한 언어로 소통하고, 귀중한 도구나 장비에 안전장치를 설치하거나 외부인의 접근을 차단하기 위해 감시를 소홀히 하지 않는다(1950년대까지도 프린스턴 대학교의 물리학 실험실에는 여자들의 출입이 금지되었다).

역설적이지만, 보편적인 진실은 종종 지극히 사적인 장소에서 발표되곤 한다. 예언자들은 세상 전체를 밝혀줄 지혜를 깨달았을 때 황야로 나가 홀로 명상을 한다. 과학자들 중에는 사적인 연구실 안에서(혹은 사과나무 아래서) 우주 전체를 지배할 과학적인 법칙들을 공식화했다. 마찬가지로 고독한 연금술사들도 물질뿐 아니라 정신을 정화하는 전능의 힘을 가진 현자의 돌을 찾기 위해서 은둔을 선택했다. 그들은 세속적인 야망을 버리고 청렴결백한 본연의 모습을 찾을 수만 있다면 자연을 깊이 이해하는 마법사 혹은 점성술사가 될 수 있다고 믿었다. 유령이나 망령을 불러내서 사악한 마술을 행하는 마녀나 마술사와는 달리 이들이 되고자 했던 이타적인 마법사는 자연의 힘을 능수능란하게 다뤘다. 종종 수학적 영감을 얻은 마법사들은 우주의 은밀한 기운을 전달했고, 하늘의 작용과 지상의 존재 사이를 중재할 수 있었다. 최고의 점성술사는 아리스토텔레스학파의 조화로운 연금술 세계와 현대의 실험실 과학의 논리적 세계 사이에 있던 야누스, 아이작 뉴턴이다. 과학자들은 연금술을 혐오할지 모르지만, 어쩌면 연금술과 과학은 생각보다 아주 가까이 있는지도 모른다.

PART 3

실험

르네상스 시대 유럽의 지적 연구는 국제적인 탐사로 더욱 달아올랐다. 상업적 교역이 성행하면서 기술과 지식, 생물학적 표본들의 국제적 교류가 이루어졌고, 여러 문화와 사회를 거치면서 더욱 변화했다. 현대 과학의 특징인 실험적 접근법은 서서히 그리고 간헐적으로 발달했지만, 자연철학자들은 옛 도구들을 상황에 맞게 고쳐 쓰기도 하고 새로운 도구를 개발하기도 했다. 갈릴레오가 자연을 일컬어 신이 수학적 언어로 쓴 책이라고 주장하며 학자들을 권면했지만, 성서는 여전히 지식의 주요한 보고였다. 영감에서 비롯된 통찰력보다는 전통적인 전문 지식들을 개선하면서 많은 혁신이 일어났고, 따라서 고대의 개념들은 현대 과학의 개념들과 공존하게 되었다. 예를 들어, 아리스토텔레스학파의 이론들은 코페르니쿠스가 지동설을 주장한 후에도 오랫동안 과학 전반을 지배했다. 반대로 연금술 실험과 정신의 힘을 믿었던 마법사들은 수학을 우주의 열쇠로 만들었다. 아마도 그 누구보다 뛰어난 마법사는 자연철학자이면서 열광적인 연금술사였던 아이작 뉴턴이리라. 그는 최신의 수학적 기법들보다 기하학적인 라틴어를 즐겨 썼다. 1687년에 출판된 뉴턴의 『자연철학의 수학적 원리』는 오늘날 과학의 성서라고 일컬어지지만 미래를 견지한 만큼 과거에도 깊이 뿌리를 두고 있다.

탐험 : 박물관은 살아 있다

우리는 끝없이 찾아 돌아다닐 것이다
마침내 탐험의 끝은
우리가 출발했던 지점에서 마칠 것이다
그 때 우리는 처음으로 그곳을 알게 될 것이다.
– T. S. 엘리엇T. S. Eliot, 『네 개의 사중주Four Quartets』, 1942년.

'한 장의 그림이 만 마디 말보다 낫다.' 이 구호가 만들어졌던 1927년에는 책값이 쌌고, 읽고 쓰는 능력을 가진 사람들이 많았다. 과학자들은 서로 정보를 자유롭게 교환한다는 점에 자긍심을 가지고 있었다. 그러나 400여 년 전, 한스 홀바인Hans Holbein이 소통에 대한 복잡한 의미를 담은 「대사들The Ambassador(그림 12)」을 그렸을 때만해도 출판업은 막 태동하던 때였다. 이 시기에는 부유한 사람들만이 읽을 수 있었고, 새로운 대륙이나 제품 그리고 제조법에 관한 정보들도 일반인에게는 거의 알려지지 않았다. 지금은 유럽에서 가장 유명한 그림 중의 하나인 「대사들」은 영국에서 만난 프랑스의 두 외교관을 공식적으로 기록하고 있다. 구구절절한 설명보다는 몇 가지 사물을 통해 홀바인은 여행과

<그림 12 | 한스 홀바인Hans Holbein, 「대사들」, 1533년.>

돈, 지식이 얼마나 밀접하게 연결되어 있는지를 보여주었다.

두 대사의 은밀한 만남을 그림으로 표현한 홀바인은 르네상스 시대에 지식을 획득하고 전달하는 여러 방식을 넌지시 알려주고 있다. 대화, 편지, 필사본과 같은 전통적인 매개체들은 전달 과정에서 간혹 오류가 발생했지만 책의 부족함을 채우는 역할도 했다. 홀바인이 이 그림을 그리기 40년 전, 크리스토퍼 콜럼버스는 대서양 횡단을 시작했고, 지구 반대편에 살고 있는 사람들은 동식물과 원자재, 제품을 교환하고 있었다. 홀바인의 그림은 실험적 과학이 지식에 대한 열망이 아니라 무역과 정책에서 비롯되었다는 사실을 보여주고 있다.

르네상스 시대의 탐험은 과학적 정보가 급속도로 증가하는 과정에서 나타난 일종의 부산물이었다. 국제 여행가들의 주된 관심사는 지식의 축적이 아니라 금전적 이득과 권력이었다. 그들은 의료용이나 군사용 혹은 선물용으로 사용하기 위해 외국의 신기한 식물과 동물들을 가지고 들어왔다. 체계적 분류법에 따라 동식물을 나누는 것은 더 후에 발달했다. 도구제작자들 역시 자연의 비밀을 해독하는 일보다 돈 버는 일에 관심이 많았다. 오늘날 과학용으로 쓰이는 도구들은 실제로 땅의 경계를 정하고 금속의 무게를 재거나 약을 조제하고 염료를 만드는 등 실용적인 목적으로 설계된 것들이다. 항해사들이 별들의 움직임을 정확하게 계산하고 나침반을 바르게 해독하며 바람의 패턴을 예측했던 것은 프톨레마이오스가 만든 오래된 지도책을 수정하기 위해서가 아니라 목적지까지 안전하게 도착하기 위해서였다. 이러한 실용적 지식 덕분에 정치와 상업은 더욱 밀접하게 연결되었고, 상인들뿐 아니라 대사들 사이에서도 가치 있는 상품들의 거래가 이루어졌다. 홀바인은 그림 안에 비밀스러운 신호를 가득 채워 놓았다. 위쪽 선반에 하늘을 나타내는 구체를 놓고 아래쪽 선반에 육지를 나타내는 구체를 놓은 까닭은 우주가 분할되어 있다는 아리스토텔레스의 개념을 암시하기 위해서다. 당시 책과 도구가 지금보다 훨씬 더 밀접한 관계였다는 점을 감안한 홀바인은 지식의 상호보완적인 자원으로써 이 둘을 묶어 놓았다. 탁자 위에 정확하면서도 조심스럽게 그려 넣은 수학적 도구들은 항해사들이 별들의 위치를 기록하고 시간을 측정하며 정확한 지도를 그리기 위해서 사용했던 도구들이다. 아래쪽 선반에는 상인들에게 필요한 산술책이 있다. 아래 선반에 있는 육지를 나타내는 지구의는 국제적 탐험의 목적은 이익과 소유라는 민감한 외교 정보를 암시하기 위해 홀바인이 특별히 신경을 쓴 부분이다.

홀바인의 도구는 소통의 단절을 의미하기도 한다. 인간과 우주의 조화를 상징하는 악기인 류트(기타와 비슷한 초기의 현악기—옮긴이)는 줄이 끊어져 있으며, 천문학 도구들의 그림자는 의도적으로 잘못 그려넣었다. 선반의 양 측면에 자리한 두 사람은 내부의 밀고자를 데려오기 위해 프랑스를 대신하여 파견된 중재자인데, 모두 입을 굳게 다문 채 서 있다. 입장을 밝히지 않은 이들의 표정에서 궁정의 음모 따위는 전혀 드러나지 않는다. 마찬가지로 해시계나 아스트롤라베가 정교하게 그려져 있고 무늬가 새겨진 가죽 제본도 섬세하게 그려 넣었다. 그렇지만 그 내용까지 정확하다고 할 수 없다. 인쇄된 글자와 뒤얽힌 물건들은 인간만큼이나 믿을 수가 없다. 그리고 왜곡된 상을 보여주는 렌즈처럼 그림 역시 시치미를 떼고 있는 궁정의 사람들처럼 거짓말을 할 수 있다.

인쇄는 과학의 발달에 결정적인 역할을 했다. 1450년대에 가동 활자가 등장했지만, 필경사들은 오랫동안 원고 베끼는 일을 계속 했으며 삽화도 여전히 수작업으로 진행되었다. 지식보다는 신분을 나타내는 예술적인 상징물로써 아리스토텔레스의 철학서나 플리니우스의 자연사 책들을 소장하려는 부유층의 탐욕을 간파한 상인들은 아름답고 매우 값비싼 한정판을 시장에 내다 팔았다. 그러나 상업적인 도서 거래가 확립된 16세기에 이르자 출판업자들은 인쇄된 책들도 필사본과 거의 동일하며(정도의 차이는 있었겠지만) 돈을 지불할 가치가 있다고 독자들을 설득했다.

지식을 만들고 퍼뜨리는 데 장소도 중요한 역할을 했다. 그림 11의 '대사들'에서 홀바인은 정치적인 의도를 담은 지구본이 뉘른베르크산이라는 점을 은근히 강조하고 있다. 뉘른베르크는 16세기 동안 책과 그림, 도구들이 생산된 유럽의 중심지로, 부와 문화로 널리 알려진 도시였다. 화가 알브레히트 뒤러Albrecht Dürer도 자신이 그린 동물과 식물 그림을 거래하는 근거지로 뉘른베르크를 이용했다. 비록 대량 판매를 위해 자조적인 심정으로 화덕에 빵 굽듯 그림을 그려댔지만, 그의 값싼 그림들은 오히려 과학적 정보를 알리는 데 중요한 역할을 했다. 뒤러의 대표작인 '갑옷 입은 코뿔소'가 지금은 애정 어린 웃음을 자아내게 할지 몰라도, 한 번도 본 적 없는 코뿔소를 그린 뒤러나 그림을 산 수많은 사람들 역시 갑옷 입은 코뿔소를 실제 코뿔소라고 믿기는 마찬가지였다. 당시 그 그림은 널리 퍼졌고, 수없이 복사되었다.

뉘른베르크가 과학의 패권을 거머쥐기까지 막중한 역할을 한 사람이 존재했다. 바로 1471년 뉘른베르크에 정착한 천문학자 레기오몬타누스Regiomontanus(본명 요한 뮐러Johannes Müller)였다. 당시 뉘른베르크는 훌륭한 천문학 도구들의 생산지였으며, '상인들이 오가는 길목이라는 이점 덕에 유럽의 중심지가 되었고, 학식 있는 사람들이 각지에서 모여들어 모든 분야의 소통이 가장 용이한 곳'[1]으로 알려져 있었다. 지역 사업가였던 레기오몬타누스에게 상업적 요지로써의 뉘른베르크는 출판업을 시작하기에 더없이 안성맞춤이었다. 그는 뉘른베르크를 양질의 책과 도구, 그림을 통해 세상에 정보를 널리 알리는 지적 교역소로 만들었다.

학문은 혁신적인 작가뿐 아니라 진취적이고 성실한 출판업자 덕에 성장할 수 있었다. 레기오몬타누스는 중앙 유럽의 천문학자인 니콜라스 코페르니쿠스에 비하면 거의 알려지지 않은 인물이었다. 학구적인

---

1. 찰스 C. 길리스피Charles C. Gillispie, 『과학적 생물학사전』, 16권 전집(뉴욕 : 스크라이브너앤선즈 1970-80년)에서 1471년 7월 4일 편지를 인용.

성직자 니콜라스 코페르니쿠스가 우주의 중심에 지구가 아닌 태양을 놓은 획기적 사건을 벌이긴 했지만, 레기오몬타누스가 이룩한 뉘른베르크의 출판망이 없었다면 16세기의 혁명적 발견도 그대로 묻혀버렸을 것이다.

레기오몬타누스 역시 자신의 독자적인 연구를 통해 미래 과학에 중요한 영향을 미쳤다. 무엇보다 그의 책은 명료하고 정확했으며, 널리 보급되었다. 그의 사상은 볼로냐 대학의 학생이었던 코페르니쿠스에게 영향을 주었고, 향신료를 찾아 동방의 인도로 항로를 잡았던 크리스토퍼 콜럼버스로 인해 더욱 널리 전파되었다. 아쉽게도 본래 가고자 했던 목적지에는 도달하지 못했지만 대서양을 횡단한 콜럼버스의 무역 항해는 세상에 대한 유럽인들의 시각을 획기적으로 바꾸어 놓았고, 결과적으로 국제적인 정보를 모으기 위한 엄청난 탐험이 되었다.

레기오몬타누스는 1000년 동안 권위를 인정받았던 프톨레마이오스의 견해를 반박하며 천문학적 변화를 일으켰다. 프톨레마이오스의 『알마게스트』를 더욱 정확하게 번역한 레기오몬타누스는 프톨레마이오스의 이론에 대한 비판도 서슴지 않았고, 새로운 천문 측량도표도 개발했다. 그는 이론이란 관찰에 부합해야 한다고 역설했다. 또 이를 입증하기 위해 자신이 수집한 천문학 증거들을 면밀하게 검사했다. 이전에 육필로 쓴 낡은 기록들은 반복적인 필사 과정에서 발생한 실수나 조악한 글씨로 알아보기 힘들었고, 심지어 자료가 조작되거나 뒤러의 코뿔소 그림과 맞먹는 수준의 모순도 있었다. 레기오몬타누스는 오차가 거의 없는 천문학적 측량표(천체위치추산표를 말함—옮긴이)를 개발해서 이론적인 혼란을 바로 잡았다.

레기오몬타누스는 실크, 구리, 진기한 동물 같은 상업적인 제품들과 더불어 책, 도구, 지식이 세상 곳곳에 널리 퍼질 수 있도록 국제적 거래 망을 구축하기 시작했다. 가장 뚜렷한 변화는 지리학적 지식의 향상으로 나타났다. 콜럼버스가 레기오몬타누스의 천문학적인 자료를 유용하게 사용한 것처럼, 많은 상인들이 더 멀리 그리고 더 안전하게 항해하기 위해 도구와 인쇄업 발달의 이점을 활용했다. 홀바인의 그림 속에 있는 뉘른베르크 지구본은 레기오몬타누스의 제자 중 한 사람이 만든 것으로, 포르투갈의 정보원으로부터 훔친 세밀한 지도 제작 기술을 구체화한 도구였다. 새로운 측량 도구로 무장한 항해사들은 대륙 내부의 세세한 지형은 그리지 못했지만 대양과 해안선의 지도를 더욱 정확하게 다듬었다. 국제적인 거래가 확대되면서 상인들은 세상의 규모뿐 아니라 바람의 패턴, 해수의 흐름과 자기장의 영향에 이르기까지 점점 더 세밀하고 정확한 지식을 요구했고, 또 이를 획득했다.

정보, 원자재, 제조품들은 세상을 완전히 바꾸면서 사방으로 이동했다. 이러한 이동은 출발지와 도착지 모두에 영향을 미쳤다. 유럽인들은 식민지에도 뚜렷한 변화의 흔적을 남겼지만, 자신들의 본국에는 영구적인 변화를 가져왔다. 신세계는 유럽인들에게 감자, 콩, 토마토와 같은 작물을 제공했고, 유럽인들은 아메리카 원주민들에게 양파, 양배추, 상추를 전해주었다. 또 아프리카 노예들을 통해 약제와 수박, 쌀 등이 신대륙으로 전해졌다. 낯선 환경에서 살아남은 상인들과 선교사들은 지역의 안내인들로부터 원주민들의 식생활과 주거에 대해 배우면서 적응해갔고, 이렇게 얻은 정보들은 여행자들의 귀국과 동시에 유럽으로 전해졌다. 유럽의 식물학과 농업 그리고 의약의 발달은 그들이 열등하다고 여긴 사람들의 전문 지식에서 비롯된 것이다.

아시아, 아프리카, 아메리카의 원주민들은 유럽인들과의 뜻밖의 만남에서 식량, 약제, 직물, 건축자재 등을 제공하는 대가로 경제력 향상이라는 이득을 챙겼다. 유럽 불청객들의 눈에 자기들의 세계가 진기하게 보인다는 사실을 깨달은 원주민들은 놀라운 효능을 가진 식물과 동물을 잇달아 제공했다. 뒤러가 실물을 직접 보고 그렸다고 주장한 갑옷 입은 코뿔소도 인도의 통치자가 외교적 차원에서 포르투갈 왕에게 선물한 것이었다. 진취적인 상인들은 유명한 조각상이나 그림들과 고가의 천연물들을 나란히 전시하도록 유럽의 귀족들을 꾀었고, 이로써 천연물의 국제적 거래가 확립되었다. 특이한 동물과 식물, 광물을 수집하는 일은 이탈리아 궁정에서 시작되어 유행처럼 유럽 전역으로 퍼져나갔고, 개인 수집광들도 늘어나기 시작했다. 17세기 중반까지 진기한 천연물 시장은 호황을 누리며 번성했다. 일기작가인 존 이블린John Evelyn은 '노아의 방주'라는 이름의 페르시아 기념품 가게를 방문한 후 기록을 남겼다. '이 가게는 모든 진기한 천연물과 예술품, 인도산 및 유럽산 제품들, 장식장, 조개껍데기, 상아, 자기 제품, 어포, 곤충, 새, 그림 등과 같이 우아한 것과 실용적인 것, 온갖 진기한 사치품들을 팔고 있다.'[2]

국제적인 무역을 통해 궁정과 사적인 모임들 혹은 개인 소장가들 사이에서 박물학이 유행처럼 되살아나기 시작했다. 궁정의 왕자와 부유한 귀족들은 학자들에게 경제적 지원을 해주었고, 학자들은 그 대가로 귀족들과 어울리며 최신 수입품에 대해 토론을 벌였다. 도시의 의사나

---

2. 파멜라 스미스Pamela H. Smith와 파울라 핀들런의 『상인과 경이로움 : 초기 현대 유럽의 상업, 과학 그리고 예술Merchants and Marvels : Commerce, Science and Art in Early Modern Europe』(뉴욕 / 런던 : 루틀리지 출판사 2002년)에서 파울라 핀들런Paula Findlen의 '만들어진 자연 : 호기심 상자 속의 초창기 현대 상업, 예술, 그리고 과학 Inventing Nature : Commerce, Art, and Science in the Early Modern Cabinet of Curiosities'을 인용.

교수들은 개인 소장품을 늘려갔고, 이들의 개인 박물관들은 여행하는 귀족들에게 명소가 되기도 했다. 이들은 자신들이 속한 토론 그룹에 관람 보고서를 보내기도 했다. 그림 13은 영향력 있는 나폴리의 약재상이며 화학 실험가이자 화석 전문가였던 페란테 임페라토Ferrante Imperato의 개인 박물관을 그린 것으로, 귀한 손님에게 전시물을 설명해주고 있다. 감상을 위해 수집품을 늘려가며 지적 유희를 추구한 소장가들은 자신들의 개인 박물관을 종종 '자연의 극장'이라고 불렀는데, 이는 최고 무대 감독의 자리에 신이 있다는 점을 암시한 은유이기도 했다.

그림 속의 장면은 새로운 학습법, 즉 일방적인 강의가 아닌 대화를 통한 학습법의 등장을 암시하고 있다. 이제껏 대학의 교수들은 권위자들로부터 이어받은 전통 지식을 관습적으로 학생들에게 받아쓰게 했고, 학생들은 기존 지식을 무작정 받아들여야 했다. 반면 토론 모임이나 박물관에서는 학자와 귀족들이 다양한 문제들을 놓고 토론을 벌였으며, 표본을 통해 얻은 지식과 서로에게 배운 지식을 조율하여 독자적인 결론을 내렸다. 박물학자들은 유럽 곳곳을 여행하면서 다른 수집가들을 방문하거나 전 세계의 전문가들로부터 수집한 지식을 통합했다.

이러한 접근법의 변화에도 불구하고, 이론을 중시하는 고전적인 박물학이 초기에는 오히려 더욱 확대되었다. 임페라토는 자신이 모은 표본들을 세심하게 분류했지만, 이론적인 분류법을 따르기보다는 외양과 출처만으로 분류했다. 천장에 악어 표본을 붙여 놓은 것은 과학적 의미 때문이 아니라 크고 신기한데다 고가였기 때문이었다. 르네상스 시대 박물학자들은 설명보다는 묘사에 치중했고, 분류보다는 단순한 수집에 더 열중했으며, 전체로써의 보편적 특징들보다는 개별적 특성을 연구하는데 더 치중했다. 또한 식물과 동물에 관한 옛 목록을 개정하기보다

그림 13 | 나폴리에 있는 페란테 임페라토Ferrante Imperato의 박물관, 페란테 임페라토, 『자연사에 관하여Dell' historia natural(On Natural History)』, 1672년.

는 의료 목적에 맞는 새로운 목록을 만들었으며, 고대 그리스인들이 이미 만들어 놓은 기존의 범주에 새로운 표본들을 끼워 넣었다.

표본 이외의 기록이나 그림들도 멀리 떨어진 다른 세상에 대한 정보를 전해주었다. 진기한 것들로 가득 찬 임페라토의 장식장에는 자연에 관한 지식의 원천이 될 만한 희귀본들과 고가의 책들도 꽂혀 있었다. 그러나 이러한 책들에 그려진 삽화들은 현대 과학의 삽화들과는 상당히 달랐다. 뒤러가 그린 코뿔소처럼 실제 동식물을 본 적 없는 화가들이 그린 그림도 있었지만, 일부러 상징적인 그림을 그린 화가들도 있었다. 스페인의 한 선원이 그 지역에 자생하는 식물의 뿌리를 갈아서 설사약을 제조하는 중앙아메리카인들의 전통 비법을 들여왔는데, 책에

164

이 비법을 쓴 의사는 비법의 중요성을 가리키는 의미에서 뿌리 대신 꽃을 그려 넣었다. 삽화가 잘못 그려졌음에도 불구하고 유럽의 약재상들은 안전하고 효과적이며 유익한 치료제라고 소개하며 꽃으로 만든 이 약재를 팔았다.

사실주의는 박물학을 표현하는 대표적인 방식인 것 같지만 오래된 식물 그림들 중에는 엉뚱한 것들이 많았다. 화가의 기술이 부족했다기보다는 식물의 겉모습이 아닌 숨겨진 의미를 표현했기 때문이었다. 당시의 삽화가들은 겉으로 보이는 이미지가 실체를 다 말해주지 않는다고 믿었다. 백과사전 편집자였던 플리니우스에 따르면, 제욱시스는 새들이 쪼아 먹으려고 할 정도로 실물 같은 포도를 그렸지만 경쟁자인 파라시우스가 그린 그림에 압도당했다고 한다. 파라시우스의 그림을 보러 간 제욱시스는 커튼 뒤에 숨겨진 그림을 보려했는데, 그 커튼이 바로 파라시우스가 그린 그림이었다는 것이다.

아리스토텔레스나 플리니우스를 비롯한 고대의 수집가들은 인위적인 그림으로는 자연의 비밀을 드러낼 수 없다고 여겼고, 결국 언어로 대상을 묘사했다. 게다가 머리로 일하는 학자들은 손으로 일하는 예술가들과 사회적인 접촉이 거의 없었다. 따라서 학술적인 문헌에는 박물학 삽화들이 거의 실리지 않았고, 수도원의 필사본들이나 약초나 약제에 대한 실용서에 주로 실렸다. 수집가들은 당시에도 고대 그리스 전문가들이 처음 만든 초본지에 의지했는데, 그 가운데 가장 높이 평가된 디오스코리데스의 『약물에 대하여De materia medica』는 세대를 거치며 수없이 필사되었다.

16세기에 들어서면서 박물학 모음집은 새로운 관심을 받게 되었다. 당시의 화가들은 사실적으로 그린 목판화를 제작하기 시작했고, 박물학자들은 근접 관찰의 중요성을 강조하기 시작했다. 수집가들은 고대 그리스, 로마의 선조들을 능가하는 것을 목표로 삼아 신이 만든 자연의 세밀한 목록을 만들고 광범위한 자료를 수집했다. 처음에는 식물에서 시작하여 농업과 의학에 유용한 것들을 모았으며, 나중에서야 동물에 관심을 가졌다. 가장 유명한 박물학 백과사전은 취리히의 의사 콘라드 게스너Conrad Gesner가 편찬한 것이다. 그의 소장품을 보기 위해 유럽 전역에서 방문객들이 모여들기도 했다. 게스너는 흔히 볼 수 있는 동물들의 사실적인 삽화들뿐만 아니라 기니피그나 주머니쥐와 같은 신세계에서 들여온 진기한 동물들에 관한 정보도 취합했으며, 고대 문헌들도 새롭게 정리했다. 그러나 신세계에서 들여온 동물들에 관한 정보는 정확성이 떨어질 수밖에 없었다. 표본을 채취하는 사냥꾼들은 검열 때문에 새의 가죽을 벗겨내기 전에 늘 다리를 절단했는데, 이를 전달받은 박물학자들은 신세계의 새들은 다리가 아예 없어서 땅에 내려앉지 못한다고 믿었을 정도였다.

인문학자이기도 한 게스너는 현대의 생물학자와는 달랐다. 수많은 책을 통해 최대한 많은 정보를 끌어 모으는 데 열중했던 만큼 게스너의 백과사전에는 섭생이나 수명, 서식환경과 같은 과학적 정보들뿐 아니라 각종 우화나 전설들도 뒤섞여 있었다. 여우를 예를 들어 보면, 여우의 생김새나 소화기관 혹은 약제로써의 효용에 관한 설명도 있지만 나라별 여우의 이름들을 비롯하여 아리스토텔레스 시대 이후부터 모아온 80여 가지가 넘는 여우와 관련된 이야기들도 함께 수록되어 있다. 이들 중 절반은 여우를 상징화한 이야기들이었다. 교활함의 대명사로 여우를 말하지만 게스너가 수록한 인용문에는 '여우는 뇌물을 받지 않는다'처럼 생소한 것들도 있었다. 심지어 가면을 들고 있는 여우가 '얼굴은 정말 아름다우나 뇌가 없다'고 말하는 그림도 실려 있었다. 아름다움보다 지혜가 중요하다는 권고를 우화적으로 표현한 것이리라.

이해할 수 없는 농담과 암시들은 사라진 문명의 근본적인 신념을 대변하기도 한다. 르네상스 시대에 신화와 가면은 '여우성性'을 나타내는 요소였다. 동물을 이해하기 위해서 그 동물이 자연계에서 차지하고 있는 물리적인 역할뿐 아니라 도덕과 심리적인 특징도 살폈던 것이다. 당시에는 감정이입이 된 전체론적 우주 안에서 동물과 식물, 인간이 미묘하고 신비로운 힘으로 엮어 있다고 생각했기 때문에, 이러한 상징화는 자연스러운 결과였다. 게스너의 '말하는 여우'는 좌우명으로 장식한 상징적인 그림들이나 문장紋章들, 주석이 달린 운문들에 매료된 동시대인들의 자화상을 보여주고 있었다. 실물화가 표준으로 자리잡은 후에도 이러한 상징적인 접근법은 존속했다. 오래된 사고의 패턴은 바뀌지 않고 이미지만 새롭게 바뀐 셈이었다.

'소 잃고 외양간 고친다'고, 뒤늦은 반성이 옳다고 할 수는 없다. 15세기와 16세기를 연구하는 학자들은 레기오몬타누스와 게스너를 과학자로 분류하고 홀바인과 뒤러는 예술가로 분류했다. 그러나 당시에는 학문의 구분이 명확하지 않았다. 네 사람은 모두 세계를 탐구한다는 공동의 목적을 갖고 있었다. 다만 그림과 언어라는 표현 방식만 달랐을 뿐이었다. 과학의 역사를 좇는 것은 현재를 잠시 접어두고 과거를 이해하는 것이다. 빅토리아 시대의 반다윈주의자들은 동물을 조상으로 인정할 수 없었다. 현대 과학자들도 기꺼이 대학의 학자 뿐 아니라 약재상, 항해사 그리고 점성술사와 공예가들이 과학의 선배라는 사실을 인정해야 한다.

마법 : 오컬트 철학과 프로스페로

나는 종종 피타고라스의 신비한 방법과
숫자의 마술에 경탄하곤 했다.

– 토머스 브라운 경Sir Thomas Browne, 『종교의학Religio Medici』, 1643년.

1947년, 경제학자 존 메이너드 케인스John Maynard Keynes는 '뉴턴은 이성의 시대를 연 선구자가 아니라 마법 시대의 마지막 사람이다'[3]라고 선언함으로써 학술계에 충격을 안겨주었다. 과학자들은 분개했다. 그들은 자기들의 위대한 영웅이 점성술이나 연금술 혹은 마법사들과 결부되어 이름이 더럽혀지는 것을 참을 수 없었다. 그러나 역사학자들은 케인스의 선언에 동의했다. 뉴턴은 그보다 앞섰던 위대한 마법사들의

---

3. 『왕립학회 뉴턴 300주기 기념The Royal Society Newton Tercentenary Celebrations』 (케임브리지 : 케임브리지 대학 출판부, 1947년)에서 존 메이너드 케인스John Maynard Keynes의 '뉴턴, 인간Newton, the Man'을 인용.

지식을 발전시켰으며 마술적인 개념들을 현대 과학적 지식의 중심에 놓았다.

　르네상스 시대의 마법사들은 검은 망토를 걸치고 사악한 힘을 불러오는 마술사의 이미지와는 전혀 다른 학식 있는 학자였다. 많은 마법사들이 존경을 받았고, 우주의 열쇠인 수학을 다루었으며, 뉴턴의 일생에 영향을 미친 교양 있는 사람들이었다. 이들의 아이디어와 활동은 미래 과학의 발달에 강력한 영향을 미쳤다. 신이 창조한 세상의 경이로움을 관찰하는 데만 몰두한 대학의 학자들과 비교해볼 때, 마법사들은 세상을 이해하면 할수록 더 많이 변화시키고 관리할 수 있다고 믿는 현대의 과학자들과 더 많이 닮았다.

　마법은 16세기의 예술과 음악 그리고 문학 전반에 퍼져 있었다. 영국의 가장 뛰어난 마법사이자 대학 교육을 받은 수학자 존 디John Dee는 엘리자베스 1세가 군사나 정치적인 전략에 대한 조언을 구하기 위해 발탁한 인물이었다. 그는 궁정 행사에 가장 적합한 길일을 점성술로 계산하는 일도 했다. 비록 가련한 최후를 맞기는 했지만, 존 디는 윌리엄 셰익스피어를 비롯한 당시 젊은이들의 우상이었다. 셰익스피어는 존 디를 『템페스트The Tempest』에서 마법사 프로스페로의 모델로 삼았다. 극중에서 프로스페로는 자연을 움직여 배가 좌초된 것 같은 착각을 일으켜서 천상의 음악이 흐르는 섬에 배를 가둔다.

　점성술적으로 '가장 상서로운 별' 덕분에, 프로스페로는 바다로 둘러싸인 왕국에서 대소사를 관장하며 전성기를 구가하고 있었다. 그 왕국은 관객들이 마법의 세상을 엿볼 수 있도록 만든 자연의 축소판이었다. 프로스페로는 천사의 영혼인 에어리얼을 부려 죄인들을 교화시켰다. 프로스페로의 인간적인 힘에는 한계가 있었던 반면, 불멸의 지성인

에어리얼은 아리스토텔레스의 네 가지 요소인 흙과 물, 공기와 불을 조작할 수 있었다. 셰익스피어는 에어리얼을 통해 물에 빠진 남자가 어떻게 아름다운 진주와 산호로 거듭날 수 있는지, 그와 동시에 영혼이 영적 순수성을 찾고 우주의 위대한 마법사인 신에게 다가가는지를 시적으로 설명하고 있다.

> 바다 깊이 당신의 아버지가 누워 있소.
>
> 그의 뼈는 산호가 되고
>
> 그의 눈은 진주가 되었소.
>
> 아무 것도 사라지지 않았소.
>
> 다만 바다가 그를 바꿔놓았소.
>
> 귀하디 귀한 것으로 말이요.
>
> 바다의 요정들이 매시간
>
> 종을 울려 그의 죽음을 노래하오.
>
> 무거운 짐, 딩동.[4]
>
> (파도 소리를 '딩동'이라는 조종弔鐘으로 은유하고 있다—옮긴이)

에어리얼의 이름은 엘리자베스 시대의 마법 교과서나 다름없던 헨리 아그리파Henry Agrippa의 책 『오컬트 철학Occult Philosophy』(초판인쇄 1533년, 라틴어본)에 이미 등장했다. 위대한 문학 작품으로 평가되는 아그리파의 마법책에는 과학적으로 설명한 우주 모델도 실려 있다. 16세기 초반에 유럽 전역을 돌며 수학한 마법사이자 게르만족 외교관이었

---

4. 윌리엄 셰익스피어, 『템페스트』.

던 아그리파는 초기 유럽에서 발달한 고대 그리스 철학과 아랍의 유산을 종합했다는 점에서 높이 평가된다.

아그리파에게 가장 큰 영향을 미친 사람은 헤르메스 트리스메기스투스였다. 그는 이집트의 몇몇 사제들의 이야기를 엮어 소설로 만들었고, 방대한 그리스와 아랍의 필사본들을 쓴 자가로 알려져 있다(그 중 일부는 뉴턴도 즐겨 읽었다). 비록 실존인물은 아니지만, 헤르메스 트리스메기스투스는 베일에 싸인 사기꾼이 아니라 르네상스 문화에 없어서는 안 될 중요한 인물이었다. 전하는 바에 따르면, 그는 인류 역사가 시작될 때 신에게 지혜를 선사받은 사람이라고도 한다. 15세기 후반 헤르메스 트리스메기스투스는 르네상스 시대의 종교로 흡수되었다. 시에나 대성당의 모자이크 바닥에는 예수의 탄생을 예언하는 그리스 무녀들 사이에서 뾰족한 터번과 현자의 턱수염을 자랑스럽게 뽐내고 있는 헤르메스 트리스메기스투스의 모습이 그려져 있다. 피렌체 대성당의 율수 사제인 마르실리오 피치노Marsilio Ficino는 헤르메스의 작품이라고 전해지는 책들을 번역했다. 그러나 헤르메스의 작품이라고 전해진 것들은 메디치 가Medicis를 위해 그리스의 필사본들을 수집한 어느 수도사가 임의로 분류해놓은 것들이었다. 헌신적이고 학구적인 가톨릭 사제인 피치노는 기독교의 진리를 예언한 고대 이집트의 계시록이라는 명목으로 전해져 내려온 잡다한 연금술 책들을 번역했으며, 플라톤을 비롯하여 이슬람 왕국으로부터 넘어온 그리스 작가들의 작품도 연구했다. 피치노는 고대의 여러 자료들을 융합하여 플라톤, 기독교, 마법사상의 종합편이라고 할 수 있는 르네상스 시대 신新플라톤주의에 대한 독자적인 견해를 확립했다.

아그리파의 마법에 영향을 준 또 다른 사상은 신비주의였다. 유대인의 구전에 따르면, 모세에서 유래한 신비주의는 피치노와 함께 신플라톤주의를 주창한 피코 델라 미란돌라Pico della Mirandola에 의해 스페인에서 피렌체로 유입되었다고 했다. 피치노와 마찬가지로 피코도 연금술적인 신념에 매료되었지만, 그는 유대인들의 사상을 르네상스 비술의 중심으로 삼았다. 피치노의 자연 마법과는 대조적으로 피코의 신비주의적 마법은 천사와의 소통을 통해 신에게 다가갈 수 있는 능력을 쌓으면서 영적인 힘을 높이는 데 초점을 두었다. 피코는 아리스토텔레스의 구체와 히브리 천사장을 양쪽 기둥으로 삼은 '우주—신학'의 사다리를 타고 올라가듯, 자신의 영혼이 신을 향해 오른다는 상상을 하면서 신비주의를 기독교화했다.

비전신앙hermeticism이나 신비주의가 지금은 기괴해 보일지 모르지만 이들의 역사는 매우 길다. 견고한 철학적 토대를 바탕으로 한 비전신앙이나 신비주의는 르네상스 시대 학자들의 재해석을 통해 신플라톤주의로 거듭났고, 미래 과학에도 영향을 미쳤다. 피치노와 피코는 15세기 말에 죽었지만 이들의 신플라톤주의는 그 후 약 200년 간 존속했으며 과학적인 사고 안에 확고하게 자리 잡았다. 이를 테면, 코페르니쿠스는 지동설과 수학적 우주 접근법이라는 두 가지 중요한 혁신을 일으켰다는 점에서 과학의 창시자로 간주되는 데, 이 두 혁신은 모두 신플라톤주의 사상에 뿌리를 두고 있다. 헤르메스 트리스메기스투스와 마찬가지로 코페르니쿠스도 신이 태양을 만들었다고 믿었고, 마법사들이 이미 부활시킨 플라톤과 피타고라스의 기하학적 우주론을 다시 선보였을 뿐이다.

아그리파와 같은 마법사들은 황도 십이궁과 함께 수정된 아리스토텔레스의 우주론을 신플라톤주의의 개념과 결합시키면서 연금술과 신비주의의 개념을 융합했다. 그들은 신의 선善이 하늘의 가장 바깥쪽에 있는 천사들로부터 내려와 별과 하늘을 지나 지상으로 내려온다고 설명했다. 사악한 마술사들이 악마와 거래하며 사탄의 힘을 휘두른 반면, 훌륭한 마법사는 물질의 개선뿐 아니라 정신의 발달을 추구하면서 상서로운 자연의 힘을 발휘한다고 주장했다. 피치노가 말했듯, 날씨에 맞춰 들판을 경작하는 농부들처럼 마법사들은 더 높은 힘에 순응하며 그에 따른 결과를 받아들이는 우주의 농부인 셈이었다. 사악한 마법과 자연의 마법을 구분함으로써 아그리파는 이단적 의식을 거행하고 사악한 영을 믿는다고 마법사들을 비난하던 가톨릭의 분노를 누그러뜨렸다. 그럼에도 불구하고 가톨릭은 자연의 은밀한 힘을 이용해서 신의 역할을 넘보며 신에게 순종하지 않고 적극적으로 우주를 변화시키려 한 건방진 마법사들을 여전히 책망했다.

아그리파를 포함한 자연 마법사들은 현대 과학자들과 마찬가지로 우주에 개입해서 우주를 통제하려는 목표를 가지고 있었다. 초보 마법사들은 처음에는 내면의 연민과 별들의 힘을 불러일으켜 물질세계를 바꾸는 방법을 배웠다. 그러나 배움의 길은 복잡하고 난해했다. 동물의 계급을 나누는 경우를 예로 들자면, 사자자리는 태양의 별자리이고 어린 수탉들은 해가 뜰 때 운다. 계급적으로 태양은 두 개의 피조물보다 상위에 있지만, 어린 수탉들은 사자보다 더 강력하다. 왜냐하면 공기는 흙보다 상위의 요소이기 때문이다. 별과의 관련성을 이용해서 자연 마법사들은 미래를 예측하거나 사랑의 묘약과 주문 그리고 약제를 만들기도 했다. 그리고 그 중 일부는 매우 효험이 있었기에, 사람들은 기꺼이 돈을 지불했다. 마법사들은 학생들에게 우울증에서 벗어나려면 햇빛이 밝을 때 시골길을 산책하라고 충고했다. 태양의 황금과 금성의 꽃으로 토성의 우울한 기운을 없앨 수 있기 때문이었다. 진보적인 마법사들은 수의 상징성을 완벽하게 이해하면 별과 행성들로부터 하늘의 기운을 끌어내릴 수 있다고 주장하면서 수학적 능력을 강조했다. 최고의 경지에 오른 마법사들은 지성이 충만한 천상의 존재인 천사의 영과 소통할 수 있는 제사 의식을 거행했다.

이론과 실용적 측면을 두루 갖춘 마법사들은 때로는 고상한 학자로, 때로는 묘약을 제조하는 약제사로, 또는 도구를 만드는 장인처럼 보이기도 했다. 현대 과학과 마찬가지로 마법은 손재주와 지적 능력이 어우러져야 했다. 아그리파와 같은 박식한 마법사들은 교양 있는 독자들을 위해 라틴어로 글을 썼고, 반면에 하층계급에 속했던 장인들은 구전이나 기호로 적힌 지침서를 통해 지식을 전달했다. 16세기 초반에 이르러 읽고 쓰는 능력이 향상됨에 따라 장인과 학자들은 수세기 동안 발전시킨 비법들을 교환하기 시작했다. 마법사들의 지식은 상업적으로도 매우 유익했는데, 특히 게르만 궁정에서 이를 높이 평가했다. 부유한 후원자들은 광산 개발에 필요한 기술이나 제조 기술을 개발하기 위해 마법사들을 고용하기도 했다.

이러한 실천적이고 실용적인 전문 지식은 틀에 박힌 대학의 교과 과정에서는 배제되었다. 그러나 일부 학자들은 전통적인 교육기관에서 벗어나 마법을 포용하면서 대담하게 진보를 추구했다. 16세기 초반에 특별한 영향력을 행사했던 혁명가가 있었으니, 바로 스위스 출신의 테오프라스투스 폰 호엔하임Theopharstus von Hohenheim이다. 그는 과거의 전통에 대한 거부감을 노골적으로 드러내기 위해 이름을 파라셀수스Paracelsus(로마의 의사 켈수스Celsus를 빗댄 이름이다)로 고쳤다. 지식은 모든 이에게 유익해야 한다고 설파했던 파라셀수스는 취임 연설에서 가죽으로 만든 앞치마를 걸치고 나와 게르만어로 연설을 함으로써 대학의 권위자들에게 충격을 안겨주었다. 아그리파처럼 유럽 전역을 돌아다니며 가르치고 연구했던 파라셀수스는 학구적인 현자들보다 방랑자나 늙은 여인들, 이발사들에게서 더 많은 지식을 배웠다고 자랑했다.

파라셀수스는 관습에 억눌린 동시대인들에 비해 막강한 영향력을 행사했다. 대학을 벗어나 작은 도시나 마을을 떠돌며 강연을 한 덕에 그의 사상은 널리 퍼질 수 있었고, 교육을 받지 못한 하층계급의 남자들과 여자들에게 깊은 인상을 남겼다. 독일의 작은 시골마을에서 시작한 그의 강연은 점차 국외로까지 확대되었다. 파라셀수스는 마법적 기술을 통해 평범한 물질에서 효과적인 약제를 조제할 수 있다고 주장하면서 기존의 약제들을 화학적으로 다시 만들었다. 또한 모든 인간은 각기 농축된 우주, 즉 대우주의 축소판이라고 주장하면서 연금술적인 마법을 되살렸다. 열렬한 기독교 신자였던 파라셀수스는 경건한 치료사라면 우주와 인간의 조화로운 상응을 판독할 수 있다고 주장했으며, 간에는 노란 꽃, 고환에는 난초가 효험이 있는 것처럼 자연의 상징을 주의 깊게 살피면 인간의 어떤 기관에 효험이 있는지 알 수 있다는 약징주의를 지지했다. 셰익스피어는 『한여름 밤의 꿈Midsummer Night's Dream』에서 '사랑의 상처로 퍼렇게 멍든 꽃……'[5]이라는 한 마디면 마법에 걸려 보텀에게 사로잡힌 티타니아의 마음을 청중들도 충분히 이해할 것이라고 생각했다.

질병마다 특정한 치료법이 있다는 주장은 체액의 균형으로 모든 질병을 설명한 아리스토텔레스 이론과는 근본적으로 달랐다. 오히려 박

---

5. 윌리엄 셰익스피어, 『한 여름 밤의 꿈』.

테리아나 바이러스와 같은 외부의 매개체가 질병을 일으킨다는 오늘날의 개념과 더 유사하다고 볼 수 있다. 파라셀수스의 치료법이 효과적이었음에도 불구하고 의학 전문가들은 수세기 동안 이어온 의학적 전통을 뒤엎었다는 파라셀수스의 호언장담에 격분했다. 파라셀수스를 경계하는 이유 중에는 재정적 문제도 있었다. 의사들은 파라셀수스로 인해 환자를 잃을까 두려웠다. 대학의 한 학장은 파라셀수스가 매독에 수은을 처방하지 못하도록 단속했는데, 이는 그 동안 기존 의사들이 식물에서 추출한 약제로 벌어들인 이익이 위협을 받기 때문이었다. 비록 기존 치료사들에게서 '남용'이라는 불명예스러운 별명을 얻었지만, 파라셀수스의 치료와 교육은 영향력이 있었다. 엘리자베스 1세와 프랑스의 헨리 4세를 포함하여 부유한 귀족들은 파라셀수스의 이론을 따르는 치료사들을 고용해서 궁정 치료사들의 미흡함을 보충했다. 왕립 의사들도 파라셀수스의 이론을 흡수하고 적합하게 바꿔나갔다. 비록 그의 이론들은 폭넓게 인정받지 못했지만, 그의 화학적 의약품들은 의약의 주류로 편입되었다.

대륙의 새로운 사상이나 이념들이 영국으로 유입될 무렵, 영국의 가장 명망 있는 마법사는 존 디였다. 존 디는 케임브리지 재학 시절 동안 파라셀수스와 아그리파의 저작들을 탐독했다. 나중에는 대학 시스템을 거부했지만, 존 디는 엘리자베스 시대의 선도적인 수학자가 되었으며 여왕의 전속 점성술사로 임명되어 안전한 항해와 기독교 축일 계산, 길일 예측과 같은 국가적 대소사에 대한 조언을 했다. 존 디는 천사와 소통할 수 있다는 사실을 자랑으로 여기며 진정한 마법사가 되는 방법을 연구했다. 또한 자신을 두고 '악마의 친구, 불청객, 사악한 요술쟁이, 저주받은 영혼'[6]이라며 비난하는 것은 부당하다고 불만을 토로하기도 했다.

존 디는 수학과 마법이 상호보완적인 관계에 있다고 생각했다. 일례로 그는 건축가라면 인간의 활동 범위에 맞는 비율을 계산해서 우주론적으로 조화로운 건축물을 지어야 한다고 주장했다. 레오나르도의 유명한 그림 중 하나인 '비트루비우스 인체비례도'의 개념과 매우 유사한 주장이었다. 일찍부터 코페르니쿠스의 이론을 신봉한 존 디는 태양 주변을 도는 지구의 운동을 계산했지만, 초자연적인 힘으로 긴밀하게 연결된 마법적이고 계층적인 우주에 대한 신념을 맹세하기도 했다. 여왕의 후원을 받는 뛰어난 수학자로 유럽 전역에서 존경을 받았던 존 디는 야심찬 마법사였다. 그는 거액을 들여 장비를 사들이고 조수를 고용했으며 수천 권의 책을 모아 영국에서 가장 큰 도서관을 건립했다. 대학들은 여전히 전통 지식만을 다루고 있었고 왕립학회가 건립되기 전이었으니 존 디의 도서관은 국가적으로도 중요한 실험실 역할을 했다.

구식 신비주의의 덫에 걸리기는커녕 존 디는 과학의 미래를 예고했다. 그의 책들은 탁상공론만 일삼는 학자들의 이론적 논쟁들보다 훨씬 효과적으로 영향을 미쳤다. 왜냐하면 그의 주된 관심사는 무게를 재거나 땅을 측량하고 광학 도구를 설계하는 것과 같이 실질적인 문제였기 때문이었다. 신플라톤주의자인 존 디는 우주를 이해하는 데 수학이 중요한 역할을 한다고 믿었다. 그에게 있어서 숫자와 도형은 과학적으로 의의가 있을 뿐 아니라 종교적으로도 중요했으며, 속세인 물질세계와 천상의 영역을 중재하는 관념적인 존재였다. 학자들을 위한 라틴어본

---

6. 존 디John Dee, 『메가라의 最古 철학자 유클리드의 기하학 원론The Elements of Geometrie of the Most Auncient Philosopher Euclide of Megara』(런던, 1570년), 서문, 헨리 빌링슬리Henry Billingsley 옮김.

과 노동자들을 위한 영어본을 동시에 저술한 존 디는 별 관측뿐 아니라 군사 전략이나 국가의 대소사 결정에서부터 도르래나 시계를 만들고 지도를 제작하는 일에 이르기까지 현세의 모든 활동에 숫자가 얼마나 중요한 역할을 하는지에 대해 설명했다.

대학을 벗어난 존 디는 이론과 연구 그리고 실용을 잘 결합시켰다. 자신의 집에서 연구하며 돈을 벌었던 그는 과학을 하는 점잖은 귀족이라는 새로운 생활양식을 개척했다. 당시 영국의 학자들은 대부분 미혼이었고 수도원과 대학에서 주로 생활했으며, 대륙에서 건너온 마법사들은 영혼의 순수성을 지키기 위해 결혼을 피했다. 하지만 존 디는 집에서 거주하며 결혼하고 과학적인 연구를 통해 가족을 부양함으로써 이러한 관습을 깨뜨렸다.

존 디와 엘리자베스 1세의 시녀였던 그의 부인 제인 프로몬드Jane Fromond는 공동 실험자로서 지켜야 할 기본적인 규칙을 만들어야 했다. 권위의 경계가 모호해졌기 때문이었다. 존 디는 전통적으로 여성의 영역에 속했던 가사일을 거들었으며, 부인은 입주한 조수를 돌보거나 학문적인 일로 찾아오는 손님들을 접대하는 일을 담당했다. 물론 자금 사정이 악화되었을 때는 견습생들의 보수와 고가의 책이나 장비 문제로 말다툼도 잦았다. 당시로서는 매우 파격적인 역할 변화였다. 그 후 약 200년 동안 가정을 학교나 일터 또는 연구소로 사용하는 가족 공동연구 방식이 보편화되었다. 과학자들이 대학이나 공장에 부속된 대규모 공동 실험실에서 일상적인 연구를 시작한 것은 빅토리아 시대부터다.

현대 과학은 대학의 학문에서 비롯된 것일 뿐 아니라 일상의 거래와 기술 그리고 마법적인 활동에서 비롯된 것이다. 『템페스트』의 결말부에서 프로스페로는 마지못해 자신의 마법을 포기하지만 그것은 그의 주문들이 섬사람들을 영원히 바꿔놓은 후의 일이었다. 마찬가지로 비록 존 디를 비롯한 위대한 마법사들이 나중에는 사기꾼으로 비난을 받았지만 이들의 영향력은 사그라지지 않았다. 마법사와 장인들은 자연철학자들에게 손과 머리를 사용하라고 충고했다. 세상을 제어하고 싶다면 골방에서 나와 현실에 뛰어들어야 한다고 가르친 것이다.

천문학 : 과학과 종교의 반목

안드레아 : 영웅이 없는 세상은 얼마나 불행할까……
갈릴레오 : 아니야. 영웅이 있어야 하는 세상이 불행한 거지.
— 베르톨트 브레히트, 『갈릴레오의 생애The Life of Galileo』, 1939년.

1939년, 독일의 극작가 베르톨트 브레히트는 가톨릭 종교 재판에 회부된 갈릴레오의 영웅적인 행동을 통해 나치의 정책들을 신랄하게 비판했다. 브레히트는 니콜라스 코페르니쿠스, 요하네스 케플러, 갈릴레오 갈릴레이와 같은 과학의 혁명가들이 태양을 우주의 중심에 놓기 위해 치러야했던 종단의 고집불통들과의 오랜 전쟁을 다룬 매력적인 이야기를 통해 자신의 정치성향을 드러냈다. 빅토리아 시대의 과학자들은 진리의 불꽃을 지키기 위해 스스로를 희생했다는 의미로 이 세 사람을 순교자로 묘사했으며, 당시에도 과학과 종교의 반목은 여전히 세간의 논쟁거리였다. 하지만 정작 세 당사자들은 모두 종교에 깊이 심취해 있었고, 미래를 향한 길을 개척했다기보다는 자신들에 삶에 더 몰입했다.

브레히트는 천문학 영웅의 또 다른 면을 극적으로 보여주려고 했을 지도 모른다. 실제로 브레히트의 희곡이 발표된 이후, 코페르니쿠스는 독일 관중들에게 더 친숙해졌을 뿐 아니라 더 많은 논쟁을 초래했다. 왜냐하면 독일과 폴란드 양국이 코페르니쿠스의 국적을 주장하며 오랜 갈등을 빚었기 때문이었다. 이 대립관계는 코페르니쿠스가 죽고 그의 대표작 『천구의 회전에 관하여On The Revolution Of Heavenly Spheres』가 출판된 지 400주년이 되는 1943년 초반까지 계속되었다. 나치 정권에서 당의 공식 표장인 갈고리십자 무늬와 함께 코페르니쿠스의 얼굴이 그려진 우표를 배포하자, 뉴욕으로 추방당한 폴란드의 망명자들은 화가인 아서 쉬크Arthur Szyk에게 코페르니쿠스를 국가 영웅의 이미지로 표현한 기념화를 그리게 해서 독자적 선전활동을 펼치며 복수했다.

폴란드의 상징, 즉 국가를 상징하는 빨간색과 흰색, 국왕을 상징하는 독수리, 크라쿠프 대학의 문장이 어우러진 강렬한 이미지(그림 14)는 코페르니쿠스의 과학적인 의미를 왜곡하면서까지 우상화한 것이다. 교회 평의원이었음에도 불구하고 그림 속의 코페르니쿠스는 대학의 목걸이와 털 장식이 달린 모자, 천문학자들의 상징인 양각 컴퍼스를 손에 들고 있다. 초롱불은 코페르니쿠스가 예리한 관찰자임에도 별보다는 고대의 서적들을 통해서 개념을 정립한 이론가였다는 사실을 암시한다. 라틴어와 폴란드어로 적힌 형용어구는 코페르니쿠스가 마치 하루아침에 위업을 달성한 것처럼 오해를 불러일으킬 만하다. 그러나 실제로는 50여 년이 지난 후에도 코페르니쿠스 이론에 동조하는 이는 거의 없었다. 이른바 '코페르니쿠스 혁명'에는 관련된 사람도 많았고, 성공하는 데 걸린 시간도 꽤 길었다. 뉴턴이나 다른 저명한 혁신자들처럼 코페르니쿠스도 고대의 지식을 환원시켜 새로운 지식을 창조했지만, 행성도

그림 14 | 아서 쉬크Arthur Szyk, 「폴란드인 코페르니쿠스」 채색 세밀화, 1942년.

표의 제목에는 '코페르니쿠스는 죽었지만 과학은 태어났다'라고 적혀 있다.

　코페르니쿠스는 명망 있는 대학교수가 아니라 부유한 친척의 비호를 받은 교회 평의원이었다. 천문학으로 유명한 크라쿠프 대학에서 학업을 마친 코페르니쿠스는 이탈리아를 여행하며 강연을 했고, 그곳에서 피치노의 신플라톤주의 유물을 비롯하여 레기오몬타누스와 그 동료들의 정확한 관찰기록을 접하게 되었다. 그 전까지 코페르니쿠스는 전형적으로 책상 앞에 앉아서 공부하는 학자였다. 고전에 대한 교육을 받은 그는 전통적인 수사학 기술을 이용하여 자신의 교회 동료들에게 호의적인 편지를 쓰곤 했다.

　코페르니쿠스는 질서를 추구했다. 피치노와 피코처럼 그는 조화 속에서 수학적으로 구성된 우주를 믿었으며, 별들로부터 얻은 예측을 실용화시키기 위해 신플라톤주의적인 정신을 활용했다. 천문학자들은 정확한 달력을 만들거나 의학적 질병의 징후를 예측하기 위해서 고심했지만, 코페르니쿠스는 프톨레마이오스의 체계(Part1의 '4. 우주' 참고)가 오히려 문제를 복잡하게 만들고 있으며 때로는 자신의 관찰과 모순된다는 사실을 깨달았다. 코페르니쿠스에게도 프톨레마이오스의 주전원(그 중심이 종원의 원주 위를 따라 회전함-옮긴이)은 미학적으로도 만족스럽지 못했다. 그래서 그는 회전하는 행성들의 중심 가까이에(비록 정확한 위치는 아니지만) 태양을 놓아 이러한 문제를 상당 부분 해결했다. 그는 가장 중요한 위치에 완벽한 원형 궤도를 가진 태양을 놓아서 신플라톤주의의 이상을 구현했다. 부담스러웠던 프톨레마이오스의 기하학적 과장을 제거함으로써 코페르니쿠스는 행성들의 순서도 바꾸지 않고 각자의 궤도를 갖도록 배열할 수 있었다. 천문학자로서 그의 업적 가운데 가장 중요한 것은 프톨레마이오스의 예언 능력에 버금가는 효과적인 모델을 제시했다는 점이다.

과학적인 선전활동을 통해 코페르니쿠스가 쓴 책의 중요성이 알려지긴 했지만, 당시에는 그 어떤 이의도 없었다. 교황에게도 그의 책이 헌납되었지만, 하찮은 폴란드의 말단 관리자가 쓴 복잡한 책은 아무런 주목도 받지 못했다. 코페르니쿠스의 우주가 위험해 보인 이유는 태양을 중심으로 하는 우주가 성서에 위배한다는 것 때문이 아니라 상식에서 벗어난 이론이기 때문이었다. 게다가 더럽고 혼돈스러운 지상과 영원불변의 완벽한 천상을 철저하게 구별한 아리스토텔레스의 물리학을 뒤엎었다는 점은 실로 위협적이었다. 사실 성서에 위배된다는 반대는 한참 후에야 등장했다.

천문학자들은 코페르니쿠스의 모델을 단지 행성들의 위치를 계산하기 위한 모델로만 보았을 뿐, 우주의 실제 모습을 묘사했다고는 생각하지 않았기에 별다른 이의를 제기하지 않았다. 그러나 천문학자라면 우주론적 체계의 유용성뿐만 아니라 그 진실성도 고민해야 한다고 생각한 코페르니쿠스는 천문학자의 활동 범위를 정하는 새로운 방법을 은밀히 들여왔다. 순박함을 가장한 미려한 말솜씨를 이용해서, 그는 현실 문제에 답을 구하는 위대한 지성인 자연철학자들을 위해 수학자들이 발전시킨 기술을 자신이 함부로 사용한 것에 대해 사죄하며 두 분야의 학자들을 회유했다. 수학자들과 자연철학자들을 한데 모은 것은 근본적인 변화이며, 지적 변화임과 동시에 사회적 변화이기도 했다. 약 100년이 지나서야 뉴턴은 중력에 관한 자신의 저서에서 이 두 가지 접근법(수학과 철학적 접근)을 한데 섞었으며, 우주를 설명하고 묘사하는 천문학을 수학적인 과학으로 만들었다.

전통적으로 천문학자들은 두 영역에서 활동했다. 대학에서 천문학은 산술이나 기하학과 더불어 중세시대의 4학에 속했다. 천문학자들은 수학적인 접근법을 채택했고, 학생들을 가르치고 정확한 예언을 하는 것에 집중했다. 이러한 학구적인 울타리 바깥에 있던 도시들은 레기오몬타누스처럼 도구를 만들고 표를 인쇄하는 기술자들뿐만 아니라 점성술적 천문학자들을 위한 터전이 되었다. 그리고 코페르니쿠스의 혁신을 추종하는 천문학의 새로운 형태가 제3의 장소인 궁정 안으로 파고들었다. 부유한 왕가의 지원을 받으면서 교육 받은 귀족들은 계산을 하기 위해서 뿐 아니라 우주의 작동 원리를 밝히기 위해서 고가의 설비를 건설했고, 왕가의 후원자들은 명성을 얻었다. 고가의 골동품으로 가득 찬 박물관이 딸린 귀족들의 관측소는 부를 과시하는 수단으로도, 지적 연구소로도 큰 역할을 했다.

새롭게 등장한 궁정 천문학자들 중에서 가장 주목을 받은 인물은 덴마크의 귀족 티코 브라헤Tycho Brahe였다. 그는 저급한 천문학을 선택했다는 이유로 부모의 노여움을 산 이후 대학을 완전히 떠났다. 티코 브라헤는 벤 섬(지금의 스위스 영토에 위치한 덴마크의 유적지)에 거대한 관측소를 설립하기 위해서 왕가의 자금지원을 얻어냈다. 왕의 자금을 이용한 티코는 우주의 구조를 찾아내는 한편 각종 측량법과 이론들을 한데 모았다. 그는 천문학 장비들을 만들고 그 결과물들을 퍼뜨리기 위해서 인쇄 설비를 갖추었고, 자신의 수학적 이론을 추종하는 사람들을 거느리면서 봉건 영주와 같은 호사를 누렸다. 코페르니쿠스 사후 50년이 지난 1590년대까지 티코는 엄청난 양의 정확한 정보들을 축적했으며, 우주의 구조에 관한 독자적인 견해도 확립했다.

학구적이었던 코페르니쿠스와는 달리 티코는 자신의 장비들을 검증하고 변형시켰다. 그림 15에서 볼 수 있듯이, 높이가 약 2미터에 달하는 황동 사분원의 호는 벽에 고정되어 있고, 왼쪽 상단의 작은 조준창으로 지나가는 별들의 정확한 속도를 측정하곤 했다. 티코와 설핏 잠든 그의 개는 실제가 아니라 사분원 안에 그려진 벽화의 일부분이다. 쭉 뻗은 그의 팔 뒤로 3층짜리 관측소의 그림이 보이며, 각층은 개선문의 아치처럼 꾸며져 있다. 밤에 관측할 수 있게 열린 지붕, 거대한 천구가 있는 도서관 그리고 실험을 수행할 수 있는 1층으로 구성되어 있다(이 실험실에서 티코는 결투에서 베어져 나간 자신의 콧등을 대신할 순도 높은 합금을 얻기 위한 연금술 실험도 했다고 전해진다). 실제 관측자는 오른쪽에 있는데 움직이는 별의 시간과 위치의 측정을 함께해줄 조수를 소리쳐 부르고 있다.

기술적인 장비를 갖추고도 티코는 이론적인 딜레마에 빠져 있었다. 그에게는 지구가 정지해 있다는 아리스토텔레스의 주장이 지극히 당연했고, 성서도 이를 확고하게 지지하고 있는 것처럼 보였다. 어떻게 지구를 우주의 중심에서 물러나게 하고 동시에 코페르니쿠스의 체계에서 말하는 만족스러운 조화를 주장할 수 있을까? 결국 티코는 타협안을 내놓았다. 태양과 달은 지구 주위를 빙빙 돌고 있으며 다른 행성들은 태양의 주의를 돌고 있다는 것이다. 그의 해답이 지금은 이상하게 들릴지 모르지만, 코페르니쿠스와 프톨레마이오스의 체계만큼이나 흡족하게 많은 관측들을 설명했다. 물론 이들 중 어떤 이론도 설득력은 없었다. 그러나 16세기 말에 이 세 가지 모델은 모두 공존했고, 각각을 추종하는 신봉자들도 있었다.

후원을 받았던 다른 학자들과 마찬가지로 티코도 왕의 후원에는 양면성이 있다는 사실을 깨달았다. 왕가의 후원자들이 흥미를 잃자 티코는 어쩔 수 없이 벤 섬을 떠나야 했지만, 결국 새로운 후원자가 등장했

그림 15 | 티코 브라헤의 벽에 그린 사분원, 『천문학의 새로운 기계Astronomiae instauratiae mechanica (Machines of the New Astronomy)』, 1587년.

다. 바로 프라하의 황제였다. 1601년 티코가 사망하자(전하는 바에 의하면 제국의 축제날에 방광이 터져서 죽었다고 한다), 조수였던 요하네스 케플러Johannes Kepler가 그의 뒤를 이었다. 케플러는 가난한 점성술사였으며, 코페르니쿠스나 신플라톤주의자들과 마찬가지로 태양을 중심으로 하는 기하학적 우주를 믿는 전직 대학교수였다. 티코로부터 정확한 자료를 물려받은 데다 대학 시스템보다 더 많은 지적인 자유가 허용되는 궁정의 이점을 거머쥔 케플러는 행성의 궤도가 원보다 타원에 가깝다는 것을 보여줌으로써 천문학과 현실을 좀 더 밀접하게 만들었다. 오늘날 관점으로는 기이해 보이지만, 그는 신의 완벽한 기하학적 모양들을 반영하기 위해 음악적 우주가 만들어졌고, 이 우주는 보이지 않는 자성의 힘으로 유지된다는 그럴 듯한 과학적 결론에 도달할 수 있다는 자신감을 얻었다.

케플러가 주장하는 조화로운 계획에 따르면, 신이 행성들에 간격을 두었기에 플라톤이 주장하는 대칭적인 모양이 자리잡을 수 있었다. 그림 16은 그가 직접 그린 그림으로, 너무 커서 접어서 책 속에 끼워 넣었다. 가장 바깥쪽에 있는 토성의 구체는 이웃한 구체인 목성과 정육면체를 사이에 두고 분리되어 있다. 그 안쪽의 목성과 화성 사이에는 피라미드가 놓여 있으며, 마찬가지로 다른 도형들이 태양을 중심으로 지구, 금성, 수성의 궤도의 경계를 정하고 있다. 가톨릭의 분노를 잠재우기 위해 케플러는 중심이 되는 태양과 성부를 동일시했고, 바깥쪽의 정지된 구체는 성자와 동일시했다. 그리고 가운데 공간은 성령이 깃든 곳이라고 주장했다. 또한 그는 자신이 세운 철학적인 모델의 전체 규모가 행성 사이의 정확한 거리 비율에 맞도록 만들었고, 태양과 행성 사이의 거리는 궤도의 배수로 길어지게 만들어서 심미적 아름다움까지 추구했다.

우주에 대한 새로운 접근법을 발표한 케플러는 이러한 신성의 조화에서도 태양은 그 자체로 다른 행성들의 움직임에 물리적 영향력을 갖는다고 주장했다. 그는 점성술에서 말하는 전쟁의 신, 즉 화성에 대해 문제를 제기하기 시작했다. 이 행성의 궤도는 분명하게 완벽한 원이 아니었고, 티코가 남긴 정확한 관측 자료에서 그 차이는 더욱 두드러졌다. 케플러는 영국인 의사인 윌리엄 길버트William Gilbert에게 도움을 요청했다. 우주의 나머지 부분보다 지구를 열등하게 바라보는 아리스토

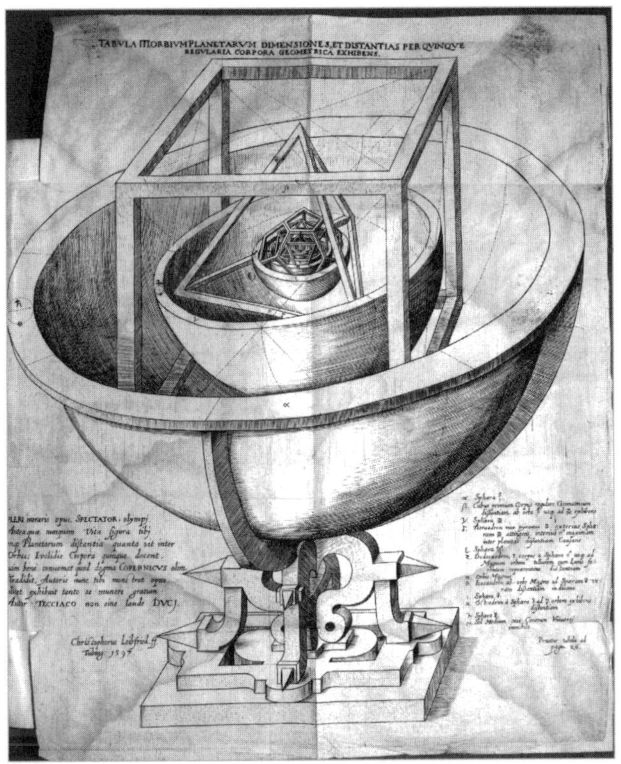

그림 16│ 구체인 행성들 사이에 위치한 완벽한 다면체, 요하네스 케플러, 『우주의 비밀Mysterium cosmographicum(The Secret of the Universe)』, 1596년.

텔레스의 관점에 반대를 하면서 1600년에 길버트는 헤르메스 트리스메기스투스의 말을 빌려 우주는 자성을 띤 영혼과 더불어 살아 있는 존재라고 주장했다. 케플러는 길버트의 이론을 이용하여 태양을 거대한 자석으로 여겼고, 다른 행성들의 궤도를 조종하기 위해 행성들을 밀고 당긴다고 상상했다. 이 우주론은 영향력이 컸고, 70년 후에 뉴턴도 혜성을 연구할 때 자기의 힘으로 움직인다고 생각했다.

수많은 우여곡절 끝에 케플러는 화성의 궤도가 타원이라는 사실과 태양은 중심에 놓여 있는 것이 아니라 중심에서 약간 비대칭적으로 위치해 있다는 사실을 입증했다. 오늘날이라면 대단한 과학적 도약으로 인정받았을 이론이지만, 이 이론은 수십 년 동안 무시되었다. 화성의 문제를 푸는 데 만족하지 않았던 케플러는 우주의 수적 비율은 음악적인 조화를 이룬다는 피타고라스의 주장이 옳다는 것을 입증함으로써 태양계 전체를 통합하려고 노력했다. 각각의 행성에 하늘의 음조가 있다고(토성은 낮고, 금성은 높은 음조) 여긴 케플러는 '하늘의 움직임은 몇 가지 음조에 불과하지만, 귀가 아니라 지성으로만 들을 수 있다'[7]고 단언했다. 신성한 미학과 점성술의 영향은 케플러에게도 문제가 되었다. 그의 음악적 접근법은 기이해 보이지만, 뉴턴이 현대 천문 물리학으로 통합시킨 타원형의 궤도를 가지는 행성의 3중주를 완성할 수 있게 만들어준 것은 음악적인 계산이었다.

천문학자들은 예측 능력으로 이론을 평가했다. 케플러는 행성에 관한 새로운 계산법을 모으는 데 몇 년을 보냈고, 프라하의 후원자인 루돌프 황제를 위해 계산표에 루돌프 행성표라는 이름을 붙였다. 케플러의 타원형 모델이 관찰에 근거해서 입증된 것은 1631년이었고, 때마침 그가 예언한 대로 수성이 태양의 정면을 지나갔다. 케플러가 사망한 후, 원형 궤도에 대한 신념을 고수하면서도 코페르니쿠스 이론의 정당성을 옹호하고 나선 또 다른 신봉자가 있었다. 케플러보다 일곱 살이 많고 홍보에 능했던 갈릴레오였다. 갈릴레오도 원형 궤도에 대한 신념

---

7. 마이클 호스킨Michael Hoskin, 『천문학Astronomy』(케임브리지 : 케임브리지 대학 출판부, 1997년).

을 결코 포기하지 않았다. 비록 그가 내세운 물리적 증거는 여러 차례 반박을 당했지만, 그는 코페르니쿠스가 옳았다는 사실을 많은 천문학자들에게 납득시켰다.

티코나 케플러와 마찬가지로 갈릴레오는 피렌체의 부유한 메디치 가 왕자들이 후원을 약속받은 후, 대학의 울타리를 벗어나 궁정으로 들어갔다. 갈릴레오는 우주의 진정한 구조를 밝히는 데 도구나 장비가 중요하다는 점을 널리 알렸다. 그래서 그는 티코가 각도를 잴 때 사용한 커다란 장비를 사용하는 대신 최신식 광학 도구인 망원경을 사용했다. 네덜란드에서 만들어진 이 도구에 대한 보고서를 읽은 후 갈릴레오는 한층 더 성능이 개선된 독자적인 망원경을 설계했다. 그가 만든 망원경은 베네치아 해군에게도 더 넓은 가시거리를 확보해주었고, 전에는 볼 수 없었던 무수한 별들도 보여주었다. 그러나 갈릴레오의 망원경으로 본 이미지는 과학적인 신화와는 너무도 대조적이어서 코페르니쿠스를 비판한 비평가들을 즉시 납득시키지 못했다. 멀리 있는 적의 함대를 발견하는 것과 우주론적 주장을 펼치는 것은 엄연히 달랐다. 흐릿하게 보이는 시야는 너무 모호했고, 아리스토텔레스학파는 하찮은 속세의 망원경 따위는 거룩한 우주의 완벽함을 보여줄 수 없다고 반박했다. 갈릴레오는 결과물에 대한 무의식적인 찬사에 신경을 쓰기보다는 수학자에서 철학적인 조언자로 자신의 가치를 올리면서 계획적이고 빈틈없이 권력을 얻어갔다.

피렌체의 메디치 가문에서 궁정 천문학자 지위를 얻게 된 갈릴레오는 몇 가지 다른 전략을 구사했다. 우선 그는 자신의 망원경을 이용하여 전통적인 지구 중심의 우주론을 공격하기 시작했는데, 자신을 반박하는 사람들의 입을 닫게 해줄 명백한 증거를 만들기보다는 유사성과 개연성을 가지고 추론했다. 지구처럼 거대한 덩어리가 공간을 질주하는 것은 거의 불가능하다는 반박 의견을 척결하기 위해서 갈릴레오는 자신이 만든 망원경으로 희미하게나마 울퉁불퉁한 달의 표면을 보여주면서 달이 매끄러운 하늘의 구체라는 아리스토텔레스의 주장을 공격했다. 그는 지구와 닮은 달이 움직일 수 있다면 지구가 움직이지 못할 이유가 있느냐고 반문했다. 또한 목성의 위성들의 궤도를 찾아내서 유일하게 지구와 달만이 한 쌍을 이룬다는 주장을 반박했다. 그가 내민 강력한 물리적인 증거들은 프톨레마이오스의 모델에서는 불가능한 이론, 즉 금성도 때때로 만월처럼 원형으로 보인다는 사실을 입증했다. 그러나 이러한 증거들도 갈릴레오의 적수들을 설득하지 못했다. 왜냐하면 그의 주장 역시 티코가 주장한 지구 중심의 구도와 일치했기 때문이었다.

갈릴레오는 약삭빠른 선동가였다. 그는 귀족 후원자들의 환심을 사기 위해 목성의 위성들이 가문의 융성을 예언한다고 주장하며 메디치 가의 별들이라는 이름을 선사했다. 자기의 이론을 더 널리 알리기 위해 갈릴레오는 만찬장에서 이색적인 연설을 하기도 했고, 반론을 설득력 있게 기술한 책을 쓰기도 했다. 코페르니쿠스가 교황 앞에서 복잡한 수학 논문을 발표하면서 허둥댔던 반면, 갈릴레오는 형식을 집어던지고 마술사들에게나 어울릴 듯한 기백을 담아 '본인은 이제껏 아무도 밝혀내지 못한 위대하고도 오묘한 장면들을 펼쳐 보이고자……' [8] 라는 짤막한 홍보성 인사말로 엄청난 군중을 끌어 모았다. 심지어 교황으로부터

---

8. 「별의 전령사The Starry Messenger」, 1610년, 권두 삽화, 마리오 비아졸리Mario Biagioli, 「궁정인 갈릴레오, 절대주의 문화 속의 과학Galileo, Courtier : The Practice of Science in the Culture of Absolutism」(시카고 / 런던 : 시카고 대학 출판부, 1993년).

침묵하라는 경고를 받은 후에도 갈릴레오는 도발적인 책 『프톨레마이오스와 코페르니쿠스, 두 개의 주요 우주 체계에 관한 대화Dialogue Concerning the Two World Systems』(1632년)를 출판함으로써 더 많은 후원자들을 끌어 모으려 했다. 이 책은 그 내용뿐 아니라 형식에서도 획기적이었다. 갈릴레오는 라틴어 대신 이탈리아어로 썼으며, 중세시대의 아리스토텔레스 후계자들을 얼간이로 희화한 가상의 인물 세 사람을 등장시켰고, 이들의 대화를 통해서 자신의 주장을 설파했다.

그러나 귀가 얇은 심플리치오를 통해 교황의 의견을 대변하게 한 것은 현명한 처사가 아니었다. 교황은 이 오만한 철학자를 로마로 소환해 재판에 회부하고 응분의 대가를 치르게 했다. 오늘날이라면 논란의 여지가 많았겠지만, 당시에는 자유연설이라는 제도 자체가 없었던 터라 가톨릭의 권위에 맞서지 못하고 침묵을 지키는 이들이 많았다. 본보기삼아 갈릴레오에게는 유죄가 선고되었지만, 초로의 노인임을 감안해서 형별은 그다지 과중하지 않았다. 구금형을 선고받은 갈릴레오는 피렌체의 편안한 저택에서 자신의 연구를 계속했으며, 매주 한 번씩 자신의 딸에게 참회의 기도문을 대신 낭독하게 했다.

과학과 종교 간의 정면대립이나 갈릴레오와 교황의 대립상황보다 교회 안팎의 파벌 경쟁은 더 복잡했다. 지구를 움직이는 것은 성서의 몇 단락과 상반되었지만, 기독교인들은 이를 문제 삼지 않았다. 무엇보다 갈릴레오 자신은 헌신적인 가톨릭이었고, 고위 성직자 중에도 후원자가 여러 명 있었다. 이른바 '과학적 의견' 중에서도 견해가 엇갈렸다. 많은 천문학자들은 지구가 고정되어 있다는 것을 뒷받침하는 아리스토텔레스의 단순하고도 설득력 있는 증거들(화살이 위를 향해 곧바로 발사되면 발사된 장소로 떨어진다)을 강조하면서 티코나 프톨레마이오스 우주론의 정당성을 꾸준히 주장했다. 오늘날의 학자들이나 교회는 이러한 불일치에 직면한다면 주류의 의견을 따르거나 성서의 필연성을 고수하면서 분별 있게 행동할까? 개인적인 야망이나 경쟁의식은 위험할 수 있다. 만약 갈릴레오가 더욱 현명하게 처신했더라면 공식적인 비난을 받지 않고 어떻게 해서든지 태양 중심 우주론의 정당성을 주장할 수 있었으리라. 19세기에 이르러서야 과학자들은 과학의 권위를 높이기 위해 갈릴레오를 순교자로 바꿔놓았다. 브레히트는 갈릴레오가 가톨릭의 압제에 대항해서 싸운 영웅이라는 간단한 개념으로 멋지게 마무리했지만, 과학과 종교는 필연적으로 반목할 수밖에 없다는 인식을 드러낸 사람은 다름 아닌 과학의 선동가들이었다.

신체 : 붉은 피가 흐르는 소우주

니콜라스 코페르니쿠스가 별들 사이에서 신을 찾고 있을 때, 안드레아스 베살리우스Andreas Vesalius는 지상에 있는 신의 사원인 인간의 몸을 탐구했다. 폴란드의 천문학자와 플랑드르의 해부학자, 이탈리아에서 수학한 두 북유럽인들은 인간은 우주의 축소판이라고, 신이 창조한 조화로운 전체를 상보하는 일부로써 서로 호의적으로 연결되어 있다고 생각했다. 이들이 쓴 책들(우주론에 관한 책과 해부학에 관한 책)은 모두 1543년에 세상에 알려졌다. 그리고 오늘날 두 작가는 과학의 혁명가로 칭송받고 있다. 고전 예술과 문학을 부활시킨 동시대의 인문주의자들처럼 코페르니쿠스와 베살리우스는 고대의 지식을 복원하길 원했다.

베살리우스는 의사라면 마땅히 1000년 전에 살았던 갈레노스를 본받아야 한다고 주장했다. 그는 의사들에게 관념적인 학문에 의지하기보다는 최고의 교과서, 즉 인간의 몸을 연구해야 한다고 충고했다. 약제사의 아들이었던 베살리우스는 유능한 내과의사가 되려면 외과의사의 기술도 습득해야 한다고 주장했다. 로저 베이컨, 존 디, 티코 브라헤와 같은 개혁가들처럼 그 역시 손으로 일하는 장인들의 전문 지식을 머리로만 이해하려든 고고한 학자들을 자극함으로써 진정한 과학을 가능하게 만드는 데 일조했다. 베살리우스의 초상화는 인간의 절단된 팔 한쪽을 들고 있는 모습이다. 의사들이라면 마땅히 손을 이용해 내면적 소양을 드러내야 한다는 메시지를 역설하기 위해서였다.

제 2의 갈레노스로서 베살리우스에게는 갈레노스가 갖지 못한 이점이 있었다. 사람의 시체를 해부할 수 있었다는 점이다. 자신의 몸을 보라는 갈레노스의 충고를 따른 베살리우스는 갈레노스의 전통적인 해부학(동물)과 인간의 시체 사이에서 결정적인 모순을 발견했다. 갈레노스의 독자적인 방식을 이용하여 베살리우스는 수세기 동안 책에서 얻은 이론만 믿었던 사람들이 저지른 중요한 실수들을 수정했다.

의과 학생들은 으레 실습이 아닌 듣기와 관찰만으로 의학을 공부했다. 해부학 수업은 외과의사 한 사람이 정해진 순서에 따라 시체를 해부하고 실습 조교가 중요한 부분을 가리키면 교수가 의자에 앉아 라틴어로 된 교과서를 읽어주는 형식으로 진행되었다. 베살리우스가 파두아에서 의학 공부를 마치고 얻은 첫 일자리는 해부 실습 조교였다. 그는 해부 실습에 세 명이 참가할 수 있도록 형식을 바꾸었다.

베살리우스는 해부학 무대에서 주연 배우였다. 자신의 방대한 해부학 그림들을 엮은 책 『인체의 구조에 관하여On the Structure of the Human Body』의 권두 삽화인 그림 17에서 그는 자신을 모노드라마의 주인공으로 묘사했다. 오른손으로 시체의 피부를 당겨서 복부를 보여주고, 왼손으로는 신을 가리키고 있다. 베살리우스는 학생들을 가까이 모이도록 해서 각 기관의 이름뿐 아니라 그 기관들이 어떻게 작동하는지를 직접 알아보도록 유도했다. 여인의 신체를 충격적으로 드러냄으로써 진실을 밝히는 데 자신이 얼마나 몰입하고 있는지를 강조했다. 반면 중앙에 있는 해골은 보조교재로, 생명의 덧없음을 상기시켜주는 죽음의 상징이었다. 베살리우스의 주장에 따르면, 그가 해부한 시체는 임신을 이유로 집행연기를 간청했으나 기각당해 처형된 죄인이었다. 맨 아래쪽에 라틴어로 쓰인 좌우명은 카이사르의 신화적인 탄생을 암시하고 있다. 베살리우스는 자신이 최초라는 사실을 자랑스러워했다. 맨 위쪽에 자신이 브뤼셀 출신이라는 사실을 상기시키는 문구가 넣었다. 그리고 문장 위에 있는 족제비 세 마리는 이전에 쓰던 자신의 라틴어 이름인 안드레아스 반 베셀레Andreas Van Wesele를 상징한 것이다. 이 그림에서 베살리우스는 자신을 고대와 연결시켜 뛰어난 지성을 지녔던 신임자들을 칭송했다. 정면에 보이는 체구가 큰 두 사람 중 개를 내려다보고 있는 사람은 해부될 순서를 기다리고 있는 아리스토텔레스를, 의사의 처방전이 담긴 통을 허리춤에 차고 있는 사람은 갈레노스를 상징하고 있다.

　베살리우스의 혁신들 가운데 또 하나는 그림마다 자세히 설명을 해두었다는 점이다. 그는 뼈와 기관을 속속들이 검사하고 깨알 같은 글씨로 설명을 적어놓았다. 뒤러처럼 판화(인쇄)에도 관심이 있었던 베살리우스는 강의실 뒤편에 있는 학생들도 잘 알아들을 수 있도록 해부 순서와 똑같은 순서로 교과서를 만들었다. 그의 책에는 도구에 대한 세밀한 삽화뿐만 아니라 해부가 진행되는 신체의 각 부위를 자세하게 그려놓았다. 아름다운 경치 속에서 성큼성큼 걷고 있는 듯한 해골 그림과 죽

그림 17 | 안드레아스 베살리우스, 「인체의 구조에 대하여」의 권두 삽화, 1543년.

음을 예상하고 절규하는 그림 등은 베살리우스의 가장 유명한 그림들이다. 또한 베살리우스는 신경과 정맥, 근육과 동맥의 신성한 구조를 최초로 정확하고 생생하게 묘사했다. 르네상스 시대 건축가의 말을 인용하여 베살리우스는 신이 신체의 토대와 벽을 얼마나 체계적으로 설계했는지 묘사했다. 실천적인 해부학자이 그는 푹 삶아서 규더더기를 제거하고 조각조각 떨어져나온 뼈대만을 재조립한 명쾌한 지식을 제공했다.

의학을 개선하기 위한 노력의 일환으로 베살리우스는 마틴 루터Martin Luther처럼 행동했다. 가톨릭 교회에 대한 마틴 루터의 반란은 베살리우스가 유년기를 보냈던 당시 북유럽을 휩쓸고 있었다. 교황의 권위에 대항하고 성서 근본주의로 돌아온 루터와 마찬가지로 베살리우스는 틀에 박힌 교육을 거부하고 진정한 교과서인 몸을 연구하라고 주장했다. 제단 뒤의 그림에서든 해부학 그림에서든, 두 개혁가는 그림 속에 신의 세계의 경이로움을 담아야 한다고 주장했다. 전자는 초기 기독교를 복원했고, 후자는 전형적인 해부학을 부활시켰다. 베살리우스의 혁신을 따른 프로테스탄트(개신교도들)는 해부학과 관련된 포스터를 만들었으며, 인간의 몸을 설계한 신의 의도를 이해함으로써 신에게 다가갈 수 있다고 설교했다. 이는 베살리우스가 해부를 이상적으로 표현한 권두 삽화에서 보여준 것과 같은 교훈으로, 베살리우스 역시 그 그림을 통해 추악하고 악취가 나는 얼리지 않은 시체 안에서 신의 영광을 추구하기 위한 실천적 해부학을 역설했다.

베살리우스는 의사들이라면 마땅히 손을 사용해서 신체를 연구해야 한다고 주장했다. 그리고 생생한 그림을 선보임으로써 이론에만 충실했던 의학을 송두리째 바꿔놓았다. 대부분의 의사들은 갈레노스의 장구한 권위는 당시의 가시적 증거들보다 더 가치 있다고 주장하면서 기존의 전통에 도전하는 베살리우스의 방식에 이의를 제기했다. 16세기에 등장한 이러한 주장들은 진정한 진리가 있는 곳이 책이냐 신체냐에 관한 논쟁으로 이어졌다. 현대의 비평가들은 책보다는 신체에 진리가 있었지만 베살리우스가 늘 진리를 볼 수 있었던 것은 아니라며 그를 비난한다. 베살리우스 역시 갈레노스학파의 개념에서 완전히 벗어나지 못하고 몇 가지 세부적인 실수를 저질렀다. 일례로, 그는 비록 눈으로 볼 수는 없지만 심장의 양편을 가르는 벽 안에 가느다란 구멍이 있다고 주장했다. 다른 과학의 영웅들과 마찬가지로, 베살리우스도 혼자 힘으로 이론적인 혁명을 일으키지 않았다. 그러나 그가 사람들의 사고방식을 바꾸고 한층 더 신체본위적인 의학이 되도록 고무한 것만은 사실이었다.

파두아 의과대학이 여전히 선두를 고수하고는 있었지만 베살리우스의 후계자들은 유럽 전역에서 해부학의 지위를 향상시켰다. 지역 정치인들은 최고의 교수들을 영입하여 돈 많은 외국 학생들을 끌어들이면서 대학을 하나의 사업체처럼 운영했다. 16세기 말까지 파두아 대학은 해부학 실습실을 갖추고 있었다. 이 실습실은 중앙 무대에 해부용 실험대가 있고, 계단식으로 좌석을 배치했으며, 촛불로 실습실 전체를 밝혀 모든 학생들이 해부를 관찰할 수 있도록 만들어졌다. 50년 전의 베살리우스처럼 해부학 교수들은 과거를 돌아보라고 가르쳤다. 그러나 그때까지도 의학도들의 영웅은 갈레노스가 아니라 영혼은 신체의 기능이라고 가르친 아리스토텔레스였다. 파두아 대학의 해부학자들은 인간의 영혼을 알기 위해 신체를 연구했다. 그들에게 있어서 해부는 물리적 과정이자 정신적 과정이었다.

이러한 아리스토텔레스식의 접근법은 젊은 영국의 의학도 윌리엄 하비에게 강력한 인상을 주었다. 케임브리지의 저급한 교육 수준에 불만을 토로하던 하비는 2년 동안 파두아 대학에서 공부했다. 지롤라모 파브리치Girolamo Fabrici(파브리키우스Fabricius)에게 가르침을 받은 하비는 런던으로 돌아오자마자 이하 분야의 고수로 성장했다. 파두아의 방식을 영국에 도입한 하비는 베살리우스도 바꾸지 못한 일을 해냈다. 바로 갈레노스주의를 거부한 것이었다. 갈레노스의 생리학에는 두 가지 혈액 체계가 존재했다. 간에서 혈액을 생산하고 음식을 매개로 정맥으로 전달되며, 심장은 공기를 데우고 데워진 공기와 혈액을 혼합해서 동맥으로 보낸다. 아리스토텔레스는 심장을 영혼이 깃든 자리라고 보았고, 하비는 심장이 끊임없이 혈액을 신체 곳곳으로 순환시킨다는 사실을 규명하면서 갈레노스의 두 가지 체계를 하나의 체계로 대체했다.

수백 년간 믿어왔던 사실을 전복시킨 것에 대한 보복을 걱정한 하비는 1628년에 『동물의 심장과 혈액의 운동에 관한 해부학적 연구 Movement of the heart and blood in animals(De motu cordis)』를 출판하기 전까지인 거의 30여 년 동안 다양한 동물을 대상으로 실험했다. 비록 겉으로 보기에는 혁명적인 글이 아닌 듯 보였다. 작은 소책자였고, 라틴어로 엉성하게 쓴 글이었으며, 인쇄 상태도 좋지 않았다. 그러나 하비의 책은 신체를 인정한 것이다. 베살리우스가 주장한 면밀한 관찰의 중요성을 그대로 물려받은 파브리키우스에게 의학을 배운 하비도 스스로를 바라보라는 갈레노스의 명령을 따랐다. 파브리키우스는 이미 정맥 안에서 판막을 발견했지만, 갈레노스의 이론으로 인해 확신을 갖지 못했다. 그는 이 판막들이 간에서부터 음식을 매개로 삼아 정맥을 따라 이동하는 혈액의 공급을 조절한다고 결론을 내렸다. 그러나 하비는 파브리키우스가 발견한 판막을 새롭게 해석했다. 동맥을 통해 재순환하기 위해 정맥을 통해 심장까지 혈액이 돌아온다는 사실을 확신한 하비는 판막들이 가느다란 일방통행용 문의 역할을 한다고 구체화했다.

오늘날 하비는 과학의 혁명가로 추앙을 받지만, 그는 천공의 행성들과 하늘의 공기와 비 그리고 신체 내부의 혈액의 순환이 근본적으로 일치한다고 생각하는 전형적인 아리스토텔레스학파였다. 그는 '태양이 세상의 심장이라는 칭호를 받을만한 것처럼 심장은 생명의 시작점이며, 우주의 축소판인 인간의 몸에서 태양이라는 칭호를 받을 만하다'[9]고 심장을 정의했다. 하비의 제안은 서서히 받아들여졌지만, 많은 비판을 감수해야 했다. 전통적인 의사들은 즉각적으로 하비의 신식 개념으로 인해 자기들의 전문적인 방혈防血 기술이 터무니없는 것이 되고 말았다며 그를 비난하고 나섰다. 하비의 환자들도 미치광이처럼 보이는 의사를 떠났고, 하비는 다시 자신의 연구를 핑계 삼아 칩거에 들어갔다.

하비는 파브리키우스로부터 또 다른 아리스토텔레스의 연구 과제를 물려받았다. 바로 번식이었다. 당시의 많은 학자들과 달리, 하비는 평범한 물질에서 갑자기 솟아나듯 생명체가 만들어지지 않는다고 주장하면서 자연발생을 부인했다. 열성적인 왕정주의자였던 하비는 왕의 사슴 농장에 접근할 수 있었고, 그곳에서 새로운 개체가 만들어지는 짝짓기 행동을 관찰할 수 있었다. 또한 문자 그대로 닭이 먼저냐 알이 먼저냐 식의 문제를 해결하기 위해서 실험을 거듭하였고, 모든 생명은 알(난자)에서 시작된다는 결론을 내리기에 이르렀다. 하비의 견해에 따르면,

---

9. 윌리엄 하비, 『혈액순환의 원리 外The Circulation of the Blood and Other Writings』(런던 : 에브리맨, 1990년), 케네스 프랭클린Kenneth Franklin 옮김.

수컷의 정자가 가진 활성화 능력은 이미 예정된 발달의 패턴을 따르기 위해 난자 내부의 초기 배胚가 되는 물질을 자극한다. 이에 전성설주의자들은 새로운 기관은 부모의 어느 한 쪽(정자든 난자든)에 이미 완전히 형성된 채로 태어난다고 반박했다. 세계의 모든 인간은 신에 의해 이미 창조되었다는 의미를 담은 일종의 러시아 인형과 같은 논리였다. 하비의 결론이 그럴듯해 보이기는 했지만, 자연발생과 전성설은 19세기 말까지도 과학계를 뜨겁게 달구었다.

당시의 성에 대한 고정관념을 따랐던 하비는 여성을 수태의 과정에서 수동적인 배우자로 보았으며, 많은 질병의 근원이 여성의 자궁이라고 주장하면서 낡은 신념들을 영속시켰다. 신체적 질병뿐만 아니라 정신적인 질병도 자궁에서 비롯된다고 주장했다(히스테리hysteria라는 단어는 그리스의 '자궁의hysterik'이라는 단어에서 유래했다). 일반적으로 알려진 아리스토텔레스철학에 따르면 여자는 남자보다 사고력이 약하고, 차갑고 축축한 체액의 지배를 받으며, 과도한 혈액은 칙칙한 생리혈로 방출된다. 이와 반대로 남자는 뜨겁고 건조한 체액의 지배를 받으며, 이성으로 행동을 조절하는 합리적인 존재다.

사고방식이란 느리게 변할 수밖에 없다. 현대의 페미니스트들에게는 당황스럽겠지만, 당시의 여성들은 자궁의 지배를 받으며 뇌의 특성상 수학자나 시인이 될 수 없다고 생각했고, 그 딸들에게 남자들의 뛰어난 지혜를 거슬러서는 안 된다고 훈계했다. 성에 대한 의학적인 소견은 1660년에 들어서야 변하기 시작했다. 노련한 해부학자인 토머스 윌리스Thomas Willis는 세상이 발칵 뒤집힐 만한 주장을 했다. 여성도 남성과 마찬가지로 두뇌의 지배를 받는다는 것이었다. 더욱이 그는 수컷과 암컷 두뇌에는 근본적으로 아무런 차이가 없다는 사실을 해부학적으로 증명해 보였다. 성차별은 계속되었지만 더는 아리스토텔레스철학은 성차별의 정당성을 지지하지 못했다.

윌리스는 맹목적으로 하비를 존경했다. 17세기 중반에 두 사람은 극단적인 실험주의자들이 모여들어 과학적으로 매우 중요한 위치를 차지하게 된 옥스퍼드에 살고 있었다. 이들은 학술적 이유뿐 아니라 정치적 이유에서도 옥스퍼드로 모였다. 1642년에 의회의 반역자들에게 밀려 찰스 1세가 강제로 런던에서 쫓겨난 뒤 1660년에 찰스 2세가 왕위를 회복할 때까지, 옥스퍼드는 왕정주의자들에게 가장 중요한 기반이 되었다. 충성은 정부의 관리뿐만 아니라 자연철학자들에게도 중요한 덕목이었다. 그리고 사실상 사라져버린(어쩌면 해외로 추방당했을 가능성도 있는) 수많은 유명인들과 윌리스의 삶 사이에는 수수께끼 같은 공백이 있었다. 하비는 전략적으로 왕을 '소우주의 태양이며 국가의 심장으로 모든 권력과 은총의 근원'[10]으로 묘사한 자신의 저서를 찰스 1세에게 헌납했다. 우주, 국가, 신체의 중심에 있는 태양, 왕, 심장의 집약적인 이미지는 향후 약 200여 년 동안 군림했다.

정치적인 싸움에서 생존한 이들과 옥스퍼드에서 활동한 이들 중 몇몇은 과학계에서 가장 칭송받는 개척자가 되었다. 이를테면 화학자인 로버트 보일Robert Boyle과 건축가 크리스토퍼 렌Christopher Wren, 해군 개혁가인 윌리엄 페티William Petty 그리고 윌리스의 조수였던 발명가 로버트 훅Robert Hooke이 그들이다. 가난한 왕정주의 의사였던 윌리스는 해부학 실험대에 묶인 여인의 목숨을 구해준 일로 유명세를 타기 시작

---

10. 같은 책.

했다. 대학이 과학 교육을 확대하자, 윌리스는 이론보다는 실천을 통한 탐구로 의학계에 새바람을 일으킨 하비의 후계자들로 이루어진 젊고 열성적인 실험주의자 모임에 가담했다. 그들은 수혈과 연금술적인 변형, 날씨 예측, 밀의 발아, 현미경 개발, 자기 편차 등과 같이 매혹적이고 다양한 주제를 연구했고, 정보를 교환하며 지식을 쌓았다.

당시의 옥스퍼드 모임 회원들은 현대 과학의 초석을 다진 인물들로 회자되고 있다. 이들은 영국의 군주를 인간의 심장에 비유하였고, 직접적인 관찰과 실험을 통한 학문을 강권했던 왕정주의 의사인 하비의 영향을 많이 받았다. 역설적이지만, 그의 후계자들은 하비가 그토록 혐오했던 프랑스의 철학자 르네 데카르트René Descartes가 주장한 원자이론을 지지함으로써 의학을 개선시켰다. 데카르트 역시 일찌감치 혈액의 순환을 인정한 사람이었다. 하비는 근본적인 개혁가로 칭송받지만, 전통주의자였다. 수다스러운 전기 작가인 존 오브리의 기록에 따르면, 하비는 '고대로 거슬러 올라가 아리스토텔레스를 읽어라…… 새로운 철학을 믿는 이들은 제 앞가림도 못하는 애송이들이다'[11]라고 주장했다.

---

11. 존 오브리John Aubrey, 같은 책에 앤드류 위어Andrew Weir가 쓴 서문에서 인용.

기계 : 시계와 태엽장치 그리고 철학

기계는 더욱 효율적으로, 즉 고장이 적어지는foolproof 방향으로 진화한다.
따라서 기계를 발전시키는 목적은 실패가 없는foolproof 세상을 만드는 것이다.
하지만 그 세상이 바보들만fools 사는 세상이란 말인지 아닌지는 모르겠다.
– 조지 오웰George Orwell, 『위건 부두로 가는 길The Road to Wigen Pier』, 1937년.

코페르니쿠스와 베살리우스는 선임자들의 주장에 반기를 들면서 다시
금 고대 그리스와 로마 시대로의 회귀를 택했다. 그러나 100년 후 등장
한 르네 데카르트는 송두리째 뒤엎어버리기를 원했다. 그의 방침은 모
든 것을 의심하고 지식의 모든 요새를 밀어버리는 것이며, 체계적으로
견고하고 확실한 토대 위에 전혀 새로운 시스템을 세우는 것이었다. 건
강한 신체와 완벽한 우주 사이에서 유기적인 공통점을 이끌어내는 대
신 데카르트는 당구공, 소용돌이, 나사 등 기계적인 전문 용어를 사용
했다. 하비가 인간의 심장을 인간 소우주의 태양으로 여긴 데 반해, 겨
우내 동네 정육점에서 얻은 소의 기관을 해부했던 데카르트에게 심장
은 살아 있는 기계를 움직이는 펌프이며 우리의 태양계는 태엽장치 같

은 무수한 우주 가운데 하나에 불과했다.

데카르트는 신이 만든 자연은 수학적인 언어로 쓴 것이라는 갈릴레오의 주장에 동조했고, 자신의 이름을 따서 지은 기하학적 접근법인 '데카르트 좌표Cartesian coordinates'를 소개했다. 갈릴레오와 데카르트는 세상에 대한 철학적 이론 안에서 실용적인 수학이 결합되길 원했고, 장인들의 전문 지식과 학자들의 전문 지식이 통합되길 원했다. 고독한 사상가로 알려진 데카르트는 존재의 필연성을 고민하기 위해 은둔을 자처했고, 가장 유명한 철학 경구 '나는 생각한다. 고로 나는 존재한다'를 남겼다. 그러나 현대 과학자들과 마찬가지로 데카르트도 현실 세계에 몸담고 있었으며, 실험을 하고 빛이나 날씨와 같은 일상의 현상들을 분석했다.

20세기 과학자들이 두뇌를 전화 교환대나 컴퓨터에 비유한 것처럼, 데카르트는 인간의 두뇌를 당대 최고의 기술이었던 시계에 비유했다. 시계는 13세기 말에 종교 의식을 알리기 위해 만들어졌지만 점차 사람들의 일상을 통제했고, 자본주의 경제가 싹트는 데 결정적인 역할을 했다(PART 2의 '4. 학문' 참고). 데카르트 시대까지 중요한 행사들은 태양의 주기가 아닌 인위적인 계산에 의존했고, 기술적인 개선으로 정확도도 높아졌다. 향신료, 직물, 곡물 등 상인들이 싼 값에 사들여 창고에 저장했다가 이윤을 남기고 시장에 내다파는 저가의 물품들처럼 시간도 돈으로 환산되었다. 마찬가지로 실험가들도 향후의 수요를 위한 상업적인 제품들처럼 해부용 시체를 보존하거나 박물관에 쌓아두기 위해 진기한 것들을 모으는 데 열중했다.

태엽장치라는 비유적 이미지는 17세기 내내 철학적 사고를 지배했다. 과학적 영감에 관한 일화 중에 갈릴레오에 관한 이야기가 있다. 어느 날, 예배 시간에 집중을 못하고 있던 갈릴레오는 제단 위에 있는 흔들리는 램프에 맞춰 호흡을 했다. 물리학 법칙뿐만 아니라 진자가 달린 시계를 설계할 때 이용한 규칙성을 바로 이때 발견했다. 장인들은 고가의 장식품으로 부를 과시하고 싶어하는 부유한 고객들을 위해서 내부 구조가 복잡하고 겉모양이 화려한 시계를 제작했다. 이러한 시계들은 우주의 모형을 본떠 만든 것으로, 행성들의 움직임과 같은 천문학적인 정보를 보여주는 네 개의 면을 가지고 있었다. 시계가 가지는 기계적 은유는 두 가지였다. 우주 그 자체가 시계와 비슷하다는 것과 내부의 기제는 규칙적인 원 운동을 설명하기 위해 순조롭게 작동된다는 것이다.

시계장치와 같은 우주의 작동 원리에 대해서는 자연철학자들마다 의견이 분분했지만, 실제 기계와 마찬가지로 기계적인 우주에는 반드시 창조자, 즉 신이 있다는 사실에는 모두가 동의했다. 데카르트의 견해에 따르면, 신은 물질을 창조하고 우주가 스스로 작동하도록 만든 다음에 손을 놓아버렸다. 그러나 독실한 기독교인들은 우주에서 신의 역할이 축소된 이 견해를 탐탁지 않게 여겼다. 게다가 데카르트가 살아 있는 생명체들도 기계적으로 설명할 수 있다고 주장하자 기독교인들의 실망은 더욱 커졌다. 데카르트는 인간의 손으로 만들어진 기계에 불과한 시계조차도 스스로 움직인다는 사실을 지적하면서 자신의 주장을 정당화했다.

데카르트는 철학의 개혁을 목표로 하고 있었지만, 이따금씩 시험 삼아 개혁을 공론화시키는 모험을 감행하기도 했다. 그러나 갈릴레오가 유죄선고를 받아야 했던 이유를 누구보다 잘 알고 있던 데카르트는 괜한 논쟁을 피하기로 마음먹고 독거와 냉정을 유지했다. 본래가 프랑스의 예수회 수사였던 데다 다양한 군대에 입대하면서 북유럽을 몇 년간 떠돌았던 데카르트는 20대 초반에 이르러서야 연구에 매진했다. 검소한 생활을 지탱할 정도의 유산을 물려받은 데카르트는 네덜란드에서 실험과 독서에 매진했고, 연구 성과를 발표하고 출판하면서 여생을 보냈다. 실험적인 연구와 몇 가지 미완성 연구 과제를 붙들고 30년이라는 오랜 사색의 시간을 보낸 후, 마침내 1644년에 데카르트는 여섯 개의 부분으로 이루어진 『철학의 원리Principia Pfilosophiae(Principles of Philosophy)』중 네 개의 부분을 출판했다.

자신의 사상을 포괄적으로 기술하려고 했던 『철학의 원리』는 데카르트가 우주에 대한 자신의 견해를 최초로 밝힌 책이었다. 데카르트가 자문했던 것은 무엇이 물질인가였다. 자신이 인식한 것조차 믿지 않았던 데카르트는 반박의 여지가 없는 사실은 오로지 물질이 장소를 차지한다는 것, 즉 범위를 가진다는 것뿐이라고 했다. 그리고 물질은 장소이며 장소는 물질이니, 모든 장소는 물질로 가득 차 있다고 결론지었다. 우주는 빈 공간이며 행성의 공명과 끌어당기는 힘으로 메워져 있다는 낡은 사고를 거부한 데카르트는 밀려지고 당겨져야만 움직일 수 있는 물질로 가득 찬 우주를 그렸다. 그는 물질을 세 가지로 나눴다. 제 3의 물질은 우리가 보고 느낄 수 있는 것이며, 우리가 빈 공간으로 인식하는 곳은 보이지 않는 매끄러운 제 2의 물질인 입자로 채워져 있다. 그리고 이들 사이의 틈을 메우고 있는 가장 미세한 것이 제 1의 물질이다.

기독교적 우주론이 이상하게 보일지 모르지만, 순환하는 행성들을 가지고 있는 태양계의 구조를 설명하고 있는데다 프랑스에서는 그 기본 원리가 철학적 정론으로 굳어졌다. 그림 18에서 보듯, 물질은 환형이나 소용돌이 모양으로 회전한다. 따라서 우주는 신이 전체를 움직이게 만든 다음에 형성된 천계의 소용돌이로 가득 차 있다. 각각의 중심에는 미

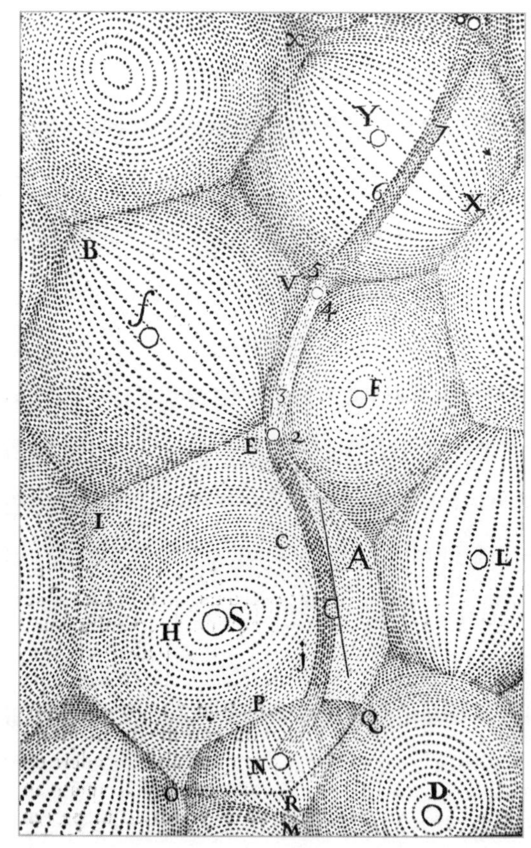

그림 18 | 데카르트가 생각한 우주의 소용돌이를 지나가는 혜성의 경로, 르네 데카르트, 『철학의 원리』, 1644년.

세한 제 1의 물질인 항성이 기계적으로 밀집해 있으며, 부피가 큰 거대한 제 3의 물질 덩어리인 행성의 주변을 회전하는 제 2의 물질이 둘러싸고 있다. 중심이 되는 항성들 안에서 일어나는 발광 활동은 제 2의 물질을 통해 파문을 일으키며 빛과 열을 만든다. 이 그림은 제 2의 물질로 이루어진 작은 덩어리인 혜성이 어떻게 소용돌이 안에서 쓸려나가지 않고

210

한 우주에서 다른 우주로 굽이쳐 흘러가는지를 보여주고 있다.

　데카르트는 독자적인 새로운 우주를 구상하며 지구 이외의 다른 곳에도 생명의 가능성을 열어둠으로써 인간의 의의를 격하시켰다. 우주가 여러 개라는 개념은 낯설고 새로웠지만, 18세기 중반까지 많은 자연철학자들은 다른 우주가 존재할 뿐 아니라 그곳에도 지적 존재가 있다고 믿었다. 비록 다른 우주에 사는 거주자들의 생김새에 대해서는 어정쩡한 입장이었지만, 대체적으로 다른 우주의 거주자들도 인간과 유사하거나 신을 향한 영적 사슬에서 높은 위치에 있을 것이라고 추정했다. 열성적인 천문학자들이 거대한 망원경을 만들었지만 지구와 가장 가까운 달에서도 확실한 생명의 신호를 확인할 수 없었다. 지구 밖 생물체에 대한 확실한 증거가 없다는 것이 오히려 찬반론자들 모두에게 확고한 신념을 심어주는 꼴이 되었다.

　이러한 '복수 세계' 논쟁은 주로 그 이론적 배경에 대해 갑론을박으로 이어졌는데, 꼬장꼬장한 학자들뿐 아니라 교회의 강단이나 만찬장 그리고 인기 있는 책에서도 다뤄질 정도로 대중적으로 많은 관심을 불러 일으켰다. 하지만 100년이 넘도록 이 논쟁의 가장 중요한 딜레마는 사라지지 않았다. 헤아릴 수 없이 많은 세계가 있다는 것은 신의 장엄함을 확실하게 해줄 수도 있었고, 어쩌면 다른 세계가 죄인들이 사후에 가게 될 집이 될 수도 있을 터였다. 지구 밖 생명체 역시 우주의 균형을 유지하는 데 도움이 될 수도 있었고, 신을 숭배하는 피조물이 더 많다는 증거가 될 수도 있었다. 그러나 다른 한 편으로 지구와 유사한 행성들이 많다는 것은 예수의 유일성에 대해 가시 돋친 질문들을 쏟아낼 여지를 주기에 충분했다. 따라서 특별한 보살핌을 주기 위해 인간을 선택했다는 기독교의 근본적인 교리와 복수 세계를 조화시키는 일은 불가능했다.

우주의 모델을 바꿔놓은 데카르트는 지구에서 벌어지는 일들도 바꿔놓았다. 보이지 않는 신비로운 힘을 말하는 주술적 이론들을 뿌리 뽑기 위해 데카르트는 기계적 접근법을 주장했다. 데카르트가 주장하는 우주에서는 모든 것들이 직접적으로 밀리거나 당겨져야만 움직인다. 테이블 위의 당구공과 마찬가지로 입자는 단순한 역학 법칙을 따른다. 데카르트는 열이나 빛 또는 날씨와 같은 현상들에 대해서는 용케 설명했지만, 의도적으로 자성磁性에 집착했다. 뚜렷한 작인 없이도 움직임을 일으키는 자성이 그에게는 특히나 복잡해보였다. 자성에 관해서는 1600년에 윌리엄 길버트가 유력한 의견을 제기했다. 그는 지구가 영혼을 가진 살아 있는 존재처럼 작동하는 거대한 자석이라고 주장했다. 길버트의 자성 우주론을 반박하기 위해서 데카르트는 정교한 기계적 체계를 제안했다. 다소 기괴한 주장이었지만 그의 제안은 데카르트 우주론의 견본이 되었고, 100년 이상 정설로 받아들여졌다.

데카르트가 주장하는 자성은 자력을 띤 광물의 좁은 통로를 통해서 압착되어 나오는 미세한 제 1의 물질 입자들의 운동으로 생긴다. 각각의 입자는 아주 작은 나사처럼 두 방향 중 하나의 방향으로 꿰어져 내부의 홈과 일치하는 통로로만 들어갈 수 있다. 이러한 미립자들의 기류는 적합한 통로를 따라서 움직이면서 끊임없이 태양에서 방사되어 지구로 들어온다. 반복적인 순환을 위해 고리모양을 만들면서 움직이기 때문에 이 미립자들은 구멍이 없는 공기보다 뚫기 쉬운 곳을 찾으면서 마주치는 자석을 통과하며 무리를 이룬다. 인접한 두 개의 자석 사이에서 미립자들이 흘러나올 때, 이들은 서로를 밀쳐낸다. 반대로 자석 간의 끌림은 미립자들이 뒤에서 자석을 밀 때 일어나는 것처럼 보인다. 다소 작위적인 설명이긴 했지만, 그의 설명은 어느 정도 먹혀들었다. 그리고 더 나은 설명을 하는 이도 오랫동안 없었다.

데카르트는 우주가 가진 자성의 정기를 없애버림으로써 아리스토텔레스학파를 당황하게 만들었다. 하지만 가장 강력한 적대감을 야기한 행동은 인간의 영혼과 육체를 분리한 것이었다. 다시 말해, 자신의 몸과 독립적으로 존재하는 정신적인 데카르트(정신, 영혼, 의식)가 있다고 결론을 내린 것이다. 데카르트는 유기체를 살아 있는 기계로 보았다. 즉 유기체의 소화, 호흡, 성적인 흥분과 같은 기능이 '평형추와 바퀴의 배열에 따른 시계를 비롯한 기계장치의 운동처럼 극히 자연스러운 기관의 배열로부터 그저 단순하게'[12] 일어난다고 여겼다. 더 큰 논란을 일으킨 것은 신경계 역시 기계적으로 작동하며, 기억과 의도적인 행동도 태엽장치 모델로 모두 설명이 가능하다고 주장이었다. 또한 동물은 영혼이 없는 기계라고 주장했는데, 그를 비난하던 비평가들조차도 황당한 주장이라며 혀를 내둘렀다.

그나마 데카르트는 인간도 어리석은 동물이라는 주장까지는 하지 않았다. 가상의 자동인형에 관한 상상실험을 한 데카르트는 자동인형은 결코 인간의 행동을 똑같이 흉내낼 수 없다고 주장했다. 왜냐하면 인간은 사전에 짜맞추기 불가능한 새로운 상황들에 대처할 수 있기 때문이다. 데카르트는 인간이 말하고 추론하며 도덕적 결정을 내릴 수 있기 때문에 기계나 동물과 다르다고 주장했다. 데카르트에게 있어서 언어는 인간만이 가진 독특한 특징이었다. 이러한 개념은 오늘날까지도 남

---

12. 스티븐 고크로저Stephen Gaukroger의 『데카르트의 자연철학 체계Descartes' System of Natural Philosophy』(케임브리지 : 케임브리지 대학 출판부, 2002년)의 '인간L'omme' 에서 인용.

아서 진화 반대론자들이나 철학자들은 동물들이 의사소통을 한다는 증
거를 받아들이기 꺼려한다.

인간의 영혼을 인정한 데카르트는 사후에도 삶이 계속된다는 기독교
사상을 수용했다. 그러나 극복해야 할 문제도 만만치 않았다. 무엇보다
그는 무형의 정신이 물질로 만들어진 몸과 어떻게 상호작용을 하는지
설명해야 했다. 머리에 떠오른 생각을 손이 어떻게 받아 적을까? 또 반
대로 창밖을 내다보자마자 어떻게 비가 온다는 사실을 인식할까? 데카
르트 스스로도 '아주 어렵다'고 인정한 이 문제들에 대해 만족스러운
해답은 결코 얻지 못했다.[13] 결국 데카르트는 뇌의 안쪽에 동떨어져 있
는 송과체에서 영혼이 물리적인 정보를 처리한다고 결론지었다. 이 송
과체는 마치 눈앞에 있는 화면에서 벌어지는 신체의 감각을 초연하게
바라보는 인간의 축소판인 셈이었다. 데카르트가 주장한 이원적인 체
계, 즉 경험을 통해 알게 된 것과 논리적으로 밝혀냈다고 주장한 것 사
이에는 간극이 있었다. 다시 말해, 그가 물리적인 몸을 갖고 있다는 것
과 자신이 영적 정신의 본질이라는 점 사이의 간극이었다. 비록 만족스
럽게 그 간극을 해결하지는 못했지만, 생명과 신체 감각에 대한 기계적
관점은 19세기까지 영향을 미쳤다.

역설적이지만, 기계적 모델은 신을 우주 안에 고스란히 담을 수 있었
기에 성공적이었다. 많은 자연철학자들은 비술적인 힘과 아리스토텔레
스의 요소들을 몰아낸 데카르트의 방식을 기꺼이 받아들였다. 그러나
반대론자들은 신성한 영성이 사라진 물질적 우주를 가능하게 만들었다

---

13. 프랜스 부르만Frans Burman에 대한 데카르트의 반응. 존 커팅햄John Cottingham, 『데
　카르트Descartes』(옥스퍼드 : 바실 블랙웰, 1986년).

면서 데카르트를 맹렬히 비난했다. 데카르트는 극단적으로 몰리는 것을 원치 않았지만 그의 후계자들 중 일부는 반대에 대해 극단으로 맞섰다. 무신론이 번지는 것을 막기 위해 기독교 철학자들은 데카르트의 근본 사상을 수정하여 신의 존재를 담보로 하는 기계적 우주를 만들었다.

가장 영향력 있는 인물 중의 한 명은 17세기 옥스퍼드 실험주의 모임에 속했다가 후에 런던으로 이주한 부유한 귀족 로버트 보일이었다. 지금은 기체의 운동을 설명한 '보일의 법칙'을 만든 화학자로 유명하지만, 보일은 자연철학의 궁극적인 목적은 신의 탁월함과 지혜로움을 입증하는 것이라고 믿는 신학자이기도 했다. 솔직하고 간결한 설명을 좋아한 보일은 우주가 미세한 입자들로 만들어졌다는 이론을 택했다. 그는 미립자들 군群이 움직일 때 열이 발생하며, 플라스크에 담긴 미립자들을 빨아내면 진공상태가 된다고 설명했다. 그리고 날카로운 미립자들이 충돌하기 시작하면 산의 활동으로 연소가 일어난다고 했다.

특히 보일은 독립적으로 움직이는 기계적 우주가 신의 천재성을 입증하며, 따라서 위대한 창조자를 연구하기 위해서는 성서뿐 아니라 '자연의 책Book of nature'을 꼼꼼하게 살펴야 한다고 주장했다. 보일은 '우주라는 틀 안에서, 너무나도 거대한 기계가 모든 일을 잘 수행하도록 만들었다는 점에서 신의 지혜가 돋보인다. 신은 마땅히 갖추어야 할 모습대로 기계를 설계했다. 신이 설계한 우주는 보잘 것 없는 물질로 만들어졌지만 국지적 운동을 설명하는 특별한 법칙에서나 전체를 아우르는 보편적 법칙에서나 어긋남이 없다'[14]고 선언했다. 이것은 초기 자연신학의 전형적인 견해로, 창조론에 근거한 주장이었다. 시계가 있으면 그 시계를 만든 사람도 있는 것처럼, 보이지 않는 태엽장치 원리를 가진 기계적 우주를 만든 이, 즉 신이 있다고 믿은 것이다.

자연신학자들은 19세기 내내 창조론을 이용하여 신의 존재를 증명하려 했다. 찰스 다윈이 논쟁의 여지가 많은 진화론을 제시하자, 자연신학자들은 인간의 눈과 같이 복잡한 기관은 우연한 사건의 결과로 볼 수 없으며, 틀림없이 신이 창조한 것이라고 반박했다. 그러나 지적 설계Intelligent Design를 지지한 사람들도 왜 신이 근시와 백내장을 허락했는지에 대해서는 설명하지 못했다.

14. 윌리엄 B. 에쉬워스William B. Ashworth의 「기독교와 기계론적 우주Christianity and the Mechanistic Universe」와 데이비드 C. 린드버그David C. Lindberg와 로널드 L. 넘버즈Ronald L. Numbers의 『과학과 기독교가 만날 때When Science and Christianity Meet』(시카고 / 런던 : 시카고 대학 출판부, 1993년)에서 로버트 보일Robert Boyle의 『자연의 개념Notion of Nature』을 인용.

도구 : 지식과 진보의 교집합

방정식에서 중요한 것은 실험과 일치하는 것이 아니라
멋있어야 한다는 점이다.

– 폴 디랙Paul Dirac, 『사이언티픽 아메리칸Scientific American』, 1963년.

오늘날에는 항공기 덕분에 대서양이 연못인 양 느껴지지만, 16세기 사람들은 대서양을 좀 더 큰 지중해라고 생각했다. 당시 지중해를 오가던 배는 사람과 물자뿐만 아니라 지식도 실어날랐다. 뛰어난 법률가이자 정치가였던 프란시스 베이컨은 탐험과 실험을 통한 진보에 관한한 유럽의 핵심 인물이었다. 당시 사상가들은 여전히 고대 그리스야말로 능가할 수 없는 문화의 첨탑이라는 확신을 가지고 있었고, 성경에 묘사된 안정적 우주관을 선택했다. 더 나은 미래를 위해 세상을 바꿀 수 있다고 믿은 근대화주의자들은 베이컨을 수호성인으로 인정했다. 그리고 우주를 향한 지적 탐험의 대장정을 시작했다.

과학적 연구에 대한 베이컨의 장엄한 성명서 『신논리학The New

Organon(원제 : 노붐 오르가눔Novum Organum)』은 아리스토텔레스의 논리를 극복하고 구시대적 논리학을 실험적 연구로 대체하기 위해 쓴 책이었다. 이 책의 권두 삽화인 그림 19에는 두 척의 무역선, 즉 학문을 상징하는 두 척의 배가 대서양과 지중해 사이의 관문인 지브롤터 해협에 있는 헤라클레스의 기둥을 지나 항해하고 있다. 기둥 사이 아래쪽에는 성서의 문구가 적혀 있다. '많은 사람들이 빨리 왕래하며 지식이 더하리라(다니엘 12장 4절).' 베이컨은 '지식 세계의 경계를 단순히 발견들과 고대의 협소한 테두리 안에 국한시키는 것은 인류의 불명예가 될 수도 있다'[15] 면서 개혁가들에게 지중해에 갇힌 고대 학문의 안일함에서 벗어나라고 충고했다. 물자의 운송으로 이익을 남기는 상인처럼, 유럽은 자연에 관해 수집한 정보를 포장하고 인쇄했으며, 국제적 거래를 통해 부를 축적할 수 있었다. 실험은 발견을 지식으로 바꾸며, 이상적인 신세계를 창조한다고 베이컨은 단언했다.

베이컨은 근대 과학의 기초를 세운 사람으로 인정받는다. 비록 동료 학자들의 노고를 널리 알리기도 했지만, 자신의 연구보다는 학자로서 마땅해 해야 할 일을 지시하는 데 더 능숙했다. 해부학자 윌리엄 하비는 베이컨을 가리켜 독사의 눈을 가졌으며 대법관처럼 철학을 해석한다고 신랄하게 비난했다. 이는 어쩌면 자신의 저서를 통렬하게 비판한 베이컨의 논평에 대한 복수였으리라. 그러나 당시 사람들이 어떻게 생각했든, 베이컨의 선언은 유럽의 과학적 연구에 깊은 영향을 미쳤다. 한때 왕의 조신이며 대법관이었던 베이컨은 의심 많은 사람들을 회유

---

15. 프란시스 베이컨, 『신논리학』(케임브리지 : 케임브리지 대학 출판부, 2000년), 리사 자르딘Lisa Jardine, 마이클 실버손Michael Silverthorne 편집.

그림 19│ 프란시스 베이컨의 『신논리학』의 권두 삽화, 1620년.

하기 위해서 이상적인 구호를 만들었다. '아는 것이 힘이다.' 200년이 지난 후, 베이컨이 만든 이 격언은 과학적 연구에 대한 정부의 지원을 요청할 때 즐겨 사용되었다.

베이컨은 방대한 자료를 수집하고 이를 체계화함으로써 자연의 법칙을 발견할 수 있다고 주장하면서 실험적 방법을 내놓았다. 정신의 확실성에서 출발하여 외부를 탐구했던 데카르트와는 대조적으로 베이컨은 세부적인 것에서 출발하는 문제 해결법, 즉 이론적 가정을 하지 않은 상태에서 수많은 관찰로부터 원인을 추론하는 귀납적 방법을 선호했다. 귀납적 방식은 협력과 소통에 기반을 둘 뿐 아니라 국가의 재정적 지원이 필요한 공동의 노력을 뜻했다. 베이컨은 사회의 유익에 공헌할 자연의 힘을 연구하기 위한 이상적인 섬 공동체를 마음속에 그렸다. 비록 구체화하지는 못했지만, 베이컨은 훌륭한 관찰이란 훌륭한 도구에서 비롯된다는 사실을 깨달았다. 그는 냉장법, 야금학, 농업과 같이 세분화된 분야에서 조직화된 각각의 연구팀이 정보를 취합하는 상상을 했다. 그가 상상한 계층적 공동체 안에서 상류층의 뛰어난 자연철학자들은 하류층의 자료 수집가들이 축적한 자료들을 과학적 지식으로 변모시킬 수 있었다.

베이컨학파의 철학가들은 기존의 도구들을 사용했는데, 정확도를 높일 수는 있었지만 기본적인 설계를 바꾸지는 못했다. 심지어 19세기 초반까지도 '과학적 도구'라는 범주는 존재하지 않았다. 그 대신에 도구 제작자들은 자기들이 만든 도구를 수학 도구, 광학 도구 그리고 철학 도구로 분류했다. 가장 오래된 도구는 일상에 필요한 측량 도구였다. 식량의 무게를 재거나 토지를 측량하고, 별자리를 관찰하거나 귀금속을 감정하는 데 쓰이는 도구들 혹은 시간을 알려주거나 약제를 만드는 데 쓰인 도구들이었다. 공예가의 손에서 탄생한 이 수학적 도구들은 실질적인 정보를 필요로 했던 장인의 손을 거치면서 발달했다. 광학자들은 전통적으로 독서용 안경이나 항해용 망원경 등에 관심이 많았지만, 실험가들의 요구에 부응하여 17세기에는 현미경이나 천문용 망원경 등으로 영역을 넓혀갔다. 확대 배율이 높아지고 유리의 품질이 향상되면서 이러한 광학 도구들은 이전에는 볼 수 없었던 자연계의 세밀한 부분까지 세상에 내놓기 시작했다. 기압계, 온도계, 전기기계, 공기펌프와

그림 20 | 아더 데비스Arthur Devis, 「존 베이컨John Bacon의 가족」, 유화, 약 1742-1743년.

같은 철학적 도구들은 마지막으로 발명되었으며 실험적 철학가들이 직접 제작했다.

이러한 세 유형의 도구들은 그림 20처럼 런던에 있는 부유한 집의 실내 장식품으로 전시되기도 했다. 창가 바로 옆에 이동식 사분원호(태양이 지나는 길을 측정하는 데 사용되었으며 본래는 항해사들이 고안했다)와 바다에서보다는 육지에서 사용할 수 있도록 고안된 천문용 망원경이 있다. 탁자 위 뒤쪽에 있는 공기펌프는 베이컨의 신봉자가 17세기에 만든 것으로, 당시에도 논란이 많았다. 펌프식 기계를 작동하여 유리 구체에 있는 공기를 빼내는 도구였다.

초기의 철학적 실험가들은 장인들에게 조언을 구했다. 베이컨과 동시대인으로 엘리자베스 1세의 주치의이기도 했던 윌리엄 길버트는 지금은 초기 과학자로 칭송받고 있지만, 당시에는 나침반을 개선함으로써 영국의 항해술을 발달시킨 사람으로 환대받았다. 자성에 관한 연구를 시작할 당시 길버트는 동료 학자들보다 해안가 주민들을 통해 지식을 얻었다. 엘리자베스 시대의 항해사들은 라틴어 대신 쉬운 영어로 글을 썼다. 그러나 그들이 쓴 책은 기술적인 지식과 유클리드 기하학, 지구의 자기장 패턴에 관한 논의들로 가득 차 있었다. 길버트의 이론과 도구들 중 일부는 그가 독자적으로 발명했다고 보기 어려우며, 나침반 제작자가 20년 전에 쓴 책에서 발견한 것들을 화려하게 변형시킨 것이었다.

움직이는 기계 덕분에 철학가들은 도구와 기술적 지식을 개발할 수 있었다. 로버트 훅은 크리스토퍼 렌이나 로버트 보일 등과 나란히 옥스퍼드에서 활동한 기발한 실험가였으며, 1666년 런던 대화재가 일어난 후 도시를 재건하는 일을 거들기 위해 런던으로 이주했다. 훅은 기계적으로 작동하는 우주의 내부 구조를 밝히기 위해서는 기계 연구가 필수라고 생각했다. 그는 장인들이 사용한 기존의 장비들을 개조해서 자연철학자들의 필요에 맞는 온갖 종류의 도구들(손목시계, 초음파 측심장치, 습도계, 현미경, 공기펌프, 저울, 램프, 사분원호)을 만들었다. 그에게 도구란 자연계를 측정하는 수단일 뿐 아니라 사람들에게 자연계를 이해시킬 수 있는 유일한 방법이기도 했다.

훅의 정확한 도구들은 과학의 중요성을 입증했지만, 신학의 테두리를 벗어나지 못했다. 베이컨을 비롯한 당대의 사람들과 마찬가지로 훅도 인간을 에덴동산에서 쫓겨난 이후로 감각도 불완전하며 편견에 치우치기 쉽고 실수를 저지를 가능성이 다분한 피조물로 간주했다. 그는 인간이 세상을 있는 그대로 정확히 인식하기 위해서는 두뇌를 무시하고 정신의 왜곡을 방지해주는 인위적인 보조물이 필요하다고 주장했다. 그리고 자신의 새로운 현미경이 바로 그러한 보조물이었다. 불완전한 인간

철학자들로서는 '진실한 손과 충성스러운 눈빛으로 보이는 그대로의 사물을' 그려야 한다고 주장했다.[16] 훅은 『미크로그라피아Micrographia』에서 놀라운 현미경의 세계를 보여주었다.

『미크로그라피아』는 이전에는 상상조차 할 수 없던 식물과 곤충(특히 '이'는 17세기 젠틀맨들에게도 들끓던 보이지 않는 동반자였다)의 상세한 이미지를 그린 정교한 삽화 모음집이다. 사무엘 피프스는 엄청난 양의 삽화와 훅의 미려한 글 솜씨에 넋을 잃고 『미크로그라피아』를 보며 밤을 새웠다. 라틴어가 아닌 영어로 책을 쓰면서 훅은 '자연의 책'을 통해 신을 이해하라고 독자를 설득했다. 그는 도입부부터 현미경으로 본 면도날과 마침표의 거친 가장자리 그림을 실어 사람들을 놀라게 했다. 훅은 '정교하고 세련된 흑담색의 갑옷 한 벌을 걸치고, 관절들이 말끔하게 이어져 있으며 수많은 날카로운 바늘이 돋아 호저의 깃대처럼 보이기도 하고 혹은 반짝이는 원뿔 모양의 강철 바늘들이 솟은 모양 같기도 한 거룩한 피조물인 벼룩의 강인함과 아름다움'[17]을 비교하기 위해서 인간이 만든 도구들 가운데 면도날과 마침표를 사용했다.

훅의 수학적인 도구들은 가시적인 세계를 측정한데 반해 그의 광학적 도구들은 사물의 정상적인 외형을 바꿔놓았고, 공기펌프와 같은 철학적 도구들은 세상 자체를 바꿔놓았다. 공기펌프의 첫 번째 실용 모형은 훅과 보일이 1650년대 후반에 만들었으나(비록 보일이 그 영광을 모두 차지했지만), 100년이 지나서야 과학적 연구의 위력을 상징하는 도구로 인정받았다. 더비Derby의 조지프 라이트Joseph Wright의 대표작품인 '공

---

16. 로버트 훅Robert Hooke, 『미크로그라피아』(런던, 1665년).
17. 같은 책.

기펌프 실험An Experiment on a Bird in the Air Pump'을 보면, 불타는 듯한 플라스크가 어두운 방안을 비추고 있고, 그 안에는 인간의 두개골이 들어 있다. 그리고 마술사를 연상시키는 자연철학자가 방안의 관중을 압도하고 있다. 그의 손은 둥근 플라스크의 꼭지를 잡고 있으며, 겁에 질렸지만 호기심이 가득한 관중들은 플라스크 안에 있는 희귀한 흰 앵무새의 운명이 그의 손에 달려 있다는 것을 깨닫는다. 조지프 라이트의 이 그림은 특별한 이유 없이 책 표지나 연하장 등에 복사되곤 했다.

공기펌프는 바로 성공을 거두지 못했다. 공기가 새는 틈은 기술적으로도 막기 어려웠는데, 이는 비평가들에게 진공 상태를 만들지 못했다고 훅과 보일을 비난할 수 있는 빌미를 주었다. 이론의 근간도 흔들렸다. 데카르트학파의 정설에 따르면, 입자들은 항상 다른 입자들과 접촉해야 한다. 그리고 원칙상 구체에서 미세한 물질들을 모두 제거하는 것은 불가능하다. 무엇보다 진공 실험은 조롱거리로 전락했다. 인위적인 실험을 통해서 어떻게 자연을 이해할 수 있을까? 지극히 평범해 보이는 진공 구체 안에서 동물이 죽어가고 초가 쉭쉭 거리며 타고 있다. 그리고 종소리는 점점 희미해진다(조지프 라이트의 '공기펌프 실험'을 설명하고 있다-옮긴이). 전문적으로 역학을 연구하는 철학자들은 신의 부재에 근거한 추론이 아니라 태엽장치 우주를 움직이는 기어와 바퀴에 대한 직접적인 증거를 요구했다.

공기펌프로 인위적인 상황을 만들기는 했지만, 보일은 여전히 신이 만든 자연계에 대한 타당한 정보를 제공했다고 주장했다. 전통적으로 자연철학가들은 현상을 설명하기 위해서 이론들을 이용했고, 논리에 의존했다. 보일과 훅 그리고 베이컨학파는 논리의 방향을 뒤집어 관찰한 사실에서 출발해서 우주의 작동 원리를 설명하고자 했다. 그들의 실험 정신에서, 도구는 신뢰할 수 있는 사실을 입증해서 이론적 독단을 무너뜨리는 수단이었다. 새로운 도구를 발명함으로써 그들은 '용수철은 힘에 비례해서 늘어난다(훅의 법칙), 파리는 다면적인 눈을 가지고 있다, 소리가 이동하기 위해서는 매질이 필요하다' 등과 같은 새로운 지식을 창조했다. 이에 대한 이론적인 설명은 완성되지 않은 상태였다.

책과 마찬가지로 도구 역시 정보를 여러 곳으로 이동시킬 수 있었다. 왜냐하면 같은 실험은 (적어도 원칙적으로는) 항상 같은 결과를 산출하기 때문이었다. 도구는 자연현상들의 존재를 사람들 눈앞에 펼쳐 보여주었다. '보여준다'의 또 다른 의미는 '기존의 이론을 검증'한다는 것이다. 아이작 뉴턴이 무지개를 만들기 위해서 분광기(프리즘)를 이용했을 때, 뜻밖의 효과(귀족들과 그 하인들은 샹들리에가 촛불에 비치면 어떻게 되는지 이미 알고 있었다)를 드러내려한 것이 아니라 자신이 주장한 이론의 정당성을 입증하려 했을 뿐이었다. 시골 장터에서 산 값싼 분광기 몇 개를 광학적 도구로 변형시킨 뉴턴은 반대파에게 자신이 옳다는 것을 납득시켰다.

뉴턴은 자신의 이론을 데카르트의 이론과 명확하게 구분하기 위해서 매우 중요한 실험을 했다고 주장했다. 데카르트는 물체가 그 물체를 통과하는 빛을 바꾸기 때문에 색을 띤다고 주장했다. 뉴턴은 색의 모든 스펙트럼은 이미 태양으로부터 발산되는 빛 안에 존재한다는 자신의 이론을 널리 알리고 싶었다. 그의 스케치(그림 21)에서 창의 덧문에 뚫린 작은 틈새로 한 줄기 태양빛이 곧장 들어오고 있다. 렌즈로 초점을 맞추면 빛줄기는 탁자 위에 있는 프리즘을 지나면서 여러 가지 색깔의 빛으로 퍼지면서 구멍이 뚫린 화면 위에 닿는다. 그 다음 단계가 핵심이다. 색을 띤 광선이 첫 번째를 지나서 두 번째 프리즘을 통과하는데, 벽

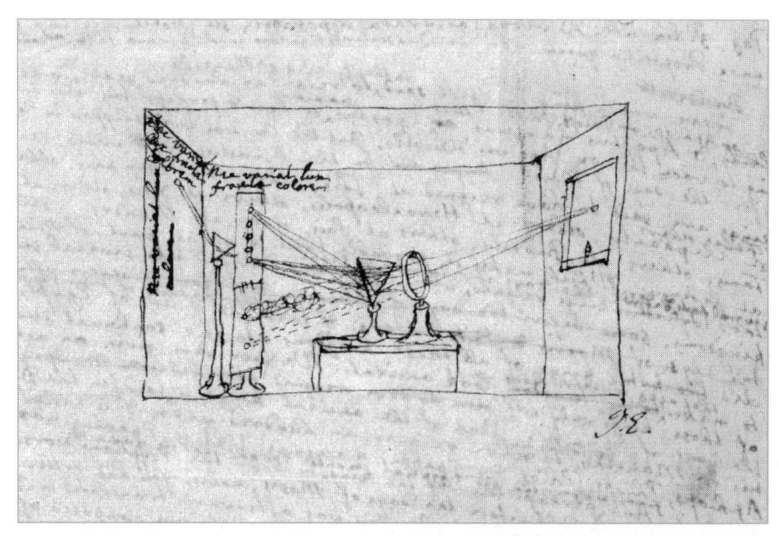

그림 21 | 아이작 뉴턴이 두 개의 프리즘으로 실험하면서 그린 그림.

에 비친 빛은 바뀌지 않는다. 따라서 색은 빛에 들어 있는 것이지 유리에 있는 것이 아니라는 자신의 주장을 입증했다.

베이컨은 이 중대한 실험을 진실의 방향을 알려주는 '길잡이 사례'라고 불렀다. 그러나 이러한 결정적인 단순성은 종종 판단을 그르치게 만든다. 보는 것이 믿는 것일 수도 있지만, 보는 것을 항상 믿어서는 안 된다. 과학자들은 실험이 사실을 드러내기 때문에 누가 해도 같은 결과를 얻을 수 있다고 주장한다. 그러나 뉴턴은 프리즘에 대해서 결정적이고 세부적인 사실들을 숨겼다. 70년 후에 비평가들은 그의 프리즘을 통해 두 가지 이상으로 해석되는 결과를 얻었고, 뉴턴의 결과에 대해 끊임없이 이의를 제기했다. 뉴턴은 자신의 수학적 증거들만큼 실험도 반박의 여지가 없이 확실하기를 원했다. 그는 도구들을 공식이나 이론적 주장만큼 설득력 있게 만들려고 노력했다. 때때로 뉴턴은 포기하고 싶었고,

반대파들의 적대감으로 인해 좌절했으며, 결코 그들을 설득할 수 없다
는 절망감에 빠져들곤 했다. 훅과 서로 독설을 퍼붓는 대립관계에 있을
동안, 뉴턴은 철학을 두고 '너무도 무례하게 소송을 일삼는 숙녀'[18]라고
한탄했다.

---

18. 아이작 뉴턴이 애드먼드 핼리Edmond Halley에게 보낸 편지. 1686년 6월 20일. 『아이
    작 뉴턴의 편지The Correspondence of Isaac Newton』(케임브리지 : 케임브리지 대학
    출판부, 1959–1977년), H. W. 턴불H. W. Turnbull 외(外) 편집, 7권.

중력 : 사과에서 시작된 우주의 법칙

하지만 뉴턴은 틀린 게 더 많다,
그러나 나는 신의 말씀이오니……
인간은 어리석은 자만으로 가득하여 공허하도다.
– 크리스토퍼 스마트Christopher Smart, 『어린양을 기뻐하라Jubilate Agno』, 1758–1763년.

사과는 신화에 가장 자주 등장하는 열매다. 『돈 주앙Don Juan』에서 조지
바이런George Byron은 뉴턴이 링컨셔의 과수원에서 받은 영감을 에덴의
동산에서 아담이 받은 유혹과 연결해 말했다.

사과가 떨어졌을 때 뉴턴은 알게 되었다.
생각에 잠겼던 그가 그 짧은 순간에……
'중력'이라 부르는 지극히 자연스런 회전 속에서
지구가 돌고 있다는 하나의 증거를.
아담이 사과로 인해 타락한 후
사과에 매달린 처음 인간이 바로 그다.[19]

(바이런은 과학을 인간의 원죄와 연결하기도 하고, 고통으로부터 헤어날 도구와 연결하기도 한다 - 옮긴이)

뉴턴을 상징하는 사과의 일화는 그가 죽기 직전에 만들어졌다. 차 한 잔을 앞에 놓고 회상에 젖은 뉴턴을 보고 있던 친구는 이렇게 기록했다.

중력의 개념은……그(뉴턴)가 사색에 잠겨 앉아 있을 때, 마침 사과가 떨어짐으로써 탄생했다. 왜 사과는 항상 수직으로 땅에 떨어질까라는 생각이 떠올랐다. 왜 옆이나 위로 떨어지지 않고 끊임없이 지구의 중심으로만 떨어지는 것일까? 틀림없이 그 이유는 지구가 사과를 끌어당기기 때문이다…… 그 어떤 힘이 있다. 그 힘을 우리는 중력이라고 부른다. 이 힘은 우주 끝에서 끝까지 스스로 확장된다.[20]

'뉴턴의 사과'는 '위대한 천재는 불현듯 그리고 홀로 중대한 발견을 한다'는 낭만적인 신화를 만들어냈다. 역학과 중력에 관한 그의 책은 1687년에 처음 출판되었고, 수학적 과학의 탄생을 상징하게 되었다. 특히 2차 세계대전 후에는 현대의 도래를 알리는 영광스러운 과학적 혁명의 산물이자 종교적인 차이를 초월할 수 있는 국제적인 지식의 성서라는 칭송을 받았다. 그 책의 영향력을 한 마디로 축약하자면, 뉴턴은 중

---

19. 조지 바이런, 『돈 주앙』(하몬즈워스 : 펭귄 출판사, 1973년).
20. 윌리엄 스터클리William Stukeley, 『아이작 뉴턴의 비망록 : 어린 시절의 가족에 관하여 Memoirs of Sir Isaac Newton' Life, being some Account of his Family and Chiefly of the Junior Part of his Life』(런던 : 테일러앤프랜시스, 1936년), A. 헤이스팅스 와이트A. Hastings White 편집.

력을 통해 현대 물리학의 기초를 쌓았고, 방법론적으로 두 가지의 중대한 변화를 가져왔다. 바로 단일화와 수식화다. 사과와 달 사이의 유사점을 이끌어낸 그는 지구에서 일어나는 현상과 머나먼 행성들의 움직임을 연결시켰다. 이로써 하늘과 지상 영역을 갈라놓았던 아리스토텔레스의 오랜 분할은 끝났다. 뿐만 아니라 우주를 통합한 뉴턴은 수학적 원리를 정리한 『자연철학의 수학적 원리』로 데카르트의 『철학의 원리』가 받아야 할 영광을 가로챘다. 이로써 수학자들과 자연철학자들은 경계를 허물고 연합하게 되었다.

비록 뉴턴이 영리한 사람임에는 틀림없으나, 고독한 천재였다는 찬사는 사실과 다르다. 다른 혁신가들과 마찬가지로 그는 케플러, 갈릴레오, 데카르트를 비롯하여 많은 선임자들의 업적에 의존했다. 뉴턴은 사기를 잃은 훅에게 '내가 더 멀리 볼 수 있는 것은 거인의 어깨 위에 앉아 있기 때문이다'[21]라고 비열하게 촌평했다. 현대 과학의 창시자로 그를 칭송하는 것 역시 오해의 소지가 있다. 시쳇말로 전문 물리학자와는 거리가 멀었던 뉴턴은 신을 추구하기 위해 자연계에 대한 연구뿐만 아니라 연금술과 성서도 연구했다. 그리고 엎친 데 덮친 격으로 자연철학자들은 그의 이론에 즉각적으로 동의하지 않았다. 뉴턴이 주장한 우주 모델은 끊임없이 비평의 도마 위에 올랐고, 여러 차례 개정되었다. 따라서 오늘날 뉴턴주의는 그가 『자연철학의 수학적 원리』에서 본래 제안한 이론적 체계와는 상당한 차이가 있다.

사실상 바이런 이전에는 사과 이야기가 거의 알려지지 않았다. 대신 뉴턴은 혜성 연구에 관한 대표주자로 알려져 있었다. 그 당시 혜성은

---

21. 아이작 뉴턴이 로버트 훅에게 보낸 편지, 1676년 2월 5일, 『편지Correspondence』.

죄악으로 가득 찬 세상에 경외심을 불러일으키고자 신이 보내는 산발적인 경고로 간주되었는데, 뉴턴은 이러한 혜성에서 규칙성을 발견한 대가로 인정받았다. 1680년대 초반에 몇 개의 유성이 나타났을 때(그 중 하나는 천문학자 에드먼드 핼리의 이름을 따서 지은 혜성이다), 뉴턴은 혜성들의 움직임에 대해 강박적으로 집착했고, 자신이 만든 망원경으로 이들을 관찰하면서 끝도 없이 수학적 계산을 했다. 그리고 경쟁자인 훅이나 왕립천문학자들과 통렬한 비판이 담긴 서신을 주고받았다. 세상을 등지고 은둔해 있던 뉴턴은 마침내 핼리의 권유로 출판을 결심했고, 핼리는 왕립학회에서도 감당하지 못한 출판 비용을 기꺼이 지불하겠다고 나섰다.

뉴턴은 『자연철학의 수학적 원리』를 내면서 '수학에 아둔한 사람들에게 미끼를 던질 심산은 없다' [22]고 언급했고, 실제로 수학을 꺼리는 이들이 읽기에 어렵게 쓰기도 했다. 세계적 전문지식인들을 겨냥해서 라틴어로 책을 쓴 뉴턴은 고전적인 기하학 용어로 회귀했다. 갈릴레오를 비롯한 여러 학자들의 이론을 통합하고 발전시킴으로써 그는 운동의 법칙들을 정리했다. 이 법칙들은 당구공이나 총알과 같은 물체가 어떻게 움직이며 상호작용하는지에 대해 설명하고 있다. 뉴턴은 행성과 미립자들의 운동을 설명할 때도 세 개의 법칙을 적용했다. 그리고 혜성에든 사과에든 혹은 원자에든 똑같은 방식으로 영향을 주면서 공간 전체에 뻗어 있는 만유인력으로써의 중력에 대한 새로운 개념을 소개했다. 더욱 중요한 점은 뉴턴이 중력의 효과를 수학적으로 표현했다는 사실

---

22. 윌리엄 드램Willian Derham에게 보낸 편지, 18세기 『노력Endeavours』(1998년)에 나온 스티븐 스노블린Stephen D. Snobelen의 '아이작 뉴턴의 프린키피아 읽기'에서 인용.

이다. 뉴턴이 만든 역제곱 법칙에 따르면, 물체가 더 인접해 있을수록 또 각각이 더 무거울수록 서로 더 강하게 끌어당긴다.

일부 수학자들은 즉각적으로 뉴턴의 견해에 동조했지만, 혼란에 빠진 수학자들이 훨씬 더 많았다. 뉴턴의 이론을 이해하지 못한 사람들은 모두 비판적이었다. 그들에게 뉴턴이 준 선물은 『자연철학의 수학적 원리』의 증보판(1713년과 1726년)이었다. 수학적 수정을 거쳤으며 신에 대한 설명과 혜성의 생명 유지 역할에 대해 추가했다. 이 책에 등장하는 수학적 내용은 과학을 설명하는 부속물로만 치부하기에는 상당히 놀라운 이론들이었다. 데카르트와는 달리 뉴턴은 하늘에 있는 빈 공간뿐 아니라 단단한 물질 내부의 미립자들 사이에 존재하는 빈 공간을 가시화했다. 회의론자들은 중력이 그 빈 공간을 통해 작용하는 방법을 설명하라고 뉴턴을 채근했다. 그들은 기계적 철학자들이 그토록 힘주어 근절시키려고 했던 구시대적 비술의 힘을 다시 일깨웠다는 이유로 뉴턴을 비난했다. 더욱이 중력은 신에 대한 도전처럼 보였다. 만약 중력의 힘이 어느 정도 물질 안에 내재하는 것이라면 육욕의 물질세계와 정신세계 사이의 뚜렷한 구분이 희미해지는 것은 자명하기 때문이었다. 뉴턴의 이론에 대한 가장 강력하고 끈질긴 반박은 종교적 이유에 근거한 것이었다.

오늘날 세계적으로 가장 위대한 과학자의 반열에 오른 뉴턴은 자신의 우주론 속에 신과 더불어 비술적 힘을 결합시킨 신학자이자 연금술사였다. 뉴턴이 원래 주장한 철학에 따르면, 신은 우주에 편재되어 있으면서 끊임없이 우주의 움직임에 관여하는 존재이다. 입자를 비활성 물질로 본 데카르트와 달리 뉴턴은 '활발한 동인動因'으로 가득 찬 입자를 상상했다. 이 동인으로 행성들이 영속적인 회전을 하고, 혈액도 끊임없이 순환한다. 그가 앞서 주장했듯이 자연은 '영구히 순환하는 작인'이었다. 이러한 견해는 자연철학서에서 비롯된 것이 아니라 그가 수집한 자연마법과 연금술에 관한 방대한 자료에서 찾아낸 것이다. 그에게 있어서 연금술은 단순한 취미가 아니라 우주를 이해하는 중요한 통로였으며, 정신적 발달에 이르기 위한 토대였다.

혜성의 움직임을 수학적으로 규명한 뉴턴은 유명인사가 되었다. 혜성의 주기를 예측함으로써 자연철학자들은 혜성을 세상의 종말을 예고하는 끔찍한 징조로 해석한 점성술사들에 버금가는 힘을 얻게 되었다. 그럼에도 불구하고 뉴턴은 점성술사들과 마찬가지로 혜성을 신의 중개자로 간주했다. 혜성은 신이 보낸 대리자로, 그 꼬리에 담긴 특별한 활성물질이 지상의 생명을 회복시키는 역할을 한다고 믿었다. 대다수의 자연철학자들은 신이 우주에 간섭하고 있다는 뉴턴의 견해를 몹시 못마땅해 했다. 왜냐하면 이 견해에 따르면, 신은 애초에 완벽한 창조를 하지 못해 얼렁뚱땅 실수를 만회하려고 시시때때로 부속을 끼워 맞추는 무능한 시계제작자로 비춰지기 때문이었다. 뉴턴의 최대 맞수였던 고트프리트 라이프니츠Gottfried Leibniz는 공개적으로 이의를 제기했다. '뉴턴과 그의 추종자들 역시 구시대적 발상을 하고 있다. 그들의 학설에 따르면, 전지전능한 신은 가끔 자기가 만든 시계의 태엽을 감기 원한다. 그렇지 않으면 멈춰버릴 수도 있기 때문이다. 그들의 신은 예지력이 부족해서 시계를 영원히 움직이도록 만들지 못한 것처럼 보인다.'[23]

---

23. 안스바흐Ansbach의 캐롤라인Caroline에게 보낸 편지, 1715년 11월, H. G. 알렉산더H. G. Alexander의 『라이프니츠와 클라크의 편지The Leibniz-Clarke Correspondence』(맨체스터 : 맨체스터 대학 출판부, 1956년)에서 인용.

뉴턴과 그의 동료들은 행성의 움직임뿐만 아니라 지구상의 물질의 작용에 대해서도 설명하려고 했다. 그들은 빛의 반사, 기체의 움직임, 화학 반응, 식물의 호흡, 전기적 활성, 동물의 소화와 관련된 다양한 실험을 했으며, 미립자들 사이의 단거리 인력에 기초한 수학적 모델을 완성했다.

그러나 그들은 곧 이론적인 문제에 부딪쳤다. 이를테면, 모든 것이 서로 끌리는 미립자들로 이루어졌다는 전제 하에서 기체가 확산되는 이유를 설명해야 했던 것이다. 약 1740년부터 자연철학자들은 중력에 대해 뉴턴이 제시한 대안적인 설명에 관심을 기울이기 시작했다. 연금술적 연구에서 영감을 얻은 뉴턴은 공간 천체에 퍼져 있는 반발력을 가진 특별한 미립자를 생각했다. 이 입자들은 중력이나 자성을 옮기는 능력을 가졌지만 보이지 않으며 무게가 없는 매질로 이루어졌다. 이 미묘하고 초자연적인 에테르로 뉴턴은 '원격작용(서로 떨어져 있는 두 물체가 중간 매질을 통하지 않고 순간적으로 힘을 주고받는 현상—옮긴이)'에 관한 반박을 일소해버렸다. 그리고 20세기 초반까지 '원격작용'은 중력과 전기를 비롯한 현상들을 설명할 때마다 다양하게 해석되었다.

뉴턴의 초기 지지자들은 중력의 원인에 관한 논의는 접어둔 채, 이 새로운 이론이 어떻게 응용되는지 주시했다. 처음에는 스코틀랜드의 수학 모임과 뉴턴의 친한 동료들을 포함하여 전문화된 소모임을 중심으로 연구가 진행되었다. 뉴턴이 자신의 이론을 알리는 데 주력하지 못했던 반면, 그의 동료들은 강연회를 열고 뉴턴의 이론을 간략하게 설명한 책자를 출판하기 시작했다. 1727년 뉴턴이 사망할 때까지 영국의 뉴턴학파들은 데카르트나 라이프니츠로 회귀한 유럽 대륙의 학파들과 적대적 관계에 있었다. 초창기 뉴턴의 추종자였던 볼테르는 시대에 뒤쳐진 프랑스 학자들을 비난할 목적으로 이러한 대립을 활용했다. '프랑스인 한 사람이 런던에 와서 엄청난 차이를 발견했다. 그는 충만한 세상을 떠나 런던으로 왔는데, 자기가 떠나온 세상은 텅 비어 있다는 사실을 깨달았다. 파리에서 본 우주는 미세한 물질의 소용돌이로 이루어진 우주였는데, 런던에서 본 우주는 전혀 다르다.'[24] 그러나 프랑스인들은 18세기 중반까지도 대륙의 학설을 고집했다.

신기하게도 뉴턴의 인기를 드높여 준 최초의 책은 라이덴 대학의 교수였던 빌렘스 그라베산데Willem' s Gravesande가 라틴어로 쓴 책으로, 유럽 전역의 학생들에게 읽혔다. 그는 뉴턴의 역학 원리를 입증(검증하고 측정하는 것이 아니라)하려고 네덜란드의 수공예가에게 의뢰를 하여 기울어진 탑과 경사면이 말려 올라간 원뿔 같은 목재도구들을 제작했다. 런던으로 온 뉴턴의 수석 실험 조교 존 데자글리에John Desaguliers는 뉴턴의 이론으로 돈벌이가 된다고 판단하여 자신의 집에 사립학교를 세웠다. 그곳에서 그는 직접 고안한 실험 장비들을 이용하여 학생들을 가르쳤는데, 후에 이 학생들은 뉴턴 연구센터를 설립했다.

뉴턴의 명성을 홍보하는 것은 돈벌이와도 직결되었다. 동료들을 끌어모으고 경쟁자들과 맞서면서 데자글리에는 강연을 하고 도구와 책을 팔아 돈을 벌었다. 종합적으로 보면 이러한 개개인들이 벌인 홍보 활동은 대학이라는 제한적인 특권층 이외의 사람들에게도 과학에 대한 새로운 관심을 불러일으킨 셈이었다. 진취적인 엔지니어였던 데자글리에는 '수많은 석탄 난로에서 뿜어져 나오는 검댕의 수증기와 쓰레기장과 하수구

---

24. 프랑스아 마리 아루에 볼테르Francois-Marie Arouet Voltaire, 『영국에 관한 편지Letters on England』(하몬즈워스 : 펭귄 출판사 1980년), L. 탠쿡L. Tancock 옮김.

에서 올라오는 역겨운 악취로 가득한 런던을 정화하기 위해서 분수나 광산용 펌프 그리고 환기 장치'[25]를 만들었다. 이러한 실용적인 발명품들 덕에 발명가들과 정치인들은 뉴턴의 이론이 경제적으로도 가치가 있다는 인식을 하게 되었고, 뉴턴의 위신은 더욱 굳건해졌다.

데자글리에와 뉴턴의 지지자들은 중력을 입증하기 위해 특별히 고안된 장치(행성의 체계를 모형으로 만든 태양계의太陽系儀)에 더욱 자긍심을 가졌다. 낭만적으로 묘사된 그림 22에서, 영국 중부의 한 가족들은 매우 정교한 표본을 가운데 두고 모여 있다. 프톨레마이오스의 천구의(그림 4 참고)에서 유래한 커다란 반원체가 강렬한 인상을 주지만, 기능을 담당하는 부분은 수평 바닥이다. 중앙에 있는 기름 램프는 태양을 나타내며, 개인 서가에서 벌어지는 장면을 비추고 있다. 실험자(철학자들의 평상복인 붉은색의 헐렁한 셔츠를 입고 있는 사람)가 기계의 손잡이를 돌려서 가느다란 구체들을 실제 천체의 속도와 비례해서 태양 모형 주위를 돌게 한다. 다른 계몽주의 그림에서처럼 뉴턴주의는 상징적으로 홍보되었다. 구경꾼들의 얼굴에 비친 빛의 패턴은 달과 행성의 상相을 나타내며, 천체들 사이의 다양한 끌림은 사람 사이의 다양한 관계에 반영된다. 두 어린이는 감정적으로나 신체적으로 서로 매우 가깝다. 반면 어른들은 강연자의 지배를 받는 원 구도 안에서 여유롭게 흩어져 있다.

우주를 지배하는 뉴턴의 정연한 법칙, 즉 신의 자애로운 통치 사이에 밀접한 유대를 그린 이러한 시각적인 묘사와 조지왕조 시대의 안정적인 계급 사회는 시나 철학의 언어로 더욱 부각되었다. 1727년에 조지 2세

---

25. 스티븐 헤일즈Stephen Hales, 『식물통계학Vegetable Staticks』(런던 : 올드본 출판사, 1969년), M. A. 호스킨M. A. Hoskin 편집.

그림 22│ 조지프 라이트, 『태양계 모델에 대해 설명하는 철학자, 태양 대신 등을 밝힘A Philosopher giving that Lecture on the Orrery, in which a lamp is put in place of the Sun』, 1766년.

가 왕위를 물려받았고, 그 해에 뉴턴이 사망했다. 데자글리에는 영국의 군주를 태양에 비유하여 아첨꾼적인 기질을 발휘하여 이 그림에 상응하는 운문을 발표했다.

볼테르나 다른 정치적인 혁신가들과 마찬가지로 데자글리에는 서로에게 끌리지만 독립적으로 행동하는 자유 시민들로 이루어진 민주적인 뉴턴주의의 사회를 마음에 그렸다.

에테르의 존재 안에 태양은 스스로 평형을 유지하며,

거기서부터 태양의 선善이 멀리 그리고 널리 퍼진다.

최초의 휘광을 간직한 성직자처럼,

여섯 세계가 영묘한 춤을 추며 그의 왕관 주변에 펼쳐지며

태양의 인력은 이제 모든 왕국에 편재하여

조지 왕과 캐롤라인의 치세를 축복하는 도다.[26]

뉴턴은 행성과 입자에 집중했지만, 그의 후계자들은 지상 생명의 가능한 모든 측면에 뉴턴의 수학적 접근을 시도했다. 초창기의 열광적인 후계자였던 한 유명한 신학자는 (진지하게) 뉴턴의 법칙을 인정하고 3150년이 되기 전에 예수가 두 번째 재림을 할 것이라고 결론을 지었다. 더 나아가 자연철학자들은 뉴턴의 물리학을 이용해 신체를 설명했다. 처음에 그들은 신체를 수압 펌프로 작동되는 기계로 보았다. 그러나 나중에는 뇌에서 나온 신호가 신경 내부에 있는 미묘한 흐름을 통해 진동처럼 나아간다고 설명하면서 뉴턴이 말한 정기精氣에 근거를 둔 신경 활동의 모델을 발전시켰다. 자연주의자들은 생명을 규정하는 보편적인 힘을 발견함으로써 뉴턴이 주장한 우주의 통합을 모방하려 했다. 스스로를 정신적 뉴턴주의자라고 선언한 데이비드 흄David Hume은 실험적이고 수학적인 토대 위에 심리학을 구축하려 애썼다. 반면 애덤 스미스Adam Smith는 자신의 경제 이론에 뉴턴의 접근법을 접목했다.

18세기 후반이 되었을 때, 뉴턴주의는 종교적인 이데올로기의 힘과 더불어 지적 생명을 지배하고 있었다. 비록 개개인들은 조직의 중심에서 서서히 물러났지만 전문가로 살아남기 위해서는 충성을 맹세해야 했다. 뉴턴주의는 생각하는 방식의 전형, 즉 과학적 신념을 나타내는

---

26. 존 테오필루스 데자글리에John Theophilus Desaguliers, 『뉴턴 체계로 바라본 세계, 최상의 지배체제 : 시적 우화The Newtonian System of the World, the Best Model of Government : An Allegorical Poem』(런던, 1728년).

상징이 되었다. 뉴턴의 이론을 진지하게 받아들였다는 이유로 뉴턴학파라고 불리긴 했지만, 학파 내에서도 뉴턴의 원작과 견해가 다르거나 학자들 사이에 견해차가 심하게 벌어진 경우도 허다했다.

중력이 미친 가장 결정적인 영향은 어쩌면 단순한 법칙이 우주를 지배한다는 낙관적인 신념을 확립했다는 점이다. 사과나 달 혹은 원자나 행성, 당구공과 우주 뿐 아니라 인간의 마음, 날씨, 군중 행동, 화학적 반응, 식물의 성장, 교통흐름까지도 원칙적으로는 간단한 수학 공식으로 환산될 수 있다는 것이다. 뉴턴의 막강한 영향력은 어쩌면 하늘이 준 것처럼 보인다. 1801년에 프랑스의 뛰어난 의학 연구자는 '뉴턴에게 경의를 표하자' 고 강력히 주장했으며 '원인의 단순성과 작용의 복합성을 화해시킨 창조자의 비밀을 최초로 밝힌 사람'[27]이라고 뉴턴을 칭송했다. 뉴턴은 계몽 이성의 신이 되었으며, 중력 이론의 비호 아래 미래의 이상향을 꿈꾸는 프랑스 혁명의 후계자들에게 영웅으로 대접받았다.

---

27. 사비에르 비샤Xavier Bichat, 『과학의 철학Philosophy of Science』(1968년)에 나오는 토마스 홀Thomas S. Hall의 '뉴토니안 페러다임의 생물학적 유사성에 관해On Biological Analogs of Newtonian Paradigms' 에서 인용.

PART 4

제도적 장치

과학이 어떻게 오늘날 세계의 중추가 되었는지 이해하기 위해서는 연구실과 서재 안팎에서 벌어진 제반 사항들을 자세히 살펴야 한다. 과학은 법칙, 화학제품, 기계와 같은 완성품이 아니라 산업, 상업, 전쟁, 정부, 의학과 같은 사회의 여러 분야와 한데 얽히고설킨 하나의 통합체다. 발견이나 위대한 천재들에게만 초점을 맞춰 과학을 바라보면, 18세기에는 주목할 일이 전혀 없었던 것처럼 보인다. 하지만 과학이 지금과 같은 막강한 힘을 갖게 된 배경에 관심을 갖는다면, 이 시기는 매우 중요하다. 18세기는 몇몇 부유한 젠틀맨들의 사적인 연구실이 공적 연구소로 바뀌고 국가의 지원을 받게 될 뿐 아니라 빅토리아 시대의 산업화로 변모하기 시작한 시기이다. 기업가들은 앞장서서 선전활동에 나섰다. 비판적인 사람들을 상대로 투자의 유익을 설득함으로써 기업가들은 사회와 직업 구조를 개선하고 세계 과학을 바꾸게 될 기회에 자금을 지원했다. 과거와 달리 협회 체제에서는 영웅으로 추앙받는 발견가가 드물었지만, 이러한 체제는 과학적 업적을 홍보하고 자금을 끌어들이기에 절대적으로 중요했다. 이런 체제가 없었다면 오늘날 연구센터나 국제적인 규모의 과학 프로젝트들은 존재하지 못했을 것이다.

학회 : 정치와 과학의 결탁

과학자는 자신의 연구 결과가 인류에게 얼마나
유익한지에 대해 소리 높여 주장한다……
그러나 자신의 연구 분야를 벗어나면 그들은 둘도 없는 옹고집이 된다.
연구실에서 그들은 사회주의자지만,
아테네움에서는 토리당원이 되고 만다.
– 리치 캘더Ritchie Calder, 『미래의 탄생The Birth of the Future』, 1934년.

마르크스는 철학을 말하면서, 영감이 넘치는 뛰어난 천재들이 많지만 철학의 요체는 세상을 분석하는 것이 아니라 세상을 확실하게 바꾸는 것이라고 지적했다. 전통적으로 자연철학자들은 사물의 발생 원인을 밝힐 목적으로 관찰에 주력했다. 하지만 실험정신이 투철했던 17, 18세기 학자들은 사물을 변화시키기 위해서 연대했다. 그들은 과학학회들을 만들어서 개인의 부족한 부분을 집단의 힘으로 해결했다. 예를 들어, 뉴턴은 이미 존재하던 런던 왕립학회London's Royal Society를 발판으로 삼아 유럽의 유명인사가 되었다. 런던 왕립학회의 도움이 없었다면 케임브리지 동료들의 힘만으로는 뉴턴의 발명과 실험, 저서 출판 등이 어려웠을 것이다. 말년에 뉴턴이 영어 연구에 매진할 수 있었던 것도 그가 왕립학회의 회장직을 맡았기 때문에 가능했다. 그러나 학회를 이끈 것은 뉴턴이었지만, 과학을 사회로 끌어들인 것은 바로 학회였다.

『걸리버 여행기Gulliver's Travels』에서 조나단 스위프트Jonathan Swift는 얼음으로 폭약을 만드는 화학자와 거꾸로 서 있는 집을 지은 수학광 건축가를 등장시켜 세간의 조롱을 샀다. 그러나 이 책이 출판된 1726년경에는 이미 조롱의 분위기가 사그라지기 시작했다. 유럽 전역에서 점점 더 많은 과학학회들이 설립되고 있었고, 이들은 한결같이 실험의 결과물들을 과시하고자 했다. 19세기에는 정부들이 과학 연구에 막대한 투자를 독려하였고, 투자가들은 산업경제를 일으키는 주역으로 칭송받았다. 이때까지도 과학은 주로 부유한 남자들의 몫이었지만, 과학학회들은 놀라운 변화를 이끌었다. 장기적인 안목에서 봤을 때, 대중에게까지 스며든 과학은 독자적으로 연구하던 학자들의 개인적인 혁신에 비해 훨씬 더 비중이 커져갔다.

17세기 중반까지 지적 활동은 공적인 분위기보다는 사적인 영역에서 더 왕성했다. 대학의 학자들은 자기들만의 세상에서 나오지 않았고, 심지어 옥스퍼드의 실험주의모임조차 외부에서의 만남을 꺼렸다. 빅토리아 시대와는 달리 공회당이나 강당이 없었기 때문에 과학 토론은 학자들의 서재, 수집가들의 박물관, 연금술사의 연구실, 법정의 재판실, 장인의 일터, 귀족들이 모이는 식당, 마법사들의 서재와 같이 폐쇄적인 공간에서 행해졌다. 이렇게 압도적으로 중요한 지위를 차지하던 개인적인 활동들이 차츰 줄어들었고, 사람들이 함께 모일 수 있는 새로운 공적 공간들도 서서히 등장했다.

가장 초창기 형태의 공적 공간은 영국의 커피하우스coffee house였는데, 젠틀맨들은 이곳에서 우편물을 받고 신문을 읽기도 했으며 소소한 가족사는 잊은 채 토론을 벌였다. 또 극장, 강당, 클럽, 박물관, 프리메이슨 지부와 같은 새로운 형태의 공적 공간도 번창했다. 책과 더불어 일간지와 평론지들이 속속 등장하자 개인들도 정보를 수집하고 국가적 문제에 대한 자신의 견해를 표명했다. 정도의 차이는 있지만, 이런 현상은 계몽주의 시대 유럽 전역에서 나타났고, 지식과 힘이 특권층을 벗어나 확대되기 시작했다. 그리고 지금은 익숙한 '여론'이란 개념이 의사결정에 영향을 미치기 시작했다. 힘의 근원이 서서히 이동하기 시작한 것이다. 정부가 세습군주를 대체하고, 대중 조직이 나타나 지적 지배의 전통적 구조에 맞섰다.

초창기 과학학회들은 지식 대중화라는 큰 흐름의 일환으로 설립되었다. 학회들은 보다 많은 사람들이 조직적인 토론에 참여하도록 애썼다. 가장 영향력이 컸던 학회는 런던 왕립학회로, 찰스 2세가 1660년 왕좌에 복귀한 후 옥스퍼드 실험주의 모임의 회원이었던 보일, 훅, 렌과 그 동료들이 건립한 학회다. 초창기에 이들은 수학교육으로 유명했던 템스 강변의 그레셤 칼리지에서 만나기 시작했고, 모임이 공고해짐에 따라 런던의 기계 거래 중심지였던 스트랜드 근처에 독자적인 모임 공간을 마련했다.

유럽의 다른 통치자들도 지적 명예를 높이기 위해 파리와 베를린 등 큰 도시를 중심으로 학회 창설을 독려했다. 국가 차원의 기관들 외에 지방 도시들이 만든 작은 학회들에서도 문학, 과학, 시사문제들을 토론했다. 18세기 말에는 유럽과 북미 곳곳에 약 200여 개의 학회들이 세워져 다양한 형태로 다양한 영향력을 행사했다. 멀리 상트페테르부르크와 필라델피아, 스위스와 시실리에서도 사람들이 모여 최신의 과학적 발견들을 논하고 아이디어를 나눴다.

그림 23 | 초기 왕립학회의 베이컨 이데올로기, 토마스 스프렛Thomas Sprat의 『왕립학회의 역사History of the Royal-Society』, 런던, 1667년.

초기 왕립학회를 모방한 학회들이 우후죽순으로 설립되었다. 왕립학회 창립자들이 어떻게 자신들의 취지를 주장할 것인가는 명확했다. 그들의 모토는 '베이컨의 영광을 되살리는 모든 방법을 강구하자'[1]였다. 베이컨은 이미 40년 전에 죽었지만, 왕립학회의 실험정신을 선언한 책의 권두 삽화(그림 23)에서 베이컨은 그림의 오른쪽 앞자리를 차지하고 있다. 협회의 이데올로기를 대표하는 인물인 베이컨은 대법관복을 입고 앉아 향후 지식의 원천이 될 기구들을 가리키고 있다. 왼편에는 협회의 초대 회장인 윌리엄 브로운커William Brouncker가 찰스 2세를 가리키고 있으며, 명예의 여신이 찰스 2세에게 월계관을 씌우고 있다. 이 장면은 왕으로부터 더 많은 지원을 얻어내기 위해 전통적으로 사용하던 시각적 아첨이지만 크게 성공적이지는 않았다. 서가에는 하비, 코페르니쿠스, 베이컨 등이 저술한 과학 서적들이 가득하지만 막상 그림에서는 기구들이 더욱 돋보인다. 벽마다 수학과 관련된 전통 도구들이 주렁주렁 걸려 있고, 왕의 오른쪽 귀 뒤로는 근대 혁신품인 거대한 광학망원경과 철학적 도구인 공기펌프가 놓여 있다.

학회 회원들은 자신들이 품은 베이컨식 열망을 거듭 강조했다. 관찰 결과들을 모으고 과학적 법칙을 확립하며 기술혁신에 관한 새로운 지식을 국가를 위해 사용하고자 했다. 하지만 실상은 조금 달랐다. 첫째, 비록 이들이 민주적인 학회를 설립했노라 주장했지만 실제 학회는 교육받은 귀족들과 과학이란 이름으로 고귀한 자리에 올라간 지주들의 조직일 뿐이었다. 도구 제작자 몇몇이 회원이 되긴 했지만 특권층이 아니었던 탓에 높은 자리에 올라가는 일은 드물었고, 여성들은 20세기가 될 때까지 모임에 참석할 수도 없었다.

대부분 대도시 학회들이 런던식의 학회 모형을 표방해서 회원 자격을 제한했지만, 최근의 실험을 자세히 소개하는 간행물을 통해 회원을

---

1. 존 비일John Beale, 마이클 헌터Michael Hunter의 『왕정복고시대 영국의 과학과 사회 Science and Society in Restoration England』(케임브리지 : 케임브리지 대학 출판부, 1981년)에서 인용.

늘리는 데도 주력했다. 이러한 간행물은 제한된 독자들을 대상으로 했지만, 일반인들도 상업적 간행물을 통해 간단한 요약본을 읽을 수 있었다. 당시에는 표절이 만연했으며 저작권 보호라는 개념도 없었다. 이런 식으로 읽을거리를 내놓음으로써 학회들은 준회원들에게 마치 발표장에 있었던 실질적인 증인의 역할을 하도록 강요하기도 했다. 인쇄물을 통해 지식을 전파하는 것은 학회의 중요하고 기본적인 과학 활동이 되었다.

학회 차원의 발견이 대중화되는 데는 편지도 중요한 역할을 했다. '편지 모임Republic of Letters'은 지식인들을 연결한 폭넓은 연락망으로, 남녀를 불문하고 그 모임에 참여할 수 있었다. 수집가들은 정보는 물론이고 희귀한 식물 화분, 광석 표본, 새로운 도구, 진기한 천연물도 교환했다. 독자의 범위를 넓히기 위해 가끔은 사적인 편지들도 출판되었다. 예를 들어 프랭클린은 영국의 몇 가지 실험에 관한 간행물 기사를 읽고서 전기에 처음 매료되었으며, 감리교 목사였던 존 웨슬리John Wesley는 필라델피아에서 런던으로 보낸 프랭클린의 편지 모음을 읽고 전기 기계의 의학적 가치를 알게 되었다.

학회는 지식뿐 아니라 돈도 널리 퍼뜨렸다. 전통적으로는 개인 후원자가 갈릴레오처럼 가난한 자연철학자들을 후원했지만, 학회들이 힘을 얻고 여러 형태의 자금을 확보하게 되면서 개인 후원의 전통은 서서히 약화되었다. 그러나 왕립학회는 극히 제한된 범위에서만 연구를 지원했다. 백수건달이었던 훅은 실험관장으로 고용되었지만 왕가의 후원이 끊겨 급여가 줄자 회원들의 연회비로 재정적 도움을 받기도 했다. 이에 반해 프랑스 왕립학회French Royal Society는 국가가 연구비를 지원해야 한다는 베이컨의 주장에 공감했다. 루이 14세는 자신의 권위를 생각해

15명의 전문가들에게 급여를 제공하고 일주일에 두 번씩 왕립 도서관에 모여 국가의 이익을 위한 연구를 하도록 지시했다. 대조적이었던 영국과 프랑스의 왕립학회는 계몽주의 시대 동안 영국해협 양쪽의 과학 발전에 막강한 영향력을 행사했다. 프랑스에서는 넉넉한 보상과 안정적 급여를 바탕으로 이론적인 연구가 발달했고, 정부도 과학 발전을 지향했다. 그러나 영국에서는 여전히 연구가 개인의 관심사로 제한되었다. 부유한 귀족들은 자신의 힘으로 연구했으며, 데자글리에 같은 진취적인 투자가들은 소득 창출이 가능한 실질적인 프로젝트로 눈길을 돌렸다.

학회들은 구두쇠 군주들에게서 지원을 끌어내기 위해 다양한 방법을 모색했다. 1760년에 런던 왕립학회 회원들은 영국의 숙적이었던 프랑스가 이듬해 금성이 태양을 횡단하는 장면을 기록하기 위한 몇몇 탐험대를 조직했다는 정보를 입수했다. 이에 왕립학회는 정부로부터 800파운드를 타내기 위해서 국가의 명예가 실추될 위기에 처했다는 사실을 강조했다. '대영제국의 영토임에도 불구하고 중요한 관찰 장소에 탐험대를 파견하지 않는다면, 외국인들이 이 나라를 우습게 여길까 두렵습니다.'[2] 비록 처음에는 설득에 성공하지 못했지만, 8년 후 또 다시 금성이 태양을 횡단하는 시점이 되었을 때에는 국가로부터 4000파운드를 지원받았다. 세기 말에 이르러, 영국 과학계를 40년간 독재해온 귀족 조셉 뱅크스Joseph banks 회장은 학회의 여러 위원회 자리에 국가의 지

---

2. J. E. 맥클레란J. E. McClellan의 『재편된 과학 : 18세기 과학계Science Reorganised : Scientific Societies in the Eighteenth Century』(뉴욕: 컬럼비아 대학 출판부, 1985년)에서 인용.

원을 이끌어낼 수 있는 영향력 있는 정치인들을 앉혔다. 1820년 죽음을 맞이하기 전까지 뱅크스는 왕립학회가 대영제국의 확장에 깊이 관여할 수 있도록 정치적 수완을 발휘했다.

뱅크스는 불과 20세의 나이에 국가의 이익, 정부 정책, 과학적 탐구가 어떻게 얽히고설켜 있는지 체험했다. 두 번째 금성의 태양횡단(1769년)을 관찰하기 위해 조직된 탐험대는 태양계의 크기를 측정한다는 원대한 목표 아래 여러 국가의 학회들이 서로의 정치적 경쟁을 초월해 구성한 공동연구단이었다. 그러나 각 학회는 자신들의 팀을 개별적으로 출발시켰고, 나중에서야 서로의 관측 자료를 교환했다. 한때 영국과 프랑스는 공식적으로 평화를 유지했지만, 돈이 되는 무역 통로와 전략적 군사기지였던 태평양 지역의 패권을 놓고 다시 경쟁자가 되었다. 영국 해군성은 별자리를 연구하려는 타히티Tahiti 탐험대에게 오스트랄라시아Australasia에 대한 정찰 임무를 맡겼고, 선장인 제임스 쿡James Cook에게 정보를 수집하고 영토를 확보하며 돌아와서는 모든 기록을 넘길 것을 명했다. 뱅크스는 자비를 내고 이 탐험에 참가해 식물 연구를 수행했다. 그는 정부가 과학의 변경을 넓히기보다는 정치적 부를 확장하는데 목적이 있다는 사실을 알고 있었다.

저술을 기준으로 과학적 업적을 평가하는 역사가들은 뱅크스가 양을 이용한 농업에 관한 소책자 두어 권만 저술했다는 이유로 그를 가볍게 취급한다. 그러나 영향력이 아니라 실제 연구에 초점을 맞춘 역사가들은 뱅크스를 정치와 무역에 과학이 스며들도록 만든 진정한 혁신가로 여긴다. 뱅크스는 두 개의 새로운 과학적 역할 모델을 도입했다. 그는 독자적 탐험을 하고 더 많은 자금을 끌어들이면서 영웅적 탐험가의 진면목을 보여주었다. 메리 셸리Mary Shelley는 『프랑켄슈타인Frankenstein』

에 그의 항해를 다음과 같이 적었다. '나는 자진해서 추위와 배고픔, 갈증과 잠을 참았다. 나는…… 수학과 의학 이론 연구로 밤을 새웠고, 바다를 누비는 해군에게 실제로 도움이 될 자연과학을 연구하며 밤을 새웠다.'[3] 뱅크스는 과학적 탐험을 매혹적인 일로 만들었을 뿐 아니라 건전한 투자의 대상으로 만들었다.

또한 19세기 동안 영향력이 막강했던 뱅크스는 과학적 행정관의 면모를 유감없이 발휘했다. 부유한 지주였던 뱅크스는 가끔 정신 장애를 앓았던 조지 3세에게는 둘도 없는 친구였다. 회장 재임기간에 자신과 학회를 불가분의 관계로 만든 뱅크스는 과학을 영국 정치의 심장으로 끌어들였다. 현재까지 남아 있는 2만여 통의 편지는 뱅크스가 국제 과학계에 끼친 영향력을 입증하는 증거들이다. 협상에 능했던 뱅크스는 동인도 회사East India Company에게 태평양 지도를 제작하는 탐험대를 지원하게 했고, 지도 제작자들을 통해 인도 시장에 대한 상업적 정보를 입수했다. 재정 문제에 밝았던 그는 큐 왕립식물원Kew Gardens에 애착을 가진 왕을 이용하여 자금을 얻어냈고, 영국령 인도가 중국 차茶시장에 값싸게 치고 들어갈 수 있도록 조사 임무를 지원했다.

뱅크스가 책임을 맡고 있는 동안 왕립학회는 대영제국의 번영을 위해 외국의 원료와 전문기술을 조사하는 일에 과학이 필수적인 역할을 담당하도록 만들었다. 식민지 개발위원회에는 회원들이 넘쳐났고, 이들은 연구를 최우선 과제로 여겼다. 그래서 때로는 상업적 첩보활동과

---

3. 로버트 왈튼Robert Walton. 메리 셸리Mary Shelley의 『프랑켄슈타인 : 현대의 프로메테우스(1818년, 본문)Frankenstein or The Modern Prometheus : The 1818 Text』(옥스퍼드 / 뉴욕 : 옥스퍼드 대학 출판부, 1993년).

정치적 외교활동 그리고 과학적 조사활동의 구분이 모호해지기도 했다. 오스트레일리아를 방문했던 몇 안 되는 영국인 중에 한 사람이었던 뱅크스는 유형流刑식민지를 개척하는 일에 깊이 관여했다. 또한 세계적으로 유명한 식물 탐험가였던 그는 국제적인 실험용 식물원 연결망을 조직하여 작물을 이식하기도 했으며, 세계 곳곳의 영국 식민지에 양과 소 사육장을 만들고 밀과 보리를 심어 영국의 농촌을 재현함으로써 지구의 경관을 영구히 바꾸고자 했다.

뱅크스는 세계의 땅을 개선하여 영국의 땅처럼 만들고자 했다. 동료 귀족들과 마찬가지로 뱅크스 역시 자신에게 안정된 계층사회를 유지해야 할 책임이 있다고 믿었다. 또 자신의 부를 늘리는 것이 아랫사람들의 복지를 개선하기 위한 의무라고 생각했다. 뱅크스가 생각하기에 링컨셔의 농장 노동자들은 자신을 위하여 이익을 창출할 의무가 있으며, 미국 노동자들은 마땅히 영국의 부를 키우기 위해 값진 광석을 캐야했다. 그리고 그것이 바로 신이 정한 이치라고 믿었다. 현대 비판가들은 착취라고 말하겠지만, 그는 상호지원이라고 생각했다. 뱅크스는 '땅과 날씨, 인구에서 '모국'보다 월등히 축복받은 나라이기 때문에, 인도가 할 일은 자명하게도 영국의 공장에 원료를 제공하고 꾸준한 인적 지원을 통해 '모국'과의 유대를 강화하는 일이다. 이것이야말로 공동의 관심이며 서로에게 유익하다'[4] 고 주장하면서 인도에 대한 자신의 의견을 피력했다.

---

4. 리차드 드레이튼Richard Drayton의 『자연의 지배 : 과학, 대영제국, 그리고 세계의 발전 Nature's Government : Science, Imperial Britain, and the 'improvement of the World'』(뉴헤이븐 / 런던 : 예일 대학 출판부, 2000년)에서 인용.

뱅크스가 사망한 후, 빅토리아 시대를 살았던 그의 후계자들은 왕립
학회에 남아 있는 뱅크스의 독재의 잔재를 쓸어내고 한결 민주적인 모
양새를 갖추려고 애썼다. 신망 있는 과학계의 위인을 찾던 그들은 뉴턴
이나 갈릴레오를 비롯해 독자적으로 활동한 발견자들과 자신들을 연계
했다. 하지만 대다수의 과학자들에게는 여전히 수집활동을 통해 대중
과학의 기초를 세운 과학계의 수호성인이었던 베이컨이 가장 위대한
영웅이었다. 정치를 속속들이 알고 있었던 베이컨은 19세기의 야망에
딱 맞는 좌우명을 만들어냈다. '아는 것이 힘이다.'

체계 : 지식의 지도를 그리는 법

무언가를 두 개로 나누려는 시도는
모조리 의심해야 한다.
− C. P. 스노우C. P. Snow, 『두 문화The Two Cultures』, 1959년.

프란시스 베이컨은 실험자들을 열심히 돌아다니며 관찰 자료를 모으는 개미로, 자연철학자들을 결과만 날름 받아먹는 현명한 벌에 비유했다. 그러나 책값이 싸지고 국제 여행이 한결 수월해지면서 축적되는 정보의 양은 주체 못할 정도로 늘어났다. 체계적인 정리가 필요하게 된 것이다. 자연철학자들은 방대한 정보들을 제어하고 과학적으로 유용하게 만들기 위해서 질서를 부여했다. 계몽주의 시대는 흔히 분류의 시대로 일컬어진다. 자료와 사물 그리고 지식을 체계적인 범주에 편입시키려 애썼던 시기다.

그러나 지적 분류 시스템을 구축하는 일은 쉽지 않았다. 트리스트람 샌디Tristram Shand Senior는 아들에게 가르칠 목적으로 '트리스트라피디아'TRISTRA-paedia'라는 지식의 조직체계를 편집하느라 3년을 보냈다. 하지만 이 작업은 너무나 더디게 진행되어 작업을 마치기도 전에 앞부분은 이미 시대에 뒤떨어진 정보가 되었다. 그보다는 조금 덜 유명하지만, 가공의 현학자인 모로소프스 박사Dr Morosophus는 체임버스의 백과시전에서 뽑은 요약본을 읽느라 평생을 허비했다.

체임버스의 요약본이다! 진실로 그는 이것을 다 읽었다.
쓸모 있는 A에서 아무짝에도 쓸데없는 Z까지.[5]

1728년에 출판된 에프라임 체임버스Ephraim Chambers의 『백과사전Cyclopædia』은 계몽주의 시대 영국의 혁신적 출판물로, 인간의 지식을 알파벳 순서대로 깔끔하게 정리한 전대미문의 대작이었다. 하지만 18세기 말 모로소프스 박사가 이 책을 지겹게 읽고 있는 동안, 이를 본뜬 프랑스의 『백과사전Encyclopédie』과 스코틀랜드의 『브리태니커 백과사전Encyclopædia Britannica』이 그 자리를 대체해버렸다.

후속으로 등장한 백과사전들은 더 두꺼워졌지만, 더 좋아졌다(라고 적어도 편집자들은 주장했다). 그들은 지식의 지도(계몽주의 시대가 선호한 은유)를 만드는데 있어서 색다른 기획을 시도했다. 독학을 하고 책을 판매를 했던 체임버스는 편지 모임의 참가자들을 기리고자 했지만 어느 정도는 자의적으로 예술과 과학 분야로 제한했다는 사실을 인정했다. 스

---

5. 리차드 여Richard Yeo의 『백과사전 : 과학사전 겸 계몽 문화Encyclopaedic Visions : Scientific Dictionaries and Enlightenment Culture』(케임브리지 : 케임브리지 대학 출판부, 2001년)에서 발췌한 예문.

스로를 지식의 탐험가라 여긴 체임버스는 독자들이 잘 정리된 지도의 안내를 받아 무지의 광야에서 헤매지 않도록 이정표를 세우고자 했다. 그렇지만 현대의 독자들이라면 어지럼증을 느낄 것이다. 체임버스가 세워둔 '이성적'이란 표지판을 따라가면 형이상학과 수학이 나오기도 하고, 종교와 만날 수도 있다. 반면, 매사냥이나 연금술 혹은 조각술을 따라가 보면 광학과 천문학을 만날 수 있다.

체임버스를 백과사전의 창시자로 인정할 수 있겠지만, 그의 뒤를 이어 계몽주의 시대의 진정한 '이성의 바이블'이라 할 백과사전을 만든 사람들이 있었다. 트리스트람 샌디처럼 그들도 자신들의 프로젝트가 끝을 알 수 없는 미궁에 갇히지 않을까 전전긍긍하며 작업했지만, 1772년에 마침내 마지막 Z에 도달했다. 그들은 지식을 28권의 책에 압축했는데, 책 속에는 비록 역참조가 어려운 항목들도 있었다. 그러나 이 책은 이성적 분류의 표상이 되었다. 표지를 장식한 잎이 무성한 나무의 굵은 몸통에도 '이성Reason'이라는 단어가 쓰여 있다. 편집진은 베이컨의 방식에서 단초를 얻었지만, 그의 원래 기획을 멋대로 가지치기 하여 신학의 비중을 낮추고 수학과 자연철학에 큰 비중을 두었다. 이후 수십 년간 학문의 현대적 그림을 완성하기 위한 지적 경계선은 여러 차례 다시 그려졌다.

『백과사전』 체계에는 우주론과 광물학 사이에 낀 비교적 새로운 분야가 있었다. 바로 식물학이다. 식물학이란 단어는 식물이 유성 생식한다는 사실이 알려진 17세기 말이 되어서야 생겨났지만, 이미 대부분의 수집가들은 해외에서 들어오는 수많은 진기한 식물뿐 아니라 유럽에서 새로이 발견되는 식물에 매료되고 있었다. 식물을 아리스토텔레스식으로 정리하려는 시도는 많았지만, 마땅한 범주를 찾지 못하는 식물이 너무 많았기 때문에 식물 분류는 마치 박쥐와 오리너구리가 조류냐 포유류냐의 문제만큼이나 복잡했다. 결국 학자들은 아리스토텔레스식 분류체계를 포기했다. 분류학자들마다 여러 가지 방식을 제안했지만, 그 어떤 제안도 모두를 만족시키지 못했다. 도서관에서 장서를 정리하는 것과 마찬가지로 자연계를 정리하는 올바른 방법이란 존재하지 않았으며, 분류체계를 선택하기 위한 객관적 기준도 없었다. 논쟁이 벌어지면 막강한 후원자들이 중재자로 나서 문제를 해결하기도 했다. 네덜란드 향신료가 인기를 끌자 프랑스 선교사 한 명이 프랑스령에다 육두구를 재배해서 이를 대체하고자 했다. 그러나 육두구와 아주 비슷하게 닮았지만 품질이 나쁜 식물을 수입했다는 명목으로 한 경쟁자가 그를 고소했다. 과연 그 식물은 육두구였을까, 아니었을까? 대답은 분류학자가 어떤 사업가의 후원을 받느냐에 따라 달라졌다. 유사한 일이 이탈리아에서도 있었다. 어떤 수집가가 자신의 군주에게 양성구유원숭이hermaphrodite monkey 한 마리를 선물했다. 박물관 전문가들은 그것이 평범한 암컷이라고 주장했지만, 비교할 원숭이 자체가 거의 없었던 때에 누가 진위를 확신할 수 있었겠는가?

계몽주의 시대 최초의 분류학자로 꼽히는 사람은 존 레이John Ray다. 케임브리지 학자였던 그는 친구의 후원을 받아서 유럽을 돌아다니며 자료를 수집했고, '색깔 있는 이파리'를 '화판'으로 바꾸는 등 몇몇 유용한 새로운 단어들을 소개했다. 배앓이가 심하여 으깬 쥐며느리로 연명하던 레이는 방대한 식물해설서를 출판하기 위해 30년간 사투를 벌였지만, 결국 경비 문제로 삽화를 빼야만 했다. 얼마나 큰 관목을 나무라 부를 것인가 따위의 범주에 관한 견해 충돌을 해결하기 위해, 레이는 식물의 색이나 냄새가 워낙 미묘하게 얽혀서 이를 꿰뚫고 내부의 핵심을 들여다보는 일이 불가능하므로 몇 가지 특징들을 동시에 고려해야 한다는 절충안을 주장했다.

레이 못지않게 체임버스도 비운의 과학자였다. 체임버스가 분명히 분류법의 개척자이지만, 칼 린네Carl Linnaeus라는 걸출한 인물의 후광에 가려졌기 때문이다. 린네는 스웨덴의 조셉 뱅크스였다. 린네는 북극 지방을 두어 차례 여행하기도 했지만, 이후에는 작은 대학 도시인 웁슬라에 있는 자신의 정원에서 자연계를 체계화했다. 자기선전에 능했던 린네에게는 두 가지 목표가 있었다. 하나는 지금도 우리가 널리 사용하고 있는 식물 분류체계를 퍼뜨리는 것이었고, 또 하나는 귀한 물건들을 자기 나라에서 직접 생산하도록 만들어서 국가경제에 활력을 불어넣는 일이었다. 뱅크스가 런던에 앉아 전 세계의 식물학자들과 교류했던 것과 같이 린네도 주로 스웨덴에 머물면서 세계 여러 곳에 제자들을 보내 진귀한 표본들을 수집하고 자신의 분류법을 전파했다.

린네는 생식기관의 개수만 가지고 식물을 분류하는 과감하리만치 단순한 방법을 사용하여 뜻을 달리하는 사람들을 경악하게 만들었다. 그는 자신이 새로 만든 '꽃의 언어'는 너무나 쉬워서 여자들조차 이해할 수 있다고 자랑했다. 숙련된 기술로 질적 비교를 추구하던 레이의 체계를 비롯한 초기 체계들과 달리, 린네는 자신이 만든 분류법은 셈을 하는 사람이라면 누구나 이해할 수 있는 간단하고도 합리적인 방법이라고 주장했다. 린네는 꽃 속의 수술 수를 기준으로 식물을 24강綱으로 나누었다. 그런 다음에 암술의 수를 기준으로 하위 단계인 목目으로 재분류했다. 린네 자신은 과학적 방법으로 체계화했다고 믿었겠지만, 그가 쏟아낸 말을 들어보면 밀스 앤 분Mills and Boon(미국의 인기 로맨스 소설 출판사—옮긴이)의 소설을 모방한 듯하다. '꽃잎은 조물주께서 눈부시게 가구를 배치하고 우아한 커튼을 달고 감미로운 각종 향수를 뿌려놓은 신부의 침실과 같고, 신랑신부는 이곳에서 엄숙한 마음으로 혼례를 치른다.'[6] 그가 제시한 체계는 객관적인 듯해 보이지만, 사실은 계몽주의 시대 기독교 도덕가들의 편견으로 가득했다. 게다가 린네가 제시한 분류법의 기준은 남성과 여성이었고, 이는 18세기 유럽의 극단적 성차별주의와 닮았다.

식물의 남성적 특징을 우선시함으로써 린네는 식물계에도 당시 인간 세계에 만연했던 성차별을 그대로 적용했다. 린네는 우선 수술의 수를 기준으로 순서를 정한 다음 암술에 따라 하위 그룹으로 분류했다. 식물계를 사람처럼 여겨 분류한 이 방식은 자연스럽게 보였으며 심지어 하나님이 허락한 질서처럼 보였기 때문에, 박물학자들은 논리를 거꾸로 뒤집어 자연의 성적 질서가 이러하다면 인간의 질서도 마땅히 남성 우월이라야 한다고 주장하게 되었다. 이런 주장은 성에 기초한 분류가 애초부터 인간사회를 본뜬 것임을 쉽게 간과해 버린 것이다. 린네의 분류는 사회의 편견을 반영했을 뿐 아니라 그 편견을 더욱 공고히 했다.

분류학자로 칭송받는 린네는 종교 활동가였으며, 신이 정한 자연의 이치에 따라 스웨덴의 침체된 경제를 부흥시키려했던 열성적인 애국주의자이기도 했다. 당시 많은 사람들의 생각처럼 린네도 성서를 해석하면서 인간은 두 가지 신성한 임무를 타고났다고 믿었다. 첫째는 세상을 돌보는 것이요, 둘째는 자신에게 유리하도록 세상을 이용하는 것이다. 대다수의 사람들은 이윤 극대화를 지식의 확장보다 중요하게 생각했고, 박물학자들은 단지 과학적 호기심을 충족시키기 위해서만이 아니

---

6. L. 쉬빈저L. Schiebinger, 『자연 : 현대과학에서의 성Nature's Body : Gender in the Making of Modern Science』(보스턴: 비컨 출판사, 1993년).

라 의약, 식량, 또는 구호의 수단으로 삼고자 식물을 연구했다. 어떤 이들은 신이 세상 여기저기에 귀한 것들을 흩어놓아 국제적 거래가 생겨나도록 했다고 주장했지만, 린네는 필요한 모든 것을 스웨덴 자국 내에서 생산하여 번성하는 것이 신의 뜻이라고 확신했다.

유럽중심의 시각으로 보자면, 린네는 자신의 본부에 앉아 편지와 사람, 표본들을 국제적으로 주고받음으로써 세계의 식물계를 지배한 분류학자였다. 그러나 커피와 차, 비단을 거래하던 아시아 상인들의 입장에서 보면, 린네가 파견한 사람들은 기꺼이 높은 값을 치르는 다루기 쉬운 손님들일 뿐이었다. 계몽주의 시대의 제국의 발달이란 것도 여러 측면에서 이처럼 뒤집어 볼 여지가 많다. 영국의 도시들에서는 커피하우스들이 속속 문을 열어 새로운 사교의 중심지로 떠올랐으며 여론 형성을 도왔다. 하지만 커피하우스들도 아프리카와 아시아 이주민들이 시작한 장사였으며, 대규모 농장에서 노예 노동으로 생산된 설탕을 대량으로 수입했기 때문에 커피하우스들이 번성할 수 있었다. 영국이 식민지를 확보해서 생각지도 못한 부를 거머쥐었다고 해석할 수도 있다. 그러나 동방의 상인들은 기존의 거래망을 동원해 방어적 가격정책을 구사하여 영국 무역회사들을 시장에서 내몰았고, 그 결과 영국은 독자적인 식민지 농장을 마련해야만 했다. 영국이 건설한 상업적 제국은 런던을 축으로 하는 독립적인 상업왕국이 아니라 각지에 흩어져 있는 지역 거점을 중심으로 한 국제적 상업망에 가까웠으며, 각각의 거점은 가까운 다른 거점들과 거래했다.

세상은 점차 같은 모습으로 변해가고 있었다. 계산 빠른 재배자들이 이윤을 더 많이 낼 수 있는 지역으로 작물을 옮겨 심게 되면서 세계는 전체적으로 하나의 경작지로 변모해 갔다. 뱅크스는 타히티의 빵나무를 카리브로 보냈고, 아프리카 노예들로 인해 쌀이 캘리포니아로 전해졌으며, 유럽 재배자들은 커피 생산지를 모카에서 자바로 옮겼다. 미국 노예와 아프리카의 추장들이 인도 무명옷을 입었고, 인디언들은 고추와 토마토를 길렀으며, 남아메리카의 작물들도 포르투갈과 스페인의 침략으로 인해 확산되었다. 스웨덴에서는 린네가 수전水田, 계피 숲, 차 농장의 성공을 장담하면서 정부를 설득하여 야심에 찬 자신의 프로젝트에 투자할 것을 종용했다. 유럽에서 처음으로 바나나 재배에 성공한 린네는 자신이 그리던 미래에 대한 지지를 얻게 되었다. 영국과 네덜란드조차 해외 영토에서 수입해야만 하는 진귀한 작물을 스웨덴 국민들은 자국 내에서 즐길 수 있을 것 같았다. 그러나 스웨덴으로써는 안타까운 일이지만, 린네가 꿈꾼 농업은 그의 분류법보다 수명이 짧았다.

린네의 체계가 널리 퍼진 것은 오류가 없어서가 아니라 추종자들과 힘을 합해 자신의 분류법의 편리성을 박물학자들에게 이해시켰기 때문이다. 린네는 뱅크스처럼 막강한 협력자들의 도움을 받기도 했지만, 강력한 반대에 직면하기도 했다. 영국의 젠틀맨들은 린네가 노골적인 성적 어휘를 구사했다고 분개했다. 프랑스 식물학자들은 성 문제에 대해서는 그럭저럭 이해했으나 자연을 인공의 범주에 가두는 것이 잘못이라고 생각했으며, 린네가 꽃에만 초점을 맞춰 식물의 다른 특징들을 무시했다고 비판했다. 이들의 가장 막강한 대변인은 뉴턴주의 수학자로서 왕립식물원장을 지냈던 조르주 뷔퐁Georges Buffon이었다. 뷔퐁이 저술한 44권에 이르는 방대한 대작 『자연의 역사Histoire naturells』는 생명과학 분야의 백과사전이라고 부를만한 저술로, 지구와 그 위에 서식하는 모든 생물에 관한 정보를 총망라했다. 이 책은 곧 영어로 번역되어 유럽 전역의 찬사를 받았다. 아리스토텔레스의 '존재의 거대한 사슬The

Great Chain of Being'로 거슬러 올라간 뷔퐁은 아주 미천한 생명에서부터 복잡한 동물을 거쳐 인간에 이르고, 인간을 넘어 신에게 이르는 연속적인 계층구조를 마음속에 그렸다. 가장 중요한 점은 뷔퐁이 박물학에 역사의 개념을 도입했다는 점이다. 성서에 쓰인 글자 그대로의 의미를 거부한 그는 지구의 과거에까지 관심을 가졌고, 이를 통해 특정 형태의 변화와 진화가 가능할 수 있다는 점을 밝혔다. 린네가 여전히 신이 6일이라는 짧은 시간에 세계를 창조할 때 부여한 신성한 질서를 찾아 헤맬 때, 뷔퐁은 장구한 시간 동안 변화한 우주를 생각했다. 뉴턴의 주장을 이용한 그는 지구란 처음에는 바다에서, 나중에는 육상에서 생명을 지탱하게 된 점차 식어가는 구체라고 파악했다. 식물을 분류함에 있어서 뷔퐁은 전통적인 방법을 무시하고 현재의 외양보다는 모체의 기원에 따랐다.

뷔퐁과 린네는 엄연한 차이가 있지만, 두 사람 모두 유럽의 우수성을 믿었다. 린네가 비록 현대 분류학의 창시자로 알려져 있지만, 그의 과학적 신념은 기독교 신앙에 뿌리를 두고 있다. 그는 자신이 가꾼 정원을 천국의 축소판으로 여겼다. 마치 창조주의 분류 계획을 전시라도 하듯 자신의 정원을 에덴동산과 같이 네 구역으로 설계했다. 린네는 인간에게도 이러한 체계를 적용했다. 네 개의 대륙과 천국의 네 구역 그리고 인간의 네 가지 체액에 상응하는 네 가지의 인종으로 인간을 분류했다. 그에 따르면 최고의 인간은 창조적이고 낙천적인 유럽 백인들이고, 나머지 셋은 침울하고 노란 아시아인, 게으르고 검은 아프리카인, 그리고 천하태평인 붉은 아메리카 인디언들이다.

린네의 이론은 제5의 대륙인 오스트레일리아의 발견으로 충격을 받았다. 18세기 말에 이르러 인종에 관한 유럽의 이론은 다른 사회를 만나면서, 또한 노예에 관한 정치적 논쟁이 벌어지면서 변화를 겪었다. 이제 논쟁의 중심은 인종의 수가 아니라 두 가지의 다른 문제로 옮겨졌다. 과연 인간과 다른 영장류 사이에는 넘지 못할 명확한 경계가 존재하는가? 그리고 유럽인들은 다른 사람들에 비해 본질적으로 우수한가? (만약 그렇다면 흑인 남자와 백인 여자 중에 누가 더 우수한가?) 노예해방을 주장하던 이들은 모든 인간이 평등하게 태어났다고 주장했다. 인간의 신체적 차이는 거주지의 기후에 적응하면서 발생했다고 주장했다. 반면 노예주들은 유럽 백인과 아프리카 흑인은 별개의 종이라고 주장함으로써 착취를 정당화했다.

박물학자들은 개인적 판단이 아니라 정밀한 측정에 기초한 완전히 새로운 분류방법을 채택함으로써 인종에 관한 문제를 해결하기 시작했다. 그들은 정량적 접근을 통해 인종에 관한 과학적 연구를 할 수 있다고 주장했다. 그러나 정량적 분류학자들은 객관성을 주장하면서도 인종에 관한 내부 토론에서는 역시 주관적인 잣대를 들이댔다. 저명한 네덜란드 해부학자이자 노예제 반대자였던 피터 캄페르Pieter Camper는 서로 다른 대륙의 사람들 사이에는 단지 상대적인 차이점만 있을 뿐이란 사실을 밝히고자 했다. 그러나 그가 보여준 그림(그림 24 참고)은 도리어 유럽인의 우수성을 지지하는 결과를 낳았다. 두개골을 관찰하면서 캄페르는 안면의 각도를 측정했다. 몇 가지 기하학적 조정을 거친 후에 그는 두개골을 단계별로 배치했다. 유인원의 것을 제일 좌측에 두고 아프리카인과 아시아인을 거쳐 현생 유럽인들을 지나 마침내 맨 오른쪽에는 아폴로의 조상을 배치했다. 가로, 세로로 그은 격자선이 비록 수학적이라는 느낌을 주지만, 기괴한 영장류와 완벽한 그리스 신이라는 두 개의 극단을 양 끝에 배치하고 그 가운데 인간을 넣어 극단과의 상대

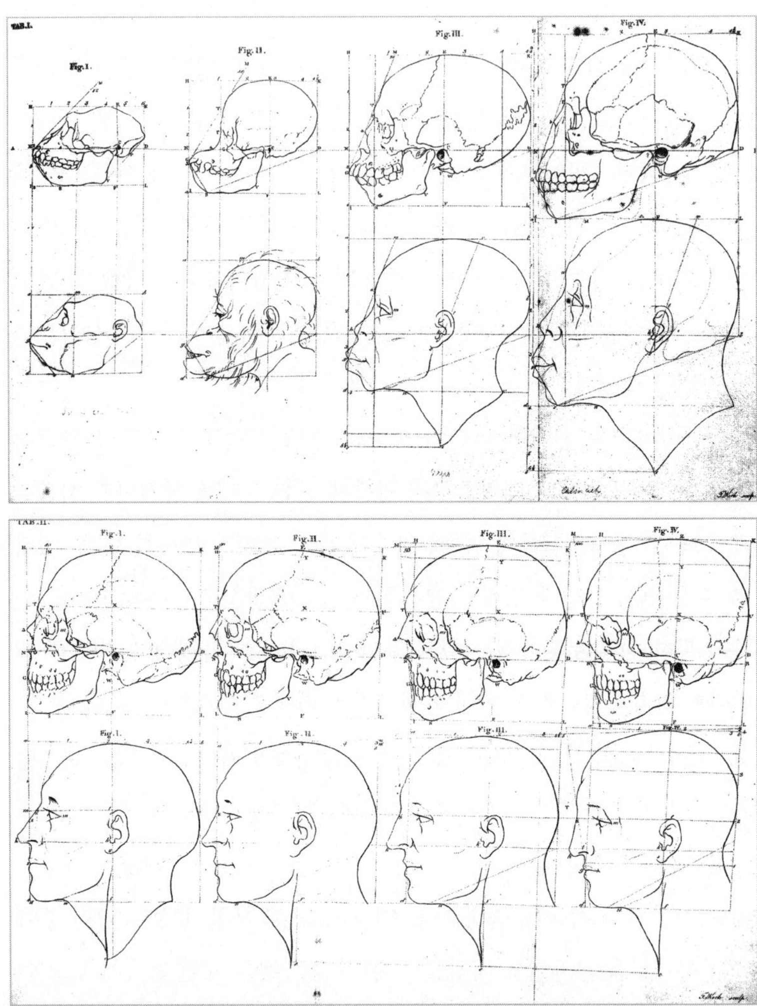

그림 24 | 얼굴 옆모습(유인원, 오랑우탄, 흑인, 다른 계층의 인간), 피터 캄페르, 『故 캄페르 교수의 작품, 해부학과 데생, 유화, 조상술의 만남The Works of the late Professor Camper, on the Connexion between the Science of Anatomy and the Arts of Drawing, Painting, Statuary…』, 1794년.

적 거리로 인간의 등급을 매긴 것은 지적이라기보다는 다분히 감각적이라고 할 수 있다. 기하학을 이용하여 자의적으로 등급을 매김으로써 캄페르는 아리스토텔레스가 주장한 '존재의 거대한 사슬'에 과학적 신뢰를 부여한 셈이었다.

이렇듯 캄페르가 정량화한 분류체계는 인종에 대한 편견을 과학적으로 인정하는 결과를 초래했다. 이때부터 정량적으로 특정된 뇌의 크기를 비롯한 인간의 각종 특징들이 인종과 성 사이의 본질적 차이를 정당화하는 수단이 되었다. 계몽주의 시대는 위대한 분류의 시대로 칭송된다. 이 시기에 과학은 말끔한 분류를 통해 세상을 이해했다. 하지만 분류학자들마다 기준이 달랐고, 완벽한 분류체계가 있다는 것에 모두가 동의하지 않았다. 과학적 지식의 여러 측면들이 그러했듯, 합의는 협상을 통해서 도출되었다. 가장 설득력 있는 주장을 내놓은 사람이 늘 이기는 것은 아니었다. 때로는 가장 큰 목소리를 내는 사람이 이기기도 했다.

직업 : 과학이 가져온 신분상승의 기회

황녀가 내년 봄에 큐Kew에다 60미터짜리 뜨거운 온실을 짓겠다는군요.
가장 더운 지방의 진기한 식물을 가꿀 모양이요.
아마 그 안에서는 끊임없이 뜨거운 바람을 내뿜는 내 파이프가 매우 유용할거요……
이곳은 지금 온실용 식물을 키우는 작업이 한창이라오.
– 스티븐 헤일즈Stephen Hales, 「존 엘리스John Ellis에게 보낸 편지」, 1758년.

영국의 젠틀맨들은 돈벌이를 천하게 여겨 스스로 멀리했다. 부유한 어떤 귀족이 의회에서 말했다. '돈을 위해서 과학을 하다니요? 뉴턴은 세상을 가르치고 깨어나게 했습니다. 그런 분들이 책을 팔러 다니는 것은 추한 일입니다.'[7] 이런 말은 넉넉한 사람들에게는 고고하게 들렸으리라. 그러나 든든한 후원자도 없고 가문이 좋지도 않았던 이들은 과학을 하면서도 항상 돈을 벌 방도를 찾아야만 했다. 18세기 동안, 강사나 출

---

7. 로드 캠든Lord Camden, 윌리엄 코베트William Cobbett의 『영국 의회사 : 초기부터 1803년까지The Parliamentary History of England from the Earliest Period to the Year 1803』(런던 : 롱맨, 1812–20년), 13–36권에서 인용.

판가, 작가, 도구 제작자 등 과학에 종사하던 이들은 과학을 팔아 이윤을 남길 방법을 모색했고, 긍정적인 결과들이 나타나기 시작했다. 많은 이들이 과학의 유용성을 설득한 덕에 과학은 대중들에게 더 많은 인기를 얻었고, 더 많은 잠재적 구매자를 효과적으로 찾아낼 수 있게 되었다. 그리고 고개이 수는 더욱 급속히 증가했다. 영국에서 시작한 과학의 인기는 점차 유럽과 미국으로 퍼지면서 더 공개적이고 상업적인 사업으로 커나갔다.

장기적 관점에서 과학의 미래를 바라보자면, 계몽주의 시대의 가장 중요한 발견은 특정한 도구나 이론이 아니라 과학이 직업이 될 수 있다는 생각의 전환이었다. 오늘날 적어도 원칙적으로는, 어떤 집안의 아이라도 좋은 교육 과정을 거쳐 대학을 나와 전문적인 과학적 소양을 갖추면 연구기관이나 사무실에 근무하면서 안정된 수입을 얻고 간행물을 구독하거나 협회활동을 할 수 있다. 이러한 패턴이 없었던 18세기에는 진취적 철학자들이 자신의 삶을 실험대상으로 삼아 과학을 통해 생존할 수 있는 가능성을 만들기 시작했다. 실제로 부자가 된 사람들도 많았다. 더욱 중요한 것은 이들이 똑똑한 인재들을 키워 전통적 계층구조에 도전할 수 있도록 도왔다는 점이다. 이와 더불어 작가, 예술가, 음악가 등도 돈을 벌 수 있는 전문 분야를 창출하기 위해 노력했다.

기존의 사회구조는 아주 더디게 변했고, 권력과 특권의 협조체제는 여전히 막강했다. 과학 분야의 혁신가들에게는 왕립학회 회원이 되는 게 큰 도움이 되었다. 왕립학회는 귀족들의 모임에서 열성적인 연구기관으로 서서히 변모하기 시작했다. 귀족들과 해군 장성들이 여전히 학회를 구성하고 있었지만, 중산층 가운데 신분상승을 꿈꾸던 많은 이들이 업적을 입증하여 회원이 되었다. 급여를 받던 파리의 학자들과 달리,

이들 진취적인 영국학자들은 자신들의 저서와 발명품을 시장에 내놓기로 결심했다. 이들은 왕립학회 회원FRS이라는 특권과 학회의 명성을 앞세워 후원자를 물색하고 상업적 계약을 체결하는 등 돈을 벌기 위해 애썼다. 크게 보자면 이들은 과학을 사회로 끌어들여 입지를 다진 셈이다.

왕립학회는 대영박물관 관장직을 유급직으로 만들었는데, 이로써 영국에서 처음으로 과학 분야의 유급직책이 탄생했다. 1759년 국책기관으로 문을 연 대영박물관은 예술작품과 서적뿐 아니라 진귀한 조개, 박제, 광물, 식물 등도 함께 전시했다. 학회 회원들은 박물관장직에 고윈 나이트Gowin Knight를 성공적으로 진출시켰다. 가난한 목사의 아들이었던 나이트는 의사이자 발명가이기도 했는데, 옥스퍼드 대학의 장학생에서 시작하여 왕립학회의 고위직에 이르기까지 자수성가한 인물이었다. 기회주의자라는 비판도 받았지만, 나이트의 성공은 혁신의 가치를 널리 알리는 계기가 되었다. 나이트는 과학의 미래를 위해 개인의 발전이 반드시 필요하다는 인식을 계몽주의 시대의 여러 진취적 인사들에게 심어주었다.

나이트는 이상보다는 현실적인 혁신이 더 중요하다는 사실을 몸소 보여준 사람이었다. 나이트의 이론은 황당하고 복잡했지만, 그보다 중요한 것이 있었다. 바로 그의 발명들과 자수성가한 기술이었다. 전 세계 도구 거래의 중심지였던 런던에서 나이트는 고품질 강철 자석을 소개하여 많은 이윤을 남겼고, 실험적 연구에 있어서도 정확한 측정의 지평을 넓혔다. 무역의 중요성과 제국의 항해술 증진을 역설하면서 자신이 개발한 정확하고 값비싼 나침반을 영국 해군에 납품하게 된 나이트는 더 높은 지위와 부를 누리게 되었다. 전형적인 호혜의 원칙을 몸소 실천하고 해군의 신뢰까지 확보한 나이트가 개인의 영달을 얻은 것은 물론이었고, 그에 편승한 왕립학회는 영국 무역에서 차지하는 과학의 역할을 강조하며 지위를 굳힐 수 있었다.

대영박물관의 관장이었던 나이트는 린네의 분류체계를 채택하여 과학을 대중적 형태로 바꿨다. 과학에 관심을 갖는 사람들은 늘어났지만 과학의 대중회는 더디게 진행되었다. 18세기에도 과학에 접근할 수 있는 계층은 제한적이었다. 당시의 편견에 따라 나이트도 대영박물관의 출입을 제한했기 때문에 여자나 노동자들은 최신 발견들에 대한 정보를 얻기 어려웠다. 왕립학회 회원이 되려면 개인적으로 추천을 받아야 했다. 일부 도구 발명가들이 회원으로 선발되기도 했지만, 과학 지식을 충분히 갖춘 사람이라 하더라도 부유한 자제들이 대학에서 배운 것 같은 아첨 기술이 없으면 회원자격 신청마저도 기각되었다.

벤저민 마틴Benjamin Martin은 도구를 개발하고 입문서를 저술하며 전국 강연을 통해 과학 확산에 열을 올렸던 뛰어난 실험주의자였으나, 왕립학회 회원자격 신청이 기각되자 평생을 유감스러워 했다. 마틴과 같은 마케팅의 개척자들은 중산층에게 과학의 중요성과 재미를 알리는 데 아주 중요한 역할을 했다. 특권층의 거만한 학자들은 이러한 개척자들을 철학자 행세를 하는 장사꾼들이라며 조롱했지만, 실제 영국의 일상에 과학이 파고들 수 있었던 것은 이러한 개척자들의 노력 덕분이었다. 그림 22는 태양계의와 공기펌프 그리고 과학의 신비로 대중을 자극하기 위한 여러 장치들을 한 가족에게 보여주는 장면이다. 장인들은 더 많은 장치들을 만들어 판매를 촉진했으며, 과학을 이해하는 것이 유행이 되었다. 그림 20에서 탁자 아래에 천구의를 배치한 것은 이 값비싼 장비가 사실은 단순한 장식품일 뿐, 실제로 사용하려는 목적은 아니었다는 점을 나타낸다. 자신의 문화적 소양을 드러내기 위해 집주인은 왼쪽 벽에는 프란시스 베이컨과 아이작 뉴턴, 오른쪽에는 시인 존 밀턴과 알렉산더 포프의 초상화를 새겨 넣었다.

대중이 개입하면서 과학의 발전 방향은 달라지기 시작했다. 왕립학회 회원들은 스스로를 지식 엘리트라고 여겼고, 과학을 모르는 일반 대중에게 자신들이 지적으로 영향을 미칠 것이라 생각했다. 그러나 실제로는 지적 영향을 서로 주고받았다고 하는 것이 옳다. 과학에 목마른 고객은 더 많은 지식을 요구했으며, 자연철학자들은 대단한 지식을 갖고 있는 것처럼 보여야 했다. 다시 말해, 이는 우주의 작동원리를 이론적으로 설명하는 것보다는 나침반이나 태양계 모형처럼 청중에게 즐거움과 교육을 동시에 선사할 시장성이 있는 도구를 만드는 방향으로 과학자들의 연구가 선회했음을 의미한다. 한 방향으로만 흐르던 정보가 이제는 생산자와 소비자가 상보적 관계로 얽히고설키게 된 것이다.

경쟁은 치열했다. 마술이나 극장 공연에 몰렸던 관객을 뺏어오기 위해 과학 강연자들은 관객의 흥미를 끌만한 것을 만들어야 했다. 전기야말로 가장 극적인 효과를 만들어 낼 수 있는 도구였다. 전기는 계몽주의 시대 시장에서 가장 성공한 과학적 성과물이었다. 마틴이 이론 저술에 매진하고 있을 때, 전기는 '인간의 오락을 넘어선 천상의 즐거움'[8]을 선사했다. 순회 강연자들은 번쩍이는 워터 제트, 충전식 곤충, 칼을 대면 타오르는 정령의 유리구술 등으로 관객을 사로잡았다. 부유한 가정에서는 직접 이런 물건을 사들이기도 했고, 귀부인들은 전기 키스를 통해 구혼자들의 애간장을 녹이기도 했다. 하노버 궁정에서는 전기를 이용한

---

8. 벤저민 마틴, 『젊은 젠틀맨과 귀부인을 위한 철학The Young Gentleman and Lady' Philosophy』(런던, 1759~63년), 2권.

공연이 댄스파티를 대신했고, 베르사유 궁에서는 180명의 병사를 전기 충격으로 허공에 띄우기도 했다. 런던의 한 만찬장에서는 전기 수저가 분위기를 돋웠으며, 미국인들은 전기 쇠꼬챙이로 구운 칠면조 축제를 계획하기도 했다. 그러나 전기의 역사는 사고의 연속으로 이어졌다. 의욕에 넘치는 실험가들은 코피가 터지거나 심지어 죽기도 했다.

중요한 발견은 오히려 뜻하지 않았던 곳에서 발생했다. 처음으로 개발된 전기 장치는 뉴턴이 유리와 공기펌프를 연구하던 중 우연히 발견한 것이었다. 포목장사를 하다가 과학에 입문한 뉴턴의 조수 프랜시스 혹스비Francis Hauksbee는 자신의 손 아래에 있던 진공관이 신기한 자줏빛으로 이글거리는 것을 발견하고 놀랐다. 몇 년 후, 어떤 네덜란드 교수도 물병과 총신(약실부터 총구까지의 금속부분-옮긴이), 혹스비의 기계를 동시에 만지작거리다가 엄청난 충격을 받았다. 정전기를 축전할 수 있는 최초의 장치인 라이덴병Leyden jar이 개발된 계기였다. 18세기 말 루이지 갈바니Luigi Galvani라는 해부학자는 전기 장치 옆에 두었던 죽은 개구리의 다리가 꿈틀거리는 장면을 보았다. 이 우연한 발견들이 수많은 시행착오를 거치면서 오늘날의 전기 장치들로 발전했다.

전기는 런던의 왕립학회 내부에서 개발되었지만, 각종 재주를 부리거나 유용한 도구를 제작하던 사업가들에게 더 효과적으로 사용되었다. 혹스비가 왕립학회 저널에 발표한 실험 자료의 복사본 하나가 지방에서 염색업을 하던 스티븐 그레이Stephen Gray의 손에 들어갔고, 그레이는 런던에서 전기 사업을 하기로 결심했다. 그림 25는 그레이가 보여준 가장 극적인 곡예로, 전기를 공급받은 소년이 침실 천장에 매달려 손으로 놋쇠 가루를 끌어당기는 장면을 묘사하고 있다. 그레이의 집에서 행해진 이 실험은 입소문을 타고 급속히 번졌다. 런던 왕립학회를

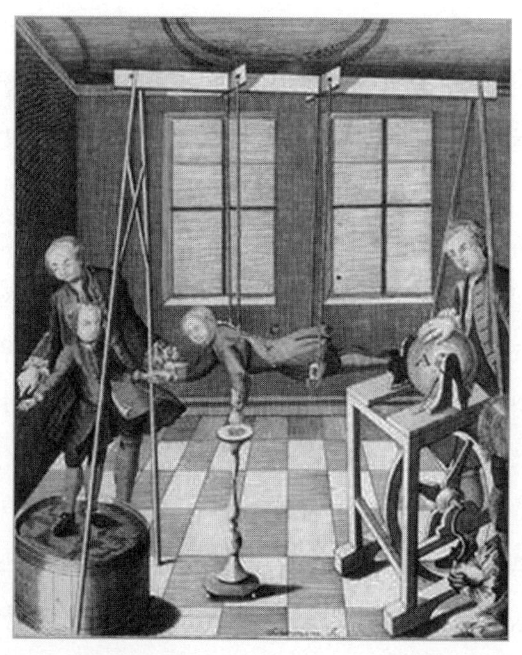

그림 25 | 매달린 소년, 윌리엄 왓슨William Watson, 『실험과 관찰을 통해 설명한 전기의 속성과 특징들 Suite des experiences et observations, pour server à l'explication de la nature et des propriétés de l'électricité』, 파리, 1748년.

포함한 자연철학자들 사이에서 시작된 관심은 책과 간행물을 통해 유럽 전역과 미국 북동부까지 퍼졌다. 이 그림은 학회의 연구가 돈벌이를 위한 공연으로 바뀌는 모습을 담고 있다. 그림에서 오른쪽에는 보조원이 전기 장치의 손잡이를 돌리고 있고, 또 다른 보조원은 회전하는 천구의에 손을 올려놓고 있다. 줄에 매달린 소년은 전기의 힘을 이용해 왼손으로 놋쇠 가루와 깃털을 끌어당기고, 오른손으로는 부도체 발판을 딛고 선 두 번째 지원자에게 전하를 전달하고 있다. 유료 관객들에게 성적흥분을 가미하기 위해 소녀들을 등장시키기도 했다.

과학을 실생활에 접목하는 것도 과학의 발달을 부추겼다. 낙관론자

272

들은 전기의 힘으로 암탉이 알을 더 많이 낳게 하거나 날씨를 더 건조하게 만들 수도 있으며 야채도 더 크게 키울 수 있다고 호언장담했다. 이 가운데 특히 중요한 두 가지 발명이 있는데, 바로 피뢰침과 전기충격 치료법이었다. 정치홍보물 출판가였던 벤저민 프랭클린도 이 두 가지 발명의 효과를 지지하고 나섰다. 미국에서 '프랭클린의 연'은 뉴턴의 사과에 필적할만한 사건이었다. 프랭클린이 철로 만든 열쇠를 들고 번개를 부르기 위해 용감하게 뇌우 속으로 뛰어들었다는 이야기도 전해진다(흉내를 내다가 불행한 종말을 맞은 사람들도 있었지만, 프랭클린은 비단천으로 신중하게 양손을 절연했다). 미국에서 시작해 유럽으로 전해진 피뢰침은 교회와 선박을 비롯한 높은 구조물에 설치되었고, 오늘날까지도 번개를 지상으로 안전하게 끌어내리는 역할을 한다.

피뢰침과 달리 전기 치료법은 현대의 관점에서 보면 잔인하고도 황당하다. 그러나 당시에는 프랭클린을 비롯한 저명한 연구가들이 독감이나 치통뿐 아니라 정신병과 마비에 이르기까지 광범위한 질환에 전기 치료를 권장했다. 제대로 확립된 의학적 정설이라는 것이 없던 시대였기 때문에, 가장 숙련된 전통적 의사들마저 감염을 예방하거나 고통을 덜어줄 방법을 거의 찾지 못하고 있었다. 의사들은 절망에 빠진 부유한 환자를 유치하기 위해 경쟁했고, 환자들 가운데는 전기 치료가 도움이 되었다는 증명서를 써주는 사람도 많았다. 18세기 말에는 그 누구도 위약효과(플라세보 효과placebo effect)때문이라는 사실을 공식적으로 밝히지 못했지만, 전기 치료는 효과적인 돈벌이 수단이었을 뿐만 아니라 사회적으로 신망을 얻을 수 있는 도구이기도 했다.

전기 치료 의사는 대부분 남자였고, 환자는 주로 여자였다. 그 이유는 여자가 전기의 효과를 잘 흡수한다는 것이었다. 그러나 가장 중요한 이유는 여자들이나 장인들이 모두 정치나 학술 활동에서 2류 시민이라는 것이었다. 그림 20은 아버지가 아들 쌍둥이 형제 중 형을 데리고 베이컨과 뉴턴의 형상이 장식된 쪽에 위치하여 그들과 동류임을 나타내고, 반면 어머니와 딸들은 문학적인 영역에 위치해 있다. 딸과 함께 카드로 집을 만들고 있는 쌍둥이 남동생은 유산 상속의 기회를 박탈당했음을 암시한다. 과학이 유행하면서 여자들은 관객으로 등장했다. 지식을 이해할 능력은 있지만, 지식을 창조하도록 허락받지 못했던 것이다. 벤저민 마틴이 쓴 책들 중 한 권에, 옥스브리지Oxbridge(옥스퍼드나 케임브리지 두 대학을 가리키거나 그 중 한 대학을 가리킴-옮긴이) 학생이 방학에 누이에게 실험을 해 보이는 장면이 있다. 학생은 잘난 척하며 간단한 설명을 하고, 누이는 그의 총명함에 열광하고 있다. 작품의 숨은 뜻은 명확하다. 만약 누이나 딸들이 과학을 이해할 수 있다면, 교육을 받지 못했다고 하더라도 남자라면 누구나 조금만 배워도 과학적 논법을 이해할 수 있다는 점을 역설한 것이다.

18세기 말에 이르자, 마틴이나 다른 유명 작가들처럼 인습의 벽을 넘어 스스로 책을 쓰고 돈을 벌겠다고 결심한 여자들이 등장했다. 마틴의 작품에 등장한 잘난 척하는 오빠를 제치고 여성 작가들은 당당한 여자 주인공을 만들었다. 주인공으로 등장하는 모성애 넘치는 여자 가정교사는 어린 학생들에게 도덕과 자연세계의 아름다움, 질서를 가르쳤다. 여성들은 비록 대학과 연구소에 들어가지 못했지만 그 어느 때보다 많은 사람들에게 실험 연구 결과에 관한 정보를 알려줌으로써 과학 발달에 핵심적 역할을 수행했다. 여성들이 쓴 책 가운데는 국제적인 베스트셀러가 된 책도 나왔으며, 이 책을 읽고 과학자가 된 사람도 있었다. 마이클 패러데이는 전기장을 소개하여 세계적으로 유명해졌지만, 그는 항상 모든 영광을 제인 마르셋Jane Marcet에게 돌렸다. 엄마와 자녀들의 대화를 통해 화학을 알린 마르셋의 책을 읽으며 패러데이는 과학자의 길을 걷겠다고 결심했기 때문이었다.

오늘날 패러데이는 전기 산업의 아버지로 영웅적 대접을 받고 있지만, 18세기의 진취적 사상이 없었다면 급여를 받는 과학자라는 경력은 꿈도 꾸지 못했을 것이다. 1711년에 발표된 소설의 주인공 스펙테이터Mr. Spectator는 대중을 향해 과학에 다가갈 것을 촉구하며 다음과 같은 말을 남겼다. '나는 벽장과 도서관 그리고 학교와 대학에 숨어 있던 철학을 꺼내 클럽과 모임, 찻집 그리고 커피하우스로 가져다주었다고 당당히 외치고 싶다.'[9] 전통적인 위계질서는 붕괴되어갔지만, 『스펙테이터The Spectator』가 출판되고 거의 100년이 지나서도 패러데이의 꿈은 부분적으로만 실현되었다. 대장장이의 아들로 태어난 패러데이에게 대학은 너무나도 요원했다. 그러나 마르셋의 책을 읽고 고무된 그는 18세기 말에 과학 연구와 교육 증진을 목적으로 설립된 왕립연구소Royal Institution의 소장이었던 화학자 험프리 데이비Humphry Davy의 조수가 되었다. 데이비가 죽은 후, 패러데이는 연구소의 소장이 되었다. 100년 전 『스펙테이터』 시대의 사람들은 꿈도 꾸지 못했을, 그야말로 '개천에서 용 난' 사건이었다.

전통적 계층구조에 대한 편견이 매우 더디게 사라진 것에 비하면 패러데이의 성공은 극히 예외적인 경우였다. 패러데이가 궁핍했던 유년 시절을 벗어나 과학의 길로 들어섰지만, 특권층 사람들은 그를 멸시했을 뿐 아니라 신분상승이나 균등한 기회 따위를 두려워했다. 1801년 왕

---

9. 도널드 F. 본드Donald F. Bond, 『스펙테이터』(옥스퍼드 : 클라랜던 출판사, 1965년), 5권.

그림 26 | 제임스 길레이, 「과학 연구! 공기역학의 새로운 발견! 공기의 힘에 관한 실험적 강연Scientifi c Researches!–New Discoveries in Pneumaticks!–or–an Experimental Lecture of the Powers of Air」, 손으로 채색한 동판화, 1802년.

립연구소가 설립되었을 때, 연구소에는 일꾼들만 출입하는 돌계단이 따로 있었으며, 전시실에도 일꾼들 자리는 특권층들의 자리와 멀리 떨어져 있었다. 그러나 그나마 있던 돌계단도 곧 폐쇄되고 말았다. 제임스 길레이James Gillray가 그린 그림 26에서 보듯, 청중은 부유층으로 제한되었다. 그러나 런던의 최신 유행이던 화학 실험쇼를 보면서 열심히 기록하는 모습으로 표현함으로써 이들을 조롱하고 있다.

오늘날 과학의 입지가 아무리 굳건하다고 해도, 2세기 전에는 과학의 지위가 명확하지 않았다. 그림 속에서 소리치고 있는 강사인 험프리 데이비는 지금은 비록 새로운 원자들을 발견하고 안전 램프를 개발한 인물로 높이 평가받지만, 당시에는 기존 제도를 위협하는 프랑스 화학을 수입한 사람으로 종종 욕을 먹었다. 길레이가 그린 그림은 실제로 실패한 실험쇼를 풍자한 것이었다. 이 실험에서 청중이 가져온 기니피그 한 마리가 웃음 가스(아산화질소, 오랜 시간이 지나서야 마취제로 사용되기 시작했다)를 너무 좋아해 강사의 저지에도 불구하고 계속 먹으려 들었다고 한다. 현란한 공연 능력을 지녔던 데이비는 자기가 개발한 화학물질과 전기 장치를 이용하여 자연의 힘을 제어하는 모습을 선보이며 성공적인 실험쇼를 진행하기도 했다. 자기 홍보에 열을 올렸던 데이비는 스스로를 실험의 귀재로 다듬어갔고, 마침내 그 대단한 왕립학회의 회장직에까지 올랐다.

그러나 과학에는 여전히 제약이 많았고, 누가 진정으로 과학을 하는 사람인지에 대한 구체적인 합의도 없었다. 심지어 '과학자'라는 단어도 탄생하지 않았다. 변화를 통해 세상을 지배하고자 했던 베이컨을 떠올리며, 데이비는 실험을 통해 인간은 '그저 한 명의 학자로서 수동적으로 자연의 원리나 이해하려고 하는 게 아니라 독자적인 도구를 가진 자연의 능동적인 주인으로서 힘차게 자연을 탐구'[10]할 수 있다고 역설했다. 그러나 데이비 역시 과학을 사칭한 투기꾼들을 조심해야 한다고 경고했다.

이러한 야심을 가장 잘 포착한 사람이 메리 셸리였다. 데이비의 저서 『강의Lectures』에 깊이 매료되었던 셸리는 빅터 프랑켄슈타인을 창조했다. 그녀가 창조한 프랑켄슈타인은 실험과학의 야누스 같은 면을 구현한 인물이었다. 데이비의 경고에 보조를 맞춰 셸리는 독자들이 갖고 있

---

10. 험프리 데이비, 『험프리 데이비 경의 선집The Collected Works of Sir Humphry Davy』, 존 데이비John Davy 편집, 9권(런던 : 스미스, 엘더, 1839–40년).

던 과학 연구에 대한 불안감을 글로 옮겨 독자들의 마음을 사로잡았다. 오늘날 프랑켄슈타인은 과학의 위험성, 특히 원자폭탄을 예견하여 창조된 인물로 해석되기도 한다. 그러나 셸리는 당시 과학이 처한 이중적 입장을 그리고자 했다. 나이트와 마틴 그리고 수없이 많은 선도적 철학자들이 대중에게 과학을 팔았지만, 19세기 초의 많은 사람들은 과학을 쉽게 믿지 않았다.

산업 : 발전과 탐욕의 양면성

리치필드Lichfield의 다윈 박사Dr. Darwin가 주기도문, 사도신경, 십계명을
통속적인 언어로 발음해주는 장치를 만들어서
이 글을 쓰는 날로부터 2년 내에 그 장치와 함께 소유권을 내게 넘기면
내가 1000파운드를 지불하겠다고 약속하는 바이다.
— 매튜 볼턴Matthew Boulton, 1771년 9월 3일.

1830년대에 이르자 웨스트민스터사원에 유명한 사람들이 너무 많이 묻히는 바람에 공간이 부족해졌다. 제임스 와트James Watt 조각상이 널찍하게 자리를 차지하자 세간의 반대가 심했지만, 와트를 현대의 아르키메데스로 여기던 성인聖人전기 작가들의 힘이 압도적으로 셌다. 성인 아르키메데스가 욕조에서 '유레카!'를 외쳤던 반면, 꼬마 와트는 끓는 주전자의 뚜껑을 바라보며 육중한 기계를 움직이는 증기엔진을 구상했다고 한다. 예찬자들에 따르면, 와트의 엔진 덕분에 영국은 세계 제일의 산업국가가 되었고, 값싼 제품을 전 세계에 공급했을 뿐 아니라 나폴레옹 전쟁에서도 승리할 수 있었다.

와트의 묘비명에 적힌 '철학적 연구를 통해 타고난 천재성을 더욱 함양하여'[11]라는 표현은 일종의 타협이었다. 런던 상류층 인사들은 지식보다는 돈을 축적하는데 혈안이 된 북부의 공장주들로 인해 영국이 부강해졌다는 사실을 인정하기 힘들어했다. 따라서 그들은 스코틀랜드 조선기사의 아들로 태어난 와트가 타고난 천재였으며 끈질긴 노력을 통해 독학으로 성공했다고 믿고 싶었다. 이와 반대로 제조업에 종사하던 와트의 동료들은 엔지니어라는 낮은 신분을 염려하여 와트를 진정한 과학적 사상가로 끌어올리고 싶어했다. 사회적 배경이 상반되는 이 두 집단은 결국 와트가 영감을 가진 엔지니어였으며 학구적인 과학자라는 결론에 합의했다.

와트는 증기엔진을 돈 버는 기계로 바꿨다는 칭송을 받으며 산업화의 영웅이 되었다. 한 사람의 발명이 아무리 중요하다고 해도, 그것만으로는 18세기 중엽에 일어난 유럽 산업화의 발원지가 영국이라는 사실을 설명하기에는 부족하다. 우선, 영국의 풍부한 천연자원도 하나의 이유가 될 수 있다. 개발자들은 제조업 자동화와 농산물 가공에 필요한 철, 석탄, 목재와 같은 원료를 지방에서 공급받았다. 또한 영국의 식민지였던 아프리카의 노예들이 캐낸 금과 함께 인적자원, 재화, 상품 등이 세계를 순환하면서 막대한 이윤을 챙길 수 있었다. 해외시장이 점차 커가면서 영국의 제조업자들은 아프리카와 아시아에서 싸게 들여온 면과 금속을 품질 좋은 직물과 화려한 장신구로 만들어 북미 대륙에 팔 궁리를 했다. 그에 북미 대륙은 아프리카 노예들이 생산한 농작물로 대금

---

11. 데이비드 밀러David Miller, "'씩씩거리는 제이미Puffing Jamie": 제임스 와트의 평판에서 '철학자'가 갖는 상업적이고 관념적인 중요성The Commercial and Ideological Importance of Being a "Philosopher"in the Case of the Reputation of James Watt(1736-1819년)', 『과학의 역사History of Science』(2000년).

을 지불했다. 영국의 산업적 부는 국내의 노동계급뿐 아니라 전 세계의 식민지 사람들을 쥐어짜면서 커져갔다.

18세기에 이르자 영국의 외관은 확실히 변모했다. 규모의 효율성에 관심을 가진 지주들은 전통적인 소작농의 개념을 없애고 대규모 농장으로 바꿨다. 원료를 들여오고 완제품을 수출하기 위해서 공장주들은 들판을 가로지르는 운하 건설에 참여했고, 크고 넓은 도로 건설에도 투자했다. 일터에서 내몰린 노동자들이 새로운 일자리를 찾아 북으로 향하면서 처음으로 북부 중심지들이 남부의 항구도시나 종교 중심지보다 더 크고 중요한 입지로 부상하였다. 전통적인 부는 유산과 농업에서 비롯되었지만, 19세기 초기가 되자 자수성가한 사업가들이 귀족들보다 더 부유해졌다.

빅토리아 시대의 비판가들은 검은 연기를 뿜어내는 굴뚝, 기차 소음, 황폐한 빈민가를 보며 경악했고, 노동자들의 가난과 불결한 위생 그리고 질병을 무시하는 고용주들을 혹평했다. 그러나 처음으로 새로운 제조기법을 도입했던 18세기 기업가들은 자신들의 혁신이 그토록 유해한 결과를 낳으리라고는 생각도 못했다. 이윤을 극대화하려는 목적도 있었지만, 무엇보다 그들은 발전을 신봉했다. 기계는 자신들의 지위를 향상시킬 뿐 아니라 노동자와 국가를 위해서도 더 많은 기회를 창출한다고 주장했다. 온정을 가진 지주들은 증기기계가 노동자들의 노고를 덜어줄 것이라고 전망했다. 이러한 전망이 순진한 낙관이며 착취에 대한 자기정당화에 불과하다는 사실이 후에 밝혀졌다.

산업화 초기의 작가들과 예술가들은 다리나 운하 그리고 공장이 자연경관을 망치기보다는 더 아름답게 만든다고 여겼다. 그림 27은 콜브룩데일에 건설된 세계 최초의 철교로, 당시 사람들이 그림처럼 아름답

그림 27 | 윌리엄 윌리엄스William Williams, 철교가 보이는 풍경View of Ironbridge, 1780년.

다고 여겼던 전형적인 풍경이다. 석탄과 철의 산지였던 콜브룩데일 계곡에는 자연스럽게 제련소가 들어섰고, 생산품은 세번 강을 따라 브리스틀의 애틀랜틱 항구로 운송되었다. 지역 발전을 칭송하는 이 그림에서 철교는 현대의 경이로움을 상징하며, 철은 미래의 만능 물질로 칭송받고 있다. 다리의 예술적인 구조는 목가적인 자연풍경과 잘 어울리며, 물에 비친 아치는 실제 아치와 연결되어 둥근 원을 이룸으로써 완벽한 신의 세계를 상징적으로 보여준다. 강은 골짜기를 따라 굽이굽이 흐르고, 나무로 덮인 부드러운 산비탈은 물길을 안내한다. 오염의 표식은 그저 연기 몇 덩어리뿐이다.

고요한 풍경과는 대조적으로 콜브룩데일의 철제 구조물은 웅장하고 이국적이어서 섬뜩한 전율을 느끼게 한다. 각종 예술작품과 문학작품을 보면, 중부지방의 공장들은 낡은 사원처럼 경이롭고 숭고한 모습으로 묘사되어 있다. 위용을 자랑하는 영국의 공장들은 자연이 만든 알프스의 날카로운 계곡과 이탈리아의 불타는 화산에 맞먹는 인간의 작품이었다. 모험심 많은 런던 사람들이 콜브룩데일의 매혹적인 양면성을 찾아 북쪽으로 여행하면서 국내 여행 산업도 번창했다. 남부의 어떤 여행객은 이렇게 찬탄했다. '용광로, 공장들과 더불어 거대한 기계 소리와 석회 굽는 가마의 연기는 험준한 바위와 어울려 온전히 장엄하도다.'[12]

계몽주의 시대의 영국은 종종 뉴턴의 시대라고 불린다. 뉴턴의 사상을 표방한 기계들과 추상적인 물리학을 함께 고려해서 붙여진 명칭이다. 만찬장에서는 순리와 예의가 넘쳐났지만, 각종 오염과 천재성이 공존하던 격동의 시대였다. 18세기 후반의 자연철학자들은 태양계 모형, 전기 기계, 공기펌프와 같은 도구들을 자랑스러워했고, 산업 연구가들은 자신들이 만든 찻주전자, 비누, 보석, 장신구, 염료 등이 훨씬 더 유용하고 돈이 되는 제품이라고 광고했다.

런던 왕립학회가 정부의 제국확장 프로그램에서 막중한 역할을 수행하는 동안, 일부 회원들은 루나 소사이어티Lunar Society라는 또 하나의 조직에 가입했다. 중부지방 전역에서 모인 루나 회원들은 서로의 집을 번갈아가며 한 달에 한 번 보름달이 뜨는 주의 월요일에 만났다. 1750년경에 설립된 비공식적인 이 모임은 지질학, 의학, 교육, 엔진, 전기, 화학, 기구, 식물, 은제품 등 다양한 분야를 대표하는 십여 명을

---

12. 프랜시스 D. 클링앤더Francis D. Klingender의 『농민의 연중행사Annals of Agriculture』(1785년)에서 인용. 아서 영Arthur Young, 『예술과 산업혁명Art and the Industrial Revolution』(런던 : 팔라딘 출판사, 1968년).

주축으로 했고, 유동적인 회원들이 참여했다. 공식 회의록은 남아 있지 않지만 그들이 주고받은 편지를 보면 관심분야가 매우 다양한 사람들이 진보라는 단일한 목적을 중심으로 생산적인 생각을 나누었다는 사실을 알 수 있다.

진보를 맹세한 루나 회원들이 보기에 영국인들은 산업화의 주역이면서 학식이 풍부하고 품위가 있으며 건강과 삶을 개선하기 위해 노력하는 사람들이었다. 회의적인 사람들은 로마제국을 들먹이며 지나친 호사는 타락을 부를 것이라고 걱정했지만, 열정적인 경제학자들은 산업화로 인해 구매자나 생산자 모두에게 이익이 돌아갈 것이라고 주장했다. 이들의 견해에 따르면, 부는 스스로 증식하는 속성을 가지고 있다. 그래서 부유해질수록 사람들이 더 많은 돈을 벌기 위해서 더 열심히 일하게 된다고 주장했다. 또한 이런 속성은 국가에도 그대로 적용되어, 이윤을 추구하는 제조업자의 노력 덕분에 국가가 더욱 강성해진다고 했다.

루나 소사이어티가 생각하는 진보에는 사회 조직의 개편도 포함되었다. 화학자 조셉 프리스틀리Joseph Priestley는 '영국의 계층구조가……공기펌프나 전기 장치 하나에도 벌벌 떠는 마땅한 이유가 있다'[13]고 말하면서 기술 혁신에는 정치적 의미가 있고 기계는 부와 권력을 가진 사람들을 송두리째 바꿔놓을 것이라고 위협했다. 이상향을 향한 열정에 가득 찬 초창기 사업가들은 번영이 모두에게 유익할 것이라고 장담했지만, 그들은 아직 직업의 만족도에 관해서는 무지했던 것으로 보인다. 에든버러 출신의 경제학자 애덤 스미스는 생산 과정을 여러 단계의 연

---

13. 조셉 프리스틀리Joseph Priestley, 『여러 종류의 공기에 대한 실험과 관찰Experiments and Observations on Different Kinds of Air』(런던 : J. 존슨 출판사, 1774-7년).

속적인 과정으로 쪼개어 각각의 노동자가 한 가지 업무를 반복적으로 수행할 때에 하나의 완제품을 혼자 만들어야 하는 책임감도 줄어들며 업무효율도 높아진다고 주장했다. 도기 제작소를 운영하던 조지아 웨지우드Josiah Wedgwood는 스미스의 조언을 따라 '실수하지 않는 기계 같은 인간을 만들겠다'[14]고 맹세했다.

루나 소사이어티 회원들은 동등한 자격으로 만났지만, 후세 사람들의 평가에서는 차이가 발생했다. 몇몇은 각기 다른 분야의 과학적 창시자가 되었다. 찰스 다윈의 조부였던 에라스무스 다윈Dr. Erasmus은 진화론에 관한 저술을 남겼으며, 독학으로 성직자가 된 조셉 프리스틀리는 기체에 대한 화학 실험을 했고(그는 순진하게도 소다수 제조법을 스윕스Mr. Schweppes에게 팔아버렸다), 윌리엄 위더링Dr William Withering은 어떤 여성 마법사가 사용하던 약초 치료법을 효과적인 심장병치료제로 개선했다. '철학적 연구를 통해 타고난 천재성을 더욱 함양하여'라는 말처럼 와트는 과학자와 엔지니어의 역할을 동시에 수행했다. 그러나 기업가 정신으로 나라를 변모시켰던 조지아 웨지우드, 제임스 키어James Keir, 매튜 볼턴 같은 동료들은 제조업자로 분류되었고, 과학적 견지에서 낮은 대우를 받았다.

이런 식으로 과학, 기술, 상업을 분류한 것은 와트의 조각상에 대한 논쟁처럼 시대착오적인 속물근성에서 나왔다. 웨지우드, 키어, 볼턴 등은 지역을 기반으로 한 사업가들이지만, 이런 식의 분류는 이들 역시

---

14. 토마스 벤틀리Thomas Bentley에게 보낸 편지(1769년), 『히스토리칼 저널Historical Journal』(1961년), 특히 34에 실린 닐 맥켄드릭Neil McKendrick의 '조지아 웨지우드와 공장 규칙Josiah Wedgwood and Factory Discipline'에서 인용.

왕립학회의 당당한 회원들이었다는 사실을 배제한 것이다. 웨지우드는 스스로를 '세계적인 도자기 업자'라고 광고하고 다닌 상인이었지만, 그 또한 정밀한 실험을 거듭하여 진흙, 광물, 안료 등을 분석함으로써 경쟁자들을 물리쳤고 실험 결과를 비밀 노트에 기록했던 사람이었다. 또한 가마 온도 측정을 위해 개발한 고열 온도계로 왕립학회로부터 과학적 연구에 기여한 사람으로 인정받았다. 키어는 비누 공장을 운영하여 개인적인 부를 축적했지만, 국제적인 크리스털 전문가로서 국가의 부를 증진하는데 공헌했고, 정밀한 화학 연구를 통해 위생문제 해결에도 크게 기여했다.

개인적 열정과 발전을 지향하는 분위기로 하나된 루나 소사이어티는 영국인의 삶에 큰 영향을 미쳤다. 왕립학회와 뜻을 같이하여 베이컨의 이상을 추구했던 버밍햄의 한 공장주는 스코틀랜드 작가 제임스 보즈웰James Boswell에게 이렇게 설명했다. '경이시여, 제가 여기서 팔고 있는 것은 전 세계가 간절히 갖고자 하는 것입니다. 그것은 바로 '힘'입니다.' [15] 증기의 힘으로 움직였던 볼턴의 기계들은 그 자체가 사회적 원동력이었다. 사회적 지위가 상승한 루나 회원들은 귀족층과 결혼하거나 땅을 사들이기도 하고 일꾼들의 숙소까지 딸린 화려한 저택을 짓는 등 전통적인 계층 질서에 도전할 수 있었다. 그들은 신분이 아닌 지적 능력이 개인의 성공을 보장할 수 있도록 교육제도를 민주적으로 바꾸자는 운동을 벌였다. 다윈과 몇몇 회원들은 '책임자'라는 지위에는 남자

---

15. 제임스 보즈웰, 제니 우글로Jenny Uglow의 『달의 인간들 : 미래를 만든 친구들The Lunar Men: The Friends Who Made the Future, 1730-1810』(런던 : 파버앤파버, 2002년).

가 올라가야 한다고 생각하면서도 여자 아이들의 교육 기회를 넓히기 위한 자금을 지원하기도 했다. 키어는 『화학사전Chemical Dictionary』을 통해 많은 사람들이 정보를 자유롭게 습득해서 판단력을 높일 수 있도록 고무했다. 그는 '모든 시대, 모든 나라의 대중이 문제에 대한 완전한 정보를 가지고 결정'[16]하기를 원했다. 화학은 특권층의 전유물이 아니라 모든 사람을 위한 지식이어야 한다는 신념을 드러낸 것이다.

제조업자들은 평등에 관한 약속을 강조하면서 고객들에게 상류층이 사용하는 것과 비슷한 제품을 살 수 있다고 설득했다. 그들은 광고 전략으로 현대풍의 은유를 이용해서 '물질적 행복'을 구매하면 '신분 상승'이 가능하다고 약속했다. 소비자 사회가 가능하려면 상품이 삶을 가치 있게 만들어야하며, 소유를 통해 행복해질 수 있다는 현대적인 개념은 18세기의 위대한 마케팅 혁신가들에 의해서 시작된 셈이다. 웨지우드는 불세출의 도예가였지만, 그의 가장 큰 업적은 욕망을 만들어냈다는 점이다. 욕망 때문에 소비자들은 실용적인 도기를 버리고 앞다투어 웨지우드의 최신 디자인의 제품으로 바꾸었고, 날이 갈수록 신제품을 선호하는 풍조는 더욱 만연해졌다. 제품 가격을 낮춤으로써 웨지우드는 귀족들이 쓰는 도자기와 비슷한 모양의 그릇을 사려는 중산층 고객을 지속적으로 확장시켜 나갔다.

루나 소사이어티는 민주적 가치를 주장했지만, 여전히 어떤 계층(예를 들어, 루나 회원들 정도)은 좀 더 특권을 누려야 한다고 생각했다. 여자

---

16. 잔 골린스키[Jan Golinski, 『대중문화로서의 과학 : 화학과 영국의 계몽, 1760-1820 Science as Public Culture : Chemistry and Enlightenment in Britain, 1760−1820』(케임브리지 : 케임브리지 대학 출판부, 1992년).

들에 대해서도 비슷한 생각이었는데, 사업적으로 부인들의 도움을 받는 사람들조차 여전히 여자들을 대등한 파트너로서 진지하게 생각하지 않았다. 에라스무스 다윈은 자동화를 찬양하는 화려한 장문의 시에 상세한 기술적 설명을 각주로 달면서 루나 동료들의 혁신을 노래했지만, 여자와 노동자들에 대해서는 언급하지 않았다. 아래의 시는 면직 산업의 혁신을 위해 다윈이 바쳤던 헌시의 일부다.

울퉁불퉁한 캠이 서서히 빨라지면
부드러운 실타래가 원추에 감기도다
……
아래쪽 바퀴가 천천히 구르기 시작하면
가로살이 날아다니고 굴대의 속도가 빨라지도다.[17]

다윈이 기계에 바친 이 시에서 회전하는 기계는 뉴턴이 묘사한 행성의 조화로운 운동과 닮았다. 내국인 노동자와 식민지 노예들에 대해서는 전혀 언급이 없다. 다윈은 기계가 도입되면서 기계 한 대당 관리할 남자 관리자 한 사람만 남기고, 남자든 여자든 수많은 숙련된 방적공과 직공들이 일자리를 잃어야 했던 끔찍한 현실에는 눈을 감았다. 더 나은 제품을 만들겠다고 약속했던 공장주들은 노동자들은 믿을 수 없고, 협조적이지도 않으며, 자동화 장치가 만든 완벽한 제품을 흉내도 못 낸다고 끊임없이 불평했다. 폭동이 발발했을 때조차 현대화의 경이로움을 노래하고 있던 와트와 웨지우드는 가난했던 시절을 까맣게 잊은 듯했

---

17. 에라스무스 다윈, 『식물의 사랑Loves of the Plants』(런던 : J 존슨 출판사, 1794년).

다. 그들은 소요의 바탕에 깔린 굶주림, 고된 노동, 실업 등의 원인에는 조금도 관심이 없었다.

초기 산업자본가들 덕에 경제적 발전이 가능했지만, 19세기가 되자 개혁주의자들은 다른 종류의 발전에 눈을 돌렸다. 다윈이 여성과 노동자들에 대해서 너무 쉽게 잊어버린 반면, 신세대 작가들은 가난한 공장 지대의 끔찍한 환경을 낱낱이 드러냈다. 1842년 직물 관리자 훈련을 받은 어떤 사람이 용감하게 맨체스터의 하층민 거주지를 찾았다. '분위기는…… 십여 개 굴뚝에서 나오는 연기 때문에 무겁고 어두웠다. 누더기 차림의 여자들과 아이들이 모여 있었다. 그들의 모습은 쓰레기 더미와 진흙탕에서 사는 돼지처럼 더러웠다.'[18] 그가 바로 바로 칼 마르크스Karl Marx와 함께 '공산당 선언The Communist Manifesto'을 만든 프리드리히 엥겔스Friedrich Engels였다. 엥겔스는 18세기 중반을 돌이켜 보면서 영국은 산업적으로 변모했으나 그 변화의 참 모습은 이제 비로소 이해되기 시작했다고 설명했다. 미래를 볼 수 있었다면, 그는 자신이 보여준 혁명적인 충격에 놀랐으리라. 이제는 역사가들이 이것을 이해하기 위해 분투해야 할 차례다.

---

18. 프리드리히 엥겔스. 프랜시스 윈Francis Wheen의 『칼 마르크스Karl Marx』(런던: 포스 이스테이트 출판사, 1999년)에서 인용.

혁명 : 단절과 연속의 진실

프랑스 혁명은 역사의 진행방향을 바꿨고, 역사를 인식하는 방법도 바꿨다. 프랑스 혁명공화국French Revolutionary Republic 3년(1794년), 파리 출신의 첩자가 영국의 공장들을 정탐하고 돌아와 이렇게 보고했다. '정치적 혁명의 전조이자 가장 중요한 원인인 기계의 발달이 유럽 전역으로 무섭게 퍼지고 있습니다.'[19] 산업이 변모하는 모습을 전달하는 과정에서 이 첩자는 '혁명'의 최신 개념을 설명했다. 지구를 중심으로 한 행

---

19. 르 터크Le Turc, 마가렛 제이콥Margaret Jacob의 『과학적 문화와 서구의 산업화 Scientific Culture and the Making of the Industrial West』(뉴욕 / 옥스퍼드 : 옥스퍼드 대학 출판부, 1997년)에서 인용.

성의 주기적인 움직임 따위의 발견이 아니라 갑작스럽고 돌이킬 수 없는 변화를 '혁명'으로 표현한 것이다. 프랑스 혁명 이후, 정치와 경제, 과학의 역사를 공부하던 많은 사학자들은 이 혁명의 개념을 받아들여 과거를 극적인 폭발과 단절의 연속으로 이해했다.

과학의 역사에서 화학 혁명Chemical Revolution은 종종 이러한 갑작스러운 이행을 상징하는 사건으로 등장한다. 화학 혁명은 미국과 프랑스의 혁명과 시기를 같이했으며, 더욱이 앙투안 라부아지에Antoine Lavoisier같은 거물이 자신을 혁명주의자라고 선포하면서 그 중요성이 더욱 부각되었다. 정치 선동가처럼 라부아지에는 자신의 전략을 꼼꼼히 준비했고, 과학에 혁명을 일으키겠다는 의도를 은밀히 기록했다. 1789년, 마침내 프랑스 혁명이 발발하자 그는 자신이 조셉 프리스틀리와 그의 동료인 영국학자들의 낡아빠진 화학 이론을 뒤엎었노라고 주장한 책을 출판했다. 그림 28은 라부아지에의 당당한 모습을 보여주고 있다. 그림에서 라부아지에는 아내 마리 폴즈Marie Paulze를 마치 과학의 여신인 양 지그시 쳐다보면서 자신의 책 『화학 선언Chemical Manifest』을 교정하고 있다. 이 책에서 그는 오늘날 사용하는 것과 유사한 새로운 화학명과 기호들을 소개했다. 탁자 위에 자랑스레 늘어놓은 도구는 산소를 만들기 위한 장치며, 그의 발치에서 희미하게 빛나는 물건은 정확한 측정을 강조하기 위한 장치다. 이렇게 정교한 그림을 그린 까닭은 라부아지에가 영국의 화학자들에게 승리를 거두었다 사실을 드러내기 위해서였다.

이 그림은 말로 다시 표현해도 역시 극적이다. 플로지스톤phlogiston이라는 가공의 원소를 믿었던 프리스틀리는 순진한 얼간이로 전락했고, 반면 라부아지에는 정확하고 반듯한 천재로서 산소를 발견하고 낡은 개

그림 28 | 자크 루이 다비드Jacques-Louis David, 마리 폴즈와 그녀의 남편 앙트안 라부아지에, 유화, 1788년.

넘들을 일소한 위대한 인물이 되었다. 원래 독일 광산에서 처음으로 소개된 플로지스톤은 연소와 금속 정련을 설명하기 위해 널리 사용되었다 (나치가 라부아지에의 동상을 파괴한 것도 우연이 아니었다). 극심한 조롱에도 불구하고 어떤 경우에는 프리스틀리의 이론이 잘 맞아 떨어졌다. 석탄으로 광석(오늘날 용어로 '산화물')을 가열하면, 광석은 플로지스톤을 흡수하여 금속으로 변하고, 금속을 가열하면 표면에서 푸르게 빛나는 플로

292

지스톤이 다시 빠져 나와 광석으로 되돌아간다. 그러나 화학자들이 좀 더 정확한 균형을 따지고 들자 이 이론이 가진 문제가 드러났다. 프리스틀리는 플로지스톤 이론에 따라 금속이 가열되면 플로지스톤을 방출한다는데 '어째서 무게가 더 나가는가, 실제로는 무게가 줄어들어야 하지 않는가?' 라는 질문에 답하지 못했다.

라부아지에는 이러한 논의를 역으로 해석했다. 광석이 산소를 방출하면 금속이 산소를 흡수한다는 것이었다. 라부아지에는 태양빛에 렌즈를 맞춰 수은가루에 비춘 후, 방출되는 기체를 모아 순도를 높이는 과정을 거친 다음 그 기체에 마침내 '산소' 라는 새로운 이름을 부여했다. 그러나 프리스틀리를 완파한 그의 극적인 승리를 인정하지 않는 주장도 더러 있다. 한 가지 주장은, 두 사람 모두 같은 기체를 찾아냈지만 서로가 다르게 해석했을 뿐이라는 것이다, 그리고 라부아지에가 '산소' 라고 명명한 기체를 먼저 찾아낸 사람은 프리스틀리였으며, 그 기체에 이미 '탈플로지스톤 공기' 라는 이름까지 붙였다는 것이다. 프리스틀리는 플로지스톤의 주요 원천이었던 더러운 석탄을 불순물로 여겼기에, 삶을 지탱하는 경이롭고 정제된 공기를 만들어낸 자신의 업적을 자랑스럽게 여겼다(그는 다양한 기체를 실험하면서 쥐가 얼마만에 질식하는지 기록한 일에 대해서 가책을 느끼지 않았다).

라부아지에도 자신의 혁명이 단지 산소를 찾아낸 것 이상이 될 것이라고 믿었다. 그는 화학 전체를 개혁하려 했다. 성실한 세금 징수원이자 법률가였던 라부아지에는 이성과 질서를 고집하며 마치 회계장부를 맞추듯 방정식의 균형을 맞추려 노력했고, 정확한 측정의 중요성을 강조했다. 프랑스에서 새로 발달한 대수의 수학적 용어에 부응하여 라부아지에는 화학에도 논리적인 용어를 도입했다. 물질의 이름을 정할 때에는 그 특성과 원천에 기초하여 지역과 관련된 용어를 넣던 전통이 있었으나, 라부아지에는 유럽 전역에서 통용되는 용어를 만들 목적으로 이를 라틴어로 대체했다. 예를 들어, 엡섬염Epsom salts은 황산마그네슘이라는 이름으로 국제화되었다.

영국 실험가들은 라부아지에의 방식을 반대했다. 반대의 이유는 그들이 맹목적인 애국주의자라서가 아니라 다른 방식의 연구를 선호했기 때문이었다. 앞서 예측하지 않은 뜻밖의 관찰 결과를 높이 평가한 프리스틀리는 모든 과정을 사전에 체계적으로 정하고 실험하는 라부아지에의 방식이 실험 과정에서 발생할 수 있는 우연한 발견의 가능성을 가로막는다고 비판했다. 영국에서처럼 프랑스 내에서도 라부아지에의 방식에 반대하는 이들이 있었다. 그들은 라부아지에가 너무 앞서 나가고 있고, 몇 안 되는 결과를 가지고 일반적 결론을 도출할 뿐만 아니라 오류가 있을 수 있는 복잡한 기계에 지나치게 의존한다고 비난했다. 이들이 보기에 라부아지에는 값비싼 장비에 의존할 뿐만 아니라 엡섬염을 완화제로 처방하는 약제사나 평범한 소다(탄산나트륨)를 가지고 비누와 유리를 만드는 장인 등 일상적으로 화학물질을 다루는 사람들에게조차 낯선 용어를 사용함으로써 스스로를 특별한 전문가의 반열에 올려놓았다.

프랑스에서 라부아지에가 혁명적 화학자의 상징이 된 것은 그가 전적으로 옳았기 때문이 아니라 영향력 있는 사람들에게 자신의 정당성을 설득했기 때문이었다. 그는 반대파를 무찌르고 자신의 아이디어를 알리기 위해 아내와 함께 책을 내고 강연을 하며 연극과 그림을 동원하는 등 광범위한 대중 활동에 돌입했다. 세금징수 문제로 라부아지에가 자코뱅 당원들에 잡혀 단두대에서 목이 잘린 후, 그를 살릴 능력이 없었던(혹은 그럴 마음이 없었던) 그의 추종자들은 프랑스의 국가 위상을 위해서 라부아지에의 신화학이 중요하다고 역설하면서 자신들의 안전을 지켰다. 그들은 라부아지에를 혁명적 영웅으로 받들고 심지어 모의 장례식까지 연출하여 3000명의 조문객을 모으기도 했다. 갈릴레오처럼 라부아지에 역시 과학의 제단에 바쳐진 신화적 순교자가 된 것이다. 그림 28은 현실 문제와는 전혀 무관했던 혁명과학에 헌신한 순교자의 모습만 부각된 그림이다.

라부아지에에 대한 다른 해석도 있다. 예를 들어, 그림 28의 왼편 뒤쪽에 있는 손가방에는 그의 아내가 그린 그림들이 들어 있다. 이 그림들은 라부아지에가 저 혼자 잘난 인물이 아니라 부인과 팀을 이루어 공동연구를 했다는 점과 라부아지에 못지않게 부인의 역할 또한 매우 중요했음을 보여준다. 자코뱅 당원들은 라부아지에가 가난한 사람들을 착취한 지주였다고 판단하여 그를 투옥시키고 처형했다. 그러나 친구들이 바라본 라부아지에는 농부들과 공장 노동자를 위해 농업과 제조업 방식을 개선하려고 자신의 돈을 쏟아 부었던 헌신적인 급진개혁가였다. 어떤 역사가들은 그를 파리의 가로등과 물 공급을 개선한 실질적인 혁신가로 인식했는가 하면, 또 다른 역사가들은 현대적 관점에서 봤을 때 빛과 열을 화학물질로 취급하거나 산소가 모든 산의 필수적 구성요소(대표적인 예외가 염화수소산이다)라고 주장하는 등 중대한 실수를 범한 독선적인 이론가였다고 비난했다.

라부아지에가 독자적으로 현대 화학을 창조한 영웅이라는 설도 있다. 그러나 그보다는 사실에 입각해서, 앞선 학자들의 기술을 이어받고 개선함으로써 연금술을 비롯한 다른 기술들을 화학이라는 과학적 학문으로 변모시킨 많은 학자들 가운데 한 사람으로 보는 견해도 있다. 이러한 변천은 그림 29에서도 확인된다. 그림 29는 18세기 중반 런던 인근의 킹스턴에 있는 화학 연구를 위해 특별히 고안된 실험실을 그린 것이다. 이 그림은 화학의 유용성을 강조하고 있는데, 벽의 왼쪽에는 수도관이 있고 벽감 안에는 온실이 그려져 있다. 그림의 왼쪽으로 연금술사들이 개발하고 금속 정련에 이용하던 여러 개의 노를 배치한 것은 그곳에서 플로지스톤을 생성했다는 의미다. 표본 서랍이 달린 중앙 탁자 위와 선반에는 화학실험의 원조인 연금술에서 사용하던 장치들이 놓여 있다. 그림의 오른쪽인 창가에는 생산물의 순도를 측정하는 섬세한 저울들이 보인다. 이 저울들은 유럽 대륙에서처럼 영국에서도 이미 오래전부터 금을 분석하고 약을 조제할 때뿐만 아니라 화학 이외의 다른 기술에서도 정확한 측정을 도모했다는 사실을 나타낸다.

18세기 동안 화학은 이론보다는 실용에 가까웠다. 화학자들은 모호한 억측을 버리고 그들의 기술이 유용하다는 점을 강조하면서 자신들을 연금술사와 점차 차별화했다(분명히 과학이 아니라 기술이었다. 기술이었다는 말은 학문적 연구와 대비되는 전문적 기술이란 의미다). 수백 년에 걸쳐 개발된 연금술 기법과 장치를 활용하면서 이들은 염료, 약품, 비료, 표백제, 시멘트, 석탄 가스 등 실용적인 제품을 생산하는 일에 주력했다. 영국에서는 키어나 웨지우드를 비롯한 제조업자들이 자체적인 화학 연구를 통해 새로운 공정을 개발하고 이를 통해 기업을 성공적으로 경영했다. 영국해협 건너편의 프랑스에서는 혁명 기간 동안 군사적 요구에 따라 실시되었던 국가 지원이 더욱 늘어났다. 라부아지에는 파리의 화약 공장 책임자가 되어, 정치적인 상황으로 인해 더는 수입할 수 없게 된 기본 원료들을 생산했다.

화학자들은 실용적인 성과를 거둔 후에야 이론을 발표했다. 황산을 예로 들어보자면, (연금술사들은 오래 전부터 황산을 알고 있었지만) 황산의

그림 29 | 윌리엄 루이스William Lewis, 「18세기 영국의 화학 실험실」, 『철학적이고 상업적인 기술 Commercium philosophic-technicum or the philosophical commerce of the arts』의 권두 삽화, 1765년.

제조법이나 효과를 설명한 이론이 등장하기 전에 이미 대량 생산이 시작되었다. 산소 또는 탈플로지스톤 공기의 발견도 18세기 중반부터 여러 기체를 찾으려던 종합적인 노력의 일부였기 때문에 처음에는 그리 대단해 보이지 않았다. 보통의 공기는 그 자체로 하나의 요소가 아니라 다른 물질들의 혼합물일 것이라는 생각도 신장결석을 용해할 약을 찾는 과정에서 우연히 발견했다. 이 발견은 조셉 블랙Joseph Black이라는 스코틀랜드 학생이 교수의 지시를 무시하고 정밀한 무게 측정에서 밝혀진 이상한 불일치 현상을 밝히기 위해 수행했던 프리스틀리식의 연구를 통해서 얻어낸 뜻밖의 부산물이었다. 블랙은 결과를 예단하지 않은 채 자신의 실험 결과에 따라 연구를 진행하다가, 고정된 공기(이산화탄소)는 어떤 종류의 염에 갇혀 있으나 산이나 열을 가하면 방출될 수 있다는 결론에 도달했다.

18세기 말에 이르러 화학은 과학의 한 분야로 자리 잡았다. 화학자들은 여전히 연금술사, 장인, 약제사들이 개발한 전통적 기법을 사용하고 있었지만, 서서히 명성을 쌓고 왕립학회 같은 공식기관으로부터 인정받기 시작했다. 하지만 새로운 지위는 저절로 얻어지는 것이 아니었기에, 그들은 지위를 인정받기 위해 열심히 노력해야 했다. 길레이는 풍자만화인 그림 26에서 데이비뿐만 아니라 건방진 화학 실험가들을 싸잡아 조롱했다. 연금술에서 출발했고, 산업화 과정에서 실용을 추구했으며, 프랑스 혁명에도 연루되었던 화학은 자연철학보다 낮은 학문으로 인식되었다. 데이비는 화학이 학문으로써 인정받고 다른 분야와 어깨를 견주기 위해서는 연금술이나 실용 따위와의 연관성을 끊는 것은 물론이고 자신도 권위를 인정받는 지위에 올라야 한다고 생각했다.

데이비는 프리스틀리나 루나의 화학자들이 추구하던 민주적인 접근 방식을 포기하고 매우 유용한 장비를 자신감 있게 주무르던 라부아지에 같은 인물로의 변신을 감행했다. 이러한 변신을 위해 데이비는 왕립학회와 왕립연구소에서 없어서는 안 될 존재로 자신을 성장시켰다. 또한 데이비는 이탈리아의 알레산드로 볼타Alessandro Volta(그의 이름을 딴 '볼티지voltage'란 말은 지금까지 사용된다)가 발명한 전기배터리를 이용해서 물을 분해하여 나트륨, 칼륨 같은 새로운 원소들을 분리했다. 데이비에게 있어서 볼타의 배터리는 '경이로운 에너지원일 뿐 아니라 자연의 가장 비밀스러운 곳을 여는 열쇠'[20]였다. 크고도 인상적인 장비를 능숙하게 다루는 데이비의 모습을 본 사람들은 그가 바로 그 열쇠를 거

---

20. 데이비, 『선집Collected Works』(1808년, 전기화학에 대한 강의).

머쥘 이상적인 사람이라고 확신했다. 19세기 화학에서 관객들은 전문가의 공연을 지켜볼 뿐이었고, 오직 전문가들만이 과학적 지식을 창조하고 알리는 권위를 갖고 있었다.

그렇다면, 이제 화학 혁명을 요약해보자. 혁명은 언제 일어났는가? 라부아지에가 새로운 화학 교리를 출판했던 1789년이었을까? 그러나 그것은 여러 해가 지나서야 널리 받아들여졌고, 어찌되었든 내용 중 일부는 오늘날 오류로 판명되기도 했다. 그렇다면 무엇이 결정적인 사건이었을까? 라부아지에가 산소를 찾아낸 것일까? 이름만 다른 같은 기체(플로지스톤)를 프리스틀리가 찾아낸 것일까? 블랙이 고정된 공기를 발견한 일이었을까? 아니면 데이비가 물을 분석한 사건이었을까? 이런 질문들은 현실적이긴 하지만 별로 중요하지 않다. 어떤 이도 혼자서 혁명을 일으키지 못했고, 결정적인 순간이란 것도 없었다. 변화는 서서히 점진적으로 발생했다. 화학혁명을 딱 부러지게 규정하려고 노력할수록 우리는 더욱 깊은 미궁으로 빠져든다. 더 많은 정보를 접하면 접할수록 하나의 사건으로는 도저히 혁명이 불가능해 보인다. 영웅에 대해 더 깊이 파고들수록 그의 영웅답지 않은 행동이 눈에 띠는 것처럼 말이다.

수많은 과학적 혁명들이 일어남에 따라 화학 혁명은 과학 혁명, 산업 혁명, 다윈 혁명에 비해 가치가 떨어져 보인다. 이들 혁명은 우리에게 너무나 익숙해서 마치 정확한 시작과 끝이 있는 사건처럼 보이지만, 역사가들은 과학적 혁명에 등장하는 모호한 개념이나 사건들을 기록에서 삭제해버리고 있다. 혁명을 정의하기 어렵게 만드는 이유 중의 하나는 시간이다. 가장 유명한 과학적 혁명은 코페르니쿠스가 태양을 우주의 중심에 놓았던 1550년경부터 뉴턴이 『자연철학의 수학적 원리』를 발표한 1700년까지였다고들 말한다. 찰스 다윈의 이름에는 늘 혁명이란 수

식어가 따라붙지만 진화에 대한 생각은 그의 할아버지 시대에도 이미 널리 알려졌으며 제대로 된 다윈 이론이 확립된 것은 1930년대에 들어서였다.

또 하나의 문제는, 모든 것이 단번에 변하지 않는다는 점이다. 이 책에서는 아직 등장하지 않았지만, 과학적 혁명에 관한 이야기는 화학 같은 여타 분야의 연속성 따위는 무시한 채 우주론에만 초점을 맞추고 있으며, 과학이(무엇을 과학이라고 하든) 무역이나 정치 또는 사회적 변천으로부터 아무런 영향을 받지 않고 문화적인 진공상태에서 독자적으로 작동한다고 여긴다. 그렇다면 하나의 변화가 어느 수준에 이르러야 혁명으로 간주될까? 앨버트 아인슈타인은 상대성 이론을 가지고 물리학에 혁명을 일으켰다고 주장했지만, 일상에서는 물론이고 많은 과학 분야에서도 뉴턴의 역학은 여전히 유효하다. 하비는 피가 순환한다는 사실을 밝혀 생리학을 개혁했지만, 아리스토텔레스 추종자였던 그는 전통적 치료 기준에 따라 출혈을 방치하는 실제 의료 시술에는 거의 영향을 미치지 못했다.

과거를 혁명의 틀 안에 끼워 맞추면 몇 가지 이점도 있다. 혁명은 역사를 극적으로 만들어주고, 과거의 중요한 맥락에 알아보기 편리한 이정표를 달아준다. 드러내기 좋아하는 사람들은 과거의 열등했던 시절로부터 자신을 돋보이게 하려고 역사를 소급하여 혁명을 조작한다. 빅토리아 시대 경제학자들은 자신들이 이룩한 진보적 시대와 과거 봉건 시대를 명확하게 구분하기 위해 산업혁명을 강조했다. 과학적 혁명이 역사의 주류가 된 것은 2차 세계대전이 지나서였다. 당시 역사학자들은 과학이 세계를 하나로 묶어줄 보편적이고 영속적인 믿음을 줄 것이라는 낙관적인(그리고 비현실적인) 전망을 내놓았다.

혁명적 변화라는 개념에는 역사적인 의미와 철학적 의미가 있다. 많은 사람들은 과학 지식을 '절대 진리'라고 생각했다. 또한 과학은 계주나 등반과 같이 누적적이고 진보적인 것이며, 그 안에서 과학자들은 선임자의 업적을 물려받아 계속해서 앞으로 나아가는 주자라고 여겼다. 반면에 혁명적 모델에서 바라보는 과학의 변화는 급작스럽고 산발적이며, 이전의 지식은 현재를 향한 디딤돌이 되지 못한 채 버려진다. 새로운 가지를 뻗는 진화의 나무가 적절한 비유가 되겠다. 이 나무에서 젊은 연구가들이 새로운 방향으로 싹을 내밀게 되면 낡은 학파는 버려진다.

이러한 이론을 주창한 대표적 인물은 의사이자 철학자였던 미국의 토마스 쿤Thomas Kuhn이었다. 1962년에 출간된 그의 저서 『과학 혁명의 구조The Structure of Scientific Revolutions』는 과학을 바라보는 관점에 심대한 영향을 미쳤다. 쿤은 호기롭게 여러 학문 영역을 넘나들었기 때문에 비평가들은 그의 주장들을 쉽게 공략했다. 철학자들은 그가 기술한 역사를 좋아하면서도 이론의 허점을 꼬집었고, 역사학자들은 사실을 단순화했다고 그를 비난했다. 쿤의 원래 생각은 매우 심하게 변형되었으며, 이런 변화를 수용하지 못한 추종자들은 그의 곁을 떠났다. 심지어 쿤 스스로도 초창기의 의견 일부를 포기했다. 그럼에도 불구하고 쿤은 과학은 예기치 못한 일로 휘청거리고 과학을 하는 인간도 실수하기 마련이라서 지역적 영향이나 개인적 관심사 그리고 정치적 압력에 영향을 받을 수밖에 없다는 오늘날의 관점을 대표하는 인물이다.

과학에서 혁명이란 있었을 수도 있고 없었을 수도 있다. 이는 전적으로 독자가 과거를 바라보는 방식에 달렸다. 20세기 초 독일의 지도적 과학자 막스 플랑크Max Planck는 변화는 섬광처럼 다가오는 것이 아니라 천천히 발생한다고 주장했다. '중요한 과학 혁신은 상대를 차츰 내

편으로 만들어 변화시킴으로써 멋지게 자신의 길을 개척해나가는 것이
지, 사울이 바울이 되듯 급작스럽게 찾아오는 경우는 매우 드물다. 실
제로 벌어지는 일을 보면, 어떤 사상의 반대론자들이 서서히 누그러들
고 나서야 새로운 세대들이 그 사상에 공감하게 된다.' [21] 마찬가지로 역
사적 진실이란 것도 세대가 바뀌면서 함께 변한다. 학자들로서는 과거
를 분석하는 편리하고도 익숙한 방법인 혁명을 포기하는 게 아깝겠지
만, 이제 혁명은 유행이 지난 낡은 개념이다.

---

21. 제라드 홀턴Gerard Holton이 『과학 사상의 기원 : 케플러에서 아인슈타인까지Thematic
    Origins of Scientific Though t: Kepler to Einstein』(케임브리지, 매사추세츠: 하버드 출
    판사, 1973년)에 인용한 막스 플랑크의 『과학적 자서전A Scientific Autobiography』
    (1949년).

이성 : 정량화한 아르쾨유의 진실

교회는 기술의 진보를 애정 어린 마음으로 환영합니다.
기술의 진보는 신에게서 왔고, 따라서 신에게로 다가갈 수 있고
또 다가가야만 한다는 사실에 의심의 여지가 없기 때문입니다.
– 교황 피우스 12세Pope Pius XII, 「크리스마스 메시지Christmas Message」, 1953년.

스크루지, 그래드그라인드, 미코버……. 소설가 찰스 디킨스Charles Dickens는 현실 세계의 인물을 본떠 대차대조표, 숫자, 계산에 사로잡힌 가상의 인물들을 만들었다. 빅토리아 시대에는 사실과 수치가 삶을 지배했다. 당시 영국 정부는 오늘날 컴퓨터의 위대한 개척자로 알려진 케임브리지 교수 찰스 배비지Charles Babbage가 품었던 공학의 꿈에 지속적으로 자금을 지원했다. 1837년, 희망에 찬 배비지는 분석기계를 고안하기 시작했다. 금속 기어들이 맞물린 이 거대한 기계의 역할은 인간을 대신하여 수백 쪽의 수식을 소수점 여러 자리까지 계산하는 것이었지만, 결국 완전하게 작동하는 모델을 완성하지는 못했다.

배비지는 대학 시절 낡은 교과 과정에 반항하며 정량화를 위한 조직

적인 활동을 시작했다. 배비지와 그의 친구들은 경쟁국에 뒤처진 현실을 불평하면서 대륙의 '라이프니츠 미적분학Leibniz's calculus'에 기반을 둔 프랑스의 수학적 접근법을 도입함으로써 영국 물리학을 새롭게 바꾸고자 했다. 수학으로 과학을 보강하는 것이 지금은 당연해 보이지만, 19세기 초 영국 과학자들은 관찰에 근거한 유형의 물체가 아닌 추상적 상징을 다루는 프랑스 대수학을 거부했다.

배비지를 비롯한 학생들은 교수들에게 성서의 말씀을 문자 그대로 받아들이지 말 것을 촉구하기도 했다. 학생들은 우주가 독립적으로 작동하기 때문에 성서에 의지하지 않고도 이성으로 우주를 이해할 수 있다는 합리적 유신론을 선호했다. 파리의 대표적 이론가였던 피에르시몽 라플라스Pierre-Simon Laplace는 이미 한 걸음 더 나아가 자신의 이론에서 신을 완전히 제거했다. 과학 연구를 열성적으로 지원했던 나폴레옹이 라플라스에게 어째서 우주에 신이 없느냐고 질문했을 때 그는 '폐하, 제게는 그런 가설도 필요하지 않습니다'라고 대답했다는 얘기도 전해진다.

라플라스는 자신을 '프랑스의 뉴턴'이라고 불렀지만, 정작 뉴턴은 라플라스가 말하는 무미건조하고 강제로 작동하는 우주, 즉 신의 안내 없이 원자가 이미 정해진 길을 따라 소용돌이치는 우주를 인정하지 않았으리라. 나폴레옹이 통치했던 19세기 초, 프랑스의 연구는 라플라스의 영향력에 힘입어 꽃을 피웠다. 배비지와 그의 동료들은 이때를 과학적 업적에 빛나는 황금시대였다고 회고했다. 라플라스를 중심으로 모여든 막강한 연구 집단은 정부의 지원과 기술지향적인 교육 제도의 도움을 받아 물리학을 수학적으로 완전히 새롭게 바꾸었다. 우주를 방정식으로 표현한 그들은 물리학과 화학에 수학과 측량을 도입함으로써 과학을 체계적으로 정량화했다.

합리화Rationalization는 라플라스의 연구진에서 유래한 것이 아니라, 그보다 이전에 변화에 대한 사회적 자성에서 비롯되었다. 프랑스 혁명이 발발하기 전, 왕권이 막강하던 시기에 철학적 정치가들은 진보를 향한 열쇠가 이성이라고 선언했다. 그들은 신이 자연을 통제하기 위해 고안했던 것과 같은 법칙을 프랑스에도 저용하여 정부를 개혀하고자 했다. 뉴턴의 중력을 따르면서 우주가 질서정연한 방식으로 움직인 것처럼, 그와 유사한 법칙들이 인간의 행동을 규정한 후 사회도 조화롭게 발전시킨다고 생각했다. 물론 정치 운동가들은 개인에게는 감정과 이해관계라는 것이 있어서 행성들에게 적용된 것과 같은 정확한 법칙을 끌어내기가 훨씬 더 어렵다는 점을 잘 알고 있었다. 어쩔 수 없이 존재하는 이러한 불명확성을 감안한 수학적 개혁가들은 의사결정에 확률을 도입했다. 이들은 오류의 가능성이 내재된 개인적 판단과 제멋대로인 군주에 의지하기보다 집단에 의해 결정된 판단과 정책을 원했다, 그리고 집단이 만장일치의 합일에 이르지 못했을 경우, 다수의 판단을 인정하는 데 따르는 위험성과 가능성을 계산하기 위한 공식도 만들었다. 법과 행정에서 발생하는 문제들을 해결하기 위해 확률이라는 새로운 이론들이 만들어졌고, 이러한 이론들은 후에 과학적 문제들에도 적합하도록 개선되었다. 라플라스는 물리학에 확률을 도입하여 서로 다른 전제에 부여할 수 있는 개연성의 상대적 범위를 측정하고 결과와 관련된 실수들을 평가했다.

합리성을 추구하려는 노력은 1790년대 프랑스에서 활발하게 이루어졌다. 혁명가들은 군주와 귀족층이 차지하고 있던 영토를 박탈하고 일상의 삶을 민주적이고 합리적인 원칙 위에 세우기 시작했다. 위원회들은 라플라스와 같은 주요 인사들의 영향에서 여전히 자유롭지 못했지만, 관념적으로 개개인에 유리하다고 여겨지는 변화들을 도입했다. 이 시기부터 선전 포스터에는 십진법에 기초한 새로운 미터법으로 옷감, 포도주, 목재 등을 측량하는 행복하고 건강한 시민들이 등장했다. 이 짧았던 체제 하에서 시간도 합리화 가정을 거쳐서 1주는 10일, 1년은 10달이 되었다. 당시에 만들어졌던 100분, 10시간 단위의 시계가 지금까지도 남아 있다. 위원회들은 공간도 십진제로 바꿨다. 제국의 독단적인 측량단위인 갤런, 파운드, 에이커를 쓸어버리고 지구의 크기를 기반으로 한 객관적인 미터법(리터, 그램, 헥타르)으로 대체했다. 원칙적으로 1미터는 4분의 1호(북극에서 적도까지)를 1000만으로 나눈 거리로, 모든 미터 체계의 기준이 되었다. 이 새로운 치수는 (안타깝게도 다소 부정확하지만) 프랑스와 스페인을 가로지르는 긴 경도 구간을 측정하기 위해 7년간의 위험한 탐사를 수행한 두 명의 천문학자가 정했다. 이들은 귀국하여 백금으로 된 측정기를 파리에 설치했다. 이 측정기는 애초의 계획보다 약간 짧게 만들어졌지만, 자연계를 향한 프랑스의 이성적 접근을 의미하는 정치적 상징이 되었다.

프랑스의 국가 체제는 통합을 거쳐 더욱 효율적으로 바뀌었지만, 어떤 점에서는 혁명을 통해 통치자들만 바뀌었다고 볼 수도 있었다. 평등이라는 혁명적 미사여구에도 불구하고 미터법은 엘리트층의 중앙 통제를 더욱 강화했다(통합의 또 다른 모습은 획일화다). 혁명 이전에 프랑스의 각 지방은 독자적인 측량법을 사용했지만, 합리적인 제도가 도입된 후 지방의 다양성은 사라졌고 통합된 제도 하에 획일화되었다. 프랑스의 독특한 달력과 측량법은 프랑스를 세계의 다른 국가들과 차별화했을 뿐 아니라 자국민들마저 적으로 만드는 역효과를 불러일으켰다. 노동자들은 개혁 달력에 따라 더 길어진 노동시간에 반대했고, 기독교인들은 주일이 폐지된 것에 경악했으며, 구매자들은 전환된 화폐로 농간을 부리는 상인들의 기회주의를 비난했다. 새로운 제도가 도입된 지 14년째 되던 해, 나폴레옹은 1806년의 원래 날짜와 예전의 단위들을 복원했다. 유럽에서 미터법이 본격적으로 사용된 것은 19세기 말이었다.

그 밖의 합리적 개혁들도 양면성을 가지고 있었다. 의료 개혁을 예로 들자면, 국가가 병원을 지어 국민들을 무료로 치료해주자 전 국민의 건강은 획기적으로 개선되었다. 크고 좋은 병동마다 1인용 병상을 갖추었고, 멸균 제품을 사용하여 감염을 대폭 줄였다. 환자들을 분류하여 배치함으로써 질병의 진행 과정과 증상을 기록하고 치료법의 효과를 수치로 비교할 수 있었다. 개선된 진료 방식 덕에 의료인들은 관찰결과를 축적하여 전문성을 높였고, 겉으로 드러난 증상을 넘어 근본 원인을 꿰뚫어볼 수 있는 혜안을 얻었다. 그러나 효율적인 진단과 치료를 도입하면서 이전에 환자와 의사가 서로 교감하던 일대일 치료는 줄어들었다. 이제 환자는 개개인의 특성에 따른 배려를 받기보다 질병에 따라 숫자로 분류되기 시작했다. 마을의 약재상이나 산파 같은 전통적인 의사들이 퇴출되면서 전문 의사는 대학에서 혹독한 훈련과 시험을 치른 부유한 남자로 점차 제한되었다. 의사라는 직업이 선망의 대상으로 격상되면서 권위의식도 팽배해졌다.

국가가 운영하는 교육기관 역시 민주화를 내세웠지만 실제로는 특권층만이 이용할 수 있었다. 혁명 이전에도 프랑스 군사학교에서는 영국보다 더 맹렬하게 수학을 가르쳤다. 뒤이은 정부들도 기술의 진보를 중요하게 여겨 공학에 자금을 아끼지 않았다. 그 결과 이성적인 사고를 가진 고도로 훈련된 남자(그렇다, 남자들이었다)들이 배출되어 건축, 통신, 과학, 기계 등 여러 영역으로 진출했다. 개인의 재능을 민주적이고 객관적으로 평가하기 위한 국가시험은 수학 능력 검증에 초점이 맞춰졌다. 그러나 수학 능력을 높이기 위해서는 시간과 돈이 많이 들었기 때문에 이러한 제도도 부유층 자제들만이 이용할 수 있었다.

수학적으로 훈련된 재능 있는 공학도들은 라플라스와 그의 절친한 친구인 클로드 베르톨레Claude Berthollet가 운영하는 연구팀으로 모여들었다. 의사였던 베르톨레는 마침 나폴레옹 시대 과학의 중심지였던 아르퀴유에서 라플라스와 이웃에 살았다. 비록 두 사람은 혁명 이전에 교육을 받았지만, 모두 기술 대학에서 교편을 잡았고 라부아지에의 화학 혁신 프로젝트에도 함께 참여했으며, 자연의 기저에 있는 힘들은 미립자 사이의 강력한 연대에서 비롯된다는 데 공감하고 있었다. 입지가 확고했던 두 사람은 선정위원회를 좌지우지할 능력이 있었고, 마음에 드는 사람들에게 자금을 모아주었다. 수백 년 동안 그랬듯, 후원은 새로운 체제 하에서도 여전히 중요했다. 라플라스와 베르톨레는 수제자들을 규합하여 다양한 현상에 수학적 접근법을 적용함으로써 더욱 세를 늘렸다. 그러나 몇 년 후, 이를 지켜보던 외부 세력들이 반기를 들면서 라플라스의 연구 프로그램은 갑자기 관심 밖으로 밀려나고 말았다.

라플라스는 감각적으로도 매우 뛰어난 사람이었다. 그는 과감하게 자신의 이론을 추종자들에게 주입했고, 자신의 편협한 관점에 입각한 자연 모델을 만들었으며, '단거리 힘short-range forces'에 기초를 두고 세상을 고찰했다. 영국의 한 회의론자는 라플라스의 천재성을 망치에 비유하면서, 그의 망치가 어려운 수학 문제를 내리치면 '마무리도 안 되고 결과가 아름답지도 않다'[22]고 평했다. 라플라스는 뉴턴의 사상을 뉴턴의 원안보다 더 완벽하게 만들었다. 뉴턴은 신이 때때로 개입하지 않으면 중력의 상호작용이 행성들에 영향을 미쳐 마침내 전체 질서가 불안정하게 된다고 생각했다. 라플라스는 수학을 교묘히 이용하여 뉴턴이 틀렸다는 사실을 보여줌으로써, (뉴턴이 들었다면 대경실색할 소리지만) 신 없이도 질서가 유지된다고 설명했다. 그때부터 라플라스는 새롭게 수정한 뉴턴주의에 맞게 자신의 결론을 바꿔갔다. 그는 독자적인 체계를 세우기보다는 물려받은 것을 개선했다.

라플라스의 우주에서는 힘이 모든 것을 결정한다. 분자들은 서로 밀고 당긴다. 그리고 (모든 것이 어디서 시작했는지 안다는 전제 하에) 각각의 분자가 위치할 곳을 계산할 수 있다. 이것은 결정론에 입각한 모델로, 모든 행위는 예외 없이 추상적인 힘에 의해 제어되며 수학적으로도 계산이 가능하다. 라플라스식 뉴턴주의에 따르면 금속, 뼈, 소금 같은 평범한 물질이 그 형태를 유지하는 까닭은 인접한 작은 입자들 사이에 서로 당기는 힘이 있기 때문이다. 또한 이런 평범한 분자들 외에 특별한 분자들은 빛, 열, 전기처럼 무게도 없고 눈에 보이지도 않는 유동체들을 구성한다. 일반적인 물질과 달리 이러한 에테르 내부의 인접한 입자들은 서로 밀어낸다. 이러한 기본 개념을 확립한 후, 라플라스는 지구와 관련된 물리학 전체를 통합할 정교한 수학적 구조를 만들고자 했다.

라플라스는 물리학과 화학의 광범위한 연구 분야에서 영향력을 행사하며 자신의 지지자들을 높은 지위에 앉혔다. 대표적인 예로 광학을 들 수 있다. 반대파의 의견을 묵살한 뉴턴은 빛은 소리와 유사한 파동이 아니라 미립자의 흐름이라고 주장했다. 라플라스는 수제자였던 에티엔

---

22. 오거스터스 드 모르간Augustus de Morgan으로 추측. 찰스 C. 길리스피Charles C. Gillispie의 『피에르 시몽 라플라스 1749-1827 : 정확한 과학 속의 삶Pierre-Simon Laplace, 1749–1827 : A Life in Exact Science』(프린스턴 : 프린스턴 대학 출판부, 1997년).

말뤼스Étienne Malus를 아이슬란드로 보내 형석spar(일정한 면을 따라 잘 쪼개지는 광택이 나는 광물 방해석-옮긴이)을 조사하도록 했다. 형석을 통해서 사물을 보면 사물이 이중으로 보인다. 기대했던 대로 말뤼스는 수학적 미립자 이론을 개발하여 라플라스식 뉴턴주의를 입증했다. 하지만 말뤼스가 아르쾨유에서의 영광을 입증하며 의기양양해 할 때, 라플라스의 영향력 밖에 있었던 다른 연구자들은 실험을 통해 그의 권위에 반기를 들었다. 1815년경부터 빛에 관한 대안이론이 대두하기 시작했다. 오귀스텡 프레넬Augustin Fresnel은 회절실험을 통해서 말뤼스 이론의 결함을 찾아냈고, 뉴턴의 주장과 달리 빛은 파동에 의해 전달된다는 사실을 증명했다. 빈틈없는 파리 과학계에서 프레넬의 견해에 동조하는 사람들이 늘어나자, 아무리 라플라스라 할지라도 자신이 앉혀 놓은 위원들도 함구하고 있는 까닭에 더는 위원회를 설득할 수 없었다. 빛에 대한 라플라스의 견해가 신빙성을 잃게 되자 전자기학과 화학 분야에서도 공격이 봇물을 이뤘다. 1825년이 되자 프랑스 과학의 힘은 아르쾨유에서 완전히 멀어졌다.

라플라스와 그의 무리는 해체됐지만, 그가 과학의 미래에 남긴 족적은 지워지지 않았다. 19세기 끝자락에는 그가 지지했던 미터법이 부활했고, 표준측정법 제정을 위한 국제기관이 프랑스에 설립되었다. 그럼에도 불구하고 라플라스에 반대한 학자들은 프랑스의 연구에 지속적으로 영향력을 행사했다. 그리고 정확한 관찰보다 가설을 중심으로 했던 그의 대담한 연구방법을 버렸다. 프랑스는 이론 물리학 경쟁에서 점점 뒤쳐졌다. 반면, 배비지와 케임브리지 동료들이 주창한 정량화 운동이 성공을 거둠에 따라 영국 과학자들은 정량화와 관련한 라플라스의 수학적 접근법은 받아들였지만 '단거리 힘' 모델은 인정하지 않았다. 역설적이지만, 영국의 과학자들은 라플라스의 확률 이론을 개발하여 통계학과 확률분포에 기초한 새로운 물리학을 만들어냈다. 라플라스는 실험증거를 인색하게 평가함으로써 결국 자신이 주창한 예측 가능한 우주 이론을 무너뜨린 셈이었다.

라플라스의 출현과 몰락은 그의 이론들과 더불어 동지와 적의 정략적 의도가 개입된 것이었다. 인간의 다른 활동과 마찬가지로, 과학 활동도 야망과 자기도취 그리고 기회주의 등의 영향을 받는다. 출세와 신속한 결과를 추구했던 라플라스는 제자들의 승진을 위해 동료들을 제압하고 과학위원회들을 주물렀으며, 자신의 이론을 교과서와 시험과목에 넣기 위해 프랑스의 중앙집중식 행정부를 공략했다. 라플라스가 권력을 행사하던 아르쾨유 외곽에서는 반대파들이 그를 쓰러뜨리기 위해 그와 유사한 술책을 동원했다. 그들도 영향력 있는 간행물들을 출판하고 과학 관련 선거에서 로비를 하며 중요한 직책을 확보해갔다. 독불장군이었던 라플라스의 운명은 짧았지만 그가 남긴 영향은 길었다. 라플라스의 이성적이고 수학적인 접근은 19세기 영국과 독일 물리학자들의 손을 거쳐 오늘날 과학에까지 스며들었다.

훈육 : 과학과 비과학의 경계

왜 영국이 큰 나라일까?
영국의 아들들이 용감해서일까?
그렇지 않다. 폴리네시아 미개인도 용감하다.
다만 영국은 훈육을 통해 강고해졌고,
훈육은 과학의 자식이다.

– 윌리엄 그로브William Grove, 『자연과학의 진보에 관하여On the Progress of
the Physical Sciences』, 1842년.

제인 오스틴Jane Austen의 『오만과 편견Pride and Prejudice』에서 미스터 다시는 '어떤 야만인이라도 춤출 수 있다'고 단언했다. 상대의 반격이 지금의 독자들에게는 더 이상하게 읽힌다. '당신은 '과학'에 능란하시군요! 미스터 다시.'[23] '과학'은 수백 년간 사용된 용어지만 그 의미가 늘 변했기 때문에 단어 중에서도 의미 파악이 가장 힘든 단어다. 『오만과 편견』에서 과학이 중의적으로 쓰인 것은 다분히 의도적이었다. 19세기 초, 오스틴이 춤을 과학이라고 자연스럽게 언급하던 것과 같이 당시의 다른 작가들은 중세의 문법, 논리, 수사학 등을 여전히 '과학'이라고 불

---

23. 제인 오스틴, 『오만과 편견, 1813년』(웨어 : 워즈워드 출판사, 1992년).

렀다. 오랜 시간이 흘렀어도 예술과 과학 사이에 오늘날과 같은 의미의 구분이 확립되지 않았기 때문에 '과학'은 여전히 모든 학문 분야를 의미했다. 빅토리아 시대의 예술 비평가였던 존 러스킨John Ruskin은 대학에서 배울만한 가치 있는 과학으로 도덕, 역사, 문법, 음악, 그림을 꼽았지만, 지금은 과학 과목에 포함되지 않는 분야다. 러스킨은 이 다섯 과목이 화학, 전기, 지질학보다 더 지적이고 과학적이라고 선언했다.

미스터 다시가 춤을 아무리 잘 췄어도 오스틴은 그를 과학자로 칭한 적이 없었다. 지금은 너무나 당연하게 들리는 과학자란 단어는 그로부터 20년 후, 영국과학기술진흥협회BAAS: British Association for the Advancement or Science가 3차 연례회동했던 1833년에야 처음으로 만들어졌다. 협회에 모인 대표자들이 다양한 관심분야를 포괄할만한 '우산' 같은 개념이 필요하다는 농담을 나누고 있을 때, 새뮤얼 테일러 콜리지Samuel Taylor Coleridge가 '철학자'라는 개념에 반대하자 배비지 진영이었던 케임브리지 대학의 수학적 천문학자인 윌리엄 휴얼William Whewell이 '과학자'란 개념을 제안했다.

이 새로운 단어는 곧바로 인기를 얻지는 못했다. 빅토리아 시대 사람들은 그 전부터 사용하던 '과학하는 사람man of science', '박물학자naturalist', 또는 '실험적 철학자experimental philosopher' 라는 호칭을 고집했다. 오늘날 19세기의 대표적인 과학자로 손꼽히는 다윈, 패러데이, 켈빈 경Lord Kelvin 같은 이들도 새로운 용어로 불리기 싫어했다. 그들은 완벽하게 들어맞는 표현들이 이미 있는데 어째서 그런 추한 단어를 개발해야 하느냐고 불평했다. 일부 비평가들은 '과학자'란 단어가 미국에서 수입된 신조어라고 착각하여 비난했다. 어느 저명한 지질학자는 '그런 야만적인 표현으로 우리의 입을 더럽히느니'[24] 차라리 죽겠다고 말했다. 휴얼의 제안이 있은 지 60년이 지났을 때에도 여전히 논란은 잦아들지 않았고, 20세기 초가 되어서야 비로소 '과학자'라는 표현이 완전하게 인정되었다.

미국에서는 '과학자'라는 새로운 단어가 곧 받아들여졌다. 그러나 영국에서는 '과학자'라는 표현에 대한 논란이 수십 년 간 계속되었다. 역설적이게도, 데이비 같은 실험가들이 전문가로서 스스로의 입지를 굳히는 데 거의 성공했다는 것이 문제가 되었다. 그들은 자신들의 분야에 대해서는 해박했지만 다른 분야의 최신 발전을 따라잡기가 점점 어렵다는 사실을 깨달았다. 휴얼은 전문가들이 깊이 파고들면 들수록 과학을 한 덩어리로 크게 보지 못하고 서로 효과적인 대화를 나눌 수 없으며, 그 결과 전문지식이 편협해질 수밖에 없다고 생각했다. 그는 대학자들이 자연에 대한 모든 지식을 두루 알고 있던 옛날을 회상하면서, 연구자들이 서로 모여 통합된 과학 공동체를 지켜나가길 촉구했다. 그는 과학자들을 향해, 과학자는 높은 신분을 얻기 위해 발버둥치는 예술가, 작가, 음악가들과는 달라야 한다고 주장했다.

이러한 논쟁에서도 돈은 늘 골칫거리였다. 새로운 용어를 지지하는 이들은 개인들이 모여 과학자 그룹을 형성하면 정부나 기업을 상대로 연구자금을 지원하도록 요청할 수 있으며, 자금이 조달되면 연구의 규모나 품질도 향상될 것이라고 주장했다. 반면에 끈끈한 동류의식을 가진 젠틀맨들은 스스로를 지식 자체를 추구하는 엘리트 집단의 일원이

---

24. 에덤 세지윅Adam Sedgwick. 제임스 A. 세커드James A. Secord가 『빅토리아 시대의 센세이션 : 창조의 자연사, 그 흔적에 대한 광범위한 출판, 수용, 은밀한 경배Victorian Sensation : The Extraordinary Publication, Reception, and Secret Authorship of Vestiges of the Natural History of Creation』(시카고 / 런던 : 시카고 대학 출판부, 2000년)를 인용.

라 여기고 싶어했다. 심지어 부유하지도 않고 귀족 출신도 아닌 젠틀맨들조차 돈벌이를 구차하게 여기며, 과학적 활동을 투기의 수단으로 삼는 기업가들을 경멸했다.

'과학자'에 관한 19세기의 논쟁은 단순히 단어 하나에 국한된 문제가 아니었다. 새로운 단어는 계급, 돈, 지위에 있어서 장기적이고도 사회적인 변화를 의미했기 때문에 특권 계층으로서는 수용하기 어려웠다. 과학을 민주적으로 개선시키는 데 일조했던 신사다운 과학자들은 오히려 피해자가 되었다. 자신들의 활동이 유익하다는 점을 알리기 위해서 그들은 과학적 지식이 특권 젠틀맨들의 손에서 서서히 벗어나 보다 많은 사람들에게 전파되도록 노력했다. 연구가 활발해지고 교육이 확산되면서 보조 연구원, 박물관 관리인, 천문학 계산요원에 대한 수요도 높아졌다. 이제 과학은 비용이 많이 들긴 하지만 모든 것을 독차지했던 유한계급의 손아귀에서 벗어나, 아주 더디지만 더 많은 사람들이 접근할 수 있도록 문턱이 낮아졌고, 비로소 급여를 받을 수 있는 하나의 직업으로 자리 잡았다. 마침내 과학자란 호칭은 경멸이 아니라 칭찬을 의미하게 되었다.

'과학'이란 단일 용어 아래 매우 색다른 이력을 가진 분야들이 통합되었다. 천문학, 광학, 역학 등은 중세 대학의 교과 과정에서 직접 유래했다. 비록 여러 세기를 거쳐 서서히 변했지만 이들 분야의 뿌리는 명확했다. 신생 분야였던 화학은 난해한 학구적 연구가 아니라 연금술, 의약, 기술 등 일상적인 행위에 그 뿌리를 두고 있다. 마찬가지로 '생물학'이란 단어도 19세기 초가 되어서야 생겼지만 이 역시 약재상, 상인, 수집가(남성은 물론이고 여성 수집가까지)와 같이 전통적인 전문가들에게 물려받은 지식이 축적된 것이었다.

모든 과학이 고대의 혈통을 이어받진 않았다. 지질학은 1807년 영국 최초의 과학전문학회가 창설되면서 새롭게 탄생한 분야였다. 실용과 관계없이 순수한 지질학 연구가 이루어진 것도 최근의 일이다. 그 전에는 다양한 집단의 사람들이 독자적으로 지식을 축적했다. 광부들은 광석을 발견하고 추출하는 방법을 알았고, 측량사는 최적의 도로를 찾아 냈다. 농부는 어떤 땅에 어떤 작물을 심어야 할지를 알았고, 군인들은 정복하고자 하는 영토의 지형을 지도에 옮겼다(육지측량Ordnance Survey 은 영국이 아니라 자코바이트Jacobite(망명한 영국 왕 제임스 2세의 지지자―옮긴이)의 반란을 진압하기 위해 스코틀랜드에서 시작되었다). 지질학적 자료수집에 중산층이 열광하게 된 것은 19세기 초기가 되어서나 가능한 일이었다. 이들은 몇 시간이고 망치를 들고 운하나 철로 공사장에서 갓 나온 광물 표본이나 화석을 벗겨내며 행복해 했다. 물론 지질학 역시 중요한 과학이 되었다. 지질학은 창조론에 의문을 제기하며 진화 이론들을 촉발했다.

19세기 과학을 풍미했던 전자기학 역시 새로운 분야였다. 지금은 전기와 자기가 불가분의 관계에 있지만 처음에 이 둘은 완전히 별개였다. 전기와 자기 모두 자연의 힘이지만 그 작용은 매우 달랐다. 전기는 눈에 보이면서 사람에게 해를 입힐 수도 있지만, 자기는 눈에 보이지 않고 쇠에 작용하며 사람에게 해를 입히지 않는다. 전기과학과 자기과학도 극명한 대조를 이루었다. 18세기의 놀라운 혁신 중 하나였던 전기는 실험전문가들의 멋진 쇼를 통해 알려졌다. 반면 전통적으로 자연의 신비에 속했던 자기는 항해사들이 사용하던 신의 힘이었으나 대부분의 자연철학자들은 이를 중요하게 생각하지 않았다. 비록 소수의 학자들이 신기한 자기를 이해하려고 열심히 노력했지만, 나침반과 쇳가루로는 불꽃 튀는 전하의 매력을 상대하기에는 역부족이었다.

자기에 관한 인식의 변화는 1820년에 시작되었다. 코펜하겐의 물리학 교수였던 한스 외르스테드Hans Oersted가 학생들 앞에서 전선에 전류를 통과시키자 자그마한 자석 바늘이 갑자기 휙 당겨지는 극적인 장면이 펼쳐졌다. 유럽 전역의 연구자들이 이 효과를 조사하기 시작했으며, 왕립연구소 책임자였던 험프리 데이비는 마이클 패러데이에게 진척상황을 보고하도록 했다. 몇 달 만에 패러데이는 전기와 자기가 연결된 작고 간단해 보이는 장치를 고안했다. 게다가 그는 전기와 자기가 대칭력symmetrical powers이란 사실도 밝혔다. 그는 전류를 이용해 자석을 움직이거나 전선이 자석 주위를 도는 모습도 연출했다. 새로운 과학 분야인 전자기학은 계몽주의 시대 철학자들의 전기적 발명품들과 수백 년 동안 축적된 뱃사람들의 전문지식이 결합되어 만들어졌다.

'과학자'는 포괄적 용어였지만, 모든 사람을 담을 수는 없었다. 특권에 목말랐던 과학자들은 권력이 나서서 자신들의 정당성을 옹호하고 과학자들의 지식이야말로 명확한 지식이라고 선포해 주기를 바랐다. 과학이 여러 분야로 갈라지면서 새로운 전문분야가 계속 생겨났지만 그 모두가 과학이란 이름을 달지는 못했다. 그러나 '훈육discipling'라는 의미도 함께 가진 '분야disciplines'라는 단어는 교육과 통제라는 양면성을 가지고 있었다. 국경수비대가 국경을 지키듯 과학자들은 어떤 분야를 자신들의 영역 안에 들일지 말지를 결정했다.

돌아보면, 그들의 판결이 명쾌해 보이지만 당시에는 꼭 그렇지도 않았다. 화학은 중요한 과학 분야가 되었지만 길레이의 풍자만화 그림 26에서 볼 수 있듯이 처음에 연금술, 산업, 프랑스 혁명과 연계되었다는 이유로 화학자들은 무시당했다. 반대로 지금은 대체로 하찮게 여기는 기능직도 한 때는 진정한 과학이라고 주장하는 많은 지지자들을 거느렸다. 원칙적으로 말하자면, 과학 분야의 정당성은 각 분야가 얼마나 효과적이었는지 합리적으로 평가해서 결정해야 한다. 그러나 실제로는 편견과 특권, 때로는 정치가 개입되어 정당성이 결정된 경우가 많았다.

19세기에 간헐적으로 번창했던 최면술 또는 동물자기학과 같은 치료법을 예로 살펴보자. 최면술은 1780년대에 프란츠 메스머Franz Mesmer가 처음 도입했다. 그는 환자의 몸속에 흐르는 자성유체magnetic fluid의 방향을 바꿔서 환자를 치료할 수 있다고 주장했다. 경쟁자들은 그를 돌팔이라고 비난했지만, 메스머는 파리에 진료소를 개설하여 빠른 속도로 돈을 벌었다. 수많은 여자들과 부유한 귀족 환자들은 최면술의 인기 때문이 아니라 최면술이 치료에 효과적이라고 믿었기 때문에 몰려들었다. 그림 30을 보면 쇳가루와 자석을 비롯한 특수한 내용물로 가득 찬 타원형의 나무통 둘레에 환자들이 모여 있다. 메스머가 오른쪽에서 자석 지휘봉을 들고 시술 과정을 지시하는 동안, 왼편의 절름발이 남자는 자성유체를 끌어당기기 위해 굴렁쇠에 다리를 묶고 있다. 한편 의자에 기댄 여자는 정신을 잃어 위험한 지경에 빠져드는데, 바로 이 장면이 메스머가 이상한 손동작을 취할 때 생기는 부작용이라고 논란이 된 장면이다. 비평가들은 그의 치료가 부도덕한 성적 행위라고 비난했지만, 그는 병을 고친 고객들로부터 감사장을 무수히 받았다.

동물 자기학에는 이미 훌륭한 선임자들이 존재했다. 빈 태생의 정식 의사였던 메스머는 뉴턴의 중력에서 독자적인 이론을 이끌어내 박사학위를 받았다. 피부에 특별한 자석을 장착하는 그의 기법은 프랑스의 공식 위원회로부터 적극적인 추천을 받았던 치료법이었다. 대기를 통해 흐릿한 자성 유동체가 순환한다는 메스머의 말은 기괴하게 들리지만

그림 30 | H. 티리아트H. Thiriat, 프란츠 메스머가 자기를 이용하여 시술하는 장면, 판화. 연도 미상.

유럽 최고의 자연철학자들이 인정한 전기 에테르와 비슷한 개념이었다. 그리고 환자들 입장에서는 마음을 편하게 하는 메스머의 양생법 덕분에 증상이 개선되었으니 비싼 치료비를 지불하는 것도 당연했다.

메스머가 위험해 보였던 것은 그가 기존의 의사들과 완전히 달랐기 때문이 아니라 실제로 위협이 될 것처럼 보였기 때문이었다. 오늘날 최면술은 대체 의학으로 분류되기도 하지만, 200년 전 상황에서는 선택의 여지가 없었다. 게다가 가장 뛰어난 의사들조차 마땅한 치료법을 제공하지 못하는 상황에서 절박한 환자들은 그저 증상만 완화시켜주어도 기꺼이 돈을 지불하려 했다. 특권을 쟁취하려는 욕심에 찬 유명한 의사들은 정작 자신들도 엉터리 약을 터무니없이 비싼 값에 팔면서 교육수준이 낮은 의사들을 돌팔이로 몰아세웠다. 의사의 자질은 천차만별이었다. 대학을 나오고 전문 협회에 소속되어 비싼 치료비를 요구하는 상류층 의사도 있었고, 전문 훈련을 받지 않고 가난한 사람들에게서 푼돈을 벌어 연명하는 일반인들도 있었다. 그 외에도 외과의, 약제사, 본초학자, 산파 등 온갖 종류의 전문가들이 자신들의 분야에 해당하는 질병을 치료하며 돈을 벌고 있었다. 과학에 권위를 부여하기 위해서는 입증된 의학과 돌팔이 의학, 그리고 정통 과학과 가짜 과학 사이에 분명한 경계를 그어야 했다. 이를 위한 이론적 기준이 없었기 때문에 사회적 배경을 기준으로 경계가 정해지는 경우가 많았다.

효과적인 치료법을 제시하지 못한 메스머의 경쟁자들은 부유한 환자들이 메스머에게 몰리는 것을 지켜볼 수밖에 없었고, 곧 프랑스 전역에서 메스머와 유사한 치료사들이 우후죽순으로 등장했다. 비교적 교육 수준이 낮아도 최면술 훈련을 받을 수 있었기 때문에 자기 의학은 급진적 정치와 연결되면서 기존 의사들의 자리를 넘봤다. 메스머를 돌팔이로 매도하는 것은 그를 제거하기 위한 방법이었고, 결국 그의 징계 여부를 판단하기 위해서 왕립위원회가 설치되었다. 일련의 조사를 마친 후 그들은 메스머의 의료행위를 금했다. 위원회는 메스머의 치료가 효과적이었다는 사실은 인정했지만 합리적인 설명을 제시하지 못했다는 이유로 그를 징계했다.

최면술은 연금술, 천문학, 그리고 다른 많은 전문직들과 함께 정통 과학에서 배제되었고, 전통적으로 교육받은 의사였음에도 불구하고 메스머는 돌팔이로 낙인찍혔다. 그런 상황에서도 19세기에 최면술 학회들이 번창했던 것은 보통 사람들도 개업할 수 있는 민주적인 치료법이었다는 이유에서였다. 여기에 혁명의 가능성이 있었다. 자기학자들은 환자에게 강력한 영향력을 행사했는데, 이러한 영향력이 특권층의 손을 벗어난다면 무슨 일이 벌어질까? 게다가 환자들의 마음을 건드려서 육체적 건강에 영향을 준 메스머는 이성의 최고 권위에 도전한 셈이었다.

이성적인 과학자들이 정신 수양을 통해 육체를 훈육할 수 있다는 주장 때문에 가뜩이나 과학에 대한 거부감이 있던 시절에 메스머의 도전은 실로 오싹한 일이었다. 학문적인 과학은 이성과 질서에 기초하여 논리적인 해설이 가능해야 했다. 18세기를 종종 이성의 시대라고 부른다. 계몽주의 시대 철학자들은 이성에 대한 열정을 후배 과학자들에게 넘겨주었다. 전문가로 훈련받고 전문화된 분야로 조직된 19세기 과학자들의 목표는 사물과 인간을, 또 신체와 정신을 포함한 모든 행동을 표현할 수 있는 간단한 법칙을 찾아내 세계를 통합하고 훈육하는 것이었다.

PART 5

법칙

19세기 과학자들은 자연계뿐만 아니라 인간에게도 적용되는 법칙을 찾으려고 노력했다. 전문가로 성장하며 명성을 쌓은 그들은 종교지도자들과 맞먹는 권력을 누리면서 과학을 또 하나의 성직으로 만들었다. 과학자들이 스스로를 용감한 이성의 전사들이라 자처했지만, 성서적 신념을 과학적 신념으로 쉽게 바꾸지 못했다. 과학자들은 객관적인 관찰자 입장에서 세상을 기록함으로써 절대 진리를 얻어야 한다고 주장했지만, 이 관점은 인간을 자연계의 일원으로 통합한 독일 낭만철학가들의 도전을 받게 되었다. 비록 수학적이고 정확한 법칙을 옹호하는 목소리가 더 높았지만, 낭만철학가들의 접근 방법은 환경을 생각하는 오늘날의 사조에 반향을 일으켰다. 개인의 판단은 소위 중립적 과학에 끊임없이 영향을 미쳤다. 인간의 실수를 제거하기 위한 장치들이 고안되었지만, 장치를 사용하는 주체는 다름 아닌 인간이었다. 심지어 세기적 혁신이라는 찰스 다윈의 '진화론'도 논리적인 분석과는 거리가 멀었다. 과학은 지역에 따라 다양한 모습으로 각색되거나 변신하며 발전했다. 과학을 위한 협력은 원칙적으로 정치를 초월했다. 그러나 시간을 표준화하는 문제에서만큼은 의견 충돌이 많았다. 그리고 그 충돌은 상대성 이론을 탄생시켰다. 심원한 상대성 이론은 전신電信 시스템을 개선하는 과정에서 태동했다.

진보 : 서서히 무너지는 계급의 벽

신은 자신의 형상대로 인간을 만들었다.
하지만 대중은 신문이 만든다.
－ 벤저민 디즈레일리Benjamin Disraeli, 「코닝스비Coningsby」, 1844년.

1858년 어느 화창한 가을, 한 무리의 저명한 과학자, 종교인, 정치인들이 영국의 작은 지방 도시인 그랜트햄의 거리를 지나고 있었다. 군악대의 연주에 맞춰 스코틀랜드의 남작이자 명망 있는 판사였던 80대 노인 헨리 브로엄Henry Brougham이 화려하게 장식된 높은 단상 위에 놓인 낡은 안락의자에 앉았다. 이 낡은 의자가 바로 지방의 작은 영웅에서 국가적 영웅으로 격상된 아이작 뉴턴이 사용하던 의자였다. 빅토리아 여왕은 크림전쟁의 포획물인 러시아제 대포를 녹여 만든 뉴턴 입상을 손수 기증하였고, 브로엄은 이제 막 입상의 제막식을 거행하려던 참이었다.

국가적인 행사에 걸맞게 뉴턴 동상 제막식에는 모든 언론사들이 몰려들었다. 그림 31은 여러 저널에 실렸던 그림이다. 군주, 성인, 군사

지도자들의 동상은 유럽 전역에 많았지만 과학자를 기념하는 동상은 처음이었다. 영국이 낳은 천재 뉴턴을 과학계의 윌리엄 셰익스피어라고 칭송하며 그랜트햄에서 거행된 웅장한 제막식은 19세기 초반 동안에 과학의 지위가 얼마나 높아졌는지를 한눈에 보여주는 사건이었다. 전국에서 답지한 기부금으로 만들어진 거대한 뉴턴 동상은 대중에게 과학을 강렬하게 인식시키고 과학 기금 조성을 유도하기 위해 과학자들이 생각해낸 영국 유산산업의 본보기였다.

이 동상은 뉴턴의 생김새를 가늠하게 할 뿐 아니라 빅토리아 시대의 이상적인 물리학자의 모습을 대변해주고 있다. 뉴턴은 절대 진리를 추구한 치밀한 과학자의 전형이자 한결같은 논리적 연구로 외곬의 길을 걸은 과학자의 표상이었다. 그림 속의 뉴턴은 권위의 상징인 대학 예복을 걸친 채 행성운행표를 가리키고 있다. 이 행성운행표는 뉴턴이 전 세계와 우주에 널리 알린 세 가지 운동 법칙과 수학적 질서의 상징이었다. '법칙을 찾아라!' 패러데이는 왕립연구소 강의에서 19세기 과학의 중심사상을 밝혔다. 빅토리아 시대의 물리학자들은 수학 법칙 안에서 세계를 설명하고 열, 빛, 역학, 전기 등 각기 다른 분야를 하나의 체계로 통합하고자 했다. 다른 분야의 과학자들도 법칙을 통해 사회의 행동 방식, 지구의 변천 과정, 유기체의 생태환경 등을 설명하고자 했다. 신이 도덕률로 세상을 다스리고 통치자가 법률을 통해 질서를 유지하듯, 뉴턴도 빅토리아 시대의 과학자들이 그토록 염원했던 수학적 위업을 드러낸 자연의 법칙을 해독하여 우주에 규칙성을 부여했다.

뉴턴의 동상 앞에 선 브로엄은 자신이 신봉하던 '점진적 진보의 법칙Law of Gradual Progress'을 공식화했다. 대부분의 빅토리아 시대 사람들처럼 브로엄도 노력이 성공의 열쇠라고 믿었고, 차근차근 그리고 꾸

그림 31 | 윌리엄 티드William Theed, 그랜트햄의 아이작 뉴턴 동상(1858년). 런던 뉴스London News 삽화, 1858년 10월 2일.

준히 지식을 쌓는 것이 미덕이라고 설파했다. 엄숙한 얼굴의 뉴턴 동상
은 헌신적인 노력에 대한 보상을 상징했다(그랜트햄이 낳은 또 한 명의 일
벌레인 마가렛 대처Margaret Thatcher는 날마다 학교까지 걸어다녔다). 과학의
가능성에 대한 신념을 보여주기 위해 브로엄은 진보의 관점에서 본 인
간의 역사를 유창한 말솜씨로 요약했다. 그가 한 연설의 요지는 이러했
다. '뉴턴은 천재성을 발휘하여 선대로부터 물려받은 뛰어난 업적을
더욱 발전시키면서 이론적 지식의 경계를 넓혔고, 국가 산업발전의 원
천이었던 증기엔진 기술에 초석을 놓았다.' 또한 브로엄은 과학자들이
뉴턴의 유지를 이어받아 영국의 웅대한 미래를 이끌어야 한다고 주장
했다.

　19세기 과학계에게 진보는 노래의 후렴구처럼 불리는 상투어가 되었
다. 선동가들은 많은 분야에서 발전을 예언했다. 새로운 법이 제정될
것이고, 오지를 탐험할 것이며, 기계는 더 크고 빠르게 개선될 것이고,
교육의 전반적 수준이 개선될 것이라는 등 수많은 공약들이 쏟아졌다.
1830년대에는 과학 이론들 자체에 진보의 개념이 녹아들었고, 신이 오
늘날과 같은 우주를 창조했다는 전통적인 관점에 반박하는 견해들이
속출했다. 지질학자들은 지구가 최초의 유동체에서 점점 식었다고 묘
사했으며, 천문학자는 태양계가 소용돌이치는 구름에서 응고하면서 탄
생했다는 의견을 피력했고, 초기 진화론자들은 당시의 동식물이 원래
부터 존재하지 않았다는 파격적인 견해를 밝혔다.

　브로엄은 노련한 과학 운동가였을 뿐만 아니라 약삭빠른 정치인이기
도 했다. 평생토록 그는 과학 지식이 시골의 가장 가난한 사람들에게까
지 전파되는 이상향을 꿈꿨다. 실용지식확산협회SDUK-Society for the
Diffusion of Useful Knowledge가 과학책들을 싸게 출판했을 때 브로엄은

성심을 다해 서문을 썼고, 그 책은 3만 부가 넘게 팔렸다. 당시로는 대단한 숫자였다. 그러나 그의 서문은 동등한 기회를 요구하는 수준이 아니었다. 브로엄은 노동자들에게도 대학교육이 필요하다고 역설하면서, 노동자들이 맡은 바 임무를 더 잘 이해하게 되면 업무수행능력이 향상될 것이리 기대했다.

이름만 보면 SDUK는 자선기관처럼 보일지 모른다. 하지만 과학의 선교사라도 되는 양 처신한 이 기관 사람들의 속내는 따로 있었다. 기관의 이름부터도 그들의 우월감을 나타내지만, 이들의 목적은 정예인사들을 노동 계층에 파견해 업무효율을 높일 수 있는 정보들을 이해하기 쉽게 풀어서 전달하여 노동자들이 일을 보다 효과적으로 수행할 수 있도록(그래서 고용주를 위해 더 많은 이윤을 창출하도록) 하려는 것이었다. 특권층은 과학이 진보를 가능하게 했다는 감언이설로 낮은 임금과 열악한 근무 환경이 초래할지도 모르는 정치적 저항의 위험을 줄이고자 했다. 어느 급진적 작가의 예리한 명언처럼, 브로엄은 영국 국민들이 베이컨의 저서를 읽기 원했지만, 영국 국민에게는 식탁에 올릴 베이컨 몇 조각이 더욱 간절했다.

대다수의 사람들은 노동자를 교육하겠다는 브로엄의 계획을 인정하지 않았을 뿐만 아니라 과학의 진보에 대한 그의 낙관적인 견해에도 동의하지 않았다. '아, 세월이 갈수록 세상은 얼마나 좋아지는가!' 이 말은 당시 시대적 구호이기도 했던 '전진하는 지식The March of Intellect'(그림 32 참고)이라는 풍자만화의 소제목이었다. 그림 속 전경은 당시의 각종 공학 및 토목공사들을 우스꽝스럽게 표현한 것이다. 조지 스티븐슨George Stephenson의 '로켓'은 이제 막 발사되었고, 초창기 열차를 탑승한 승객들은 시골마을을 질주하는 '증기마Steam Horses'의 속도에 기겁했다(우측

그림 32 | 윌리엄 히스(폴 프라이Paul Pry), 「전진하는 지식」, 1829년.

하단). 그림 중앙의 사람들은 그리니치에서 벵갈로 가는 진공추진 비행선에 탑승하고 있다. 실제로 20년도 채 지나지 않아, 이와 비슷한 추진형 지하철이 몇 노선에 걸쳐 운행되었다.

증기의 힘은 제품의 가격을 낮추고 있었고, 이와 동시에 기존의 계층 질서를 위협하기도 했다. 이 삽화가는 상상의 산물인 증기면도날과 증기비행선을 통해서 편리함이란 결국 도덕을 타락시키고 지혜를 무디게 할 것이라며 기술혁신의 가치에 의문을 제기하던 특권층 비평가들을 조롱했다. 노동자 집단이 교육받고 여행하며 여유로운 생활을 즐긴다면 결국 힘든 노동은 과연 누가 할까? 부유한 귀족들은 자신들의 권력이 급속히 부를 창출하고 있는 자수성가한 투자가들의 손으로 넘어갈까봐 두려워했다. 그림의 오른쪽 제일 아래쪽에 보이는 '왕립 구두닦이

엔진' 위에 라틴어로 '신은 움켜쥔 손보다 깨끗한 손을 귀히 여긴다' 라고 쓴 것도 그런 이유다. 그림 속에는 노동자답지 않은 행동을 하는 사람들도 있다. 벽에 기댄 채 프랑스 신문을 읽고 있는 구두닦이 주인이나 하인이 받쳐주는 양산 아래 앉아 있는 귀부인이 수치심을 느끼거나 말거나 이국의 음식을 게걸스럽게 먹고 있는 청소부와 그 동료의 모습을 그려 넣은 것은 다분히 의도적이다.

이러한 풍자에도 불구하고 증기력은 과학 발전에 극적인 충격을 주었다. 고속 열차와 배들이 세상을 좁혀 놓았고, 그로 인해 지식과 사람, 표본과 장비들은 어느 때보다 빠르게 이동했다. 증기는 출판계에도 혁명을 일으켰다. 저렴한 책과 간행물들이 쏟아져 나오자 많은 사람들이 처음으로 과학 정보들을 읽을 수 있게 되었다. 생산 과정이 점차 기계화되면서 종이 가격은 급락했고 인쇄 속도는 엄청나게 빨라졌다. 1830년대가 되자 출판업자들은 박리다매를 통해 이윤을 높일 수 있다는 사실을 깨달았다. 때마침 SDUK와 그 경쟁자들이 번창하기 시작했다는 것은 출판업자들에게 금상첨화와도 같았다.

과학 발전을 칭송하면서 뉴턴에 관한 연설을 할 때, 브로엄은 저렴해진 인쇄비용 덕에 자신의 연설이 곧 전국적으로 퍼져나가리라는 사실을 알고 있었다. 기념 소책자가 당일에 판매되었고, 신문들은 그의 강좌를 요약해서 실었으며, 위엄에 넘치는 뉴턴의 동상을 새긴 판화들은 그랜트햄을 넘어 멀리멀리 퍼져나갔다. 과학자들은 새롭게 등장한 홍보수단들 덕에 자신들을 알리는 것은 물론이고 탐험이나 연구에 자금을 투자하도록 여론을 종용할 수 있었다. 그리고 풍자화 '전진하는 지식'이 보여주듯이 그들을 비판하는 사람들도 다수 등장했다. 과학과 그 영향에 관한 토론은 소수 특권층의 한정된 울타리를 벗어나 공론화되기 시작했다.

대중매체가 보여준 전대미문의 가능성은 과학의 모습을 확실히 바꿔 놓았다. 영향력이 특별히 컸던 영국과학기술진흥협회BAAS–British Association for the Advancement of Science는 저렴한 출판의 이점을 활용하여 과학을 널리 알리고 과학 인구를 점차 늘려갔다. 1831년에 설립된 BAAS는 전국 곳곳에서 연례회동을 열어 연구자들에게 서로의 성과를 공유해서 진보의 속도를 높이자고 독려했다. 과학 공동체의 이점을 인식했던 윌리엄 휴얼의 지지자들은 실험가들을 상대로 과학자로서 서로 힘을 합치면 각자의 분야에서 따로따로 애쓰는 것보다 더 큰 영향력을 행사할 수 있고, 전문적인 지원 구조가 없었던 그들에게 일종의 보호막이 생긴다고 설득했다.

과학을 업으로 삼은 사람들은 자신의 일자리를 스스로 개척해야만 했다. 오늘날과 같은 안정적인 과학 전문직이 거의 없었던 탓에 유명한 사람들 중에는 경제적 어려움에서 벗어나지 못한 경우도 있었다. 오늘날 다윈의 진화론을 널리 퍼뜨린 인물로 알려진 토마스 헉슬리Thomas Huxley도 늘 재정난에 허덕였다. 대다수의 과학자들이 자신의 집에서 연구했고, 다윈이 가장 대표적인 경우다. 케임브리지의 물리학자 레일리 경Lord Rayleigh은 가족의 기도시간마다 피아노 위에 늘어놓았던 과학 도구들을 치워야 했다. 대학에 있는 교수들조차 최소한의 실험 장비를 갖추기 위해 바동거렸다. 켈빈 경은 쓰지 않는 와인 창고를 연구실로 개조했는데, 인근 상점에서 석탄 가루가 끊임없이 스며들었다. 수많은 사람들의 힘든 시간과 노력을 거친 후, 세기 말이 되어서야 비로소 학교를 졸업하고 급여를 받는 전문 과학자가 될 꿈을 꿀 수 있었다.

현실적인 이점을 위해서도 협력을 도모했지만, 무엇보다 19세기 과학자들은 과학 이론에 관한 협력을 추구했다. 그들은 과학의 여러 분야들이 서로 밀접하게 얽혀 있고, 따라서 절대 진리를 향한 진보는 개별 전문분야의 제한된 발전이 아니라 폭넓은 통찰에 의해서만 도출할 수 있다고 믿었다. 그들은 체계적인 연구를 통해서만이 자연 전체를 관장하는 수학적 법칙을 찾아낼 수 있다고 믿었다. 어떤 과학 분야에 종사하든지, 과학자들은 비非과학자들과 구별되는 자신들만의 독자적인 연구 방법을 공유하자고 주장했다.

그러나 스스로를 특별하게 만들려는 노력이 오히려 문제가 되었다. 과학자들은 자신들의 연구 성과를 공개해서 입지를 굳히고자 했으며, 자신들이 확립한 이론들을 널리 알리고 과학 교육을 개선하여 신규 과학자들을 모집하려고 했다. 또한 다양한 저술활동을 통해 더 많은 독자들에게 자신들의 활동을 홍보했다. 그러나 그와 동시에 특권층 남자들이었던 BAAS의 지도자들은 일반인들이 과연 자신들의 심오한 과학 이론들을 이해할 수 있을지 의심했다. 과연 낮은 계층의 사람들이 (여자는 말할 것도 없고) 그 어려운 과학적 방법을 이해할 만한 지력을 가지고나 있을까? 과학자들은 자신들의 능력을 특화시키면서 사악하게도 과학적 노력에 모두가 동참할 기회를 가로막았다.

이러한 지적 계급 체계에서 노동자와 여자는 최하위에 속했다. 문호가 개방되었다는 BAAS 회합에서조차도 부인과 딸들은 가벼운 이야기 상대로만 취급받았다. 빅토리아 시대의 특권층들은 진보에 대한 자긍심이 컸지만, 과학의 특권층에서 제외된 평범한 사람들의 동참이 있어야 진보가 가능하다는 사실만은 인정하고 싶지 않았다. 그로 인해 특권을 누리지 못했던 수많은 사람들의 헌신은 거의 드러나지 않았다. 수많은 기술 보조원들의 노력이 가려졌고, 기계를 제작하고 연구실을 설립했던 사람들과 반복적인 실험을 수행했던 실험조수들의 헌신이 온데간

데없이 사라졌다. 또한 저명한 과학자들은 편집, 그림, 수집에 도움을 준 아내들에게 공을 돌리는 일도 드물었다. 그러나 이들 가운데는 잠재적인 공동 연구자로 발군의 실력을 보인 여인들이 종종 있었다. 메리 라이엘Mary Lyell은 과학자의 아내로 이상적인 사람이었다. 부유하고 유명한 과학자의 딸(야심 있는 사위에게 딱 맞는)이었던 그녀는 지질학자인 남편 찰스 라이엘Charles Lyell 옆에서 지적 파트너 역할을 톡톡히 했다. 결혼 전에 그녀는 독일어를 배워 남편의 수고를 덜어주기로 약속했고, 신혼여행을 대신해 남편과 지질 탐사를 떠났으며, 책 편집과 도해작업을 떠맡았다. 남편이 수집한 광석을 분류하기도 했으며 하녀에게 달팽이 손질법을 가르칠 만큼 패각 분류의 전문가가 되었다

과학자들이 스스로를 전문가의 위치에 올려놓지만, 지식은 단순히 특권계층에서 아래로 확산되는 것만은 아니었다. 변화는 오히려 다양한 집단들 사이의 상호활동에서 생겨났고, 정보 또한 일방적으로 흐르기보다 서로 교환되었다. 예를 들어, 중요하게 거론되는 몇몇 화석들은 런던의 전문 지질학자들이 아니라 지역 특산물을 팔아 생계를 이어가던 주민들이 발견했다. 가장 유명한 사람은 라임 레지스 출신의 메리 애닝Mary Anning이었다. 영국 해변에서 처음으로 공룡 화석을 발견했을 때, 그녀는 어린 소녀였다. 성인이 된 그녀는 회사를 차려 부유한 과학자들에게 화석을 팔았고, 과학자들은 기존의 어떤 동물과도 공통점이 전혀 없는 공룡의 뼈를 보고 놀라움을 금치 못했다. 그녀가 발견한 화석들 대부분이 박물관에 전시되었지만, 그녀의 이름을 밝힌 박물관은 거의 없었다. 애닝의 발견으로 공룡의 멸종을 입증할 확실한 증거가 드러났고, 덕분에 지질학의 판도가 달라졌다. 그러나 그녀는 책을 출판하지도 않았고, 따라서 공식적으로 인정받지 못했다. 다만 소문을 듣고 런던에서 찾아오는

방문객들의 호기심을 채워주는 역할을 할 뿐이었다.

다른 분야의 전문가들도 다양한 인맥을 형성하고 있었다. 맨체스터 인근에서는 직공들이 비공식적인 식물학회Botanical Societies를 만들고 마을의 술집에서 회동했다. 글을 모르는 이도 있었지만 직공들은 열심히 공부했다. 그들은 술에 취한 회원에게 벌금을 매기기도 하면서 자신들이 만든 견본을 교과서 그림과 비교하며 라틴어 이름을 배우기도 했다. 또한 지역의 구릉을 조사하면서 식물의 분포에 관해 해박한 지식도 갖췄다. 저명한 식물학자들도 진귀한 꽃들을 수집하고 확인하기 위해 이들 전문 채집가들의 도움을 받았다. 다양한 분야에서 구성된 인맥 안에는 나름의 전문 지식을 갖춘 뛰어난 사람들이 많았다.

과학이 비전문가에게 의지한 경우는 여자들의 참여방식을 바꿔놓은 출판에서도 찾아볼 수 있다. 약삭빠른 작가들은 여자들을 잠재적인 독자로 삼아 판매부수를 늘리려고 했다. 하지만 19세기 동안, 여자들은 스스로 책을 쓰기 시작했다. 그 중에서도 메리 소머빌Mary Somerville의 경우가 가장 놀랍다. 수학적 물리학자로서 대단한 재능을 보인 그녀는 대학 교육을 받을 수 없는 현실적 역경에도 불구하고 독창적인 연구를 수행하여 『왕립학회 철학의사록Philosophical Transactions of the Royal Society』에 자신의 글을 실었다. 왕립학회 회원들이 그녀의 흉상을 현관에 설치했음에도 불구하고 소머빌은 여자라는 이유로 학회 출입이 금지되었다. 결국 남편이 그녀의 논문을 대신 읽어야 했다.

재능 있는 수많은 여자들이 그랬듯이 소머빌도 과학 연구실이나 학회에서 배척되었지만, 그녀는 다양한 저술을 통해 과학에 막대한 영향을 미쳤다. 브로엄은 라플라스의 천문학 책을 영어로 번역해 널리 보급하기 위해서 소머빌을 고용했지만, 그녀는 단순히 번역에 그치지 않고 라플라스의 혁신을 이해하는 데 꼭 필요한 복잡한 계산식을 쉽게 설명한 독자적인 책을 썼다. 그 후에 쓴 책은 조금 덜 전문적이긴 했지만 19세기 물리학의 핵심 주제를 다루었으며, 외관상 달라 보이는 여러 현상들을 연결시켜 설명했다.

다양한 분야의 작가들과 친했던 소머빌은 향후 빛과 전자기장에 관한 논의에 영향을 준 새로운 해석을 선보였고, 다양한 이론들을 종합했다. 특권계층의 과학자들은 그녀의 해박함에 감명을 받았으며, 일반 독자들은 그녀가 고안한 도표를 보고 쉽게 이해할 수 있었다. 그래서 소머빌의 『물리 과학의 관계에 관하여On the Connexion of the Physical Sciences』(1834년)는 과학계의 고전이 되었고, 빅토리아 시대 물리학의 대중적 평판을 확고히 하는데 큰 역할을 했다. 통합이라는 대의명분 하에 소머빌이 쓴 책들은 BAAS 회원들에게 자극이 되었고, 특히 감동을 받은 휴얼은 그녀의 책에 대한 서평에서 처음으로 '과학자' 라는 호칭을 활자화했다.

세계화 : 지구를 통합한
거대한 신경계

인도를 찾아 나선 콜럼버스가 상륙한 곳은 비록 인도가 아닌 바하마였지만, 유럽인들은 또 다른 대륙의 존재를 인정하지 않을 수 없었다. 구세계와 신세계를 구분하기 위해서 그들은 대서양 가운데에 동서를 가르는 가상의 경계선을 놓았다. 300년 후, 독일의 콜럼버스 격인 알렉산더 폰 훔볼트는 5년 동안 아메리카를 탐험하고 나서 적도를 중심으로 지구를 나누기로 결정했다. 역사보다는 기후에 더 관심을 가졌던 훔볼트는 지구 전체를 통합할 새로운 지구물리학의 기초를 세우기 위해 체계적인 측정법을 사용하기로 계획했다.

어떤 의미에서 과학은 이미 하나의 세계적인 현상이었다. 자연역사학자들이 이미 오래 전부터 국제 무역망과 개인적인 친분을 이용하여 견본을 주고받은 덕에 식물, 동물, 광물 등은 세계 각지로 퍼져나갔다. 신생 과학이었던 식물학과 지질학도 범세계적인 교환이 필요했고, 이러한 교환은 제국의 확장과 상업망의 팽창으로 19세기 전반에 걸쳐 확대되었다. 정보도 책의 이동을 따라서 여기저기로 전파되었다. 또한 제조 공정이나 의학치료 또는 농업 기술과 같은 활동을 통해서도 전달되었다. 상인과 이주자를 비롯하여 식민지역으로 옮겨가 살게 된 사람들은 자신들의 전통 지식과 해당 지역의 전문 지식을 결합했다. 이처럼 지식은 하나의 총체로써 일괄적으로 습득되었다기보다 변모하고 동화된 후 또 다른 나라로 전해졌다. 예를 들어 유럽의 공학자들은 나일 계곡에서 수백 년에 걸쳐 발달했던 관개에 관한 지식을 통합했고, 열대지방의 식민지로 진출한 의사들은 지역의 치료법을 시험하여 강력하고도 이동이 용이한 약품으로 만들었다.

새로운 형태의 지구과학도 등장했다. 과학자들은 지구를 하나의 분석 대상으로 보기 시작했고, 그로 인해 세계는 하나의 거대한 실험실이 되었다. 유럽의 탐험가들은 표본을 본국으로 옮겨 연구하던 방식에서 벗어나 현지에서 실시간으로 조사하기 시작했다. 현지조사 방식의 개척자였던 훔볼트는 자신을 지구물리학자라고 자처했다. 그는 자신의 목적이 단순히 수집하고 설명하는데 있지 않고 분석을 통해 정확한 측정 결과들을 축적하여 전체로써의 지구를 설명하는 과학 법칙을 찾는 데 있다고 선언했다. 그는 적도의 양측을 따라 지구를 선회하는 기후대 때문에 지역마다 고유의 식생과 경관을 가지며 삶의 방식이 결정된다고 생각했다.

자기선전에 능했던 훔볼트는 다양한 매체들을 통해 자신의 탐험을 홍보했다. 냉정하고 차분한 독일 과학자들은 훔볼트의 모험을 낭만에 찬 어린이용 소설에 불과하다고 가볍게 여겼지만, 도표를 이용해 지구를 과학적으로 그려내기 위해 산과 강을 탐험하고 질병과 같은 고난을 용감히 헤쳐나간 훔볼트를 진취적인 모험가의 전형이라고 여긴 사람들도 많았다. 현장과학을 추구한 훔볼트는 유럽인의 투자와 독립적인 활동을 독려하는 등 과학 외적인 분야의 활동들에도 열성적이었다. 훔볼트가 중앙아메리카와 남아메리카인들에게 영웅 대접을 받은 것은 지구물리학 때문이 아니라 유럽인들에게 아메리카 대륙의 중요성을 알렸기 때문이었다. 대부분의 현대 과학자들과 달리, 훔볼트는 부유했으며 전문이라고 내세울만한 것도 없었다. 비교적 자유롭게 활동했던 그는 정확한 측정 자료를 모으는데 엄청난 시간과 돈을 투자했고, 토착 인디언들과 혁명가들의 의견을 수렴하기도 했다. 일례로, 페루 농부들이 구아노(페루의 태평양 연안에 있는 석화된 물새의 똥—옮긴이)를 어떻게 활용하는지 배운 후 그는 이 전통 비료를 유럽에 적합한 화학 비료로 만들어 지역 경제를 활성화시켰고, 그를 통해 명예도 얻었다.

성능 좋은 장비들을 모조리 갖춘 훔볼트는 축적된 정확한 자료를 통해 변덕스런 자연활동의 패턴을 찾아내고, 기압과 자기, 식물의 분포 등 다양한 현상에 수학적 질서를 부여했다. 그림 33의 도표는 지구표면의 다양한 기온 변화를 보여주고 있다. 왼쪽의 미국 동부해안에서 오른쪽의 아시아까지 측정한 훔볼트의 도표는 통계적으로 자연에 접근한 새롭고도 중요한 그림이다. 훔볼트는 특정 날짜의 실제 온도를 좌표로 나타내는 대신 각 장소의 연평균 기온을 계산하고 수천 곳의 관찰 결과를 통합한 후 등온선等溫線이란 곡선으로 표시했다. 그는 기온의 변동을 평균으로 계산하여 지구 전체에 걸친 규칙성을 산출했다.

훔볼트는 혁신을 눈으로 확인시킨 사람이었다. 오늘날이야 과학자, 광고기획자, 정치인들이 증거를 요약하고 설득력 있게(항상 옳지는 않더

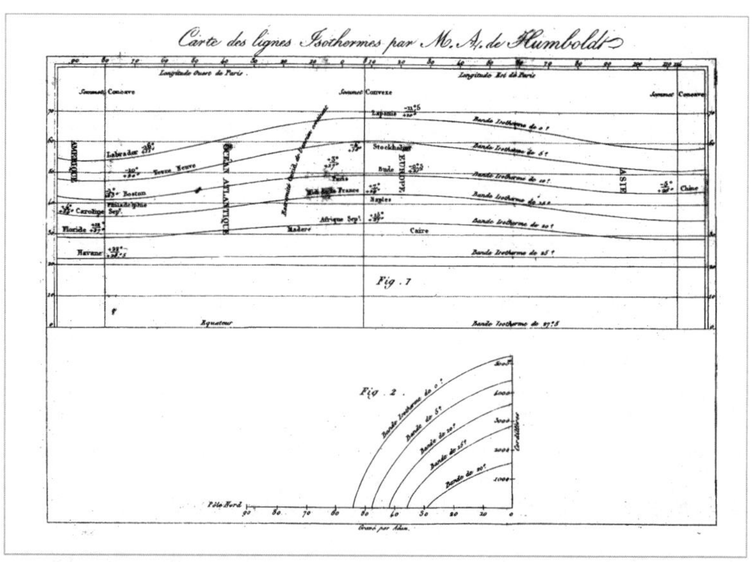

그림 33 | 알렉산더 폰 훔볼트의 '등온선 도표', 『화학 및 물리학 연보 5 Annals de chimie et de physique 5』, 1817년.

라도) 제시하기 위해 손쉽게 도표를 활용하지만, 그림 33은 상당히 오래 전에 만들어진 도표다. 19세기 초반에 도표나 막대그래프 따위가 도입 되기 시작했지만 널리 확산되기까지는 오랜 시간이 걸렸다. 도표로 된 자료를 해석하기 위해서 과학자들은 시각적 언어를 배워야만 했다. 독 서와 마찬가지로 도표와 지도를 자연스럽게 해석하기 위해서는 연습이 필요했다. 산의 실제 높이를 나타내는 등고선만 해도 19세기 초에는 무 척이나 낯설었다. 훔볼트가 제시한 등온선은 물리적 실제가 아닌 이상 적인 개요란 점에서 한 차원 도약한 개념이었다. 평균을 선으로 표시함 으로써, 훔볼트는 상세한 수치로 표현한 단락 단위로 규칙성을 시각화 하여 과학적 관련성을 한 눈에 볼 수 있도록 했다.

도표를 통해 생각하고 이해하는 일은 새로운 인쇄 기법에 의해 더욱 촉진되었다. 이미지 복제가 싼값에 가능해졌고, 이미지를 별도의 용지에 첨부하지 않고 본문에 삽입하는 일도 가능해졌다. 독창적인 시각화 기법은 여러 과학 분야에서 점차 중요한 역할을 담당하게 되었다. 패러데이는 수학을 거의 몰랐지만 3차원 시각화 작업에 뛰어난 사람이었다. 그는 공간을 관통하는 가상의 역선力線을 통해 전자기장의 개념을 발달시켰다. 지질학에서 시각화 작업에 큰 공을 세운 사람은 다윈의 친구였던 찰스 라이엘이었다. 라이엘의 저서 『지질학의 원리Principles of Geology』(1830~1833년)에는 권을 거듭할수록 더 많은 도표들이 등장했다. 지각의 도식적인 단면을 해석하게 된 지질학자들은 시간의 장대한 흐름을 수직적으로 변환하는 기술을 점차 습득해갔다.

통합된 법칙을 추구한 훔볼트는 인간 사회와 자연계를 하나로 보았다. 환경적 관점에서 지구를 분석한 그는 아메리카 대륙을 유럽과 비슷한 북부 온대지역과 풍부한 자연 환경을 가지고 있으나 수준 높은 문화를 이루지 못한 남부 열대지역으로 나누었다. 훔볼트는 글과 사진을 사용하여 적도 근처 아메리카를 밀림이 우거진 야생지대로 그리면서 자연의 신비한 힘이 고스란히 간직된 곳이라고 묘사했다. 훔볼트는 위협적으로 흐르는 급류와 침윤성 식생 등 극적인 모습만을 모아서 밀림을 지나치게 과장했으며, 토착민들을 그저 문명인들의 심부름이나 하려고 멍청하게 기다리는 사람들인 것처럼 너스레를 떨었다.

절벽길이 너무 좁아 발 디딜 곳을 찾지 못했다. 우리는 급류를 향해 내려가 직접 물을 건너기도 하고 노예의 어깨를 밟고 건너기도 했다…… 인디언들은 큰 칼로 둥치를 베어내고 속이 붉거나 황금빛인 아름다운 나무를 보여줬다. 언젠가 우리의 선반공과 옷장을 만드는 사람들에게 유용하게 쓰이리라.[1]

훔볼트의 개인적인 관점은 신세계와 구세계, 이 모두에게 강력한 영향을 미쳤다. 훔볼트의 『아메리카 지도Atlas of America』에 권두 삽화로 쓰인 그림 34는 과학, 상업, 정치의 복잡한 연결고리를 상징적으로 보여준다. 두 명의 유럽인으로 표현된 지혜의 여신(아테네)과 상업의 신(헤르메스)은 서로 어깨동무를 하고 자기들이 공모하여 정복하기로 한 아즈텍의 한 전사를 위로하고 있다. 좌측 하단의 뒤집힌 방패는 신세계의 젊음을 강조하기 위해서 의도적으로 투박하고 원시적으로 그린 반면, 흩어진 멕시코 문화 유적들은 정치적 혼란을 보여준다. 또한 그림의 주된 배경인 화산을 통해 자연의 격변을 말하고 있다. 눈 덮인 산은 에콰도르의 침보라소 산으로 훔볼트 개인에겐 영광스런 산이다. 정상 가까이 올랐던 그는 세상 누구보다 높이 올랐노라고 뿌듯해 했다. 그림의 수평 분할은 시각적 효과를 노린 훔볼트의 또 다른 장치로, 그가 라틴 아메리카의 기후와 농업을 환경에 따라 명백하게 구분했다는 것을 보여준다. 훔볼트의 지구물리학이 젊은 대륙의 막강한 자연의 힘에 질서를 부여한 것과 같이 유럽 문명은 젊은 대륙의 난폭한 사람들을 길들일 것이다.

탐험가들은 절대로 중립적 관찰자들이 아니다. 그들이 자료를 아무리 정확하고 성실하게 기록해도 결국은 개인적인 시각에서 선택하고 해석하기 마련이다. 훔볼트도 남아메리카를 열대림이 무성한 원시대륙으로 표현하는 대신 잘 정비된 농업지대 모습을 강조할 수도 있었을 것이다. 그러나 아메리카에 대한 그의 인식은 바로 전에 고고학 탐사를 목적으로 다녀온 이집트 여행으로 인해 왜곡되었고, 남아메리카에 대한

---

1. 마리 루이스 프라트Mary Louise Pratt의 『제국주의의 시선 : 여행과 문화 접목에 관한 글 Imperial Eyes : Travel Writing and Transculturation』속의 『개인적 이야기Personal Narrative』(런던/뉴욕 : 루틀리지 출판사, 1992년).

그림 34│ 프랑스와 제라르François Gerard, 훔볼트의 『신대륙의 지리, 물리지도Geographical and Physical Atlas of the New Continent』, 1814년, 권두 삽화.

그의 설명은 뒤이어 아프리카와 아시아를 찾았던 연구가들에게도 선입견을 심어주었다. 자신을 널리 홍보했던 훔볼트는 찰스 다윈을 비롯한 많은 젊은이들에게 흠모의 대상이 되었고, 수많은 젊은이들이 훔볼트를 모델 삼아 위험한 탐험을 떠났다. 훔볼트와 마찬가지로, 제국의 탐험가들은 이국의 자연과 사람들을 화려하고 잔인하게 묘사함으로써 자신들이 극한 환경을 극복하고 토착민에게 문명을 전한 승리자라는 이미지를 부각시켰다. 그들은 토착민들의 전문 지식으로부터 도움을 받았다는 사실을 숨기고 이들의 지식을 가로채 마치 자신들이 과학적 발견을 했다는 듯 업적을 포장했다.

훔볼트는 자료 수집에 매달려 전 세계적인 법칙을 찾으려 애썼지만 체계적인 협동 연구가 없었기 때문에 지구 전체를 도해화하는 일은 난항을 겪었다. 오늘날의 관점에서 보면 나라 간의 정보 교환은 당연하게 여겨지지만, 당시 각국의 정부는 과학의 가치에 대한 확신조차 없었다. 그래도 자국에 유리한 실질적인 연구에는 자금을 쉽게 투자했다. 훔볼트가 강조한 것처럼 지구자기학 연구가 항해술에도 도움이 된다는 사실이 입증되자, 1830년대에 BAAS 회원들이 상당수 포함된 영국 과학자팀은 전 세계에서 모은 자기 측정 자료들을 비교해보기로 결정했다.

선동가들은 외국의 정보원과 협력하자는 쪽과 정치적 적수에 맞서서 국가의 영광을 위해 헌신하자는 쪽으로 끊임없이 갈렸다. 그들은 열성적으로 과학적 진보를 외쳤지만, 남극 탐험에 영국 정부의 자금을 끌어낸 미끼는 결국 프랑스와 아메리카를 이겨야 한다는 경쟁의식이었다. 관측소를 국제적으로 연결하는 일은 훨씬 더 힘들었다. 그러나 온갖 중재활동의 결과로 19세기 중반에는 필라델피아, 베이징, 프라하처럼 멀리 떨어진 곳에서도 자기 정보를 공유하게 되었다. 연구소 연결망은 산발적이기 했지만 점차 지구 전체로 퍼졌다. 이를 토대로 지구의 날씨 패턴과 조수를 비롯한 다양한 현상들을 감시할 수 있었다. 그러나 연구소들은 곳곳에 산재해 있었고 연구원의 능력도 천차만별이었기 때문에 결국 측정치를 채택하는 것은 전적으로 개인의 몫이었다.

투자자 입장에서는 전 세계적인 과학 법칙을 확립하는 일이 크게 중요하지 않았다. 그보다는 전 세계를 대상으로 한 통신망 확립이 훨씬 더 매력적인 투자 대상으로 보였다. 1940년대부터 각국 정부들과 개인 기업들은 전신 시스템에 많은 돈을 투자했다. 영국이 먼저 철로를 이용하여 메시지를 전하기 시작했다. 패딩턴 역에서 최초로 살인자를 검거한 사건은 통신의 위력을 이용한 쾌거였다. 이어서 프랑스와 영국 사이에 해저 케이블이 깔려 메시지 전달이 거의 실시간으로 이루어졌고, 그 후 지구 곳곳에 해저 케이블이 설치되었다. 수많은 기술적 진보와 마찬가지로, 이 분야에서도 갑작스런 발견의 순간은 없었다. 즉, 국제적 통신이 하루아침에 가능해진 것은 아니었다. 가장 유명한 선구자인 사무엘 모스Samuel Morse는 '모스 전송dot-dash' 방식을 이용하여 워싱턴에서 볼티모어로 보낸 최초의 전신 메시지에 성서를 인용하여 '놀라운 하나님의 작품!'이라는 상징적 문구를 띄웠다. 번뜩이는 아이디어만으로성이 안 찬 모스는 자금 지원과 특허 제도를 활용하는 방법을 잘 알았고, 이를 적극적으로 활용했다. 수많은 초기 실험가들이 각자의 영웅적인 투쟁사를 가지고 있지만, 대체로 잊혀갔다. 황제의 여름과 겨울 궁전을 연결했던 러시아 발명가, 전자기를 절연하기 위해 아내의 비단 속옷을 훔친 미국인, 특허 비용을 지불하지 못하고 경쟁자들에게 내몰려 오스트레일리아로 도망간 영국인 전기학자 등이 그랬다.

범세계적 전신 시스템은 다름 아닌 대영제국의 산물이었다. 19세기 중반에 영국은 전신의 발달을 주도했다. 영국은 경쟁국들과 달리 충분히 축적된 전문 지식도 있었고, 해저 케이블 건설에 투자할 자금도 충분했다. 또한 세계 곳곳의 식민지를 통해 풍부한 천연자원을 조달할 수 있었다. 절연제인 구타페르카도 식민지였던 말레이 반도에서 들여온 것이었다. 공학자들은 전신 시스템이 범세계적으로 작동하려면 모든 국가가 똑같은 측정 단위를 사용해야 한다고 주장했다. 전신의 주도권이 영국에 있었던 만큼 영국의 전기 단위가 세계 표준이 된 것은 당연했다.

과학은 제국, 기술, 상업과 불가분의 관계로 얽혀 있었다. 전자기학이라는 새로운 분야 덕분에 전신을 가능하게 한 발명이 있었고, 역으로 범세계적 전신망이 설립됨에 따라 연구 활동도 더욱 활발해졌다. 수많은 혁신들이 대도시의 연구센터가 아닌 식민지의 개발지역에서 생겨났다. 신호를 감시하기 위해 전신학자들이 개발한 저항코일, 콘덴서 같은 민감한 장치들은 나중에 실험실의 필수 장비가 되었다. 빅토리아 시대의 제국주의자들은 전신망이 거대한 신경계와 같다고 생각했다. 그들은 영국의 두뇌에 먹잇감을 찾아내는 불가사리의 다리 같은 세계 각지의 촉수들을 연결했다고 흥분했다. 제국이 확장되면서 의사소통을 위한 전기촉수들은 전 세계를 덮었고, 중앙통제를 확고히 하는 명령들을 전송하며 해외로부터 긴요한 정보들을 수집했다.

장거리 메시지 전송에서 비롯된 실질적인 문제들을 해결하기 위해서 과학자들은 전기의 진행 방식에 관한 갖가지 이론들을 개발했다. 프랑스와 독일 과학자들은 주로 전기 입자와 전류 사이의 상호작용에 초점을 맞췄다. 반면, 전신에 관여한 영국 물리학자들은 전선의 내부보다 외부 공간의 역할에 대해 생각하기 시작했다. 이상한 현상들에 당황한 그들은 패러데이에게 희망을 걸었고, 그는 자신의 이론을 되살리고 더욱 발전시켜 텅 비어보이는 우주까지 전자기장을 확장했다. 패러데이의 이론에 따라 전자기장 모델들이 현대 이론물리학의 중심이 되었지만, 빅토리아 시대의 전자기학은 전신 산업에서 발생한 실제적 문제들을 해결하는 과정에서 발달했다

훔볼트는 자신을 최초의 지구물리학자라 여겼지만, 전기는 19세기의 신新물리학이었다. 부과 권력을 동시에 거머쥔 영국은 전산망을 통해 식민지를 다스렸고, 전기 단위를 세계 과학에 적용시켰으며, 케이블 전신에서 파생한 장 이론으로 물리학을 지배했다. 전기라는 신경의 중심지는 영국의 글래스고였다. 글래스고 출신의 윌리엄 톰슨William Thomson(나중에 톰슨 경이 되었다)은 세계 제일의 전신 물리학자였으며, 몇 차례의 실패를 거친 후 1866년에 대서양 횡단 전신 케이블을 성공적으로 설치해서 정부, 산업, 과학을 하나로 연결한 경제 공학자였다. 훔볼트와 마찬가지로 톰슨도 신세계와 구세계를 하나로 묶었다. 훔볼트가 살아 있었더라면 추상적 이론을 정량화한 톰슨의 연구를 높이 평가했을 것이다. 톰슨은 이렇게 주장했다. '당신이 말하는 바를 측정할 수 있고 수치로 표현할 수 있다면 당신은 그것에 대해 아는 것이오. 그러나 측정할 수 없다면 당신의 사상은 과학의 단계로 나아갔다고 할 수 없소.'[2]

---

2. 윌리엄 톰슨. 크로스비 스미스Crosbie Smith와 M. 노턴 와이즈M. Norton Wise의 『에너지와 제국 : 켈빈 경의 생에 관하여Energy and Empire : A Biographical Study of Lord Kelvin』(케임브리지 : 케임브리지 대학 출판부, 1989년)에서 인용.

객관 : 주관의 또 다른 이름

정신이 세상을 다스린다고들 합니다.
하지만 정신을 다스리는 것은 뭘까요?
바로 그 몸이란 것은(제 말을 잘 들으세요)
세상 지배자 가운데 가장 전능한 힘을 가진 이의 처분에 달렸습니다.
그가 바로 화학자입니다.

– 윌키 콜린스Wilkie Collins, 『흰옷을 입은 여인The Woman in White』, 1860년.

빅토리아 시대 과학자들은 아이작 뉴턴을 숭배했다. 또는 뉴턴으로 표현되는 이성의 귀감(그림 31 참고)을 숭배했다. 뉴턴이 행했던 모든 연금술 실험과 비이성적인 행동들을 애써 무시하며 그들은 뉴턴이 바로 '니체Nietzsche가 말한 '객관적인 인간'이며 감정을 배제하고 자신이 받아들여야 할 사실들을 충실히 '반영'하는 데만 관심을 보였던 인간'[3]이라고 여겼다. 뉴턴은 과학 기계처럼 자기 주위의 세계를 중립적으로 기록하고 초연한 태도로 자료를 분석했다고 한다. 가장 극단적인 표현을 빌리

---

3. 『타임즈 문학 증보Times Literary Supplement』(1927년 3월 17일).

자면, 뉴턴은 마치 외부 관찰자인 것처럼 우주를 측정한 사심 없는 천재로, 비록 우리가 그를 따라잡을 수는 없지만 우리 삶에 깊이 스며든 과학의 전형이자 모범이었다.

많은 사람들이 그러한 객관성이 과연 가능한지 또는 바람직한지에 대해 의구심을 가졌다. 이러한 의구심은 19세기 초반에 독일에서 가장 강하게 나타났다. 당시의 낭만파 철학자나 작가, 예술가들은 물리적 세계와 인간적 세계, 관념적인 연구와 영감으로 번뜩이는 창조, 과학과 문학 사이에 가로놓인 경계를 뛰어넘고자 했다. 이런 이상적인 목표를 가장 열렬히 추구했던 이들을 자연철학자Naturphilosophen라고 불렀다 (영국에서는 그들을 자연철학자natural philosophers와 구별하기 위해서 이 용어를 사용했다). '자연Natur'이란 표현에는 인간도 자연계에 섞여 불가분의 관계에 있다는 그들의 사상이 담겨 있다. '우리라고 예외가 될 수 없다. 우리가 보는 것을 어떻게 분석하고 해석할 것인지를 미리 기획하는 '정신'을 막을 수는 없는 노릇이다.'

자연철학자들은 과학이 잘못된 방향으로 나아간다고 선언했다. 이 독자적인 집단은 비록 집약적인 목표를 제시하진 않았지만, 우주와 그 안에 살아가는 모든 생명체를 하나로 통합하는 거대한 이론을 찾아 나섰다. 뉴턴과 데카르트를 포함해서 역학을 연구한 철학자들은 창조를 거대한 천문학적 시계로 생각하면서도, 우주를 스스로 살아 움직이면서 서서히 성장하는 자연이라고 믿었다. 다소 난해하고 모호한 설명 같지만 그들의 표현 역시 불분명하고 모호했다. 이들의 이론이 비록 많은 분야를 아우르고 있어서 복잡하게 보이지만, 자연철학자들은 짧게는 패러데이의 전자기장이나 훔볼트의 지구물리학 같은 19세기 과학에, 길게는 진화와 양자역학, 환경문제에도 큰 영향을 미쳤다.

그림 35│ 요한 괴테Johann Goethe가 자신의 저서 『광학 강좌Optical Lectures』에 삽입한 목판화.
1792년.

　　자연철학자들이 자신들을 상징할 로고를 원했다면 분명히 그림 35
를 골랐으리라. 이 그림은 놀이용 카드에서 가져온 그림으로, 괴테가
『광학 강좌』를 위해 디자인했다. 어라, 괴테라고? 그렇다. 괴테가 맞
다. 오늘날 그는 독일의 셰익스피어로 널리 알려져 있지만, 광석 전문
가로서 1만 8000여 개의 표본을 보유했으며, 생물학과 광학, 특히 색
깔에 관한 국제 토론에 적극 참가하기도 했다. 괴테는 과학 실험에 주
관적으로 접근하여 관찰자 자신의 반응을 의도적으로 개입시켰다. 그
림 35에서는 프리메이슨의 부릅뜬 눈이 광채를 발하여 무지의 어두운
구름을 흩어버리고 있다. 데카르트와 뉴턴 그리고 객관성을 주장한 유
명 과학자들에게 프리즘과 렌즈는 눈을 마치 하나의 도구인 것처럼 객
관화시켜서 관찰이 가능한 별개의 이미지로 만들어주었다. 그러나 괴
테에 따르면, 인간은 필연적으로 자신의 관찰에 개입하기 마련이다. 프

350

리즘을 바라볼 때 눈의 망막은 영사막으로 변한다. 괴테에게 과학은 실험실 안에 갇혀 있지 않고 바깥 세상에 있었다. 그는 여인의 화사한 옷이나 눈 덮인 산비탈을 바라보면서 자신에게 전해지는 효과를 관찰했고, 『친화력Elective Affinities』이란 소설에서는 분자의 변환을 기초로 배우자를 서로 바꾸는 이야기를 썼다. 괴테는 자신의 상상력을 썩히기보다 창조적인 낭만주의 천재로서 강한 감성과 고양된 의식을 십분 살려서 보다 인간적인 과학 지식을 만들고자 했다.

이 그림 속의 무지개는 뉴턴의 광학에 대한 괴테의 거부감을 상징한다. 뉴턴은 햇빛 속에 이미 색들이 섞여서 존재한다고 주장한 반면, 괴테는 검은색과 흰색이 극명하게 대조를 이루는 지점에서 생기는 줄무늬 명암을 예로 들어 색들은 극과 극이 만나는 곳에서 생긴다고 주장했다. 영국 과학자들은 국가의 명예를 지키는 차원에서 뉴턴을 옹호하기 위해 과학적 타당성에서 조금이라도 벗어난 개념에는 거침없이 강도 높은 비난을 퍼부었다. 이와는 대조적으로, 독일 생리학자들은 인간을 중심에 둔 괴테의 색채 과학을 인식 연구에 포함시켰다. 자연철학을 영국에 도입한 새뮤얼 테일러 콜리지를 비롯한 많은 낭만파 실험가들은 괴테가 양극을 강조한 점을 높이 평가했다. 이는 남과 북, 긍정과 부정, 끄는 힘과 미는 힘으로 대비되는 양극 이론이 그들의 연구 대상이었던 자기, 전기, 화학 활동과 공감대를 형성하기 때문이었다. 괴테가 자신의 눈을 하나의 기록 장치로 활용했던 것과 같이 그들도 자신의 몸을 전기회로의 일부로 활용했다(그들이 감내했던 고통을 생각하면 갈릴레오에 버금가는 '과학의 순교자'라 불릴 만하다).

아주 크게 보자면, 자연철학자들은 19세기를 주도한 객관을 지향하는 이데올로기 때문에 역사책에서 밀려났다. 과학자들은 세상을 있는 그대로 보여주겠다고 외쳤지만 이는 거의 불가능한 목표였음이 입증되었다. 일례로, 우주를 실제 우주 크기만하게 기록하지 못하는 까닭에 주관성이란 개념의 개입을 피할 수 없다. 특정 식물이나 자수정 혹은 자석을 조사하기 위해 그 외관과 반응을 아무리 자세히 기록해도 그것이 객관적으로 얼마나 적확한지는 장담할 수 없다.

이 객관성의 딜레마를 해결하려면 실현 불가능한 합금이나 완벽한 성분을 포함하는 증류수 같은 상상 가능한 최선의 이상형을 설명해야 한다. 계몽주의 시대는 이런 방식으로 문제를 해결했다. 당시 예술가들은 대상의 실체를 의도적으로 좋게 표현했다. 조셉 뱅크스와 그의 동료 과학자들을 그린 초상화에는 그들의 잔인했던 실제 모습이 담겨 있지 않았다. 왜냐하면 화가들은 적절한 구도를 정해 탐험가, 행정가, 의사의 모습을 가장 이상적으로 과장했기 때문이었다. 정확한 서술을 자랑으로 여기던 해부학자들조차 실물보다는 기대치에 맞게 그림으로써 '호모 사피엔스homo sapiens(지혜가 있는 사람-옮긴이)'를 '호모 퍼펙투스Homo perfectus(완벽한 사람-옮긴이)'로 둔갑시켰다. 그들은 큰 두개골과 긴 다리뼈를 남자의 뼈로 분류했고, 유독 작고 좁은 갈비뼈와 넓은 골반뼈는 코르셋 탓에 기형적으로 변한 여성의 뼈로 분류했다. 피터 캄페르가 그린 그림 24는 자신의 두개골을 측정하여 그린 것으로, 의도적으로 격자무늬가 새겨진 용지를 사용하여 객관적인 그림이라는 분위기를 물씬 풍기고 있다.

빅토리아 시대의 과학자들은 과학의 핵심에 주관성이 개입할 수도 있다는 사실에 경악했다. 먼저 그들은 계몽주의 시대의 이상적이고 보편적인 형태라는 개념을 거부하고 자기 앞에 놓인 표본의 실제 모습을 있는 그대로 그려야 한다고 주장했다. 과학자들은 자신들이 객관적인 관점만 기록하는 기계인 것처럼 최선을 다해 스스로를 훈련하고 행동하라고 교육받았다. 그들이 고용한 화가들은 철저한 감시 하에 미적인 아름다움보다는 과학적으로 정확한 이미지를 그려야 했다. 다음으로 취한 논리적 단계는 관찰자를 아예 없애버리고 인간보다 다루기 쉬운 기계로 대치하는 것이었다. 기록 장치를 개발한 개발자들은 자기들의 장치가 인간의 간섭을 배제하고 세계를 직접 복사하게 될 것이라고 장담했다. 예를 들어, 의사들은 온도계와 청진기를 통해서 신체에 객관적으로 접근할 수 있고, 사진 기술은 달에 생명체의 존재 여부에 관한 논란을 단번에 잠재울 것이라고 생각했다.

그러나 과학자들이 객관성을 확보하기 위해 그 어떤 방어적인 단계를 준비해도 주관성은 끊임없이 과학을 파고들었다. 심지어 기록 장치조차도 객관성을 유지하지 못했다. 예를 들어, 기계가 환자의 맥을 측정하여 그대로 기록했더라도 그 기록을 해석하는 것은 의사 개인의 몫이었다. 의사들은 '기계가 뽑아낸 언어는 우리가 이제 막 이해하기 시작했을 뿐이고…… 기계 언어를 배우지 못한 사람에게는 레버의 떨림이나 전신 바늘의 진동이 무의미하기는 마찬가지'[4]라고 불평했다. 진단 그래프를 해석하려면 그래프의 모양에 따른 원인을 파악해야 했고, 이 과정은 개인의 전문성이나 경험 그리고 판단력에 좌우될 수밖에 없었다. 20세기에 접어들면서 자료 수집용 기계들은 더욱 정교해졌지만 문제는 더 심각해졌다. 자기 지도Magnetic map, 엑스레이X-ray, 안개상자cloud-chamber(고

---

4. 1867년의 두 영국 의사. 토마스 핸킨스Thomas L. Hankins와 로버트 실버만Robert Silverman의 『상상력의 도구Instruments of the Imagination』, (프린스턴, 뉴저지 : 프린스턴 대학 출판부, 1995년).

속 원자나 원자적 미립자가 지나간 자취를 보는 장치-옮긴이) 사진들은 상세한 정보로 가득했지만, 이 정보는 해석 능력을 갖춘 전문가의 몫이었고, 전문가도 사람이기 때문에 도달하는 결론이 한결같지는 않았다.

절대 거짓이 없는 사진기조차 진실을 다른 모습으로 보여줬다. 패러데이는 '지금까지 어떤 인간의 손도 이같이 그려내지 못했다. 이제 자연의 여신Dame Nature이 스스로 그림을 그려내고 있으니, 인간이 무엇을 그려낼지 상상이 되지 않는다'[5] 고 열광했다. 그러나 모두가 사진의 정확성을 믿지는 않았다. 우선, 사진이 가진 많은 기술적 문제들이 드러났다. 노출시간은 길었고, 사용하던 판은 쉽게 부셔졌으며, 종이는 쪼그라들거나 늘어나서 정확한 측정이 불가능했다. 사진을 어떻게 봐야 할지 고민이 생긴 것이다. 심령술사들은 죽은 이들을 보여주었으며 기회주의자들은 입체 사진으로 달의 모습이나 벌거벗은 여인들을 보여주면서 손님을 유혹했다. 오락기계로 쓰이는 그런 기계를 어떻게 정확한 과학적 도구로 쓸 수 있었겠는가?

'사진'이란 단어는 천문학자였던 존 허셜John Herschel이 1839년에 만들었다. 이제 천문학은 별 사진 과학이 되었다. 먼 행성들과 휘돌아가는 성운을 담은 천체 사진들은 빅토리아 시대의 신문 구독자들을 사로잡았으며, 허셜도 백발을 휘날리는 위대한 천재의 모습으로 사진에 담겼다. 그러나 이 역시 하루아침에 이룬 결과물은 아니었다. 우선 혁신

---

5. 거투르드 M. 프레스콧Gertrude M. Prescott, 「패러데이 : 인간의 이미지와 수집가 Faraday : Image of the Man and the Collector」. 데이비드 구딩David Gooding과 프랭크 제임스Frank James의 『패러데이의 재발견 : 마이클 패러데이의 삶과 업적에 관한 소고Faraday Rediscovered : Essays on the Life and Work of Michael Faraday』(뉴욕: 맥밀란, 1985년)에서 인용.

가들은 천문학에 사진을 사용하지 않으려고 했다. 그리고 사업가들은 신기술로 인해 일식 때 태양 주변에 보이는 불꽃같은 신비한 현상들이 가시화되었다고 으스대면서 사진이야말로 우주의 비밀을 밝혀줄 놀라운 탐험 도구라고 선전했다. 반면에 천문학자들은 사진의 정확성에 더욱 큰 관심을 보였다. 일관성 없는 관측지들을 믿지 못했던 천문학자들은 정확한 사진이 사람을 대체할 수 있다는 희망을 품었다.

어느 쪽에서나 인간의 개입이 불가피하다는 사실이 입증되자 객관성은 여전히 요원했다. 사진 인쇄는 시간과 돈이 많이 드는 과정이었기 때문에 대량 복제를 위해서는 손으로 베껴야 했다. 따라서 대다수의 사람들은 생생한 자연의 모습이 아니라 그림에 만족해야만 했다. 목판공들은 사진을 정확하게 베끼는 힘든 과정을 포기하고 대신 중요한 특징만 두드러지게 표현했다. 19세기 말에 연속적이고도 자동적인 방법으로 하늘을 관찰할 수 있게 되자 인간의 오류 가능성은 마침내 제거되는 것처럼 보였다. 그러나 새로운 문제가 발생했다. 하늘 전체를 사진으로 찍자 9미터 높이를 훌쩍 넘을 만큼 엄청난 분량의 천체 사진이 쌓였다. 이로써 '자연의 여신'에 직접 접근하겠다던 패러데이의 꿈은 실현 불가능한 것처럼 보였다.

사진 기술은 과학보다는 초상화에 충격을 안겨주었다. 과학자들은 새로운 기록 매체를 자기 홍보에 활용하기 위해 두개골이나 지질학적 표본들을 손에 들고 사진관에서 엄숙한 자세를 취했다. 시간이 흐르고, 과학자들은 다른 사람들의 관심을 끄는 일로 시선을 돌렸다. 과학자의 카메라는 중립적인 관찰자여야 했으나 최종 사진은 손질을 거쳐 인위적인 홍보용 사진이 되었다. 감정을 배제하고 자료를 수집해야 할 사진은 이제 사회를 제어하는 수단이 되었다. 예를 들어, 정신병원 의사들은 환자들의 기이한 모습을 담아 이미 존재하던 편견을 더욱 강화하고 정신병자의 격리 수용을 정당화했다. 과학자들은 여러 유형의 인간들을 사진에 담아 표본으로 취급하면서 사진으로 바라보는 자신들의 시선이 객관적임을 강조하고 인간 유형을 목록화하기 시작했다. 인류학자들은 식민지 사람들을 벌거벗겨 방안지처럼 생긴 측정판 앞에 세웠으며, 범법자들의 정면과 측면 사진은 정량 분석을 위한 비교 자료로 쓰였다.

과학자들은 정신병자, 유색 인종, 범죄자들을 비정상적인 인간이라고 판단하고 사진을 찍었고, 그를 통해 정상적 인간의 정형을 만들어냈다. 그들은 사회 구성원으로 받아들이기에 적합한 사람을 평가하는 데 마치 과학적 도구라도 되는 양 사진을 이용하여 개인적인 판단을 관철시켰다. 다시 말해, 개개인의 특징을 반영하여 정신병자, 착실한 시민, 아프리카인과 같은 대표 그룹으로 분류하는 문제를 놓고 과학자들끼리 옥신각신했다는 의미다. 18세기에는 이상형을 묘사하는 방식이 사용되었지만, 빅토리아 시대의 과학자들은 통계를 이용하여 평균을 찾는 방법을 택했다. 그들은 수치를 사용하여 객관을 모색했지만, 객관은 여전히 허상에 불과했다.

이러한 통계적인 사고는 19세기를 풍미했다. 통계학은 과학 연구에 적극 활용되었을 뿐 아니라 사회개혁가들에게도 결정적인 무기가 되었다. 플로렌스 나이팅게일Florence Nightingale은 초기 운동가로, 통계 자료를 활용하여 병원 위생을 개선하면 비용과 사망 위험을 줄일 수 있다고 주장했다. 통계학자들은 사실만을 다루며 궁극의 '객관적 과학'을 한다는 자부심이 대단했다. 어떤 전문가는 이렇게 아주 단조로운 말투로 말했다. '무미건조할수록 좋습니다. 통계학은 무엇보다 무미건조해야 합

니다.'[6]

숫자 자료를 이용하여 결정적인 충격을 안겨준 사람은 프랜시스 골턴Francis Galton이었다. 찰스 다윈의 조카였던 그는 자료 수집광이었고, 통계 정보를 나타내는 다양하고 재치 있는 방법들을 개발했다. 수많은 기상학저 자료들을 날씨 지도에 간략하게 표시했으며, 자신이 '그림 통계학pictorial statistics'이라고 명명한 연구를 수행하기 위해서 사진 기계를 개발했다. 우선 그는 살인자, 자매, 매독에 감염된 남자 등 몇 개의 범주를 정하고 범주마다 몇 사람의 사진을 찍은 다음 각각의 사진을 포개어 합성 이미지를 만들어냈다. 그림 36의 첫 열은 기계를 사용하여 축적한 자료로 범죄자를 알아내고자 했던 그의 시도를 보여주는 사진들이다. 얼굴 중앙은 명확한 반면 바깥쪽은 유령처럼 흐릿하게 뭉그러져 사진을 포갠 흔적이 역력하다. 아래쪽 네 장의 사진은 외모만으로 공직자와 일반인을 구별할 수 있다는 골턴의 선입견을 보여준다.

골턴의 합성사진은 종모양의 곡선이 평균을 중심으로 양쪽으로 대칭을 이루며 낮아지는 정규분포를 시각적으로 보여준다. 이 곡선은 독일 수학자인 카를 가우스Karl Gauss가 천문학적 오류들을 추정하기 도입했던 것으로, 가우스 분포Gaussian distribution라고도 부른다. 가우스는 같은 측정을 몇 차례 반복할 경우 기록은 평균 주변의 좁은 곡선에 몰리게 되고, 곡선이 넓을수록 기록이 부정확할 가능성이 크다는 사실을 보여주었다. 과학자들은 가우스의 기법을 이용해서 연구 결과에 첨부할 신

---

6. 윌리엄 파William Farr, G. 기거렌처G. Gigerenzer 外 『우연의 제국 : 확률은 어떻게 과학과 일상을 바꾸어 놓았는가The Empire of Chance : How Probability Changed Science and Everyday Life』(케임브리지 : 케임브리지 대학 출판부, 1989년).

그림 36 | 프란시스 골턴이 만든 범죄자 합성사진, 1880년대.

뢰도를 계산할 수 있게 되었다. 가우스의 기법은 측정 결과가 인간의 실수에 오염되지 않고 객관적으로 정확했다는 주장에 수학적 확신을 보태주었다.

그럼에도 불구하고 평균에 관한 이 수학적 개념 탓에 주관적 판단이 곧바로 되살아나게 되었다. 객관적 묘사에서 주관적 규정으로, 그리고 사회 계획에서 사회 감독으로 넘어가는 과정은 단 한 걸음에 불과했다. 골턴도 빅토리아 시대의 여러 과학자들과 마찬가지로 물리적 특징을 측정하면 사람들의 정신적 능력, 심리적 경향, 인종의 기원 등에 대한 편견 없는 지식을 얻게 될 것이라고 믿었다. 예를 들어 범죄자는 정규 분포의 꼬리 부분에 위치하며 평균치와의 비교해 보면 턱이 들어가 있고 팔이 길다. 이런 특징은 그들이 빅토리아 시대의 젠틀맨들보다 낮은 단계로 퇴보한 존재임을 나타낸다. 이와는 반대로 천재들은 현저히 말랐고 이마가 튀어나왔다. 셜록 홈스의 모습이 딱 그러했음은 우연이 아니다.

돌이켜 보면, 이런 주장들은 캄페르의 연구와 같이 전제조건으로 가득한 순환논법이었다는 사실이 명백해 보인다. 객관성의 이름으로 과학자들은 사진 증거와 정확한 측정의 중요성을 강조했지만, 이 두 가지 도구는 20세기에 들어 사회 정화를 주장하던 정당들의 손아귀에서 차별을 위한 도구로 악용되었다. 예를 들어, 독일 나치 운동가들은 유대인과 아리안족의 눈 색깔을 비교한 작은 카드를 배포했고, 스웨덴에서는 1960년대에도 사람들이 강제로 불임수술을 받았으며, 의사들은 인종별, 심리유형별로 사진을 모았다. 물론 골턴은 유대인 대학살에 대한 직접적인 책임은 없다. 그러나 자연철학자들로서는 객관성이 추구한 이상에 의문을 제기할 만했다.

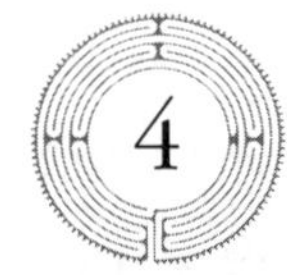

신 : 분필 속에 담긴 시간

– 클라이브 윌머Clive Wilmer, '존 러스킨의 광석 수집품Minerals from the Collection John Ruskin', 1992년.

1871년 12월, 웨일즈 왕자Prince of Wales는 장티푸스로 사경을 헤매고 있었다. 캔터베리 주교와 그의 동료들이 왕국의 모든 교회에 소식을 전하고 특별 기도를 명했다. 왕자는 곧 회복되었지만 나라는 양분되었다. 하나님이 도왔는가? 아니면 현대 의학 덕분에 기적적으로 나았는가? 한 저명한 의사는 병동 하나를 정해 몇 년간 기도를 하여 치료율이 개선되는지를 통계로 확인하면 이 논란을 해결할 수 있을 것이라고 제안했다. 이 같은 신성 실험holy trial은 실행되지 않았지만 기도 측정 논쟁Prayer Gauge Debate은 몇 년간 계속되었다. 병을 신의 법으로 다스려야 할까, 아니면 건강에 대한 과학적 법칙으로 막아야 할까?

기도에 관한 이런 논쟁은 과학과 종교가 직접 충돌한 듯 보이지만, 실상은 누가 옳은가의 문제가 아니라 무엇이 옳은가를 결정하기 위해 누구를 믿겠는가의 문제였다. 권위는 원래 영국 국교회의 손에 있었지만, 19세기 동안 영국 과학자들은 이성이라는 이름으로 성직에 맞먹는 지위와 권력을 누리기 시작했다. 전문가로서 자신들의 명성을 굳히기 위해 노력했던 야심찬 과학자들은 구색에 맞지 않는 모든 사람들을 압박했다. 우선, 교육 수준이 떨어지는 사람들을 과학의 영역에서 몰아내고 자신들을 전문가로 우뚝 세우고자 했다. 그들은 박식한 여자들과 수집가 그리고 집에서 연구하는 천문학자들을 아마추어란 이름으로 경멸했다.

과학의 권위를 세우기 위한 또 다른 전략은 과학과 종교를 처음으로 명확하게 갈라놓는 것이었다. 골턴은 학회 위원직을 차지하고 있는 종교지도자들의 흠을 드러내기 위해서 전략적으로 통계 수치들을 활용했고, 조심스럽게 고른 목표들을 하나씩 짓밟아나갔다. 몇 단계의 논리적 비약을 거쳐 그는 성직자들이 과학에 적합하지 않다고 결론을 내렸다. 교회의 성직을 유지하면서 과학자로서의 능력을 발휘하기는 부적합하다는 것이었다. 가장 유창한 말솜씨로 교회 공격에 앞장섰던 사람은 다윈의 진화를 옹호하고 '불가지론자'란 말을 만든 토마스 헉슬리였다. 그는 옥스퍼드에서 있었던 토론에서 자기에게 반대하는 편협한 주교보다 차라리 원숭이를 조상으로 모시겠다고 조롱하여 파란을 일으켰다. 비록 이는 조작된 일화겠지만, 헉슬리는 '누구든 스스로를 신의 자식이면서 동시에 과학에 충실한 전사라고 하거나 또는 그럴 수 있다는 사람'[7]에게는 격렬한 비난을 퍼부었다.

---

7. 프랭크 M. 터너Frank M. Turner, 『문화 권력을 위한 투쟁 : 빅토리아 시대의 지적 삶에 대한 소고Contesting Cultural Authority : Essays in Victorian Intellectual Life』(케임브리지 : 케임브리지 대학 출판부, 1993년).

종교의 반대를 놀림감으로 만든 헉슬리는 다윈의 이론을 돋보이게 만들었다. 게다가 이러한 그의 공격성은 오히려 19세기 중반의 과학 연구에 종교 문제가 얼마나 깊숙이 뿌리내리고 있었는지를 단적으로 보여주고 있다. 대략적으로 말하면, 두 가지 논점이 존재했다. 하나는 성경에 기초한 신학이었다. 화석과 암석이 보여주는 증거는 지구가 성서에서 말하는 것보다 훨씬 더 오래되었다는 사실이었다. 그보다 더 심한 논점은, 신이 인간을 창조한 이래 생명은 변함없이 원래의 모습을 지키고 있다는 전통적 믿음이 진화론으로 인해 좌초 위기에 처했다는 사실이었다. 그러나 빅토리아 시대의 대다수 사람들은 성서의 말씀이 글자 그대로의 실제가 아니라 강력한 은유라고 생각했기 때문에 글자 하나까지 트집 잡는 것에 별로 신경 쓰지 않았다. 과학을 비판하던 사람들은 최근의 사상들이 주는 철학적 의미를 더 많이 걱정했다. 기독교인들은 위대한 기획자이며 전지전능한 신이 특별한 목적으로 우주를 창조했다고 믿었다. 그리고 이런 안일한 관점은 물리학에 통계적 방법이 새로 도입되고 세대와 세대 사이에 '우연'이 끼어들면서 새로운 특징들이 나타날 수 있다는 다윈의 진화론이 등장하면서 위기를 맞았다.

프랑스 혁명 동안 신은 천문학에서 완전히 배제되었다. 당시 라플라스가 뉴턴의 이론을 재정립하여 만든 결정론에 따르면, 모든 행성의 운동은 과학 법칙이 제어하며 신성은 개입할 필요가 없었다. 라플라스의 성공에 고무된 벨기에의 천문학자 램버트 케틀레Lambert Quetelet는 인간 사회도 법칙의 지배를 받는다고 결론을 지었다. 모든 국가는 자살이나 범죄율에서 통계적으로 해마다 일정한 패턴을 보이기 때문에 '평균적 인간'이 한 국가의 성격을 보여준다고 생각했다. 그의 주장에 따르면, 정치인은 사회 물리학자처럼 사고하고 행동해서 극단적인 경우를 걱정하기보다 평균적인 행동을 개선하기 위해 노력해야 한다. 그의 시각에서는 통계적 평균에서 벗어난 것은 행성의 섭동planetary wobble(궤도회전축 불일치로 나타나는 현상-옮긴이)과 마찬가지로 완벽하지 못한 것이라서 이를 부드럽게 조정하여 전체의 발전을 모색해야 하는 것이다.

케틀레는 새롭고 급진적인 방식으로 인간을 생각했다. 그를 존경한 어떤 사람은 이렇게 말했다. '개인으로서의 인간은 수수께끼지만 전체로서의 인간은 수학적 문제일 뿐이다.'[8] 케틀레의 후계자들은 그의 이론을 다양한 방향으로 확장했다. 케틀레의 연구는 다각적인 해석이 가능했으므로 정치적으로도 유용했다. 보수주의자들은 현재의 제도를 바꿀 필요가 거의 없다고 주장했지만, 칼 마르크스 같은 급진주의자들은 정부가 자연적인 진보의 방향을 방해해서 유토피아의 실현을 요원하게 만들고 있다고 비난하면서 진보를 보장하는 자연의 법칙이 지배하는 조화로운 사회를 꿈꿨다. 자료 수집 활동이 왕성해지면서 통계학자들은 날씨에서 문명의 성장, 그리고 주식시장의 등락에서 질병의 발생에 이르기까지 삶의 모든 모습들을 총괄할 만한 법칙을 강구했다. 많은 과학자들이 추상적인 교과서보다는 케틀레에게서 아이디어를 얻었고 여기에 자신들의 생각을 덧붙였다. 케틀레는 기준에서 벗어나는 개별적인 편차들을 오류라고 여겼지만, 과학자들은 그 편차가 왜 생기는지를 연구하기 시작했다.

물리학에서는 기체 운동에 통계를 적용하는 것이 가장 중요했다. 증

---

8. 로버트 체임버스Robert Chambers, 테어도어 포터Theodore Porter, 『통계적 사고의 부흥, 1820년-1900년 The Rise of Statistical Thinking』, (프린스턴, 뉴저지 : 프린스턴 대학 출판부, 1986년).

기가 대세였던 유럽에서는 공장의 효율을 높이기 위해 열역학에 관심이 모아졌다. 케임브리지의 스코틀랜드 출신 과학자 클락 맥스웰Clerk Maxwell은 1873년 BAAS 연례 회의에서, 임의적으로 움직이는 분자의 평균 가속도를 알면 기체의 전체적인 움직임도 설명이 가능하다는 주장을 밝혀 청중들을 놀라게 했다. 그는 기체를 비롯한 미세한 체계에 대한 절대적이고 포괄적인 지식을 확립하는 것은 불가능하며 통계적 정확성만을 추구해야 한다고 주장했다.

깔끔한 수학적 기교와는 거리가 먼 이러한 방법은 결정론의 근간에 의문을 던졌다. 케틀레는 인간 사회에도 이와 같은 통계적 논리를 적용하여 격렬한 논란을 불러왔다. 만약 매년 평균 열 명이 자살한다면 그들의 운명은 예정된 것인가? 그렇다면 개인에게 자유의지가 있는가? 대다수가 인간의 삶은 자유의지를 근간으로 한다는 견해를 가지고 있었지만, 이를 물리학에 그대로 적용시킬 수 있는 것은 아니었다. 분자가 결정을 내릴 수 있다고 한다면, 정신적 존재와 불활성 물질 사이의 경계가 사라지게 되고 기독교 신학과는 완전히 상반되는 유물론 철학을 인정해야 한다. 또 하나의 문제는 기체가 임의로 움직인다는 맥스웰의 가설이었는데, 이는 신이 우주를 만들었다기보다 우주가 우연에서 발생했다는 암시를 주고 있었다. 통계 기법은 유용하다는 이유로 과학에서 널리 쓰였다. 그러나 신학적 문제들은 맥스웰뿐만 아니라 그를 비평한 사람들에게도 지속적인 골칫거리였다.

지질학은 기독교에 훨씬 더 직접적인 문제들을 야기했다. 창세기는 신이 무無의 상태에서 엿새 동안 우주를 창조한 이야기를 기록하고 있다. 이 기록을 맹신하는 신자들은 (창조의 속도는 그렇다 치더라도) 신이 인간과 동식물을 지금과 똑같은 모습으로 창조했다고 굳게 믿었기 때문에, 멸종이라든가 새로운 종의 출현 같은 견해들이 끼어들 여지가 없었다. 그들이 몰두한 또 하나의 관심거리는 지구의 나이였다. 일부 성경은 그 여백에 지구가 기원전 4004년 10월 23일 일요일에 생겨났다고 적었으며, 교회 연대 학자들은 상세하게 표시된 이 날짜를 대체로 인정했다(오늘날은 '기원전'을 뜻할 때 '예수 탄생 이전'이란 의미의 BC(Before Christ)보다 '일반시대 이전'을 뜻하는 BCE(Before the Current Era)를 주로 사용한다).

18세기 동안 정교적 신앙에 도전한 이들은 대결보다는 때때로 화해를 택하는 신중한 방식으로 접근했다. 예를 들어, 그들은 프랑스의 뉴턴주의 철학자 조르주 뷔퐁을 따라 지구의 역사를 성경에 기술된 6일간의 창조에 맞춰 6개의 시대로 절묘하게 나누었다. 지질학자들이 해결해야 할 핵심 과제는 수면 아래 퇴적층이 어떻게 마른 땅 위로 솟구쳐 바위들이 되었는지를 설명하는 것이었다. 성경은 이 문제를 노아의 홍수로 아주 편리하게 설명했다. 로마 신화 속 바다의 신Neptune의 이름을 딴 넵튠주의Neptunism(수성론–옮긴이) 지질학자들은 거대한 바다가 한 때 지구의 표면을 덮었다가 말라버린 것이라고 믿었다(그들은 그 많은 물이 어디로 사라졌는지 설명하지 않았다). 넵튠주의 운동은 암석 분류를 연구하던 독일의 광물 아카데미에서 특히 활발했다. 반대로 지하 세계의 신의 이름을 딴 플루토니즘Plutonism(화성론–옮긴이)을 주장하던 학자들은 지구 내부의 높은 온도에 의해 야기된 격렬한 지진들이 지표 아래의 마른 땅을 밀어 올렸다고 주장했다.

가장 영향력 있었던 화성론주의자 제임스 허튼은 공학자 제임스 와트와 경제학자 애덤 스미스가 있었던 에든버러 모임에서 활동했다. 공업 화학자였으나 그에 싫증을 느껴 귀농한 허튼은 농업을 위한 잠재력에 초점을 맞춰 지질학으로 전환했다. 그러나 그에게도 지질학은 만만치 않았다. 웨일즈로 현지조사를 나가는 동안 말안장에 엉덩이며 허벅지가 잔뜩 쓸린 허튼은 불평을 털어놓았다. '신이여, 가련한 엉덩이가 암석을 찾아야 하는 머리에 딱 달라붙었습니다.' 허튼은 풍파에 침식된 바위 부스러기들이 바다 밑에 가라앉아 딱딱한 퇴적층을 형성했다가 아주 더디지만 끊임없는 변화로 인해 솟구쳐 올라와 다시 산을 이룬다고 상상했다. 18세기 말, 이런 허튼의 생각은 급진적이며 혁신적인 이론이었다. 허튼이 생각한 체계는 상상도 할 수 없는 영겁의 시간을 필요로 하기 때문이었다. 허튼은 극적이면서도 논쟁이 될 만한 표현을 했다. '우리는 시작의 흔적도 찾지 못하고, 끝이 어딘지 감도 잡지 못한다.'[9]

이 체계는 신학적으로도 해석이 다양하다. 허튼 자신은 창세기에 관심이 없었지만 그의 우주론 중심에는 신이 있었다. 허튼은 우주란 모든 존재의 영원한 행복을 위해 고안된 무한히 움직이는 기계라고 보았다. 몇몇 비평가들은 이러한 허튼의 주장에 분개했다. 허튼은 성경에 적힌 6000년을 과감히 부정했고, 비평가들은 다시 대홍수를 주장했다. 그들은 허튼이 주장한 점진적인 변화 체계를 거부하고 극적인 융기, 지진이나 홍수 같은 격변 이론에 초점을 맞췄다. 반면에 프랑스와 독일의 지질학자들도 성경을 무시하긴 했지만, 격변 이론을 선택한 이유는 달랐다. 격변이 없었다면 땅 위에 흩어져 있는 거대한 바위덩이들을 어떻게 설명한단 말인가?

---

9. 제임스 허튼. 데이비드 굿맨David Goodman과 콜린 러셀Colin A. Russell의 『과학적 유럽의 등장 1500-1800The Rise of Scientific Europe 1500–1800』(켄트 : 호더 스토튼 출판사, 1991년).

　프랑스의 해부학자 조르주 퀴비에Georges Cuvier는 파리 주변의 바위들을 조사했다. 그는 바위들이 분명한 띠와 층을 따라 분포하고 있으며, 각각의 띠와 층에서는 저마다의 특징을 보여주는 화석들이 발견된다는 사실을 관찰했다. 퀴비에는 일련의 격동으로 시대와 시대가 갈라졌다고 주장했고, 많은 지질학자들도 이에 동의했다. 창조론에서 돌아선 지질학자들은 갑작스런 변동이 있었다는 증거를 찾아 지구 전체를 뒤졌다. 옥스퍼드 아카데미의 한 회원은 요크셔에서 진흙투성이인 하이에나 동굴을 발견했고(그는 이것이 대홍수의 명백한 증거라고 확신했다), 훔볼트는 남아메리카에서 여러 개의 화산을 발견했으며, 영국의 법률가 찰스 라이엘은 아내 메리를 훈련시켜 이탈리아 지질 탐사에 동행시켰다. 이탈리아의 면면을 살펴본 라이엘은 자신의 생각을 바꾸고 아내의 도움을 받아 세 권짜리 『지질학의 원리』를 출판했다. 엄청난 영향력을 지닌 이 세 권의 책을 통해 격변설catastrophism은 퇴출되고 허튼의 점진적 변화론이 되살아났다.

　라이엘은 변화가 아주 오랜 세월에 걸쳐 서서히 일어났고, 현재의 속도와 비슷하게 과거에도 일률적으로 발생했다고 천명했다. 새로운 사상으로의 개종도 그렇듯, 종교적 개종도 하루아침에 벌어지는 일은 아니었다. 골턴이나 헉슬리처럼 라이엘도 과학과 종교를 분리하려고 마음먹었다. 단적으로 말해, 모세로부터 지질학을 분리하자는 것이었다. 지질학을 연구하는 동료들 대부분이 기독교인이었던 탓에 비기독교인들만이 과학자가 될 수 있다고 주장하지는 않았지만, 낡을 사고방식을 버리지 못하고서는 과학이 신망을 얻을 수 없다고 라이엘은 생각했다. 사회적 권위를 추구했던 빅토리아 시대의 과학자들은 기독교 자체를 거부하지는 않았지만, 종교적 신념 위에 과학적 가설을 억지로 끼워 맞

그림 37 | 찰스 라이엘, 「세라피스의 사원The Temple of Serapis」, 『지질학의 원리Principles of Geology』 제 1권 권두 삽화, 런던, 1830년.

추려는 사람들은 배제하려고 했다.

라이엘은 『지질학의 원리』디럭스 판 표지에 금박으로 장식한 권두 삽화(그림 37)를 매우 자랑스럽게 여겼다. 나폴리 근처 세라피스에 있는 사원은 고전 문명의 기념비였지만, 라이엘에게는 훨씬 이전에 발생했던 지질학적 사건을 기념하는 곳이기도 했다. 기둥에 있는 검은 띠는 해양 연체동물이 남긴 자국으로, 이 건물이 원래 해수면 아래에 잠겨 있다가 나중에 다시 솟아올랐다는 증거다. 세라피스는 더디고 꾸준한 소규모의 변화들이 지구 표면의 가장 장엄한 특징을 만들어낸다는 라이엘 이론의 핵심을 보여주고 있다. 기독교적 신학과는 달리, 세계는 안정적인 상태를 지속하고 있으며, 내재된 진보의 형식도 없고 과거에서 미래로 흐르는 시간의 화살 같은 불변의 진리도 없다.

라이엘의 관점에서 보면, 인간의 역사와 지질학적인 역사는 서로 얽혀 있었다. 기둥 옆에는 현대인 한 사람이 서 있고, 또 한 사람은 과거라는 성서의 이중성을 깊이 생각하며 앉아 있다. 두 개념이 섞인 이 그림은 인간이 인간 자신과 우주와의 관계를 생각하는 방식이 급격히 변하고 있음을 나타냈다. 성서의 설명에 따르면, 지구가 지금과 같은 모습으로 창조된 이래 6000년 동안 역사는 오로지 인간의 역사를 의미할 뿐이었다. 지질학자들로 인해 빅토리아 시대의 사람들은 생명이 존재하기 훨씬 이전의 '상상도 하지 못할 먼 과거'라는 완전히 다른 시간 개념을 깊이 고민해야만 했다. 헉슬리는 이스트 앵글리아에서 노동자들에게 유창한 말솜씨로 핵심을 설명했다. '세계 역사의 위대한 한 장이 '분필 속에' 쓰여 있습니다.'[10] (분필 속에–분필의 원료인 석회암 또는 백악기를 비유한 표현–옮긴이) 노동자들의 발에 밟히거나 또는 목공이 주머니에 넣고 다니는 '분필'을 잘 살펴보는 것이 책에만 코를 박고 사는 학자들이 가르치는 것보다 더 큰 지식을 전할 것이라고 역설하였다.

19세기에는 시간과 공간에 대한 개념이 확장되었다. 고성능 망원경의 등장은 끝없이 펼쳐진 별들과 성운, 또 다른 은하계를 보여주었다. 하늘 바깥쪽을 향해 내다보는 것은 시간을 되짚어 보는 것을 의미한다. 비록 빛이 빠르다고 하지만 즉각 도착하는 것이 아니라서 더 멀리 볼수록 그 빛은 더 오래 전에 여행을 시작했다는 의미다. 또한 지구를 깊이 파내려갈수록 시간을 거슬러 올라가는 것이기도 했다(그래서 최신의 과학적 공상을 주도했던 쥘 베른Jules Verne은 선사시대의 괴수들을 지구의 중심에 배치했다). 지질학자들은 우주의 나이에 얼마나 많은 '영(0)'을 더해야 할지 망설였지만, 적어도 지질학적 시계로 측정했을 때 최초의 인간이 존재한 것은 불과 몇 초 전이었다는 점만은 확신했다.

지질학적 시간의 확장은 과학을 뒤흔들었을 뿐만 아니라 유럽 사상에도 중대한 변화를 가져왔다. 지구 대신 태양을 우주의 중앙에 놓았던 사건처럼, 시간의 확장은 지구에서 차지하는 인간 삶의 중요성을 급격히 위축시켰다. 한 젊은이의 죽음을 통해 신과 자연 그리고 삶에 대해 다시 생각하게 하는 애가哀歌였던 『인 메모리엄In Memoriam』이 19세기에 가장 널리 애송되었던 것은 우연이 아니다. 라이엘의 글을 읽고 과학 토론에 앞장섰던 알프레드 테니슨Alfred Tennyson은 불확실하고 목적론에 맞지 않는 우주에 대해 고뇌했다. 분명 그토록 고뇌했던 그가 '목적 없는 다리로는 걸을 수 없다'던 기독교적 믿음을 어떻게 포기했을

---

10. 토마스 헨리 헉슬리Thomas Henry Huxley, 「분필 한 조각에 관하여On a Piece of Chalk」(1868년). 앨런 P. 바Alan P. Barr의 『토마스 헨리 헉슬리에 관한 중요한 이야기 The Major Prose of Thomas Henry Huxley』(아테네, 조지아 / 런던 : 조지아 대학 출판부, 1997년)에서 재인용.

까? 19세기 많은 문필가들과 마찬가지로 과학에 조예가 깊었던 테니슨은 라이엘이 주장했던 '영원히 변화하는 산천'을 각색하여 지구의 긴 역사에서 문명은 최근의 사건에 불과하다는 점을 강조했다.

깊은 곳이 솟구친 자리에 나무가 자라는 도다.

오, 지구여. 그대 무엇을 보았는가!

오랜 거리가 노호怒號할 때

심연은 여전히 고요하다.[11]

---

11. 알프레드 테니슨, 『인 메모리엄』, 『시Poems』. 크리스토퍼 릭스Christopher Ricks 편집 (런던 : 롱맨스, 1969년).

진화 : 소심한 진화론자의 변명

그것의 중요성이 커지면서 그는 종교적인 만족감을 느끼기 시작한다……
[다윈의] 500쪽짜리 글의 결론은 단 하나였다.
생명의 울타리로부터 인간과 같은 숭고한 존재에 이르기까지
모든 생명은 물리적 법칙과 자연의 전쟁 그리고 굶주림과 죽음에서 비롯되었다.
이는 장엄한 법칙이며 의식이라는 짧은 특권 속에서 느끼는 상쾌한 위안이다.
— 이언 맥큐언Ian McEwan, 『토요일Saturday』, 2005년.

자연의 이빨과 발톱은 피로 물들었다.' 테니슨의 『인 메모리엄』은 다윈의 진화론에 깔린 잔인한 경쟁을 잘 들춰내고 있다. 그러나, 그러나, 그러나…… 시기에만 주목하여 역사를 파악하는 일은 대체로 따분한 방법이지만, 이를 통해 밝혀진 역사가 많다. 테니슨의 애가는 1859년에 등장한 다윈의 『종의 기원On the Origin of Species』보다 9년 전에 출판되었다. 오늘날 다윈과 진화는 거의 같은 개념이 되었지만, 진화의 기본 개념은 다윈의 할아버지 시대에 이미 등장했다. 다윈의 모델은 수십 년 동안 받아들여지지 않았고, 그 후에도 완전히 인정받지는 못했다. 20세기 다윈의 종합판도 원래의 형태와는 매우 다르다.

지금은 다윈이 뉴턴과 함께 영국을 대표하는 과학 천재로 알려져 있

그림 38 | 찰스 다윈을 풍자한 만화, 「펀Fun」, 1872년 11월 16일.

지만, 그 시절에는 논란의 대상이었다. 다윈이 생의 많은 시간을 고향 집에서 은둔자처럼 지냈던 이유 중에는 당시 그에 대한 비난이 그악스럽고 공개적이었던 까닭도 있었다. 그를 비판하던 빅토리아 시대 사람들로서는 인간이 별개로 창조되지 않고 다른 동물에서 유래했다는 사실을 받아들이기 어려웠다. 다윈이 책을 펴냈을 무렵에는 대부분의 사람들이 진화의 개념을 어느 정도 인정하고 있었지만, 그림 38을 포함한 수많은 풍자만화들은 그를 원숭이로 묘사했다. 다윈으로서는 가장 큰 모욕이었다. 그림에서 다윈의 굵은 눈썹은 원숭이처럼 보이도록 과장되어 있고, 나무를 붙들기 쉽게 생긴 꼬리는 그의 철학가적 위엄을 상징하는 수염보다 훨씬 더 길다. 유인원 다윈은 왼손을 들어 경고하는 듯한 동작을 취하고 있는데, 이는 교황이 축복하는 손동작을 묘사한 것으로 다윈의 이론이 신성모독임을 조롱하는 의미다.

진화에 대한 격렬한 논쟁 이면에는 과학적 가설보다 더 큰 위험이 도사리고 있었다. 이보다 더 심했던 성서에 대한 논쟁조차 실제로는 더 근원적인 문제를 화려하게 가려주는 껍데기에 지나지 않았다. 진화론에 관한 사람들의 의견은 그들이 스스로를 어떻게 바라보며, 또한 자신과 세계와의 관계를 어떻게 설정할 것인가라는 근본적 문제를 반영하고 있었다. 기독교가 이해한 아리스토텔레스의 '존재의 거대한 사슬'에서 유럽인들은 변하지 않는 계층 질서의 꼭대기에 앉아 신이 명한대로 세계를 감독하고 자신들에게 유리하도록 세계를 활용하는 존재였다. 땅을 물려받은 부자들은 이 관점을 고수하여 대대손손 신이 주신 권리를 누리고자 했다. 반면에 급진 정치사상을 가진 이들은 변화를 환영했다. 자연계가 진화했다면 사회 역시 낡은 인습을 깨고 국부國富를 재분배할 수 있다는 것이 그들의 주장이었다.

혁명 사상은 프랑스 혁명 이전에 생겼지만, 혁명 이론을 체계적으로 표현한 인물은 다윈의 조부였던 에라스무스 다윈이었다고 볼 수 있다(상세한 부분까지 따지지 않는다면 그렇다고 볼 수 있다는 말이다). 신이 창조한 피조물은 시간이 흐르면서 스스로를 개선할 수 있다는 것이 에라스무스 다윈이 주장한 핵심 개념이었다. 지방 의사에서 출발하여 영국의 산업화에 발맞춰 돈과 권력을 획득하고 중산층으로 발돋움한 에라스무스는 자신의 주장에 딱 맞는 사람이었다. 에라스무스의 주장에 따르면, 부모로부터 물려받은 기관을 점차 키워 다음 세대에게 넘겨준다(실제로, 에라스무스 다윈과 루나 소사이어티 동료면서 공장주였던 조지아 웨지우드는 자신들이 일으킨 부를 손녀인 엠마 다윈Emma Darwin과 손자인 찰스 다윈에게 물려주었다). 한 개인이 일생에서 획득한 특징들이 후손에게 전해진 것이다.

습성이나 환경의 영향으로 획득된 형질이 유전되는 대표적인 예로 기린을 들 수 있다. 기린의 목은 수많은 세대를 거치면서 점점 길어졌다고 한다. 그러나 이러한 개념을 발표하여 유명해진 사람은 다윈이 아니라 프랑스 자연사박물관에 근무하던 자연학자이며 다윈보다 몇 살 어린 장 라마르크Jean Lamarck였다. 라마르크는 우주가 원래의 액체 상태에서 점점 식어가는 동안 생명체들이 저절로 생겨났다는 조르주 뷔퐁의 견해를 받아들였다. 라마르크는 여기에 자신의 이론을 더하여 생명체는 비록 여러 가지 상이한 자연발생 경로를 갖지만 예정된 방향을 향해 꾸준히 상승 과정을 거친다고 보았다. 만약 라마르크가 자신의 위대한 이론이 오늘날 상대적으로 가벼이 여겨지고 있다는 사실을 안다면 분개할 게 뻔하다. 라마르크의 관점에서 결정적으로 중요한 것은 획득된 형질이 아니라 생명이 끊임없이 진보한다는 것이었다.

애석하게도 라마르크에게는 같은 자연사박물관에서 일했던 경쟁자 조르주 퀴비에가 있었다. 처세에 능란했던 퀴비에가 자신의 주장을 관철시키며 진급을 했던 반면, 라마르크는 상대적으로 위축되었다. 보수적 정치사상을 가졌던 퀴비에는 라마르크가 주장한 변화의 원칙을 거부하고 안정을 주장하여 자신의 입지를 다졌다. 그러나 반진화론자였던 퀴비에의 해부학에 기초한 동물 분류이론은 후일 진화론에 막대한 영향을 미쳤다. 퀴비에는 동물의 외관보다는 내부 구조에 초점을 두고 연구했다. 코끼리, 물고기, 뱀들은 외관상 서로 닮지 않았지만 이들이 척추가 없는 동물들에 비해 매우 유사한 골격을 가졌기 때문에 퀴비에는 이들 모두를 척추동물로 분류했다.

퀴비에가 동물계를 4개의 기본적 유형으로 분류한 것은 혁신이었다. 계층적 서열을 제거했다는 점에서 퀴비에의 분류는 대단히 중요한 의미가 있었다. 비록 그가 척추동물을 굴, 거미, 불가사리로 대표되는 다른 세 그룹과는 기본적으로 다르다고 믿었지만, 그렇다고 이들 사이에 서열이 있다고 생각하지는 않았다(굴은 연체동물을, 거미는 절지동물을, 불가사리는 극피동물을 대표한다―옮긴이). 수많은 자연학자들이 퀴비에의 이론에 이의를 제기했지만, 퀴비에는 적어도 존재의 사슬 같은 계층적 이론에서 벗어날 수 있는 가능성을 확립했다. 심지어 그는 같은 그룹 안에서 서열을 정하는 것조차 경멸했다. 그는 물고기와 포유류도 각기 자신의 서식지에 살기 적합하도록 잘 적응했을 뿐 결국은 같은 척추동물이라고 주장했다. 영국 자연학자들은 퀴비에가 주장한 적응의 개념에 신학적인 설명을 가미하여 '자애로운 신'이라는 개념을 뒷받침했다. 이들은 모든 것을 교묘하게 왜곡시켜 놓았다. 심지어 '자연의 이빨과 발톱은 피로 물들었다'는 테니슨의 글조차 '포식자는 자비롭게도 어차피 굶어 죽을 짐승을 죽임으로써 구원한다'고 뜯어 고쳤을 정도였다.

경력을 쌓는데 누구보다 약삭빨랐던 퀴비에는 뼈 하나만 있으면 그 동물 전체의 골격을 그릴 수 있다고 떠벌이곤 했다. 물론 과장이지만, 퀴비에는 해부학적 지식을 화석 연구에 적용하여 고생물학적 논쟁을 진화론 속으로 끌어들였다. 화석은 오랫동안 수집가들의 애호품으로 각광받았지만, 성서의 창조에 화석을 끼워 맞추기는 어려웠다. 왜 신은 화석들을 그곳에 두었을까? 혹시 바위 안에 은밀한 힘이 있어서 화석을 만들어낸 것은 아닐까? 그리고 19세기 말에 시베리아와 아메리카를 탐험한 사람들이 파내기 시작한 코끼리를 닮은 거대한 골격은 과연 무엇이었을까?

체계적으로 화석을 연구한 퀴비에는 지구가 한때 지금은 멸종한 종種들의 서식처였음을 입증했다. 세계 곳곳의 수집가들이 그에게 견본과 그림을 보내왔으며, 그는 매머드와 마스토돈이 현대의 코끼리와는 다르다는 사실을 분명하게 밝혔다. 퀴비에는 파리 근처에서 직접 발굴 작업을 하기도 했다. 점점 더 깊은 지층에서 나오는 뼈 화석으로 척추동물의 형태를 재건하던 그는 바위의 연대가 더 오래될수록 점점 더 낯선 화석들이 나온다는 사실을 발견했다. 완고한 보수주의자였던 퀴비에는 변화를 인정하지 않았고, 연속적으로 대격변이 일어나 각 시대를 살아가던 종들을 멸종시켰다는 입장을 고수했다(그는 그 다음 종들이 어디에서 발생하는지에 대해서는 만족스럽게 설명하지 못했다). 공룡이라는 극적인 화석을 포함하여 여러 화석 증거들이 여전히 더 나오고 있었지만, 친진화론자들은 퀴비에의 연구 결과를 활용하여 자신들의 견해를 보강했다.

정치적 태도나 종교적 입장도 진화론 논쟁의 핵심이었다. 진보에 관한 라마르크의 개념을 선호한 사람도 많았지만, 생명이 물질에서 만들어질 수 있다는 것을 의미하는 자연 발생은 기독교적 신념을 위협하는 유물론자의 이론으로 치부되었다. 진보적인 진화를 입맛에 맞게 만들기 위해 스코틀랜드의 로버트 체임버스는 변화 또한 신이 우주를 창조할 때 이미 계산한 부분이라는 의견을 내놓았다. 자수성가한 중산층 출판가였던 체임버스는 정치적으로도 진보 성향이 강했다. 그는 돈을 벌 욕심도 있었지만, 무엇보다 증기인쇄기를 사용하여 노동 계층을 위한 값싸고 교훈적인 책을 만들고자 했다.

체임버스는 『창조에 나타난 자연사의 흔적Vestiges of the Natural History of Creation』(1844년)에서 자신의 논의를 펼치기 위해서 영리한 선택을 했다. 우선 논란의 여지가 별로 없는 천문학 이야기를 도입부에 담았고,

뒤이어 수준 높은 생명의 형태를 지향하는 법칙으로 통제되는 발달의 과정, 다시 말해 물고기, 파충류, 조류 위에는 포유류가, 포유류 위에는 궁극적으로 인간이 위치하는 진보의 과정을 머릿속에 그리면서 재빨리 진보적 지질학과 진화론으로 넘어갔다(그가 남자와 백인을 여자나 다른 인종보다 높게 배치한 것은 놀랄 일이 아니다). 평론가들은 처음에 그 책에 담긴 민주적 메시지와 유려한 필체에 매료되었다. 테니슨은 자신이 체임버스의 견해와 공감을 이룬다는 사실에 전율했고, 체임버스의 견해들을 『인 메모리엄』에 반영했다. 그러나 『창조에 나타난 자연사의 흔적』은 곧 비판을 받기 시작했다. 과학자들은 사실관계의 오류를 파냈고, 보수주의자들은 생명과 지성에 대한 유물론적 관점을 혐오했다. 그리고 대다수가 인간이 동물의 후손이라는 생각에 대경실색했다.

비판이 거세질수록 체임버스의 책은 날개가 돋친 듯 팔렸고, 국제적으로도 파란을 일으켰다. 15년 후, 찰스 다윈이 책을 냈을 때는 진화론에 반대하던 열풍이 웬만큼 가라앉은 후였다. 다윈은 책의 긴 초고를 마무리한 다음 얼마 지나지 않아 체임버스의 책을 읽고 그 속의 논점을 면밀히 확인했다. 책을 통해 본 체임버스는 생명의 보편적 법칙을 구축하고자 애쓰고 있었다. 다윈은 자신에게 쏟아질 비판이 이미 예상했던 바와 다르지 않음을 알고 마음을 놓았다. 다윈은 체임버스에게 쏟아진 가장 격한 평론을 읽고 '두렵고 떨리는 마음이었다. 그러나 나 스스로 논점을 치열하게 고민하진 않았다고 해도 내가 간과한 내용은 없다는 사실을 알고는 마음이 편해졌다'[12]고 말했다. 그럼에도 불구하고 섣부

---

12. 찰스 다윈이 찰스 라이엘에게 보낸 편지. 제임스 A. 세커드, 『빅토리아 시대의 센세이션 : 창조의 자연사, 그 흔적에 대한 광범위한 출판, 수용, 은밀한 경배』(시카고/ 런던 : 시카고 대학 출판부, 2000년).

르게 출판했다가 자신의 책이 쓰레기 취급을 받을까 걱정한 다윈은 관망하면서 기다렸다. 또 한편으로는 자신의 위대한 이론을 꾸준히 발전시켰다. 강박에 이를 정도로 소심했던 그는 8년이 소요될 만각류 연구에 착수했다.

다윈은 두드러진 천재는 결코 아니었다. 평범한 학생이었던 그는 곤충과 지질학에 대한 열정을 가지고 대학을 졸업했지만, 아버지가 바라는 성직자의 삶에서 도망치고 싶다는 것 외에는 야망이 거의 없었다. 훔볼트의 삶에 자극 받은 다윈은 비글Beagle호를 타고 세계 일주를 떠났고, 라이엘의 『지질학의 원리』를 안내자 삼아 자기가 관찰한 현상들을 변화의 관점에서 해석했다. 예를 들어, 다윈은 라이엘의 '세라피스의 사원'처럼 산호초는 오랜 시간 동안 더딘 변화를 거쳐 올라왔다가 내려갔다고 결론지었다. 남아메리카에서 다윈은 살아 있는 식물과 유사하게 생긴 화석을 발견했고, 유럽 식민지의 토착민들이 척박한 환경에 적응하며 생존한 것을 목격했다. 혹시 동물들이 환경에 반응하여 변신한 것이 아닐까?

다윈은 꼼꼼한 수집가였지만 갈라파고스 섬에서는 지역민들의 말에 충분히 귀 기울이지 못하고 서로 다른 장소에서 나온 표본들을 무분별하게 가방 가득 쑤셔넣기만 했다. 뒤늦게야 그는 각 섬마다 거북이들의 모양과 등딱지가 다르게 생겼다는 사실을 알았고, 좀 더 주의해서 분류하지 못했던 것을 후회했다. 다윈이 영국으로 돌아왔을 때 그가 수집한 새들은 말끔히 분류되어 있었다(다윈이 아닌 누군가의 손에 의해서). 같은 핀치새라도 이웃 섬들에서 발견된 핀치새의 부리는 다르게 생겼다는 사실이 확인되었고, 이는 다윈의 이론을 뒷받침하는 중요한 증거가 되었다.

25년 동안 다윈은 수없이 관찰과 기록을 반복했다. 그리고 마침내 자연선택 이론에 도달했다. 그의 서정적 산문을 보면 그가 얼마나 꼼꼼히 연구했고, 얼마나 감정적으로 반응했는지 알 수 있다. 그는 진화에 관한 자신의 책 마지막 문장에서 다음과 같은 유명한 표현을 남겼다. '이러한 삶의 관점은 장엄하도다. 이 행성이 중력의 법칙에 따라 돌고 도는 동안 아주 단순했던 시작은 끝없이 진화했고 지금도 진화하여 가장 아름답고 놀라운 존재가 되었다.'[13] 다윈은 조류사육가나 농부들을 통해 인간의 기호에 맞도록 새와 동물의 품종을 개량하는 방법과 번식시키는 방법에 대해 배웠다. 이러한 인위적인 선택 외에도 다윈은 벌의 종류에 따라 다른 모습으로 변한 클로버 꽃, 멀리 날아갈 수 있도록 가벼워진 민들레 씨, 다리에 털이 달린 물방개 등 자연적 적응의 예를 무수히 찾아냈다. 때때로 그는 간절히 희망하기도 했다. '과연 곰에서 진화한 고래가 입을 쩍 벌리고 물 속 곤충을 빨아먹는다는 사실을 사람들에게 제대로 이해시킬 수 있을까?'

다윈은 인간 사회에 대해서도 생각했다. 19세기 경제학자였던 토마스 맬서스Thomas Malthus의 연구는 다윈의 눈을 번쩍 뜨게 했다. 맬서스는 사회변혁에 반대했다. 만약 조건을 개선하여 인간이 자녀를 더 낳도록 장려한다면 공급되는 식량에 비해 인구가 월등히 많아진다는 주장이었다. 다윈의 시대에서는 맬서스의 어두운 예언이 현실로 다가올 듯 보였다. 경제는 좋아지고 있었지만 도시 인구는 급증했으며 산업자본주의로 인해 수없이 많은 희생자가 생겼다. 다윈은 물려받은 재산으로 부유하게 살았지만 주변 사람들의 죽음과 투쟁도 목격했다. 막막한 노

---

13. 찰스 다윈, 『종의 기원』(옥스퍼드 : 옥스퍼드 대학 출판부, 1996년).

동자들은 오스트레일리아와 아프리카로 이주했으나, 유럽의 질병을 현지에 옮겨 수많은 토착민뿐 아니라 이주민들의 목숨마저 위태로울 지경이었다.

다윈이 출판을 결심하게 된 것은 다른 사람과의 개인적 경쟁 때문이었다. 말레이시아에 사는 어떤 수집가가 보낸 편지를 읽고 다윈은 자신과 비슷한 생각을 하는 사람들이 있다는 사실을 깨달았다. 동료들의 지원과 보호 덕에 다윈은 잠재적 경쟁자를 따돌리고 『종의 기원』의 출판을 서둘렀다. 다윈은 생존 경쟁에 기초한 자연선택 개념을 최초로 소개하긴 했으나 진화에 대한 다윈의 이론은 이미 당시에 널리 인정되고 있던 견해였다. 자연선택 개념은 어떤 유기체든 적대적인 환경에서는 조금이라도 더 유리한 점을 발달시킨다는 주장이었다. 라이엘이 설정한 장구한 세월을 거치면서 유리한 특성들은 세대를 이어 전달되고 마침내 환경에 적합한 새롭고 더 발달된 종으로 변한다는 것이었다.

초판은 서적상들이 싹 쓸어갔고, 마침내 다윈이 오래 고민했던 반대가 시작되었다. 명망 높은 친구들이 다윈을 옹호하며 자연선택을 진지하게 받아들일 것을 촉구했다. 그들의 도움이 없었다면 다윈의 책은 비판에 파묻혀 사라졌을 것이다. 기독교인들은 신의 존재가 사라졌다고 반대했다. 다윈은 신성한 기획자의 손으로 창조된 신학적 우주 대신에 영적 진보를 향한 도덕적 안내 따위가 끼어들 여지를 주지 않고 우연에 의해 제어되는 우주를 상정했다. 그는 『종의 기원』에서 인간에 대한 언급을 거의 하지 않았다. 첫 단계에서는 신중을 기하여 인간이 유인원과 가까운 인척관계일 가능성을 애써 표현하지 않은 것이다.

한 성직자가 다윈을 일컬어 영국에서 가장 위험한 사람이라고 지목했지만 공격은 종교적인 문제에 그치지 않았다. 다윈은 자신의 책이 처음부터 끝까지 하나의 긴 논의라고 묘사했고, 실제로 그랬다. 회의론자들은 다윈의 이론이 수많은 예를 모아놓았을 뿐 결정적인 증거를 제시하지 못했다고 비난했다. 다윈은 몇 가지 예민한 문제에 대해서는 정중하게 예의를 갖추며 침묵을 지켰지만 과학자들은 만만찮은 문제들을 제기했다. 다윈이 주장하는 변화가 도대체 어떻게 시작되었는가? 인간의 눈과 같이 복잡한 기관이 사전 기획 없이 나타날 수 있다는 것이 말이 되는가? 그리고 최초의 생명체는 어떻게 나타났는가? 결국 자연발생이 위태로운 주제임을 깨달은 다윈은 이와 관련된 문제에 대해서는 함구했다.

병약한 몸으로 은둔 생활을 하던 다윈의 변호는 주변 사람들이 맡았다. 심지어 '적자생존'이란 표현도 다윈이 만든 용어가 아니었다. 몇 해가 지나, 사태가 진정되자 그는 인간에 대한 자신의 견해도 과감하게 밝혔다. 각종 매체에 등장하는 잔인하리만치 노골적인 만평들은 일반인들이 과학적 논쟁에 대해 얼마나 잘 알고 있었는지를 보여준다. 그림 38은 싸구려 대중 간행물에 나온 만평이다. 하지만 이를 이해하기 위해서는 당시 과학 논쟁의 핵심을 알고 있어야 했다. 빅토리아 시대 해안가 수집가들에게 우렁쉥이로 잘 알려진 해초류는 고착성 원생동물로, 다윈에 따르면 생식력을 가지고 유영하던 유기체의 후손이다. 하지만 이러한 퇴화는 진보로써의 진화와는 상반된 현상이다. 빅토리아 시대 사람들은 이전 단계로 퇴보하는 일이 가능하다면 문명 역시 쇠퇴할 수 있다는 우려에 경악했다. 이러한 공포를 바탕으로 『드라큘라Dracula』나 『지킬박사와 하이드Dr Jekyll and Mr Hyde』 같은 소설이 불티나게 팔렸다. 후에 등장한 나치의 인종 정화사업도 이러한 공포를 바탕으로 힘을 얻을 수 있었다.

이 풍자화는 여성을 대하는 다윈의 태도를 보여주기도 한다. 감정이 풍부한 멋쟁이 여인은 얼굴을 붉히며 '우리 원숭이'의 시선을 피하려 몸을 돌리고 있고, 그런 그녀의 맥을 다윈이 짚고 있는 것은 그녀의 행동이 육체적 원인에서 기인한 것이며 이는 여성성의 특징이기도 하다는 점을 나타낸다. 다윈은 여자를 열등하다고 여겼고, 직관과 상상력 등 여성의 전통적 특징들은 '낮은 인종들의 특징이며, 따라서 과거나 미개한 문명의 특징이기도 하다'[14]고 단언했다. 공작 같은 새들을 연구했을 때에도 다윈은 화려한 깃털은 겉만 보고 짝짓기 상대를 찾는 암컷을 유인하기 위한 수단일 뿐이라고 결론지었다. 빅토리아 시대 사람들은 성 선택sexual selection 주장을 좋아하지 않았지만, 여성에 대한 다윈의 편견에 동의하지 않았다기보다는 다윈이 배우자 결정권을 여성에게 넘김으로써 진화의 방향이 여성의 선택에 좌우된다는 이유로 거부감을 가졌다. 다윈 비판에 앞장섰던 존 러스킨은 다음과 같이 조롱했다. '홍조를 띤 젊은 여자가 비비 원숭이처럼 파란 코에 사족을 못 쓴다면 인간은 어떤 모습이었을까?'

린네와 마찬가지로 다윈도 시대의 편견에 영향을 받았고 또 영향을 미쳤다. 여자는 당연히 허영심이 많고 천박하다고 믿었던 다윈은 자신의 신념을 굳히는 방향으로 관찰 결과들을 해석했다. 과학의 권위를 내세운 다윈의 견해는 일반인들에게도 영향을 미쳤다. 여자란 으레 그런 존재이므로 자연에 역행하여 싸울 까닭이 없었던 것이다. 정치인들 역시 자신들이 주장하던 자유방임을 공고히 하기 위해서 다윈식 진화론

---

14. 찰스 다윈, 『인간의 유래The Descent of Man』(1871년). 버나드 라이트만Bernard Lightman의 『문맥 속의 빅토리아 과학Victorian Science in Context』(시카고/런던 : 시카고 대학 출판부, 1987년)에 들어 있는 에블린 리처즈Evelyn Richards의 「경계 재설정 : 다윈주의 과학과 빅토리아시대의 여성 지식인들Redrawing the Boundaries : Darwinian Science and Victorian Women Intellectuals」에서 인용.

을 이용했다. 그들은 노동자들을 위한 어떤 정책도 자연의 무자비한 생존 경쟁과 모순되기 때문에 별 효용이 없다고 주장했다. 자연선택의 법칙을 노래하면서 미국 사업가들은 경쟁자를 양심 없이 짓밟고 벼락부자가 되었고, 독일의 다윈주의자들은 우수 인종을 선별하여 유럽을 지배하려는 정치 활동을 지원했다.

1900년에 이르기까지, 진화론은 수용되었지만 진화론에 대한 다윈의 설명은 힘을 잃어가고 있었다. 그의 지지자들은 변화를 설명할 어떤 메커니즘도 찾아내지 못했고, 경쟁 이론들이 우후죽순처럼 생겨났다. 다윈 자신을 포함한 몇몇 과학자들은 획득된 형질이 유전된다는 라마르크의 이론을 복원했다. 라마르크의 진화설Lamarckism은 심리학적 매력이 있었다. 왜냐하면 이 이론에서는 최종 목적을 위한 희망적 왜곡이 가능하기 때문이다. 부모가 자녀에게 장점만을 물려준다는 것은 모든 것을 우연에 맡기는 것이 아니라 어떤 의미에서는 환경을 다루는 방법을 선택한다는 의미였다.

또 다른 반대자들은 몇 해 전에 오스트리아의 수사 그레고르 멘델Gregor Mendel이 수행한 연구를 받아들여 자연선택 이론에 반기를 들었다. 지금은 멘델의 유전법칙이 현대 다윈주의에 없어서는 안 될 핵심 내용이지만, 다윈파와 멘델파의 논쟁은 20년간이나 지속되었다. 빅토리아 시대 과학자들에게 있어서 진보는 시대적 요청이었지만, 진화론의 역사는 과학이 직선으로만 나아가는 것은 분명하게 아니라는 점을 시사한다. 실제로 멘델은 유전인자에 관해 아무런 글도 남기지 않았으며, 다윈주의 역시 다윈이 주장한 이론과는 매우 다르다.

6

힘 : 열역학과 산업의 결탁

걷는 기계를 만들고자 했을 때 인간은 바퀴를 만들었다.
하지만 바퀴는 다리를 닮지 않았다.

– 기욤 아폴리네르Guillaume Apollinaire, 『테레지아의 유방Les Mamelles de Tirésias』, 1918년.

H. G. 웰스H. G. Wells의 『타임머신Time Machine』에 나오는 여행자는 수백만 년 미래로 가서 생명 없는 나무를 목격한다. '어둠이 속히 번지고…… 인간의 소리, 양들이 매매 우는 소리, 새들의 지저귐, 곤충이 붕붕거리는 소리, 우리 삶의 배경이 되던 그 모든 소리들이 사라졌다.'[15] 비록 소설이긴 하지만 19세기 과학 현실에 기초한 소설이었다. 영국 물리학자에 따르면, 지구는 어쩔 수 없이 힘이 약해지면서 종말을 향해 움직이고 있으며, 지구의 수명은 다윈이 연장시킨 자연선택의 과정을 수용하기에 너무나 짧았다.

---

15. H. G. 웰스, 『타임머신』(1895년, 런던 : 팬 출판사, 1953년).

우주가 죽음을 맞이할 수밖에 없는 증거는 증기엔진에서 추론되었다. 엔진에서 진화로 비약하는 것이 다소 엉뚱하게 보이지만, 그 연결고리는 바로 빅토리아 시대의 과학자들이 힘과 생산성을 분석하기 위해 가장 선호했던 개념인 '에너지', 즉 힘이었다. 에너지를 제어하는 법칙들은 유럽이 산업화 과정에서 당면한 가장 어려운 문제를 해결하는 과정에서 등장했다. 다시 말해, 기계를 효율적으로 만드는 방법과 기업의 이윤 극대화라는 당면 과제를 해결하고자 발전한 열역학에서 비롯된 법칙들이다. 이러한 상업적인 질문에 해결책을 제시하면서 영국 물리학자들은 힘을 얻었고, 과학적으로 중요한 모든 문제에 권력을 행사할 수 있는 전문가의 지위에 올랐다. 힘은 빅토리아식 물리학 법칙 속에 깊이 묻혀 있었다.

물리학과 산업은 특히 영국에서 일찌감치 연대했다. 프랑스에서는 나폴레옹이 기술교육에 돈을 쏟아 넣었기 때문에 영국보다 훨씬 먼저 과학을 수학화했다. 그러나 산업이 정체되고 엄격한 중앙 집중으로 인한 폐해와 교육체계의 분리로 공학 연구기관들은 실질적 발전에 거의 도움이 되지 않았다. 반면, 영국 물리학자들은 프랑스 공학자들의 이론적 연구를 받아들였고, 실제 열역학의 수학적 원칙을 적용하여 공장 설비를 개선하는 연구를 했다. 이 연구 가운데 하나가 열역학 제 2법칙이며, 웰스가 묘사한 황량한 종말도 바로 이 법칙에 근거했다.

열역학 제 2법칙이 어려운 것 같지만, 두 가지의 상식적 관찰을 바탕으로 한다. 냉장고의 내부 온도를 차게 만들기 위해 엔진이 필요하듯, 열은 차가운 곳에서 뜨거운 곳으로 저절로 움직이는 것이 아니라 밀어주는 힘이 있어야 한다. 그리고 기계를 아무리 잘 조절해도 100퍼센트 효율적일 수는 없으며 마찰과 가열에서 작은 양의 에너지가 끊임없이 유실된다. 일상에서 보는 이런 현실을 바탕으로 물리학자들은 암울한 시나리오를 작성했다. 에너지는 일단 유실되면 절대 복원되지 않기 때문에 영원히 유용한 작업에 쓰지 못한다. 결국 모든 것은 온도가 내려가고, 일정한 온도가 되면 분자의 활동은 멈춘다. 이렇게 되면 획일화된 우주에서 유기체는 사라지게 되고, 정보의 흐름도 멈추게 된다.

세상의 종말을 예측함으로써 물리학은 성서와 같은 주장을 하게 되었고, 지구의 생명체에게 자연선택을 기반으로 한 다윈의 진화론이 제시하지 못한 새로운 방향성을 제시할 수 있었다. 열의 죽음(소멸)을 주장했던 빅토리아 시대 영국의 가장 저명한 물리학자 윌리엄 톰슨은 당시로서는 드물게 과학을 통해 부와 명예를 모두 거머쥐었다. 스코틀랜드 출신의 교수였던 톰슨은 대서양 횡단 케이블을 설치한 인물로 유명하지만, 그 외에도 빅토리아 여왕이 라그의 켈빈 남작Baron Kelvin of Largs 칭호를 수여할 만큼 수많은 공학적 업적을 이루었다. 열역학을 강력하게 옹호했던 켈빈 남작은 지구의 나이를 계산하는 지질학자들에게도 물리학적 방법들이 효과적이라고 주장했다. 그는 태양을 지구의 발전소로 보았으며, 다윈의 진화론에 필요한 장구한 시간 동안 지구의 활동을 지원하기에는 태양 에너지가 충분치 않았다는 근거로 진화론에 반대했다. 죽는 날까지 자기 생각을 관철하며 패배를 인정하지 않았던 켈빈 남작은 방사능의 힘이 에너지의 추가적 원천이 된다는 사실도 인정하지 않았다.

켈빈 남작은 과학, 공학, 경제학을 통합하여 큰 부를 축적했지만, 북부 사업가답게 에너지를 아끼고 쓰레기를 줄이는 검약한 생활을 했으며 자기수양도 게을리하지 않았다. 켈빈 남작의 기독교적인 노동관은 작업현장을 넘어 연구실로도 이어졌고, 에너지를 빅토리아 시대 물리학의 기본 도구로 만들었다. 이전까지 영국 물리학자들은 뉴턴을 따라 개별 물체 사이의 힘에 초점을 맞췄지만, 19세기에는 전체를 아우르는 일과 운동의 가능성을 생각하기 시작했다. 전기를 예로 들어, 대전帶電한 입자들이 어떤 식으로 서로 밀고 당기는지를 묘사하는 대신, 패러데이는 에너지의 등고선이 우주를 향해 뻗어나가는 모습을 설명한 장場 이론에 따라 전기가 에너지의 정점에서 흘러나와 에너지가 낮은 지점으로 흘러간다고 생각했다.

이론을 신봉한 과학자들은 실제 기술자들보다 자신들이 효과적인 전신 체계를 더 잘 알고 있다고 과시하고 싶었다. 실질적으로는 전기를 마치 파이프를 따라 흐르는 물처럼 생각했지만, 켈빈 남작은 패러데이의 개념적 접근법을 이용하여 전자기장이 전선을 에워싸고 있는 케이블 외피 주위를 보이지 않게 퍼져나가는 방식을 분석했다. 장 이론에서 가장 영향력 있는 또 한 명의 물리학자는 스코틀랜드 출신 맥스웰 교수였다. 그는 연구의 중심지로 빠르게 부상한 케임브리지에 있는 캐번디시 연구실을 찾았다. 현실적인 켈빈 남작은 자신이 측정할 수 있는 것만 믿었던 반면, 맥스웰은 보다 추상적인 차원에서 상상력을 동원하여 수학적으로 유추했다. 수학자였던 맥스웰은 물리적 현실에만 매달리기보다는 방정식을 개발하는데 더 관심이 있었다.

맥스웰은 우주 전체가 눈에 보이지 않는 전자기 에테르로 가득 찼다고 주장했다. 그림 39는 그의 주장을 시각화한 것이다. 벌집 단면처럼 보이는 이 그림에서 역선力線은 압착할 수 없는 액체로 가득 찬 관들로 표시되어 있다. 액체가 들어 있는 육각형 소용돌이관들은 회전하는 유동바퀴들로 나뉘어져 있으며, 이 유동바퀴들은 전류가 흐를 때 옆으로 밀어내는 작은 입자들을 나타낸 것이다. 작은 화살표들은 관 안에서 액

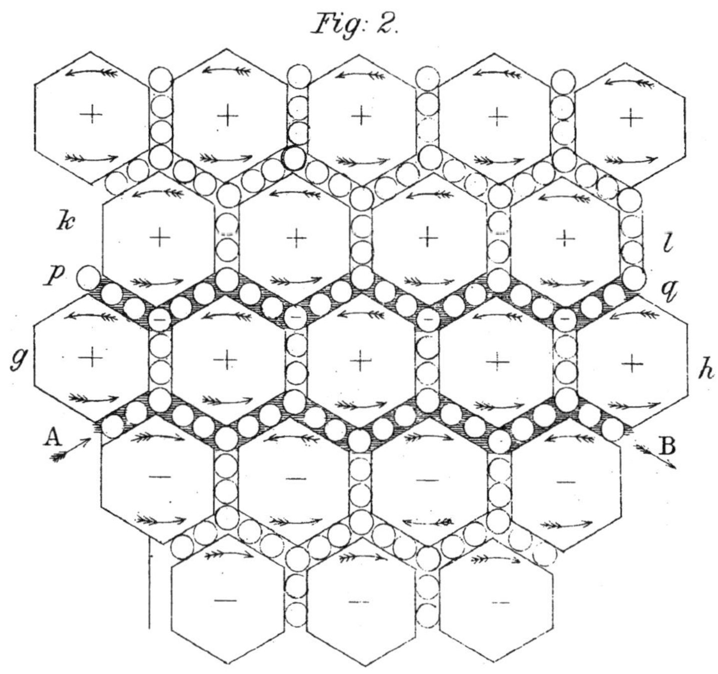

그림 39 | 제임스 클락 맥스웰James Clerk Maxwell이 생각한 에테르의 물리적 모델. 『맥스웰의 과학 보고서The Scientific Papers of James Clerk Maxwell』, 1890년.

체가 반시계방향으로 회전하는 이유를 보여준다. 유동바퀴의 역할은 회전의 방향을 바꿔서 액체의 운동과 병진시키는 것이다(그림에서 선 AB 아래쪽의 몇몇 화살표들은 방향이 틀렸다). 맥스웰은 자기의 그림이 에테르 자체를 정확하게 표현하지 못했지만, 평가할 수도 없을 만큼 중요한 개념을 그림으로 보여준 것이라고 주장했다. 그는 태양계의太陽系儀 역시 실제 태양계와 같지는 않다고 항변했다.

맥스웰이 볼 때, 장에서 전자기 에너지는 기계적 에너지로 바뀔 수 있었다. 해외의 비평가들은 영국이 도르래와 펌프에 미쳤다고 혹평했다. 프랑스의 어떤 물리학자는 '우리는 고요하고 잘 정리된 이성이라는 거처에 들어서고 있다고 생각했는데, 그 거처가 결국 공장이었다'[16]고 조롱했다. 하지만 그것은 다분히 조롱을 위한 조롱이었다. 동일한 물리적 법칙으로 에테르와 기계를 똑같이 잘 설명할 수 있었다. 적어도 영국에서는 실제로 그랬다. 원칙적으로 19세기 후반에는 유럽 전역의 실험가들이 서로의 연구 결과를 공유할 수 있는 기회가 많았다. 수많은 간행물이 출판되었고, 통신이 개선되었으며, 큰 전쟁도 없었다. 그럼에도 연구자들은 외국 이론을 종종 무시하거나 심지어 반박하려 애썼다. 지식은 과학계 안에서 자유롭게 흐른다고 말은 하면서도 과학자들은 자국만의 독특한 스타일을 만들어냈다.

영국과 독일에서 그 차이는 더욱 두드러졌다. 산업을 주도하던 두 나라는 과학을 활용하는 방식에서 매우 상반된 견해를 갖고 있었다. 영국에서는 경제 공학자들economical engineer이, 독일에서는 생리학자들이 에너지 연구를 주도했다. 19세기 중반에 독일 과학자들은 이전의 자연철학자들과 분명한 선을 긋기 위해, 일하는 신체에 대해서도 공장 설비에 적용하는 정확성의 잣대를 들이대고 생리학의 애매한 부분을 제거하고자 했다. 켈빈 남작에 필적한 만한 헤르만 헬름홀츠Hermann Helmhotz는 이렇게 지적했다. '인간과 동물의 수행능력을 비교할 때 쓰던 일이란 개념은 이제 분명 기계로 옮겨갔다…… 우리는 증기엔진이 하는 일을 여전히 말의 힘으로 평가한다.'[17]

---

16. 삐에르 뒤앙Pierre Duhem, 이완 리스 모러스Iwan Rhys Morus, 『물리학이 왕이 되었을 때When Physics Became King』(시카고 : 시카고 대학 출판부, 2005년).

켈빈 남작처럼 헬름홀츠도 국가를 대표하는 과학자였지만, 두 사람의 닮은 점은 그게 전부다. 독일 철학과 프랑스 수리물리학을 공부한 헬름홀츠는 진동하는 에테르나 에너지로 가득한 장 이론보다는 뉴턴의 힘들이 지배하는 정연한 우주를 염두에 두었다. 켈빈 남작은 학리적 물리학을 산업으로 이끌었지만, 육군의 지원으로 의사 교육을 받았던 헬름홀츠는 나중에서야 대학 실험가가 되었다. 정량적 물리학자였던 헬름홀츠는 수학적 정확성을 기계적 우주에 적용하여 투입과 산출은 반드시 균형을 이뤄야 한다고 주장했다. 이는 에너지가 생성되거나 파괴되지 않으며 늘 보존된다는 초창기 법칙이었다. 자연은 거대한 에너지 창고로, 풍차나 증기엔진뿐 아니라 인간에게도 힘을 준다고 여긴 헬름홀츠는 독일의 전문적 화학기술을 이용하여 인간이라는 엔진이 어떻게 음식을 소화하는지 분석했다.

독일식 교육 모델에 따라 헬름홀츠는 자신의 추종자들을 규합했다. 그의 수제자였던 하인리히 헤르츠Heinrich Hertz는 공학에서 물리학으로 돌아서서 헬름홀츠가 뉴턴의 힘에 바쳤던 이론적 충성의 맥을 이었다. 헤르츠는 맥스웰이 완전히 틀렸다고 생각했다. 그는 전기의 영향이 에테르에 의해 전달되는 것이 아니라 어떤 식으로든 빈 공간을 뛰어넘는다고 믿었다. 그러나 몇 년 간의 실험을 거친 후 그는 마음을 바꿨다. 일련의 놀라운 실연實演을 통해 헤르츠는 전기가 마치 파도처럼 액체를 통과하고, 심지어 빛과 유사하게 굴절과 반사까지 한다는 사실을 깨달

---

17. 헤르만 폰 헬른홀츠, 「자연적 힘들의 상호작용The Interaction of Natural Forces」, 데이비드 케이헨David Cahan이 편집한 『과학과 문화 : 인기 있는 물리학 에세이Science and Culture : Popular and Physical Essays』(시카고 : 시카고 대학 출판부, 1990년)에서 인용.

았다. 새로운 깨달음에 도취된 헤르츠는 맥스웰의 수학적 이론에는 더는 어떤 의문도 있을 수 없다고 자랑했다. 헤르츠가 행한 실험은 반박 불가능한 실증이었다.

영국의 이론 물리학자들은 환호했다. 헤르츠가 그들의 가설을 지지했으며, 더욱이 실용 공학자들보다 자신들이 우월하다는 사실도 입증해 주었기 때문이었다. 맥스웰의 전자기장 이론을 고치는데 헌신했던 헤르츠와 달리, 영국 과학자들은 전파가 가진 사업적 가능성에 열광했다. 맥스웰의 동료 하나는 벽이나 런던의 안개를 뚫지 못하는 광선과 달리 전파는 모든 장애물을 뚫고 나아갈 수 있다는 점을 지적했다. 어쩌면 고가의 해저 케이블이 필요 없는 새로운 형태의 전신이 가능하지 않을까? 과학으로 수익을 올리는 데 열을 올린 영국 정부는 프랑스의 발명가 굴리엘모 마르코니Guglielmo Marconi를 지원했고, 적절한 투자였음이 밝혀졌다. 1901년 마르코니는 콘월에서 뉴펀들랜드까지 허공으로 메시지를 띄웠고, 대서양을 사이에 둔 양쪽 해안에서 사상 처음 즉각적인 통신이 가능해졌다. 20세기에 들어서면서 무선전신은 지구를 실질적으로 축소시켰다.

독일과 영국 사이의 또 다른 중요한 차이는 기관이었다. 영국은 자유 기업의 땅이었고, 과학은 상업적 관심과 밀접하게 얽혔다. 반면 독일에서는 국가가 과학 교육에 대한 투자를 결정했다. 진취적 화학자인 유스투스 폰 리비히Justus von Liebig는 19세기 초와 중반에 지역 약사들을 양성하던 학교를 대규모 유기화학 단지로 개축했다. 리비히의 위대한 혁신은 연구와 교육을 통합한 것이었다. 리비히는 학생들에게 정확한 측정 기구들의 사용법을 가르쳤고, 자신의 연구를 보충할 개별 과제를 학생들에게 부과하기도 했다. 많은 학생을 관리하고 교육하면서 리비히는 유럽에서 가장 영향력 있는 화학자가 되었다. 그의 연구소는 화학 지식을 효과적으로 생산하는 공장 역할을 했고, 리비히의 아이디어는 많은 졸업생들에 의해 의약, 산업, 농업 분야로 확산되었다.

국가의 지원을 받은 독일 대학들은 리비히를 모델로 삼아 그와 유사한 연구소들을 세웠다. 권위 있는 교수들은 학생들에게 과제를 내주고 세미나에 참여하도록 독려함으로써 자기만의 특정한 연구 스타일을 확립했다. 그리고 실험물리학을 위한 특별 교육기관들을 설립하여 독일 제조업을 발전시킬 수많은 인재들을 배출했다. 또한 과학, 기술, 현대 언어 등의 실질적인 기술에 주안점을 둔 새로운 형태의 기술학교 과정을 도입하여 중등교육도 개선했다. 1870년대에 이르자 결과가 확연히 나타났다. 독일의 일반적인 과학 지식 수준은 유럽의 어떤 나라보다 높았으며 산업도 번창했다. 포괄적 지식을 가진 독일 자본가들은 현대적 장비나 대단위의 노동력과 마찬가지로 체계적인 교육이 경제력에 막강한 영향을 미친다는 사실을 강조했다.

지금은 과학이 모든 영역에서 막강한 힘을 발휘하고 있지만, 돌이켜 보면 과학의 세계적 확산은 불가피했던 것으로 보인다. 많은 나라가 독일의 성공을 따르고자 했지만 성공에 이르는 길은 매우 달랐다. 영국의 경우 정부의 재정적 지원은 크게 나아지지 않았고, 20세기에 들어설 때까지도 체계적인 기술교육은 확립되지 못했다. 어떤 과학자들은 케임브리지에 있는 맥스웰의 캐번디시 연구소와 같은 특화된 연구소들을 만들었지만, 중앙 조직이 없었기 때문에 특정 개인의 결정에 의지했다 (리버풀의 어떤 교수는 정신병원이던 곳에 물리학부를 만들면서 정신병자를 위한 자살방지용 병실을 그대로 쓰기도 했다).

독일의 영향을 가장 많이 받은 나라는 미국이었다. 그러나 미국도 독일 체제를 통째로 받아들이기보다는 기존의 영미 체제에 그 일부를 접목시켰다. 미국은 '대학원'이란 새로운 개념을 만들었다. 대학원 학생들은 강의식 수업이 아니라 전문가 집단으로부터 교육을 받았다. 미국의 대학원들은 체계적이고 수준 높은 교육을 통해 학생들에게 전문적인 연구 기술을 전달했을 뿐만 아니라 학생들이 차근차근 단계를 거쳐 전문분야의 최고봉에 오르도록 만들었다. 19세기 말이 되자 미국은 당당한 과학 국가의 면모를 갖췄다.

기술과학은 지역의 요구에 부응하면서 지구 전체로 뻗어갔다. 예를 들어, 일본에서는 1868년에 급격한 정치적 변화를 겪었다. 권좌에 오른 메이지 황제들은 일본을 개방하기 시작했다. 새로운 과학과 기술을 도입한 일본은 기존의 과학 체계를 송두리째 바꿨다. 교육부 장관은 유럽의 성과를 집중적으로 홍보했다. '와트의 주전자'나 '프랭클린의 연'과 같은 과학의 결정적 순간들을 담은 포스터를 배포하고 외국의 책을 번역해서 소개하기도 했다. 이러한 과학의 영웅들은 '산업'의 본래 의미인 근면과 헌신적 노력의 중요성을 강조하기 위해 활용되었다. 수백 년간의 봉건체제 하에서 일본인들은 지역의 실세들에게 충성을 바쳤다. 그러나 새로운 전문 과학자들은 이제 그들의 충성을 국가에 바쳤다. 20세기 초, 일본 과학자들은 세계 수준의 연구를 진행하고 있었지만 오랜 고립상태가 물려준 습성으로 인해 2차 세계대전 후까지도 서구의 혁신에 지나치게 의존적이라는 비판을 받았다.

한 나라 안에서조차 과학의 도입에 대한 반응이 한결같았던 것은 아니었다. 중국의 경우, 17세기 예수회 선교사들에 의해 유럽 천문학이 처음 알려졌다. 그러나 로마 가톨릭을 알리는 것이 목적이었던 선교사들은 코페르니쿠스나 갈릴레오의 이론보다 정교한 천문기계들을 소개하여 유럽의 우월성을 자랑하려 했지만, 그런 노력이 반드시 성공적이었던 것만은 아니었다. 중국의 일부 천문학자들은 자기네 선조들의 고대 기법들을 되살리려 했다. 황실이 정치에 영향력을 행사하던 19세기 후반이 되어서야 비로소 개신교 선교사들이 몰려와 중국인들에게 유럽식 교육을 실시했고, 이에 따라 정부도 마지못해 현대 과학을 가르치기 시작했다.

영국 식민지 주민들도 유럽의 육중한 기계들과 새로운 교과 과정을 환영했던 것은 아니었다. 19세기 인도에서는 야심찬 중산층들이 영국인 정착민들과 공모하여 권력을 확보하려 했지만, 다른 계층의 사람들은 유럽의 문화에 큰 관심이 없었다. 농부들은 쟁기질하고 파종하던 자기들의 전통 방식이 지역 농업 조건에 보다 효율적이라고 생각했기 때문에 기계화를 불쾌하게 여겼다. 지역민들의 요구에 따라 영국 과학자들은 토착민들의 전문성을 수용하여 자신들의 연구를 개선했다. 대다수의 인도인들은 수입 의약품의 효과를 믿지 않았고, 외국 약품으로 자신들의 몸을 더럽히기보다 전통적 치료법을 고수하려고 했다. 하지만 20세기가 되자 독립을 추구하던 인도의 민족주의자들은 영국 압제의 상징인 유럽 과학으로 눈을 돌렸다.

유럽 자본주의자들의 관점에서 보면, 증기를 이용한 운송과 전신망이 전 세계를 아우르는 권력을 가져다준 것처럼 과학의 진보도 국내외적으로 힘을 가져다주었다. 피정복민들의 삶을 개선했다고 진심으로 믿었던 제국주의자들로서는 식민지 국민들의 시큰둥한 반응을 이해하기 어려웠다. 오늘날 정치인들은 과학이 가진 잠재적 파괴력을 잘 알고 있다. 과학자들은 1928년 인도인들에게 자치를 강조하던 마하트마 간디Mahatma Gandhi의 말을 좀 더 경청했어야만 했다. 간디는 이렇게 선언했다. '신은 인도가 서구식의 산업화를 택하길 원치 않으신다. 만약 3억이 넘는 인구가 그와 같은 경제적 수탈에 나선다면 세계는 메뚜기 떼의 공격을 받은 것처럼 황폐해질 것이다.'[18]

18. 자히르 바버Zaheer Baber, 『제국의 과학 : 과학 지식, 문명 그리고 인도에서의 식민 통치The Science of Empire : Scientific Knowledge, Civilisation, and Colonial Rule in India』(알바니 : 뉴욕 주립대학 출판부, 1996년).

시간 : 왜곡된 만능열쇠

독일 시계 같은 여자, 고쳐도, 고쳐도 여전히 고장난,
절대 고쳐지지 않을, 그럼에도 시계인,
하지만 제대로 가겠지, 하며 여전히 지켜보는 시계!
– 윌리엄 셰익스피어, 「사랑의 헛수고Love's Labour's Lost」, 1595년.

정확한 시간을 기록하는 일은 대단히 어렵다. 13세기 말 시계라는 기계 장치가 등장했을 때, 교회는 마을 전체에 규칙적인 예배 시간을 알렸다. 그로부터 600년 후 정확한 시계가 등장해 사회를 보다 엄격히 훈육했다. 1880년대에 파리에서는 중앙기계실에서 지하파이프를 통해 압축공기가 뿜어져 나올 때 발생하는 연기에 도시 전체 시계들의 시간을 맞췄다. 중앙집중식 자동화가 불러온 생활의 변화를 깨닫지 못한 듯, 공기를 이용한 이 시스템을 확인하러 온 사람들은 자유의 여신상이 불을 밝힌 화려한 전시실로 들어섰다. 이 부자 손님들은 정확성이라는 개념에만 넋을 빼앗겼다.

19세기에는 정확하고 더 정확하게 측정하는 일이 강박관념처럼 만연했다. 미국 발명가가 인치당 4만 3000주사선走査線(전송사진이나 텔레비전 등의 화상을 분해하거나 조립할 때 주사점이 화면을 이동하는 수평방향의 선－옮긴이)이란 놀라운 광학 장비를 개발했을 때, 독일 과학자들은 고도 정밀 경쟁에서 선수를 빼앗겼다고 경악했다. 영국 군인들은 열차 창문 밖으로 휙휙 지나가는 전신주의 숫자를 세라는 명령을 받았으며, 어떤 기상학자는 12년 동안 시간마다 기상을 관찰했고, 존 허셜은 망원경과 똑같은 체온을 만들기 위해 추운 밤공기를 맞으며 두 시간씩 체온이 내려가길 기다리기도 했다.

빅토리아 시대 사람들은 정확성이야말로 현대 과학의 순도純度를 검증하는 것이라고 생각했다. 그렇지만 시간과 마찬가지로, 정확성이란 추상적 절대성이 아니라 계약과 같은 합의를 의미한다. 미국 심리학자들은 이민 지망자들을 평가하기 위해 지능검사를 도입하여 유럽인들이 유대인, 이탈리아인, 흑인 등에 비해서 우수하다는 주장을 뒷받침할 점수를 도출해냈다. 그러나 모든 사람이 수치적으로 가치가 있다고 인정하지 않는다면, 어떤 사람의 지능지수가 105, 106이든 200이든 무용지물일 뿐이다. 마찬가지로 과학자들은 기계가 보여주는 결과가 가치 있는 것인지, 즉 그 기계가 무언가 의미 있는 것을 정확하게 기록하는지를 판단해야 한다.

기계의 정확성을 확신한다는 것은 생각보다 복잡하다. 우선은 실무적인 검사를 통해 장비의 마모 정도를 측정해야 하고, 극한 기후 조건에서 오작동 가능성이 없는지 혹은 관찰자와 상관없이 동일한 결과가 나오는지 확인해야 한다. 그러나 그보다 더 근본적인 문제가 있었다. 모든 장치가 매번 정확하게 동일한 값을 보여주지는 못한다는 것이다. 그렇다면 새로운 이론을 가지고 낡은 이론을 뒤엎을 경우에 99퍼센트의 정확도라면 만족할까? 아니면 99.99999퍼센트라야 할까? 또 노련하고 전문적인 두 명의 과학자가 상반되는 결과를 도출했다면 어느 것을 선택해야 할까? 이런 의문을 해소하기 위해서는 합의가 필요했다.

전신망의 발달로 인해 과학자들은 이런 문제들에 직면할 수밖에 없었다. 이를 테면, 영국 공학자가 전기를 이용하여 대영제국을 제어하려면 국내에서 작동한 원리 그대로 인도나 아프리카에서도 완벽하게 작동해야만 했다. 맥스웰이 『브리태니커 백과사전Encyclopaedia Britannica』에서 '우리가 도달한 방정식들은 나라와 상관없이 그 나라의 단위로 측정한 정량을 수치로 대체했을 때도 똑같은 결과를 보여줘야 한다'[19]고 말했다. 전신 전문가들이 세계 각지의 실험결과들을 비교하는 변환표들을 확인했을 때, 비록 모든 숫자들이 몇몇 의미 있는 수치를 기록하고 있긴 했지만 딱 맞아 떨어지진 않았다.

국제적 기준을 정하는 일은 적잖은 논란을 불러왔다. 국가의 자존심이 걸린 문제였기 때문에 영국 국수주의자들은 프랑스 미터법의 부활을 반대했다. 영국의 일부 고고학자들은 고대인들이 피라미드의 완벽한 비율을 어떻게 만들었는지를 밝히려면 야드로 측정해야만 한다고 주장했다. 천문학자 존 허셜은 인도 군대의 측량사가 미터라는 개념의 오류를 입증했다며 미터법을 반대했다. 또한 그는 대영제국이 세상을 지배하고 있으니 누구든 영국의 기준에 맞춰야 한다고 주장했다. 이러한 주장들은 비과학적으로 들리지만, 영향력은 막강했다. 맥스웰은 전

---

19. 사이먼 섀퍼Simon Schaffer, 「영국 과학의 특징 : 정확한 측정Accurate Measurement is an English Science」. M. 노턴 와이즈M. Norton Wise의 『정확성의 가치The Values of Precision』(프린스턴, 뉴저지 : 프린스턴대학 출판부, 1995년)에서 인용.

세계를 설득하여 자신이 케임브리지 연구소에서 확립한 전자기장 기준을 받아들이도록 만들었다.

정량들 가운데서도 시간은 가장 중요한 논제였다. 19세기 중반에는 마을마다 독자적인 시간 개념이 있었고, 대부분의 사람들은 별과 태양을 보고 시계를 맞췄다. 그러다가 기차의 등장으로 거리 개념이 좁혀지자 전체 시간망을 조절하는 일이 시급해졌다. 철도회사들은 영국 그리니치에서 날마다 별을 보고 관측한 시간, 즉 런던 시간을 따르기로 합의했다. 그리고 철길을 따라 전신을 이용해서 전국에 시간을 알렸다. 다른 나라들의 상황은 좀 더 복잡했다. 프랑스에서는 열차들이 파리보다 5분 늦은 루앙 시간에 맞춰 움직였기 때문에 파리 기차역 안에 있는 시계는 바깥에 있는 시계보다 5분 늦게 맞춰져 있었다. 미국은 너무나 광대해서 자국만의 시간대를 정하기로 했다. 물론 후일에는 전 세계가 이 방식을 택했다.

국제적 전신망이 확립되자 국가들은 그 어느 때보다 밀접하게 협력하여 측정에 관한 기준 체계에 합의했다. 마침내 전 세계의 시계가 동일한 리듬으로 째깍거리게 되었다. 전신과 무선 전신이 멀리 떨어진 지역들을 하나의 시스템으로 연결하고 지구를 실질적으로 축소한 까닭에 그 전에는 몇 주씩 심지어 몇 달씩 걸리던 정보 파급은 이제 실시간으로 바뀌었다. 기차의 경우와 마찬가지로 이러한 신기술들은 중앙 통제의 가능성을 열었을 뿐 아니라 범세계적 협력의 필요성을 부추겼다.

지도 제작 역시 국제적인 협력을 필요로 했다. 지도 제작에서는 경도輕度가 큰 문젯거리였다. 조사자들은 같은 경도에 있는 두 지점 사이의 거리를 계산하기 위해서 시간차를 측정하고자 했다. 배들이 무심코 항로를 벗어나 빈번하게 대형 사고를 일으킨 탓에 18세기 초부터 이에 대한 기술 제안에 포상도 실시되었다. 상금에 목마른 발명가들이 독창적인 제안들을 내놓았지만, 가장 적절한 대안은 시계인 것 같았다. 그러나 안타깝게도 가장 튼튼하게 만든 시계조차도 대서양 횡단과 같은 길고 험한 항해를 견디지 못했다.

결국 전신에서 희망을 발견했다. 전기 신호는 거의 순간적으로 이동하기 때문에 수백 킬로미터 떨어진 지역의 시간도 거의 동시에 비교할 수 있었다. 지도 제작자들은 자국의 수도를 세계 지도의 중심에 놓던 습관을 버리고, 경도에 일련번호를 매기는 세계적 방식에 동의해야만 했다. 이번에도 영국의 권위가 빛을 발했다. 1884년 국제위원회는 그리니치를 지나는 선을 세계 경도 '영(0)'으로 지정했다.

정확성이 높아지자 사람들은 강박에 시달리게 되었다. 19세기 이전에는 정확한 시간을 알 수도 없었고 시간을 안다는 사실이 중요하지도 않았기 때문에 대부분의 시계에 분침이 없었다. 그러나 1880년대가 되자, 파리 지하에 있는 시간 관리 장치를 관람한 시민들은 중앙통제실에서 밀어낸 공기가 시내의 여러 곳까지 도착하는데 몇 초의 시간이 걸린다는 사실조차 불평했다. 19세기 말, 대도시들은 시계들을 서로 연결하고 전기를 공급하는 방법을 통해 모든 시계가 똑같은 시간을 알리도록 했다.

이 문제는 전기 신호가 목적지까지 도달하는데 필요한 몇 분의 몇 초까지도 배정해야만 했던 전신 검사관들에게 가장 민감한 사안으로 대두되었다. 초특급 정확성이 요구되는 경우에는 조금만 시간을 잘못 맞춰도 실제 측정된 거리는 엄청난 차이를 보일 수 있었다. 20세기 들어 희망에 찬 발명가들이 전 세계 시계의 시간을 동일하게 만드는 장치를 고안하면서 경도 경쟁은 또 다시 재현되었다. 장차 막대한 부가 보장된 장치를 보호하기 위해서 발명가들은 시계의 중심지인 스위스에서 특허

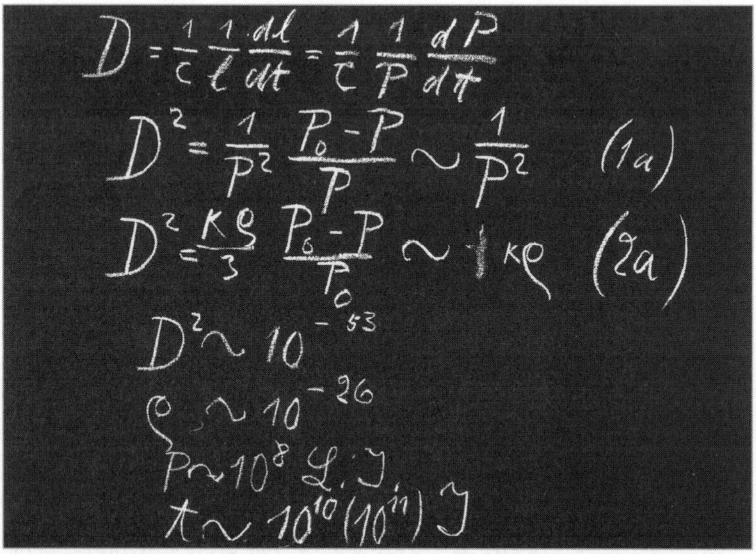

그림 40 | 아인슈타인이 1931년 5월 옥스퍼드에서 강의할 때 쓴 칠판.

를 신청했다. 그리고 이들의 설계도는 원래 시간보다 열역학에 더 큰 관심을 보였던 어느 철학적 물리학자의 책상 위에 올려졌다. 그가 바로 특허 심사관 앨버트 아인슈타인이었다.

아인슈타인은 난해한 이론을 펼친 과학자의 상징이 되었다. 대부분의 사람들에게는 그림 40의 방정식이 무의미하게 휘갈겨놓은 낙서처럼 보이지만, 1931년 이후 지금까지 옥스퍼드에 잘 보관된 이 칠판을 보려고 수많은 관광객들이 몰려든다(케임브리지에도 있었지만, 몇 해 전에 치웠다). 아인슈타인이 분필로 이 방정식을 적고 있을 때, 청중들은 상대성 이론 입문 강의실을 차츰차츰 빠져나갔다. 한 과학자는 이렇게 말했다. '저는 청중들을 욕하지 않아요. 사람들이 그 내용을 이해할만한 수학적 지식을 갖췄다고 해도 독일어를 이해하지 못했을 겁니다.'[20] 이 특별한 계산들을 가지고 아인슈타인은 마침내 지구의 나이를 추정했다. 아인슈타인은 자기 계산이 틀렸음을 보여주는 최신 증거에 대해 걱정했다. 당시에 그는 시간을 맞추는 실질적 문제들에서 얻은 경험을 살려 전체 우주의 수학적 모델을 개발하느라 스위스 특허 검사관을 그만둔 상태였다.

1944년 어느 날, 아인슈타인은 뉴욕타임스 기자에게 이런 질문을 던졌다. '아무도 나를 이해하지 못하면서 누구나 나를 좋아하는 것은 무슨 까닭일까?' 물론 답을 기대한 것은 아니었지만 흥미로운 질문이었다. 애매한 우주 이론을 만들어낸 무명의 그가 어떻게 세계적으로 이름을 날리게 되었을까? 그의 나이 마흔이 될 때까지 수리물리학의 좁은 영역에서 말고는 그 누구도 아인슈타인이란 이름을 들어보지도 못했다. 아인슈타인이 처음으로 국제적 뉴스거리가 된 것은 1919년으로, 일식을 조사하던 영국 조사단이 그의 '일반 상대성 이론'을 확인한 때였다. 사람들은 수세미 머리와 축 늘어진 콧수염을 볼 때마다 감히 아이작 뉴턴에게 도전하여 지적인 승리를 거둔 영웅 아인슈타인을 떠올리게 되었다.

여러 과학 영웅들처럼 아인슈타인도 자기 홍보에 뛰어났다. 그는 자신의 상대성 이론이 어떻게 시간에 혁명을 일으켰는지에 대해서 열정적이고 즐겁게 강의했다. 다음은 그가 비꼬듯 던진 표현이다. '예쁜 소녀와 벤치에서 보내는 한 시간은 일 분 같지만, 뜨거운 난로 위에 앉아서 보내는 일 분은 한 시간처럼 느껴집니다.' 시간에 대해 특별한 매력을 느꼈던 사람은 아인슈타인뿐만이 아니었다. 수많은 전위 예술가, 음

---

20. 존 스콧 할데인John Scott Haldane, 로널드 클라크Ronald Clark의 『아인슈타인 : 삶과 시간Einstein : The Life and Times』(런던 : 호더 스토튼 출판사, 1973년).

악가, 작가들도 세상을 표현할 새로운 방법을 찾고 있었으며 서로가 앞다투어 아인슈타인의 물리학에 자극을 받았노라고 주장했다. 아인슈타인으로서는 역겨운 노릇이지만, ‘모든 것이 상대적이다’라는 말이 유행했어도 정작 알맹이는 빠졌고, 단지 아인슈타인은 보통 사람들로서는 이해하지 못할 난해한 이론을 창조해낸 초자연적인 천재였다는 점만 강조됐다.

상대성 이론에 관한 아인슈타인의 첫 문헌은 1905년에 출판되었다. 참고문헌이나 주석도 없는 이 문헌은 마치 독창성을 주장하는 발명가가 제출한 특허출원서 같았다. 지금은 그 글이 중대한 사건을 예고한 것이라고 여기지만, 즉각적인 혁명이 일어났던 것은 아니었다. 상대성 이론은 몇 해에 걸쳐서 수정과 실험을 거쳤으며, 어떤 부분은 반세기 동안이나 확인되지 못했다. 심지어 에너지, 질량, 빛의 속도를 함께 묶은 그 유명한 방정식 ‘$E = mc^2$’조차 그의 처음 논문에는 등장하지 않았다.

상대성 이론은 3세기 전에 뉴턴이 확립한 시공간 개념에 대한 상식을 뒤집었다. 뉴턴은 공간이 고정되어 있는 상태에서 시간이 일정한 속도로 우리 곁을 흘러간다고 보았다. 아인슈타인은 시간이란 당신이 어느 곳에서 어떻게 움직이느냐에 따라 달라지며, 다른 대상에 관한 또는 다른 대상에 상대적인 당신의 개인적 시간을 정의하는 것만이 의미가 있다고 보았다. 아인슈타인의 상대론적 우주에서는 단 하나의 정량만이 모든 것에 똑같이 적용되었다. 그것은 바로 빛의 속도였다. 이를 기본적 가설로 놓은 아인슈타인은 맥스웰의 에테르에 관한 억측들을 제거했다. 과학자들은 만약 빛이 지구 주위를 감싸고 있는 에테르를 향해 움직인다면 어떻게 빛의 속도가 줄어드는지(또는 빛의 뒤에 있는 에테르에 의해 어떻게 더 빨라지는지)를 알아내야만 했다. 하지만 상대성은 그런 가설의 필요성 자체를 제거했다.

아인슈타인은 두 가지 상대성 이론을 내놓았다. 1905년에 수학적인 면에서 비교적 단순한 특수 상대성 이론을 발표했으며, 10년 후에는 더 포괄적인 상대성 이론을 출판했다. 상대성 이론에서는 빛이 태양 부근을 통과할 때 휘어지며, 우주를 여행하고 돌아오는 사람은 지구에 남아 있던 친구들에 비해 젊다. 비꼬기 좋아하는 사람들은 이 해괴한 현상들을 물고 늘어졌다. 「펀치Punch」는 횃불을 든 경관이 도둑을 잡는 만화를 실었는데, 횃불의 불빛이 모퉁이에서 휘어지게 그려졌다. 또 어느 재치 있는 시인은 다음과 같은 5행 희시戲詩를 만들었다.

브라이트Bright란 젊은 여인이 있었다네,

빛light보다 훨씬 빨리 달렸다네.

어느 날 출발했다네.

상대적인 방법으로,

그리고는 출발 전날 밤에 돌아왔다네.

이 시에는 적어도 세 부분에서 과학을 곡해했다. 여인은 상대성의 영향을 받을 정도로 빨리 달리기 전에 이미 죽을 것이다. 게다가 그 무엇도 빛보다 빠를 수는 없다. 그리고 사건의 순서는 절대 바뀌지 않는다. 다만 사건 사이의 시간이 바뀔 따름이다.

혼란에서 비롯되었든 혼란을 야기하려고 만들었든, 어쨌거나 이런 재담이 먹힌 이유는 상대성 이론을 만든 사람이 유명했기 때문이었다. 게다가 이런 재담은 아인슈타인을 조롱거리로 만들기보다는 그를 더 널리 알리는 효과가 있었다. 그러나 자세히 살펴보면, 그가 과연 그런 영예를 차지할 자격이 있는지 확실하지 않아 보인다. 첫째, 아인슈타인은 자신의 이론을 개발할 때 다른 수학자들의 연구에 크게 의존했다. 실험을 통해 일반 이론을 입증한 사건도 자세히 보면 의심할 구석이 있다. 아인슈타인은 1919년에 갑자기 언론을 타고 스타가 되었다. 케임브리지 천문학자인 아서 에딩턴이 이끄는 영국의 일식 조사단이 아인슈타인이 옳고 뉴턴이 틀렸다는 것을 증명했다고 말한 바로 그 시기였다. 조사 계획이 구체화될 무렵 에딩턴은 양심적 반전운동에 가담한 전력 때문에 감금될 위기에 처했고, 에딩턴은 이 위기를 모면하기 위한 대책을 강구해야만 했다. 비군사적 프로젝트에 대한 지출을 정당화하기 위해서 에딩턴은 솔선하여 아인슈타인의 정당성을 입증하는데 전념했으며, 실험이 아주 간단한 것처럼 보이게 만들었다.

아인슈타인의 이론에 따르면 멀리 있는 별에서 출발한 빛은 태양을 지날 때 태양의 중력으로 인해 휘어진다. 즉, 지구에서 쳐다보는 사람에게 보이는 별은 빛이 직진했을 때와는 다른 위치에 있다는 의미다. 그래서 만약 당신이 일식 동안에 태양 가까이 있는 별의 위치를 측정하고 그 별이 태양과 멀어졌을 때 측정한 위치와 비교해 본다면 뉴턴과 아인슈타인 중에 누가 맞는지 확인할 수 있다. 그러나 상반되는 두 이론을 구분할 이 결정적 실험은 실제로는 훨씬 더 복잡했다. 게다가 일식 기간 동안에 관찰하기 적합한 그 어떤 별도 태양 근처에 없었다. 마치 1킬로미터 떨어진 곳에 있는 작은 동전을 측정하는 것처럼 어려운 실험이었고, 훨씬 더 정확한 관측이 필요했다. 이러한 기술적 난관은 차치하고라도 일식이 있던 당일에는 하늘에 구름까지 끼어 있었다.

만족스러운 결과를 얻지 못한 에딩턴은 자료를 조작하기 시작했다.

미리 설정한 관점에서 어긋나는 사진은 즉석에서 폐기했고, 다른 일식 조사팀들이 수집한 반대 증거들도 은폐했다. 이미 많은 과학자들이 아인슈타인의 생각에 동조했던 터라, 에딩턴은 온갖 인맥을 동원해서 과학자들에게 자신의 조사가 그들이 원하는 진실을 입증했노라고 설득했다. 그럼에도 일부 전문가들은 의혹을 버리지 않았고, 미국 천문학자들이 마음을 바꾸기까지는 20년이라는 세월이 걸렸다.

아인슈타인은 스스로를 위대한 천재들의 신전에서 뉴턴에게 성화를 이어받은 후계자로 생각했다. 마치 영적이고 초자연적인 힘이 한 명의 비범한 현자로부터 다음 현자에게로 대물림될 수도 있다는 분위기였다. 어쨌든 아인슈타인의 신비로운 이론의 뿌리는 정확성에 사활을 걸었던 19세기의 '시계'에 있다. 일상의 현실을 초월한 것처럼 보이는 허망한 속물들처럼, 과학적 영웅들도 숭배의 대상이 된다. 아인슈타인은 가장 추상적인 사상가조차도 이상적인 관점에 부합하지 않는다는 점을 몸소 보여주고 있다.

PART 6

눈에 보이지 않는 것들

19세기와 20세기 동안 과학자들은 더욱 정확한 장비들을 개발했지만, 첨단의 장비로도 설명할 수 없는 자연 현상들은 계속 발견되었다. 아무리 자세히 관찰해도 궁극적인 원인들은 과학자들의 그물을 벗어나기 일쑤였다. 몇몇 물리학자들이 자연의 법칙을 거의 다 꿰맞췄다고 의기양양해 했지만 방사능이 등장해서 이들을 무색하게 만들었고, 그 동안 알지 못했고 의심조차 하지 않았던 소우주의 움직임은 양자역학이 아니고서는 설명될 수 없다는 사실도 드러났다. 불확실성이 우주의 본질로 등장하면서, 원자 과학자들에게는 이론적으로나 실제적으로 모든 사물의 이치를 설명할 방법이 없었다. 생물학자들은 생명의 물질적 토대를 밝히려고 강력한 광학, 화학 도구들을 사용하여 세포의 세밀한 곳을 조사하고 보이지 않는 것을 보이게 하려고 노력했지만, 이 역시 성공하지 못했다. 진보의 이름으로 과학과 인간의 발전을 주장한 연구 프로그램들은 정치적, 상업적인 면에서 윤리 문제를 불러 일으켰다.

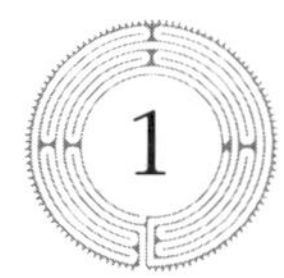

생명 : 프랑켄슈타인과
파스퇴르의 착각

선전은 부드러운 무기다.
너무 오래 잡고 있으면 움직이는 뱀이 되어 당신을 공격한다.
– 장 아누이Jean Anouilh, 「종달새The Lark」, 1953년.

빅터 프랑켄슈타인은 회고했다. '11월 어느 황량한 밤이었다. 나는 주위에 있던 생명 장치들을 모았다. 내 발 아래 놓인 그 생명 없는 것에 자극을 불어넣어준다면…… 나는 노랗고 멍한 눈을 뜬 생명체를 쳐다보았다. 그것은 거칠게 숨을 쉬었고, 경련으로 사지를 떨었다.'[1] 과학이 낳은 괴물은 종종 전기를 통해 생명을 얻은 순진무구한 생명체와 동일시되었고, 프랑켄슈타인은 신화에 가까운 악몽이 되었다. 그가 독자를 놀라게 한 것은 불가능한 업적을 이루어서가 아니라 오히려 가능한 업

---

1. 메리 셸리, 『프랑켄슈타인』(옥스퍼드 / 뉴욕 : 옥스퍼드 대학 출판부, 1993년), 메릴린 버틀러Marilyn Butler 편집.

적으로 보였기 때문이었다.

　프랑켄슈타인을 만들어낸 저자 메리 셸리는 과학 연구에 깊이 몰두했다. 소설이 아무리 허구라 해도 『프랑켄슈타인』은 1818년의 과학 현실을 날카로운 시선으로 보여주고 있다. 당시에는 죽은 자를 되살리는 일이 가능해 보였다. 물에 빠진 송장이 성공적으로 되살아났으며, 해부학자들은 범죄자를 매달아놓고 강력한 전류를 통해 팔다리를 떨게 하고 등이 휘도록 만들었으며 눈동자가 풀리도록 만들었다. 연구는 계속되어 20년이 지나기 전에 과학자들은 어떤 지질학자가 돌에 전기를 통하게 하여 곤충을 만들어냈다는 보고를 놓고 진지하게 토론하기도 했다.

　1800년 독일의 한 논문의 주석에 생물학이 과학으로 적히기 시작하면서 새로운 분야로 부상했다. 초기 생물학자들은 '생명이란 무엇인가?'라는 가장 어려운 문제를 파고들었다. 이 문제를 놓고 영국은 두 진영으로 나뉘었다. 전통적인 관점에 따르면, 생명이란 신이 혼을 불어넣을 때 생기는 것이었다. 그 반대편 진영은 유물론자들이 버티고 있었다. 과학적 환원주의자들은 생명이 물질 그 자체에 있으며 기본적 단위들의 재배열을 통해 생겨나는 것이라고 주장했다. 이러한 사상의 발원지는 프랑스였는데, 가뜩이나 프랑스를 혁명과 무신론의 근원지라고 여기고 있던 국수주의자들에게는 이 사상이 특히 더 위험해 보였다. 논쟁은 점점 더 치열해졌다. 중재에 나선 영국의 저명한 의사는 전기와 비슷한 아주 미세한 유동체가 일종의 활력을 띰으로써 불활성 물질에 생명을 전한다는 의견을 제시했다. 셸리는 생명에 관한 논쟁을 누구보다 잘 알고 있었기에, 전기를 이용해 생명을 창조하려다 끔찍한 재앙을 일으킨 실험가이자 비술을 지닌 연금술사로 프랑켄슈타인이라는 인물을 만들어냈다. 그녀는 남편의 주치의였던 윌리엄 로렌스William

Lawrence를 통해 논쟁의 내용을 접했으나, 정작 윌리엄은 전기와 관련된 모든 주장을 하찮게 여겼다. 윌리엄은 생명에 관련된 분명한 사실은 '생명은 세대에서 세대로 이어진다는 것' 뿐이며, 생명의 비밀은 단연코 신체 자체에 깃들어 있다고 주장했다. 신진 생물학자들은 자연사학자보다는 물리학자나 화학자와 연계하여 정확한 실험을 통해 생명 자체를 규명하겠다고 선언했다. 실험실을 중심으로 한 이러한 연구풍토는 고성능 현미경들이 도입된 1830년대 이후 급격히 확산되었다. 현미경의 역사는 수백 년이나 되었지만 영상이 너무 흐려 정확성을 요하는 관찰에는 적합하지 않았다. 광학 부품들이 개선된 후에야 생물학자들은 미생물을 찾아내고 생명체의 세포를 깊숙이 들여다볼 수 있게 되었다.

강력한 장비들을 갖추고도 생물학자들마다 의견이 분분했고, 생명에 관한 논쟁은 19세기 내내 달아올랐다. 그리고 단순한 사실관계보다 더 많은 문제들이 산재해 있었다. 신실한 기독교인들은 신 이외에 생명을 주관하는 무엇인가가 있다는 주장을 불경스럽게 여겼으며, 프랑켄슈타인 역시 끔찍하게 싫어했다. 진화의 가능성이 노골적으로 진지하게 언급되기 시작하자 유물론에 대한 종교적 반대는 더욱 구체적으로 표면화되었다. 다윈의 진화론을 포함한 여러 진화의 이론들이 처음에는 생명의 출발에 대한 문제를 에둘러 지나쳤지만, 그 이론들은 생명이 물질에서 비롯된다는 자연발생이 긴 역사 속에 적어도 한 번은 있었다는 가능성을 암시하고 있었다. 당시로서는 받아들이기 어려운 개념이었다.

종교와 과학이 무작정 다투기만 한 것은 아니었다. 유럽 전역에서는 정치적 이해관계에 따라 적군과 아군이 갈렸다. 프랑스에서는 교회가 황제(나폴레옹의 조카)와 힘을 합쳐 권위주의 체제를 유지했으며, 자연발생을 강력하게 비판했다. 루이 파스퇴르Louis Pasteur는 독실한 가톨릭

신자로서 신에 의한 창조를 굳게 믿었다. 『종의 기원』의 불어판 서문에 부패한 성직자들이 종교를 망치고 있다는 도발적인 내용이 실리자 온 국민이 반발했다. 당시 애국자는 자연발생설을 거부하는 사람이었다. 이러한 충성심을 이용하여 프랑스의 가장 유명한 과학자가 된 사람이 바로 파스퇴르였다.

지방에서 와인과 맥주 발효전문가로 일하던 파스퇴르는 1860년대에 가장 큰 과학적 과제, 즉 '죽은 동식물에서 생명이 발생하는가?' 라는 문제를 다루어 국가적인 영웅으로 변신하기 시작했다. 그의 숙적이었던 푸세Félix-Archimède Pouchet는 이미 미생물을 만들어내는 것처럼 보이는 장치를 만든 저명한 박물학자였다. 푸세가 사용한 기법은 수은 통에 건초와 물을 같이 넣고 끓여서 무균액을 만든 다음, 생명체의 미세한 징후를 기다리는 것이었다.

파스퇴르는 연구에 임하면서 중립성을 유지하지 않았다. 그는 원하는 결과를 미리 염두에 두었다. 파스퇴르가 자랑스럽게 외친 '우연은 준비된 자에게만 호의를 배푼다'는 표현이 과학계의 유명한 금언이 된 까닭도 순수한 백지상태로 과학에 접근해서는 큰 성과를 얻지 못하기 때문이다. 성공은 종종 그 전까지는 무시했던 작은 효과들의 중요성을 깨달을 때 가능하다. 비판적으로 말하면, 파스퇴르가 무엇이 옳은지를 추구하지 않고 자신이 옳다는 것을 입증할 증거를 추구했다는 뜻이다. 야심차고 편협했던 파스퇴르는 보조연구원들의 실험결과를 도용했던 것으로 악명이 높았으며, 푸세와 논쟁에 돌입하기도 전에 이미 자신이 얻어야 할 결과를 정해놓았다.

초기의 실패들을 은폐한 채, 파스퇴르는 자연발생설을 입증할 결정적 실험을 계획했다. 공기와의 접촉에 의한 오염을 막아줄 목이 길고 흰 플라스크를 준비한 파스퇴르는 설탕을 넣어서 끓인 효모와 끓이지 않은 효모 두 가지의 발육 상태를 비교했다. 실험에서는 끓이지 않은 샘플에서만 곰팡이가 발생했고, 무균액에서는 유기체가 나타나지 않았다. 푸셰와 그의 동료들이 이의를 제기했지만 파스퇴르는 위기를 교묘히 피하기 위해 오히려 푸셰가 오염된 수은을 사용했다고 비난했다. 파스퇴르는 맑은 공기를 담기 위해 플라스크를 들고 빙하를 찾아 산을 오를 정도로 열정적인 실험가였지만, 자신의 주장과 반대되는 증거들을 숨기고 경쟁자의 올바른 결론도 무시하며 자료에 의거하기보다는 자신의 확신에 따라 정당성을 판가름했다. 파스퇴르가 자연발생은 불가능하다고 선언했을 때, 논리는 사라지고 주장만 남은 꼴이었다.

파스퇴르는 영웅이 되었고, 그가 정했던 가정은 사실이 되어버렸다. 그리고 푸셰는 잊히고 말았다. 비슷한 절차를 통해 상충되는 결과를 도출한 까닭에 두 과학자 모두 딜레마에 빠진 셈이었다. 둘 중 누가 옳을까? 이는 연구에서 흔히 발생하는 문제로, 서로 다른 종류의 장비가 내놓은 양립할 수 없는 결과치를 해결해보려는 전기적 딜레마electrical dilemma와 유사하다. 영국에서 벌어진 전신 시스템에 관한 싸움에서처럼 이러한 차이는 결국 강한 팀이 이기면서 해결되었다. 몇 해가 지난 후, 푸셰의 결과가 타당했다는 사실이 밝혀졌다. 파스퇴르가 만든 무균액에는 사실 끓는 물에서도 죽지 않는 미생물이 존재했던 것이다. 만약 파스퇴르가 과학적 절차를 엄격하게 따랐다면 자연발생설을 그렇게 쉽게 제거하지는 못했을 것이다.

과학과 종교가 생명에 관한 논쟁에서 늘 같은 입장이었던 것은 아니었다. 1871년에 오토 비스마르크가 수상이 되고 나서 새로이 통합된 독일은 유럽의 선도적 과학 국가가 되었으며, 많은 과학자들이 가톨릭교회에 대항하는 정부의 입장을 지지했다. 독일에서 다윈의 의견을 적극 지지하던 에른스트 헤켈Ernst Haeckel은 종교를 비난하면서 정치 성명과 같은 글을 썼다. '지적 노예 상태와 거짓'에 맞서 신성한 전쟁을 선포하면서 헤켈은 '발생학은 "진실을 위한 투쟁"의 중포重砲'[2]라는 현란한 표현을 썼다. 발생학은 독일의 주된 과학이었고, 헤켈은 서로 다른 동물의 발육을 비교함으로써 작은 세포들이 하나의 독립된 유기체로 탈바꿈하는 신비한 힘을 밝혔다.

과학을 위해서는 이론뿐 아니라 도구도 필요하다. 현미경 기술의 획기적인 진보가 없었다면 파스퇴르는 질병과 발효를 야기하는 미세한 유기체를 자세히 들여다보지 못했을 것이다. 발생학이 독일에서 중요한 입지를 확보하게 된 것도 현미경 덕분이었다. 영국은 제조업자들이 자연사학자들을 위해 값비싼 도구를 만드는데 주력한 반면, 독일 제조업자들은 학생들도 살 수 있는 뛰어난 성능의 값싼 현미경 생산에 집중했다. 이러한 도구들을 사용하여 동식물의 내부 구조를 비교한 독일 과학자들은 겉모습은 완연히 다르지만 세포들이 생명의 기본 요소라는 사실을 알아냈다.

세포 이론은 19세기 후반의 독일 과학계를 지배했다. 수십 년간의 체계적인 연구를 거치면서 생물학자들은 오늘날까지도 유효한 일반적 법칙, 즉 모든 세포에는 핵이 있고, 핵에는 염색체가 있으며, 핵은 젤리처럼 생긴 세포질로 둘러싸여 있다는 사실에 동의했다. 그러나 현미경으

---

2. 닉 홉우드Nick Hopwood, '진화 사진들과 사기 고발 : 에른스트 헤켈의 배아 도해 Pictures of Evolution and Charges of Fraud : Ernst Haeckel' Embryological Illustrations' 와 『아이시스Isis』에 나오는 『앤트로포제니Anthropogenie』에서 인용.

로 이런 구성요소들을 들여다본다고 해서 각 요소들의 기능을 명확히 밝혀낸 것은 아니었다. 그리고 동물은 난자와 정자에서 완전한 형태를 갖춘 태아로 성장하지만, 그 과정은 여전히 불분명했다. 과학자들로서도 생명의 비밀을 밝히는 일은 여전히 요원했던 것이다.

현미경 전문가들로 이루어진 세포 연구위원회에 소속되어 있던 헤켈은 태아 연구에 몰입할 수 있었다. 도한 그는 일종의 안내자와 같은 힘이 생명의 방향성을 결정한다는 독일식 신념을 물려받았다. 자연철학자들은 일정한 단계가 되면 이미 정해진 목표를 향해 발육이 이루어진다고 생각했다. 따라서 인간의 정신도 이 예정된 과정을 거치는 중에 물질에서 비롯된다고 여겼다. 그러나 이 예정된 과정을 결코 명확하게 설명하지는 못했다. 자연철학자들이 보는 관점에서는 미세micro-와 거대macro-를 통틀어 모든 발전의 기본법칙은 동일했다. 이런 평행구조를 보여주기 위해서 그들은 태아를 택했다. 태아는 자궁 안에서 최종적인 형태로 완성되는 동안 모든 종의 모든 선조를 반복적으로 보여주는 것처럼 보였다. 마치 예정된 방향을 따라 성장하는 것처럼 보인 것이다.

이런 관념적인 환상은 진화가 말하는 유물론적 이론과 전적으로 대치되었다. 헉슬리를 비롯하여 다윈과 가까웠던 영국 지지자들도 훗날 낮은 단계에서 높은 단계의 유기체를 지향하는 일종의 예정된 방향성이 분명히 있다고 주장했지만, 초창기 자연선택 이론에서는 진보에 대한 약속이 없었다. 비슷한 과정을 통해 자연선택과 내재된 진보를 합한 헤켈은 다윈과 다른 견해를 피력했는데도 '독일의 다윈'이라 알려졌다. 헤켈은 개체발생ontogeny이 계통발생phylogeny을 간단하고도 신속하게 재현한다고 요약함으로써 독자적인 진화론을 완성했다. 이 명쾌한 표

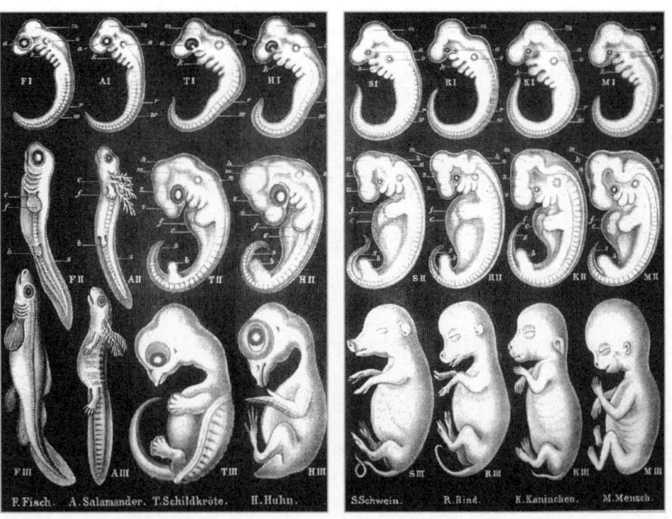

그림 41 | 진화의 세 단계를 보여주는 태아의 비교, 에른스트 헤켈, 『인간의 진화, 인간의 개체발생과 계통 발생의 요점 전시The Evolution of Man : A popular Exposition of the Principal Points of Human Ontogeny and Phylogeny』, 1883년.

현은 개별 유기체의 발달이 하나의 종 전체가 진화를 통해 겪는 진보적 단계들을 반복하기 때문에 보다 최근 종의 태아는 오래된 종의 형태도 보여준다는 의미다.

헤켈은 그림 41을 통해 '반복'을 긴 설명 대신 눈으로 확인시켜주었다. 동물들의 태어나기 전 세 단계를 비교하고 있는 이 그림은 총 8개의 열께로 이루어져 있다. 그리고 가장 간단한 물고기는 왼쪽에, 가장 복잡한 인간은 오른쪽에 배치하고 있다. 가장 상단의 행行에 그려진 어린 태아들은 서로 밀접하게 닮았지만, 좀 더 시간이 경과한 하단의 태아들은 전혀 다른 모습을 하고 있다. 헤켈은 표를 통해 척추동물들의 발달 형태에 어떤 공통점이 있는지, 진화의 계통수系統樹에서 태아들이 어떻게 연속적으로 이어지는지를 명확하게 보여주었다. 예를 들어, 오른쪽 맨 위에 있는 미발육 상태의 인간 태아는 왼쪽 맨 아래의 물고기 조상에게서 발견되는 성숙한 형태의 아가미와 지느러미 모습을 유지하고 있다. 설득력 있는 도표, 유려한 설명, 그리고 반종교적인 미사여구로 포장된 반복에 대한 그의 주장은 유럽 전체를 넘어 전 세계에 엄청난 영향을 미쳤다. 반복 이론이 폐기된 20세기 중반에 들어서도 헤켈의 놀라운 그림들은 동물들이 조상을 공유한다는 다윈식 주장을 뒷받침하는 자료로 자주 활용되었다. 헤켈의 그림은 매우 설득력 있어 보인다. 하지만 과연 맞을까? 파스퇴르와 마찬가지로 설득도 과학이라고 믿었던 헤켈은 자신의 증거들을 가장 유리한 관점에서 표현했다. 그는 특이점을 강조하기 위해서라면 원래 자료를 단순화할 수도 있다고 믿었다. 물론 반대론자들은 이를 비난했다. 그리고 이러한 비난은 후에 정치적 입지를 강화하려던 극우 기독교도들에 의해 악용되었다.

헤켈은 노골적으로 자료를 조작하지는 않았다. 다만 자신이 확신했던 종 간의 유사성을 강조하기 위해서 자료를 약간 손질했다. 헤켈의 경쟁자들 역시 나름대로의 결과를 염두에 두고 태아를 조사했기에, 헤켈과 전혀 다른 이론을 발표한 것도 당연한 일이었다. 헤켈의 반복 이론을 훼손하고 싶었던 경쟁자들은 유사한 부분을 평가절하하고 차이점을 더욱 강조했다. 각 종의 먼 조상들에게 영향을 미친 국지적 환경을 강조하기 위해 일부 과학자들은 태아의 발육과정에서 특정한 변화를 야기하는 물리적, 화학적 원인들을 제거하기도 했다. 독일에서는 여전히 그를 진화의 개척자로 높이 받들었지만, 매력적으로 보였던 헤켈의 반복 이론은 점차 신용을 잃어갔다.

헤켈은 부패했다기보다는 불운한 사람이었다. 후대의 재해석을 통해 과거의 평판이 뒤집히는 사례도 많다. 과학적 절차에서 오류를 범했던 파스퇴르가 오늘날 영웅으로 칭송받는 이유는 자연발생을 배척했음에도 불구하고 그의 이론이 옳다는 인정을 받았기 때문이다. 불행히도 헤켈이 주창한 가설은 오늘날의 과학자들에게 먹히지 않았다. 진화론에 대해서는 오늘날까지도 논란이 계속되고 있으며, 창조론자들은 다윈식 과학 전체를 공격하기 위해 헤켈이 저질렀던 위조 행위를 물고 늘어지고 있다. 자신들의 입장을 강화하기 위해 헤켈을 골라잡은 창조론자들도 헤켈이 했던 것과 똑같이 이기적인 자세로 의도적인 과장을 서슴지 않고 있다.

병원균 : 전염병의 망령

하지만 우리는 보이지 않는 것을 더 알고자 한다.
어려움도 있다. 눈으로 볼 수 있다면 마땅히 알 수 있어야 하지만
실제로는 그렇지 못하다. 그래서 진정한 철학자들은 보는 것을
믿지 않으려고 애쓰며 오히려 보지 못하는 것을 알고자 노력한다.

– 베르나르 퐁트넬Bernard de la Fontenelle, 『새로운 세상의 발견A Discovery of New Worlds』, 1686년.

빅터 프랑켄슈타인은 생명을 창조하려고 애썼고, 그보다 야심이 덜했던 의사들은 생명 연장에 목표를 두었다. 그러나 18세기 의학은 그리 대단하지 못했다. 가장 유능한 의사들조차 환자가 편안하게 죽음에 이르도록 돕는 일밖에 하지 못하면서도 고가의 치료비를 챙기는 까닭에 양심도 없는 돌팔이 취급을 받기 일쑤였다. 터키로부터 천연두 접종을 도입한 메리 워틀리 몬테규Mary Wortley Montagu는 '인류를 위해 자신의 이익을 조금이라도 포기할 미덕' [3]을 갖춘 의사를 찾지 못해 절망했다.

---

3. 피오나 해슬램Fiona Haslam, 『호가드에서 롤랜드슨까지 : 18세기 영국의 예술에 나타난 의학From Hogarth to Rowlandson : Medicine in Art in Eighteenth-Century Britain』 (리버풀 : 리버풀 대학 출판부, 1996년).

의사들은 환자 개인의 체질을 감안하여 체액의 불균형을 바로잡으려는 목적으로 환자를 진단했다. 부자들은 그렇게라도 치료를 받았지만, 가난한 사람들은 그냥 죽거나 약제사 또는 여성 점술사를 찾아갔다. 프랑스 혁명 이후 비로소 의학이 보편화되었고, 병원들이 설립되어 많은 환자들을 치료했다. 의사들은 증상에 따라 환자들을 분류했고, 환자 개개인의 징후보다는 질병을 기준으로 치료하기 시작했다.

병원은 위험한 장소였다. 당시 저명한 의사는 '수술실에 누운 환자는…… 워털루 전장의 영국군 병사보다 죽을 확률이 더 높다'[4]고 했다. 부자 환자들은 주치의를 고용해 집에서 편안하게 치료받았다. 새로운 의약품이 연구실에서 개발되고 있었지만, 개업의들은 과학이 만들어낸 의약품으로 인해 자신들의 권위가 손상되는 것을 싫어했다. 전문가로서의 입지를 강화하기 위해 개업의들은 환자를 가까이서 검진하고 정확하게 치료하는 진단기법을 도입했다.

천연두 같은 전염성 질환은 많이 사라졌지만 그러한 질병이 퍼지는 이유를 명확하게 아는 사람은 없었다. 대다수의 사람들은 눈에 보이진 않지만 독성 물질을 퍼뜨리는 독기毒氣 때문에 전염병이 퍼진다고 믿었다. 특정 질병의 원인이 되는 세균과 달리, 독기는 환자의 타고난 체질과 건강상태에 따라 독감, 콜레라 등 각기 다른 질병을 옮긴다고 생각했다. 찰스 디킨스를 비롯한 중산층 운동가들은 인구가 밀집한 빈민가를 상대로 활동하면서 도시에서 사악한 독기를 드리운 구름을 걷어내

---

4. 제임스 영 심프슨James Young-Simpson, 존 월러John Waller의 『황당한 과학 : 과학발견의 사실과 허구Fabulous Science : Fact and Fiction in the History of Scientific Discovery』(옥스퍼드 : 옥스퍼드 대학 출판부, 2002년).

야 건강을 지킬 수 있다고 믿었다.

역사학자들은 19세기를 수많은 성공이 줄줄이 이어지던 화려한 시절로 기억할 수도 있다. 의사들은 백신을 도입하여 치명적인 질병을 예방했고, 미생물학자들은 특정 질병을 야기하는 세균을 찾아냈다. 그리고 외과의들은 살균제를 사용하여 병원 감염을 획기적으로 줄였고, 실험실 화학자들은 강력한 약품을 만들어냈다. 사망률은 급감했고(적어도 유럽과 북아메리카에서는), 의사들은 마침내 환자들에게 치료에 대한 현실적인 희망을 제시할 수 있게 되었다. 그러나 모든 연구가 결실을 거두지는 못했다. 말라리아, 독감, 각기병과 같이 사망에 이를 수 있는 중요한 질병의 원인은 여전히 미제로 남아 있었다. 지금은 명쾌해 보이는 진보도 당시에는 미궁 속에서 헤매고 있었던 것이다.

천연두의 경우, 의사들은 몬테규가 추천한 터키 접종을 실시했다. 그러나 수많은 건강한 아이들을 죽음에 이르게 했던 고통스럽고 위험한 절차를 거쳐야만 했다. 1790년대에 시골 의사 에드워드 제너Edward Jenner는 현명하게도 지방의 농부들과 젖 짜는 여인들의 말에 귀를 기울였다. 그들의 주장은 사람들이 우두牛痘에서 회복되고 나면 천연두에 잘 걸리지 않는다는 것이었다. 비록 제너가 의학의 영웅이긴 하지만 오늘날이라면 그의 실험 과정은 허락되지 않았으리라. 제너는 여덟 살짜리 소년을 골라 처음에 우두를 주사하고 나중에 천연두를 감염시켰다. 제너와 소년 모두에게 다행스럽게도 자원자이자 희생자였을 뻔했던 소년은 살아남았고, 제너는 천연두 백신을 개발한 공로로 정부로부터 3만 파운드를 상으로 받았다.

다른 여러 혁신들처럼, 되돌아보면 백신 역시 당시에는 뜨거운 쟁점이 되었다. 그림 42는 제임스 길레이가 런던에 세워진 무료 진료소 가

그림 42 | 제임스 길레이James Gillray, 「우두백신 또는 새로운 접종의 경이로운 효과The Cow-Pock-or-The Wonderful Effects of the New Inoculation」, 1802년.

운데 하나를 총천연색으로 그렸던 풍자화다. 정장차림(아마도 더러운)의 제너가 백신 도구인 칼날을 들고 있고, 자선학교 학생은 소에서 추출한 뜨거운 우두백신 통을 들고 제너를 돕고 있으며, 또 한 명의 조수는 국자로 '미리 마시는 약Opening Mixture'을 떠주고 있다. 상상으로 그린 이 장면은 매우 현실적인 공포를 자아낸다. 오른쪽 여자는 송아지를 토해 내고 있고, 몇몇 환자들에게서는 소의 일부처럼 보이는 돌출물들이 솟아나오고 있다. 이 장면은 백신 접종 이후 각종 피하皮下의 선線들이 부풀어 올라 얼굴이 소처럼 변한 소년의 유명한 사례를 그림으로 옮긴 것이다. 종두種痘에 대한 반대는 19세기 내내 지속되었고, 종두의 효과가 입증된 후에도 오랫동안 가라앉지 않았다.

의사, 환자 할 것 없이 모두가 불안했다. 절차는 고통스러웠을 뿐 아니라 기형이 생기기도 했고, 시술 과정이 비위생적이어서 감염도 급속히 진행되었다. 예기치 못한 결과에 대한 제너의 해명은 강력한 이론적 정당성을 확보하지 못한 까닭에 설득력을 잃었다. 게다가 외과의였던 제너는 푸주한이나 도굴꾼 취급을 받기 십상이었다. 무엇보다 생명의 계층에서 한참 아래 서열인 병든 동물에게서 추출한 물질로 인간의 몸을 더럽히는 것은 신성모독으로 여겨졌다. 예방접종은 효과가 있었지만, 나이팅게일을 포함한 막강한 운동가들은 정부가 접종을 의무화함으로써 국민의 삶에 간섭할 권리는 없다는 이유로 접종에 강력히 반대했다. 정부 개입을 반대했던 이러한 운동가들 탓에 20세기 영국에서조차 천연두는 근절되지 않았다.

국제 무역과 여행은 질병을 지구 전체로 퍼뜨렸다. 천연두는 유럽 질병에 대한 저항력이 없었던 아메리카 토착민들에게 매우 치명적이었다. 이와 비슷하게 영국과 프랑스 탐험가들은 자신들이 천국이라 부르던 태평양 섬들에 성병을 옮겼다. 19세기 초가 되자 병원균의 진행방향은 역으로 뒤집어졌다. 아시아에서 발발한 콜레라가 유럽을 휩쓸자 이를 막을 방법이 없었던 의사들은 공황상태에 빠졌다. 1831년에 영국에 콜레라가 상륙했을 때는 마치 최근 에이즈가 처음 퍼졌을 때처럼 암울하고 무기력한 분위기가 팽배했다. 병원들은 삽시간에 고통스럽게 죽어가는 환자들로 넘쳐났다. 콜레라가 물러간 후에는 또 다른 전염병들이 찾아왔다. 미적거리던 관리들은 어쩔 수 없이 행동에 나서야 했다.

정부는 마지못해 기초 환경을 개선하려 애썼지만 많은 영국인들은 정부의 간섭을 달가워하지 않았다. 빅토리아 시대의 사람들은 사실과 특징을 기록하는 데 뛰어났다. 통계수치를 분석한 의사들은 마침내 콜레라의 이동방식을 알아냈다. 그 가운데서도 혁혁한 공을 세운 이가 바로 외과의였던 존 스노우John Snow다. 그는 논리적인 추론을 통해 이 문제를 혼자서 해결했다고 하지만, 실제로는 이전에 진행되었던 연구들을 몇 년에 걸쳐 살펴보았고, 연구를 시작하기도 전에 콜레라의 주범이 물속의 미생물이라고 결론내렸다. 그러고 나서 자신의 결론을 입증할 작업에 착수했다. 스노우는 자기가 사는 마을에서 발생한 콜레라 사례들을 체계적으로 상세히 열거함으로써 펌프 하나가 감염의 원천이라고 주장했다. 이 황당한 이야기는 전염병의 창궐을 막기 위해 스노우가 펌프의 손잡이를 없애버리는 데서 절정을 이뤘다. 그러나 실제로는 전염병이 지나간 후에 한 위원회가 펌프 손잡이를 없앴다고 한다.

명백한 증거가 아니었는데도 스노우의 주장은(파스퇴르처럼) 후에 정당성을 입증받았다. 반대파들의 지적대로, 스노우의 자료를 보면 실제 콜레라의 발원지는 펌프가 아니라 그 옆에 있던 오물더미에서 뿜어져 나온 공기였을 가능성도 농후했다. 그들은 계속해서, 비록 콜레라가 물을 통해 전염된다고 하더라도 독기가 질병을 옮긴다는 사실을 반박할 근거는 되지 못한다고 주장했다. 두 번째 연구에서 스노우는 물을 공급하는 회사를 겨냥했다. 다시 말해, 한 가정의 감염률은 어떤 회사가 공급하는 물을 먹느냐에 따라 결정된다는 점을 보여준 것이었다. 운동가들은 이 결과를 무기로 런던의 위생을 확립할 것을 주장했으나, 의학 전문가들의 생각은 달랐다. 그 후에도 콜레라는 국제 위생위원회의 논제로 수없이 등장했지만 스노우의 연구는 논의되지 않았다. 스노우는 생명을 구하고 죽음을 줄이는 데 공헌했던 재능 있는 한 명의 학자에 불과했다.

물을 통해 콜레라가 확산된다는 주장이 오늘날까지 정설로 살아남았다는 점에서 스노우는 행운아였다. 사후 명성을 위해 애쓴 전문가들은 많았으나 불행히도 이들의 의견은 폐기되었다. 병원에서 2차 감염을 일으키는 병원균을 몰아내자는 운동을 전개한 사람으로 유명한 조셉 리스터Joseph Lister도 그들 중 한 사람이었다. 준수한 용모에 카리스마 넘치며 지기선전에 능했던 리스터는 스스로를 외과의술의 구세주로 치켜세웠다. 그의 조수들은 하얀 가운을 입고 마치 교회에서 향을 피워 흔드는 의식처럼 리스터의 수술실에 석탄산(리스터가 개발했다고 하는 최초의 소독약-옮긴이)을 분무했다. 의심 많은 사람들이 가만히 있을 리 없었다. '이제는 우리가 뿌리겠소!'

유능한 외과의였던 리스터는 수술 환경을 많이 개선했지만, 경쟁자들의 기술을 도용하고 낡은 이론에 집착했다. 또한 자신이 마치 현대 세균 이론의 대표적 옹호자인 것처럼 보이게 경력을 위조하기도 했다. 우선, 병원 위생을 처음으로 강조한 사람은 리스터가 절대 아니었다. 수술 후 사망률이 65퍼센트를 넘는 상황에서 공중위생을 걱정하던 개혁가들은 이미 벽에 흰 도료를 칠하고, 환자를 격리하며, 통풍을 개선하고 있었다. 독기를 제거하기 위한 싸움이었지만 결과는 효과적이었다. 그리고 그들도 석탄산을 사용하고 있었다. 따라서 외과의들은 리스터가 의료기와 환자의 노출된 상처에 석탄산을 흠뻑 뿌리면 사망률을 줄일 수 있다고 주장했을 때도 크게 공감하지 않았다. 더욱이 그는 여전히 피 묻은 옷을 입었으며, 손을 닦지도 않았고, 환자가 사용하는 더러운 시트에 대해서는 관심도 없었다(그가 사용하던 석탄산이 환자의 생살을 얼마나 아프게 했을까는 말할 필요도 없다). 나중에 자신의 경력을 되돌아보던 리스터는 최신의 견해에 맞도록 자신의 과거 이론을 교묘하게 수정했다. 원래 그는 모든 세균을 감염의 일반적인 원인으로 여겼으나,

1880년대에 와서는 특정 세균을 감염 원인으로 바꿨다. 이론적 입장을 바꾸는 과정이 워낙 교묘해서 그를 존경하는 지지자들은 여전히 그를 현대 세균 이론의 개척자로 기리고 있다.

세균 이론의 거장인 독일의 세균학자 로베르트 코흐Robert Koch는 유럽 최대의 치명적 질병인 결핵(당시에는 폐결핵 또는 소모성 질환이라 불렸다)을 야기하는 유기체를 찾아내면서 유명세를 탔다. 코흐의 성공은 새로운 방법을 고안하고 자신의 발견들을 훌륭히 홍보했기 때문에 가능했다. 코흐는 페트리 접시Petri dishes(조수의 이름을 따서 만든 이름이다)를 개발하여 잘 통제된 환경에서 고체 배양에 성공했고, 현미경으로만 볼 수 있는 미세한 이미지 촬영에 성공했다. 이러한 혁신을 통해 그는 연구 과정을 정량화했으며, 결과를 더 효과적으로 전달할 수 있었다. 연구 절차를 명확히 설정함으로써(코흐의 4원칙이라고 부른다) 코흐는 인과관계를 100퍼센트 확실하게 확립했고, 특정 박테리아가 특정 질병의 원인이라는 사실을 의심의 여지없이 보여줬다.

실험실 연구원들은 코흐와 그의 후계자들이 점점 더 많은 미생물들을 찾아냈기 때문에 전염병으로 인한 사망률이 급격히 낮아졌다고 주장했다. 그러나 공중위생에 관련된 사람들 모두가 이 의견에 동조하지는 않았다. 사망률 수치가 떨어지는 데는 그럴 듯한 다른 이유들이 있었기 때문이다. 사람들은 더 좋은 음식을 섭취하고 있었고, 위생이 개선되고 있었으며, 정부 또한 병원과 위생교육에 더 많은 예산을 배정하고 있었다. 그러나 이러한 근본적인 조치들은 사람들의 관심을 받지 못했고, 원수 같은 질병에 맞서 싸우는 의사들의 영웅담은 솔깃하게 들렸다. 세균에 집착한 사람들은 이렇게 주장했다. '인간 육체의 건강은 체액의 상태가 나빠져서 균형을 잃는 것보다는 눈에 보이지 않는 치명적

그림 43| 데이빗 윌슨David Wilson, 「공격 개시Going to the attack」, 피어슨스 매거진Pearson's Magazine의 「몸 속의 군대The Army of the Interior」에 실린 엘리 메치니코프Elie Metchnikoff가 찍은 박테리아 사진을 바탕으로 펜과 잉크를 사용하여 그린 스케치, 1899년.

인 미생물의 공격에 취약한 세포 집단에 의해 좌우되며, 인간은 우주와의 조화를 이루는 존재가 아니라 세균의 공격으로부터 스스로를 지켜내야 하는 독립적인 존재다.'

세균의 침입이라는 개념에 부응하여 의학에서는 돌파, 격퇴, 파괴 따위의 용어를 사용했다. 다른 과학적 은유처럼 이런 이미지들도 질병에 대한 관념을 이방인에 대한 대처 방법과 연결한 것이었다. 그림 43은 이런 연상들을 보여주고 있다. '공격 개시'라 불리는 이 그림은 '몸 속의 군대The Army of the Interior' 시리즈 가운데 하나다. 두 개의 삽화는 현미경이 보여준 몸 속 전쟁의 모습으로, 백혈구 전사들이 혈관의 벽을 뚫고 크고 납작한 적혈구들 사이에 있는 이질적인 박테리아를 공격하는 장면이다. 메시지를 효과적으로 전달하기 위해 영국 병사가 거친 강물도 두려워하지 않고 아프리카나 아시아의 오지를 점령해가는 장면을 묘사했다. 절벽 꼭대기의 악령 같은 검은 세균들은 유럽 탐험가들을 위협하는 식민지 아프리카인들의 모습을 떠올리게 한다.

사람의 몸이 미생물의 공격으로부터 스스로를 보호하려는 것처럼 부유한 국가들은 전염병이 있는 이민자들로부터 자국민들을 보호하려고 노력했다. 질병의 원인은 종종 외국인에게 집중되었고, 세균 이론은 케케묵은 공포에 이성적인 설명까지 보충해주었다. '인종과 청결에 관한 편견'에 과학이란 이름이 붙게 된 것이다. 샌프란시스코에 거주하던 어떤 중국인이 흑사병으로 죽자 차이나타운 전체가 의학적 예방조처라는 명목 하에 차별적으로 격리되었다. 수백만 명의 이민자들을 불러들이던 미국 정부는 20세기 초가 되자 이민자들의 건강을 평가하기 위한 검열 프로그램을 만들었다. 의학적 안전을 위한 조치라고 선전은 해댔지만 실제로 이 조치는 부유한 유럽인들의 입국 절차를 더 간소화한 불공정한 검진 과정이었다.

아시아의 여러 나라들이 전염병으로 무너지게 되면 무역 이득에 막대한 손실이 생길 것을 우려한 유럽은 수많은 연구원들을 아시아로 파견했다. 19세기 말, 코흐를 비롯한 전문가들은 박테리아가 흑사병을 옮기는 과정과 치료법을 찾기 위해서 인도로 몰려갔다. 인도는 곧 거대한 실험실로 변했다. 유럽인들의 엄격한 건강규제는 곧잘 인도인들의 정서를 침해했다. 영국인들은 인도가 계급사회라는 점을 무시하고 서로 다른 계급의 인도인들을 같은 병실에 입원시켰고, 무슬림들의 메카 순례를 막았으며, 여성 환자들을 남성 의사들에게 검사받도록 만들었다.

질병 통제는 개인의 자유를 침해하기에 이르렀다. 이것은 백신 접종에 반대했던 운동가들이 이미 예견했던 일이었다.

과학자들은 수많은 의학적 성과를 주장했지만, 질병이라는 적에게 완전한 승리를 거두지는 못했다. 실험실에서 증명된 사실이 실제에서는 자주 어긋났기 때문에 세균 이론 반대자들은 이러한 불일치를 물고 늘어졌다. 결핵균에 노출되지 않고서는 폐결핵에 걸리지 않는다는 사실을 증명했음에도 코흐는 10퍼센트의 사람들만이 감염되는 이유를 설명하지 못했고, 게다가 완치율도 예상보다 낮았다. 빅토리아 시대의 통계학자들은 자료를 모으기 시작했다. 그 결과 가난한 공업지대에서 결핵이 더 창궐한다는 사실은 밝혀냈지만, 뚜렷한 원인은 찾지 못했다. 게다가 결핵의 매개체는 찾아냈지만, 어쩐지 이 매개체는 사람을 골라가며 죽이는 것처럼 다수의 환자들이 죽지 않고 살아남았다. 조금씩 고정 관념이 바뀌기 시작했다. 18세기 말이 되자 폐결핵은 태생적으로 섬세한 체질을 지닌 시인이나 예술가들이 견뎌야 할 낭만적인 고통으로 간주되었다. 100년이 지난 후, 결핵은 도시의 더러운 빈민가에서 순환하는 전염성 질환으로 인식되었으며, 심미적 유약함보다는 열등함의 표식이 되었다.

환자 자신을 위해서 뿐만 아니라 사회를 보호하기 위해서 환자들을 별도의 요양소에 격리수용했다. 결핵에 걸린다는 것은 아무런 죄도 없이 좋지도 나쁘지도 않은 중립적인 미생물에 감염된 것이 아니라 비난받아야 할 수치스러운 증상이 되었다. 이제 결핵은 금기의 대상이 되고 말았다. 프라하의 소설가 프란츠 카프카Franz Kafka는 결핵으로 죽기 두 달 전에 다음과 같이 적었다. '결핵에 대해 얘기하면 모두가 갑자기 조심스럽게 피하면서 대충 얼버무린다.'[5] 다른 전염성 질병도 이와 비슷한 오명을 썼고, 매독의 경우는 특히 여성에게로 비난이 돌아갔다. 그리스 신화에는 에덴동산에서 이브가 아담을 유혹하듯이 요부 럭셔리가 헤라클레스를 유혹하여 죄를 짓게 만든 장면을 묘사하는 시가 있다. 매독이란 말은 이 시에서 유래했다. 이에 상당하는 의학 신화에서 창녀들은(상대방 남성 고객들이 아니라) 부패한 오염의 근원으로 매도되었다.

이 같은 감정적 태도는 여전히 만연했다. 20세기 말에 가까워지면서 암은 새로운 결핵처럼 인식되었다. '암'이라는 글자는 입에 담지 못할 말이 되었다. 에이즈가 발발하면서 예전에 창녀들을 겨냥했던 사회적 비난은 남성 동성애자들에게로 돌아갔다. 헨릭 입센Henrik Ibsen은 희곡 『유령Ghosts』에서 아버지로부터 매독을 물려받은 한 젊은이의 당치않은 죄를 파헤치며 이렇게 썼다. '부모에게서 유전된 것만이 우리에게 발현되는 것은 아닙니다. 낡아빠진 모든 통념들이 다 나타나지요…… 이것들은 우리에게 달라붙어 도저히 떨쳐버릴 수 없습니다.'[6] 과거의 유령들은 끊임없이 현재를 괴롭히지만, 유령들의 근원을 이해하면 이들을 물리칠 수 있을지도 모른다.

---

5. 수잔 손택Susan Sontag, 『은유로서의 질병Illness as Metaphor』, (런던 : 알렌 레인 출판사, 1979년).
6. 헨릭 입센, 『유령』(뉴욕 : 새뮤얼 프랜치 출판사, 1983년), 크리스토퍼 햄튼Christopher Hampton 옮김.

선線: 순박한 과학자가 만든 끔찍한 미래

과학의 신비에 대해서 애매하고 의미 없는 용어를
함부로 사용하는 관행은 오랫동안 지속되어왔다.
처방전에는 어렵고 의미 없는 단어를 사용해야만 배움이 깊고
생각이 높은 것으로 오인하며, 그런 말을 쓰는 쪽이나 듣는 쪽이나
그렇지 않다는 사실을 인정하려 들지 않는다.
하지만 그런 행태는 무지를 포장하는 일이고 참된 지식을 방해하는 일이다.

– 존 로크, 「인간 오성론」, 1690년.

생물학자들은 사진으로 박테리아의 존재를 증명했고, 물리학자들은 무선전신을 송출하여 에테르가 실재한다는 사실을 입증했다. 그런데 정말 그랬을까? 보는 것이 믿는 것이란 말이 항상 맞는 것은 아니다. 그러나 불확실한 존재가 한사코 모습을 드러내려 하지 않으면, 그 존재는 의문으로 남을 수밖에 없다.

진실과 거짓 그리고 자기기만을 구분하는 일이 언제나 쉽지 않았다. 열성분자들은 카메라가 절대로 거짓말하지 않는다고 주장했지만, 많은 사람들은 흐릿한 얼굴이나 긴 가운을 늘어뜨린 여자의 사진이 귀신의 모습이라고 믿기 어려웠다. 반면에 무선전신이 에테르란 물질을 뚫고 지구 둘레를 요동치며 움직인다고 한다면, 초특급 무선통신의 힘으로

죽은 자와 대화를 나눈다고 해도 그리 이상할 일은 아니지 않았을까?
예민한 사람들은 사람들의 몸 주위에 빛나는 영기靈氣가 흐르는 것을
감지할 수 있었고, 또 어떤 이들은 최면술사가 만들어낸 최면의 힘에
맥없이 굴복하기도 했다. 영매靈媒나 교령회交靈會 그리고 텔레파시를
통한 대화들은 나중에 와서야 사기라고 비난을 받았지만 19세기 후반
에는 과학자들도 혼란스러워했다.

　이러한 불확실성 속에서 조금이라도 이상해 보이는 결과들은 일단 의
심의 대상이 되었으며, 원자에서 나타나는 일부 현상들마저 영의 현시顯
示로 받아들여졌다. 영국의 물리학자 윌리엄 크룩스William Crookes가 발
광물질을 찾아냈다고 말했을 때 그의 동료들은 믿지 않았다. 그러자 현
명한 크룩스는 자신이 만든 유리방전관 내부에서 이상한 일이 벌어지는
장면을 직접 보여주었다. 저압 상태에서 가스를 채워 넣은 작은 네온등
처럼 생긴 이 기구들에 전류를 통하면 광채가 났으므로 전기 공연자들
에게는 인기가 대단히 높았다. 크룩스는 고객의 요구에 맞춰 기구 속에
레일을 깔고 그 위에 작은 외륜을 얹었다. 동력을 공급하면 바퀴가 한쪽
끝으로 굴러갔다가 되돌아오는데, 크룩스는 반대쪽에 있는 금속판(음극)
이 발산하는 발광물질의 입자 때문에 역행이 일어난다고 주장했다.

　크룩스가 보여준 증거는 설득력이 있었으며, 이 신비한 음극선陰極線
이 실재한다는 사실이 나중에 알려지면서(이때는 ‘전자’라는 이름으로 바뀌
지만) 정당성을 입증받았다. 그러나 크룩스도 이러한 실험기술을 지금
은 사이비가 되어버린 다양한 교령술에 적용했다. 전기 전문가였던 그
는 장거리통신에 관한 주장들의 진위를 가리는 과학적 실험이라고 주
장했지만, 나중에 몇몇 유명한 영매들은 그의 정밀한 실험을 사용하여
사기죄로 걸리지 않고 살아남기도 했다. 빅토리아 시대 사람들은 죽은

자와의 대화가 실재로 가능하다고 믿었다. 회의론자들은 순진한 물리학자 하나가 사기꾼들 때문에(어쩌면 크룩스마저 사기꾼으로 여겼을지도 모른다) 바보가 되었다고 조롱했지만, 크룩스와 그의 동료들은 이러한 영적 효과들을 설명하고자 했다. 그들은 오장육부가 매우 민감한 사람들은 에테르의 진동에 공명할 수 있다고 믿었다.

크룩스는 오히려 과학자들이 자신의 소명을 저버리고 있다고 비난했다. 과학자들이 교령술에 대해 알아볼 생각도 안 하고 예단했다는 주장이었다. '순환논법처럼 보인다. 우리는 어떤 것이 가능할 법하다고 느낄 때까지는 연구에 착수하려 들지 않지만, 순수 수학에서가 아니라면 모든 것을 알기 전에는 '불가능' 하다고 말할 수도 없다.'[7] 자기방어 차원에서 했던 그의 말은 과학자의 도리를 꼬집은 말이었다. 요지인즉, 낯선 것을 거부하고 연구조차 하지 않는다면 새로운 사실은 절대 밝혀지지 못한다는 것이다. 중요한 발견을 위해서는 편견의 틀을 벗어나서 기존의 지식에 도전해야만 한다. 물론 기존의 모든 실험을 확인하다가는 역효과가 날 수도 있지만 확립된 지식에 도전하는 일을 트집 잡을 필요는 없다.

과학 연구실에서 예기치 않게 등장하는 이상한 현상들은 마치 교령회에서 망자와 대화할 때 책상이 흔들리는 소리처럼 불가해한 것이기도 했다. 1896년, 그리 유명하지 않았던 독일 교수 빌헬름 뢴트겐 Wilhelm

---

7. 윌리엄 크룩스, 「현대과학의 시선으로 바라본 교령술Spiritualism Viewed by the Light of Modern Science」과 『과학저널Quarterly Journal of Science』 (1870년). 노엘 G. 콜리 Noel G. Coley와 밴스 M. D. 홀Vance M. D. Hall의 『다윈에서 아인슈타인까지 : 과학과 신념의 원시 자료Darwin to Einstein : Primary Sources on Science and Belief』(할로우 : 롱맨 / 방송대학 출판부 1980년)에서 리프린트.

R?ntgen은 엑스레이 사진 한 장으로 세상을 놀라게 했다. 아내의 손을 찍은 사진에는 뼈들이 보였고, 결혼반지는 으스스하게도 손가락 뼈 주위에 떠 있었다. 뢴트겐은 방전관 실험을 하던 중에 우연히 이 신기한 방사선을 발견했다. 크룩스를 비롯한 다른 과학자들도 쌓아둔 사진 건판乾板이 계속해서 뿌옇게 변하는 사실을 알고 있었다. 그리고 뢴트겐이 원인을 규명하고자 결심하고 나섰다.

'우연은 준비된 사람에게 호의를 배푼다' 는 파스퇴르의 금언과는 달리, 뢴트겐은 어떤 이론적인 예상도 하지 않으려 애썼다. 생각하기보다는 연구에 집중하였다. 뢴트겐은 자신이 발견한 새로운 선들은 방전관에서 생기는 음극선과 다르다는 사실을 알아냈다. 엑스레이는 빛이나 무선파처럼 중립적이고 무게도 없지만, 음극선들은 음전하를 가지며 크진 않지만 무게도 있었다. 몇 년 지나지 않아 엑스레이 기계들은 병원의 필수 장비가 되었고, 뢴트겐은 최초의 노벨 물리학상을 수상했으며, 엑스레이는 박람회 공연자들의 레퍼토리가 되었다.

> 어지러울 지경이에요.
> 너무나 놀라워요.
> 이제 세상은
> 망토나 가운을 뚫고 심지어 기둥도 뚫고
> 다 보여준답니다.
> 요런 개구쟁이 뢴트겐.[8]

---

8. 이완 리스 모러스Iwan Rhys Morus, 『물리학이 왕이 되었을 때When Physics Became King』(시카고 : 시카고 대학 출판부, 2005년).

몇 달도 지나기 전에, 파리의 앙리 베크렐Henri Becquerel이란 평범한 과학자가 우연한 기회에 방사능을 처음 발견했다. 그도 역시 노벨상을 받은 초창기 과학자가 되었는데, 베크렐은 인광燐光을 연구하던 집안의 전통에 그 영광을 돌렸다. 엑스레이 연구 프로젝트의 일환으로 인광 물질들을 가지고 작업을 진행하던 중에 베크렐은 부친이 그 전에 만들어 둔 우라늄염을 검사하게 되었다. 엄격한 과학적 절차를 지키지 않았던 것이 오히려 그에게는 행운이었다. 해가 비치기를 기다리다 지겨워진 그는 몇 장의 건판을 현상했는데, 그 건판들이 무언가를 보여준다는 사실은 나중에야 알게 되었다.

건판들에는 베크렐이 예상했던 희미한 영상이 아니라 흑백의 뚜렷한 영상이 나타났다. 그는 당황했지만 실수였다고 생각하지 않고 연구를 계속했다. 곧 그는 햇빛이 없어도 부친의 우라늄 결정체들이 사진 영상을 만들어낸다는 사실을 깨달았다. 체계적인 실험을 계속한 후, 마침내 베크렐은 처음 시작했던 인광은 연구 결과와 무관하다는 사실을 알아 냈다. 중요한 것은 바로 우라늄이었다. 하지만 왜 이런 일이 일어났을 까? 우라늄에 특별한 기능이 있었던 것일까? 다른 물질들이 이런 특별한 효과를 낸 것일까? 드러난 현상의 원인과 그 정도는 여전히 알 수 없 었다.

이후 몇 년에 걸쳐, 과학자들은 연이어 등장하는 설명하기 어려운 효과들을 표현하기 위해 방사능을 포함한 새로운 용어들을 만들어냈다. 그들은 불가사의한 엑스레이에 추가하여 세 개의 선들에 그리스 알파 벳의 처음 세 글자를 따서 알파α, 베타β, 감마γ라는 임시 이름을 붙였 다.(괴벽quirky이 있는 과학자들 탓인지 모르겠으나 오늘날 아원자 물리학에는 쿼크quirk라는 용어가 있다. 그리고 랄프 알퍼Ralph Alpher와 조지 가모브Geroge

Gamow가 함께 글을 썼을 때, 둘은 제 3의 저자로 한스 베테Hans Bethe를 선발했고, 세 사람의 성을 모아 알파, 베타, 감마처럼 들리도록 했다) 보다 정확한 이름은 경우에 따라 산발적으로 붙였다. 결국 감마선만이 전기와 엑스레이처럼 방사하고 나머지 두 선은 입자의 흐름이라는 사실이 나중에 밝혀졌다. 알파선은 양전하된 헬륨 원자핵(두 개의 양성자와 두 개의 중성자)으로 이루어져 있으며, 베타선(음극선이라고도 한다)은 훨씬 가벼우며 음전하된 전자들로 이루어져 있다.

물론, 선들에 관한 내용은 매우 복잡했고 혼란도 심했다. 방사능, 영교, 음극선 같은 기이한 현상에 대해서 납득할만한 원인을 규명하지 못했기 때문에 이들은 모두 19세기 물리학자들이 지키고자 했던 안정된 우주에 혼란만을 가중시키는 문제아들로 보였다. 20세기가 시작되었지만 이런 현상들이 가져올 미래는 예측하기가 어려웠다. 일부 과학자들은 영교술에 심취했으며, 베크렐의 방사능은 모호한 이례적 현상으로 치부되었다. 마리 퀴리Marie Curie라는 '모호하고 이례적인' 여성 연구가가 이 분야를 연구 주제로 택할 수 있었던 것도 그런 까닭이었다. 베크렐의 발견이 얼마나 중요했던가를 과학자들이 인식한 것은 한참 지나서였다.

주류 물리학자들이 전기 분야에서 추구했던 큰 주제는 음극선과 엑스레이였다. 과학자들은 우선 크룩스의 방전관을 개선하여 음극선을 좀 더 자세히 관찰하려고 했지만, 이 방사선의 정체는 여전히 확실하지 않았다. 가장 선도적으로 방사선 연구에 앞장섰던 이는 조셉 존 톰슨Joseph John Thomson이었다(그의 동료들은 이 이름의 주인공이 누구인지 몰랐으리라. 친구들은 그를 제이제이J–J라고 불렀지만 현대 출판 대표자회의에서는 생략하지 않은 성명을 요구했다). 케임브리지의 캐번디시 연구소 책임자였던 톰슨은 전자기장을 이용하여 음극선을 하얗게 만드는 방법을 통해서 방전관을 텔레비전과 흡사하게 작동하도록 만들었다. 선들을 마음대로 다룰 수 있다는 것은 이 선들이 엑스레이와 다르다는 뜻이었다. 톰슨은 음극선이 작은 입자들의 흐름이라고 주장하며 이를 '전자電子'라고 불렀디.

돌이켜보면 톰슨의 전자 발견은 신기원을 이루는 실험이었지만, 동시대인들은 그가 보인 증거에 수긍하지 않았다. 에테르에 몰두한 이들은 톰슨이 주장한 이론과의 타협을 거부했고, 마땅한 근거도 있었다. 무엇보다 영(0)은 카메라에 찍혔지만 전자를 본 사람은 아무도 없었다. 게다가 전하는 측정하기가 어렵다는 사실이 밝혀졌고, 또 측정할 수 있는 값도 너무나 광범위했다. 톰슨의 견해에 반대하던 이들은 이런 부정확성을 들어서, 전기는 불연속 미립자에 파고들지 못하며 마치 파동이 에테르를 뚫고 나아가듯 연속적인 미립자에만 실린다는 정반대되는 의견을 주장했다.

동작이 둔한 톰슨이 정교한 장치들을 망칠까봐 조수는 늘 불안해했지만, 학생들은 그의 연구 능력을 높이 샀다. 학생들이 질문을 해올 때마다 톰슨은 직관적으로 질문을 파악하고 시원한 해결책을 제시했다고 한다. '직관적으로' 란 표현은 연구 자세로는 옳지 않지만, 직관과 본능은 단순한 도구를 다루어 올바른 결과를 얻어내는 데 꼭 필요했다. 그런데 '올바른 결과' 란 무엇일까? 이런 질문 또한 반복적으로 튀어나오는 순환논법이다. 만약 당신이 무언가 새로운 것을 측정할 때 당신이 사용하는 장비가 제대로 작동한다고 어떻게 장담하겠는가? 과학자들은 예상과 상충하는 결과를 놓고 의사결정을 할 때 자주 이런 문제에 봉착한다. 만약에 과학자들이 순환논법에 심각하게 빠지면, 그들은 명성을 깎아먹을 위험을 감수해야 하거나 실수들까지 결과에 포함시켜 측정 평균을 왜곡할 위험을 감수해야 한다. 만약에 실수들을 무시한다면 결과는 보다 일관적으로 보일 것이다. 그러나 뢴트겐과 베크렐은 그런 예기치 않은 결과들을 배제함으로써 성공에 이르렀다.

　이 딜레마에는 '올바른' 답이 없다. 비록 과학자들은 공정하려고 애쓰지만, 전하 측정을 포함한 몇몇 중요한 업적들은 자료를 선별적으로 사용했기 때문에 가능했다. 에테르를 믿지 않았던 미국인 물리학자 로버트 밀리컨Robert Millikan은 두 개의 전기판 사이의 허공에 대전帶電한 기름방울들을 띄웠다. 기름방울이 중력에 영향을 받지 않고 허공에 머물게 하는 힘이 전기력이라는 사실을 발견한 밀리컨은 기름방울에 담긴 전하를 측정했다. 적어도 원칙은 그랬다. 그러나 예민한 장비는 작동이 불안정했다. 전자가 존재한다고 확신했던 밀리컨은 결과치의 3분의 2를 버렸다. 그의 실험 노트를 보면 자신이 찾고자 하는 바를 정확히 알고 있었다는 것이 증명된다.

　1911년 12월, 그는 기쁨에 넘쳐 '이것은 거의 정확하게 일치하는군. 지금껏 최고의 결과야' 라고 적었다. 1912년 4월에는 좀 더 확신에 찼다. 어떤 곳에는 '1.5퍼센트 넘쳤군' 이라 쓰고, 또 어떤 곳에는 '출판해도 될 만큼 완벽해' 라고 썼다.[9] 밀리컨의 독단적인 행위를 비난하고 싶지만, 과학자들 입장에서는 확고부동한 논리 못지않게 경험에서 얻는 바도 중요하다. 자신의 장비가 보여주는 엉뚱한 결과에 예민했던 밀리컨

---

9. 존 월러John Waller, 『황당한 과학 : 과학 발견의 사실과 허구Fabulous Science : Fact and Fiction in the History of Scientific Discovery』(옥스퍼드 : 옥스퍼드 대학 출판부, 2002년).

이었지만, 그가 계산한 전자의 전하값은 오늘날 연구 결과에 매우 근접했다.

전자의 존재를 확신했던 밀리컨은 자기의 미래를 놓고 도박을 벌여 노벨상을 받았다. 그와 반대로, 한 무리의 프랑스 과학자들은 그와 유사한 방식을 사용했다가 바보 취급을 받고 말았다. 엑스레이를 조사하던 그들은 다른 일반적인 물질은 물론 살아 있는 생명체에서도 발산되는 신비로운 또 하나의 방사선을 찾았는데, 이는 혼령의 경우처럼 매우 예민한 감각을 가진 관찰자들만이 확인할 수 있었다고 주장했다. 가시광선이 갈라져 빛의 스펙트럼을 보이듯, 자신들이 찾아낸 엔선N-rays(그들의 대학이 있었던 '낭시'에서 딴 이름)도 알루미늄 프리즘을 통과하면 특별한 스크린에 하나의 패턴을 보인다고 주장했다. 엔선은 1903년에서 1906년 사이에 100편이 넘는 과학 논문에 실렸고, 많은 관찰자들은 엔선의 효과를 실제로 찾아낼 수 있을 거라고 믿었다. 국제적으로는 회의적인 목소리가 높아졌지만 프랑스 과학계는 낭시 연구자들을 중심으로 똘똘 뭉쳤고, 특히 독일의 비판에 격하게 맞섰다.

그러나 마침내 그들이 틀렸다는 사실이 입증되었다. 그들이 자랑스럽게 측정을 계속하고 있는 동안 미국인 청강생 하나가 약삭빠르게 핵심 프리즘의 하나를 제거해버렸던 것이다. 웃어넘길 수도 있지만, 처음에 엔선은 방사능만큼이나 믿기지 않았던 주장이었다. 비판하려 든다면야 얼마든지 비판할 수 있겠지만, 과연 열렬했던 낭시 연구가들은 실험 계획과 다르게 몇몇 건판을 서둘러 현상했던 베크렐이나 불편한 결과치들을 버림으로써 중립성을 희생시켰던 밀리컨보다 더 나쁜 사람들이었을까? 추문이 무성해지자 프랑스는 과학 구조를 재정립하고 연구에 활력을 불어넣어 국제적 지위를 지켜내려 애썼다. 그렇다면 프랑스

그림 44 | 줄리어스 멘데스 프라이스Julius Mendes Price, 마리 퀴리Marie Curie와 피에르 퀴리Pierre Curie, 1904년, 베니티 페어 앨범Vanity Fair Album에 수록.

과학자들이 외국의 적대적 과학자들을 상대하여 대오를 정비하고 낭시를 훌륭한 연구 중심지로 만들고자 대망을 품고 노력했던 일이 그토록 놀랍고 욕먹을 일이었을까?

1903년, 프랑스의 신문은 두 가지 발견을 대서특필했다. 낭시의 엔선과 파리의 라듐 소식이었다. 과학으로 프랑스를 구원한 이는 아이러니하게도 특권 엘리트가 아니었으며, 오히려 특권 엘리트와 결혼해서 이중으로 무시를 받던 열외인이었다. 나중에 마리 퀴리라는 이름으로 세계적으로 유명해진 마냐 스클로도프스카Manya Sklodowska가 그 주인공이다. 자금도 부족하고 박사학위도 없었던 퀴리는 베크렐이 우라늄염을 가지고 하던 연구를 계속하여 다른 물질에서도 비슷한 결과가 나오는지 연구해 보기로 결심했다. 남편에게 조수 역할을 부탁하면서 그녀는 6년간 방사능의 미세한 흔적을 추적했고, 섬세한 장비를 멋지게 다루었으며, 엄청난 양의 실험 물질들을 다루는 힘든 육체적 노력도 감내했다.

마침내 퀴리는 폴로늄(폴란드에서 딴 이름)에 이어 라듐을 찾아냈다. 이 둘은 모두 새로운 방사성 원소들이었다. 방사능은 열렬히 환영받았다. 그림 44는 영국에서 나온 '오늘의 인물Men of the Day' 이라는 연속 출판물에 실렸던 그림이다. 의기양양한 부부가 기적의 별처럼 찬란하게 빛나는 라듐 결정체를 경이로운 눈빛으로 바라보고 있다. 마리 퀴리는 방사능 연구에서 얻은 백혈병으로 죽을 운명이었지만, 그녀가 이룩한 세계적 열망은 히로시마나 체르노빌 원폭사건에도 불구하고 전혀 빛이 바래지 않을 일이었다. 여성으로서 프랑스 최초로 교수가 된 퀴리는 새로운 현상을 연구할 연구센터를 설립했으며, 1차 세계대전 동안에는 부상병을 위한 이동식 엑스레이 장치를 운용하여 방사능의 진가를 유감없이 드러냈다.

처음으로 두 개의 노벨상을 수상한 퀴리는 소녀들에게 꿈의 대상이 되었다. 이 그림은 신화가 어떤 식으로 양면성을 갖게 되는지를 보여준다. 그림 속 몸집이 작은 퀴리는 남편의 어깨 너머에 섰고, 남편은 이마 위로 천재성의 영광을 드러내는 시험관을 들고 있다. 비록 그녀가 독자적으로 논문들을 출판했지만, 그림에서는 남편이 책을 들고 있다. 현실적으로는 아랫사람인 그녀가 장비를 설치한 탁자에 기대섰으며, 평범한 복장은 그녀가 전통적인 여성의 관심사를 포기했음을 보여주고 있다. 부부의 검소한 삶은 오히려 그들의 지저분한 작업 환경에 대한 터무니없는 소문들을 만들어낸 계기가 되었다. 많은 이야기에서, 퀴리는 연구실에서 부엌일을 하듯 엄청난 양의 역청 우라늄광을 골라내는 일만 죽으라고 한 허드레꾼으로 묘사되고 있다.

그림이 뜻하는 바는 명확하다. 과학을 하는 여자는 최고 수준의 과학자도, 보통의 여자도 아닌 특별한 범주에 갇힌다는 말이다. 물론 20세기에는 남자들이 차별을 겪기도 했지만, 이런 편견은 수십 년간 계속되었다(많은 여자들은 지금도 그렇다고 생각한다). 퀴리와 마찬가지로 어니스트 러더퍼드Ernest Rutherford 역시 세계적으로 유명해졌으나 처음에는 외부인으로 업신여김을 받았다. 농부의 아들로 태어나 뉴질랜드 공립학교를 졸업한 러더퍼드가 케임브리지 대학에 도착했을 당시에는 옷차림이나 억양이 케임브리지에 전혀 어울리지 않았다. 그럼에도 그는 제이제이 톰슨에 이어 캐번디시 연구소 책임자가 되었고, 핵물리학 분야의 선구자가 되었다. 뉴질랜드 출신임을 자랑스럽게 생각했던 그는 남작 작위를 받을 때 자신의 겉옷에 키위, 마오리 전사, 그리고 연금술의 수호성인 헤르메스 트리스메기스투스를 공들여 새긴 문장紋章을 그려 넣었다.

러더퍼드는 일생의 가장 놀라운 사건을 1909년 맨체스터에서 겪었노라고 회고했다. 당시 그는 10년이 넘도록 방사능을 붙들고 씨름하고 있었고, 어떤 원자들은 하나의 원소에서 다른 원소로 분리될 때 불안정한 상태로 선들과 입자들을 방출한다는 이단적인 주장을 함으로써 비판의 눈초리를 받기도 했다. 한스 가이거Hans Geiger(가이거 계수는 지금도 사용된다)와 함께 일하던 당시의 러더퍼드는 알파 입자의 광선이 금속 박편을 통과하여 직선으로 진행하지 못하고 다른 방향으로 흩어진다는 사실을 이미 알고 있었다. 그는 궁금했다. 만약 계수기를 박편의 양쪽에 설치하면 어떤 일이 벌어질까? 그는 이렇게 밝혔다. '결과는 너무나 놀랍다. 마치 38센티미터 대포알을 얇은 종이를 향해 발사했는데도 포탄이 튕겨져 나와 포수를 쳐버린다는 느낌이다.'[10] 어떤 알파 입자들은 물 같은 경밀도 스크린에서도 튕겨져 나왔다.

러더퍼드가 대중을 상대로 설명회를 갖기까지 16개월이 흘렀다. 그는 금속이라는 물질은 박스 안에 오렌지를 채우듯 꽉 찬 것이 아니라 작고 무거운 원자핵들이(아원자 단위에서 보자면) 엄청난 거리를 사이에 두고 떨어져 있다는 사실을 설명했다. 만약에 비교적 가벼운 알파 입자가 우연히 그 핵들을 건드린다면 알파 입자는 튕겨 나온다. 원자와 원자핵에 관한 연구는 20년 동안이나 지속되었다. 때로 공동 연구자들이 동참하기도 했으나, 젊은 동료들이 전선으로 나간(일부는 전쟁터에서 사망했다) 1차 세계대전 동안에도 러더퍼드는 연구를 멈추지 않았다.

러더퍼드의 연구에 힘입어 원자 구조는 더욱 명확해졌다. 그가 죽은 1937년에 과학자들은 이미 중성자는 물론 양성자까지 찾아냈다. 과학자들은 중성자로 핵에 충격을 가해 인공적으로 핵을 쪼갤 수도 있었다. 고속 입자 빔을 만들어낼 수 있는 선형가속기도 건설되었다. 하지만 돌이켜보면, 러더퍼드는 자신의 연구가 펼쳐놓은 가능성을 지나치게 과소평가했던 것으로 보인다. 말년에 했던 대중 강연에서 러더퍼드는 청

---

10. 에이브러험 페이스Abraham Pais, 『내부를 향해 : 물리적 세계의 물질과 힘들에 관하여 Inward Bound: Of Matter and Forces in the Physical World』(옥스퍼드 / 뉴욕: 옥스퍼드 대학 출판부, 1986년).

중들을 향해 '인공적인 변형 과정을 통해 원자로부터 유용한 에너지를 얻겠다는 전망은 그리 희망적이지 않다'[11]는 의견을 피력했다. 그리고 불과 2년 후에 전쟁이 발발했다. 그의 예측은 놀라우리만치 순박했던 것으로 보인다. 1945년, 마침내 첫 번째 원자폭탄이 투하됐다.

---

11. 어니스트 러더퍼드, 『새로운 연금술The Newer Alchemy』(케임브리지 : 케임브리지 대학 출판부, 1937년).

미립자 : 주기율표의 비밀

자연이란 그리 혹독하진 않아요.
다만 좀 쌀쌀맞을 따름이지. 자연을 따라가다보면 구불구불한 미궁 속에서
조심스러운 밤, 불안한 낮, 부족한 식량, 끝없는 노동을 만나게 마련이지요.
– 알렉산더 포프, 「마르티누스 스크리블레루스의 회고록」, 1741년.

질서를 추구하는 화학자에게 주기율표는 인간의 천재성을 보여주는 위대한 성서다. 우주의 비밀을 푸는 열쇠라고 할 수 있는 주기율표는 우주의 무수히 많은 물질들을 논리적으로 요약한 화학의 거대한 스도쿠 퍼즐이다. 원소들은 열을 따라 배치되고 숫자가 매겨져 있으며 하나의 원자에서 다음 원자로 옮겨가면서 양성자가 하나씩 규칙적으로 증가한다. 표의 열마다 같은 수의 자유전자를 갖는 원소들이 모여 있다. 그러나 이런 정연한 분류가 완성되기까지는 수십 년이 걸렸다. 주기율표가 그려지던 19세기 후반까지만 해도 과학자들은 원자의 내부구조를 전혀 몰랐으며, 원자는 더 이상 쪼갤 수 없는 최소단위로써 모든 물질의 기초라고 생각했다. 원소들을 수학적으로 배치하려던 초기 시도에는 여러 가지 이형異形과 공백이 있었고, 잘 맞지 않는 것도 많았다.

좀 더 냉소적으로 보자면, 표의 간결한 기호들에는 정치적 결정도 깊이 관여했다. 원래 원소의 이름은 아르곤ー비활성, 산소ー산성화(앙투안 라부아지에가 잘못 생각한 결과), 빠르게 움직이는 수은(그리스 신화에 나오는 신의 전령)처럼 각각의 특징을 담았으나, 나중에는 폴로늄ー마리 퀴리, 유러퓸ー윌리엄 크룩스(교령술로 악명 높았던)처럼 발견한 사람의 이름을 기리기도 했다. 2차 대전 후 가속기 속에서 무겁고 불안정한 물질들이 갑자기 발견되자 과학은 냉전의 최전선에 서게 되었다. 아메리슘Americium, 버클륨Berkelium, 칼리포르늄Californium 등이 표에서 같은 열에 자리잡았으며, 소비에트 쿠르차토븀Soviet Kurchatovium이 외교적인 이유로 러더퍼듐Rutherfordium으로 바뀌었고, 미국 학자들은 원소의 이름에 표를 창시한 러시아 화학자 드미트리 멘델레예프Dmitrii Mendeleev의 이름을 붙이는데 반대했다. 이 모든 일은 우연이 아니었다.

그렇다면 멘델레예프가 과연 주기율표를 만들었을까? 다른 나라 역사학자들은 이를 쉽게 수긍하지 못한다. 그들은 멘델레예프가 점진적으로 비슷한 체계를 발전시켰던 당시의 여섯 명의 과학자 가운데 한 명이었을 뿐이라고 여긴다. 그러나 러시아인들은 상트페테르부르크의 화학 교수이자 정부 고문이었던 그를 조국을 빛낸 영웅적 과학자로 생각한다. 러시아인들에 따르면, 15년간 열심히 연구하던 멘델레예프에게 1869년 어느 날 주기성 개념이 느닷없이 떠올랐으며, 그의 천재적인 성과에도 불구하고 이후 수십 년에 걸쳐 무식하고 악의적인 반대가 지속되었다고 한다. 국가를 대표하던 멘델레예프는 소비에트 기간 동안 마르크스주의 이론에 발맞춰 사회를 과학적으로 설명하고 산업 생산 증진에 헌신함으로써 정치적 입지를 더욱 튼튼히 했다.

멘델레예프가 영감을 얻은 천재인가 아닌가 하는 논쟁은 또 다시 뻔한 수순을 겪었다. 러시아에 호감을 가진 이들은 서구 학자들이 원재료를 읽을 능력이 없다고 비난했지만, 회의론자들은 멘델레예프의 이론에 대한 반박이 광범위하고도 지속적이란 점을 강조했다. 이론이든 발명이든 처음부터 완벽한 상태로 탄생하는 것이 아니며, 심지어 창시자가 죽은 후에도 몇 년의 발전 과정을 거치는 것이기 때문에 영웅적인 발견에 관한 논쟁은 과학의 역사를 분석할 때마다 어김없이 등장하는 문제다. 그럼에도 불구하고, 매우 헌신적으로 연구하여 자신의 표를 개선하려고 노력한 멘델레예프가 특별한 대우를 받는 것을 마냥 반대할 수만은 없었다. 지그문트 프로이트Sigmund Freud가 던진 재담처럼, 다른 과학자들은 주기법칙을 잘 알고 지냈을 뿐이지만 멘델레예프는 주기법칙과 결혼한 셈이었다.

처음에 멘델레예프는 화학적 특징에 따라 원소들을 마치 혼자하는 카드놀이patience(미국에서는 이를 솔리테르라고 부름－옮긴이)처럼 배열했다. 어떤 원소들의 관계는 지금도 분명해 보인다. 예를 들어, 그의 표에서 수직으로 배치된 금, 은, 구리는 수백 년 동안 같은 부류로 뭉뚱그려져 있었다. 최근에 발견된 플루오르, 클로르, 요오드 역시 서로 비슷하다. 다음으로 멘델레예프는 원소들을 원자의 무게에 따라 배치하는 것이 옳다고 생각했다. 화학자들은 원자를 목격하지 못했지만 그 무게를 측정하는 방법은 알아냈다. 하지만 여기서부터 어긋나기 시작한 것 같다. 그는 화학적 카드들을 섞고 또 섞었지만 자신이 바라는 간단한 법칙에 원소들을 끼워 맞추지 못했다.

이 난국을 극복하기 위해서 멘델레예프는 가설을 변경하는 대신 과감하게 자료를 공격했다. 그는 일부 원자의 무게들이 잘못 측정되었다고 선포했다. 또한 앞으로 새로운 원소들이 발견돼 표의 보기 흉한 틈 새를 메울 것이라 예측했다. 러시아에서조차 전통적인 화학자들은 그의 이론적 접근을 조롱했고, 멀리 서유럽에서는 그의 해괴한 제안을 거들떠보지도 않았다. 그러나 이론에 부합하는 증거가 쌓여갔고, 마침내 멘델레예프는 새로운 원소 하나를 발견했던 프랑스 과학자에게 공개적인 승리를 거뒀다. 그 프랑스 과학자는 애국심에 젖어 자신이 발견한 원소를 갈륨gallium이라 불렀지만('갈리아' 또는 '골'은 로마제국의 멸망 이전까지 현재의 프랑스, 벨기에, 스위스 서부, 그리고 라인 강 서쪽의 독일을 포함하는 지방을 가리키는 말—옮긴이), 그 원소의 특징을 주기율표에서 성공적으로 예측했던 것은 멘델레예프였다.

멘델레예프는 전자의 존재를 항상 부정했지만, 전자는 그의 표에 등장하는 원소들을 배치하는데 꼭 필요하다는 사실이 나중에 밝혀졌다. 어떤 원소의 위치는 원자의 무게가 아니라 원자의 수에 따라 정해진다. 원자의 수란 핵 속의 양성자 수를 가리키며, 이 양성자의 수는 같은 수의 음전자와 전기적으로 균형을 이룬다. 20세기 초에는 원자 구조 연구가 케임브리지의 캐번디시 연구소를 중심으로 활발하게 진행되었다. 그곳에서 톰슨은 전자를 발견했고, 러더퍼드는 알파입자 산란 실험을 통해 원자들에 미세한 핵이 있음을 증명했다. 케임브리지 과학자들은 곧이어 핵 자체도 더 작은 입자로 구성되었다는 사실을 깨달았다. 그들의 견해에 따르면, 각각의 핵은 커다란 양성자들과 미세한 음전자들을 가지고 있으며, 전체는 여러 개의 잉여전자들이 구름처럼 에워싼 구조였다. 그럼에도 불구하고 여전히 문제는 남았다. 어째서 유사한 원소들이 서로 다른 수의 외부전자를 가졌을까?

멘델레예프와 당시의 학자들처럼, 원자학자들 역시 숫자의 패턴을 찾으려고 노력했다. 만약 우주가 논리적인 방법으로 배열되었다고 믿는다면 아인슈타인이 믿었던 법칙처럼 아름다운 수학적 명쾌함을 찾는 것은 당연해 보인다. 수많은 혼란스런 관찰에 직면하자 영국 연구가들은 친숙한 것 위에다 미지의 것을 모델화하는 작업을 택했다. 다시 말해, 그들은 원자의 핵은 태양으로, 그 핵 주변을 회전하는 전자들을 미세한 행성계로 시각화했다. 그러나 비유는 완벽하지 않았으며, 이 틈새를 비집고 덴마크의 물리학자 닐 보어Niels Bohr가 끼어들었다.

보어는 종종 아인슈타인 다음 가는 20세기 물리학자라고 불린다. 캐번디시 그룹은 그의 국적과 음울했던 품성을 고려해서 '위대한 데인Dane 사람'(데인은 9-11세기경 영국에 침입한 북유럽인을 칭함–옮긴이)이라고 불렀다. 보어는 원자 내 전자들에 질서를 부여했다. 그의 동료에 따르면, 보어는 전자란 일정한 레일을 따라 움직이는 전차와 같다고 믿었다. 보어의 모형에서 전자들은 특정한 궤도를 따라 돌고, 하나의 궤도에 전자의 수가 꽉 차게 되면 전자들은 다음 궤도를 채우게 된다. 이 이론은 주기율표상의 각 행에 있는 원소들의 가장 바깥쪽 궤도들에 위치한 전자 수가 같다는 사실을 적절히 설명했다.

보어의 설명이 주기율표의 구조를 만족스럽게 설명했다지만, 대전된 입자들이 미세한 핵 속에 몰려 있는 이유는 여전히 이해하기 힘든 문제였다. 1932년에 제임스 채드윅James Chadwick이 제 3의 아원자 미립자인 중성자를 발견함으로써 이 상황을 해결했다. 그러나 문제는 더 간단해졌다고도, 더 복잡해졌다고도 볼 수 있었다(역사에서는 '만약에'가 쓸 데 없는 것이긴 하지만, 만약 채드윅이 2차 세계대전 동안 독일에 억류되어 만성적 질병을 안고 수용소 생활을 하지 않았더라면 그는 이 업적을 보다 일찍이 달성할 수 있었을 것이다). 채드윅은 실험을 통해 중성자가 양성자처럼 무겁지만 전기를 갖지 않는다는 사실을 입증했다. 과학자들은 핵으로부터 전자를 제거하여 핵이 양성자와 중성자만으로 구성되도록 원자 모형을 재구성하였다. 그러나 하나의 질문을 해결하자 더 많은 질문들이 대두되었다. 세 가지 아원자 입자, 즉 전자, 양성자, 중성자가 이미 확인되었는데, 그렇다면 과연 얼마나 많은 입자들이 더 있는 것일까? 이 모든 양성자가 서로 밀어내어 폭발하지 않도록 핵을 단단히 붙들고 있는 힘은 도대체 무엇일까? 만약 원자 속에 핵이 있고 핵 속에 양성자와 중성자가 있다면 마치 벗겨도 또 나오는 러시아 인형처럼 더 미세한 입자들이 아직도 더 있는 것은 아닐까?

실제로 그랬다. 2차 세계대전 동안 많은 과학자들이 군사적 연구에 매달려 순수 연구 활동이 지연되었지만, 1959년에는 이미 서른 개의 미립자들이 발견되었다. 이 작은 아원자 입자들을 눈으로 확인시켜준 가장 중요한 도구였던 안개상자는 현대적 도구의 원형이었으며, 과학자들은 이 도구를 사용하여 그림 45와 비슷한 사진을 수없이 얻었다. 수수께끼와 같은 하얀 선들이 교차하는 이 이미지들은 입자가 빠르게 비행하면서 남긴 흔적을 기록으로 영원히 남긴 것들이다.

다른 과학적 장비들의 경우처럼 안개상자도 처음에는 입자의 흔적을 기록하려던 것이 아니라 날씨를 재생하려던 목적으로 만들어졌다. 지금은 고에너지 물리학 분야에서 쓰이는 이 장치는 빅토리아 시대에 케임브리지 과학진영의 주변에서 연구하던 기상학자 찰스 윌슨Charles Wilson이 개발했다. 캐번디시를 중심으로 한 주류 연구는 분석과 실험에 치중했지만, 윌슨은 재현을 통해 자연현상을 이해하고자 했다. 그는 스코틀랜드 산악의 햇빛을 잔뜩 머금은 찬란한 구름을 실험실 안에서 만들고 싶었다. 처음에 윌슨은 물방울로 인공 안개를 만들고 이를 떠다

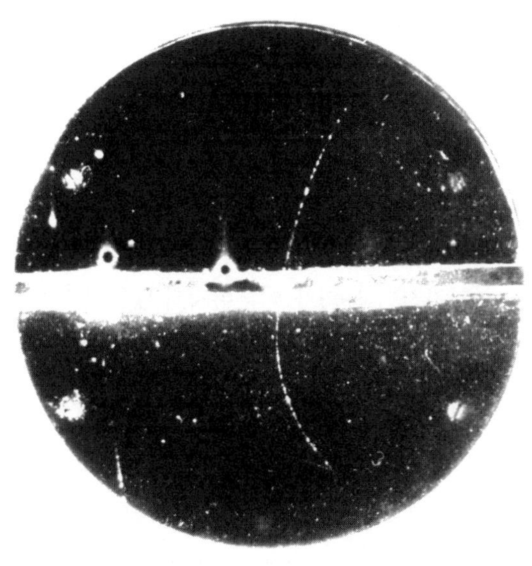

그림 45 | 칼 앤더슨Carl Anderson이 처음으로 찍은 양전자 사진, 1932년.

니는 먼지에 응축시켰다. 몇 년 간의 연구를 거쳐서 마침내 그는 대전된 입자가 만들어낸 물방울의 흔적을 사진으로 남길 수 있는 전자장치를 개발했다. 윌슨은 물리학의 기법을 도입하여 기상학을 변화시켰을 뿐만 아니라 물리학자들의 지적 전망을 확장해 우주의 선들과 원자들이 펼쳐 보이는 초현미경적 우주를 관찰하도록 만들었다.

　결과를 분석하는 데는 기술도 필요했지만, 인내도 필요했다. 전문가가 아니라면 반점과 줄무늬들을 구분하는 일조차 힘들었다. 게다가 안개상자가 수많은 사진들을 찍어내어도 또 다른 미립자의 존재를 드러내는 희귀한 충돌이나 폭발 현상이 사진에 포착되는 일은 매우 드물었다. 낮은 급여를 받으면서 이 스냅사진들을 조사하던 미국 주부들의 노력은 원자물리학에서 매우 중요했지만 거의 알려지지 않았다. 그들의 눈과 두뇌는 흑백 사진의 아주 미세한 차이를 찾아내는 일에 완전히 적응했다.

채드윅이 중성자를 발견했던 1932년에 그림 45의 사진이 캘리포니아에서 현상되었다. 과학자들은 대단히 흥분했지만, 사진이 드러낸 의미에 대해서는 원칙적인 동의가 이루어지지 않았다. 수평으로 펼쳐진 두꺼운 막대는 납으로 된 판이니 무시하고, 그림에서 가장 중요한 부분은 납판을 가로질러 거미줄처럼 수직 방향으로 호를 그리는 가느다란 선이다. 네 가지 설명이 제시되었지만, 그 중 하나만이 논쟁에서 살아남았다. 그 논쟁의 내용을 살펴보면 이러했다. 두 개의 미립자가 동시에 생겨났는데 그 하나는 자기장에 의해서 아래 방향으로 곡선을 이루는 음전자이고, 다른 하나는 반대방향으로 나타난 양전하 입자, 즉 거울 이미지다. 초기에는 의문도 있었고 사진이 흐려 숙련되지 않은 이들은 쉽게 판별할 수도 없었지만, 과학자들은 이제 양전자에는 분명히 음의 짝positive partners이 존재한다는 사실을 받아들인다.

시각적 정보란 누구나 볼 수 있도록 비밀이 뻔히 드러나 있다는 뜻이겠지만 여기에도 아이러니가 존재한다. 러더퍼드가 알파 미립자의 실재에 대한 질문을 받았을 때, 그는 자기 눈에는 손에 쥔 숟가락처럼 명확한 것을 왜 이해하지 못하느냐고 퉁명스럽게 대꾸했다. 글쎄…… 그렇다. 보는 것은 믿는 것이다. 그러나 그것은 보는 사람이 잘 훈련된 전문가일 때나 가능한 일이다. 인간 관찰자를 배제하고 기계를 사용하여 자료를 수집하면 당연히 실수의 가능성이 사라질 것이다. 하지만 빅토리아 시대의 과학자들은 기계가 산출해낸 결과들을 해석하는 과정에서 그 반대 결과들에 자주 봉착했다. 아원자 미립자를 찍은 사진들은 인간의 존재와는 상관없는 결정적 증거이긴 했지만, 이런 사진들은 전신스캔 사진이나 열지도thermal map처럼 이를 이해할 수 있는 소수에게만 의미가 있었다.

빅토리아 시대 화학자들은 원소들을 정렬해서 주기율표 내의 깔끔한 박스 안에다 배치했다. 20세기 후반의 물리학자들도 이와 유사한 표준모델을 만들어서 아원자 미립자들을 배치했다. 이런 과정을 통해 페르미온fermions, 보손bosons, 렙톤leptons, 글루온gluons 따위의 낯선 이름들을 가진 미립자들이 일목요연하게 정렬되었고, 아원자 세계는 말끔하고 단정한 모습을 갖췄다. 그러나 주기율표에서도 그랬듯이, 이러한 명쾌한 분류가 나오기까지 그 과정은 간단치 않았다. 어느 고에너지 물리학자가 자신의 연구일지에 이런 경고성 이야기를 적었다. '그 분야에서 몇 주나 열심히 일했기 때문에 그는 몹시 지쳤다. 그는 냇가에 서서 선광 냄비를 내려다보았다. 번쩍이는 두 개의 작은 덩어리들이 보였다. 그가 소리쳤다. "찾았다!" 그러고선 내용물을 좀 더 자세히 보려고 허리를 구부렸다. 다른 사람들이 달려와 밀치고 들여다보려는 와중에 그만 선광 냄비와 그 내용물을 모조리 냇물에 빠뜨려버렸다. 금덩이였을까? 그저 황철fool's gold이었을까? 그는 침니沈泥를 퍼담아 또다시 일기 시작했다.' [12]

과학자들에게는 실험도 필요하고 이론도 필요하다. 황철에 속지 않으려면 진짜 금을 찾을 수 있는 최적의 자리를 먼저 찾아야만 한다. 러시아에 멘델레예프가 있었다면, 미국에는 머레이 겔만Murray Gell-Mann

---

12. 스탠퍼드와 버클리의 1974년도 일지. 피터 갤리슨Peter Galison, 『실험의 종결How Experiments End』(시카고 / 런던 : 시카고 프레스 대학, 1987년)에서 인용.

이 있었다. 겔만도 멘델레예프처럼 자신의 모델에 당당히 빈 칸을 남기면서 또 하나의 미립자가 그 자리를 채울 것이라고 예측했다(이 예측은 실제로 적중했다). 겔만은 양성자와 중성자의 내부를 구성하는 더 작은 미립자들로 이루어진 가족family이 있을 것이라고 생각하고, 이들을 쿼크quarks라고 불렀다. 쿼크란 이름은 제임스 조이스James Joyce의 『피네간의 경야經夜Finnegan's Wake』에서 차용했다('쿼크'는 "three quarks for Muster Mark"이라는 무의미한 구절에 삽입된 단어-옮긴이). 연구팀들은 겔만의 이론을 확증하기 위해 다양한 방법을 동원하였고, 마침내 1964년에 증거를 찾아냈다.

그때 이후로 보다 많은 쿼크의 존재가 예측되었고 실제로 발견되었으며, 'C 쿼크charm' 또는는 'S 쿼크strangeness'와 같은 예측불허의 특질로 분류되었다. 그러나 이것들은 여전히 보이지 않았다. 누구도 쿼크를 본 적이 없었다. 그렇다면 우리는 어떻게 그들의 존재를 확신할 수 있을까? 과학자들은 나름의 답을 제시했다. 그들은 쿼크가 실험에서 발생하는 현상을 너무나 정확히 설명하기 때문에 쿼크는 실재한다고 주장했다. 시간이 흐르면서 과학자들은 쿼크가 존재한다는 가정 하에 이론적 결과들을 예측했으며, 이 결과들이 실제로 실험에서 얻어진 결과들과 완벽하게 맞아떨어진다는 사실을 확인했다. 독자적인 연구팀이 확인한 것이 아니라 여러 연구소에서 다양한 접근방식을 통해 입증되었기 때문에 더욱 확실한 것처럼 보였다. 증거가 축적되면서 반박은 점점 불가능해 보였다.

그럼에도 불구하고 여전히 이해할 수 없는 문제가 남아 있다. 질량을 예로 들자면, 난해하게 들리는 양자 힘이나 스핀이라는 개념보다는 직관적으로도 파악하기가 쉬워 보인다. 과학자들은 모든 미립자들을 경

입자, 중간자, 중입자의 세 가족으로 말끔히 분류했다. 가장 큰 것과 가장 작은 미립자의 질량 차이는 코끼리와 개미의 차이와 맞먹는다. 그런데 그것들의 질량 차이는 왜 그렇게 클까? 게다가 질량이란 도대체 무엇일까? 세 가지 가설이 있지만 그 가운데 두 가지는 과학자들이 기대하는 또 하나의 입자인 힉스Higgs boson입자를 찾아낼 것이라는 가정 하에서나 가능한 설명이다. 그러나 힉스 입자들이 입증된다고 하더라도 풀리지 않는 또 다른 문제가 있다. 우리가 알고 있는 세계는 어째서 힉스 입자를 포함하여 하나의 가족에 속하는 입자들로만 구성되어 있는 것일까?

멘델레예프가 자기의 표에서 대담하게 공란을 남겼을 때, 과학자들은 이론만 중시하고 관찰을 무시한다며 그를 비난했다. 힉스 입자를 찾는다는 것은 특별한 것을 찾아내기 위해 엄청난 크기의 시설과 장비들을 미리 맞춰놓고 시작한다는 뜻이다. 관념적으로는 과학적 연구란 예측한 바를 실험해보는 것이지만 이론적, 재정적 위험부담이 더욱 커지고 있는 현실을 감안할 때 오히려 더욱 정확한 실험이 더욱 정확한 예측을 위한 것이라는 의미일 수도 있다.

유전자 : 완두콩과 초파리,
끝나지 않은 논쟁

아, 사랑이여, 우리 서로 진실되자.
꿈처럼 우리 앞에 펼쳐진 세상을 위하여
정말 다양하고, 정말 아름답고, 정말 새로워 보이는,
그러나 기쁨도, 사랑도, 빛도, 평화도 없이,
무엇 하나 확실하지 않고 오로지 고통스럽기만 한.
— 메튜 아놀드Mattew Arnold, 「도버 바닷가Dover Beach」, 1867년.

찰스 다윈은 사촌과 결혼함으로써 금지옥엽 사랑하던 자식들에게 생존의 최적조건을 만들어주지 못했다는 사실에 심하게 고뇌했다. 또한 그는 전 국민이 퇴보할지도 모른다는 걱정을 하면서 부유한 빅토리아 시대 독자들에게 '부주의하고 저급하며 종종 사악하기도 한 사회 구성원들이(아일랜드인에 대한 비난임을 쉽게 알 수 있다) 검소하고 덕망 높은 구성원들보다(자신과 같은 사람들이란 뜻이 담겨 있다) 더 빠른 속도로 증가한다'[13]고 경고했다.

---

13. 찰스 다윈, 『인간의 유래』. 팀 르웬스Tim Lewens의 『다윈Darwin』(런던 / 뉴욕 : 루틀리지, 2007년)에서 인용.

정치인들은 다윈의 진화론을 구실삼아 인종 정화를 표방하며 산아제한에 나섰고, 완벽하지 않은 사람을 모두 제거하려고 들었다. 20세기의 한 정치선동가는 '현명하고도 인위적인 수단을 동원하여 이 야만 혈통을 모조리 쓸어버리고…… 가장 순수하고 고귀하며 지적 능력이 가장 뛰어난 종족민이 결국 승리를 누릴 것이다'[14] 라고 포효했다. 이런 인종 개선의 목표는 아돌프 히틀러가 아니라 영국의 저명한 의사가 독일을 상대로 퍼부운 악담이었다. 지금은 히틀러를 악의 화신으로 여기지만, 순혈 아리안족의 기치를 들었을 때 나치의 모델이 된 것은 유럽 전역과 미국에서 사회 정화를 외치던 사람들이었다.

1880년대부터 20세기에 들어서까지, 인위적 선택을 주창하던 사람들은 두 가지 상보적인 방법을 동원했다. 하나는 긍정적 생각을 지닌 우생학자들이 나서서 교육수준이 높고 부유한 사람들에게 더 많은 자녀를 낳도록 적극 독려하는 것이었다. 그리고 다른 하나는 부정적 생각을 지닌 우생학자들이 나서서 가난한 사람들을 강제로 불임시키고 미혼모나 모자가정의 모친을 투옥하는 등 가혹한 조치를 취하는 것으로, 더 큰 영향력을 발휘했다. 스웨덴에서는 정부 주도 하에 '생물학적으로 부적절한(일반적으로 IQ가 낮다고 인정된)' 사람들을 제거하는 복지사업의 일환으로 6만 명가량이 강제 불임수술을 받았다. 이 사업은 1967년이 되어서야 없어졌다. 미국은 나치에게 훌륭한 본보기가 되었다. 대서양 건너편

---

14. 제임스 바James Barr, 「우생학적 이상Some Eugenic Ideals」, 『알버트 왕의 책 : 벨기에 왕과 전 세계에서 온 사람들에게 바침King Albert' Book : A Tribute to the Belgian King and People from Representative Men and Women throughout the World』. 니콜라스 험프리Nicholas Humphrey, 「역사와 인간의 본성History and Human Nature」, 『프로스펙트Prospect』(2006년)에서 인용.

미국의 부자들은 '더 좋은 혈통'의 연구를 위해 수백만 달러를 기부했다. 몇몇 주들은 정신적으로나 육체적으로 저급하다고 판단된 이들에게 불임을 허용하고 이민 규제를 통해 북유럽계가 아닌 사람들을 효과적으로 차단하는 법을 통과시켰다. 미국의 제도를 악용한 히틀러는 유대인뿐 아니라 동성애자, 집시, 그리고 정신 장애인들까지 모두 죽였다.

우생학은 말도 안 되는 유감스런 주장처럼 보이지만 실제로는 현대 생명과학 깊숙이 그 뿌리를 내리고 있다. 우생학은 다윈의 사촌인 프란시스 골턴이 만들었고, 20세기 들어와서는 다윈의 아들인 레오날드가 이끌었다. 이들에게 혈통은 매우 중요했다. 왜냐하면 골턴은 천재성이 부친으로부터 자식에게로 이어진다는(모친도 이 과정에 일정 역할을 한다는 사실을 알았으면서도) 자신의 주장을 뒷받침하기 위해서 영국을 이끈 지식인들에 관한 자료를 모았다. 사고력이 유전에 의해서만 결정된다는 주장을 모든 사람이 즉각 수긍했던 것은 아니었다. 본성과 양육에 관한 당시의 논쟁은 지금만큼이나 뜨거웠으며, 분별력 있는 비평가들은 부잣집 자녀들이 분명히 더 나은 교육 혜택을 받는다는 점을 지적했다. 골턴은 자신의 우생학적 프로그램을 방어하기 위해서 나중에 현대적 다윈주의 확립에 도움이 되었던 것과 같은 정량적, 수학적 방식을 동원한 새로운 통계 기법을 개발했다.

20세기가 시작되자 『다윈주의의 임종을 맞아At the Deathbed of Darwinism』 같은 자극적인 제목을 붙인 책들이 등장해 다윈의 사상을 공격했다. 이런 악의에 찬 반대는 비단 종교적 근거뿐 아니라 과학적 근거도 가지고 있었다. 진화가 발생했다는 사실은 더 이상 의심의 여지가 없었지만, 문제는 '어떻게'였다. 고생물학자들은 화석을 근거로 진화가 고르고 점진적으로 발생한 것이 아니라 지구 곳곳에서 갑자기 도약하는 모습을 보인다는 점을 강조했다. 비평가들도 다윈이 유기체가 한 세대에서 다음 세대로 변화하는 과정을 설명하지 못한다며 비난했다. 어떤 과학자들(다윈 자신을 포함)은 부모가 획득한 형질을 자녀가 물려받는다는 라마르크의 생각을 주창했고, 또 어떤 과학자들은 불변의 물질이라고 대충 정의된 부모의 생식질(생식을 통하여 자식을 만들 때 그 몸을 이루는 근원이 되는 것을 뜻함 – 옮긴이)을 그 자식이 어떤 식으로든 혼합하여 발달시킨다고 주장했다. 많은 과학자들은 도덕적으로 받아들이기 힘든 적자생존보다는 무언가 다른 방식의 진화 모델을 찾고 싶었다.

멘델주의는 다윈주의 운동에 가장 큰 걸림돌이 되었다. 과학이 선형으로 진보하지는 않는다고 주장하는 현대 우생학은 다윈의 자연선택에 의한 진화론에 반대하기 위해 사용된 실험들에 기반을 두고 있다. 점진적이고 지속적인 변화를 주장한 다윈과는 달리 그레고어 멘델Gregor Mendel의 실험은 갑작스런 변형이라는 개념을 지지했다. 중부 유럽의 수사였던 멘델에 대해서는 정보가 많지 않아 오히려 신비감마저 든다. 가난한 학자였던 멘델은 다윈과 동시대를 살았다. 그는 외딴 수도원에서 연구하고, 지방 간행물에 자신의 연구 결과를 출판했다. 몇몇 생물학자들(정확한 숫자에 대해서는 학계에서 논란이 되고 있다)이 독자적으로 멘델의 연구를 재발견하여 자신들의 연구와 결합했다.

'다윈 + 멘델 = 현대 다윈주의' 이렇게 간단하다면 얼마나 좋을까? 그러나 역사를 깔끔하게 정리하고 싶은 이들에겐 안 된 소리지만 이 간단한 방정식을 가지고는 아무 것도 설명할 수 없다. 자연선택에 의한 진화를 새롭게 수정하는 일은 각각의 연구팀들이 서로 다른 통찰력을 가지고 경쟁하고, 개선하고, 새로운 패턴을 만들어가는 과정을 거치면서 20세기 전반 내내 점진적이고 산발적으로 이루어졌다. 유전자는 멘델이 죽고도 오랜 후에야 생긴 개념인 탓에 그는 유전자에 대해서 아무 것도 몰랐다. 그는 인간 기원에 관한 논쟁보다는 식물을 재배하는 일에 더 관심이 많았다. 그는 교배를 통해 새로운 식물종을 만들어 낼 수 있다고 믿었고(말과 당나귀에서 노새를 얻은 것과 같이), 이 과정을 수학적으로 기록하기 시작했다.

다른 많은 과학자들처럼 멘델도 연구를 시작하기 전에 이미 자신이 찾고자 하던 바를 잘 알고 있었다. 게다가 그의 결과는 의심스러울 정도로 정확했다. 멘델은 일반적인 완두콩을 연구 대상으로 삼았다. 그는 상반되는 변종들을 이종교배시킨 후 부모의 특징들이 어떻게 자식에게 전해지는지를 기록했다. 예를 들어, 키가 큰 콩과 작은 콩을 교배했을 때, 멘델은 첫 자식세대에서는 모두 키가 컸지만 이 자식세대를 다시 한 번 교배했더니 그 다음 세대에서는 정확히 큰 것 세 개마다 작은 것 한 개가 나온다는 사실을 발견했다. 우성인자에 짓눌린 열성인자가 다시 나타났던 것이다.

1900년에 멘델의 연구가 재발견되자 신세대 연구가들은 그의 수학적 접근을 높이 사서 확실한 증거를 바탕으로 생물학을 현대적 과학으로 확립하고자 애썼다. 케임브리지 진화론자였던 윌리엄 베이트슨William Bateson은 멘델을 가장 강력히 옹호했다. 베이트슨은 '유전학'이란 용어를 만들었으며, 유전은 작고 불연속적인 단계를 통해 이루어진다고 확신했다. 베이트슨이 멘델의 수학적 비율을 확인하고 나자 전문적으로 동식물을 기르던 이들은 자식 세대를 보다 정확하게 예측함으로써 이윤을 높일 수 있게 되었다며 크게 기뻐했다. 이에 반해, 과학자들의 태도는 더디게 바뀌었다. 멘델에 반대한 이들은 영국의 친다윈주의 통계학자들만이 아니었다. 진화가 연속성을 띤다고 주장한 골턴의 후계자

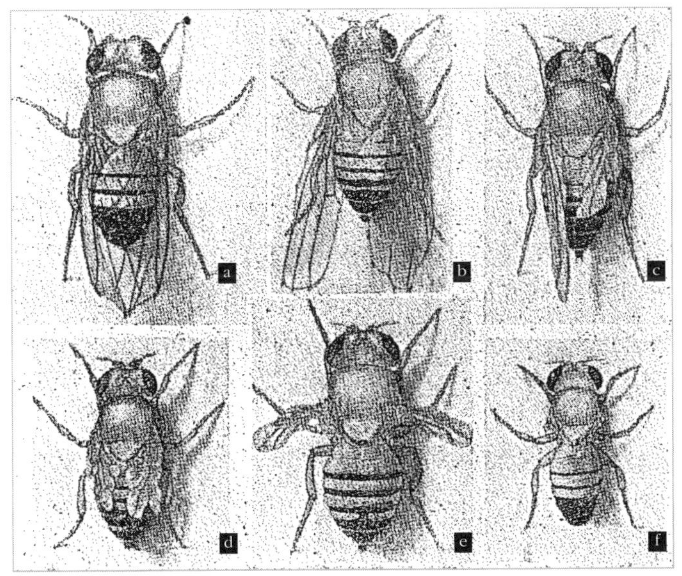

그림 46│ 과실파리인 '초파리Drosophila'의 날개에 나타난 변이, 토마스 헌트 모건Thomas Hunt Morgan, 『진화론과 유전학Evolution and Genetics』, 1925년.
날개의 크기 순서에 따라 a, 잘린 b, 방울 무늬가 있는 c, 뭉툭한 d, 양쪽이 다 뭉툭한 e, 퇴화한 f, 날개가 없는.

들도 반대했고, 미국인 발생학자 토마스 헌트 모건도 반대했다.

모건은 다윈주의 진화에 있어서 직관에 반대하는 또 한 명의 영웅이었다. 비록 멘델의 연구를 확인한 공로로 노벨상을 받았지만, 모건은 원래 멘델의 이론에 반대한 사람이었다. 그는 멘델이 주장한 우성, 열성 '인자들'이 너무나 애매한데다, 어쩌면 콩을 비롯한 일부 식물에만 영향을 주는 것인지도 모른다고 말했다. 그러나 자신의 연구를 통해 모건은 입장을 바꿨다. 그는 유전 과학을 정원, 숲, 농장 같은 자연 환경으로부터 실험실로 옮겨와 세심하게 제어된 환경에서 실험을 실시했다. 예산이 부족했던 모건과 그의 팀은 멘델이 말한 애매한 '인자들'을 설명하기 위해 살아 있는 세포 내부의 구체적인 대상을 선택했다.

모건이 선택한 유기체는 매우 적절했다. 빠르게 번식하며 뚜렷한 변이를 보여주는 초파리였다. 그림 46은 실험에 사용된 파리들이다. 그의 수수한 연구실 책상 위에는 깨끗이 씻은 우유병으로 만든 '파리 방Fly Room'이 차곡차곡 쌓여 있었고, 그 속에는 수천 마리의 파리들이 들어 있었다. 인공적으로 변이된 이 파리들은 날개의 모양이 다르고, 날개 모양에 따라 '잘린'(왼쪽 위), '뭉툭한'(오른쪽 위와 왼쪽 아래) 따위의 설명이 붙어 있었다. 모건의 팀은 날개 모양이나 안구 색깔 등이 어떻게 유전되는지를 조사하다가 염색체가 결정적인 역할을 한다는 사실을 알아냈다. 염색체는 세포핵 속에 가느다란 실 형태로 존재하는 성분으로, 현미경을 통해 볼 수 있다. 모건은 염색체를 유전자별로 분리하여 시험적으로 그림을 그렸다. 당시는 눈에 보이지 않는 가상의 단위가 있어서 성性, 하얀 눈, 뭉툭한 날개 등의 특징들을 세대에서 세대로 전해준다고 믿던 때였다. 모건은 멘델이 주장하던 수학적 법칙이 세포 속에 그 실체적 기원을 갖고 있다는 점을 보여줌으로써 멘델의 이론을 확증했다.

유전자는 현대적 다윈주의의 핵심이지만, 실험실을 중심으로 한 유전학은 반다윈주의에서 출발했다. 모건은 초파리 그림이 실린 책 제목을 『진화론 비평A critique of the theory of evolution』이라고 했다. 모건은 미세한 변이가 결국 전체 개체에 영향을 준다는 점을 에둘러 인정했지만, 진화가 약자를 무자비하게 없애버린다는 주장은 끝내 받아들이지 않았다. 그 대신 모건과 그의 추종자들은 하나의 종족이 작고 유리한 변화들을 수용함으로써 점진적으로 변한다고 주장했다. 이러한 논쟁은 20세기 중반까지 지속되었고, 다윈이 『종의 기원』을 출판한 지 100여 년이 지나도록 자연선택에 관해서는 과학적 합의가 이루어지지 못했다.

1920년에서 1950년 사이, 세계적으로 다양한 접근방법을 합친 새로운 이론 모델로 만든 다윈주의 종합판이 등장했다. 미국의 실험실 연구자들의 공헌뿐 아니라 또 하나의 중요한 연구가 영국의 이론 수학자들을 중심으로 이루어졌다. 그들은 개별 유기체를 조사하는 대신 대규모 개체를 통계적으로 연구하였다. 그리고 마침내 모건의 연구가 시사한 것처럼, 특성들이 개별적인 단계가 아니라 지속적으로 유전된다는 사실을 나타내는 부드러운 곡선을 그려냈다. 수학적으로 전체 개체를 연구하던 유전학자들은 교묘하고 복잡한 계산을 통해 이 두 의견을 종합하기에 이르렀다. 그리고 비록 개별 유기체의 작은 변화들이 느닷없이 대두되긴 했지만 전체적인 변이는 점진적으로 이루어지는 것 같다는 의견을 피력했다.

이와 유사한 연구에 몰두했던 또 다른 과학자들도 있었다. 바로 지방에서 야생 동식물을 연구하던 자연학자들이었다. 이들 또한 통계학자들과 같은 결론에 도달했고, 이들의 연구도 전체 개체군을 이해하는데 반드시 필요했다. 친다윈주의식 접근은 20세기 초 러시아에서 특히 중요한 의미를 띤다. 러시아의 생물학자들은 모건의 초파리 연구에 착안하여 지역의 과실파리들에게 어떤 일이 일어나는지를 조사했다. 그들의 연구 결과에 따르면, 개체군의 유전자풀genepool에서 발생하는 변이들은 때로 발견되지 않은 상태로 잠복하다가 변화에 대응해야 할 상황이 되어야 비로소 발현된다. 일례로, 19세기의 산업화된 도시의 나무들이 매연으로 더러워졌을 때, 회색 가지나방grey peppered moth이 검게 변한 나무들 때문에 포식자의 눈에 쉽게 띠어 멸종 위기에 처했고, 이들이 급속히 적응하기 전까지 소수에 불과했던 검은 가지나방이 수적으로 우세했다.

몇 십 년에 걸쳐 서로 다른 전통을 가진 연구팀들의 대표자들이 접촉하고 서로의 의견을 교환하면서 기존의 다윈주의를 현대적으로 더욱 공고히 종합했다. 일례로, 1927년에 테오도시우스 도브잔스키Theodosius Dobzhansky라는 러시아 과학자가 미국으로 건너가 모건의 팀에 합류했고, 모건의 팀은 그와 함께 개체군에 대한 러시아식 접근법을 연구했다. 도브잔스키는 개인적으로 곤충들을 연구하면서 쌓은 자연학자로서의 경험을 유전학자들의 실험실 통계수치, 수학자들의 추상적 공식과 결합시켰다. 20세기 후반이 되자 그러한 공동연구는 표준이 되었고, 과학자들은 다윈이 전혀 몰랐던 사실, 즉 유전자가 유전의 내밀한 메커니즘이란 사실에 동의했다.

적어도 대부분의 과학자들은 동의했다는 말이다. 그러나 스탈린 치하의 러시아 과학자들은 그러지 못했다. 초기 러시아 연구가 큰 비중을 차지했지만, 1940년이 되자 시베리아로 내몰린 러시아의 저명한 유전학자들은 우크라이나의 농학자인 트로핌 리센코Trofim Lysenko가 이들을 관리했다. 리센코는 라마르크주의 이론을 살짝 비틀어 영구적이고 유전 가능한 효과들은 환경을 변화시켜 얻어낼 수 있다고 주장했다. 다른 러시아 과학자들처럼 리센코 역시 식량부족을 해소하기 위해 노력했다. 그는 밀 씨앗을 저온처리했고, 다행히 결과가 좋아서 정치가들이 원하는 수준의 생산량을 달성했다. 리센코는 조지프 스탈린Josef Stalin이 소비에트 농업을 혁신하고 서방의 유전학을 불법화하려는 자신의 계획을 지지한다고 천명함으로써 과학적으로나 정치적으로 높은 지위를 확보했다. 그러나 농정 실패로 산출량이 줄고 굶어죽는 사람들이 속출하자 리센코는 1965년에 마침내 추방되었다.

리센코의 학설은 종종 최면술 같은 사이비 과학으로 취급받았다. 그러나 당시 상황은 그렇게 명쾌하지 못했고, 논쟁은 이론이 아닌 말꼬리를 잡고 늘어지는 꼴이었다. 리센코를 깎아내리기에 혈안이 된 비판가들은 러시아 안팎에서 대중을 흥분시켜 그를 사기꾼으로 몰았다. 반대로 리센코와 뜻을 같이한 과학자들은 멘델의 학설이 파시즘, 제국주의 등과 결합하여 부르주아 문화를 망친다고 맞불을 놓았다. 리센코의 학설은 지금까지도 신뢰를 얻지 못하고 있지만, 리센코주의자들은 설득력 있는 주류의 견해를 입수했다. 그림 47은 인기 있었던 소비에트 주간지에 멘델과 모건 추종자들을 비난하는 통렬한 기사와 함께 실렸던 삽화다. '파리는 사랑하면서 인간은 미워하는 사람들'[15]이란 제목의 이 삽화는 인종차별에 과학을 동원한 영미인들을 비난하고 있다.

마르크스주의자들은 과실파리를 기르는 것으로는 보이지 않는 유전자 연구에 아무런 결실도 가져오지 못했다고 생각했다. 더욱이 그들은 유전학이 정치와 거대기업의 이해관계에서 자유롭지 못하다고 믿었다. '파리는 사랑하면서 인간은 미워하는 사람들'의 작가는 언론과도 무관했고, 정치인도 아니었다. 그는 소비에트의 저명한 생물학 교수였다. 미국 우생학자들이 제안한 불임수술에 초점을 맞춘 그는 유전학자의 어깨너머에서 고개를 내민 쿠 클럭스 클랜Ku Klux Klan 자경단원의 얼굴을 왜곡시키고(그림의 왼쪽), 팔짱을 끼고 있는 세 남자로 인종차별주의, 죽음을 부르는 과학, 그리고 정부를 표현했다. 중앙에 있는 그림에는 물질적 실체가 없는 대상을 현미경으로 들여다보는 사람의 주머니에서 나치의 소책자가 불쑥 튀어나와 있다. 오른쪽 그림에서는 뚱뚱한 미국인 자본가가 독립을 주장하는 소인 과학자들을 끈으로 묶어두었고, '순수과학'을 표방하는 깃발에는 커다란 달러 표시가 새겨져 있다.

---

15. A. N. 스투디츠키A. N. Studitskii, 「파리를 사랑하면서 인간을 미워하는 사람들Fly-Lovers—Man-Haters」, 「아가뇩Ogonek」(1949년 3월 13일).

그림 47| 보리스 에피모프Boris Efimov가 「아가뇩(대중잡지—옮긴이)」에 실었던 삽화들(작은 불꽃Little Flame), 1949년 3월 13일.

'다윈주의' 라는 이름은 19세기 중반 이래로 늘 사용되었지만, 그 의미는 많이 바뀌었다. 과학을 진보와 연관을 짓는 사람들은 복잡한 통계 수치와 탄탄한 실험실 연구, 실험을 통한 수없이 많은 확증들로 인해 다윈의 원안 그대로 다윈주의의 현대적 종합판이 등장했다고 믿는다. 그러나 과연 수학과 현미경이 더 나은 과학을 이끌었을까? 리센코와 그의 동료들이 지적했듯이, 이러한 판단은 '더 낫다' 라는 의미가 무엇인가에 따라서 달라진다. 리센코와 그의 지지자들이 주장한 농업 이데올로기는 국가 경제를 파멸시켰지만, 유전학과 우생학의 연결에 대한 그들의 비난은 상당한 근거를 가지고 있었다. 또한 그들이 제기한 인종 문제들 가운데 많은 부분들은 오늘날 연구에도 여전히 먹구름을 드리우고 있다. 골턴이 주장한 통계수치와 멘델이 주장한 유전자들은 다윈이 증명하지 못했던 이론에 튼튼한 정량적인 기반을 제공했지만, 우생학에 힘입어 개혁을 주장했던 이들의 편견을 합리화하기도 했다. 과학과 정치는 철의 장막 안팎에서 실타래처럼 얽히고설켜 있었다.

6

화학물질 : 호르몬 치료의 두 얼굴, 인슐린과 피임약

What is matter? Never mind.
무슨 일이야? 신경 쓰지 마.
물질이 뭐지? 정신이 아닌 것.

What is mind? No matter.
무슨 생각해? 아무 것도.
정신이 뭐지? 물질이 아닌 것.

– 토마스 휴잇 키Thomas Hewitt Key, 「펀치」, 1855년.
(물질matter과 정신mind이란 단어를 중의적으로 표현–옮긴이)

여성을 비하하는 행태는 이브가 에덴동산에서 뱀의 꼬임에 넘어갔을 때부터 지속되어 왔다. 다윈이 자연선택의 결과로 남자가 여자보다 강해졌다고 주장했을 때는 반대파들까지도 이를 수긍했다. 반대파들처럼 다윈도 빅토리아 시대의 신념에서 벗어나기 힘들었다. 그는 자라면서 영국인이 아일랜드인보다 세련되고, 유럽 백인들이 아프리카인들을 지배해야 하며, 남자들이 여자들보다 강하고 똑똑하다고 배웠다. 그리고 이런 편견을 자연선택 이론에 편입시킴으로써 다윈은 편견을 과학적으로 더욱 공고히 했다.

과학을 통해 차별을 정당화한 사람은 다윈만이 아니었다. 계몽주의 해부학자들은 이상적인 신체유형에 맞춰 남성과 여성의 골격 차이를 부각시켰고, 유럽인을 최고의 자리에 놓기 위해서 영장류의 두개골까지 편의대로 서열화했다(그림 24). 20세기에도 객관적 이성의 뒷면에는 낡고 오래된 편견들이 숨어 있었다. 수태에 관한 인습적 개념은 난자가 '잠자는 숲 속의 공주' 처럼 왕자를 기다리고 있으면 영웅적인 정자가 경쟁자를 물리치며 거친 질 분비액을 용감히 해치고 와서 다소곳이 기다리는 목표를 잠에서 깨우는 것이었다. 1980년대부터 후기 페미니스트 과학자들은 이 의인화를 뒤집어 난자가 요부가 되어 떠돌이 정자를 매력적인 화학물질로 유혹해서 손가락처럼 생긴 덩굴손으로 낚아챈다고 보았다.

정밀성을 추구하는 실험실 연구자들도 연구의 접근 방식은 저마다 달랐다. 19세기 중반에 일부 독일 생리학자들은 사람을 '내부 분비물에 의해 정신과 육체가 조화롭게 작동하는 화학적 기계' 라고 정의했다. 칼 포그트Karl Vogt는 '위가 소화액을, 간이 담즙을, 그리고 신장이 소변을 분비하듯, 두뇌는 생각을 분비한다' [16]고 말해 논란을 일으켰다. 원칙적으로 이러한 의견에 동조했던 과학자들은 인간이라는 엔진의 작동 원리를 알면, 그 엔진을 완벽하게 작동시킬 수 있는 화학적 치료제들을 개발할 수 있다고 생각했다. 비평가들은 생명체를 복잡한 분자들로 환원하는 이러한 의견을 못마땅해 했다. 그럼에도 불구하고, 이러한 유물론적 접근을 통해 전염병을 치료하는 약물이나 내부 메커니즘을 조절해주는 약물들을 개발했다. 여자와 남자, 아프리카인들과 유럽인들 사

---

16. 칼 포그트. 로이 포터Roy Porter의 『인류에 가장 유익한 : 고대에서 현재까지 인간의 의학사The Greatest Benefit to Mankind : A Medical History of Humanity from Antiquity to the Present』(런던 : 하퍼콜린스, 1997년)에서 인용.

470

이에 숨어 있는 화학적 차이점을 찾아내면서 과학은 차별에 대한 이론적 설명을 제공했다.

생리학자들은 신체의 내부 조직까지 깊숙이 파고들어 마침내 안구를 제외한 모든 것, 즉 뇌와 머리카락, 동맥에 이르기까지 성별의 차이를 보이는 모든 것들을 꼼꼼히 연구했다. 20세기 초만 해도 남성성과 여성성을 결정하는 것은 호르몬이라는 의견이 지배적이었다. 피를 통해 운반되는 화학적 전달자인 호르몬이 행동과 체격을 제어한다고 믿었던 것이다. 그와 동시에 의사들은 이전까지 인종적 특징이라고 생각지 않았던 것들도 규명해내기 시작했다. 편견에 의한 연구들도 분명히 있었다. 에티오피아인들은 고통을 느끼지 못한다는 편견은 대농장의 노예주들에게 죄의식을 해소할 빌미를 제공했다. 확실한 실험적 증거에 기반을 둔 주장들도 기존의 편견을 뒷받침하기 위해 사용되었다. 혈구성 빈혈Sickle-cell anaemia의 경우는 미국 백인들보다 아프리카 흑인(아프리카계 미국인도 포함하여)들에게서 더 자주 발견되는 적혈구 기형 때문이라고 알려졌다. 이를 통해 검은 피는 인종 간 결혼을 통해 백인의 생존을 위협하는 질병을 옮기는 나쁜 피로 비하되었다.

실험실 과학은 극적으로 성장하여 19세기 후반에는 의학을 획기적으로 변모시켰다. 포괄적으로 보자면, 질병과 그 치료는 겉으로 드러난 징후를 살펴보는 의사들뿐 아니라 눈에 보이지 않는 실체를 연구하는 화학자들에 의해서도 규명되었다. 강력한 도구들 덕분에 결핵, 콜레라, 탄저병 등을 야기하는 극미한 유기체를 찾아내고 이들을 제거하는 방법을 연구할 수 있게 되었다. 연구실 안에서 개발된 기법들을 외부에서 실험할 수 있게 되자 환자들도 실험실 연구자들의 지휘 하에 이루어지는 연구에 동참하게 되었다.

환자에 대한 진단은 환자의 병상에서 병원 실험실로 옮겨갔다. 실험실에서는 익명의 환자 몸에서 시료를 채취하여 표준화된 시험을 거쳐 질병을 규명했다. 가족 대대로 개업의의 전통을 유지하던 이들은 의학이 보다 효과적이고 효율적으로 발전하고 있을지 몰라도 환자 개인보다 질병에만 관심을 둔다고 항변했다. 분명 일부 의사들은 질병 분석에 치중하여 고통을 덜어주겠다는 원래의 취지를 간과하기도 했다. 이러한 일은 나치 독일뿐 아니라 미국에서도 있었다. 어떤 연구팀은 매독의 진행 과정과 최종 상황을 확인하기 위해 실제로 매독에 걸린 환자(특히, 흑인 남자들)의 치료를 중단하고 죽어가는 것을 냉담하게 지켜보기도 했다.

화학 생리학자들은 환자를 작은 실험실로 간주하기 시작했다. 그들에게 질병은 일종의 실험이었다. 실험실에서는 인공적이고 의도적으로 이상 현상을 만들어야 하지만, 실제 환자의 몸에 생긴 이상은 의도된 바가 아니라 자연적으로 발생했다는 것이 그들의 해명이었다. 어떤 실험가들은 자신이 개발한 화학적 치료를 스스로에게 시험하기도 했다(어느 늙은 실험가는 개의 고환에서 추출한 물질을 자신에게 주사한 뒤 기적적으로 젊음을 되찾은 느낌이라고 주장하기도 했다). 부득이하게 실험을 자원할 수밖에 없는 환자를 대상으로 한 경우들도 있었다. 루이 파스퇴르는 개에게 물린 소년에게 무작정 공수병백신을 주사했다. 소년이 실제 공수병에 감염되었는지 여부도 불확실했으며 약효가 검증되지도 않은 상태였으니 소년은 백신의 실험대상이 된 것이었다. 또한 연구 상황에서 고의로 질병을 만들어내기도 했다. 이를 테면, 황열병의 감염 경로를 확인하기 위해 건강한 사람을 모기에 노출시켜서 황열병의 진행을 관찰하기도 했다. 화학 물질이 뇌와 신경계에 미치는 영향을 알아보기 위한 유사한 시도들도 있었다.

질병의 원인이 결핵균이나 기생충처럼 외부에서 발견되지 않는 경우, 과학자들은 그 원인을 내부에서 찾으려고 했다. 질병의 원인과 진행을 파악하기 위해서는 먼저 상대적 지표로 삼을 수치가 필요했다. 다시 말해, 신체가 정상적으로 작동할 때 각 기관이나 기능을 나타낼 수치가 필요했던 것이다. 이를 위해서 심장 박동, 호흡, 체온 등을 측정하는 기계적 장비들과 위산의 농도나 뼈 속의 무기질 농도 등을 측정하는 화학적 장비들이 개발되었다. 혈압 측정기와 같은 도구는 고통을 수반하지 않았지만, 혈액 샘플 채취나 마취 없이 진행되는 시험수술(질병의 진행 범위를 파악하고 진단을 확증하기 위해서 하는 예비수술―옮긴이)에 사용되는 장비들은 건강한 조직에 상처를 냈다. 실험 대상은 주로 가난한 사람이거나 흑인, 또는 정신병원에 수용된 사람들이었다.

아프다는 것은 정상에서 벗어났다는 의미였고, 모든 인간에게 기준이 되는 통계적 정상치는 환자 고유의 선천적이고 개인적인 불균형은 감안되지 않았다. 19세기 초부터 파리에서는 유사한 증상을 보이는 환자들을 같은 병동에 입원시켜서 집단적으로 치료했다. 성공과 실패의 경험이 쌓여감에 따라 질병은 체계적으로 분류되었고, 신약의 효과도 보다 세밀하게 관찰되었으며, 환자와 정상인의 신체적 특징을 비교하기 위해 모든 기록이 보관되었다. 통계적 방법이 힘을 얻어가자 의사들은 체온계, 청진기, 혈압측정기 등의 과학적 도구들을 가지고 환자의 몸을 측정했고, 이 모든 기록을 수치화했다. 의학적 수치를 기록하는데 정량적 분석이 사용된 것은 획기적인 일이었다. 윌리엄 하비가 심장의 박동을 설명한 것은 17세기 초반이었지만, 의사들이 박동수를 정확히 기록하기 시작한 것은 그로부터 200년이나 더 지나서였다.

정상성에 관한 화학적 연구 덕분에 의사들은 수천 년 간 인간을 위협

그림 48 | 메기 햄블링Maggi Hambling, 「도로시 하스킨Dorothy Hodgkin」, 1985년.

하던 질병의 공포를 덜어주었다. 당뇨병의 경우, 고대부터 세대를 이어 가며 수많은 의사들이 진단법을 개선하고 발달시킨 덕에 19세기에 이르러 병의 원인이 췌장에 있다는 사실이 밝혀졌다. 그때부터 발견의 속도는 더욱 빨라졌다. 화학 호르몬에 열광한 연구자들이 인슐린을 찾아내자 임상의학자들은 병동의 환자들에게 인슐린을 시험했다. 물론 이 뒤로는 선취권을 놓고 드잡이를 하는 유쾌하지 못한 이야기가 이어진다. 그럼에도 불구하고 인슐린 연구의 결과는 생리학과 생화학 연구에 엄청난 힘을 실어주었다. 초창기 실험에 참여했던 일부 사람들이 기적적으로 회복하자 1920년대부터 인슐린을 대량생산하기 시작했다. 이제 당뇨병은 죽음의 병이 아니라 관리하면서 살아갈 수 있는 질병으로 변했다.

점진적 진보는 흡족한 개념이었고, 이런 식의 진보는 과학의 역사에서 여러 가지 모습으로 발견된다. 그림 48을 보면, 도로시 하스킨의 책상 위에 종이들이 어지럽게 흩어져 있고, 그 가운데 인슐린 분자 모형이 있다. 그녀는 유독 저명한 여성 학자들이 많이 포진해 있던 결정학crystallography 연구에서 성과를 인정받아 노벨상을 받았다. 창을 통해 들어오는 햇빛이 구슬과 막대를 이용한 모형 위로 쏟아져 내린다. 이 모형은 점진적인 성공을 거둔 과학 연구의 증거로써 영원히 남을 것이다. 반면에 반쯤 먹다 만 샌드위치는 하스킨 자신과 마찬가지로 곧 썩을 운명이다. 오랜 류머티스성 관절염으로 인해 마디 잡힌 손은 그녀의 무상한 삶을 강조하고 있다.

그림에는 상징적인 여러 활동들이 표현되어 있다. 이중으로 그려진 손들은 필기를 하고, 이중 돋보기를 통해 그림을 살펴본다. 하스킨은 실제 생활에서도 여러 가지 연구에 관여했다. 인슐린 분석 외에도 그녀는 페니실린과 비타민 B12를 연구했다. 이 세 가지는 각기 다른 방식으로 의학을 변모시킨 주요 화학물질들이다. 인슐린은 특정한 질병을 치료하기 위해서 찾아낸 물질이었고, 페니실린은 2차 대전 당시 광범위한 감염에 효과를 보인 기적의 약이었으며, 비타민 B12는 악성빈혈의 치료에 필수 성분이었다. 이 세 가지 물질에 관한 이야기들은 개인적인 관심사가 과학에 미친 다양한 영향을 보여주고 있다. 눈에 보이진 않는 현상들은 실험실 도구로 인해 드러났지만, 모든 의학 연구가들이 이러한 현상을 치료에 적용하는 것은 아니었다.

페니실린의 우연한 발견은 현대 의학의 전설 같은 사건이 되었다. 줄거리는 이렇다. '스코틀랜드의 연구 과학자인 알렉산더 플레밍Alexander Fleming은 배양 중이던 박테리아를 어떤 곰팡이가 파괴해 버렸다는 사실을 알았다. 그는 이 우연한 사건의 중요성을 놓치지 않고 페니실린을 개발하여 질병 치료에 혁명을 불러왔다.' 이런 식의 이야기를 좋아하는 영국의 맹목적인 애국자들 덕분에 플레밍이 우연한 기회에 포착한 이 작은 발견은 전쟁을 거치면서 독립적인 섬나라 사람의 용기를 나타내는 표상이 되었다. 그러나 정확한 것을 좋아하는 역사가들은 사실을 있는 그대로 밝히지 않은 이런 이야기가 탐탁지 않았다. 플레밍은 실험 과정을 양심적으로 보고하지 않았다. 플레밍이 페니실린에 대해 언급하기까지 거의 15년이라는 공백이 있었고, 옥스퍼드의 전담 연구팀에서도 플레밍은 제외되어 있었으며, 미국 제조업자의 막대한 금전적 투자도 개입되어 있었다.

비타민 B12에도 복잡한 과거사가 있다. 의학을 기술의 문제로 보기 이전에, 핼쑥하고 냉담해 보이는 여자들은 의사로부터 흔히 위황병chlorosis이라는 진단을 받았다. 위황병의 진단은 병의 증세 이외에도 여자들의 행실에 관한 사회적 편견도 반영된 진단이었다. 따라서 처녀성이나 코르셋 혹은 지나친 자유나 억압이 병의 원인으로 거론되기도 했다. 생활 습관에 대한 기대치에 부합해야 한다는 것이 일반적인 치료법이었다. 바꿔 말하자면, 의학적 처방이 도덕적 명령과 뒤섞여 있었다. 지발성(나이가 들어서야 발생하는—옮긴이) 당뇨 환자들이 유전적 질병의 희생자가 아니라 잘못된 음식을 섭취하여 스스로 건강을 망친 죄를 지었다는 누명을 썼던 것처럼, 위황병도 환자에게 잘못을 물었다.

20세기 초가 되면서 위황병은 거의 자취를 감췄다. 증상 자체가 존재하지 않아서가 아니라 연구실 연구가들이 혈액을 진단 도구로 사용했기 때문이었다. 첫째로 철분이 부족해서 생기는 빈혈이 현미경을 통해 확인되었지만, 이 또한 여자들의 질병으로 여겨졌다. 위황병과 달리 빈혈은 가족의 생계를 잇기 위해 애쓰는 여자들만의 어쩔 수 없는 질병이자 고통으로 묘사되었다. 제약회사들은 여자들의 질병에 대한 화학적 접근을 환영했고, 철분을 섞은 각종 강장제와 알약을 만들어 여성들을 공략했다. 그러나 의사들은 기술자들이 눈에 보이지도 않는 이유를 들어 이전에는 존재하지도 않았던 질병을 진단함으로써 자신들의 영역을 침해한다고 반대했다. 연구실 전문가들이 악성빈혈을 찾아내면서 경쟁은 더욱 심해졌다. 악성빈혈은 드물지만 치명적이었고, 여자들만이 아니라 남자들도 걸릴 수 있었다. 약제사들은 간 추출물을 팔아 떼돈을 벌었지만, 약효는 신통치 않았다. 의사들은 자신들에게 진료를 받지 않은 환자들에게는 상업적인 제품을 처방하지 않으려고 했다. 결국 화학적으로 의심이 가는 것을 B12로 지목되었지만, B12의 발견은 이해관계가 서로 다른 의학 집단 사이에 성에 따른 편견과 심한 갈등을 초래했다. '검은 피' 질병으로 불리기도 했던 혈구성 빈혈도 이와 비슷한 편견에 인종문제까지 얽힌 질병이었다.

20세기 동안 화학 의약품이 발달하면서 건강을 대하는 태도가 변화했다. 사람들은 만성 질환으로 시들어가기보다는 건강하게 장수하기를 기대하게 되었다. 의사들은 이제 환자들의 죽음을 편안하게 인도하는 역할이 아닌, 건강하게 장수하도록 돕는 역할을 맡게 되었다. 이러한 새로운 임무의 일환으로 1960년대에 건강한 사람들을 대상으로 대규모 의학적 시험이 실시되었다. 아직 미완성 제품이었던 피임약이 처음으로 시판되었던 것이다. 미국과 유럽의 부유층 여성들은 이 화학적 혁신을 환영했지만, 부지불식중에 세계적인 프로그램의 실험 대상자가 되었다.

1920년대 이래로 호르몬은 거대한 이윤을 의미했다. 인슐린을 판매했던 제약회사들은 이때부터 성 호르몬을 판매하기 시작했다. 여성 호르몬은 남성 호르몬에 비해 시작부터 상업적으로 큰 성공을 거두었다. 수세기 동안 여성들은 생식 체계라는 관점에서 규정되었고, 여성들의 육체적 문제뿐 아니라 감정적 문제까지도 불안정한 자궁에서 비롯된다는 생각이 지배적이었다. 연구실을 중심으로 의약품이 만들어지던 초창기에 빈혈은 비난의 대상이었다. 실험 화학자들도 이에 가세하여 여성의 호르몬이 여성의 몸과 마음 모두에 영향을 준다는 독자적인 설명을 덧붙였다. 1930년대가 되자 성 호르몬 제조업자들은 '여성들이 물려받는 모든 질병을 실제로'[17] 치료할 수 있게 되었노라고 장담했다.

그러나 성 호르몬 치료는 거의 만병을 치료하는 것처럼 남용되었다. 피임용으로 사용된 것은 20년이 더 지나서였고, '성 호르몬'이라는 용어도 산아제한을 위한 홍보물에서 처음으로 사용되었다. '제한'이란 말은 효과가 있었다. 피임약을 보급하기 위한 초기 장려운동과 기금 조성은 정부나 화학 산업이 아니라 마거릿 생어Margaret Sanger가 주도했다. 여권 신장을 부르짖던 그녀는 여자들이 자신들의 삶을 스스로 제어할 수 있기를 원했다. 심한 반대에 직면하기도 했지만, 그녀의 운동은 출산율을 낮추고 사회를 개선하려 노력하던 우생학자들과 인구계획가들의 지지에 힘입어 결국 성공을 거뒀다.

---

17. 1933년 무명 씨 주장. 넬리 오드슌 Nelly Oudshoorn, 『육체의 한계를 넘어 : 성 호르몬의 고고학Beyond the Natural Body: An Archaeology of Sex Hormones』(런던 / 뉴욕 : 루틀리지, 1994년).

그 당시에는 수용할 수 있었겠지만, 생어가 주도한 프로그램은 오늘날의 기준으로는 웃음을 금치 못할만한 시험 프로그램이었다. 도덕적, 법적 반대를 피하기 위해 부인병을 다룬다는 명목 하에 은밀히 시술이 시행되었다. 의사들은 우선 불임시술을 받기 위해 병원을 찾은 여성들을 상대로 성 호르몬을 검사했다. 그 다음, 정신병원 환자들을 대상으로 검사했으나, 고환이 쪼그라든다고 검사를 반대한 남성 환자들로 인해 시술은 성공하지 못했다. 이 프로젝트는 후에 푸에르토리코로 옮겨 갔다. 푸에르토리코는 실험에 적합한 고립된 환경이었지만, 시간이 지나면서 잦은 검사와 부작용으로 지친 많은 여성들이 떠나갔다. 표본의 숫자가 점점 줄어들자 연구자들은 다른 아이디어를 떠올렸다. 그들은 개별 여성보다는 월경 주기에 대한 결과를 발표함으로써 데이터베이스의 크기를 획기적으로 늘렸다.

지금의 관점으로는 그 시험이 매우 피상적으로 보이지만, 1957년에는 미국도 겉으로는 월경 불순을 치료한다는 그럴 듯한 명목 하에 피임약을 승인했다. 그것이 무엇을 의미하는지는 누구나 알고 있었다. 불과 2년이 지나자 50만 명의 미국 여성들이 피임 목적으로 약을 사용했으며, 약값을 치를 능력이 있는 사람들 사이에서 그 수요는 급격히 증가했다. 마침내 약은 저절로 대규모로 시험되기에 이르렀고, 사람들은 자신이 실험용 모르모트라는 사실을 인식하지 못했다. 효과가 있다는 점을 강조하기 위해서 대규모의 처방이 이루어졌고, 몇몇 부작용이 나타나기 시작했다. 연구가들의 의도는 새로 드러난 결과를 가지고 약의 제조법을 바꾸는 것이었지만, 초기 구매자 가운데 심각한 부작용을 일으키거나 목숨을 잃는 경우까지 생기자 여권주의자들은 의학계의 계층구조가 시장을 좌우하는 것에 반대하여 들고일어났다. 그렇지만 반세기 후에 7000만 명이 넘는 여성들이 매일 피임약을 삼키고 있는 것으로 봐서는 약이 주는 이점이 분명히 존재하는 모양이다.

역사상 처음으로 의사들은 환자가 아닌 건강한 사람을 상대로 대량 처방을 내리게 되었다. 이로써 치료 목적인 호르몬 치료제와 피임약 사이에 근본적인 차이가 나기 시작했다. 예를 들면 인슐린은 환자의 췌장에서 자연적으로 인슐린을 생산할 수 있도록 보정함으로써 당뇨를 치료하는 약이다. 이에 반해 피임약은 소비자의 편의를 위한 맞춤약이다. 인슐린은 환자의 생명을 구하는 반면, 일부 호르몬 약품은 성장을 촉진한다거나 점을 없애는 등 삶의 질을 개선하는 역할을 해왔다.

의학적 치료는 미용 강화를 위한 목적으로 손쉽게 변모했다. 이러한 관점에서 보면, 호르몬 조절은 긍정적이지도 부정적이지도 않으면서 개개인을 보다 바람직한 형태로 바꿔주는 제 3의 우생학이라고 볼 수 있다. 화학제품 소비를 통해 꿈을 성취하는 것은 당신이 어디에 살며 얼마나 부자인지에 달렸다. 또한 당신이 여성인지 남성인지에 달렸다. 여성을 위한 피임약을 처음 생각했던 때부터 지금처럼 대수롭잖게 쏟아져 나올 때까지 무려 40년이라는 시간이 걸렸다. 이와는 대조적으로, 1990년대의 비아그라는 적극적으로 시장공략에 나선 거대 제약회사들의 자금력에 힘입어 불과 몇 개월 만에 심사기관을 통과했다.

불확실성 : 정신분석과 상대성 이론의 만남

그들이 해결책을 찾지 못한 게 아니다.
그들은 문제점을 알지 못한다.

– G.K. 체스터튼G.K. Chesterton, 『브라운 신부의 추문The Scandal of Father Brown』, 1935년.

앨버트 아인슈타인은 일부러 양말을 신지 않거나 개인 어록에 실릴만한 멋진 표현을 만들어내는 등 언론과의 관계를 즐기면서 자신의 이름을 알리고자 했다. 그런 그가 유독 침묵을 지켰던 사건이 있었다. 한 번은 만찬장에서 누군가가 그에게 상대성 이론과 프로이트 학파의 정신분석 그리고 국제연맹League of Nations이 혁명 시대의 결과물로써 서로 관련이 있느냐고 물었다. 결국 그는 물리학과 심리학, 정치란 서로 얽혀 있지만 작금의 지식과 사회적 격변이 담겨 서로 다른 모습을 하고 있다고 인정했다.

그 이후로 지그문트 프로이트와 아인슈타인은 동시대를 대표하는 과학자로, 종종 따로 떼어서 생각할 수 없는 인물이 되었다. 두 사람은 모두 유대인으로서의 정체성을 강조했으며, 20세기의 불확실성에 크게 영향을 받았다. 20세기는 그들이 태어났을 당시의 정치적 안정, 과학적 확신이라는 측면에서 크게 대조적이었다. 1920년대에 많은 독일인들이 경제적 붕괴와 사회 해체를 예언했고, 물리학자들은 100퍼센트 확실한 예측은 불가능하다고 선포하면서 아원자세계로부터 확실성을 제거했다. 그들의 새로운 양자역학에서는 가능성만이 존재할 뿐, 모든 지식은 개연성의 지배를 받게 되었다.

아인슈타인은 이러한 포고가 현실을 궁극적으로 설명하지 못한다고 믿었고, 다만 유용한 수학적 도구일 뿐이라고 생각했다. 그는 '신은 세상을 가지고 주사위 놀이를 하지 않는다' 는 말로 물리적 불확실성을 거부했다. 진정한 평화주의자였던 아인슈타인은 정치적 안정을 추구했다. 세계의 평화를 모색하던 아인슈타인은 1932년, 또 한 명의 세계적인 유대인이자 게르만계 유럽에 살고 있던 지그문트 프로이트를 찾았다. 인간의 머릿속에서 벌어지는 심리적 전쟁을 묘사하기 위해 사용한 언어 속에 나타난 프로이트의 예상은 암울했다. '우리 인간은 자신의 공격성을 억제할 가능성이 없다.'[18] 전쟁의 끔찍한 결과를 더욱 강조하면 전쟁을 피할 수도 있다고 프로이트가 제안했을 때 아인슈타인은 기겁했다. 그러나 7년이 채 지나지 않아, 아인슈타인은 미국 대통령에게 보낸 편지를 통해 독일보다 먼저 원폭을 제조할 것을 촉구했고, 두 사람은 나치의 박해를 피해 해외로 이주했다.

개인적인 삶에서 평화를 추구하던 프로이트는 뇌의 구조와 기능을

---

18. 『왜 전쟁인가?Why War?』. 로널드 클라크Ronald Clark의 『아인슈타인 : 삶과 시간 Einstein : The Life and Times』(런던 : 호더 스토튼, 1973년)에서 인용.

연구하는 일을 포기하고 결혼과 자녀를 선택했으며, 신경계 장애를 전문으로 다루는 개인 주치의로 사업에 치중했다. 전통적인 가족관을 지녔던 프로이트는 부인과 환자들 그리고 자녀들과 추종자들에게 두루 권위적이었다. 프로이트가 사회에 미친 영향은 지대했다. 비록 스스로는 인간 심리를 지이히는 보편적인 법칙을 추구하는 과학자라고 여겼지만, 비평가들은 그를 과학 분야의 어떤 명예의 전당에서도 제외해야 한다고 주장한다. 소위 말하는 '프로이트 전쟁Freud Wars'에 관여한 양측의 감정은 갈수록 격앙되어 그의 삶과 연구에 대한 편견 없는 주장을 찾기가 어려울 정도다.

기존의 시각으로 나무랄 데 없는 자격을 갖춘 의학 과학자 프로이트는 1886년에 친숙했던 실험실 연구를 접고 자신의 진료소를 정신과학 확립에 헌신하게 될 새로운 연구실로 변모시켰다. 프로이트는 메스와 화학물질로 죽은 뇌를 조사하던 기존의 방식을 버리고 자신이 개발한 꿈 분석과 자유연상법free association 등의 정신적 도구를 사용하여 살아 있는 정신을 탐구하기 시작했다. 이러한 의사擬似해부학 기법은 효과적이었다. 이 방법을 통해 그는 환자(실험대상)가 불편하게 느낄 때마다 저항 지점을 밝힘으로써 무의식의 세계를 세밀하게 파악했다. 내재된 무의식이 빙산의 일각처럼 삐죽이 튀어나온 곳, 그 지점이 바로 프로이트의 연구가 시작되는 곳이었다.

프로이트는 그 다음으로 초심리학과 치료라는 두 가지 독립적 이론을 구축했다. 그는 자신과 환자들을 관찰한 결과들을 토대로 의식과 무의식의 힘 모두에 의해서 가동되는 동적 프시케dynamic psyche(프로이트는 영혼 또는 마음을 나타내는 은유로 '프시케'를 사용했다 – 옮긴이) 모델을 개발했다. 프로이트 이론에 따르면, 성과 파괴라는 원초적 본능은 순종을 강요하는 이성의 힘, 즉 압제에 맞서 끊임없이 싸우고 있다. 프로이트는 이러한 숨겨진 충돌을 노출함으로써 생각지도 못했던 내적 갈등으로 야기된 육체적 장애를 완화하는 것이 정신분석 치료방법이라고 결론지었다.

프로이트는 자아를 바라보는 사람들의 사고방식을 바꿔놓았다. 어린 시절의 욕구와 사건의 중요성을 강조하고 그것들을 과학적 발달이론과 접목시킨 프로이트는 인간이 특정한 성격을 가지고 태어난다는 고정관념을 뒤흔들었다. 그는 한 개인의 프시케란 동일체가 아니라 양면 가치를 갖는다는 모델을 확립하고, 그 양면 가치 속에 숨겨졌던 기억과 욕구, 죄의식 등이 모순되는 행동과 감정을 유발한다고 주장했다. 프로이트의 추종자들은 성행위가 삶의 기본적 구성요소이며 어른들뿐만 아니라 아이들의 심리상태에도 핵심적 역할을 한다고 생각했다.

프로이트는 아인슈타인만큼이나 유명하지만 지금도 그의 이론에 관한 회의론은 두 사람이 생존했을 당시 못지않게 지독하다. 대표적인 반대자였던 칼 포퍼Karl Popper는 정신분석을 사이비 과학이라고 혹평했다. 프로이트보다 쉰 살이나 어린 포퍼는 여러 면에서 프로이트와 닮았다. 두 사람 모두 빈 출신의 유대인이었으며, 나치 정권을 피해 이주했고, 보편적인 법칙을 추구했다. 포퍼는 과학을 정의하려 애썼고, 프로이트는 정신을 규정하려 애썼다. 그러나 포퍼가 보기에는 정신분석학자나 점성술사가 내린 결론은 반증할 수 없기 때문에 과학이 아니었다. 포퍼는 모름지기 좋은 과학자란 자신의 이론을 스스로 논파함으로써 검증에 힘써야 하지만, 사이비 과학자들은 자신의 이론을 옳다고 주장할 따름이라고 선언했다.

포퍼는 20세기 과학 분야에서 가장 중요한 철학자였다. 그는 1919년 아인슈타인의 상대성 이론 강연을 들은 후 과학과 비과학을 구분하는 명확한 선을 그을 수 있다고 선언했다. 포퍼의 주장에 따르면, 과학적이라고 불릴만한 모든 가설은 반증할 수 있는 것이어야 한다. 아인슈타인은 일식 원정대의 측정 결과가 뉴턴의 이론을 반증함으로써 포퍼의 기준을 통과하지만, 정신분석자들은 대안이 될 만한 설명들을 놓고도 선택할 기준이 없는 까닭에 그의 기준에 합당하지 않았다. 프로이트는 한스라는 꼬마가 말 꿈을 꾸었다고 하자 소년이 아버지에게서 느끼는 성적 공포가 표현된 것이라고 말했다. 하지만 그의 설명이 꼬마가 길에서 실제로 말을 보고 공포에 질렸다는 설명보다 더 낫다고 볼 이유가 있을까?

또 한편 포퍼는 과학적 이론이란 결코 결정적으로 옳다고 입증될 수 없다고 주장했다. 이에 따르면 내일도 태양이 떠오를 것이라고 확신할 수 없다. 왜냐하면 생각지도 못했던 엄청난 법이 존재해서 태양이 내일 움직이지 못하도록 명령을 할 수도 있기 때문이다. 원칙적으로 말하자면, 어느 날 태양이 떠오르지 않는다면 우주의 질서에 관한 모든 이론은 엉망이 될 것이다. 또한 미래의 어떤 연구가 아인슈타인의 예측과 맞지 않은 것으로 판명된다면 상대성 이론 역시 사라져야만 한다. 어쩌면 포퍼가 과학적 확실성 전체를 훼손하는 것처럼 보이지만, 그는 과학적 지식이 특별한 지식이란 점은 수긍했다. 과학자들은 비록 외부에서 이러쿵저러쿵하는 것을 달가워하지 않지만 옳고 그른 것을 가차 없이 구분하는 결정적 실험에 대한 포퍼의 의견을 환영했다.

프로이트에 반대한 사람들 가운데는 유독 여자들이 많았다. 강력한 권위주의자였던 프로이트는 신기하게도 여자 제자들을 환영했는데, 아마도 남자 동료들에 비해 더 고분고분할 것을 기대했던 모양이었다. 그러나 결과는 그렇지 못했다. 처음에 여권주의자들은 여성의 성 특질에 대해 프로이트가 보여준 전례 없는 인식을 환영했지만, 이내 그가 남성을 중심에 둔 채 양육이라는 어머니의 결정적 역할을 무시하고 남근 선망이라는 개념을 날조했다고 비난했다. 때로 프로이트는 자신의 환자들조차 신뢰하지 않아 환자 자신의 해석보다는 자신의 해석을 우선했다. 이론을 발전시켜가던 프로이트는 어린 시절에 성폭행을 당했다고 주장하는 여자들의 진술을 무시한 적이 있었는데, 이 일은 중요한 전환점이 되었다. 자신의 의견에 반대하던 사람들을 향해 프로이트는 그 여성들이 아버지를 유혹하는 환상에 사로잡혀 스스로를 기만하고 있다고 주장했다.

또 다른 비판가들은 프로이트의 치료법을 두고 맹렬한 비판을 퍼부었다. 정신분석가들은 시간이나 약품, 다른 치료들에 비해 더 효과적이라고 떠드는 자신들만의 치료법을 실험으로 입증하지 못한다는 것이었다. 날카로운 비평은 결국 분석가들의 배만 불려주었다는 주장으로 이어졌다. 과연 자기 가족이나 환자들에게 맞았다고 해서 프로이트가 그 연구 결과를 모든 인간에게 적용하는 것이 옳은 일일까? 그것도 주로 빈에 거주하는 특권층의 유대인들만을 대상으로 한 연구 결과를 말이다.

프로이트는 정신분석 이론을 전파하기 위해서 아끼는 제자들을 모았다. 그 중 몇몇은 변절하여 자신의 파벌을 만들기도 했지만, 어쨌든 그들은 영국을 제외한 유럽과 미국에 프로이트의 이름을 알렸다. 영국에서는 성적 특질을 강조한 프로이트의 이론이 완전히 무시되었다. 그러나 1차 세계대전이 발발하자 영국 군의관들은 프로이트의 이론을 전반적으로 수용하고 부적절한 부분만 제외했다. 병사들은 설명할 수 없는 증상을 지닌 채 전선에서 귀환했다. 그들의 신체는 멀쩡해 보였으나 기능은 정상적이지 않았다. 전투신경증shell shock이라는 애매한 개념을 만들어낸 의사들은 실명, 마비, 기억상실 등의 증상을 설명하기 위해서 신체 기관과 연관된 원인을 찾아내려고 애썼다. 이러한 신체적 접근은 아무런 성과가 없었다. 결국 의사들은 환자들이 히스테리 증세로 고통받고 있다고 결론지었다. 히스테리(그리스어로는 '자궁'이란 뜻)는 늘 여성의 질병으로 비하되어왔던 탓에 이 결론은 논란을 야기했다. 상황을 이해하기 위해 정신과 의사들은 어쩔 수 없이 프로이트의 이론을 수용했다. 그들은 혐오스러운 성적인 측면을 숨긴 채, 전쟁에서 경험한 공포와 혐오가 처음에는 무의식 속에 가라앉았다가 나중에 신체적 증상으로 터져나온다는 프로이트의 억압이론을 적용했다.

정신분석가들은 2차 세계대전 동안, 특히 미국에서 또 한 번 주가가 올랐다. 이번에는 의학 자문의들을 미리 준비한 후 소수의 정신과 의사들이 선전 프로그램을 가지고 병사들의 사기를 진작시켰고, 치료가 끝난 병사들은 전선으로 곧바로 다시 투입되었다. 그때부터 정신의학은 각광받기 시작했고, 군사적 효율 증진뿐 아니라 산업생산성과 개인의 안녕을 제고하는 표준적인 접근법이 되었다. 이제 심리학자는 세속적 신념의 전도사가 되어 개인의 각성과 내적 발전을 지향하는 자가진단 프로그램을 가지고 시장에 뛰어들었다.

모든 비난에도 불구하고 프로이트는 여전히 막강한 영향력을 행사하고 있다. 그가 보여준 정신 모델의 한계가 어디까지든 프로이트는 정신과 육체, 가족과 성적 특질, 건강과 병 등을 완전히 새로운 방식으로 생각하도록 만들었다. 특히 그는 아동의 무의식에 내재된 성적특질을 대화의 영역으로 끌어냈다. 그렇다면 설령 그의 이론이 비과학적이라 하더라도, 그 이유로 그의 이론을 거부하는 것이 합당할까? 어쩌면 과학만이 진보에 이르는 길은 아닐지도 모른다. 누구든 실제의 삶에서나 문학에서나 개인의 관계를 중시한다면, 아인슈타인보다는 프로이트가 더 크게 공헌했다고 여길 것이다. 그의 치료가 보편적인 만병통치약은 아닐지라도 사람들에게 자기 자신과 삶을 돌아보고 희망적으로 개선하도록 용기를 부여한 것은 사실이기 때문이다.

프로이트와 아인슈타인은 낡은 상식을 뒤엎은 우상 파괴의 선구자로 자유로운 현대적 사고의 상징이 되었다. 확실성의 시대에 태어난 이 두 사람은 19세기 선지자들의 자취를 따라 우주에 질서를 부여하는 보편적인 법칙을 찾으려고 애썼다. 이 두 사람은 자신들이 일으킨 혁신의 결과로부터 어느 정도는 소외되었다고 보는 것이 옳다. 프로이트가 권위주의적이고 직접적인 접근법을 시도하며 자신의 이론을 다른 방향으로 발전시킨 제자들을 내친 것과 마찬가지로, 아인슈타인 역시 양자역학적 세계에 내재된 불확실성을 완전히 받아들이지 않았고 자신의 연구로부터 영감을 받은 물리학자들이 도출한 결론에서 한 걸음 물러나 있었다. 프로이트는 인간의 정신을 다루었고 아인슈타인은 우주와 아원자 미립자를 다루었지만, 둘은 과거를 가지고 미래를 예측하는 결정론적 법칙을 선호한 고전적인 입장을 공유했다.

19세기 동안 물리학에 개연성이라는 개념이 도입되었을 때도 결정론은 여전히 유효했다. 평균적인 행동들이 통계적으로 계산되고 있었지만, 그렇다고 해서 적어도 이론상으로 모든 개별 입자의 경로를 예측하는 일이 가능하다는 기본 원칙이 손상된 것은 아니었다. 1920년대에 일단의 무리는 모든 것을 다 알기란 기본적으로 불가능하다는 입장을 표명했다. 생각할 수 있는 가장 정교한 기구를 동원하더라도 100만분의 1 수준을 정확하게 측정하는 일은 본질적으로 불가능하다는 것인데, 이는 기구가 정확하지 않아서가 아니라 그런 기구를 만드는 일 자체가 불가능하기 때문이라는 주장이었다. 이런 불온한 전망은 독일의 물리학자인 베르너 하이젠베르크Werner Heisenberg가 유명한 불확정성 원리Uncertainty Principle

에서 주장한 개념이다. 하이젠베르크의 주장에 따르면 이러하다. '만약 우리가 미립자의 위치를 알고 있다고 하더라도, 그 미립자가 얼마나 빨리 움직이는지는 알 수가 없다. 설령 미립자의 속도(보다 정확하게는 그 운동량)를 측정한다고 해도 우리는 그 미립자를 고정시켜 놓을 수 없다. 확실성은 언제나 우리의 손에서 빠져나가고 만다.'

양자역학의 아원자계界에서는 그 어느 것도 미리 알 수 없으며, 다만 확률만이 있을 뿐이다. 괴테와 자연철학자들의 영향을 받은 보어가 주장한 바에 따르면, 물리학자 자신도 자기가 관찰하고 있는 관찰 대상의 일부이다. 이는 과학자들이 무언가를 측정하려고 할 때마다 과학자의 존재 자체가 관찰 대상을 변경시켜서 초연한 관찰이란 본질적으로 불가능하다는 의미다. 상황에 개입함으로써 과학자들은 관찰 이전에 발생할 수 있었던 다수의 가능성 가운데 하나의 특정 결과를 촉진하게 된다. 예를 들어 물리학자들이 하나의 광선을 바라볼 때, 그들이 사용하는 도구가 관찰하는 광선에 영향을 주게 된다. 빛을 기록하는 방식에 따라 빛은 파장으로 보이기도 하고 입자로 보이기도 한다. 보어는 빛을 파장이나 입자의 흐름 가운데 하나로 보지 않고 빛이 두 가지 특징을 모두 갖추었다고 주장했다.

직관과 맞지 않을 뿐더러 믿기도 어렵지만, 실제로 빛은 그런 특징을 갖춘 것으로 보이며 아인슈타인도 그렇게 생각했다. 아인슈타인과 보어의 최종 맞대결은 1927년 브뤼셀에서 있었던 회의에서였다. 그림 49를 보면 세계적인 물리학자들이 한자리에 모두 모였다. 앞줄에 서로 가까이 앉아 있는 마리 퀴리와 앨버트 아인슈타인을 쉽게 확인할 수 있다. 언뜻 알아보기 힘들지만 하이젠베르크가 오른쪽 우측에 있다. 그는 자신과 같은 편이자 아인슈타인의 경쟁자였던 캐번디시의 '위대한 데인

그림 49 | 브뤼셀에서 열린 제5차 솔베이 물리학회에 모인 과학자들, 1927년 10월 23-29일. (윗줄 왼쪽부터 순서대로) A. 피카르, E. 앙리오트, P. 에렌페스트, Ed. 헤르젠, Th. 드 동데르, E. 쉬뢰딩거, E. 버샤펠트, W. 파울리, W. 하이젠베르크, R. H. 파울러, L. 브릴루앙, P. 디바이, M. 크누센, W. L. 브래그, H. A. 크라머스, P. A. M. 디랙, A. H. 콤프턴, L. 드 브로이, M. 보른, N. 보어, I. 랭뮤어, M. 플랑크, 마리 퀴리, H. A. 로렌츠, A. 아인슈타인, P. 랑주뱅, CH. E. 게이, C. T. R. 윌슨, O. W. 리처드슨

사람', 즉 닐 보어의 가까이에 서 있으며, 닐 보어 바로 옆에 앉은 이는 보어의 절친한 동료인 독일의 막스 보른Max Born이다. 이때까지도 보어는 덴마크에 있었다. 그가 덴마크에서 확립한 코펜하겐학파는 그의 사상과 하이젠베르크, 보른을 비롯한 여러 학자들의 생각을 융합했다.

보어가 솔베이Solvay 회의에 도착했을 때, 그는 아인슈타인도 양자역학에 대한 코펜하겐학파의 최근 이론을 수용할 것이라 확신했다. 그러나 그의 예상은 빗나갔다. 매일 아침식사 때면 아인슈타인이 새로이 반박했고, 저녁식사 때면 보어가 그에 대한 반박자료를 준비했다. 실제 실험을 하는 대신 아인슈타인은 상상의 실험을 만들어냈고, 그 실험이 불확정성을 내포한 보어의 모델에 비해 보다 명확한 정보를 줄 것이라고 확신했다. 그러나 보어는 번번이 아인슈타인이 놓친 세밀한 부분을 지적했다. 상상의 실험을 둘러싼 이 전쟁은 수년간 지속되었지만, 마침내 보어가 아인슈타인이 자신의 상대성 이론을 고려하지 않았다는 점을 지적함으로써 승리를 거뒀다. 패배를 인정하지 못했던 아인슈타인은 여생을 바쳐 수학적 아름다움으로 우주를 요약할 수 있는 확실성의 기본 법칙을 찾으려고 애썼지만 성공하지 못했다.

양자역학을 둘러싼 논쟁은 물리학자들이 불확정성에 심취했던 두 차례의 세계대전 사이에 크게 발전했고, 그 동안 과학은 군사적 목적을 위해 발달하고 있었다. 여러 국제회의에서 찍은 비슷한 사진들은 과학자들의 짧았던 재회를 기록하고 있지만, 그들 중 유태계 과학자들이 곧 닥쳐올 히틀러 정권하에서 뿔뿔이 흩어지게 되리라는 사실을 보여주지는 못했다. 아인슈타인은 미국으로, 보른은 케임브리지로 피신했고, 보어는 프로이트가 있는 영국으로 가기 전에 고기잡이배를 타고 스웨덴으로 탈출했다. 아마도 그들 중 일부는 다소곳한 자세로 찍은 이 사진을 보면서 혼란과 거짓으로 둘러싸인 세상에서 확실성의 외로운 섬 하나를 깊이 생각했을지도 모른다.

유대인이 아니었던 하이젠베르크는 독일에 남았지만, 안전한 피난처가 되지 못했다. 아인슈타인의 소위 '유태' 물리학은 나치 치하에서 공식적으로 금지되었고, 하이젠베르크는 유태물리학을 비난하지 않았다는 이유로 공격을 받았다. 해외에서는 하이젠베르크가 독일 원자 연구 프로그램을 이끌었다는 이유로 비난이 쏟아졌다. 이 또한 하나의 '불확정성'이었다. 하이젠베르크는 그나마 자신이 이 프로그램을 좌지우지할 수 있는 자리에 있었기 때문에 히틀러가 원자폭탄을 갖지 못했던 것이라고 주장했지만, 모든 사람이 그 말을 믿지 않는다.

PART 7

결론

20세기 동안 정부와 상업적 기구들은 과학 연구에 대한 자금 지원을 확대해갔다. 그에 따라 과학 연구 프로젝트는 규모가 커졌고, 기업 경영과 비슷졌다. 이러한 공장식 '거대 과학'의 초창기 기업들은 물리학자들을 고용해 원자력과 무기, 우주 여행에 초점을 맞췄다. 하지만 DNA의 이중나선 구조가 판독된 후 돈줄은 생명과학에 집중되었고, 유전학은 국제적인 사업으로 부상했다. 과학과 기술, 의학 분야의 연구들은 수익성이 매우 좋았다. 책의 앞부분에 등장한 바빌로니아 시대와 비교하면, 현대 과학은 우주의 구조뿐만 아니라 유기체의 작동 원리에 관해서도 훨씬 더 많은 사실을 밝혀냈다. 그러나 수천 년 전부터 제기된 인간의 존재에 관한 근본적인 질문에는 여전히 명쾌한 답을 내리지 못하고 있다. 뛰어난 과학적 업적들은 야누스의 얼굴인 셈이다. 핵분열에서 쏟아져 나온 미증유의 에너지는 발전소는 물론 폭탄에도 사용되었다. 살충제가 등장하면서 식량 생산은 증가하고 기아는 줄었지만, 자연의 먹이 사슬은 파괴되었다. 수많은 사람들이 과거 어느 때보다 더 건강해지고 더 안락한 삶을 영위하지만, 세계 인구는 이미 포화상태이며 지구 온난화는 지구 전체를 위협하고 있다. 과학적 발견의 이점들을 얻는다는 것은 그 이점들을 어떻게 사용할지에 관한 정치적인 결정을 해야 함을 의미한다.

전쟁 : 물리학과 권력의 만남

이제, 깃펜이라는 일종의 엔진을 통해 전달되는 학문의 전쟁에서
가장 강력한 무기는 잉크라는 사실을 인정해야 한다.
마치 호저의 맹세인 것처럼, 동등한 기술과 맹렬함을 가진 양편의 용감한 군사가
적에게 꽂은 화살의 개수를 세어라.

– 조나단 스위프트Jonathan Swift, 「지난 금요일의 전쟁에 관한 진실, 세인트 제임스 도서관의 고대와 현대서가 사이에서A Full and True Account of the Battle Fought last Friday, Between the Antient and the Modern Books in St Jame's Library」, 1704년.

2차 세계대전을 저지하기 위해 아인슈타인은 영국인 친구이자 수학적 철학가인 버트렌드 러셀Bertrand Russell과 힘을 합쳤다. 아인슈타인보다 더 극렬한 평화주의자였던 러셀은 이미 두어 차례 투옥된 전력이 있었다. 그는 아인슈타인의 도움을 얻어 평화에 헌신하는 과학자들로 구성된 국제적 압력단체를 결성했다. 20세기 초반 동안 아인슈타인과 러셀은 과학과 정부 그리고 기업이 서로 얽혀 있다는 사실을 목격했다. 1870년대에 태어난 두 사람은 1차 세계대전(독극물과 폭약을 이용한 화학자들의 전쟁)과 2차 세계대전(레이더와 컴퓨터, 폭탄을 이용한 물리학자들의 전쟁)을 겪었다. 과학은 정치적 결정의 핵심에 자리하여 정치와 공생관계를 형성했다. 그림 50에서 양자물리학자 로버트 오펜하이머Robert

Oppenheimer와 이야기를 나누는 상대는 미국의 폭탄 개발 프로그램의 기획자였던 레슬리 그로브스 장군General Leslie Groves으로, 두 사람은 폭탄 실험의 현장에 서 있다. 일본을 파멸에 빠뜨린 두 개의 원자 폭탄은 과학에 대한 환멸감을 더욱 확고하게 만들었다. 러셀은 이렇게 말했다. '변화와 진보는 별개의 문제다. 변화는 과학적인 것이며 진보는 윤리적인 것이다. 변화했다는 것은 의심의 여지가 없지만 그것이 과연 진보를 의미하는지는 논쟁거리다.'[1]

전쟁은 윤리적으로 후퇴한 것일 수 있지만, 20세기를 특징짓는 '거대 과학Big Science'의 발전을 가속화한 것은 분명하다. 크게 생각하는 것 자체는 새로운 것이 아니다. 중국과 이슬람의 천문학자들은 관측소를 지었고, 유럽의 기독교도들은 성당을 지었으며, 빅토리아 시대의 사업가들은 공장을 지었다. 그러나 20세기 초반에 급속히 성장한 거대 과학은 그 규모 면에서 뿐만 아니라 정부나 대기업들과의 긴밀한 관계에서도 과거와 차이가 있다. 거대 과학을 움직이는 동력은 돈Money과 인적 자원Manpower, 기계Machines와 군대Military, 대중매체Media다.

다섯 개의 'M'은 거대 과학의 입지를 굳건히 하기 위해 서로 긴밀하게 협력했다. 전쟁과 국방에 과학의 참여가 어떤 가치를 지니는지 깨닫게 된 각국 정부는 군사 프로젝트에 필요한 장비를 만드는 데 엄청난 돈과 인적 자원을 쏟아 부었다. 이를 테면, 2차 세계대전 중에 윈스턴 처칠Winston Churchill은 러시아를 빠져나와 통나무 뗏목을 타고 무작정 서쪽을 향해 탈출했던 생화학자 하임 바이츠만Chaim Weizmann을 영국 해군본부에 배치했다. 아이디어를 구한다는 육군성 회람을 본 바이츠만은 폭탄 제조에 없어서는 안 될 아세톤을 생산할 수 있다고 자원했다. 처칠은 '자, 우리가 원하는 것은 아세톤 3000톤이오. 만들 수 있겠소?'[2]라고 요구했다.

---

1. 버트렌드 러셀의 『인기 없는 에세이Unpopular Essays』(런던 : 알렌 앤 언윈, 1950년)의 「철학과 정치Philosophy and Politics」에서 인용.
2. 리처드 로즈Richard Rhodes의 『원자폭탄 만들기The Making of the Atomic Bomb』(런던 : 펭귄 출판사, 1986년)에서 인용.

주류공장을 실험실로 제공받은 바이츠만은 대량 생산을 할 수 있도록 설비를 확장했고, 마침내 6개의 증류기를 감독하고 아세톤의 원료인 마로니에 열매를 수집하는 전국적 운동의 책임자가 되었다.

과학자와 정치인의 공조는 양쪽 모두에게 영향을 미쳤다. 열성적인 시온주의자인 바이츠만은 영국에게 그 대가로 팔레스타인에 유대인의 나라를 건설하는 일에 대한 지원을 요구했다. 영국의 다른 과학자들도 이 전례 없는 협상을 보면서 자신들의 전문 지식이 협상의 우위를 차지할 수 있다는 사실을 깨닫게 되었다. 그들은 정책 입안 참여와 연구 자금 지원을 요구했다. 과학과 정치, 산업과 군사적인 이해는 서로 불가분의 관계를 이루며 얽혀갔다. 이와 유사한 변화의 과정은 20세기 초부터 다른 국가들에서도 있어왔으며, 2차 세계대전 무렵에는 거의 모든 국가에서 과학, 정치, 산업, 군사적 관심사들이 불가분의 관계가 되었다.

다섯 번째 'M(대중매체)' 역시 과학의 성장을 도왔다. 일식 탐험대가 각 언론의 헤드라인을 장식한 1919년, 아인슈타인이 하루아침에 국제적인 유명인사가 된 것과 마찬가지로 핵무기 실험에 대한 각종 신문 보도들로 인해 고에너지 물리학에 자금을 대려는 행렬이 이어졌다. 1930년대 동안 대중매체는 원자핵을 쪼개서 그 안에 무엇이 있는지 밝히려는 국제적인 물리학 경쟁에도 부채질을 해댔다. 과학자들은 처음엔 방사성 물질에서 천연적으로 뿜어져 나오는 엑스레이와 중성자를 이용했다. 그 다음 단계는 아원자 입자들이 원자핵을 분리할 수 있을 정도로 충분히 힘을 얻을 때까지 인위적으로 속도를 높이는 거대한 가속기를 만드는 것이었다.

최대 규모의 가속기에 들어가는 재원을 확보한 과학자들은 주로 미국에서 연구했다. 가장 성공적으로 가속기 연구를 한 사람은 캘리포니아 버클리 대학의 어니스트 로렌스Ernest Lawrence였다. 그는 최초로 전기와 자기장을 이용하여 전자와 양성자 같은 입자들이 순환 통로를 나선형으로 빠르게 돌면서 전하를 띠게 만드는 사이클로트론cyclotron을 만들었다. 처음에는 탁자 위에 올려놓을 수 있을 정도의 지극히 평범한 장치에서 시작했지만, 로렌스의 머릿속에는 이전까지 상상도 할 수 없었던 거대한 규모의 장치에 대한 계획이 자리잡고 있었다. 그는 특히 당시에 급속히 성장가도를 달리고 있던 전기 산업의 경영자들에게 막대한 부를 창출할 수 있는 기회에 자금을 투자하라고 설득함으로써 자신의 야망을 실현시켰다. 물리학자 출신이었던 로렌스는 공장들을 효과적으로 경영하는 과학적인 사업가가 되었다.

거대 과학 실험은 외부 후원자들의 막대한 지원을 바탕으로 수백 명의 과학자와 엔지니어들이 동원되었다. 자신의 성공에 도취된 로렌스는 한 대의 기계가 설치작업에 들어가자마자 더 큰 기계를 구상하기 시작했다. 그리고 각종 홍보용 사진들에는 거대한 전자석과 굴곡진 관들, 로렌스의 연구팀원들을 함께 담았고, 이를 통해 상대적으로 거대한 기계의 위용을 자랑했다. 유럽과 미국 전역의 물리학자들은 로렌스 휘하에서 배운 전문가들을 모집해서 가속기를 만드는 데 열을 올렸다. 로렌스의 사례에 고무된 물리학자들은 핵연구 프로젝트의 기금을 마련하기 위해서 정부와 기업 그리고 의료단체의 지원을 요청했다.

2차 세계대전으로 치닫던 몇 년간, 과학자들은 로마나 베를린, 케임브리지 등에 자리한 유수의 실험실에서 원자핵 안에 있는 것을 밝히느라 각축을 벌이고 있었다. 전쟁이 발발하자 우라늄에 대한 복잡한 실험은 더욱 주목을 받게 되었다. 오스트리아 출신의 물리학자 리제 마이트너Lise Meitner는 스웨덴으로부터 받은 개인 연구비를 뮌헨에서 진행되고 있던 우라늄 연구에 기부했다. 수많은 유대인 물리학자들과 마찬가지로 리제 마이트너도 나치의 박해를 피해서 도망쳤고, 이러한 강제 이주 덕분에 더욱 과학 연구에 매달리게 되었다. 마이트너는 폭탄 개발 프로젝트에 합류하라는 미국의 제의를 단호히 거절했다. 그러나 폭탄 제조를 가능하게 만든 핵분열 물리학 연구를 한 장본인은 바로 그녀였다. 동료들이 도출한 뜻하지 않은 결과를 설명하기 위해서 마이트너는 우라늄 원자의 핵이 중성자와 충돌해서 둘로 쪼개지면 동시에 엄청난 양의 에너지를 방출하고 더 많은 중성자를 내뿜는다고 잠정적 결론을 내렸다. 이렇게 뿜어져 나온 중성자가 주변의 원자들을 때리는 과정이 반복되면, 매번 더 많은 양의 에너지와 더 많은 중성자를 만들어내고 순식간에 걷잡을 수 없는 연쇄적인 폭발 반응으로 확대되는 것이다.

과학자들이 이 실험의 의미를 깨닫자마자 형식적으로나마 유지되던 일체의 국제적 공조는 끝이 났다. 과학 관련 잡지에서 핵연구에 관한 보고서가 갑자기 사라지자, 미국과 영국의 연구소들이 군사적 가능성을 타진하고 있다는 사실이 더욱 확실해졌다. 독일에서는 어떤 일이 진행되고 있었을까? 아무도 단정할 수 없지만, 유대인 망명자들로 이루어진 한 집단은 미국 정부에게 독일 폭탄이 가진 매우 현실적인 가능성을 알리기 위해서 아인슈타인의 도움을 요청했다고 한다. 전쟁이 진행됨에 따라, 독일이 폭탄 제조에 성공했다는 증거는 없었지만 이러한 위협은 핵연구를 지속해야 한다는 그럴듯한 핑계를 제공했다. 영국의 물리학자들도 핵분열 연구에 매진하기보다는 거대 과학과 다섯 개의 M이 얽힌 미국의 경우를 본보기 삼아 핵연구에 가담하게 되었다. 국가의 지원을 받으면서 과학자들은 파멸을 창조하기 시작한 것이다.

2차 세계대전 중 미국은 과학에 대한 자금 지원을 연간 5000만 달러에서 5억 달러로 늘렸다. 이 예산의 대부분은 맨해튼 프로젝트에 소요되었다. 맨해튼 프로젝트는 1942년 그로브스 장군(그림 50)이 취임한 후 군 효율화의 일환으로 시행되었다. 그로브스는 범국가적인 산업단지망을 건설하기 시작했다. 소도시 규모와 맞먹는 몇몇 단지를 건설하는 데 막대한 국가 예산이 들기도 했다. 방사성 원소들은 가속기를 비롯한 거대한 장치를 통해 생산되었지만, 그 일에 종사하는 수천 명의 사람들은 자신들이 폭탄 제조에 일조하고 있다는 사실조차 몰랐다. 알아야 할 필요가 있을 때만 알려준다는 그로브스의 독선적인 방침 덕분에 1945년까지도 이 프로젝트의 전체 범위를 아는 사람은 100명이 채 넘지 않았다. 핵단지는 주로 가난한 지역에 건설되었다. 핵물리학 연구뿐 아니라 사회계획에 대한 실험도 동시에 행한 셈이었다. 쇼핑몰과 영화관을 비롯하여 세련된 인테리어의 음식점들까지 갖춘 가장 미국적인 평범한 마을 안에 군사적 목표를 숨겨 놓은 것이었다.

시카고나 로스앨러모스와 같은 시험장의 분위기는 다른 곳과 사뭇 달랐다. 핵 과학자들은 매우 열정적으로 연구에 임했고, 문제점을 해결하기 위해서 자신들의 열정을 공유하는 열풍에 달아올랐다. 연구에 참여한 수많은 과학자들은 당시를 생에 최고의 시기였다고 회상했다. 그림 51은 그들의 실험이 얼마나 낭만적으로 묘사되었는지를 보여준다. 환한 불빛을 받고 있는 물리학자들은 한껏 기대에 부풀어 있으며, 당시 유행하던 가장 좋은 옷을 입고 있다. 뮌헨에서 발견한 핵분열이 대규모로도 작동할 수 있는지 확인하기 위해 가슴을 졸이며 기다리고 있는 모습이 여실하다. 당시 영하의 기온이 지속되는 시카고 풋볼 경기장 지하는 흑연으로 가득 차 있었다. 여기서 일하는 그들이 얼마나 춥고 불결한 상태인지는 그림에서 전혀 다루지 않았지만, 대부분은 계획성 없는

건설 과정에서 발생한 사고로 고통받고 있었다.

계산자를 들고 실험실 발코니에 서 있는 책임자는 엔리코 페르미Enrico Fermi로, 이탈리아 파시스트 정권을 탈출한 사람이었다. 오른쪽에 있는 계단식 벽돌 구조는 방사성 물질을 함유하고 있는 실험용 원자로다. 특공대라도 되는 양 원자로 위에 앉아 있는 세 명의 젊은 남자는 만일의 사태라도 벌어지면 지체 없이 원자로에 화학약품을 쏟아 부을 태세를 취하고 있다. 지하에는 또 다른 과학자가 핵분열 속도를 조절하기 위해 카드뮴 막대를 손으로 조작하고 있다. 예정에 없던 점심시간을 포함하여 몇 시간을 기다린 후에, 페르미는 마침내 카드뮴 막대를 더 빼내라는 지시를 내린다. 중성자 계수관의 찰칵 소리가 굉음을 내고 기록기가 범위를 벗어나자 페르마는 손을 치켜들고 실험을 중지시키며 실험의 성공을 알린다.

어떤 면에서는 히로시마 폭탄 투여일보다 훨씬 더 중요한 의미를 갖는 이 날은 핵폭탄 제조가 가능하다는 사실을 확인한 결정적인 날이었다. 실험을 지켜본 사람들은 실험 이후 점점 기분이 착잡해지는 것을 느꼈다고들 했다. 그들은 소위 성공이라는 것이 어떤 결과를 가져올지에 대해서 깊이 생각할 수밖에 없었다. 그들은 전화로 암호화된 메시지를 주고받았으며, 페르미를 제2의 콜럼버스라고 불렀다(콜럼버스는 신대륙에 상륙하고서야 비로소 그곳 원주민들이 친절한 사람들이란 사실을 알았다). 얼마 후, 페르미는 뉴멕시코 사막 안에 은밀하게 숨겨져 있는 자급자족이 가능한 산업지구인 로스앨러모스의 비밀 공동체로 이주했다. 그곳에는 군인과 과학자, 엔지니어들이 실질적인 문제를 해결하기 위해서 공동 작업을 하고 있었다. 어떻게 핵분열을 수송 가능한 폭탄으로 안전하게 포장할 수 있을까?

로스앨러모스 기지를 운영하기 위해 그로브스는 조직 경험이 전혀 없는 양자물리학자 오펜하이머를 지명했다. 무자비한 일벌레인 장군과 좌익의 성향을 가진 예민한 물리학자는 겉으로 보기에는 어울리지 않았지만, 이 둘은 훌륭한 드림팀을 이루었다(그림 50). 결단력 있게 기존의 방식을 깨뜨리면서 두 사람은 기획 원안에 있던 예비 테스트마저 없애고 오로지 목표를 달성하기 위해 사활을 걸었다. 1945년 5월 독일이 항복한 후, 유럽에서는 전쟁을 억제시키기 위해서 폭탄이 필요하다는 초기의 주장이 결국 정당성을 잃고 말았다. 그러나 목표가 바로 눈앞에 있는데 멈출 수는 없는 노릇이었다. 어쨌든, 미국은 여전히 일본과 교전 중이었다. 심지어 페르미의 다섯 살 난 아들까지도 '우리는 일본 놈을 쓸어버릴 거야, 지도에서 지워버릴 거야'[3]라는 동요를 흥얼거리고 있었다.

오펜하이머는 죽음을 통해서 구원에 이른다는 기독교 이념을 담아서 암호명 '트리니타Trinity'라고 명명한 실제 폭탄 실험에 착수했다. 시카고에서처럼 연구원들은 열악한 상황을 견디며 숨막힐 듯한 사막의 열기와 날카로운 유카 덤불, 전갈 그리고 타란툴라와 사투를 벌이고 있었다. 더운 물도 공급되지 않았고, 식량을 조달하기 위해 영양 사냥에 나서기도 했다. 1945년 7월 태평양에 있는 함선에 실제 폭탄이 선적되고 있던 즈음, 폭탄 투하지점에 있는 주철로 만든 탑 꼭대기에 실험 장치 하나가 올려졌다. 이 탑은 높이가 지상 30미터, 지하 6미터였다. 이른 아침에 실시하는 폭발을 관람하려는 방문객을 가득 태운 여러 대의 버스가 도착했다. 그러나 그들은 이번 폭발의 규모를 전혀 예상하지 못했다. 우리가 쉽게 접할 수 있는 핵폭발 사진처럼 여러 개의 태양이 한꺼번에 작열하듯 눈부시고 버섯구름이 겹겹이 솟구치는 장면 같지는 않았지만, 700미터 떨어진 곳의 토끼들이 폭사했으며 1.3킬로미터 떨어진 곳의 온도도 무려 400도까지 올라갔다. 14킬로미터 떨어진 곳의 사람들은 일시적으로 눈이 멀었다. 실험이 끝나고 오펜하이머와 그로브스는 증발된 탑의 잔해(그림 50)를 주의 깊게 지켜보았다. 오펜하이머는 힌두교의 성서에 있는 비슈누Vishnu의 통곡을 회상했다. '지금 나는 사신死神이 되었다. 세상의 파괴자가 되었다.' 그러나 영화 「하이 눈High Noon」에 나오는 카우보이처럼 모자를 쓰고 잔뜩 폼을 잡은 오펜하이머는 전쟁을 끝내려면 일본에 폭탄 두 발은 떨어뜨려야 한다고 말했다.

　그로브스와 오펜하이머는 같은 해 8월, 히로시마와 나가사키에 폭탄을 투하할 것을 지지했다. 로스앨러모스에 있는 그의 동료들은 수년간에 걸친 헌신이 마침내 보상을 받게 되었고, 프로젝트가 성공했다는 사

---

3. 로라 페르미Laura Fermi, 『원자폭탄과 가족 : 엔리코 페르미와의 삶Atoms in the Family : My Life with Enrico Fermi』(시카고 : 시카고 대학 출판부, 1954년).

실에 기쁨을 감추지 못했다. 적어도 처음에는 그랬다. 그러나 피해 사진들이 공개되고 사상자 수와 방사선으로 인한 피해가 보도되면서 그들의 기쁨은 사라졌다. 한 독일 망명자는 '비록 적일지라도 수만 명의 사람이 순식간에 죽음을 맞이한 것을 두고 기념하는 것은 악마나 할 짓이다'[4]라고 기록했다. 승리를 자축하는 모양새치고는 이상할 정도로 냉담해보였겠지만, 애국심에 고취된 호전적인 인사들은 폭탄 투하는 옳은 결정이었다고 믿었다(그리고 지금도 그렇게 믿고 있다).

순식간에 물리학자들은 국가적인 영웅이 되었다. 이들 중 몇몇은 더욱 효율적인 핵무기 개발을 위한 자금을 지원받는 데 성공했다. 효율적인 무기란 건물을 파괴하지 않으면서도 건물 안에 있는 사람을 죽일 수 있는 무기였다. 비록 군사적 기관들의 지원을 받긴 하지만 무기 개발과 무관해 보이는 대학의 연구 프로젝트에 참여함으로써 양심의 가책을 던 학자들도 많았다. 그러나 나머지 물리학자들은 죽음이나 방사선과 관련된 일에는 더 이상 손대지 않기를 원했다. 그들은 학문 탐구의 길을 택했다.

이들에게 영감을 준 사람은 오스트리아 양자역학의 선구자였던 에르빈 쉬뢰딩거Erwin Schrödinger였다. 그는 전쟁 중에 더블린으로 피난을 왔다. 1927년 솔베이 물리학 컨퍼런스에서 찍은 사진(그림 49)에서 쉬뢰딩거는 아인슈타인 뒤쪽 맨 뒷줄에 있다(쉬뢰딩거의 복장이 다른 사람들과 다른 것은 우연이 아니다. 공식적인 행사에서도 중간에 종종 빠져나오는 버릇이 있던 그는 편한 복장을 즐겨 입었다). 아인슈타인과 마찬가지로 파장과 입자를

---

4. 오토 프리쉬Otto Frisch. G. I. 브라운G. I. Brown의 『보이지 않는 선들 : 방사능의 역사 Invisible Rays : The History of Radioactivity』(스트라우드 : 서튼, 2002년)에서 인용.

설명하는 중요한 수학 방정식들을 연구했던 사람이지만, 쉬뢰딩거는 확률이 궁극적인 해답이 된다는 사실을 결코 인정하지 않았다. 1945년에 출판된 『생명이란 무엇인가? What is life?』라는 작지만 커다란 파장을 불러일으킨 책에서 그는 과학자들에게 양자 법칙에서도 생물학의 법칙을 탐구하여 성장과 유전 그리고 불가해한 현상들에 대한 물리학적인 설명을 도출하라고 충고했다. 전쟁으로 쑥대밭이 된 세상에서 오로지 미국과 영국 그리고 프랑스만이 연구비 지원을 할 수 있었기에 물리학자들은 당연히 이 세 나라로 몰려들었다. 돈을 향해 그리고 거대 과학이 새롭게 발현될 미래의 생물학을 향해서 말이다.

2

유전 : 생명 지도와 윤리

1953년 신문에는 아주 중요한 사건들이 여럿 등장했다. 티토Tito와 아이젠하워Eisenhower가 대통령이 되었고, 조세프 스탈린은 권력을 잃었다. 흡연과 폐암의 관련성이 밝혀졌고, 소비에트 연방은 수소폭탄 실험에 성공했다. 두 사람이 에베레스트 정상에 올랐다. 그러나 50년이 지나자 한때 대서특필되었던 그런 종류의 이야기들은 더 이상 관심의 대상이 되지 못했다. 영국의 학술지 「네이처Nature」는 기념일 행사들을 알리는 내용 사이에 잘 보이지도 않게 지면을 할애하여 간략한 기사 하나를 실었다. 케임브리지 출신의 잘 알려지지 않은 두 사람이 쓴 이 기사의 결론은 짤막했으며, 자극적인 기사만 찾던 당시의 언론인들 눈에는 띄지도 않았다. 두 연구자는 함축적으로 표현했다. '우리가 생각했던 그 특정 결합이 유전물질을 설명하는 메커니즘을 그대로 보여준다는 사실을 발견했다.'[5] 프란시스 크릭Francis Crick과 제임스 왓슨James Watson의 주장을 쉽게 표현하면, 유전자 내부에 있는 복잡한 분자구조를 해명함으로써 유전의 비밀을 밝혔다는 것이다. 당시 그들이 「네이처」에 조그맣게 발표했던 내용은 분자생물학의 새로운 시대를 상징하고 있다.

이후로 DNADeoxyribose Nucleic Acid의 이중 나선구조는 하나의 문화적 현상이 되었다. 손으로 만든 판과 죔쇠로 이루어진 초기 모형들은 수많은 전문가의 손을 거치면서 날렵한 나선형 쌍둥이로 변모를 거듭하여 생물 교과서에 실렸을 뿐 아니라 조각품과 향수병, 팔찌가 되기도 했다(안타깝게도 런던 왕립학회의 DNA 모형들은 손잡이가 처음에 거꾸로 달렸다). 이 분자 모형은 오늘날 군대에서 사용하는 기장Caduceus(제우스의 사자인 헤르메스가 사용하던 지팡이로 두 마리의 뱀이 감고 있고 꼭대기에 쌍날개가 달렸다-옮긴이)처럼 전체 과학을 대표하는 상징이 되었고, 이해는 못하더라도 누구나 단번에 알아볼 수 있었다. 그러나 이 상징이 복제, 유전자 조작 농작물, 생물학 무기처럼 연구 분야를 비난하는 선동에 동원될 때는 프랑켄슈타인을 상징하기도 한다.

크릭과 왓슨의 조악한 모형이 과학의 상징이 되기까지는 지난한 홍보의 과정이 있었다. 크릭 자신이 즐겨 강조한 바와 같이, 두 명의 과학자가 그 모형을 만든 것이 아니라 그 모형이 두 명의 과학자를 탄생시켰다. 그림 52가 보여주는 밀착인화에서 왓슨은 과학 발견의 표상이 된

---

5. J. D. 왓슨J. D. Watson과 F. H. C. 크릭F. H. C. Crick, 「디옥시리보스 핵산의 구조A Structure for Deoxy Ribose Nucleic Acid」, 「네이처Nature」(1953년 4월 25일).

그림 52 | 앤토니 베링턴-브라운Antony Barringto-Brown, DNA 모형과 함께 한 제임스 왓슨(검은 재킷)과 프란시스 크릭(밝은 재킷), 케임브리지의 캐번디시 연구소, 1953년 5월.

두 번째 구조물을 들고 있고, 두 명의 케임브리지 과학자는 기뻐하는 모습이 역력하다. 조악한 메카노 세트(강철이나 플라스틱을 된 조립식 장난감—옮긴이)처럼 생긴 모형과 구식 싱크대만 있는 휑뎅그렁한 실험실은, 지금은 탄탄하게 자리 잡은 분자생물학이 전후에 겪었던 궁핍한 모습을 그대로 보여준다. 계산자를 손에 들고 팔꿈치에 가죽을 덧댄 모습의 크릭은 꾀죄죄하고 지적으로 보이는 반면, 미국의 천재소년 왓슨은 분자구조를 쳐다보면 경탄하는 표정이다. 비록 의심의 여지가 없어 보이는 사진이지만 가만히 들여다보면 또 다른 모습이 숨겨져 있다.

사진기는 절대 거짓말을 하지 않는다. 그러나…… 사진 속에 나오는 모형은 분명 발견에 사용한 것이 아니라 보여주기 위한 것이었다. 크릭이 들고 있는 계산자는 무대 효과를 위해 괜히 등장한 물건이며, 사진의 날짜도 몇 달이나 뒤로 되어 있다(그러나 그 날짜조차도 신빙성이 없다). 스냅사진 2는 15년이나 지나서 왓슨이 DNA를 찾아가는 신선한 과학적 스릴러인 자신의 책 『이중나선The Double Helix』에 실었을 때 비로소 유명해진 사진이다. 폭발적인 판매를 기록했던 이 책에서 왓슨은 자신의 역할만 강조하고, 「네이처」의 같은 호에 실렸던 모리스 윌킨스Maurice Wilkins와 로잘린드 프랭클린Rosalind Franklin의 업적을 경시해서 많은 비판을 받았다. 그림 53은 프랭클린이 런던에서 촬영한 엑스레이 사진이다. 윌킨스는 이 사진을 유출하여 왓슨에게 결정적 실마리를 제공했다. 왓슨은 이렇게 말했다. '그 사진을 보는 순간 입이 쩍 벌어지고 맥박이 마구 뛰었다.'[6]

---

6. 제임스 D. 왓슨, 『이중나선』(런던 : 펭귄, 1997년).

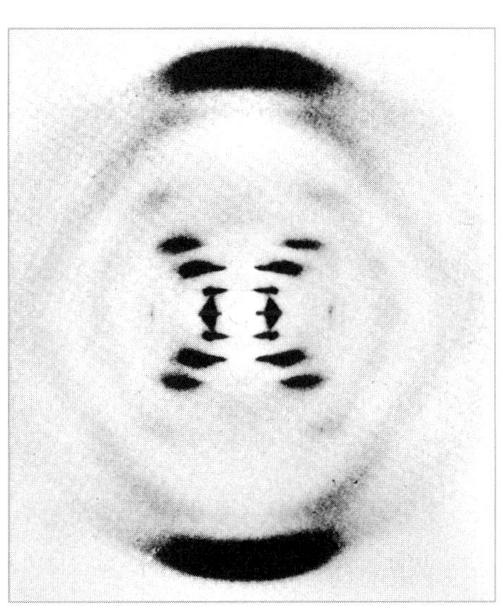

그림 53 | 로잘린드 프랭클린과 레이 고슬링Ray Gosling이 찍은 DNA의 엑스레이 회절 사진(송아지의 흉선에서 추출한 나트륨 디옥시리보오스 뉴클리트, B형), 1952년 5월 2일.

사실 케임브리지의 두 과학자를 찍은 사진이 아니라 DNA 구조에 대한 움직일 수 없는 증거를 제시한 프랭클린의 사진이야말로 칭송받아야 한다. 왓슨은 비록 전문가가 아니었지만 사진을 보는 순간 뚜렷한 X자가 나선모양을 이루고 있고, 막대와 다이아몬드들의 위치를 봐서 그 나선은 하나가 아니라 두 개라는 것과 끝까지 내려가면서 반복적인 원자 패턴을 보인다는 사실을 깨달았다. 이 복잡한 사진을 분석하기 위해서는 세심한 측정과 많은 계산이 필요했다. 그럼에도 불구하고 살짝 훔쳐본 이 한 장면이 그를 새로운 방향으로 내달리게 만들었다.

왓슨은 과학이 짜릿하고 무자비한 경쟁이라고 읊조렸다. 똑똑하지만 충동적이고 허영심까지 있었던 그는 『이중나선』에서 자신을 케임브리지의 예스러움에 반하고 섹스와 테니스에 미친 미국의 기사騎士에 비유했다. 스스로 자랑스럽게 떠벌린 왓슨의 얘기에 따르면, 그는 자기 일이나 열심히 하라는 상관의 지시를 거부하고 크릭과 은밀히 만나 과학의 최대 과제를 풀기 위해 노력했다. 물리학자였던 크릭과 생물학자였던 왓슨은 지적 배경이 달랐지만 유전학에 공통의 관심을 보였고, 각자의 전문분야를 가지고 서로의 단점을 보완했다. 자신들의 차이점을 해소하기 위해서 그들은 각종 기사들을 읽고 정보를 수집했으며, 케임브리지를 방문하는 저명인사들에게 도움을 청했다.

왓슨이 적어둔 규칙에 따르면, 가장 먼저 정답을 찾을 수 있다면 어떤 수단과 방법도 정당한 것이며 그것이 설령 프랭클린의 연구결과를 도용하는 것이라고 해도 어쩔 수 없었다. 그는 프랭클린이 옷도 형편없게 입고 립스틱도 바르지 않은 채 바보처럼 남자들의 세계에 뛰어들었다고 비난했다. 왓슨의 생각처럼 프랭클린 자신도 스스로를 이방인으로 여겼고, 파리에서의 즐거웠지만 짧았던 연구를 마친 후에는 영국의 고리타분한 실험실 문화를 불편하게 생각했다. 자신의 연구는 자신이 책임진다는 생각을 한 프랭클린은 참견과 차별적인 시선을 멀리하기 위해서 혼자 연구했다. 시행착오를 거쳤던 왓슨과는 달리 그녀는 질서정연하고 체계적인 방법으로 자신이 발견한 분자들을 연구했다. 크릭과 왓슨이 연습 삼아 모형을 만들어 연구의 도구로 사용한 반면, 프랭클린은 이미 분석적으로 추론한 구조를 시각화하기 위한 도구로써 모델을 활용했다.

삼십 대 중반의 늦깎이 박사 과정 학생이었던 크릭과 박사 학위를 받았지만 연구원으로 있었던 그보다 훨씬 젊은 왓슨이 만난 것은 우연이었다. 당시는 전 세계의 과학자들이 유전정보를 전하는 물질은 단백질이 아니라 복잡한 분자 사슬이 더욱 복잡한 구조와 맞물린 핵산이라는 사실을 막 알게 되었을 때였다. 다른 과학자들과의 경쟁에 쫓긴 크릭과 왓슨은 여러 핵산 가운데 하나에만 집중하기로 결정했다. 그것이 DNA였다. 기막힌 선택이었다. 당시에는 DNA가 가장 중요한 핵산이란 점이 분명치 않았다. 불활성 물질들과 달리, 살아 있는 세포 속에는 화학적 개체들이 명확한 질서를 가지고 배치되어 있었다. 이 질서가 유전적으로 결정된다는 점은 명백했다. 그래서 그 개체들의 배열 방식을 결정하는 암호나 일련의 명령들이 어느 곳에 어떤 방식으로든 존재하는 것은 분명했다. 돌이켜보면 암호가 존재할 것이라는 영감이 갑자기 떠올랐다는 말은 뜬금없는 소리다. 실제로는, 다른 많은 과학적 개념들처럼 그 생각도 무수히 많은 정교한 연구결과들에서 나온 것이었다.

다른 연구소에서 이룬 발견의 이점들만을 취합하여 크릭과 왓슨은 기존의 세 가지 접근법을 잠재울 결론을 내렸다. 어떤 그룹은 복잡한 분자의 물리적 구조를 탐구했고, 또 다른 그룹은 분자의 화학적 측면을 연구했다. 그리고 쉬뢰딩거의 『생명이란 무엇인가?』에 감화된 많은 과학자들은 급진적인 방식으로 생명의 수수께끼에 접근하고 있었다. 그들은 양자역학이 아원자세계의 불확실성을 다루기 위해 발달했던 것처럼, 유전의 신비를 설명하기 위해서는 지적 상상력도 그와 비슷한 도약이 필요하다고 믿었다. 그들에게 유전을 이해하는 열쇠는 바로 정보였다. 대체 살아 있는 세포는 어떤 방식으로 자신의 특성을 다음 세대로 넘겨주는 것일까?

연구 대상으로 적합한 유기체를 선정하는 것이 생물학의 핵심이다. 20세기 초 과학자들은 과실파리(초파리, 그림 46)의 유전자를 연구했지만, 다음 세대의 과학자들은 훨씬 더 단순한 유기체를 대상으로 삼았다. 핵산과 단백질 막으로 구성된 작은 바이러스인 박테리오파지였다. 파지 바이러스는 배양하기가 쉬웠고, 30분 정도면 증식을 하며, 단 두 개의 분자로만 이루어져 있었기 때문에 유전을 결정하는 것이 단백질인지 핵산인지를 알아보기에는 이상적인 대상이었다. 크릭과 왓슨은 케임브리지에서 만났던 다음 해, 파지 연구가 DNA연구에 결정적으로 도움이 된다는 사실을 알았다. 그들은 정보에 초점을 맞춘 이 연구를 분자의 기계적 구조와 화학적 작용에 중점을 둔 전통적 연구와 결합했다.

왓슨은 파지 유전학자로서는 형편없었다. 그는 화학을 지겨워했으며, 특히 영국에서 중요하게 여기던 대형분자(단백질이나 핵산—옮긴이) 구조 연구에 대한 경험도 거의 없었다. 가장 중요한 분야는 엑스레이를 이용한 결정학이었다. 이 분야는 다른 분야에 비해서 여성 권위자들이 많았다. 그림 48의 도로시 하스킨의 경우, 그녀는 옥스퍼드 연구소의 소장이자 노벨상 수상자였다. 언뜻 보면 결정학은 단순하다. 결정체에 엑스레이를 투과하여 스크린에 투영된 점들의 모습을 보고 분자의 내부구조를 연구하는 것이다. 그러나 실제는 매우 다르다. 그림 53의 프랭클린이 찍은 사진이 보여주듯이 선명한 상을 얻기 위해서는 엄청난 기술과 인내가 필요하다. 하물며 이차원의 연속 사진을 가지고 삼차원 구조를 만들어내는 일은 말할 필요도 없다. 엑스레이 사진을 제대로 분석하기 위해서는 화학적 성질을 민감하게 감안해야 하고 정확한 측정과 숙련된 해석이 필요하다.

하스킨도 인정했듯, 오랜 시간에 걸쳐 필요한 모든 기법을 터득했던 프랭클린에게 이 사진은 많은 증거들 가운데 하나였다. 그러나 왓슨은 전문가들의 정보를 살짝 맛보고 크게 영감을 받아 마침내 이중나선에 다가가기까지 가설과 가설 사이를 헤맸던 경험을 털어놓았다. 왓슨과 크릭은 삼차원 모형의 조각을 맞추면서 여기저기서 조금씩 정보를 끌어 모아 전체 자료에 부응하는 하나의 구조물을 완성하기 위해 절치부심했다. 수많은 좌절과 요행을 겪은 후 그들은 마침내 모든 것에 맞아떨어지는 모형을 만들었다. 이후 수년에 걸쳐 수많은 분자생물학자들은 DNA 분자들이 어떤 방법을 거쳐 두 가닥으로 나뉘고 다시 새로운 짝과 합쳐 독특한 패턴으로 변신하는지 연구했다.

분자유전학은 생물학을 두 분야로 나누었다. 하나는 세포 내부에서 일어나는 전기화학적 활동을 연구하는 것이고, 또 하나는 자연선택에 의한 진화라는 다윈주의의 이론을 다루는 것이었다. 이전의 과학자들은 진화의 흐름을 좇기 위해 동물의 골격이나 식물의 생식 기관처럼 눈으로 확인 가능한 특징들에 관심을 가졌다. 그리고 유전자의 내부구조가 노출되자 그들은 진화의 관계를 확립할 새로운 도구를 갖게 되었으며, 이 방법을 통해 다윈의 결론을 확증하는 새로운 증거들을 제시했다. 그러나 이런 상황도 뜻을 굽히지 않는 이들에게는 별 소용이 없었다. 자연선택에 의한 과학적 증거들이 속출했던 20세기 후반에도 반대 의견은 여전히 거셌다. 기독교 원리주의자들은 성경에 더욱 매달리는 한편, 다른 열성분자들은 전통적인 신의 개념을 지적 설계자로 대체했다. 하지만 이들은 선천적으로 등이 휜 사람들과 머리가 큰 아기들을 설계한 이가 어떤 종류의 지력을 보여주려 하는지는 설명하지 않았다.

DNA 해독은 위대한 승리로 평가받았지만 생명의 신비는 여전히 풀리지 않았다. 이 문제를 해결하기 위해 환원주의가 다시 관심을 끌었다. 20세기판 환원주의에서는 유기체의 모습과 행동을 결정하는 유전자가 생명과 사회의 기본적인 구성요소로 평가되었다. 전 세계 연구진들은 모든 개별 유전자를 구성하는 화학적 하위그룹의 배치상태를 파악하여 인간게놈지도를 완성하려는 야심찬 프로그램에 착수했다. 이전에 생명과학은 비교적 쉬운 분야로, 여성들이나 아마추어들의 몫이라고 여겨졌다. 그러나 세계 여러 나라의 정부들은 유전 연구를 물리학과 우주 탐사에 맞먹는 새로운 경쟁분야로 보고 막대한 자금을 투자하기 시작했다. 달 착륙처럼 인간게놈지도도 과학계뿐 아니라 각국 정부에게 선전 도구가 되었다. 과학자들은 정치적 긴장을 이용하여 정부의 지원을 끌어냈다. 예를 들어, 프랑스 과학자들은 미국의 독주를 막아야 한다고 강조했고, 영국 과학자들은 대서양 너머로 고급 인재를 빼앗길 위험을 강조했다.

유전 연구 역시 실험실을 벗어나 사회를 분석하기 시작했다. 1970년대에 사회생물학이라는 새로운 과학 분야가 등장했다. 사회생물학자의 선두주자인 미국인 연구자 에드워드 윌슨Edward Wilson(흔히 E. O. 윌슨이라고 부른다)은 원래 개미를 연구했으나, 인간에 관한 일반 이론으로 방향을 바꿨다. 사회생물학에는 두 가지 기본적인 단계가 있었다. 사회생물학자들은 우선 다양한 사회를 조사하여 공통 요소를 찾으려고 했다. 그 다음에는 이론적인 비약을 통해, 이러한 공통 요소들은 인간의 유전자 속에 보편적으로 내재된 것이라고 결론을 내렸다. 그들의 논리에 따르면, 성별 간의 책임도 거의 보편적으로 내재된 것이라서 유전적으로 남자들은 일을 하도록, 여자들은 집에 있도록 기획되어 있다. 반대자들은 사회생물학이 정치적 억압에 과학적 정당성을 부여했다고 비난했다. 사회생물학의 주장대로라면, 인간의 숙명은 30억 년이란 긴 세월 동안 진화의 투쟁에서 살아남은 유전자들에 달렸기 때문에 변화는 무의미하다.

진화론의 핵심에는 앞뒤가 안 맞는 부분이 남아 있었다. 삶이 생존하기 위한 투쟁이라면 어째서 사람들은 서로를 친절하게 대하는 것일까?

왜 사람들은 이타심을 발휘할까? 윌슨의 제자이며 영국 동물학자인 리처드 도킨스Richard Dawkins는 '이기적 유전자The Selfish Gene'라는 새로운 단어를 소개했다. 하나의 은유였지만 이 낱말은 곧 현실에서 구체화되었다. 다윈이 적자생존이라는 이론을 제시했을 때, 그는 빅토리아 시대의 자본주의가 갖고 있던 경쟁적 풍토를 구체화했다. 도킨스는 우리의 분자 속에 이기심이 내재해 있음을 보여준 것이다. 전체 유기체는 그렇지 않다고 하더라도 개별 유전자들은 경쟁 유전자들을 제거하기 위해 끊임없이 노력하기 때문에 자연계는 무자비하다는 것이 도킨스의 입장이었다. 그의 사회생물학적 관점에서라면, 인간의 관대한 행위가 비록 이타적으로 비칠지라도 그런 행위는 우리 세포 내부에서 벌어지는 싸움을 숨기고 있는 셈이다. 세포 속 유전자들은 자신의 미래를 확보하기 위해 우리의 행동에 이기적인 영향을 미치고 있는 것이다. 도킨스는 화학적 반응에 대해 인상적인 설명을 펼쳤다. 그러나 실제로는 그에게 반대하는 사람들이 지적하듯, 유전자들은 생각할 수 있는 능력이 없으며 이기적이든 이타적이든 간에 행동의 동기를 갖지도 못한다. 하지만 이러한 한계에도 불구하고 말로 표현한 이기적 모형은 큰 영향을 미쳤다.

1980년대가 되자 유전 연구는 오로지 자연의 진실을 발견하기 위한 연구라는 이상적인 개념이 자취를 감췄다. 분자생물학은 생물공학biotechnology에 밀려났다. 유전자는 더 이상 발견되지 않았고, 다만 가공물들이 실험실에서 만들어지고 있었다. 가공물이란 말은 특허를 받을 수 있다는 뜻이다. 이해관계로부터 초연해야 한다는 과학적인 공론은 생명의 기본 구성요소들을 시장으로 디밀고 있던 기업들의 문을 또 한 번 두드렸다. 대학들도 기업형 경영에 눈뜨기 시작해 연구원들을 고용하여 비밀유지라는 규칙을 부여하고 돈이 되는 발명품을 만들어 그 소유권을 주장했다.

나선구조를 해명하면 생명의 비밀을 풀 수 있을 거라던 초기의 희망은 몽상에 불과했다는 사실이 입증되었다. 실제 분자들은 실험실 모형들과는 비교도 안 될 정도로 복잡했다. 정보가 정연하게 들어 있으리라 기대한 DNA 분자에서도 유용한 유전자를 거의 찾아내지 못했고, 그나마 유용한 유전자들도 잡다한 화학물질들 사이에 흩어져 있었다. 더 큰 문제는 유전자가 모든 것을 설명하는 게 아니라는 점이 명확해지기 시작했다는 점이다. 인간과 침팬지의 DNA가 99퍼센트 동일하다는 사실은 둘 사이의 차이점을 설명하는 것이 별 의미가 없다는 뜻이기도 하다. 천성이냐 양육이냐(또는 유전이냐 환경이냐–옮긴이)라는 해묵은 논쟁이 새로운 모습으로 다시 등장했다. 이번에는 범위가 더욱 확대되어 세포 내부에서 유전자를 둘러싸고 있는 화학물질까지도 환경적 요소라는 주장이 가세했다.

인간게놈 프로젝트가 의학적으로 대단히 유익할 것처럼 보였지만 유전에 관련된 상호작용이 워낙 복잡하여 유익한 점을 거의 찾아내지 못했다. 심장병이나 암을 설명할만한 유전자도 찾아내지 못한 상황이다. 날씬한 체격, 성적 기질, 또는 지능에 대해서는 언급할 필요도 없다. 모든 사례에서 윤리 문제가 새롭게 대두되었다. 얼마든지 오류 가능성이 있는 문제라서 후손에게 물려줄 세포를 조작하는 일은 생각만으로도 끔찍하다. 조작의 결과가 결점으로 나타난다면 누가 책임지겠는가? 헌팅턴병Huntington's disease(파괴적이고 진행성이 있는 불치의 병)을 몰아낸다면 많은 사람들이 행복하겠지만, 다른 어떤 상황을 유전으로 물려받을지 난감하다. 바람직하지 못하다고 생각하는 증상들을 제거함으로써

인류를 말쑥하게 만들겠다는 말은 나치가 실시했던 정화 계획과 아주
유사하게 들린다. 우생학과 마찬가지로 유전자 치료 역시 선한 의지를
가지고 시작했지만 정치적으로 악용될 여지가 다분하다.

우주론 : 지구에서 본 우주의 과거

제임스 왓슨은 전문가가 아니라는 점을 오히려 자신의 장점으로 살려서 다양한 분야의 단편적인 지식들을 그러모아 유전의 비밀을 풀어낸 지적 모험가가 되었다. 그러나 허세를 부리다가 잘 알지도 못하는 분야를 집적거렸다는 이유로 목에 칼을 차고 놀림거리가 되었던 개척자들도 많았다. 독일 기상학자인 알프레드 베게너Alfred Vegener가 1930년 북극의 얼음 위에서 죽어갈 때, 지질학자들은 지구의 구조에 대한 그의 새로운 주장을 무시하고 있었다. 사후에 그가 다시 지구과학의 영웅이 되기까지는 30년 이상의 세월이 흘렀다. 그의 대륙 이동설은 1960년대에 마침내 인정받았다.

크릭과 왓슨처럼 베게너도 과학의 가장 어려운 분야에 도전했다. 또한 그들처럼 베게너도 다른 전문가들의 정보에서 직관을 얻고 그 정보들을 통합하여 새로운 해결책을 찾았다. 전통적으로 지질학은 화석을 찾아내고 바위의 연대를 측정하는 것이었지만, 베게너는 지구 전체를 하나의 연구 대상으로 삼았다. 그는 우주론자들이 그랬듯 지구가 창조 이래로 어떤 과정을 거쳐 지금의 형태가 되었는지를 이해하고자 했다. 그는 이해하기 쉬운 간단한 모형을 만들었지만, 이동의 원동력은 찾아내지 못했다. 정통 지질학자들, 특히 미국 지질학자들은 베게너의 열정은 높이 샀지만 실제 현장 경험도 하지 않고 도서관에서 이런저런 정보를 주워 모았을 뿐이라고 혹평했다.

1910년에 베게너는 아프리카와 남아메리카의 가장자리들이 마치 퍼즐조각처럼 딱 맞아 떨어진다는 사실에서 영감을 얻었다. 누구나 알고 있는 사실이었지만, 베게너는 처음으로 이를 하나의 이론으로 만들었다. 비록 오랫동안 계속되던 지질학자들간의 파벌 싸움을 해결하기 위한 시도로 만들어진 이론이었지만, 이론 자체로는 허점이 너무 많았다. 찰스 다윈에게 영향을 주었던 찰스 라이엘의 제자들은 전통적인 입장을 고수하여 지구란 무수히 긴 세월에 걸쳐 서서히 그리고 점진적으로 변화하며 안정된 상태를 유지한다고 주장했다. 라이엘의 지지자들에 대항한 격변주의자들은 물리학자들의 지원에 힘입어 과거에는 지금보다 대변동 현상이 더 심했다고 주장했다. 지구는 시간이 흐름에 따라 식어가고, 그 과정에서 마치 오래된 사과 껍질이 쭈글쭈글해지듯 쪼그라들면서 주름이 잡히듯 산악지대가 형성되었다는 주장이었다.

20세기 초가 되면서 그 주장 역시 옳지 않은 것으로 여겨졌다. 요컨대, 냉각을 통한 수축으로 인해 지구 표면에 그토록 거대한 주름(습곡—옮긴이)이 생길 수 없다는 주장이 대두되었다. 지각이 다양한 구성물로 이루어져 있다는 사실도 상황을 어렵게 만들었다. 대륙들은 해당 대양의 바닥과 같은 물질로 이루어진 것이 아니라 딱딱한 바닥에 올려놓은 가벼운 뗏목을 닮았다는 점이 확인되었다. 게다가 방사능이 발견되면서 물리학자들은 지구 핵이 붕괴하는 과정에서 발생하는 열 때문에 지구가 일정한 온도를 유지한다고 주장하기도 했다. 다양한 그룹의 반대에 직면한 베게너는 그들의 의견에서 자신의 주장에 맞는 부분들만 추려내어 서로 다른 관점들을 조화시키려고 애썼다.

베게너는 자신이 '판게아Pangaea'라고 명명한 초대형 대륙이 존재했었다는 생각만큼은 버리지 않았다. 그림 54의 제일 위 지도는 대부분의 육지가 판게아에 집중돼 있던 약 3억 년 전의 지구 모습이다. 이 하나의 땅덩이가 매우 더딘 속도로 떨어져나가면서 알아볼 수 있는 대륙들의 모습을 띄게 되었고, 주름이 잡히면서 산악 지형도 만들어졌다. 제일 아래 지도는 약 200만 년 전 대륙들의 모습이며, 이때가 바로 지금의 지질학적 시기가 시작된 때다. 자신의 주장을 뒷받침하기 위해 베게너는 엄청난 보조 자료들을 정리했다. 고대기후 전문가였던 그는 자신의 이론이 북극에서 멀리 떨어진 곳에서도 빙하가 존재한 모습을 잘 설명한다고 강조했다. 베게너는 자신이 대양들의 양 끝에서 수집하고 연구한 화석과 지층들에서도 마치 신문지를 양쪽으로 찢은 듯 똑같은 모양들이 발견된다는 사실을 보여주었다.

반대파들의 반응은 냉담했다. 문외한이 제법 하노라고 했지만, 베게너는 '결정적인 증거가 무엇인가?'라는 문제에 대해서는 해답을 내놓지 못했다. 후에 자신의 이론을 명료하게 정리하기는 했지만 대륙 이동의 '원동력'이 무엇인지는 결국 밝혀내지 못했다. 대륙들은 왜, 어떻게 이동했을까? 대륙 이동에 대한 그의 생각은 2차 대전 이후 지구 연구에

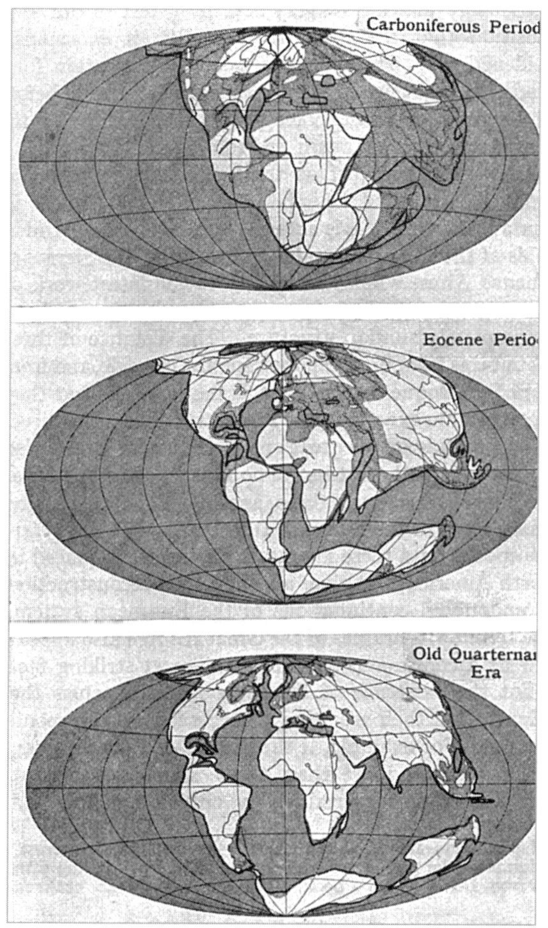

그림 54 | 알프레드 베게너, 지구의 변화를 3단계로 보여주는 알프레드 베게너의 지도, 『대륙과 대양의 기원The Origin of Continents and Oceans』, J. G. A. 스컬J. G. A. Skerl 번역, 1924년.

대한 태도가 변할 때까지 보류되었다.

전후 냉전시대가 되자 화석과 지층을 연구하는 전통적 지질학자들은 지구의 먼 과거를 해석하는 일에 더 이상 신경 쓰지 않았다. 지구 전체를 연구하는 포괄적 지구과학은 이제 수리물리학을 바탕으로 지구 전체를 하나의 단위로 간주하는 지진학, 기상학, 해양학들까지 아우르게 되었다. 지구과학자들은 지구 표면뿐 아니라 내부 구조, 해양, 대기를 조사했고, 태양의 자기폭풍이 우주의 날씨에 미치는 영향과 함께 지구가 우주 환경에 미치는 영향도 연구했다. 지질학과 달리 지구과학은 무기물 찾기에 혈안이 된 기업들의 후원은 물론이고 위신을 높이려는 국가로부터도 막대한 후원을 받았다. 미국은 러시아와 우주 정복 경쟁을 벌이는 한편 막대한 비용을 들여(나중에 비용 문제로 포기했다) 지구의 내부까지 파고들어가는 모홀 프로젝트Project Mohole도 시작했다.

과학자들은 적의 잠수함을 쉽게 찾아낼 수 있도록 해저 지형도를 작성하여 군에 도움을 주기도 했다. 그들은 자신들이 발견한 결과에 놀라움을 금치 못했다. 오래되어 두껍고 평평하리라 생각했던 해저는 현세(글쎄, 어쨌든 지질학적 용어로는 그렇게 되어 있다)에 생성되었으며 얇았고, 그보다 더 최근에 형성된 능선들이 남북으로 가로놓여 있었다. 더욱 신기한 것은 능선의 양측 내부에 지구의 과거를 고스란히 기록하고 있는 자기 띠magnetic band가 줄을 지어 숨어 있었다. 그러는 동안 지상의 지구물리학자들은 지구의 자기장이 여러 차례 변화를 겪었다는 사실을 밝혀냈다. 그리고 이런 증거들이(다른 많은 증거들도) 쌓여가던 1962년에 과학자들의 사고방식을 바꿔놓은 책 한 권이 등장했다. 바로 토마스 쿤의 『과학혁명의 구조』였다.

핵무기를 버리자, 살충제를 금지하자, 남성지배 사회가 정한 연구의 우선순위를 재평가하자 등의 운동이 활발히 전개되면서 대중들은 미몽에서 급격히 깨어나고 있었다. 과학이 꼭 진보를 의미하지는 않는다는 점이 명확해진 것이다. 쿤은 균일론자(과거의 지질 현상도 오늘날의 것과 같다는 설을 주장하는 사람-옮긴이)가 아니라 격변주의자였다. 그에 따르면 과학의 역사는 일련의 혁명을 통해 마디를 짓고, 혁명은 기존의 지배적인 견해가 더 이상 반증의 무게를 견디지 못할 때 폭발한다. 예를 들어, 코페르니쿠스 이전의 천문학자들은 지금의 입장에서 보면 터무니없는 지구 중심 이론을 주장하며 자신들의 예측이 관찰 결과에 부합하지 않을 때조차 복잡한 주전원 이론에 매달렸다. 결국 과학은 쿤이 말한 '위기점'에 이르게 되었다. 이런 과정을 통해서 낡은 모델은 폐기되고 새로운 세대가 다시 정상적인 과학에 매진하게 된다. 그들은 기존의 관찰 결과들을 검증하고 새로운 패러다임을 구축하여 세상에 대한 사람들의 관점을 바꿔놓는다. 그러다가 또 다른 모순들이 쌓이기 시작하고……또 다른 혁명이 발발할 때까지 계속된다.

혁명가로 높이 평가받을 수 있겠다는 희망에 부푼 지구의 과학자들은 의식적으로 스스로를 쿤이 주장하는 '패러다임을 바꾸는 세대'를 자처했다. 그리고 그들에게도 뉴턴의 사과나 와트의 주전자에 맞먹는 '유레카!'를 소리칠 순간이 찾아왔다. 1965년, 바다를 헤집고 관찰했던 결과들이 자기줄무늬magnetic stripes 가설과 정확히 일치한다는 사실이 밝혀졌다. 좀 더 정교하게 다듬어야했지만, 이 결과는 '판구조론plate tectonics'의 탄생을 의미했다. 영웅은 이미 정해졌다. 새로 발견한 이론뿐 아니라 몇몇 견해와도 일치하는 주장을 펼친 알프레드 베게너였다. 베게너는 대륙이 지표 위를 떠다녔다고 생각했지만, 새로운 세대는 대양 아래의 암석이 끊임없이 순환하면서 대륙을 싣고 있는 판들을 움직였고, 또한 그 암석이 솟구치면서 능선을 만들고 가라앉으면서 골을 만들었다고 보았다.

그것은 마치 쿤이 주장한 이상적 혁명처럼 보였다. 판구조론은 급격히 확산되어 낡은 모델들을 뒤엎었으며, 20세기 초부터 불거졌던 과학자들간의 갈등을 극적으로 해소했다. 지구가 더디지만 영속적으로 변화한다는 이 견해는 마침내 라이엘의 균일성과 화해했고, 지구과학자들은 정상적인 과학의 세계로 복귀했다. 그러나 또 다른 격변이 벌어졌다. 이 고요한 통합의 시기는 때때로 소행성이 외계로부터 날아와 지구의 지질학적 시기를 느닷없이 바꿔놓는다는 주장에 의해 다시 한 번 어수선해졌다. 재난 시나리오 과학자들은 오늘날 핵겨울(핵전쟁으로 인한 지구의 한랭화 현상—옮긴이)에 대한 공포와 비슷하게 유성의 폭격이 자욱한 먼지구름을 일으켜 빛이 차단되고 공룡이나 다른 동식물이 멸종하는 장면을 떠올렸다. 지구는 동일 과정을 유지한다는 균일론이 이번엔 우주격변설cosmological catastrophism의 공격을 받게 되었다.

원래 지질학은 천문학과는 별개의 것이었지만 20세기 동안 두 학문은 나란히 발전했다. 두 학문은 전쟁, 기금, 수학화에 영향을 받아 새로운 거대 과학인 지구과학과 우주론에 편입되었다. 그러나 이 구분조차도 애매했다. 지구과학자들은 우주 환경을 고려하고 있었고, 우주론자들도 외계에서 날아온 돌덩이에서 생명을 분석하기 위해 지질학자들의 도움이 필요했다. 소행성 이론이 보여주듯이, 그들은 해묵은 기본적인 질문을 제기하고 있었다. 변화는 점진적인 것인가, 급격한 것인가? 대륙 이동에 관한 지구과학자들의 논쟁은 전체 우주에 대한 논쟁을 불러왔다. 그렇다면 우주는 영원이 안정적이었을까? 아니면 폭발적으로 생겨났을까?

우주가 일정한 형태를 유지하느냐 변하느냐는 증거 못지않게 개인적인 신념에 의해 영향을 받기도 했다. 거대한 장비들, 복잡한 수학, 거대 과학을 가능하게 한 산업차원의 프로젝트 등에도 불구하고 과학자는 사람이지 합리적인 기계가 아니었다. 아인슈타인만 보더라도, 그는 팽창하는 우주를 전제로 한 일반 상대성 이론의 예측을 뒤엎기 위해 안정적 우주를 인정하는 실수를 범했다고 인정했다. 비록 비판 의견을 몇 년간 묵살했지만, 결국 그는 자신이 틀렸음을 의미하는 몇몇 놀라운 결과를 전해들었다. 베게너가 그린란드로 죽음의 여행을 떠났을 때(그는 그린란드로 탐험을 떠났다가 1930년 11월에 조난당해 죽었다—옮긴이) 아인슈타인은 자신의 실수를 직접 확인하기 위해 천문학자 에드윈 허블Edwin Hubble을 만나러 캘리포니아로 떠날 계획을 세웠다.

허블은 그의 이름을 따서 만든 우주망원경으로 유명하지만, 그의 배타적인 태도를 빗댄 '거물'이라는 별명이 붙기도 했고, 영국인인 척하길 좋아해서 '재수 없는 녀석'이라 불리기도 했다. 1차 세계대전에서 장교로 복무한 직후 허블은 미국 천문학계에서 최대 논쟁의 핵심 인물이 되었다. 거대한 하나의 은하만 존재하는가? 아니면 수많은 작은 은하들이 우주 전체에 섬처럼 흩어져 있는가? 과학자들은 자료를 분석하여 결정을 내려야 했지만, 이 경우에는 자료가 갖는 의미에 대한 합의 자체가 불가능했다. 새벽을 함께 맞이했어도 프톨레마이오스는 떠오르는 태양을 보았고 갈릴레오는 떨어지는 지구를 보았던 것처럼, 어느 일방이 설득력 있는 주장을 내놓으면 똑같은 관찰 결과를 가지고도 상대방은 다른 이론을 펼쳤다.

천문학자들에게는 우주를 측정할 자가 필요했는데, 인간 컴퓨터인 헨리에타 리비트Henrietta Leavitt가 바로 그 자를 제공했다. 그녀는 지난 300년 동안 과학의 궂은일에 동원됐던 수많은 여성 가운데 한 명이었다. 여성들은 계산 정도는 충분히 할 수 있었고, 지적이었음에도 장시간 저임금 노동을 감내할 정도로 필사적이었기 때문에 엄청난 수치들을 뽑아내는 전자시대 이전의 수학자 역할을 도맡았다. 뿐만 아니라 1960년대 미국의 가정주부들은 아원자 입자를 찍은 사진에서 입자의 흔적을 해석하는 일에 대거 참여하기도 했다. 20세기 초 하버드에서 컴퓨터가 하던 일은 사진판을 검사하고 기준 조색판을 이용해서 각 항성들의 밝기를 측정하는 것이었다. 나서기 싫어하고 몸도 안 좋았던(그녀는 청각장애자였다-옮긴이) 리비트는 비록 단순 노동에 고용되었지만, 상관을 설득하여 광채에 따라 별을 구분하는 일을 하게 되었다. 변광주기pulse-rate에 대한 별의 밝기를 분류하면서 그녀는 직선의 그래프를 생각해냈다. 허블은 나중에 이 그래프를 이용해서 자기가 발견한 새로운 별의 거리를 알아낼 수 있었다. 그녀가 계산한 우주는 하나의 은하를 품기에는 너무나 광대해서 여러 개의 은하들이 있다는 이론에 힘을 실어주었다. 그러나 리비트는 이미 죽었고, 그녀의 세부적인 공헌은 잊혔으며, 그녀가 차지할 영광은 천문대 소장의 몫이 되었다.

허블은 연구를 계속하여 독자적인 직선 그래프를 만들었고, 리비트의 중요한 발견을 바탕으로 멀리 떨어진 성운들의 거리를 계산하고 그 거리를 다시 속도에 대비시켰다. 아인슈타인이 생각을 바꾼 까닭은, 하나의 은하가 멀리 떨어져 있을수록 그 은하가 지구로부터 멀어지는 속도는 더 빨라진다는 사실을 허블이 보여줬기 때문이었다. 아인슈타인이 옥스퍼드로 돌아와 설명할 때(그림 40의 칠판 참고), 허블의 도식은 아인슈타인 자신도 받아들이기 힘들었던 상대성 이론의 결론, 즉 우주는 작고 밀도가 높은 하나의 덩어리에서 출발하여 끝없이 팽창해왔다는 결론을 확인시켜주었다. 허블이 살던 지역 신문에는 이렇게 실렸다. '별을 공부하기 위해 오자크를 떠난 젊은이가 아인슈타인의 생각을 바꾸다.'[7]

아인슈타인은 우주 팽창을 인정했지만, 그를 추종하던 일부 과학자들은 동의하지 않았다. 그들이 망설인 데는 과학적인 이유도 있었지만, 신학적인 이유도 컸다. 20세기 중반에는 극명하게 두 진영으로 나눠졌고, 마틴 라일Mrtin Ryle과 프래드 호일Fred Hoyle이라는 케임브리지 천문학자 두 명이 양 진영을 대표했다. 라일의 빅뱅 이론으로 무장한 진영에서는 우주가 아주 작고도 거대한 중심으로부터 바깥을 향해 폭발했다고 주장했다. 그들은 이 이론이 아니고서는 허블의 팽창과 아인슈타인의 상대성 이론을 설명할 수 없다는 입장이었다. 더욱이 그 이론은 '하나님이 태초에 하늘과 땅을 창조했다' 는 성서의 첫 구절과도 부합했다. 무신론자임을 공언한 프레드 호일을 중심으로 한 다른 과학자들은 종교적 관점이 과학을 침해하는 것을 혐오했다. 신의 우주가 시간을 따라 궤적을 남긴다는 성서의 개념을 거부한 그들은 우주란 일정한 상태를 유지하며 물질이 끊임없이 생성됨에 따라 점차 확장하지만 인간이 어디에서 그 우주를 바라보든 겉으로 보이는 모습은 항상 일정하다는 주장을 펼쳤다.

1960년대에 라일이 두 가지 실험에 성공하자 빅뱅 이론을 주장하던 이들은 승리를 확신했다. 미국의 벨전화연구소에서 천문학자들은 그들의 망원경을 교란해온 전파 잡음의 원인을 밝혔다고 발표했다(가능한 한

---

7. 조지 존슨George Johnson, 『미스 리비트의 별 : 우주 측정법을 발견한 여자들에 관한 알려지지 않은 이야기Miss Leavitt' Stars : The Untold Story of the Woman Who Discovered How to Measure the Universe』(뉴욕 : 노턴, 2005년).

모든 오해를 제거하기 위해 심지어 비둘기 똥까지 청소했다). 그들은 우주 전체에 퍼져나간 저온 방사 현상을 발견했으며, 이것이야말로 최초의 폭발이후 우주가 식어가는 현상이라면서 자신들의 주장을 공고히 했다. 또하나의 중요한 발견은 '퀘이사Quasar' 라고 불리는 일종의 전파별로, 이는 지구에서 아주 멀리서만 발견되었으며 아주 빠른 속도로 멀어지고있었다.

호일과 그의 지지자들은 패배를 인정하지 못했다. 쌓여가는 반증에도 불구하고 쿤학파의 보수주의자들처럼 지키지 못할 이론을 힘겹게부여잡고 있었다. 우주는 안정적이라는 주장은 점차 그 영향력을 잃어가고 있었지만, 호일이 우주론에 미친 영향은 적지 않았다. 호일이 라디오와 잡지를 통해 자신의 견해를 계속 퍼뜨리고 다니자 빅뱅 주창자들은 그의 비열한 전략을 비난했다. 그럼에도 불구하고 호일은 이름 없는 간행물에서부터 일간지에 이르기까지 난해한 과학적 주장을 퍼뜨려대중의 지지를 확보했고, 정부의 관심을 끌어 기금을 마련했다. 호일덕에 우주 연구가 유행을 타게 되면서 과학단체들이 정부의 지원을 끌어내기가 한결 쉬워졌다. 결국 호일을 조롱했던 천문학자들도 궁극적으로는 그의 도움을 받은 셈이었다.

아인슈타인도 우주가 팽창한다는 데 마침내 동의했지만, 그리고 아원자계의 확률 법칙이 확립되기까지 자신의 역할이 중요했지만, 그는끝내 양자역학의 정당성을 받아들이지 않았다. 아인슈타인에게는 이런모든 것들이 실재를 묘사한 것이 아니라 단순히 수학적 도구일 뿐이었다. 우주 전체를 아우르는 포괄적 공식을 찾으려 했던 수십 년에 걸친그의 노력도 모두 허사였다. 이와 대조적으로 20세기 중반에 대부분의이론물리학자들은 양자의 세계에 집중해 실험실 연구자들이 극미립자를 찾아낼 수 있도록 이론적 바탕을 제공했다. 아인슈타인의 '휘어진 시공간'은 이제 일부 외로운 수학자들이 차지하고 있는 정신적인 오지가 되고 말았다.

아인슈타인이 죽은 후 1960년대에 들어 상대성 이론은 다시 한 번 진가를 발했다. 상대성 이론은 공식 그 자체로 중요해졌다. 강력한 전파 망원경이 보여주는 우주는 너무나 빠르고 컸지만 상대성 이론의 공식으로 충분히 설명이 가능했다. 이러한 상대론적 불가사의를 설명하기 위해 괴상한 이름들도 만들어지기 시작했다. 퀘이사에 이어 '펄사Pulsar'(펄사도 방사 현상을 보이지만 반짝이는 것처럼 보인다)가 등장했다. 펄사는 케임브리지에서 출력된 자료에서 조셀린 벨Jocelyn Bell이 발견한 드물고 아주 미세한 빛이었다(조셀린 벨은 자신의 발견을 믿지 않고 그 신호가 BBC 방송의 방해 전파 때문이라고 우기는 상관에게 분개했다. 이후 그녀는 과학계에서 여성의 권익을 위해 활동하는 운동가가 되었다).

가장 유명한 천문학적 불가사의는 블랙홀이다. 블랙홀이란 이름은 수학으로는 해결할 수 없는 호기심의 영역이라고 아인슈타인이 조롱했던 이론적 지점을 널리 알리기 위해 지어진 이름이다. 체셔 고양이(『이상한 나라의 엘리스』에 나오는 고양이−옮긴이)의 능글맞은 웃음처럼, 블랙홀은 시야에서 희미하게 사라져 오직 엄청난 중력으로만 파악되는 별의 중심부다. 1980년대가 되자 블랙홀을 중심으로 웜홀, 우주끈, 암흑물질, 중력파 등의 개념이 생겨났고, 이 단어들의 의미를 거의 모르는 사람들까지 고에너지 천체물리학을 대단한 과학으로 받아들였다. 스티븐 호킹의 책은 아마도 역사상 가장 적게 읽힌 베스트셀러가 되었지만, 그는 육체와 영혼이 분리된 천재의 표상이 되어 언론 매체를 통해 스타가 되기도 했다.

이 낯선 우주론은 숭배자들을 몽롱하게 만든다. 그러나 신생 분야임에도 불구하고 제기된 몇몇 이의는 잘 알려져 있다. 아인슈타인이 묘사를 위한 수학적 방정식과 설명을 위한 철학적 모델을 구분한 것은 과학을 이해하기 위한 필수 단계다. 아인슈타인은 양자역학이 비록 별난 현상들을 설명하는 데 유용하지만, 확률에 기반을 둔 양자역학은 주사위 놀이를 하지 않는 신의 숭고한 뜻을 이해하지 못한 무지한 인간이 잠시 거쳐 가는 학문에 불과하다고 믿었다. 이와 마찬가지로 우주론자들도 블랙홀이나 우주끈, 그리고 그와 유사한 해괴한 용어들이 수학적으로는 그럴듯한 개념이라고 인정하면서도 그것들의 물리적 실재에 대해서는 고개를 갸우뚱한다.

20세기 말이 되자 무신론자들은 과학이 마침내 종교를 불필요하게 만들었다고 공격적으로 떠벌렸다. 그러나 우주론자들이 우주의 가장자리를 흘끗거리고 시간의 기원까지 거슬러 올라갔다고 하지만, 신의 존재를 논박하려면 아직 멀고도 멀었다. 빅뱅 직후까지 우주의 역사를 추적한 것은 별처럼 빛나는 업적이지만, 빅뱅이 처음 어떻게 시작되었는지에 관한 원초적인 의문은 여전히 남아 있다. 과학에서는 너무나 흔한 일이었지만, 증거를 해석하는 방식은 결국 무엇을 찾고자 하는지에 달렸다.

정보 : 전쟁과 평화, 비밀과 공유

생활 속에서 잃어버린 삶은 어디에 있는가?
지식 속에서 잃어버린 지혜는 어디에 있는가?
정보 속에서 잃어버린 지혜는 어디에 있는가?
– T. S. 엘리엇T. S. Eliot, 「바위The Rock」, 1934년.

정보 처리의 역사가 비밀에 가려져 있다는 것은 아이러니다. 오늘날 구글은 우리가 몰라도 좋을 정보들까지 즉각적으로 제공하지만 원래 컴퓨터는 정보의 흐름을 엄격하게 제한하는 비밀유지 정책 하에서 개발되었다. 대규모 전자계산기들은 적의 암호를 해독하고 미사일의 탄도를 계산하기 위한 군사적 목적으로 개발되었으며, 세부 내용이 세어나가지 않도록 엄격하게 보호되었다. 영국 정부가 공원으로 위장한 블레츨리 파크Bletchley Park라는 군사 기지에서 개발한 전쟁 장비에 대한 공식기록(엉뚱하게도 '참치에 관한 보고서'라고 위장했다)을 기밀문서에서 해제한 것은 2000년이 되어서였다. 인터넷에는 전자 정보가 자유롭게 떠돌지만, 이런 전자 정보도 세계적인 비밀망으로부터 자유롭지 못하다.

20세기 중반에 과학이 군사 목적으로 사용되면서 두 개의 이데올로기가 충돌했다. 과학자들은 빠른 진보가 가능하도록 정보를 자유롭게 교환해야 한다고 믿었다(어쨌든 원칙적으로는 그랬다). 이와 대조적으로 정보 요원들의 활동은 세분화되었고, 개개인이 다루는 정보는 제한되었다. 원자 폭탄이나 컴퓨터 따위의 전쟁 프로젝트에 과학자들이 참여하고 군지휘관들이 책임을 맡게 되면서 이 두 가지 입장은 첨예하게 충돌했다. 국제회의에서 자신들의 연구를 공유하던 과학자들은 이제 국가 안보라는 명목의 속박에 따를 것을 강요받았다.

이런 분위기는 냉전 시대의 컴퓨터 과학 전반에 팽배하여 방호체계 연구는 철저히 비밀에 부쳐졌다. 전자 분야에서 러시아를 이기겠다는 열망으로 미국 정부는 군은 물론이고 컴퓨터를 생산하는 개인 기업들과 대학에도 막대한 자금을 투입했다. 군계와 학계, 산업계의 관심사는 서로 밀접하게 얽혀 있었다. 이러한 관계를 대표적으로 보여주는 것이 바로 컴퓨터였다. IBM과 같은 기업의 후원을 받아 대학 연구실에서 만들어진 컴퓨터는 해군이 주로 사용했다.

이 공생관계는 서로에게 유리했던 것 같다. 기업체는 정부 지원을 받아 어려운 시절을 넘겼을 뿐 아니라 확실한 거대 시장에서 이윤을 남겼고, 군사 전문가들은 최신 제품을 즉각 활용할 수 있었다. 그러나 보이지 않는 단점도 있었다. 정부에 고용되지 않은 연구자들은 계산 기계를 활용하기가 매우 힘들었고, 정부의 지원을 받는 연구자들은 정보 공유의 윤리를 더 이상 지키지 못하고 비밀 유지에 동의할 수밖에 없었다.

영국, 독일, 미국의 군 발명가들은 2차 세계대전 동안 각각 비밀스럽게 컴퓨터에 매달렸다. 일반인들은 1946년에야 비로서 이 연구에 대해 어렴풋이 알게 되었다. 미 육군은 기자회견을 열어 에니악ENIAC,

그림 55 | 에니악, 펜실베이니아에 있는 무어 전기공학학교Moore School of Electrical Engineering, 1945년.

Electronic Numerical Integrator and Calculator을 공개했다. 에니악은 대학에서 개발되었지만 제복을 입은 사람들이 운용했다(그림 55). 강렬한 인상을 주기 위해서 특별 계기판을 급조하였고, 반씩 쪼갠 탁구공들 뒤에 전구를 배치하여 조명효과까지 주었다. 거대한 전자 장비가 큰 방을 가득 채웠지만, 성능은 오늘날 작은 노트북에도 훨씬 못 미쳤다. 그럼에도 불구하고 인간이 만든 이 기계에 언론은 넋을 잃었고, 이 기계가 인간의 두뇌 속 뉴런보다 수백 배는 빠르게 작동한다고 호들갑을 떨었다. 섬뜩하긴 하지만 자극적인 뉴스였다.

언론은 에니악을 세계 최초의 컴퓨터라고 대서특필했지만, 이 기계는 단점이 많았다. 에니악에는 전기 스위치 역할을 하는 1만 8000개의 진공 관이 있으며, 이 진공관들은 자주 터져버려서 사람이 일일이 갈아줘야 했다. 또한 진공관이 작동하면 엄청난 열이 발생했다. 초기 컴퓨터에서 는 온도를 낮춰주는 일이 심각한 문제였다. 이따금씩 날아드는 곤충도 신경써야 할 문제였다. 나방이나 파리가 컴퓨터의 내부 연결을 엉망으로 만들 수 있기 때문이었다. 프로그래머들이 사용하는 '디버그debug'는 초 창기 전자 장비에서 실제로 있었던 일을 표현한 용어다. 이 기계에는 본 질적으로 매우 심각한 한계가 있었다. 원래 에니악은 포탄의 탄도를 계 산하려는 목적으로 만든 기계였다. 일기예보나 충격파의 움직임과 같은 임무를 수행하려면 며칠에 걸쳐 사람이 직접 손으로 전선을 재배치해야 했다. 그리고 이런 일은 주로 여자들의 몫이었다. 에니악은 컴퓨터의 원 형原形이라기보다는 하나의 거대한 계산기였다. 이 기계에게 다른 계산 을 시키려면 실제로 기계를 다시 조립하지 않고서는 불가능했다.

소수의 영국 과학자들만이 알고 있었던 보다 성능 좋은 기계들이 블 레츨리 파크에서 이미 가동되고 있었다. 역시 군사 용도로 사용된 이 기계들은 독일의 정보망에 침투하여 그들의 암호화된 대화를 해독했 다. 독일이 날마다 암호를 바꿔도 외교 메시지들이 낱낱이 해독되었고, 그에 대한 대책이 마련되고 있다는 사실을 비밀에 부쳐야 했기에 블레 츨리 파크 프로젝트의 성공 여부는 철저한 기밀유지에 있었다. 암호가 바뀌기 전에 유보트U-boat(1·2차 세계대전 때 대서양·태평양에서 활동한 독 일의 중형 잠수함-옮긴이)의 공격이나 공습에 대비해야 했기 때문에 속도 또한 관건이었다. 보안 유지를 위해 블레츨리 근무자들은 소규모 팀 단 위로 일했고, 자신들이 맡은 업무 외에는 아는 것이 없었다. 수천 명의 관계자들은 비밀을 엄수하겠다는 서약을 지켰고, 세계에서 최초로 디지털 컴퓨터를 개발한 나라가 미국이 아니라 영국이란 사실도 밝히지 않았다.

전쟁이 끝날 무렵, 10대의 콜로서스Colossus 기계들은 입수된 문장들을 읽으며 그날의 암호와 맞아떨어지는 결과가 나올 때까지 수많은 유형의 글자들을 빠른 속도로 비교하고 있었다. 각각의 콜로서스가 스스로 선택을 하고 있었기 때문에 이 임무는 성공할 수밖에 없었다. 콜러서스는 하나의 가능성만을 찾아 단순검색 작업만 하는 게 아니었다. 콜로서스는 원하는 답이 아닌 정보를 단번에 제거했으며, 미리 입력된 명령을 수행하기도 하고, 때로는 작동을 멈추고 사람의 도움을 기다리기도 했다. 물론 오늘날 컴퓨터보다는 응용력이 떨어졌지만, 스스로 결정을 내렸다는 점에서 콜로서스는 에니악과 달랐다. 기지 전체가 하나의 거대한 정보 처리 기계로써 독일군의 계획을 정확하게 알아내고 있었다. 기지 내에서는 인간과 기계, 전자 장비들이 명령에 따라 하나가 되어 움직이고 있었다.

기지에서 일했던 사람들조차도 잘 몰랐던 일이지만, 의사 결정에 관한 세계적인 수학 전문가였던 앨런 튜링Alan Turing도 블레츨리 파크에서 일했다. 튜링은 세계적 정보와 소통이 바로 돈과 권력인 세상, 즉 오늘날 우리의 정보사회를 창시한 인물로 추앙받고 있다. 하지만 그의 명성이나 인생은 베일에 가려질 수밖에 없었다. 업무를 둘러싼 비밀 말고도 그는 자신이 동성애자라는 사실을 숨기고 지냈다. 그 당시에는 동성애가 불법이었기 때문이다. 법정은 그에게 동성애 사실을 자백받은 후 1년간 호르몬 치료를 명했고, 결국 튜링은 1954년에 독을 바른 사과를 먹고 죽었다. 그는 평생을 알려지지 않은 곳에서 동성애자로 지내며 반역자 취급을 받았다. 그러나 지금은 비극적인 삶을 산 동성애자의 표상

이 되었고, 독일의 보안을 뒤흔들어 애국을 실천한 정보 분야의 스승이
되었다.

튜링과 그의 동료들이 서약대로 전시 활동에 대해서 비밀을 지켰기
때문에 프로그래밍이 가능한 최초의 컴퓨터는 세상에 알려지지 못했
다. 그럼에도 불구하고 튜링은 컴퓨터를 작동하는 기술에서나 컴퓨터
자체의 중요성에 막대한 영향을 끼쳤다. 전쟁이 끝나자 군과 사업체 모
두는 더 크고, 빠르고, 막강하고, 하나의 임무에서 다른 임무로 쉽게 전
환하도록 프로그래밍이 가능한 컴퓨터 개발에 박차를 가했다. 튜링은
기계 지능에 관한 근본적인 문제를 제기하여 전자 회로를 인간 지능과
가장 근접하게 만들었다. 어린 시절 절친했던 친구가 죽은 후로 튜링은
영혼에 관한 기독교의 전통적 개념을 의심했다. 이러한 튜링의 윤리의
식은 컴퓨터를 대하는 그의 철학을 규정했다. 비록 전자 회로로 구성되
었지만 컴퓨터도 생각할 수 있다는 그의 믿음은 복잡한 분자들 속에서
생명을 찾던 생물학적 결정론자들의 신념과 닮아 있다. '생각'을 규정
하는 일이 쉽지 않다는 점은 시인하면서도 튜링은 컴퓨터도 인간처럼
생각한다고 확신했다.

튜링의 입장을 수용한다는 것은 기계는 물론 인간의 존재까지도 새롭
게 규정하는 일이었다. 과연 컴퓨터는 인간의 뇌를 본뜬 것일까, 아니면
그 반대일까? 당시 유행하던 만평들에는 눈이 달려 있고, 목소리를 낼
수 있으며, 인간의 팔을 닮은 전자 부속물이 달린 컴퓨터가 자주 등장했
다. 컴퓨터를 인간에 비교하는 방향에서 인간을 컴퓨터에 비교하는 방
향으로 전환되기도 했다. 과학자들은 처음에 전자 회로들이 엄청나게
빠른 신경세포를 닮았다고 열광했지만, 곧 살아 있는 인간의 신경계가
전자 회로처럼 작동한다고 역으로 생각하기에 이르렀다. 인간의 정신

분석에 있어서도 과학자들은 마치 온/오프 중 하나를 선택하는 전자 스위치처럼 일련의 복잡한 분기점들을 거치면서 신호들이 전송되어 의사 결정을 내린다고 생각했다. 그들은 주로 타이피스트를 예로 들어 설명했다. 상사의 지시 내용이 귀로 들어오면 비서의 몸과 두뇌가 이를 간단한 전기적 신호로 해석하여 손가락을 움직이게 한다(비서가 문법 점검까지 하면서 타자를 친다면 컴퓨터의 기능과 좀 더 비슷해질 것이다).

튜링은 실제 경험과 자신이 생각한 개념들을 혼합했다. 전자컴퓨터가 등장하기 전인 1930년대에 그는 기호와 공란들로 빽빽하게 명령을 기록한 긴 종이테이프를 읽는 기계를 구상했다. 그는 인간처럼 행동할 수 있는 기계를 마음에 그리고 있었다. 1950년이 되자 이러한 수학적 상상력이 실제로 구현될 수 있을 것으로 보였다. 그는 자신에게 익숙한 암호와 성 정체성을 가지고 문제를 만들었다. 첫 번째 질문은 다음과 같았다. 출력된 대답만을 보고 응답자가 남자인지 여자인지를 어떻게 알 수 있을까? 한걸음 더 나아가 그는 이런 질문을 던졌다. 응답자가 사람인지 기계인지 어떻게 알 수 있을까?

인간과 기계의 경계는 냉전기간 동안에도 여전히 모호한 상태였다. 냉전기간 동안 정부는 자금을 투입하며 인공 지능 연구에 박차를 가했다. 기술자들은 사람처럼 행동하는 컴퓨터 제작에 열을 올렸고, 심리학자들은 인간의 뇌를 전자 회로처럼 묘사했다. 블레츨리 파크에서 시작된 인간과 기계의 공생관계는 인간과 상호작용하는 컴퓨터들이 고안되면서 사회구조까지 바꿨다. 프로그래밍 언어는 군인들이 기계를 쉽게 다룰 수 있도록 점점 인간의 언어를 닮아갔다. 무기의 효과를 개선하기 위해 무기가 작동하고 폭발하는 모든 순간들을 실시간으로 분석할 수 있는 컴퓨터들이 만들어졌다. 컴퓨터 기술이 폭발적으로 진보하자 군사용 장비들은 곧 민간용으로 전환되어 급여 체계와 배달 일정을 관리하고 생산비를 줄이는 일에도 활용되었다. 1970년대에 들어와 소형회로가 더욱 작아지자 제조업체는 가정용 컴퓨터 시장을 만들어냈고, 막대한 이윤을 도모했다.

컴퓨터광들이 흔히 그러하듯 튜링도 미래를 대체로 밝게 보았다. 그는 세기말이 되면 기계가 생각한다는 개념이 보편화될 것이라고 예측했다. 전자 기술이 급격하게 발달함에 따라 컴퓨터는 더욱 작아지고 빨라졌으며 가격까지 저렴해졌다. 그러자 전문가들은 저마다 성급하고도 설익은 장밋빛 전망을 내놓았다. 1997년에 딥블루Deep Blue 컴퓨터가 세계 체스챔피언을 이겼지만, 딥블루가 이긴 비결은 맞상대한 인간의 전술을 채택하여 조율을 거쳤기 때문이었다. 컴퓨터가 인간화된다기보다는 인간이 점점 컴퓨터에 맞춰가는 형국이 전개되었으며, 물리적 실생활은 그 중요성이 점차 떨어지고 있었다. 거대한 컴퓨터 시스템을 동원하여 미사일 발사, 보급품 공급, 전략 검증 같은 전쟁 모의실험을 할 수 있게 되었고, 사람들은 가정에서 스크린을 통해 전쟁 놀이를 하거나 인간과 비슷하게 생긴 컴퓨터들이 지배하는 가까운 미래를 그린 「2001」이나 「블레이드 러너Blade Runner」 따위의 영화를 봤다. 20세기말이 되자 가상 세계에서의 군사 훈련이 가능해졌다. 조종사는 목숨을 걸지 않고도 폭격기를 조종할 수 있게 되었고, 병사들은 안전한 온라인에서 백병 전술을 익힐 수 있게 되었다. 이와는 대조적으로 민간인 해커들은 바이러스를 침투시켜 또 다른 전쟁의 희열을 만끽했다. 컴퓨터 속에서의 삶이 현실의 삶보다 더 친숙한 세상이 되었다.

컴퓨터 천국을 꿈꾼 이는 튜링만이 아니었다. 월드와이드웹(WWW)이 시작되기 30년 전인 1960년대에 캐나다의 대중매체 학자인 마셜 맥루한Marshall McLuhan은 전자 기술이 세계를 하나의 지구촌으로 재탄생시킬 것이라고 선언했다. 정부가 컴퓨터를 군사 목적으로만 사용하자 캘리포니아의 전문가들은 가상공동체의 모든 구성원이 정보에 자유롭게 접근하고 공유해야 한다고 주장했다. '전쟁이 아니라 평화'라는 개념을 컴퓨터에도 적용하여 민주적 정부와 보편적 교육에 공헌해야 한다는 주장이었다. 컴퓨터가 거대한 골격을 벗어버리고 탁상용 컴퓨터로 재편성되면서 개인용 컴퓨터 산업이 발빠르게 움직였다. 그 뒤를 이어 다가온 인터넷 시대는 모든 이에게 열려 있으며, 그 누구의 통제도 받지 않는다는 이유로 각광을 받았다.

튜링을 비롯한 정보 유토피아주의자들의 꿈은 아직 미완으로 남아 있다. 인터넷은 전 세계로 뻗어나가지만, 인터넷을 이용하는 목적에서는 빈부의 골이 좁아지기는커녕 더욱 넓어지고 있다. 어쩌면 정보는 무상으로 공급되고 있다지만, 가치가 없거나 심지어 위험하기까지 한 정보들도 허다하다. 온라인의 익명성으로 인해 아동을 대상으로 한 포르노와 테러에 악용될 지침서들이 난무한다. 그리고 모든 것이 전자 암호화되면서 개인의 사생활은 사라지고 있다. 맥루한이 예언했던 지구촌에서는 몰래 카메라가 사람들의 일상을 모조리 기록하고, 그 내용들은 네트워크의 장막 뒤에서 호기심만 채우는 잡담거리로 전락하고 있다. 이처럼 컴퓨터는 여전히 전쟁과 비밀에서 헤어나지 못하고 있다.

경쟁 : 우주 경쟁에서 핵 경쟁으로

2차 세계대전이 끝날 무렵, 많은 과학자들은 우주 어딘가에 분명히 생명체가 존재할 것이라고 믿었다. 우리 은하계에만 해도 1000억 개가 넘는 항성들이 존재하고 있으니, 지구라는 행성만 특별할 이유는 없지 않은가? 이탈리아 핵물리학자로서 미국의 원폭 개발을 도왔던 엔리코 페르미가 볼 때 이 질문에는 치명적인 결함이 있었다. 그는 되물었다. 어째서 우리는 외계인들의 증거를 찾지 못했는가? 페르미가 던진 질문에 대한 명쾌한 답은 외계인은 없다는 것이다. 그러나 히로시마 원폭 이후로 더욱 끔찍한 대답이 나왔다. 지능이 진화하면서 스스로에게 내재된 파괴 본능이 발현되었을 수 있지 않을까? 냉전 동안에 원자로들이 우후죽순처럼 등장하고 국제적 긴장이 높아가면서 전 세계는 파멸의 길을 걷고 있는 것처럼 보였다. 페르미의 역설은 지구의 지정학을 상징하게 되었다.

세상이 사라질 것이란 공포는 두 개의 초강대국이 팽팽하게 대립함으로써 더욱 커졌다. 영화 「스타워즈Star Wars(1977년)」는 이 시기를 전 세계가 빛의 선과 어둠의 악이라는 양 진영으로 나뉘어 사생결단을 벌였던 시기로 표현했다. 이상적인 인공 지능의 세계에서 사실과 허구가 서로 섞이듯이 우주 충돌을 그린 영화 역시 현실을 반영하기 시작했다. 할리우드 출신으로 처음 대통령이 되었던 미국의 로널드 레이건Ronald Reagan은 「스타워즈」라는 이름으로 우주에 거대한 미사일 방어막을 설치할 것을 제안했다.

역사상 과학이 이토록 노골적으로 정치와 한통속이 된 적은 없었다. 냉전 동안에는 과학적인 외양을 띈 연구 프로그램조차 정치 투쟁에 의해 좌우되었다. 전 세계의 정부들이 자신들의 입지를 굳히기 위해서 막대한 예산을 쏟아 부우며 우주 개발과 핵에너지 개발에 힘썼다. 특히 미국과 러시아는 과학적 성공을 앞세워 동맹을 확보하고 영향력을 굳건히 했다. 실제로 핵전쟁에 돌입하지는 않았지만, 두 강대국은 자신들의 프로젝트가 갖는 정치적 의미를 국민들에게 인식시키기 위해서 엄청난 선전을 펼쳤다. 일례로, 그림 56의 러시아 삽화는 미국에 비해 러시아가 기술적 우위를 점하고 있다고 자랑할 뿐 아니라 개발도상국들의 관심을 유도하고 있다. 1961년, 유리 가가린Yuri Gagarin이 인간으로는 처음으로 우주를 비행했을 때 그가 탄 우주선의 이름은 '동양'을 의미하는 '보스토크Vostok' 였다. 러시아인들에게는 우주선 '동양'이 '서양' 에 대한 그들의 지속적인 우월성을 상징하기도 했지만 아프리카, 아시아, 남아메리카의 지지를 얻기 위한 이름이기도 했다. 그들은 이미 최초의 인공위

그림 56 | 「아프리카여, 시대에 발맞춰 나아가자」, 유리 가가린이 우주선에서 아프리카를 향해 경례하는 장면, 『우주 시대의 여명The Morning of the Cosmic Era』, 1961년.

성 스푸트니크Sputnik를 지구 궤도에 올려놓음으로써 경쟁에서 앞서나가고 있었다. 가가린의 비행은 마치 공산주의만이 낡은 제국주의의 압박으로부터 후진국을 해방시키고 진보를 담보해준다는 의미로 비쳤다.

스푸트니크가 과학적 협조 증진을 위한 국제지구물리년International Geophysical Year(IGY, 1957–1958년)에 맞춰 발사된 것은 참으로 아이러니다. IGY는 전 세계적 규모로 진행된 전례 없이 야심 찬 계획이었다. 67개국이 참여하고 6만 명가량의 과학자들이 투입되었으며, 수십억 달러를 지원받아서 지구의 표면뿐만 아니라 기후와 해양, 날씨와 화산은 물론 태양의 자기장과 우주방사선 등 지구와 관련된 모든 것을 조사했다. 미래의 협조를 보증하기 위해 외계와 남극 대륙을 국제적인 연구지역으로 선포했다. IGY는 과학적 공동 연구가 정치적 차이를 초월한다는 전제로 시작되었으며, 프로젝트가 끝날 때는 인류의 지식에 크나큰 보탬이 되었다는 축하파티도 열렸다.

저마다의 속셈을 가지고 각국 정부는 IGY에 막대한 자금을 투입했다. 지구물리학 연구는 과학적 성과도 컸지만 상업적, 군사적으로 중요한 의미가 있었다. 지진을 관측하던 국제적인 연결망은 지하에서 벌어지는 폭발 실험도 찾아낼 수 있었다. 광물 매장지를 파악하는 것은 과학뿐 아니라 금전적으로도 엄청난 가치를 지녔다. 양 극점 연구를 통해 정부는 생물학과 지질학에 도움이 되는 자료를 축적했는데, 이 자료들은 군사 전략적으로도 매우 중요했다. 해양학자들은 군함의 도움을 받아 해저 지형을 그릴 수 있었지만, 음파 장치는 적의 잠수함을 찾아내는 데도 필수적이었다. 기후 예측은 새로운 무기의 가능성을 열어 인공 구름으로 농작물을 망치게 하거나 폭풍우를 발생시켜 도시를 파괴하는 일도 가능해졌다.

2차 세계대전에서 발달한 로켓 기술 덕분에 우주 탐사의 전망이 초미의 관심사가 되었다. 과학자들은 지구 상층부의 대기를 조사할 수 있다는 가능성에 흥분한 반면 각국 정부는 정치적 기회에 더 큰 관심을 보였다. 하지만 이들의 목적은 서로 얽혀 있었다. 과학과 군사의 경계는 이미 모호한 상태였기 때문에 IGY 동안에 이들의 활동을 구분하기는 더욱 어려웠다. 예를 들어, 우주물리학자들은 지상 수백 킬로미터 상공에서 수소 폭탄을 터뜨리는 방법이 지구의 외부에 있는 방사선 지대를 조사하는 데 매우 효과적이라고 주장했다. 돌이켜보면, 이런 과학 실험이 군사적 목적으로부터 자유로울 것이라는 생각은 오히려 너무나 순진해

보인다. 미 육군은 암호명 아르구스Argus로 불린 프로젝트를 실시하면
서 실험으로 인해 태평양 상공에 생긴 이상한 오로라 현상에 대해 세계
가 모두 입을 다물도록 단속했다. 기밀에 부쳤던 연구 결과가 마침내
공개되었을 때 미국 과학자들은 '아르구스 프로젝트는 IGY 프로그램
이 아니라 미 국방부의 역작이었다'[8]는 사실을 밝힘으로써 과학자가 마
땅히 지켜야 할 정보 공유의 의무를 힘겹게 지켰다.

스푸트니크를 비롯한 초기 위성들은 과학적 도구로 개발되었겠지만,
군사적 정찰의 임무를 목적으로 한 냉전의 발명품이기도 했다. 우주 경
쟁이 시작되면서 순수과학이라는 낡은 사상은 지키지 못할 이상이 되
고 말았다. 과학자들은 자신들의 연구를 위해 정부의 지원을 받았다고
생각했겠지만, 과학은 이미 군사화되었고 군사적 정치 역시 이미 과학
화되었다. 정부 정책은 과학적 가능성에 따라 좌우되었고, 역으로 과학
자가 만들어낸 지식도 정치적 필요의 영향을 받았다. 그렇다고 군사화
된 과학이 만들어낸 정보가 틀렸다는 뜻은 아니다. 다만 군사화되지 않
았더라면 다른 형태의 과학이 발전했으리라는 의미다. 예를 들어, 냉전
시대는 정찰 위성과 초정밀 카메라를 필요로 했기 때문에 세계의 경쟁
은 감시 기술에 집중되었다. 1960년대에 들어와 처음으로 지구 바깥에
서 지구를 감시할 수 있게 되었다. 지구물리학에는 우주에 둥실 떠 있
는 지구 사진들이 넘쳐났고, 인간의 고향인 행성으로써의 지구를 바라
보는 시각도 완전히 바뀌었다.

선전활동이 강화되면서 스푸트니크를 궤도에 쏘아올린 러시아 과학

---

8. 리처드 포터Richard Porter, 「머리말Introductory Remarks」, 『지구물리 연구 저널Journal
of Geophysical Research』(1959년).

자들이 선승을 거뒀다. 러시아 정치인들도 IGY 환영회를 워싱턴 소재 러시아 대사관에서 개최하는 외교적 승리를 거뒀다. 스푸트니크와 경쟁할 미국 우주선은 아직 이륙하지도 못했다. 기술적으로 더 뛰어나다고 궤변을 늘어놓을 수는 있겠지만 2등은 국가 위신에 아무런 위로가 되지 못했다. 스푸트니크 프로젝트로 충격을 받은 미국 정부는 교육, 국방, 과학 연구의 모든 초점을 달에 맞추고 자금을 쏟아 부었다. 막대한 비용이나 긴장 고조를 반대하던 이들을 설득하기 위해서 미국 정부는 우주 연구가 많은 파급 효과를 가져올 것이라고 강조했다. 파급 효과를 미리 예측하기는 불가능했지만, 결과적으로는 로봇과 마이크로 전자장비는 물론이고 우주 식량, 눌어붙지 않는 프라이팬, 습기가 차지 않는 스키용 보안경들도 개발했다. 미국 정책 입안자들은 달을 향한 경쟁에 매진했다. 달 착륙이 국가의 자존심을 높이고 베트남 전쟁 같은 불편한 정치 문제들로부터 대중의 관심을 돌릴 수 있으리라 생각했던 것이다.

맹목적인 애국주의자들에게는 그 무엇보다 미국인이 가장 먼저 달을 밟는 것이 중요했다. 그러나 출발은 불안해보였다. 러시아 과학자들은 흐루시초프의 출발 신호가 떨어지기가 무섭게 선두를 놓치지 않겠다는 열정을 보였고, 실제로 몇 차례 연이어 일등을 했다. 러시아의 무인 탐사선이 달에 도착했고, 러시아의 개가 미국의 침팬지보다 앞섰으며, 가가린이 궤도 비행을 한 데 이어 러시아 여자 비행사도 궤도 비행에 성공했다. 그러나 그 이후로 러시아는 속도를 늦췄다. 몇 번의 발사가 대형 참사로 이어지자 러시아 지도자들은 질지도 모르는 경쟁에 엄청난 돈을 투자하고 싶지 않았다. 가난한 나라들에게 공산주의가 기술 진보를 위해 헌신하고 있다고 믿게 하는 것과 한정된 자원을 우주 비행에 쏟아

그림 57 | 닐 암스트롱Neil A. Armstrong과 에드윈 올드린Edwin F. Aldrin, 미국 달 착륙, 1969년 7월 20일.

붓는 일의 득실을 따져야만 했다.

미국에서도 사회 정책에 쓸 막대한 자금을 우주에 쏟아 붓는다는 비판의 목소리가 컸지만, 경쟁하지 말고 협력하라는 그들의 요구는 무시됐다. 1969년, 두 명의 미국인이 달에 도착하자 미국 정부는 대대적인 홍보에 열을 올렸다. 가가린의 비행과 마찬가지로 달 착륙 역시 더할 나위 없는 선전의 기회였다. 그림 57과 같은 사진들이 전 세계로 전송되었고, 사람들에게 달의 울퉁불퉁한 표면과 낯선 음영, 그리고 우주비행사가 미래형 우주선에서 용감하게 발을 내디딜 때 찍힌 발자국들을 보여줬다. 달에서 보낸 메시지는 미국의 성취가 아니라 인류의 성취임을 강조하도록 미리 만들어둔 문장이었다. '이것은 한 인간으로서는 작은 발걸음이지만 인류로서는 위대한 도약입니다.' 인류를 강조했지만, 대기가 없는 달에서도 미풍에 흔들리는 듯한 모습을 연출하기 위해서 미리 단단한 물질로 만들어둔 굽이치는 모양의 성조기를 꽂았다. 우주비행사들이 달에 남기고 온 기념 명판에도 '우리는 온 인류의 평화를 위해 여기 왔다'고 적혀 있지만, 이 문장은 영어로만 쓰였다. 이는 물론 러시아와의 경쟁에서 나온 결과였다. 러시아와의 직접적인 경쟁에서 나온 달 프로젝트는 스파이 위성, 통신망, 방호 체계와 같은 군사적 하드웨어를 만들어냈다.

장엄한 수사적 표현으로 포장하긴 했지만, 세계의 평화는 달 착륙이라는 상징적인 사건 이후에도 전혀 개선되지 않았다. 경쟁은 계속되었을 뿐 아니라 더욱 확장되어 세기말이 되기 전에 몇몇 나라가 자체적으로 위성을 쏘아올렸고, 지금까지 아무도 도달하지 못한 태양계를 향해 날아갈 계획을 짜고 있었다. 국위를 떨치려는 국제적 전쟁에 작은 나라들까지도 자국의 독립성과 현대성을 광고하기 위해 기꺼이 큰돈을 쓰겠다고 덤볐다. 정부마다 독자적인 핵프로그램에 착수했고, 세계는 점점 더 파멸에 가까워지고 있었다. 1963년 프랑스 국방장관은 이렇게 말했다. '핵보유국이 될 것인가, 아니면 무시당할 것인가.'[9]

프랑스처럼 세계의 여러 나라들이 정치적인 힘을 얻기 위해 원자력

---

9. 존 크리게John Krige와 카이 헨리크 바쓰Kai-Henrik Barth의 『세계적인 지식의 힘 : 국제적 사건 속의 과학과 기술Global Power Knowledge : Science and Technology in International Affairs』(시카고: 시카고 대학 출판부, 2006년)에 쓴 편집자 서문에서 인용, (『오시리스Osiris』, 21권 : 「과학, 기술, 국제적 사건에 관한 역사적 관점Historical Perspectives on Science, Technology, and International Affairs」).

을 구매하기 시작했다. 미국이 원폭을 사용해 일본을 황폐화시킨 후, 핵연구는 잠시 중단되다시피 했다. 자신들이 저지른 결과에 경악했던 많은 물리학자들은 힘을 합쳐 압력단체를 결성하고 핵전쟁의 위험성을 알렸으며, 군의 통제를 받지 않겠다고 다짐했다. 그러나 자신들의 과학적 발견에 매혹되어 더 나은 폭탄을 만드는 것이 평화 유지에 필수적이라고 믿었던 과학자들은 여전히 국방과 관련된 연구를 이어나갔다.

헝가리 태생의 유대인 망명자였던 에드워드 텔러Edward Teller는 동료들의 만류에도 불구하고 태양의 활동을 모방해서 핵반응의 폭발력을 높일 수 있다고 주장했다. 그는 2차 세계대전 당시에 페르미와 함께 원폭 연구에 가담한 경험을 가지고 있었다. 일본에 투하된 분열 폭탄에서는 커다란 원자들을 분리할 때 에너지가 방출되었다. 텔러는 매우 작은 원자들이 융합할 때 방출되는 에너지를 이용해서 더욱 막강한 융합 무기를 만들자고 제안했다. 러시아가 이미 폭탄의 자체 개발에 돌입했다는 첩보를 접한 미국 정부는 텔러에게 강력한 수소 폭탄 개발을 허락했다.

미국의 군사 과학자들은 남태평양을 실험기지로 전환하여 핵실험을 감행했다. 인근 섬들과 일본 어민들에게 미친 폭발의 영향력은 예상보다 훨씬 더 끔찍했다. 폭탄 제조 기술에서 선두를 지키기 위해 미국이 방사능 물질의 출입을 엄격히 통제했기 때문에, 해외의 과학자들은 실험을 하거나 의학적인 용도로 방사능을 사용하는 것이 불가능했다. 미국의 이러한 공격적인 정책의 영향 때문에 다른 나라들은 자체적인 핵 프로그램 개발에 착수했고, 따라서 전쟁의 위험은 더욱 높아졌다. 전 인류의 파멸을 경고하기 위해서 미국 물리학자들은 '지구 종말 시계Doomsday Clock'

를 만들었다. 이 상징적인 시계는 시간을 나타내는 숫자가 없으며, 자정에 가깝게 맞춰져 있다. 정치적 위기에 반응하여 시계 바늘이 최후의 순간을 의미하는 수직을 향해 가까워지기도 하고 수직에서 멀어지기도 한다. 미국과 러시아가 열핵 장치들을 실험했던 1953년에는 자정 2분 전이었으며, 1963년에 핵확산 금지조약이 발표되었을 때는 12분 전으로 늦춰졌다가 1980년대 미국의 스타워즈 프로젝트 기간에는 다시 3분 전으로 급격히 다가갔다. 안전 영역은 1990년대에 냉전이 끝나면서 가장 넓어졌지만, 다른 나라들이 각자의 무기들을 실험하자 다시 좁아졌다.

아슬아슬하게 임박한 듯 보이면서도 지구가 파멸하지 않은 까닭은 무엇이었을까? 공격이 아니라 억제력을 갖는 것이 중요한 목표이기 때문이라는 설명도 있다. 어느 국가든 먼저 미사일을 발사하면 보복당할 수 있다는 점을 확인시킬 필요가 있었다. 그래서 핵보유국임을 자랑하거나 핵실험을 하고 있다는 사실을 일부러 노출시켜서 힘을 과시했다. 다른 외교적 전략들도 등장했다. 어떤 핵발전소들은 실제 사용보다는 보여주기 위해 존재했다. 예를 들어, 인도의 원자로들은 수력발전소나 철강공장처럼 정치적 역할을 수행했다. 고도의 기술 수준을 자랑하는 시설물은 자국민들에게 자부심을 심어주고 최근 이룩한 독립을 축하하기에 적합했다. 게다가 핵발전은 전쟁이 아니라 평화의 수단이라고 선전되었다. 미국 정치인들은 비키니 섬에서 폭탄 실험을 실시하면서도 동시에 핵물리학의 진보가 농업, 의학, 산업을 혁명적으로 바꿔놓을 것이라고 자랑했다. 그들은 원자력에너지가 세계의 전력 수요를 모두 충당할 것이라고 장담했다.

그러나 평화적인 목적으로 사용되는 원자력에너지에도 정치적 술책이 넘쳐났으며, 발전을 위한 일정한 계획도 없었다. 비록 미국이 통제를 완화하고 핵 제품을 보급했지만, 그런 정책은 과학적 이타심에서 비롯된 것이 아니라 전략적으로 자기 이익을 추구한 것에 불과했다. 원자력 전문기술을 제공함으로써 미국은 인심도 얻고 이윤도 챙기면서 동맹 세력을 구축해 세계적인 영향력을 키워나갔다. 아프리카와 아시아 국가들이 나름의 정치적 목적을 추구하기 위해 핵 능력과 우라늄 자원을 공유함으로써 국제적 협상력을 강화해나가자 국제 권력 관계에 변동이 생겼다. 유럽 국가들도 다양한 의제를 들고 나왔다. 영국은 의욕적으로 핵발전소 건설에 나섰지만 지리멸렬한 관리 체계와 위험에 대한 장기적 전망 때문에 결국 포기했다. 반면 영국보다 늦게 시작한 프랑스는 자국 전력의 4분의 3을 원자력에서 충당했다.

냉전의 권력 투쟁은 과학 자체를 하나의 정치적 도구로 만들었다. 외교적 수완과 상업적 협상에서 과학 기술은 독립을 갈망하는 국가들에게 막강한 방편이 되었다. 인도의 수상 자와할랄 네루는 '폭탄은 과학에서 비롯한 경제적, 군사적 힘이며 인도를 최강의 국가로 만들기 위해서 우리는 과학을 발전시켜야만 한다'[10]

일부 가난한 지역들은 지정학적 위치를 이용하여 오염되지 않은 높은 산이나 적도지방 특유의 경관이 펼쳐진 곳에 관측소를 설치하고 소중한 과학적 자료들을 수집함으로써 꼭 필요한 존재로 변모했다. 부유했던 오스트레일리아와 캐나다는 하이테크 연구소들을 건설하고 종주국이었던 영국이나 미국의 간섭 없이 운영했다. 좀 더 간접적인 전략으로는 국제적 프로젝트를 거부하는 방법이 있었다. 과학자들은 특정 국

---

10. 이티 에이브러햄Itty Abraham, 「핵 역사의 양면성The Ambivalence of Nuclear Histories」, 크리게와 바쓰, 『세계적인 지식의 힘Global Power of knowledge』.

가 출신 연구자들과의 협조를 거부함으로써 정치적 압력을 행사할 수 있었다. 냉전이 끝날 무렵 미국과 러시아의 극단적인 대립은 사라졌지만 과학은 여전히 세계 정치를 좌우하는 막강한 힘을 가지고 있었다.

환경 : 주객이 전도된 환경 운동

바퀴를 개발한 이가 누구든
끝없이 찬양하라, 그의 진취적 기상을
하지만……
브레이크를 개발한 가련한 영혼에겐
단 한 마디 헌사獻辭도 없구나.

– 하워드 네메로프Howard Nemerov, 「세 번째 세기를 시작하는 미국 의회에 바침To the Congress of the United States, Entering Its Third Century」, 1989년.

프랑스 탐험가 루이 드 부갱빌Louis del Bougainville은 1768년 타히티를 둘러보면서 감격했다. '에덴동산에 온 듯하다. 우리는 아름다운 과실나무가 무성한 잔디밭을 지나고 작은 시내를 건넜다…… 가는 곳마다 후한 대접을 받았고, 편하고 순박한 기쁨을 누렸으며, 모두가 행복해 보였다.'[11] 유럽인들이 이런저런 장비를 들여놓고 성병을 옮겨놓은 까닭에 얼마 후 지상천국은 더럽혀졌지만, 그리고 나서도 그들은 태평양 지역을 여전히 목가적인 아르카디아(그리스 신화 속의 이상향—옮긴이)로 여

---

11. 버나드 스미스Bernard Smith, 『유럽인의 관점과 남태평양European Vision and the South Pacific』(멜버른 : 옥스퍼드 대학 출판부, 1989년)에서 루이 드 부갱빌을 인용.

그림 58 | '이제 나가 싸우자…… 당신의 영국을 위해', 프랭크 뉴보울드Frank Newbould가 그린 2차 세계대전 포스터.

졌다. 지구의 생존이 걱정스러운 요즘, 지금은 사라져버리고 없지만…… 자연이 조화로운 질서를 유지하고, 오존 구멍을 염려하지 않아도 되며, 동식물이 멸종의 공포에서 떨지 않던 낭만적인 황금시대에 대한 그리움이 간절해진다.

그러나 옛날의 순수했던 환경을 보존하는 일은 말처럼 쉽지 않다. 우선, 자연의 많은 부분이 실제 자연과는 거리가 멀다. 영원할 것 같은 풍경도 인간의 손으로 만든 결과물들이다. 일례로, 영국은 원래 울창한 숲으로 가득했고, 2차 세계대전 당시 포스터로 사용했던 그림 58의 이상화된 전경과는 닮은 구석이 거의 없었다. 시대 개념이 사라진 그림 58 속의 드넓은 초원은 18세기에만 유행했던 들판의 모습이다. 18세기에 부유했던 지주들은 토지에서 더 많은 이익을 얻기 위해 개별 가정에 할당됐던 작은 땅뙈기들을 모조리 밀어버렸다. 보존론자와는 거리가 멀었던 이들 농업 혁신가들은 전통적인 마을을 파괴하지 말라는 반대를 묵살하고 초지를 조성했다. 그림책에 목가적으로 나오는 영국은 이 시절의 모습이다.

환경 보존은 보편적인 주장처럼 보일지 모르지만, 사실은 매우 상이한 정파들이 채택해왔던 하나의 정치적 문제다. 이 전시 포스터가 충성스런 영국인들에게 햇빛 찬란한 상상의 시골을 지키기 위해 싸움에 나설 것을 독려하고 있었지만, 해협 건너편의 적들(그림에서는 아득히 먼 곳에 보이는) 역시 자연을 내세워 나치의 주장을 뒷받침하고 있었다. 아돌프 히틀러는 채식주의자였다. 그는 경작 가능한 땅에 다시 나무를 심었고, 약초를 나눠줬으며, 자연 치료법 연구를 권장했다. 그의 오른팔이었던 헤르만 괴링Hermann Goering은 게슈타포를 창설하고 수용소를 운영한 인물로 비난받지만, 선구적인 환경론자이기도 했다. 폴란드의 원시림이 독일 점령으로 인해 황폐해졌을 때, 괴링은 새롭게 공원을 조성하고 후기 다윈학파의 우생학을 접목시킨 우량 들소들(강력한 게르만족을 나타내는 표상)을 포함하여 원래 그곳에 살던 동물들이 다시금 서식하도록 만들었다. 괴링은 인종 말살 정책을 펼쳤으면서도 원시림은 동물들이 다치지 않고 살 수 있는 성스러운 장소가 되어야 한다고 주장했다.

자연은 인공을 가미할 때 더 멋있어 보이는 경우가 있다. 그래서 케이퍼빌러티 브라운Capability Brown은 호수를 파고, 나무를 심고, 주민을 포함한 마을 전체를 옮겨서 고즈넉한 영국 풍경을 인공적으로 조성했다. 자연학자인 존 뮤어John Muir는 캘리포니아의 평화로운 초지에 매혹되었지만, 수백 년 동안 화전을 일구기 위해 숲을 없앤 원주민들 덕에 초지가 형성되었다는 사실은 무시했다. 제임스 오드본James Audobon은 진귀한 새들을 그려 적지 않은 돈을 벌었다. 그는 자신의 스튜디오에 정성껏 새 모형을 제작하여 먼 산 그림을 배경으로 새들이 솟아오르는 모습을 연출함으로써 힘과 자유라는 미국적 가치를 펼쳐 보였다. 하지만 오드본은 환경보호론자가 결코 아니었다. 그는 희귀한 동물들을 사냥하고 수집하는데 열을 올렸으며, 동물의 멸종 따위는 신경도 쓰지 않았다.

야생에 대해 신경 쓰기 시작한 것은 비교적 최근의 일이다. 수천 년에 걸쳐 야생은 뒷전이었거나 인간의 이익을 위해 극복해야 하는 적대적인 존재였다. 생존은 자연을 길들이기에 달렸다. 그래서 황량한 산이나 울창한 숲은 사회적으로 축출된 사람, 신이 만든 에덴동산에서 쫓겨난 죄인들이나 살아갈 장소로 여겼다. 사람들이 오락삼아 야생을 찾게 된 것은 불과 200년밖에 안 된다. 문명의 소산이 심드렁해지자 낭만적인 여행가들은 어두운 성당처럼 생긴 숲길이나 깎아지른 듯한 계곡의 숭고한 아름다움을 접할 때마다 거의 종교적인 황홀경에 빠졌다는 경험을 나누었다. 바다 건너에 있는 다른 대륙을 탐험한 이들은 자신들이 찾았던 원시사회의 삶이 한결 여유롭고 순수했다고 얘기했다. 숭고한 것과 원시적인 것에 대한 이중의 갈망은 특히 미국에서 더욱 강하게 표출됐다. 낭만적인 작가들은 문명을 뒤로하고 서부의 끝없는 황야를 헤쳐나가는 개척자들의 모습을 그렸다. 그러나 미국인들은 서부 개척의 의기양양한 모습 속에서 처음 이민왔을 당시의 본래 모습을 볼 수 없어서 아쉬워했다. 이런저런 발달로 인해 힘들었던 정착 시대의 진짜 경험을 망각해가고 있었던 것이다. 이러한 감정상의 차이를 해소하기 위해 자연학자들은 이중의 목적을 가지고 의욕적으로 국립공원을 조성했다.

이중의 목적은 바로 자본주의를 견디지 못한 사람들에게 안식처를 제공하고, 동시에 미국의 개척정신을 기념하는 것이었다.

스코틀랜드 태생으로 오늘날 환경론의 창시자로 알려진 뮤어가 요세미티를 인공을 가미한 야생지역으로 바꾼 일은 국립공원의 대표적인 예다. 그는 야생의 모습을 간직한 국립공원을 만들고 싶었다. 뮤어는 반대를 무시하고 생존이 달린 변경邊境의 냉엄한 현실을 보여주지 않으면서도 성서적 열정을 내세워 에덴동산의 원형을 재건하려고 했다. 숲 속의 빈터들을 조화롭게 구성한다는 말은 토착민들을 강제로 몰아낸다는 의미였다. 많은 원주민들이 살육당하거나 보호구역에서의 비참한 생활을 감수해야 했다. 안전하게 접근할 수 있으면서도 치밀하게 선택한 경치를 망치지 않기 위해서 보호론자들은 통로를 신중하게 위장하고 지속적인 관리 프로그램을 가동하기 시작했다.

멋대로 상상한 자연의 과거를 복원하는 일에는 많은 자금이 필요했다. 물론 간섭과 억압도 수반되었다. 아메리카 인디언들을 요세미티에서 축출해야 했고, 소규모 가족농업을 해체하여 울타리를 둘렀으며, 마을을 재배치했다. 오늘날 도시에 살면서 생태관광의 특권을 누리는 사람들은 멸종 위기의 종들을 보존하고 길들여지지 않은 자연을 보존함으로써 스트레스에 찌든 도시인들이 마음의 위안을 얻을 수 있도록 해야 한다고 주장한다. 생물의 다양성을 유지하는 것은 지상의 천국을 짓자던 뮤어의 생각에 비해 과학적으로 훨씬 더 이상적이고 가치 있는 일로 여겨질지도 모른다. 그러나 요세미티에서와 마찬가지로 사람이 살지 않는 야생을 건설하는 일은 지역민들을 몰아내는 일과 직결되어 왔다. 보존에 관심을 쏟을 때면 타이인, 케냐인, 아마존 인디언들은 자신들의 의사와 상관없이 다른 지역에 재정착해야 했고, 열악한 공유지에 강제 수용되어야 했다.

　인간도 자연의 일부라는 말은 가장 큰 모순이다. 1964년 미국의 자연보존법에서 야생은 '인간이 찾아갈 수는 있지만 머물지 않는 곳'이라고 명시했지만, 사람을 배척한 자연이란 이미 본질적으로 인위적일 수밖에 없다. 그림 58에서는 인간도 나무나 동물들과 함께 영국의 자연이 물려준 유산으로, 시골 풍경에 잘 어우러져 있다. 둥그스름한 언덕을 홀로 걸으며 양떼를 몰고 있는 양치기의 모습은 기독교적 상징으로 가득하다. 성서에서 신은 인간에게 세상을 돌보기도 하고 자신에게 도움이 되도록 세상을 이용하기도 하라는 이중의 책임을 부여했다. 이 이중의 메시지는 지금도 환경에 대한 관심과 떼어놓을 수 없는 주제다.

　이 메시지를 과학적으로 표현하자면, 보존을 위한 노력은 인간의 진화에 수반하는 생존경쟁과 충돌한다는 말이 된다. 다윈이 물려준 이 관점은 19세기 후반에 들면서 여러 가지로 해석되었다. 부유한 자본가들은 다윈의 '적자생존'을 주문처럼 외면서 자신들의 살인적인 전략을 정당화했다. 그러나 바로 이러한 무자비한 공식의 성공이 착취의 이면에 초점을 맞춘 비판을 불러왔고, 독일에서는 에른스트 헤켈이 등장해 다윈의 주장을 매우 다른 관점으로 해석했다. 미국의 환경론자들은 결점 없는 천국을 재건하기 위해서 노력했지만, 헤켈은 덜 폭압적이고 더 전체적인 관점에서 생물학에 접근해 후일의 환경운동에 강력한 영향을 미쳤다.

　헤켈은 1866년에 '생태학'이란 용어를 처음 만들었다. 오늘날 생태학은 도덕적 의미를 갖게 되었지만(친환경 세제는 더 비싸지만 바른 선택으로 인정받는다), 원래 생태학은 생명체와 그 환경과의 관계를 연구하는 학문으로 시작되었다. '경제학economy'과 마찬가지로 '생태학ecology'

도 '가계家計'를 의미하는 그리스 단어에서 비롯되었다. 헤켈은 지상의 모든 유기체가 하나의 완전한 단위로써 공존하고 서로 경쟁할 뿐만 아니라 서로에게 도움을 주기도 한다고 생각했다. 헤켈이 생각한 다윈의 진화에서는, 이 보편적인 법칙을 존중함으로써 사람들은 자연과 공존할 수 있다. 착취하지 않는 방식을 신봉했던 헤켈의 제자들 가운데 특히 독일에서 활동한 제자들은 신비주의 철학을 중심으로 물리적 우주에 정신적 영역을 복원하려고 노력했다.

물리학자들 역시 지구의 미래에 대해 걱정하기 시작했다. 공장 설비를 더욱 효율적으로(그래서 더 큰 이윤을 남길 수 있도록) 만드는 과정에서 그들이 규명한 열역학 법칙들은 외부로부터 투입이 없다면 가용할 에너지의 양은 줄어들 수밖에 없다는 점을 명확히 했다. 모든 것을 완비한 하나의 거대한 기계로써 우주를 바라보기 시작하자, 과학자들은 우주가 멈출 수 있다는 사실을 깨닫고 이내 긴장했다. 최악의 경우에는 모든 것이 차갑게 식고 정보는 더 이상 흐르지 않게 될 것이다. 보다 기술적으로 말하자면, 엔트로피의 무질서가 한계점에 도달하게 될 것이었다('엔트로피'는 사용할 수 없는 에너지를 말하며, 엔트로피의 무질서가 한계점에 도달한다는 뜻은 사용 가능한 에너지가 완전히 사라진다는 의미다—옮긴이). 멸망에 이르는 시간을 늦추고 미래를 안전하게 지키기 위해서 물리학자들은 쓰레기를 줄이고 재생 불가능한 자원을 보존하자는 운동을 벌였다.

20세기 초반에 생태학자들은 생물학적, 물리학적 방식을 통합하여 자연을 거대한 경제적 기계로 보는 새로운 관점을 창출했다. 그들은 기업에서 쓰는 용어들을 빌려와 새로운 생태학적 용어들을 개발했다. 지구 전체를 거대한 공장으로 보고 박테리아와 식물은 공장 노동자로, 동물은 제조업자 그리고 인간은 가장 높은 단계인 소비자로 간주했다. 생태학자들의 관점에서 에너지는 인간의 경제를 움직이는 현금과 같은 교환수단이며, 생태계는 유기체가 서로 협력하며 살아가는 공동체다. 그 속에서 식물들이 태양 에너지를 사들인 후 이를 재포장하여 저장한다고 본 것이다. 이러한 개념은 오늘날 세계 정치판에서도 상투어처럼 쓰이지만, 원래는 템스 강의 숲과 일리노이의 옥수수 밭에서 현미경을 들여다보며 연구하던 생태학자들이 시작했던 개념이다.

일단 세계를 하나의 기계라고 생각하게 되자 인간이 자연에 개입하여 자연을 보다 효율적으로 작동하도록 만들어야 한다는 생각이 옳기도 하거니와 아주 자연스런 일로 여겨졌다. 한 가지 방법은 기술을 이용하여 자연의 생산성을 높이는 것이었다. 공학자들은 댐을 건설하여 관개시설을 구축했으며, 농업 전문가들은 화학 산업을 이용해 살충제를 만들어서 농가 소득을 증대시켰다. 그러나 얼마 안 가서 환경문제에 눈을 뜬 과학자들은 곡식에 해로운 곤충들을 몰살시켰을 때 나타나는 역효과와 어떤 지역은 범람하고 어떤 지역은 물 부족으로 곤란을 겪는 현상들을 연구했다. 그들은 연구결과를 가지고 산출 극대화를 위해 자연을 조작한 인간의 근시안적 정책들이 얼마나 위험한 일인지를 강조했다.

이러한 반대 논의는 처음에 주로 학술적인 저작에 국한되었지만 곧 대중들의 관심을 끌어 생각지 못한 큰 반향을 불러왔다. 환경문제가 대두된 것은 과학적 태도의 변화에도 그 원인이 있지만 언론 매체의 확대, 특히 텔레비전의 영향이 컸다. 텔레비전은 완전히 새로운 선전 기회를 제공했으며, 20세기 말이 되자 전 세계인들에게 영향을 미치기 시작했다. 여러 분야의 과학자들이 홍보와 선전의 기회를 적극적으로 활용하게 되면서 블랙홀, 유전자 해독, 카오스 이론 등의 낯선 내용들이 기록물과 잡지 기사의 형태로 수많은 독자와 시청자의 관심을(물론 피상적이긴 했지만) 끌었다. 그에 따른 효과는 두 가지로 나타났다. 대중에게 널리 알려지면서 과학자들은 더욱 심한 비판에 노출되어 전에 없이 긴장해야만 했다. 재정 지원을 받기 위해 과학자들은 연구의 과학적 타당성을 입증해야 했고, 더불어 정치적, 상업적, 윤리적 중요성도 보여줘야 했다. 점차 과학자들은 자신의 연구가 얼마나 대단한 혁명적 과제인지 또는 얼마나 시급하게 해결해야 할 과제인지를 실제보다 더 부풀려 발표함으로써 언론을 조작하고 자금을 확보했다.

지구라는 행성을 어떻게 다뤄야 하는지에 대한 논의를 처음으로 촉발한 사람은 미국 정부를 위해서 일하던 해양생물학자 레이철 카슨Rachel Carson이었다. 그녀는 1962년에 『침묵의 봄Silent Spring』을 출판하여 가까운 미래에 세상의 모든 새들이 유독 화학물질로 인해 멸종할 수 있다는 위험을 환기시켰다. 비록 카슨의 글은 시적이지만 그 속에는 그녀가 연구한 객관적인 자료들이 가득했으며, 과학적 논의도 이해하기 쉽게 설명해 놓았다. 그녀는 담담하지만 강력한 어조로 독자들에게 호소했다. '세계 역사상 처음으로 모든 인간은 임신에서 죽음에 이르기까지 위험한 화학물질에 노출될 수밖에 없다.[12]

『침묵의 봄』은 큰 반향을 일으켰다. 책은 암을 유발하는 스프레이, 독으로 변한 저수지, 급락하는 출산율에 관한 무서운 이야기뿐 아니라 과학과 국가라는 쌍둥이 권력에 대한 냉전시대의 폭넓은 문제점들을 비판했다. 1960년대의 다른 저항운동들과 맥을 같이 하여 카슨은 시민들 스스로 자신들의 운명을 결정하는 주인이 될 것을 촉구했다. 미국 시민

---

12. 레이철 카슨, 『침묵의 봄』(런던 : 펭귄, 1999년).

의 권한으로 그녀는 과학자들의 이기심이 불러온 결과에 대한 미국 정치인들의 실정을 공격했다. 그녀는 DDTDichloro-Diphenyl-Trichloro-ethane(살충제의 일종-옮긴이)로 대기를 오염시킨 정부가 핵 프로그램을 승인하여 눈에 보이지 않는 방사능을 만들어냈다고 설명했다. 정부와 기업들은 건방진 여자가 과학적 정보를 누구나 알기 쉬운 형태로 드러내 자신들의 입지를 흔들자 힘을 합쳐 카슨을 비난했다.

환경 보호를 주장하면 곧바로 전통적 정부에 반대하는 것으로 간주되었다. 원래 자연으로 돌아가자는 나치의 운동을 지원했던 과거를 가지고 있던 독일의 녹색당은 1970년대에 들어와 정치적으로 강력한 힘을 갖게 되었다. 정부가 주도하는 과학이 옳지 않다는 사실을 알게 된 많은 과학자들은 공식적인 지원뿐 아니라 대중의 인정도 중요하다는 사실을 인식했다. 1970년대에는 언론과 텔레비전에서도 환경문제를 공론화하기 시작했다. 예를 들어, 오염을 연구한 화학자 제임스 러브록James Lovelock의 '가이아Gaia 이론'(가이아는 그리스 신화에 나오는 땅의 여신이다-옮긴이)은 비록 정통 과학자들로부터는 비난을 받았지만 대중적으로는 널리 알려졌다. 러브록은 상호작용을 주장한 모델에서, 지구는 인간이 입힌 손상으로부터 스스로를 보호하는 자체 조절 능력을 갖춘 거대한 하나의 유기체라고 보았다. 물질을 중심으로 한 과학과 기술이 낳은 결과물들에 대해 러브록이 제시한 전체론적 대안은 대중적으로 엄청난 지지를 얻었다.

이와는 대조적으로, 대부분의 과학자들은 지금까지 수세기 동안 크게 성공했던 화학적 연구를 선호하여 세상을 더 작은 구성요소로 쪼개고, 각 요소를 개별적으로 더 깊이 연구했다. 하나의 문제를 쪼갤 수 있을 때까지 쪼개는 방법은 실험실 안에서는 대단히 효과적이었지만 지구의 현상을 다룰 때는 그만큼의 효과를 내지 못한다. 날씨를 연구하던 기상학자들은 대기를 질서정연한 단위로 나눠서 연구해봐야 아무런 성과가 없다는 점을 깨달았다. 그들의 논리적인 예측이 아주 작은 요인에 의해 완전히 좌절되곤 했기 때문이었다. 그들은 카오스를 생각해냈다. 언론에서 흔히 하는 말로, 브라질의 나비가 날갯짓을 하면 텍사스에서는 토네이도가 발생할 수도 있다는 결론을 내렸다. 원치 않은 이 작은 요인에 대응하기 위해서 기상학자들은 1970년대에 새롭게 등장한 방식, 즉 무식하게 계산에 매달리는 방식을 동원했다. 그러나 매우 복잡한 프로그램을 돌려 기후를 예측하는 모의실험을 해도 투입하는 요소의 크기는 연구 성과와 직결되지 못했다. 디지털화한 모델들은 극히 미세한 요인들과 그에 따른 제 각각의 결과들로 과부하에 걸렸고, 프로그램의 오류는 찾아낼 수 없었다. 비평가들이 지적했듯이, 모델들의 가상 체계가 지구 자체의 구조에 가까워질수록 가상 체계의 크기는 지구의 크기만큼 커져버렸다.

환경론자들이 대중적 지지와 정부 지원을 동시에 확보하는 길은 재난을 예측하는 것이었다. 나사NASA(미국 항공 우주국)의 어떤 과학자는 텔레비전에 나와 솔직한 심정을 토로했다. '기상 재난이 임박했다는 증거를 보여줄 수 있다면 지원금을 타기가 쉽습니다.…… 공포 시나리오가 과학에 도움을 주지요.'[13] 1970년대에 기상학자들은 또 한 차례 빙하기가 닥칠 것이라고 철석같이 믿었다. 역사적인 자료를 통계적으로 분석한 그들은 지구가 다시 한 번 꽁꽁 얼어붙게 될 것이라고 주장했

---

13. D. 존스D. Jones의 『온실 음모The Greenhouse Conspiracy』(런던 : 채널 4 방송국 London : Channel 4, 1990년)에서 로이 스펜서Roy Spencer를 인용.

다. 20년이 지나고, 이번에는 지구 온난화가 빙하 이론을 대체했다. 최근의 해석에 따르면, 지난 200년 간 산업화의 영향으로 지구의 기후가 자연 변동하는 범위를 넘어섰다. 20세기 말이 되자 지구 온난화는 기정사실이 되었고, 비난은 신랄해졌다. 전문가들마다 다른 기법을 사용하여 다양한 의견을 제시했지만 동기를 의심받았다. 일반인들은 미래를 걱정하는 지구촌 사람들의 역할을 하고 싶었지만, 발표되는 과학적 결론들은 서로 상충했고 서로에 대한 비난 일색이었다.

지난 50년 동안 언론에 민감한 과학자들은 대중의 관심과 정부의 지원을 동시에 끌어내는 데는 핵 참상과 유성 충돌의 가능성을 부풀리고 빙하기가 임박했다든가 지구가 점점 뜨거워지고 있다는 등의 지구 종말을 연상시키는 위협보다 좋은 방법이 없다는 점을 배웠다. 오늘날 과학을 이용하여 미래를 예측하는 사람들은 아마도 세상이 끝나는 날에 하나님이 죄를 심판한다고 주장했던 종교적 예언자들과 같은 마음인 것 같다. 이러한 맥락에서 보면 지구 온난화는 그 원인이 인간에게 있다는 점에서 빙하기보다 좀 더 설득력이 있어 보인다. 천재지변과는 달리 온실 효과라든가 오존층이 얇아지는 문제는 이윤추구에만 급급했던 자본주의에 그 책임을 물을 수 있다. 이런 논리라면, 사람은 세상을 파괴한 죄를 범했는지도 모르지만 과학자들은 자신들의 태도를 바꿔서 사람들에게 구원의 가능성을 열어주고 있다. 대중에게 녹색의 의미를 강조하고 환경을 구하라고 촉구하면서 과학자들은 이제 자신들을 세상의 구원자로 자처하고 있다.

미래 : 과학이 가져온 현재와
가져올 미래

그러나 내 등 뒤로 나는 듣는다.
시간은 날개 단 전차처럼 서둘러 다가오고
우리 모두의 앞에는
거대한 영원의 사막이 펼쳐져 있다.

– 앤드류 마블Andrew Marvell, 「수줍은 연인에게To his coy mistress」, 1681년.

미래를 예측한다는 것은 위험한 일이다. 19세기 말에 웨스턴유니언 회사는 전화가 필요없다고 거절했고, 켈빈 경은 공기보다 무거운 기계는 날지 못한다고 공언했다. 그러나 이런 실언은 1943년 IBM 회장이 세계 시장에서 컴퓨터 다섯 대면 족할 것이라고 내다봤던 사건에 견주면 아무 것도 아니었다. 이와는 대조적으로 새로운 발명이 열어준 가능성을 바탕으로 기술의 미래를 지나치게 낙관한 예언자들도 많았다. 시인 퍼시 비시 셸리Percy Bysshe Shelley(바이런, 키츠와 함께 영국 낭만주의 3대 시인으로 꼽힌다―옮긴이)는 옥스퍼드에서 대학을 다닐 때, 전기가 가난한 사람들을 겨울 내내 따뜻하게 해주고, 기구를 타고 아프리카 상공을 사뿐히 날아다니며 속속들이 지형을 그릴 수 있을 뿐 아니라 노예제를 영원히 철폐하리라 자신했다. 이상향을 꿈꾸던 너무나 많은 사람들이 그랬듯이, 셸리 역시 이상향을 위해서는 기술적인 가능성 말고도 정치적 동기가 꼭 필요하다는 것을 알지 못했다.

지난 300년 간 과학은 미래를 개선하겠다는 꿈을 꾸어왔다. 가장 중요한 원동력을 진보라고 생각했던 계몽시대의 개혁가들은 진보를 향한 최선의 길을 과학에서 찾았다. 그때 이후로 과학을 신봉한 사람들은 연구에 대한 투자야말로 한 국가를 부유하게 만들고 국민의 삶의 질을 개선하는 길이라고 거듭 약속해왔다. 그들이 옳았다. 그러나 그들은 과학이 사회를 얼마나 바꾸어 놓을지, 세계를 얼마나 좌지우지할지에 대해서 깊이 생각하지 못했다. 미래를 알 수 없다고들 하지만, 다수의 추가적인 발전에 대해서 우리는 확신을 가지고 말할 수 있다. 새로운 약품이 등장할 것이며, 인터넷이 더욱 다양한 기능을 수행할 것이고, 유전기술이 개선될 것이며, 컴퓨터는 더 싸고 더 작아질 뿐 아니라 삶의 모든 영역으로 스며들 것이다. 혜택이 미치는 곳에 사는 사람들의 수명은 과거보다 더 길어지고, 삶은 더 편해지며, 앞으로도 꾸준히 혜택을 누릴 것이다.

그러나 어떤 지역에서는 상황이 악화되었다. 미래학자들은 기술이 자체의 추동력을 가지고 지속적으로 상승곡선을 그릴 것이라고 예언한다. 하지만 이와 마찬가지로 하향곡선을 그리는 부분들 또한 그 방향을 뒤집기 어렵다. 천연자원은 갈수록 고갈되고, 전염병이 창궐하며, 도시의 빈민가는 걷잡을 수 없이 복작거릴 것이다. 평균적으로 보면, 과학혁신은 빈부의 차이를 줄이지 못하고 오히려 키워왔다. 과학 연구가 정치적 이해관계와 밀접하게 얽힌 지금, 이러한 격차를 처리하는 방법은 전 세계인들의 고민거리가 되었다.

기술을 신봉하는 사람들은 새로운 발명이 이어질 때마다 인간의 행동이 바뀌고 사회가 혁명적으로 변할 것이라고 예측해왔다. 지난 200년간 기차와 배가 처음 등장하면서, 전화와 라디오가 개발되면서, 인터넷이 시대의 총아로 떠오르면서 소통은 더욱 편리해지고 세상은 더욱 가까워졌다. 그러나 접촉이 편리해지면 이해의 폭도 넓어지리라는 희망에도 불구하고, 세상의 평화는 여전히 요원하다. 점점 막강해지는 무기들 덕분에 적을 항복시켜 세상을 조화롭게 하겠다는 바람 역시 효과적이지 않은 것으로 입증되었다. 기술 혁신은 누차에 걸쳐 평등한 사회를 주장했다. 혁신이 있을 때마다 억압받는 사람들이 해방되었다고들 주장했다. 기술을 희망적으로 보는 사람들은 공장 기계화가 노동자들에게 도움을 주고, 세탁기와 진공청소기가 여자들을 해방시키며, 컴퓨터가 인종차별을 철폐할 것이라고 예언했다. 정말 그랬으면…….

미래를 예측하는 한 가지 방법은 해마다 등장하는 새로운 발명들의 수를 기록하고 그것을 근거로 앞으로의 발명을 가늠하는 것이다. 그러나 날짜만 잔뜩 기록한다고 해서 기술의 진보가 정확하게 파악되는 것은 아니다. 또 한 가지 방법은 얼마나 많은 사람들이 새로운 기술 제품들을 사용하는지 확인하는 것이다. 신제품보다는 쓰던 제품들을 분명 더 많이 쓰고 있으리라. 지금까지의 경험을 돌이켜보면 최신의 발명품이라고 해서 반드시 낡은 제품들을 밀어내는 것은 아니다. 많은 경우에 신제품들은 낡은 제품들과 함께 쓰이다가 차츰 널리 사용된다. 미국에서는 자동차가 대량생산되고 나서도 오랫동안 말의 개체수가 지속적으로 늘어났다. 동물은 농사의 동력이었기 때문이다. 군사면에서도 20세기에 들어 폭탄이나 독가스 등 놀라운 제품들이 등장했지만, 가장 높은 살상력을 보인 것은 여전히 총이었다. 또 30년 전과는 달리 오늘날 생산되는 자전거의 수가 자동차의 수보다 오히려 두 배나 높다.

20세기가 되자 각국 정부는 사람들에게 미래에 대한 희망을 과학과 기술에 두자고 역설했다. 그러나 기다렸던 미래는 눈앞에 있지만 결과와 기대가 늘 일치하지 않았다. DDT는 농업 생산을 촉진했지만 시골을 망쳤고, 원자로는 석탄 사용을 줄였지만 방사능 유출사고가 잇달았으며, 누구나 인터넷을 사용하게 되었지만 포르노가 범람했다. 가장 각광받았던 페니실린은 2차 세계대전에서 많은 부상병들의 목숨을 구했지만, 50년이 지나자 병원에는 내성이 생긴 박테리아들이 창궐했다. 미국에서는 항생제를 생장촉진제로 여겨 동물 사료로 썼다.

그럼에도 불구하고 과학의 성공은 부정할 수 없기에 더 나은 미래를 위한 최선의 선택이 되었다. 2차 세계대전 후 산업국가들은 세계의 가난을 구제하기 위해 힘을 합쳤다. 그들은 가장 확실한 치유책으로 과학을 선택했고, 세계의 가난한 지역들을 선진국과 같은 수준으로 끌어올리기 위한 기술 개발 계획을 세웠다. 이 계획은 여러 분야에서 큰 성공을 거두었지만, 겉보기와 달리 이 계획에는 선진국들의 정치적 의도가 숨어 있었다. 자신들이 누리던 기업적인 전문성을 세계에 보급하면서 부유하고 강한 나라들은 자신들의 힘을 더욱 강화했다. 박애주의로 치장한 개발 계획은 실상 제국주의의 다른 모습에 불과했다. 과학을 앞세운 정치는 냉전시대에 세계적 경향이 되었다. 이때 제 3세계(1952년에 만들어진 용어)가 국제적으로 중요해졌다. 북미와 유럽의 서구 블록과 러시아를 중심으로 한 동방이 서로 대립하고 있는 상황에서 '북'과 '남' 사이에도 갈등이 있었다. '북'과 '남'에 따옴표를 한 이유는 둘로 갈라진 세계를 단적으로 보여주기 위해서다. 부유하고 산업화된 강대국들(원래는 서북 유럽, 지금은 오스트레일리아까지 포함)은 주로(전체는 아니고) 남반구에 위치한 가난한 제 3세계 국가들을 동맹으로 포섭하기 위해 경쟁하고 있었다. 그림 56에서 보듯이(아프리카 상공을 비행하는 가가린의 러시아 우주선), 기술지원은 제 3세계 입장에서 큰 유혹이었다. 대등하지 않은 '북과 남' 의 거래에서 제공되는 과학적 원조에는 정치적 가격표가 붙어 있었다. 냉전시대에는 크게 눈에 띄지 않았지만 이러한 '북과 남' 의 거래는 여러 가지 면에서 동과 서의 적대적인 관계만큼이나 중요한 의미가 있었다.

'북' 의 부는 산업화된 국가들에서 성공이 입증된 과학적이고 기술적인 방식으로 세상을 지배하고자 했다. 그러한 과학중심주의는 은밀한 방식으로 전 세계를 똑같은 과학중심주의 세상으로 만들었다. 문제는 과학중심주의가 다양한 사고의 방식을 배제하고 획일화한다는 데 있다. 이 책의 첫머리에 오스트레일리아의 지도를 뒤집어놓은 그림 1을 실은 이유는 유럽을 중심으로 한 편협한 관점이 전부가 아니라는 점을 보여주려는 의도였다. 좀 더 포괄적으로 말하자면, 그림 1은 지리뿐만 아니라 지식과 신념 일반에 걸친 '북' 의 오만한 관점을 드러내려던 것이었다.

발전이란 개념 자체에는 현대 과학기술이 중요하다는 내용뿐 아니라 '북' 이 이 분야에 가장 정통하다는 뜻이 이미 담겨 있다. 미래를 개선하겠다는 개발 전략은 본질적으로 잘못되어 있었기 때문에 과학적 평등은 당연히 이루어지지 않았다. 첨단 과학 기자재를 제 3세계에 보급함으로써 선진국들은 선한 인상을 심었지만, 그것은 가난을 위한 최선의 해결책이 되지 못했다. 선진국의 선물을 덥석 받아들임으로써 제 3세계는 정치적으로 예속되었고, 국민들은 간절히 원하지도 않았던 현대성을 강요받았다. 예를 들어 콜롬비아와 파라과이는 에너지 생성이나 폭발 실험의 필요가 없었지만 정치적 충성의 차원에서 미국의 원자로를 받아들였다. 눈부신 발전에도 불구하고 20세기 후반에 가난한 나라들은 더욱 가난해졌고, 심지어 궁핍하기까지 했다.

개발 계획 때문에 제 3세계는 과학적으로 독립하지 못하고 '북'의 산업화된 국가들이 만든 장비에 어쩔 수 없이 의존해야만 했다. 그들에게 과학적 평등의 가능성은 보이지 않았다. 가난한 국가들 내부에서 실시된 연구 프로젝트는 기존의 기술을 적용하여 당면한 사회적 문제를 해결하는 수준이었기 때문이다. 선진국들의 기부 행위는 가난을 덜어주는 수준이었지 경쟁력을 갖춘 연구센터를 만들어주자는 것이 아니었다. 과학의 꽃으로 불리는 추상적이고 이론적인 연구는 여전히 부유한 국가들의 특권이었고, 이들은 자신들의 연구기관에서 기금이 빠져나가는 것을 원치 않았다. 교육 사업가들은 가난한 국가의 아이들에게 과학 탐구에 대한 열망을 심어줬지만, 과학자의 길을 걷기 위해서는 여전히 해외로 나갈 수밖에 없었다. 과학 연구는 제 3세계가 감당할 수 없는 사치였다.

과학 개발프로그램은 제 3세계가 산업화된 '북'을 따라잡도록 하려는 의도였다. 하지만 세계는 점점 가까워지기는커녕 마치 서로 다른 종이 진화하듯 다른 방향으로 갈라졌다. 가난한 국가들은 단순히 '북'의 방법이나 장비를 받아들이기만 하는 수용자가 아니었다. 그들은 선진국에서 받은 것을 변형시켜 자신들만의 미래를 위한 기술적 통로를 개척했다. 최신식 자동차나 오토바이를 수입하는 대신, 그들은 자신들의 지역 조건에 맞는 교통수단을 고안했다. 예를 들어 인도나 싱가포르는 자전거 인력거를, 방글라데시는 관개시설에 사용하던 펌프로 추진하는 보트를 개발했다. 아프리카와 아시아의 거대한 빈민굴은 외부에서 보면 사람이 살고 있지 않을 것처럼 보인다. 하지만 그런 마을도 지역의 발명가들이 '북'의 국가들에서 잘 사용하지 않는 함석이라든가 다른 곳에서는 건강상의 이유로 금지하고 있는 석면 시멘트 등 기존의 재료를 이용하여 만들어낸 물건들을 활용하며 잘 살아간다.

과학과 기술의 사용을 결정하는 데는 정치적 판단이 개입되었다. 몇몇 나라에서는 제조업자들이 외국의 자동화된 장비에 의존하는 값비싼 공장을 건설하는 대신 재봉틀 같은 노동집약적인 기계들을 고집했다. 기술력과 정치력은 하나로 묶여 있다. 마하트마 간디는 대량생산을 거부하고 대중에 의한 생산을 희망했다. 인도 국기에 물레 그림이 그려진 것은 산업국가 영국으로부터의 독립을 상징한다. 20세기 말이 되면서 개인의 활동을 강조했던 인도의 컴퓨터 프로그래머들이 미국 프로그래머들을 위협했으며, 그들의 숙련된 노동력 덕분에 인도는 무시할 수 없는 국제적 정치 강국으로 떠오르기 시작했다.

과학 개발 프로젝트 가운데 가장 야심찬 작품은 녹색 혁명으로 알려졌다. 1960년대 중반에 각국 정부와 기관들은 세계의 농업을 변모시켜 가난을 물리치자고 결심했다. 기근을 없애고 인구 조밀 지역의 곡식 생산율을 높이기 위해 그들은 전통적인 방법을 버리고 최신 과학 기술을 동원했다. 이들 경제학적 박애주의자들은 과학 영농을 통해 제3세계가 자급자족하고, 열대과일이나 야채를 '북'의 국가들에 수출하면 경제적 이득도 창출할 수 있다고 약속했다. 화학 비료와 산업화한 관개시설을 도입한데 이어 몇 년 지나지 않아 과학자들은 생물공학자들이 만든 유전자 조작 씨앗들까지 뿌렸다.

유전공학이란 말이 처음 나왔을 때는 유전이란 말과 공학이란 말이 전혀 어울리지 않아 보였다. 마치 서로 극과 극인 힘센 남성성의 과학과 나긋나긋한 여성성의 과학을 한데 모은 것 같았기 때문이었다. 생물학자들은 DNA 이중나선의 화학적 그룹을 조작할 때, 절단하고 접합한다는 식의 기계적 용어를 사용함으로써 스스로를 공업가처럼 보이게 했다. 유전자 변형은 그 자체로는 새로운 것이 아니었다. 진화에 관한 다윈의 책 첫 장을 보면 농부들과 비둘기 사육가들이 어떤 육종방법을 통해 특별한 기능을 갖춘 소나 새를 얻었는지 묘사되어 있다. 이와 달리 새로운 생물공학자들은 내부의 유전자를 바꿔놓는다. 그리고 마치 제조업 경영자들처럼 회사를 차려 자연계에서 얻은 제품을 판매하고 있다.

과학을 동원해 세계의 빈곤을 치유하려는 계획은 처음에는 대단히 성공적으로 보였다. 1980년이 되자 인도는 밀과 쌀을 자급했고, 세계의 여러 지역에서도 기록적인 풍작을 보였다. 바야흐로 과학은 번영을 약속하는 기적의 처방이란 평판에 걸맞아 보였다. 그러나 문제를 깨닫기 시작한 사람들은 이미 녹색 혁명을 가차 없이 비판하고 나섰다. 회의론자들은 식물의 서식지를 옮김으로써 야기되는 환경문제에 주목했다. 이런 현상은 예기치 못한 온갖 문제들을 불러왔다. 메마른 땅을 개선하고 열대의 질병에 대처하기 위해 강력한 화학물질을 사용했고, 그 파괴적 효과가 먹이사슬을 통해 순차적으로 밀려왔다. 물의 흐름을 바꿔놓은 프로젝트들이 배수체계를 뒤흔들어 몇몇 지역은 풍작의 기쁨을 누렸으나, 다른 지역들은 물 부족에 시달렸다.

유전자 조작은 특히 심한 비판을 받았다. 긍정적으로 보자면, 지역 조건에 맞도록 특별히 조작한 식물들은 거대한 황무지를 옥토로 바꿔놓았다. 그러나 인공적으로 적응시킨 식물들이 생존할 때 엉뚱하게도 다른 종들은 죽어갔다. 반대론자들은 악몽 같은 시나리오를 펼쳐놓았다. 곤충의 피해를 막기 위해 맞춤식 작물을 만들어내고 이를 교잡하면 내성을 갖춘 잡초가 생겨서 통제할 수 없는 수준으로 번식할 수 있다는 것이다. 또 다른 가설로, 만약 하나의 수퍼 작물로 수천 가지 다른 변종들을 대체한다면, 장차 수퍼 포식자가 나타나 한 번에 이 작물을 몰살할 위험이 있다고 주장했다. 미국에서는 아니지만, 유럽에서는 유전자조작 식품을 '프랑켄푸드Frankenfoods'라고 부른다.

게다가 녹색 혁명은 정치권력 구조와의 관련성 때문에 사회적으로도 나쁜 영향을 끼쳤다. 가난한 나라들은 이미 바뀐 농업구조 때문에 곡식 수입에 이어 값비싼 화학물질, 종자, 전문 지식까지 수입하고 있는 실정이다. 다방면에 손을 뻗친 거대 지주의 이윤은 하늘로 치솟았지만 소농들은 더 이상 견디지 못하고 도시의 빈민가로 속속 몰려들었다. 유전자조작 유기체는 머나먼 '북'의 연구실에서 창조되어 '남'으로, 부유한 나라에서 가난한 나라로, 특히 북미에서 남미로 몰려들었다. 반대로 금전적 이득은 반대 방향으로 흘렀다. 현지 농장에서 만들어진 조작된 유전자는 '북'으로 이동해 생물공학 회사들에게 권위와 이윤을 동시에 안겨주고 있었다.

발전이란 말은 가난한 나라들이 빠르게 성장하여 도움을 베풀던 선진국들과 어깨를 나란히 할 정도의 재정적, 과학적 평등성을 획득한다는 의미다. 그러나 중공업 기술에서와 마찬가지로 녹색 혁명 역시 회복 불가능할 정도로 격차만 벌여놓고 말았다. 과학 연구는 세계 도처에서 농업기술을 현대화했지만, 정부가 나서서 값싼 농작물의 수입을 막아줄 능력이 있는 부유한 나라들에서나 이런 연구가 훨씬 효과적이고 신속했다. 공상적 개혁가들은 가난한 나라들이 산업화된 '북'에 식량을 공급할 것이라는 장밋빛 미래를 예상했지만, 실상은 그 반대로 진행되었다. 예를 들어 미국은 러시아에 밀을 팔기 시작했고, 중국에는 목면 원사를 수출했다. 중국은 새로 만든 공장에서 원사를 가공해 미국 부자들이 입을 옷을 만들었다.

과학을 비난하기는 쉽다. 하지만 문제는 어떻게 이를 개선하느냐다. 반동주의자들은 늘 현재의 기준을 유지하고자 하며 미래란 더 나빠질 뿐이라고 주장한다. 기술을 혐오하는 낭만파들은 혁신을 비난하고 이상적인 상상 속 과거를 갈구하면서, 과학은 강력한 폭탄을 만들어 내거나 그 자체로 하나의 정치적 무기가 되어 새로운 파괴의 수단으로 변했다고 주장한다. 그들은 중앙난방이 되는 안락한 집에 앉아 키보드를 두드리면서 자신들이 원하는 모습만 보고 실제로 과학적 연구가 가능하게 한 부정할 수 없는 편익들은 외면한다.

과학기술 차제가 나쁜 것이 아니라 과학 기술이 너무나 쉽게 억압과 지배의 수단이 된다는 점이 문제다. 미래는 아름다운 것이고 우리 앞에 놓인 21세기는 나노 자동응답기(인간과 세계적인 전자망을 연결하기 위해 뇌 속에 이식하는 작은 장치), 인공 유전자, 연료 전지(화학 반응을 이용하여 영구적으로 사용할 수 있는 전지)와 같은 기술의 경이로운 총아들이 즐비하다는 예언이 있는 반면, 더 이상의 온난화를 시급하게 막지 못하면 인류는 오염으로 멸종하고 말 것이라는 환경론자들의 다급한 경고의 목소리도 있다. 과거를 돌이켜보면, 미래로 나아가는 길을 선택하는 문제는 과학적 방정식만 제대로 풀어서 될 문제가 아니라 올바른 정치적 결단이 있어야 가능하다는 사실을 명확히 보여준다.

사람들은 세상을 이해하기 위해 늘 노력했다. 그러나 과거를 돌아보면 어떤 하나의 방법으로 세상에 질서를 부여할 수는 없다는 사실이 분명해진다. 중세의 아리스토텔레스주의자들은 무지개에서 세 가지 색을 보았지만 뉴턴은 일곱 가지 색으로 나눴다. 시계 제작자들이 똑같은 단위로 시간을 측정하기 전에는 밤과 낮이 다양한 길이로 나뉘었다. 많은 수집가들은 색이나 이파리를 보고 꽃을 분류했지만, 린네는 생식기관의 수를 기준으로 분류했다. 당신이 어떤 체계 속에서 성장했느냐에 따라 그 체계는 명백해 보이고 다른 체계는 아무리 이성적으로 구축되었더라도 직관적으로 틀려 보인다. 아르헨티나의 작가 호르헤 루이스 보르헤스Jorge Luis Borges는 분류에 관한 딜레마를 강조하기 위해서 동물을 다음과 같이 분류하는 중국 백과사전을 상상했다.

ⓐ 황제의 것, ⓑ 미라로 보존한 것, ⓒ 훈련된 것, ⓓ 젖먹이 돼지, ⓔ 인어, ⓕ 전설에 나오는 것, ⓖ 길 잃은 개, ⓗ 이 분류에 속하는 것, ⓘ 미친 듯 떠는 것, ⓙ 무수히 많은 것, ⓚ 낙타털처럼 털이 부드러운 것, ⓛ

기타, ⓜ 방금 꽃병을 깬 것, ⓝ 멀리서 봤을 때 파리처럼 보이는 것.[14]

실제 상황에서 위의 분류가 도움이 되는 경우도 있겠지만, 이 가상의 목록은 애매하고 겹치는 부분이 많아서 과학자들이 보편타당하다고 생각한 분류를 조롱하기 위한 것임을 알 수 있다. 보르헤스는 존 윌킨스의 난해한 주장을 풍자하기 위해 이런 장난을 쳤다. 17세기 학사였던 윌킨스는 하나의 국제어를 만들기 위해서 세상 만물을 마흔 개의 범주로 분류하고, 각 부분을 다시 세분하여 각각에 낱말을 부여했다. 그는 사람들이 일단 자기 방식에 익숙해지고 나면 단어의 의미를 이해할 뿐 아니라 그 단어가 나타내는 대상이나 생각을 거대한 만물체계 속에서 이해하게 된다고 주장했다. 그럴듯하게 들린다. 그러나 현대적인 관점에서 보면 윌킨스가 정한 범주라는 것도 보르헤스가 가공의 백과사전에서 장난처럼 정한 범주보다 나을 것이 없다. 예를 들어 윌킨스는 돌을 네 가지로 나눴다. 일반적인 것, 귀한 것, 투명한 것, 용해되지 않는 것. 그렇다면 점판암은 일반적인 것에 속할까, 아니면 용해되지 않는 것에 속할까? 사파이어는 투명한 것이라고 해야 할까, 아니면 귀한 것이라고 해야 할까? 윌킨스가 보편적이라고 생각한 것이 오늘날 결정학자들 눈에는 아무 쓸모없는 것이 될 수도 있다.

윌킨스가 특별히 괴짜였던 것은 절대 아니다. 그는 왕립학회를 이끌었던 대표 지성인으로, 창립총회에서 의장까지 맡았던 사람이었다. 게다가 왕립학회의 실험적 연구를 주도했던 인물이었기 때문에 영국의 초창기 과학자였다고 볼 수도 있다. 다른 측면에서 보자면 윌킨스는 현대

---

14. 호르헤 루이스 보르헤스의 『또 다른 심문들 1937–52 Other Inquisitions 1937–52』(뉴욕 : 워싱턴 스퀘어 출판사, 1966년) 중 「존 윌킨스 분석적 언어The Analytical Language of John Wilkins」에서 인용. 루스 심즈Ruth Simms 옮김.

적 분류 체계와는 전혀 맞지 않은 사람이다. 첫째로 그는 성직자로서 교회의 몇몇 직책을 거친 후에 마침내 체스터 주교로 서품되었다. 또한 그는 철학적 언어를 공상했을 뿐 아니라 오늘날 관점으로 정통 과학이라 할 수 없는 영구적 운동, 마술, 해군 용어, 암호 등을 연구하기도 했다.

보르헤스는 인간이 만든 모든 체계가 잠정적일 수밖에 없다고 결론지었다. 지금처럼 과학이 세계를 풍미하고 있는 세상에서 불과 200년 전에 '과학자'란 말조차 없었다는 사실은 믿기 어렵다. 지금 우리가 우주를 이해하는 방식은 바빌로니아인과 중국인, 농부와 항해사, 식민지 건설자와 노예, 광부와 수도승, 무슬림과 기독교도, 천체 물리학자와 생물공학자들이 수천 년 전부터 지금까지 바쳐온 노력의 결과물이다. 인간 사회와 마찬가지로 지식도 고정된 것이 아니라 끊임없이 변화한다. 낡은 범주들은 와해되고 새로운 범주들은 통합되는 과정을 반복하고 있다. 오늘날의 최첨단 과학이 내일은 흘러간 연금술이 되지 말란 법이 없다. 그렇다고 하더라도, 과학이 세상과 그 속에 존재한 모든 것을 끝없이 변화시켜왔다는 사실만큼은 분명하다.

『편집된 과학의 역사』는 과학의 과거에 대한 전반적인 소개를 목적으로 하고 있기 때문에 직접 인용한 글의 원전을 분명하게 밝히긴 했지만, 주석의 학술적 내용을 다 담지는 않았다. 수많은 학자들의 글에서 도움을 받았으나 전체 목록을 다 적자면 너무나 길다. 그래도 특별히 도움이 되었던 저자 제현의 책이나 글을 따로 명시하고 감사한 마음을 표하고자 한다.

서문

제레미 블랙Jeremy Black의『지도와 정치학Maps and Politics』(런던 : 릭션, 1997년)에서 오스트레일리아를 중심으로 한 세계지도를 처음 접했다.

PART 1. 기원

1. 7 : 과학과 미신의 두 얼굴

안네마리 쉼멜Annemarie Schimmel의『숫자에 얽힌 미스터리The Mystery of Numbers』(뉴욕 / 옥스퍼드 : 옥스퍼드 대학 출판부, 1993년), 127–55에서 7에 관한 특별한 이야기들을 끌어왔다.

2. 바빌론 : 하늘을 수놓은 공중 정원

고대 바빌론에 관해서는 엘리노어 롭슨Eleanor Robson의 도움을 받았으며, 특히 존 M. 스틸레John M. Steele와 아네트 임하우젠Annette Imhausen의 『하나의 하늘 아래 : 고대 근동의 천문학과 수학Under One Sky : Astronomy and Mathematics in the Ancient Near East』(뮌스터 : 우가리트 출판사, 2002년), 325-65에서 찾은 그녀의 역작 「도량형을 넘어 : 고대 바빌로니아 필경학교의 수학 교육More than Metrology : Mathematics Education in an Old Babylonian Scribal School」을 참고했다. 다른 중요한 자료는 데이비드 브라운David Brown의 『메소포타미아의 별자리 천문학-점성술Mesopotamian Planetary Astronomy-Astrology』(그로닝언 : 스틱스, 2000년)과 프란체스카 로츠버그Francesca Rochberg의 『하늘의 기록 : 메소포타미아 문화의 예지, 점성, 천문학The Heavenly Writing : Divination, Horoscope, and Astronomy in Mesopotamian Culture』(케임브리지 : 케임브리지 대학 출판부, 2004년)을 참고했다.

3~7. 영웅 : 선택받은 지식과 진실~기술 : 눈부신 영웅의 꼭두각시

제프리 E. R. 로이드Geoffrey E. R. Lloyd의 『그리스의 초기 과학 : 탈레스에서 아리스토텔레스까지Early Greek Science : Thales to Aristotle』(런던 : 샤토 앤드 윈더스, 1970년)와 『아리스토텔레스 이후의 그리스 과학Greek Science after Aristotle』(런던 : 샤토 앤드 윈더스, 1973년)을 주로 참고했으며, 앤드류 그레고리Andrew Gregory의 『유레카! 과학의 탄생Eureka! The Birth of Science』(덕스포드 : 아이콘 출판사, 2001년)과 세라피나 쿠오모Serafina Cuomo의 『알렉산드리아 파푸스와와 고대 후기의 수학Pappus of Alexandria and the Mathematics of Late Antiquity』(케임브리지 : 케임브리지 대학 출판부, 2000년)에서도 필요한 자료를 인용했다.

PART 2. 상호작용

1. 유럽중심주의 : 왜곡된 자신감의 발현

자카리 록맨Zachary Lockman의 『중동에 대한 상반된 전망들 : 오리엔탈리즘의 역사와 정치Contending Visions of the Middle East : The History and Politics of Orientalism』(케임브리지 : 케임브리지 대학 출판부, 2004년) 중 특히 8–65, 존 M. 홉슨John M. Hobson의 『서구 문명은 동양에서 시작되었다The Eastern Origins of Western Civilisation』(케임브리지 : 케임브리지 대학 출판부, 2004년) 중 특히 1장과 5장, 그리고 줄리아 M. H. 스미스Julia M. H. Smith의 『로마 이후의 유럽 : 새로운 문화사Europe after Rome : A New Cultural History』(옥스퍼드 : 옥스퍼드 대학 출판부, 2005년) 중 특히 서문과 8장을 참고하였다.

2. 중국 : 무시당한 주변인

니덤의 삶과 영향에 관해서는 『영국 인명사전Oxford Dictionary of National Biography』에 실린 그레고리 블루Gregory Blue의 글과 프렌체스카 브레이Francesca Bray의 「조지프 니덤을 추모하며Eloge of Joseph Needham」 『아이시스Isis, 87』(1996년), 312–17을 참고하여 요약했다. 니덤이 쓴 『중국의 과학과 문명Science and Civilisation in China』 가운데 케네스 로빈슨Kenneth Robinson이 편집하고 마크 엘빈Mark Elvin이 서문을 쓴 7.2권을 주로 참고했다. 레오 A. 올리앙스Leo A. Orleans의 『현대 중국의 과학Science in Contemporary China』(스탠퍼드 : 스탠퍼드 대학 출판부, 1980년), 1–29에 네이선 시빈Nathan Sivin이 쓴 「옛 중국의 과학 Science in China's Past」과 니덤이 쓴 『중국의 과학과 문명Science and Civilisation in China』, Vol. 6.6 (케임브리지 : 케임브리지 대학 출판부, 2000년), 1–37의 편집자 서문에서 큰 도움을 받았다. 전반적인 분석에는 토비 E. 하프Toby E. Huff의 『근대과학의 출현 : 이슬람, 중국, 서구The Rise of Early Modern Science : Islam, China and the West』(케임브리지, 케임브리지 대학 출판부, 1993년), 237–320과 존 M. 홉슨이 쓴 『서구 문명은 동양에서 시작되었다』의 3장을 참고했다. 심괄Shen Gua에 관한 글은

네이선 시빈Nathan Sivin이 『과학적 생물학사전Dictionary of Scientific Biography』, xii.369-93에 쓴 '심괄'에 근거하고 있다. 이 글은 11세기 무렵의 중국 문명에 대해서도 훌륭한 정보를 전하고 있다. 왕호Wang Ho에 대해서는 윌리엄 H. 맥닐William H. McNeill의 『전쟁의 세계사 : AD 1000년 이후의 기술, 군사력, 과학The Pursuit of Power : Technology, Armed Force, and Society since AD 1000』(옥스퍼드 : 바실 블랙웰, 1983년), 41에서 알게 되었다.

3~4. 이슬람 : 지식 성화의 잊힌 봉송자 ~ 학문 : 과학과 종교의 결합

이슬람의 관점을 보여주기 위해서는 셰이드 호세인 나스르Seyyed Hossein Nasr의 『이슬람의 과학과 문명Science and Civilisation in Islam』(케임브리지, 매사추세츠 : 하버드 대학 출판부, 1968년)과 함께 마이클 호스킨Michael Hoskin이 쓴 『천문학Astronomy』(케임브리지 : 케임브리지 대학 출판부, 1997년)과 토비 E. 하프가 쓴 『근대 과학의 출현 : 이슬람, 중국, 서구』도 참고로 했다. 바그다드 번역 프로젝트를 위해서 드미트리 구타스Dimitri Gutas의 『그리스 사상, 아랍 문화 : 바그다드와 초기 아바시드 사회의 그리스-아랍 번역 운동Greek Thought, Arabic Culture : The Graeco-Arabic Translation Movement in Baghdad and Early 'Abbasid Society』(런던 : 루틀리지, 1998년)을 이용했다.

5~6. 유럽 : 신학, 과학, 그리고 사르트르 대성당 ~ 아리스토텔레스 : 시대를 초월한 대가

데이비드 C. 린드버그David C. Lindberg의 『서구 과학의 시작 : 철학, 종교, 제도 면에서 바라본 유럽 과학의 전통, 기원전 600년에서 기원후 1450년 까지The Beginnings of Western Science : The European Scientific Tradition in Philosophical, Religious, and Institutional Context, 600 BC to AD 1450』(시카고/런던 : 시카고 대학 출판부, 1992년)과 에드워드 그랜트Edward Grant의 『중세에서 찾은 현대 과학의 토대The Foundations of Modern Science in the Middle Ages』(케임브리지, 케임브리지 대학 출

판부, 1996년)를 기준으로 삼았다. 농업의 변화에 관한 예들은 존 M. 홉슨이 쓴 『서구 문명은 동양에서 시작되었다』의 9장 내용들이다. 사르트르 성당의 창들에 관한 내용은 제인 웰치 윌리엄스Jane Welch Williams의 『빵, 와인, 그리고 돈 : 거래를 보여주는 위한 사르트르 성당의 창들Bread, Wine, and Money : The Windows of the Trades at Chartres Cathedral』 (시카고 / 런던 : 시카고 대학 출판부, 1993년)을 참고했다. 중세의 광학을 이해하기 위해서 달리보 베셀리Dalibor Vesely의 『표현이 분기되던 시대의 건축술 : 생산의 그늘에 숨은 창조성의 문제Architecture in the Age of Divided Representation : The Question of Creativity in the Shadow of Production』(케임브리지, 매사추세츠 : MIT 출판사, 2004년) 가운데서 주로 3장과 4장을 참고했다. 시간과 시계를 알기 위해 조 엘른 바넷Jo Ellen Barnett의 『시간의 진자 : 시간을 잡아라 – 해시계로부터 원자시계에 이르기까지Time's Pendulum : The Quest to Capture Time–from Sundials to Atomic Clocks』(뉴욕 / 런던 : 플리넘 출판사, 1998년)와 데이비드 S. 랜즈David S. Landes의 『시간의 혁명 : 근대의 시계와 그 제작법Revolution in Time : Clocks and the Making of the Modern World』(케임브리지, 매사추세츠 / 런던 : 하버드 대학 출판부, 1983년), 그리고 세뮤얼 메이시 Samuel Macey의 『시계와 우주 : 서구의 삶과 사상 속에서의 시간Clocks and the Cosmos : Time in Western Life and Thought』(햄든, CT : 아콘 북스, 1980년)을 주로 참고했다.

7. 연금술 : 현자의 돌을 찾아서

분석을 위해서 최근에 출판된 브루스 T. 모런Bruce T. Moran의 『지식의 증류 : 연금술, 화학, 그리고 과학 혁명Distilling Knowledge : Alchemy, Chemistry, and the Scientific Revolution』(케임브리지, 매사추세츠 / 런던 : 하버드 대학 출판부, 2005년)와 스탠튼 J. 린든Stanton J. Linden이 쓴 『알케미 리더 : 헤르메스 트리스메기스투스에서 아이작 뉴튼까지The Alchemy Reader : From Hermes Trismegistus to Isaac Newton』(케임브리지, 케임브리지 대학 출판부, 2003년)의 짧막한 서문을 참고했으며, 윌리엄 에이몬William Eamon의 『자연의 비밀과 과학 : 중세와 근대 문화의 비밀스런 저서들Science and the Secrets of Nature : Books of Secrets in Medieval and Early Modern Culture』(프린스턴 : 프린스턴 대학 출판부, 1994년) 중 특히 15-90과 W. F. 라이언W. F. Ryan과 찰스 B. 슈미트 Charles B. Schmitt가 공저한 『그리스 사람 아리스토텔레스 : '비밀의 비밀' 그 출처와 영향Pseudo-Aristotle The 'Secret of Secrets' Sources and Influences』(런던 : 와버그 연구소, 1982년)도 함께 참고했다.

PART 3. 실험

1. 탐험 : 박물관은 살아 있다

인쇄, 상품화, 소통에 관해서는 리사 자르딘Lisa Jardine의 『상품의 역사 : 르네상스의 새로운 역사Worldly Goods : A New History of the Renaissance』(런던 : 맥밀란, 1996년)를 참고했으며 제시카 울프Jessica Wolfe의 『휴머니즘, 기계, 그리고 르네상스 문학Humanism, Machinery, and Renaissance Literature』(케임브리지 : 케임브리지 대학 출판부, 2004년) 중 특히 96-103에서는 홀바인에 관해 읽었다. 상세한 내용은 수잔 포이스터Susan Foister, 아쇼크 로이Ashok Roy와 마틴 와일드Martin Wyld가 편집한 『홀바인의 대사들Holbein's Ambassadors』(런던 : 내셔널 갤러리 출판사, 1997년) 가운데 특히 30-43을 참고했다. 파멜라 H. 스미스 Pamela H. Smith와 파울라 핀들런Paula Findlen의 『상인과 경이로움 : 초기 현대 유럽의 상업, 과학 그리고 예술Merchants and Marvels : Commerce, Science and Art in Early Modern Europe』(뉴욕 / 런던, 루틀리지 출판사, 2002년) 가운데 편집자 서문, 1장(래리 실버Larry Silver와 파멜라 스미스의 「뒤러 시대의 자연과 예술의 힘The Powers of Nature and Art in the Age of Dürer」), 2장(파멜라 롱Pamela Long의 「예술의 목적 / 자연의 목적 Objects of Art / Objects of Nature」), 그리고 12장(파울라 핀들런의 「호기심 상자에 자연 만들기Inventing Nature' on cabinets of curiosity」)에서 많은 도움을 받았다. N. 자르딘N. Jardine, J. A. 세커드J. A. Secord, 그리

고 B. C. 스페리E. C. Spary가 공동 저술한 『자연사 속의 문화Cultures of Natural History』(케임브리지 : 케임브리지 대학 출판부, 1996년) 가운데 특히 2장(윌리엄 에쉬워스William Ashworth의 「르네상스의 상징적 자연사Emblematic Natural History of the Renaissance」)에서 게스너의 여우에 관한 이야기를, 그리고 4장(파울라 핀들런의 「구애하는 자연Courting Nature」)에서는 구애에 관한 자연사를 참고했다. 론다 쉬빈저Londa Schiebinger와 클로디아 스완Claudia Swan이 함께 쓴 『식민지 식물연구 : 근대의 과학, 상업, 정치Colonial Botany : Science, Commerce, and Politics in the Early Modern World』(필라델피아 : 펜실베이니아 대학 출판부, 2005년)의 편집자 서문을 참고했고, 5장(다니엘라 블라이히마Daniela Bleichmar의 「책, 육체, 분야Books, Bodies and Fields」)에서는 유럽의 신세계 의학에 관해, 그리고 12장(주디스 카니Judith Carney의 「아웃 오브 아프리카Out of Africa」)에서는 쌀을 비롯한 다른 수출품에 대해 알게 되었다. 브라이언 W. 오길비Brian W. Ogilvie가 『서술의 과학 : 르네상스 유럽의 자연사The Science of Describing : Natural History in Renaissance Europe』(시카고 / 런던 : 시카고 대학 출판부, 2006년)에서 보여준 높은 식견에도 배운 바가 컸다.

2. 마법 : 오컬트 철학과 프로스페로

『템페스트Tempest』 부분은 1954년 아덴판에 프랭크 커모드Frank Kermode가 남긴 글을 사용했으며, 프랜시스 A. 예이츠Frances A. Yates의 『세계의 극장Theatre of the World』(런던 : 루틀리지 앤 키건폴, 1987년)과 찰스 니콜Charles Nicholl의 『화학 극장The Chemical Theatre』(런던 : 루틀리지 앤 키건폴, 1980년)에서도 도움을 받았다. 프랜시스 예이츠의 『지오다노 브루노와 신비한 전통Giordano Bruno and the Hermetic Tradition』(런던 : 루틀리지 앤 키건폴, 1964년)과 『엘리자베스 시대의 마술 철학The Occult Philosophy in the Elizabethan Age』(런던 : 루틀리지 앤 키건폴, 1979년)이라는 독창적 저술 외에도 데이비드 C. 린드버그와 로버트 S. 웨스트맨Robert S. Westman의 『과학적 혁명의 재평가Reappraisals of the Scientific

Revolution』(케임브리지 : 케임브리지 대학 출판부, 1990년)에 있는 브라이언 코펜하버Brian Copenhaver와 윌리엄 에이몬의 글들도 참고했다. 존 디에 관해서는 피터 J. 프렌치Peter J. French의 『존 디 : 엘리자베스 시대의 마술의 세계John Dee: The World of an Elizabethan Magus』(런던 : 루틀리지 앤 키건 폴, 1972년)와 니콜라스 H. 클루리Nicholas H. Clulee의 『존 디의 자연철학 : 과학과 종교 사이에서John Dee' Natural Philosophy: Between Science and Religion』(런던 / 뉴욕 : 루틀리지, 1988년)을 참고했다. 그의 실험적 삶에 관한 개념은 데보라 E. 하크니스Deborah E. Harkness의 글 「실험적 가정 운영하기 : 모트레이크의 디 가족과 자연철학 실습Managing an Experimental Household: The Dees of Mortlake and the Practice of Natural Philosophy」, 『아이시스, 88』(1997년) 247–62에서 이해했다. 연금술과 파라셀수스를 이해하기 위해 브루스 T. 모런Bruce T. Moran의 『지식의 증류 : 연금술, 화학, 그리고 과학혁명Distilling Knowledge: Alchemy, Chemistry, and the Scientific Revolution』(케임브리지, 매사추세츠 / 런던 : 하버드 대학 출판부, 2005년)을 주로 활용했다.

3. 천문학 : 과학과 종교의 반목

코페르니쿠스의 전략과 영향을 알아보기 위해서 오웬 진저리치Owen Gingerich의 『코페르니쿠스 500년과 이전의 과학자들 : 역사적 고찰과 국가적 의제The Copernican Quinquecentennial and its Predecessors: Historical Insights and National Agendas』, (오시리스Osiris, 14, 1999년), 37–60, 그리고 데이비드 린드버그와 로버트 웨스트맨의 『과학적 혁명의 재평가』에 실린 웨스트맨의 「증명, 시학, 후원 : 코페르니쿠스의 「천구의 회전에 관하여」 서문Proof, Poetics, and Patronage : Copernicus's Preface to De Revolutionibus」, 167–205를 주로 찾아보았다. 근대 천문학의 지위에 관해서는 『과학의 역사History of Science, 18』(1980년), 105–47에 실린 웨스트맨의 「16세기 천문학자의 역할 : 기초 연구The Astronomer' Role in the Sixteenth Century: A Preliminary Study」와 『천문학사 저널Journal for the History of Astronomy, 29』(1998년), 49–

62에 나오는 니콜라스 자르딘Nicholas Jardine의 글 '근대 문화에서 천문학의 위치The Places of Astronomy in Early-Modern Culture'를 참고했다. 티코 브라헤의 도상학에 관해서는 존 로버트 크리스티안슨John Robert Christianson의 『티코의 섬에 관하여 : 티코 브라헤와 그의 조력자들On Tycho's Island : Tycho Brahe and His Assistants, 1570–1601』(케임브리지 : 케임브리지 대학 출판부, 2000년)에 잘 언급되어 있다. 갈릴레오에 대해서는 마리오 비아졸리Mario Biagioli의 『궁정인 갈릴레오, 절대주의 문화 속의 과학Galileo, Courtier : The Practice of Science in the Culture of Absolutism』(시카고 / 런던 : 시카고 대학 출판부, 1993년)과 함께, 데이비드 린드버그와 로널드 L. 넘버즈Ronald L. Numbers의 저서 『과학과 기독교가 만날 때When Science and Christianity Meet』(시카고 / 런던 : 시카고 대학 출판부, 1993년)에 실린 린드버그의 「갈릴레오, 교회, 그리고 우주Galileo, the Church, and the Cosmos」를 참고했다.

4. 신체 : 붉은 피가 흐르는 소우주

베살리우스와 파브리키우스에 대해서는 앤드류 커닝햄Andrew Cunningham의 『해부학의 르네상스 : 고대 해부 프로젝트의 부활The Anatomical Renaissance : The Resurrection of the Anatomical Projects of the Ancients』(올더숏 : 스콜라 출판사, 1997년)을 주로 참고했다. 베살리우스의 예술적 심성에 대해서는 파멜라 스미스와 파울라 핀들런의 『상인과 경이로움 : 초기 현대 유럽의 상업, 과학 그리고 예술』에 실린 파멜라 롱의 에세이 「예술의 목적 / 자연의 목적」을 참고했으며, 캐서린 파크 Katharine Park가 쓴 『여성의 비밀 : 성, 생식, 그리고 인간 해부의 기원 Secrets of Women : Gender, Generation, and the Origins of Human Dissection』(뉴욕 : 존 북스, 2006년)의 5장에서도 도움을 받았다.

5. 기계 : 시계와 태엽장치 그리고 철학

파멜라 스미스와 파울라 핀들런의 『상인과 경이로움 : 초기 현대 유럽의 상업, 과학 그리고 예술』에 실린 헤롤드 쿡Harold Cook의 「시간의 실체

Time's Bodies」에서 시간에 관한 내용을 참고했으며, 『과학사를 위한 브리티시 저널British Journal for the History of Science, 33』(2000년) 427-53에 실린 롭 아일리프Rob Iliffe의 「남성 관점의 시간 : 근대 자연철학의 일시적 형태The Masculine Birth of Time : Temporal Frameworks of Early Modern Natural Philosophy」에서도 도움을 받았다. 데카르트 사상의 과학적 측면을 살펴보기 위해서 스티븐 고크로저Stephen Gaukroger의 『데카르트의 자연철학 체계Descartes's System of Natural Philosophy』(케임브리지, 케임브리지 대학 출판부, 2002년)와 데이비드 린드버그, 로널드 넘버즈의 『과학과 기독교가 만날 때』 61-84에 실린 윌리엄 에쉬워스의 「기독교와 기계론적 우주Christianity and the Mechanistic Universe」를 참고했다.

6. 도구 : 지식과 진보의 교집합

도구에 관한 분석은 짐 베넷Jim Bennett의 명저 『과학의 역사History of Science, 24』(1986년) 1-28에 나온 「역학: 철학과 기계적 철학The Mechanics : Philosophy and the Mechanical Philosophy」을 기반으로 했다. 로버트 훅Robert Hooke에 대해서는 그의 저서 『맥락 속의 미크로그라피아의 과학Micrographia's Science in Context, 3』(1989년) 309-64에 나오는 마이클 데니스Michael Dennis의 「그래픽을 통한 이해 : 도구와 해석Graphic Understanding : Instruments and Interpretation」을 통해 접근했다. 시연 장치로서의 도구들을 연구하기 위해 토마스 L. 핸킨스Thomas L. Hankins와 로버트 실버만Robert Silverman의 『상상력의 도구Instruments of the Imagination』(프린스턴 뉴저지 : 프린스턴 대학 출판부, 1995년)를 참고했으며, 뉴턴의 프리즘 실험을 알아보기 위해서는 데이비드 구딩David Gooding, 트레버 핀치Trevor Pinch, 사이먼 섀퍼Simon Schaffer의 『실험의 용도 : 자연과학 연구The Uses of Experiment : Studies in the Natural Sciences』(케임브리지 : 케임브리지 대학 출판부, 1989년)에 있는 사이먼 섀퍼Simon Schaffer의 '글래스 워크Glass Works'를 찾아보았다.

7. 중력 : 사과에서 시작된 우주의 법칙

중력에 관한 모든 참고자료는 뉴턴의 생애에 관한 나의 졸저 『뉴턴
Newton : 천재 만들기The Making of Genius』(런던 : 피카도어, 2002년)
에 열거되어 있다.

PART 4. 제도적 장치

1. 학회 : 정치와 과학의 결탁

왕립학회의 초기 모습은 마이클 헌터Michael Hunter의 『왕정 복고시대의
과학과 사회Science and Society in Restoration England』(케임브리지 :
케임브리지 대학 출판부, 1981년)에서, 금성 원정팀에 관해서는 J. E. 맥
클레란J. E. McClellan의 『재편된 과학 : 18세기 과학계Science
Reorganised : Scientific Societies in the Eighteenth Century』(뉴욕 : 컬럼
비아 대학 출판부, 1985년)에서 각각 참고했다. 조셉 뱅크스와 제국주의
에 관해서는 존 개스코인John Gascoigne의 『조셉 뱅크스와 영국의 계몽
Joseph Banks and the English Enlightenment』(케임브리지 : 케임브리지
대학 출판부, 1994년)와 『제국을 위한 과학Science in the Service of
Empire』(케임브리지 : 케임브리지 대학 출판부, 1998년), 그리고 리차드
드레이튼Richard Drayton의 『자연의 지배 : 과학, 대영제국, 그리고 세계
의 발전Nature's Government : Science, Imperial Britain, and the
'improvement of the World'』(뉴헤이븐 / 런던 : 예일 대학 출판부, 2000
년)에서 도움을 받았다.

2. 체계 : 지식의 지도를 그리는 법

존 레이John Ray와 안나 파보드Anna Pavord의 『이름 정하기 : 식물 세계
의 질서를 찾아서The Naming of Names : The Search for Order in the
World of Plants』(런던 : 블룸즈베리, 2005년) 372-94를 활용했다. 린네
에 관한 자료는 리즈벳 쾨르너Lisbet Koerner의 『린네 : 자연과 국가
Linnaeus : Nature and Nation』(케임브리지, 매사추세츠 / 런던 : 하버드

대학 출판부, 1999년)를 주로 참고했다. 세계화의 역사에 관해서는 C. A. 베일리C. A. Bayly의 저서 『현대 세계의 탄생 1780년-1914년: 세계적 연결과 비교The Birth of the Modern World 1780-1914 : Global Connections and Comparisons』(옥스퍼드 : 블랙웰, 2004년) 가운데 1-83을 참고했다. 육두구에 관한 논쟁은 론다 쉬빈저와 클로디아 스완이 함께 쓴 『식민지 식물연구 : 근대의 과학, 상업, 정치』에 실린 E. C. 스페리E. C. Spary의 「육두구와 식물학자들Of Nutmegs and Botanists」을 참고했으며, 양성구유원숭이 이야기는 안나 메르케르Anna Maerker의 「양성구유원숭이 이야기 : 분류, 국가적 관심, 박물관과 궁정 사이의 자연사적 전문성The Tale of the Hermaphrodite Monkey : Classifi cation, State Interests and Natural Historical Expertise between Museum and Court, 1791-4」, 『과학사에 관한 브리티시 저널British Journal for the History of Science, 39』(2006년), 29-47에서 참고했다. 인종에 관한 설명들은 데이비드 빈드맨David Bindman의 『유인원에서 아폴로까지 : 18세기의 미학과 인종에 대한 생각Ape to Apollo : Aesthetics and the Idea of Race in the Eighteenth Century』(런던 : 릭션, 2002년)을 참고했다.

3. 직업 : 과학이 가져온 신분상승의 기회

지적 등급 체계에 관한 개념은 『여성사 저널Journal of Women's History, 2』(1990년), 136-63에 나온 버니스 A. 캐럴Bernice A. Carroll의 글 '독창성의 정치학 : 지식계의 여성과 등급The Politics of "Originality" Women and the Class System of the Intellect' 에서 가져왔다. 데이비에 관한 분석은 골린스키Golinski의 『대중문화로서의 과학 : 화학과 영국의 계몽, 1760년-1820년Science as Public Culture : Chemistry and Enlightenment in Britain, 1760-1820』(케임브리지 : 케임브리지 대학 출판부, 1992년)에 기초했으며, 프랑켄슈타인과 새로운 과학자들에 관한 생각은 스티븐 밴Stephen Bann이 편찬한 『프랑켄슈타인의 탄생과 괴물성Frankenstein Creation and Monstrosity』(런던 : 릭션, 1994년) 60-76에 실린 루드밀라 요르다노바Ludmilla Jordanova의 '슬픈 추억 : 비밀이 벗겨진 자연

Melancholy Reflection : Constructing an Identity for Unveilers of Nature' 에서 따왔다.

4. 산업 : 발전과 탐욕의 양면성

와트에 관한 정보는 맥신 버그Maxine Berg와 크리스틴 브루랜드Kristine Bruland가 공동 편찬한 『유럽의 기술 혁명 : 역사적 관점Technological Revolutions in Europe : Historical Perspectives』(첼튼엄 / 노스햄튼, 매사추세츠 : 에드워드 엘가, 1998년) 96-116에 실린 크리스틴 맥리오드Christine MacLeod의 「제임스 와트, 영웅적 발명과 산업혁명의 사상James Watt, Heroic Invention and the Idea of the Industrial Revolution」에서, 그리고 데이비드 밀러David Miller의 「"씩씩거리는 제이미Puffing Jamie"」 : 제임스 와트의 평판에서 '철학자' 가 갖는 상업적이고 관념적인 중요성The Commercial and Ideological Importance of Being a "Philosopher"in the Case of the Reputation of James Watt(1736-1819)', 『과학의 역사History of Science』, 38(2000년) 1-24에서 가져왔다. 아프리카의 중요성에 관한 표현은 조셉 E. 이니코리Joseph E. Inikori의 『아프리카인들과 영국 산업혁명 : 국제무역과 경제 개발에 관한 연구Africans and the Industrial Revolution in England : A Study in International Trade and Economic Development』(케임브리지 : 케임브리지 대학 출판부, 2002년)에 근거를 두었다. 루나 소사이어티Lunar Society에 관해서는 제니 우글로Jenny Uglow의 『달의 인간들 : 미래를 만든 친구들, 1730년-1810년The Lunar Men : The Friends Who Made the Future, 1730-1810』(런던 : 파버 앤 파버, 2002년)이 가장 잘 된 책이다. 다윈이 자기 시에서 노동자와 여성들을 제외한 부분은 루드밀라 요르다노바가 편찬한 『자연의 언어 : 과학과 문학에 관한 비평 에세이Languages of Nature : Critical Essays on Science and Literature』(런던 : 프리 어소시에이션 북스, 1986년) 159-203에 나오는 모린 맥닐Maureen McNeil의 「과학의 여신 : 에라스무스 다윈의 시The Scientific Muse : The Poetry of Erasmus Darwin」를 보고 분석했다. 이를 위해 재닛 브라운

Janet Browne의 「젠틀맨을 위한 식물학 : 에라스무스 다윈과 식물들의 사랑Botany for Gentlemen : Erasmus Darwin and The loves of the plants」「아이시스, 80」(1989년) 593-620도 참고했으며 데보라 발렌시Deborah Valenze의 『최초의 산업적 여성The First Industrial Woman』(뉴욕 / 옥스퍼드 : 옥스퍼드 대학 출판부, 1995년)도 참고했다.

5. 혁명 : 단절과 연속의 진실

산업에 관한 화학을 이해하기 위해서 콜린 러셀Colin Russell의 「1700년-1900년의 과학과 사회 변화Science and Social Change 1700-1900」(런던 : 맥밀란, 1983년) 96-135를 주로 이용했으나, 계몽시대 영국 화학에 관한 최고의 글은 험프리 데이비Humphry Davy를 포함하더라도 골린스키의 『대중문화로서의 과학 : 화학과 영국의 계몽, 1760-1820』이다. 라부아지에Lavoisier의 생에 관해서는 장 삐에르 쁘아리에Jean-Pierre Poirier의 「라부아지에 : 화학자, 생물학자, 경제학자Lavoisier : Chemist, Biologist, Economist」(필라델피아 : 펜실베이니아 대학 출판부, 1993년)를 사용했으며, 라부아지에의 경력과 도해서에 관해서는 윌리엄 R. 쉬어William R. Shea가 편찬한 『계몽주의 시대의 과학과 광학 이미지Science and the Visual Image in the Enlightenment』(캔턴, 매사추세츠 : 사이언스 히스토리 퍼블리케이션스, 2000년) 57-88에서 마르코 베레타Marco Beretta가 쓴 「화학적 이미지와 물질의 계몽Chemical Imagery and the Enlightenment of Matter」과 『과학에서의 경력 상상하기Imaging a Career in Science : The Iconography of Antoine Laurent Lavoisier』(캔턴, 매사추세츠 : 사이언스 히스토리 퍼블리케이션스, 2001년)에 가장 잘 분석되어 있다. 윌리엄 루이스William Lewis의 실험실(그림 29)에 대한 묘사는 『과학 연보Annals of Science, 8」(1952년) 122-51에 실린, 깁스F. W. Gibbs의 「윌리엄 루이스, 의학 학사, 왕립학회 회원William Lewis, MB, FRS(1708-1781)」의 글을 주로 참고했다.

6. 이성 : 정량화한 아르퀴유의 진실

라플라스에 관한 부분은 『자연과학의 역사적 연구Historical Studies in the Physical Sciences, 4』(1974년) 89–136에 나오는 로버트 폭스Robert Fox의 에세이 「라플라스 물리학Laplacian Physics」을 주로 참고했으며, 이 글은 R. C. 올비R. C. Olby 外가 편찬한 『현대 과학사의 벗Companion to the History of Modern Science』(런던 / 뉴욕 : 루틀리지, 1990년)의 18장에 다시 실렸다. 도량형에 관해서는 쿨라 위톨드Kula Witold의 『측정과 남자Measures and Men』(프린스턴 : 프린스턴 대학 출판부)가 정평이 나 있다. 켄 앨더Ken Alder의 글 중에서도 특히 『세계를 재다 : 세계를 바꿔 놓은 7년간의 여정The Measure of All Things : The Seven-Year Odyssey That Transformed the World』(런던 : 리틀, 브라운, 2002년)에서 많은 도움을 받았으며, 윌리엄 클라크William Clark 外가 편찬한 『계몽된 유럽의 과학들The Sciences in Enlightened Europe』(시카고 / 런던 : 시카고 대학 출판부, 1999년)에 쓴 프랑스 엔지니어링에 관한 그의 글도 큰 도움이 되었다.

7. 훈육 : 과학과 비과학의 경계

이 분야에 대한 이야기는 『역사와 과학철학 연구Studies in the History and Philosophy of Science, 19』(1988년) 365–89에 나오는 앤드류 커닝햄Andrew Cunningham의 글 「정당한 게임 : 과학의 발명과 정체성에 관한 몇 마디Getting the Game Right : Some Plain Words on the Identity and Invention of Science」에서 아이디어를 구했다. '과학자' 에 관한 논의는 『과학 연보Annals of Science, 18』(1962년) 65–85에 실린 시드니 로스Sydney Ross의 「과학자 : 단어 이야기Scientist : The Story of a Word」를 참고했으며, 폴 와이트Paul White의 『토마스 헉슬리 : 과학지식인의 탄생Thomas Huxley : Making the 'Man of Science'』(케임브리지 : 케임브리지 대학 출판부, 2003년) 가운데 특히 서론과 본론에서도 도움을 받았다. 이 챕터를 쓰기 위해 제임스 A. 세커드James A. Secord의 『빅토리아 시대의 센세이션 : 창조의 자연사, 그 흔적에 대한 광범위한 출판, 수

용, 은밀한 경배Victorian Sensation : The Extraordinary Publication, Reception, and Secret Authorship of Vestiges of the Natural History of Creation』(시카고/ 런던 : 시카고 대학 출판부, 2000년)과 마틴 루드윅 Martin Rudwick의 『새로운 과학, 지질학The New Science of Geology』(에쉬게이트 : 바리오룸, 2004년)에서도 많은 도움을 받았다.

PART 5. 법칙

1. 진보 : 서서히 무너지는 계급의 벽

19세기 출판과 과학은 제임스 A. 세커드의 『빅토리아 시대의 센세이션 : 창조의 자연사, 그 흔적에 대한 광범위한 출판, 수용, 은밀한 경배』 가운데 특히 41-56, 515-32를 참고했다. 영국과학진흥협회BAAS와 방법에 관한 의견은 로이 맥로드Roy MacLeod와 피터 콜린스Peter Collins가 편찬한 『의회 과학 : 영국과학진흥협회1831년-1981년The Parliament of Science : The British Association for the Advancement of Science 1831-1981』(노스우드, 미들섹스 : 사이언스 리뷰, 1981년) 65-88에 실린 리차드 여Richard Yeo의 '과학적 방법과 과학의 이미지Scientific Method and the Image of Science 1831-1891' 에서 도움을 받았다. 지식 계의 체계에 관해서는 『여성사 저널, 2』(1990년) 136-63에 나온 버니스 A. 캐럴의 글 「독창성의 정치 : 지식계의 여성과 등급」를 우연히 알게 되었다. 맨체스터 직공들에 관한 이야기는 『과학의 역사History of Science, 32』(1994년) 269-315에 나온 앤 세커드Anne Secord의 「선술집에서의 과학 : 19세기 초 랭커셔의 장인 식물학자들Science in the Pub : Artisan Botanists in Early Nineteenth-Century Lancashire」에 잘 묘사되어 있다. 메리 애닝Mary Anning에 대해서는 『과학사를 위한 브리티시 저널 British Journal for the History of Science, 28』(1996년) 257-84에 실린 휴 토렌스Hugh Torrens의 「라임의 메리 애닝(1799년-1847년) : 세계에 서 가장 위대한 화석학자(1799-1847) Mary Anning of Lyme : The Greatest Fossilist the World Ever Knew」를 참고하라. 메리 소머빌Mary

Somerville의 생애에 대해서는 케스린 A. 닐리Kathryn A. Neeley의 『메리 소머빌 : 과학, 계몽, 그리고 여성의 마음Science, Illumination, and the Female Mind』(케임브리지 : 케임브리지 대학 출판부, 2001년)이 가장 잘 되었으며, 그녀의 저작에 관해서는 제임스 세커드가 편집하고 서문을 쓴 『메리 소머빌 선집Collected Works of Mary Somerville』 9권이 가장 잘 되었다.

2. 세계화 : 지구를 통합한 거대한 신경계

신세계에 관한 훔볼트의 영향력 있는 관점들은 마리 루이스 프라트Mary Louise Pratt의 『제국주의의 시선 : 여행과 문화 접목에 관한 글Imperial Eyes : Travel Writing and Transculturation』(런던 / 뉴욕 : 루틀리지, 1992년) 가운데 특히 105-97에서 참고했으며, 자르딘, 세커드, 그리고 스페리가 공동 저술한 『자연사 속의 문화』 287-304에 나온 마이클 데틀바흐Michael Dettelbach의 「훔볼트 과학Humboldtian Science」, 그리고 낸시 리스 스테판Nancy Leys Stepan의 『열대 자연 묘사Picturing Tropical Nature』(런던 : 릭션, 2001년) 31-56도 함께 참고했다. 『과학의 역사History of Science, 14』(1976년) 149-95에 실린 마틴 루드윅Martin Rudwick의 「지질학을 위한 시각언어의 등장1760년-1840년The Emergence of a Visual Language for Geological Science 1760-1840」라는 시각언어에 관한 혁신적 글은 이제 고전으로 통한다. 『아이시스, 96』(2005년) 56-63에 실린 마크 해리슨Mark Harrison의 「과학과 대영제국Science and the British Empire」은 19세기 영국 식민지의 과학에 대해 풍부한 참고문헌으로써 훌륭한 자료다. 『아이시스, 70』(1979년) 493-518에 나오는 존 카우드John Cawood의 「자기장의 십자군 전쟁 : 초기 빅토리아 시대 영국의 과학과 정치The Magnetic Crusade : Science and Politics in Early Victorian Britain」은 초기 빅토리아 시대의 자기학에 관한 독창적인 연구다. 영국의 관점에서 본 전신에 대해서는 이완 리스 모러스Iwan Rhys Morus의 『프랑켄슈타인의 자식들 : 19세기 초 런던의 전기, 전람, 그리고 실험Frankenstein' Children : Electricity, Exhibition, and

Experiment in Early-Nineteenth-Century London」(프린스턴, 뉴저지 : 프린스턴 대학 출판부, 1998년) 194-230을 참고했으며, 그 제국적 모습들에 관해서는 버나드 라이트만Bernard Lightman의 『문맥 속의 빅토리아 과학Victorian Science in Context」(시카고 / 런던 : 시카고 대학 출판부, 1987년) 312-33에 나오는 브루스 헌트Bruce Hunt의 「세계 제국의 과학Doing Science in a Global Empire」을 참고했다. 톰슨Thomson과 전기에 관한 가장 좋은 참고자료는 크로스비 스미스Crosbie Smith와 M. 노턴 와이즈M. Norton Wise의 『에너지와 제국 : 켈빈 경의 생에 관하여 Energy and Empire : A Biographical Study of Lord Kelvin」(케임브리지 : 케임브리지 대학 출판부, 1989년) 445-94, 649-83이다.

3. 객관 : 주관의 또 다른 이름

『리프리젠테이션Representations, 40」(1992년) 81-128에 실린 로레인 데스턴Lorraine Daston과 피터 갤리슨Peter Galison의 「객관성의 이미지 The Image of Objectivity」은 19세기 객관적 표현에 관한 고전적 글이다. 해독을 위한 도구와 문제점에 관해서는 토마스 L. 핸킨스Thomas L. Hankins와 로버트 실버만Robert Silverman의 『상상력의 도구 Instruments of the Imagination」(프린스턴, 뉴저지 : 프린스턴 대학 출판부, 1995년) 113-47과 C. 존스C. Jones와 P. 갤리슨 P. Galison이 공동 편찬한 『과학 그리기, 예술 만들기Picturing Science Producing Art」(런던 : 루틀리지, 1998년) 327-59에 실린 피터 갤리슨Peter Galison의 「객관에 배치되는 판단Judgement Against Objectivity」을 참고했다. 사진에 관한 일반적인 정보는 존 택John Tagg의 『표현의 어려움 : 사진과 역사에 관한 에세이The Burden of Representation : Essays on Photographies and Histories 」(런던 : 팰그레이브, 1988년), 피터 해밀턴Peter Hamilton과 로저 하그리브스Roger Hargreaves의 『아름다운 자들과 저주받은 자들 : 19세기 사진의 정체성 창조The Beautiful and the Damned : The Creation of Identity in Nineteenth Century Photography」(런던 : 룬트 험프리스, 2001년), 제니퍼 터커Jennifer Tucker의 『노출된 자연 : 빅토리아시대 과

596

학의 목격자 Nature Exposed : Photography as Eyewitness in Victorian Science』(볼티모어 : 존스 홉킨스 대학 출판부, 2005년)를 참고했으며, 『과학사 브리티시 저널British Journal for the History of Science, 30』(1997년) 177-202에 실린 알렉스 수정 김 방Alex Soojung-Kim Pang의 「"이제 별들은 스스로 드러난다Stars should henceforth register themselves"」와 『과학사 브리디시 저널, 26』(1993년) 137-69에 실린 홀리 로디멜Holly Rothermel의 「태양의 이미지들 : 워렌 데 라 루, 조지 비델 에어리 그리고 천체사진Images of the Sun : Warren De la Rue, George Biddell Airy and Celestial Photography」으로부터 많은 아이디어를 얻었다.

4. 신 : 분필 속에 담긴 시간

기도 측정 논쟁과 과학적 권위를 차지하기 위한 빅토리아 시대의 논쟁은 주로 프랭크 M. 터너Frank M. Turner의 『문화 권력을 위한 투쟁 : 빅토리아 시대의 지적 삶에 관한 소고Contesting Cultural Authority : Essays in Victorian Intellectual Life』(케임브리지 : 케임브리지 대학 출판부, 1993년) 151-200을 참고했다. 사회과학들과 통계학에 관해서는 테어도어 포터 Theodore Porter의 『통계적 사고의 부흥The Rise of Statistical Thinking, 1820-1900』(프린스턴, 뉴저지 : 프린스턴 대학 출판부, 1986년)에서 도움을 받았다. 마틴 루드윅Martin Rudwick은 19세기 지질학 분야에서 단연 최고다. 그의 책 『새로운 과학, 지질학 : 혁명시대의 지구과학 연구The New Science of Geology : Studies in the Earth Sciences in the Age of Revolution』(올더숏 : 에쉬게이트, 2004년)에서 에세이를 참고했다.

5. 진화 : 소심한 진화론자의 변명

로버트 체임버스에 관해서는 제임스 세커드의 『빅토리아 시대의 센세이션 : 창조의 자연사, 그 흔적에 대한 광범위한 출판, 수용, 은밀한 경배』(시카고 / 런던 : 시카고 대학 출판부, 2000년)와 제임스 세커드가 서문을 쓰고 시카고 대학 출판부가 1994년에 인쇄한 복사본을 참고했다. 여성을 대하는 다윈의 태도를 풍자한 그림에 대한 설명은 버나드 라이트만Bernard

Lightman의 『문맥 속의 빅토리아 과학』(시카고/런던 : 시카고 대학 출판부, 1987년)에 나오는 제임스 페러디스James Paradis의 「빅토리아 문화속의 풍자와 과학Satire and Science in Victorian Culture」 143-75와 에블린 리처즈Evelyn Richards의 「경계 재설정 : 다윈주의 과학과 빅토리아시대의 여성 지식인들Redrawing the Boundaries : Darwinian Science and Victorian Women Intellectuals」 119-42을 참고했다.

6. 힘 : 열역학과 산업의 결탁

이완 리스 모러스Iwan Rhys Morus의 『물리학이 왕이 되었을 때When Physics Became King』(시카고 : 시카고 대학 출판부, 2005년)를 기본 자료로 사용했다. 영국, 프랑스, 미국, 독일의 비교는 매리 조 나이Mary Jo Nye가 편집한 『과학의 케임브리지 역사The Cambridge History of Science』, 5권(케임브리지 : 케임브리지 대학 출판부, 2003년) 133-53에 나오는 테리 쉰Terry Shinn의 「산업, 연구, 교육의 연계The Industry, Research, and Education Nexus」와 요세프 이븐 다우드Joseph Ben-David의 『사회에서 과학자의 역할 : 비교연구The Scientist' Role in Society : A Comparative Study』(잉글우드 클리프스 : 프렌티스홀, 1971년)에 나오는 자료들을 활용했다. 전 세계적 현대화에 관해서는 C. A. 베일리C. A. Bayly의 저서 『현대 세계의 탄생 1780년-1914년 : 세계적 연결과 비교』 가운데 284-324의 내용을 참고했다. 그 외에 제임스 R. 바솔로뮤James R. Bartholomew의 『일본 고학의 형성 : 연구 전통 구축하기The Formation of Science in Japan : Building a Research Tradition』(뉴헤이븐, 코네티컷/런던 : 예일 대학 출판부, 1989년), 네이선 시빈의 「옛 중국의 과학」 레오 올리앙스Leo A. Orleans의 『현대 중국의 과학』, 1-29, 자히르 바버Zaheer Baber의 『제국의 과학The Science of Empire : Scientific Knowledge, Civilisation, and Colonial Rule in India』(알바니 : 뉴욕 주립대학 출판부, 1996년) 그리고 『과학사에 관한 브리티시 저널, 21』(1988년) 211-32에 실린 사트팔 상완Satpal Sangwan의 「유럽 과학과 기술에 대한 인도의 반응 1757년-1857년Indian Response to European Science and Technology 1757-1857』 등이 있다.

7. 시간 : 왜곡된 만능열쇠

파리의 압축공기식 시계에 대한 설명은 피터 갤리슨Peter Galison의 『아인
슈타인의 시계, 푸앙카레의 지도Einstein's Clocks, Poincaré's Maps』(런
던 : 호더 스토튼 출판사, 2003년) 92-8을 참고했으며, 아인슈타인과 상대성
이론에 관한 중요한 자료도 이 책에서 도움을 받았다. 전신과 정확성에 관
해 버나드 라이트만의 『문맥 속의 빅토리아 과학』(시카고/ 런던 : 시카고 대
학 출판부, 1987년) 438-74에 나오는 사이먼 섀퍼Simon Schaffer의 「도량
형, 미터법, 그리고 빅토리아 시대의 가치Metrology, Metrication, and
Victorian Values」와 M. 노턴 와이즈의 『정확성의 가치The Values of
Precision』(프린스턴, 뉴저지 : 프린스턴 대학 출판부, 1995년) 135-72에 등
장한 사이먼 섀퍼의 「영국과학의 특징 : 정확한 측정Accurate
Measurement is an English Science」을 참고했다. 아인슈타인을 독일의
영웅으로 본 관점은 『아이시스, 89』(1998년) 263-99에 실린 리처드 스테일
리Richard Staley의 「상대성의 역사에 관하여 : 상대성 이론의 확산과 연구
에 관한 독일의 참여1905년-1911년On the Histories of Relativity : The
Propagation and Elaboration of Relativity Theory in Participant Histories
in Germany, 1905-1911」에서 가져왔으며, 에딩턴Eddington에 관한 얘기
는 『물리학의 역사적 연구Historical Studies in Physical Science, II』(1980
년) 49-85에 실린 존 이어만John Earman과 클락 길모어Clark Glymour의
「상대성과 일식 : 영국의 1919년 금성 일식 탐사대와 이전의 탐사Relativity
and Eclipses : The British Eclipse Expeditions of 1919 and their
Predecessors」를 주로 참고했다.

PART 6. 눈에 보이지 않는 것들

1. 생명 : 프랑켄슈타인과 파스퇴르의 착각

기본적인 자료는 피터 보울러Peter Bowler의 『진화 : 어느 사상의 역사

Evolution : The History of an Idea』(버클리 : 켈리포니아 대학 출판부, 1984년)와 윌리엄 콜맨William Coleman의 『19세기의 생물학 : 형태, 기능, 그리고 변형의 문제Biology in the Nineteenth Century : Problems of Form, Function, and Transformation』(케임브리지 : 케임브리지 대학 출판부, 1997년)에서 가져왔다. 메리 셸리Mary Shelley의 과학에 대해서는 메리 셸리의 『프랑켄슈타인 : 현대의 프로메테우스Frankenstein or The Modern Prometheus : The 1818 Text』(옥스퍼드 / 뉴욕 : 옥스퍼드 대학 출판부, 1993년)에 쓴 메릴린 버틀러Marilyn Butler의 서문을 참고했다. 19세기의 자연사와 생물학의 관계에 대해서는 자르딘, 세커드, 그리고 스페리가 공동 저술한 『자연사 속의 문화』(케임브리지 : 케임브리지 대학 출판부, 1996년) 426-43에 나오는 린 K. 니하르트Lynn K. Nyhart의 「자연사와 "새로운" 생물학Natural History and the "New" Biology」에 잘 나와 있다. 파스퇴르-푸셰 논쟁을 알아보기 위해서 제럴드 L. 기슨Gerald L. Geison의 『루이 파스퇴르의 개인적 과학The Private Science of Louis Pasteur』(프린스턴 뉴저지 : 프린스턴 대학 출판부, 1995년) 110-42와 존 월러John Waller의 『황당한 과학 : 과학 발견의 사실과 허구Fabulous Science : Fact and Fiction in the History of Scientific Discovery』(옥스퍼드 : 옥스퍼드 대학 출판부, 2002년) 15-46에 나오는 짤막한 얘기를 참고했다. 헤켈의 그림에 관하여 『아이시스, 97』 260-301에 나온 닉 홉우드Nick Hopwood의 「진화 사진들과 사기 고발 : 에른스트 헤켈의 배아 도해Pictures of Evolution and Charges of Fraud : Ernst Haeckel's Embryological Illustrations」에서 큰 도움을 받았다.

2. 병원균 : 전염병의 망령

마크 해리슨Mark Harrison의 『질병과 현대 세계 : 1500년에서 지금까지 Disease and the Modern World : 1500 to the Present Day』(케임브리지 : 폴리티 출판사, 2004년), 그리고 윌리엄 바이넘William F. Bynum의 『19세기 의학의 과학과 실제Science and the Practice of Medicine in the Nineteenth Century』(케임브리지 : 케임브리지 대학 출판부, 1994년)를 주로 활용했다.

스노우와 리스터에 대해서는 존 월러의 『황당한 과학 : 과학 발견의 사실과 허구』 114-31, 160-75을 주로 참고했다. 질병의 이미지에 관해서는 수잔 손택Susan Sontag의 『은유로서의 질병Illness as Metaphor』(런던 : 알렌 레인 출판사, 1979년)과 샌더 L. 길먼Sander L. Gilman의 『질병과 표현 : 이미지, 광기에서 에이즈에 이르기까지Disease and Representation : Images of Illness from Madness to AIDS』(이타카, 뉴욕 / 런던 : 코넬 대학 출판부, 1988년) 245-72를 주로 참고했다.

3. 선線 : 순박한 과학자가 만든 끔찍한 미래

방사능의 표준 역사는 G. I. 브라운G. I. Brown의 『보이지 않는 선들 : 방사능의 역사Invisible Rays : The History of Radioactivity』(스트라우드 : 서튼, 2002년)을 기준으로 했다. 교령술과 사질에 관한 논의를 위해서는 이완 리스 모러스의 『물리학이 왕이 되었을 때』(시카고 : 시카고 대학 출판부, 2005년)와 제니퍼 터커Jennifer Tucker의 『노출된 자연 : 빅토리아 시대 과학의 목격자』를 참고했다. N-선들에 관한 글은 매리 조 나이Mary Jo Nye의 『지방의 과학 : 프랑스의 과학 공동체와 지방의 리더십 1860년-1930년Science in the Provinces : Scientific Communities and Provincial Leadership in France, 1860-1930』(버클리 / 런던 : 켈리포니아 대학 출판부, 1986년) 53-77에서 따왔다.

4. 미립자 : 주기율표의 비밀

멘델레예프Mendeleev의 생애에 관한 정보는 『과학적 생물학 사전Dictionary of Scientific Biography』에 실린 B. M. 케드로프B. M. Kedrov의 글에서 얻었다. 안개 상자에 관해서는 데이비드 구딩David Gooding, 트레버 핀치Trevor Pinch, 사이먼 섀퍼의 『실험의 용도 : 자연과학 연구』 225-74에 나오는 피터 갤리슨Peter Galison과 알렉시 아스무스Alexi Assmus의 「인공 구름, 실제 입자Artificial Clouds, Real Particles」와 피터 갤리슨Peter Galison의 『실험의 종결How Experiments End』에서 인용,(시카고 / 런던 : 시카고 대학 출판부, 1987년)을 참고했다. 쿼크에 대해서는 마이클 리오던Michael Riordan의 『쿼크 사냥 : 현대 물리학의 진솔한 이야기The Hunting of the Quark : A True Story of Modern Physics』(뉴욕 : 사이먼 앤 슈스터, 1987년)을 참고했으며, 질량에 대해서는 고든 케인Gordon Kane의 「신비로운 질량The Mysteries of Mass」, 『사이언티픽 아메리칸Scientific American』(2005년 7월)에서 도움을 받았다.

5. 유전자 : 완두콩과 초파리, 끝나지 않은 논쟁

기본적인 정보는 갈랜드 알렌Garland Allen의 『20세기의 생명과학Life Science in the Twentieth Century』(케임브리지 : 케임브리지 대학 출판부, 1978년)과 피터 보울러Peter Bowler의 책 『진화 : 어느 사상의 역사Evolution : The History of an Idea』(버클리 : 켈리포니아 대학 출판부, 1984년)와 『폰타나의 환경과학사The Fontana History of the Environmental Sciences』(런던 : 폰타나 출판사, 1992년)에서 얻었다. 미국과 독일의 우생학이 강력한 연관성을 맺고 있다는 사실은 슈테판 퀼Stefan Kühl의 『나치의 질문 : 우생학, 미국의 인종차별주의, 그리고 독일의 국가사회주의The Nazi Question : Eugenics, American Racism, and German National Socialism』(뉴욕 / 옥스퍼드 : 옥스퍼드 대학 출판부, 1994년)에 잘 나타나 있다. 멘델보다 앞선 연구자들과 그들의 생애는 로버트 올비Robert Olby의 『멘델리즘의 기원Origins of Mendelism』(런던 : 콘스터블, 1966년)에 상세히 나와 있다.

6. 화학물질 : 호르몬 치료의 두 얼굴, 인슐린과 피임약

의학에 관한 배경 지식은 로이 포터Roy Porter의 『인류에 가장 유익한 : 고대에서 현재까지 인간의 의학사The Greatest Benefit to Mankind : A Medical History of Humanity from Antiquity to the Present』(런던 : 하퍼콜린스, 1997년)에서 구했다. 여러 가지 빈혈에 대한 정보는 키스 와일루Keith Wailoo의 『채혈 : 20세기 미국의 기술과 질병Drawing Blood : Technology and Disease Identity in Twentieth-Century America』(볼티모어 / 런던 : 존스 홉킨스 대학 출판부, 1997년)과 『블루스 도시에서 맞

이하는 죽음: 흑인의 겸상 적혈구성 빈혈, 인종과 건강의 정치학Dying in the City of the Blues: Sickle Cell Anemia and the Politics of Race and Health」(채플힐 / 런던: 노스캐롤라이나 대학 출판부, 2001년)을 참고했다. 알렉산더 플레밍에 관한 논의는 로버트 버드Robert Bud의 「페니실린과 뉴 엘리자베스시대인들Penicillin and the New Elizabethans」, 『과학사 브리티시 저널, 31』(1998년) 305-33과 존 월러의 『황당한 과학: 과학 발견의 사실과 허구』 246-67에서 도움을 받았으며 인슐린에 관해서는 222-45에서 참고했다. 성 호르몬과 피임약에 관한 얘기는 넬리 오드슌Nelly Oudshoorn의 『육체의 한계를 넘어: 성 호르몬의 고고학Beyond the Natural Body: An Archaeology of Sex Hormones』(런던 / 뉴욕: 루틀리지, 1994년)와 수잔 와이트 주노드Suzanne White Junod와 라라 마크스Lara Marks의 「여성의 시련: 피임약의 최초 승인Women's Trials: The Approval of the First Contraceptive Pill」, 『의학사 저널 Journal of the History of Medicine, 57』(2002년) 117-60을 참고했고, 비아그라와 말콤 포츠에 관해서는 「두 개의 알약, 두 갈래 길: 성에 관한 편견 이야기Two Pills, Two Paths: A Tale of Gender Bias」, 『노력 Endeavour, 27(2003년)』 127-30을 참고했다.

7. 불확실성: 정신분석과 상대성 이론의 만남

로널드 클라크Ronald Clark의 『아인슈타인: 삶과 시간Einstein: The Life and Times』(런던: 호더 스토튼, 1973년) 297-355에서 참고한 내용을 아인슈타인과 프로이드에 관한 이야기를 시작했다. 프로이드의 사진에 관한 얘기는 J. C. 스펙터J. C. Spector의 『프로이트의 예술미학: 정신분석과 예술에 관한 고찰The Aesthetics of Freud: A Study in Psychoanalysis and Art』(웨스트포트, 코네티컷: 프레이저, 1972년)을 참고했으며, 그의 일생을 알아보기 위해서는 피터 게이Peter Gay의 『프로이드: 우리 시대를 위한 삶Freud: A Life for our Time』(런던: 덴트, 1988년)과 지그문트 프로이드Sigmund Freud의 『정신분석에 관한 두 개의 짧은 이야기Two Short Accounts of Psycho-analysis』(런던: 펭귄, 1991년)에 적은 제임스

스트레치James Strachey의 간략하지만 훌륭한 서문을 읽었다. 군대의 정신의학을 알아보기 위해서 엘레인 쇼왈터Elaine Showalter의 『여성 질병 : 여성, 실성, 그리고 영국의 문화1830년-1980년The Female Malady : Women, Madness, and English Culture, 1830-1980』(런던 : 비라고 출판사, 1987년) 167-219와 『노력Endeavour, 30』(2006년) 144-9에 실린 한스 폴스Hans Pols의 「전투피로증 극복하기 : 2차 세계대전 동안 미군에서의 정신의학Waking up to Shell Shock : Psychiatry in the US Military during World War II」를 읽었다.

PART 7. 결론

1. 전쟁 : 물리학과 권력의 만남

영국의 과학과 전쟁에 관한 기초 자료는 힐러리 로즈Hilary Rose와 스티븐 로즈Steven Rose의 명저 『과학과 사회Science and Society』(하몬즈워스 : 펭귄, 1969년)에서 구했다. 거대 과학과 맨해튼 프로젝트에 관해서는 제프 휴즈Jeff Hughes의 『맨해튼 프로젝트 : 거대 과학과 원자폭탄The Manhattan Project : Big Science and the Atom Bomb』(덕스포드 : 아이콘 출판사, 2002년)와 리처드 로즈Richard Rhodes의 『원자폭탄 만들기 The Making of the Atomic Bomb』(런던 : 펭귄 출판사, 1986년)를 참고했다. 과학과 기술의 관계에 대한 강력한 재평가를 데이비드 에저튼 David Edgerton의 『구세계의 놀라움 : 1900년 이후의 기술과 세계사The Shock of the Old : Technology and Global History since 1900』(런던 : 프로파일 북스, 2007년)에서 읽었다.

2. 유전 : 생명 지도와 윤리

이중 나선 그림은 소라야 드 챠다레비안Soraya de Chadarevian과 함케 카밍가Harmke Kamminga의 『이중 나선의 표현Representations of the Double Helix』(케임브리지 : 휘플 뮤지엄, 2002년)에서 구했다. 『아이시스, 94』(2003년) 90-105에 실린 소라야 드 챠다레비안의 「발견의 초상 : 왓슨, 크릭 그리고 2중 나선Portrait of a Discovery : Watson, Crick, and the Double Helix」에서 사진 이야기를 가져왔다. DNA에 관한 얘기는 스티브 존스Steve Jones가 서문을 쓴 제임스 D. 왓슨James D. Watson의 「이중 나선The Double Helix」(런던 : 펭귄, 1997년)뿐 아니라 갈랜드 알렌 Garland Allen의 「20세기의 생명과학Life Science in the Twentieth Century」(케임브리지 : 케임브리지 대학 출판부, 1978년), 호레이스 프리 랜드 저슨Horace Freeland Judson의 「창조의 제8일 : 생물학의 혁명을 가 져온 사람들The Eighth Day of Creation : Makers of the Revolution in Biology」(런던 : 조나단 케이프, 1979년) 그리고 브렌다 매덕스Brenda Maddox의 「로잘린드 프랭클린과 DNA : Rosalind Franklin : The Dark Lady of DNA」(런던 : 하퍼콜린스, 2002년)에서도 정보를 얻었다. 유전자 의 정치적 의미에 관해서는 R. C. 르원틴R. C. Lewontin의 「교의가 된 이 데올로기로서의 생물학 : Biology as Ideology : The Doctrine of an Idea」 (뉴욕 : 하퍼퍼레니얼, 1991년)과 「오시리스, 21」(2006년) 251-72에 실린 장-폴 고들리에Jean-Paul Gaudillière의 「생물공학의 세계에서 바라본 세 계화와 규제 : 암 유전자와 유전자 조작 곡물Globalization and Regulation in the Biotech World : The Transatlantic Debates over Cancer Genes and Genetically Modified Crops」을 참고했다.

3. 우주론 : 지구에서 본 우주의 과거

지질학과 지구과학들의 관계와 베게너에 관한 정보는 로버트 뮈어 우드 Robert Muir Wood의 「지구의 어두운 면The Dark Side of the Earth」(런 던 : 알렌 앤 언윈, 1985년)와 데이비드 올드로이드David Oldroyd의 「지 구에 대한 생각 : 지질학 사상사Thinking about the Earth : A History of Ideas in Geology」(런던 : 에스론, 1996년) 11에서 13장, 그리고 피터 보 울러Peter Bowler의 「환경과학The Environmental Sciences」(런던 : 폰타 나, 1992년) 9장을 참고했다. 존 애거Jon Agar의 강연 또한 1960년대에 관한 나의 생각을 새롭게 하는데 큰 도움을 줬다. 리비트에 관해서는 조지 존슨George Johnson의 「미스 리비트의 별 : 우주 측정법을 발견한 여자들에 관한 알려지지 않은 이야기Miss Leavitt's Stars : The Untold Story of the Woman Who Discovered How to Measure the Universe』(뉴욕 : 노턴, 2005년)에서 읽었다. 일반 상대성 이론의 부침에 관해서는 옌 아이젠슈테트Jean Eisenstaedt의 『상대성의 기이한 역사 : 아인슈타인의 중력이론은 어디로 사라졌다 다시 나타났는가The Curious History of Relativity : How Einstein's Theory of Gravity Was Lost and Found Again』(프린스턴, 뉴저지 : 프린스턴 대학 출판부, 2006년)를 참고했다. 과학을 이해하는 여러 가지 방법에 대해서는 피터 디어Peter Dear가 쓴 『자연의 명쾌한 이해 : 세상의 이치를 캐는 과학The Intelligibility of Nature : How Science Makes Sense of the World』(시카고 : 시카고 대학 출판부, 2006년)가 크게 도움이 되었다.

4. 정보 : 전쟁과 평화, 비밀과 공유

알렌 튜링에 대해서는 앤드류 호지스Andrew Hodges가 쓴 전기 『알렌 튜링 : 수수께끼 같은 인물Alan Turing : The Enigma』(런던 : 버넷북스, 1983년)을 참고했으며, 튜링의 중요성에 관해서는 존 애거의 『튜링의 범용기계 : 현대적 컴퓨터의 탄생 Turing and the Universal Machine : The Making of the Modern Computer』(덕스포드 : 아이콘 출판사, 2001년)를 참고했다. 비밀과 냉전에 관해서 강조한 부분은 로날드 E. 도엘Ronald E. Doel과 토마스 쇠더크비스트Thomas Söderqvist가 공동 편집한 『현대의 과학, 기술, 의학 사료 편찬 : 최근 과학 기록The Historiography of Contemporary Science, Technology and Medicine : Writing Recent Science』(런던/뉴욕 : 루틀리지, 2006년) 172–84에 실린 마이클 아론 데니스Michael Aaron Dennis의 「다시 찾아온 비밀과 과학 : 정치학에서 역사적 실천과 반복Secrecy and Science Revisited : From Politics to Historical Practice and Back」에서 영감을 얻었으며, 폴 N. 에드워즈Paul N. Edwards의 『닫힌 세계 : 냉전 미국의 컴퓨터와 정치에 관한 담론The Closed World : Computers and the Politics of Discourse in Cold War America』(케임브리지, 매사추세츠 : MIT 출판사, 1996년)에서도 도움을 받았다.

5. 경쟁 : 우주 경쟁에서 핵 경쟁으로

우주 경쟁에 관해서는 월터 A. 맥더갤Walter A. McDougall의 『하늘과 땅 : 우주 시대의 정치사The Heavens and the Earth : A Political History of the Space Age』(뉴욕 : 베이직 북스, 1985년)을 참고했다. 핵무기의 정치적 의미에 관해서 존 크리게John Krige와 카이 헨리크 바쓰Kai-Henrik Barth의 「지식의 글로벌 파워 : 국제적 사건 속에 등장하는 과학과 기술 Global Power Knowledge : Science and Technology in International Affairs」, 『오시리스, 권 21』을 참고했으며, 특히 셰일라 제서노프Sheila Jasanoff의 「생물공학과 제국 : 씨앗과 과학의 세계적 힘Biotechnology and Empire : The Global Power of Seeds and Science」 273–92에서 스타워즈와의 연관성을 찾아냈다. 지식의 군사적 또는 과학적 산물에 관한 몇 가지 이야기들은 마이클 아론 데니스Michael Aaron Dennis의 「세상의 물질 : 냉전과 지구의 과학들Earthly Matters : On the Cold War and the Earth Sciences」, 『과학의 사회적 연구Social Studies of Science, 33』 (2003년) 809–19에서 가져왔다.

6. 환경 : 주객이 전도된 환경 운동

풍경과 야생에 관한 의견은 윌리엄 크로넌William Cronon 편집 『평범하지 않은 땅 : 거듭나는 자연Uncommon Ground : Toward Reinventing Nature』(뉴욕 / 런던 : 노턴, 1995년) 23–90에 나오는 윌리엄 크로넌 William Cronon의 「위험에 빠진 야생 : 또는 잘못된 자연으로 회귀The Trouble with Wilderness : Or, Getting Back to the Wrong Nature」과 『오리온Orion』(11월 / 12월 2005년)에 실린 마크 도위Mark Dowie의 「보호지구 피난자Conservation Refugees」, 그리고 사이먼 샤마Simon Schama의 『풍경과 기억Landscape and Memory』(런던 : 하퍼콜린스, 1995년)을 참고했다. 생태와 환경에 관해서는 피터 J. 보울러Peter J. Bowler의 『환경과학의 폰타나 역사The Fontana History of the Environmental Sciences』(런던 : 폰타나 출판사, 1992년) 가운데 특히 503–53과 도널드 워스터Donald Worster의 『자연의 경제학 : 생태 사상

에 관한 역사Nature's Economy : A History of Ecological Ideas』(케임브리지 : 케임브리지 대학 출판부, 1977년)를 참고했다. 레이철 카슨Rachel Carson이 미친 영향은 린다 리어Linda Lear가 『침묵의 봄Silent Spring』(런던 : 펭귄, 1999년)에 쓴 후기에서 도움을 받았다. 기상학적 컴퓨터 모델에 관한 언급은 『노력Endeavour, 30』(2006년) 55-9에 실린 모트 T. 그린Mott T. Greene의 「몇몇 현대적 중요 모델들을 위한 일반론Looking for a General for Some Modern Major Models」에서 따왔다.

7. 미래 : 과학이 가져온 현재와 가져올 미래

발전 프로그램의 정치화에 관한 견해는 로날드 E. 도엘과 토마스 쇠더크비스트가 공동 편집한 『현대의 과학, 기술, 의학 사료 편찬 : 최근 과학 기록』 239-59에 나오는 알렉시스 그리프Alexis de Grieff와 마우리시오 니토 올라테Mauricio Nieto Olarte의 「남과 북의 기술과학 교환에 관해 우리가 여전히 알지 못하는 것 : 북부 중심주의, 과학적 확산What We Still Do Not Know about South-North Technoscientific Exchange : North-Centrism, Scientific Diffusion, and the Social Studies of Contemporary」과 『과학의 사회적 연구』을 참고했으며, 존 크리게와 카이 헨리크 바쓰의 「지식의 글로벌 파워 : 국제적 사건 속에 등장하는 과학과 기술」, 『오시리스, 권 21』, 273-92에 실린 셰일라 제서노프Sheila Jasanoff의 「생물공학과 제국 : 씨앗과 과학의 세계적 힘Biotechnology and Empire : The Global Power of Seeds and Science」을 참고했다. 실제 사용할 기술혁신을 중시하는 접근방법은 데이비드 에저튼David Edgerton의 『구세계의 놀라움 : 1900년 이후의 기술과 세계사The Shock of the Old : Technology and Global History since 1900』(런던 : 프로파일 북스, 2007년)에서 도움을 받았다.